人类基因组编辑:科学、伦理学与治理

主编 雷瑞鹏 翟晓梅 朱 伟 邱仁宗

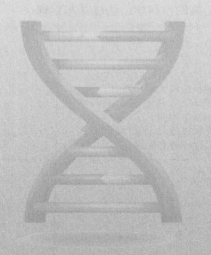

中国协和医科大学出版社

图书在版编目（CIP）数据

人类基因组编辑：科学、伦理学与治理／雷瑞鹏主编. —北京：中国协和医科大学出版社，2019.12

ISBN 978-7-5679-1292-2

Ⅰ．①人…　Ⅱ．①雷…　Ⅲ．①人类基因-基因组-研究　Ⅳ．①Q987

中国版本图书馆 CIP 数据核字（2019）第 148430 号

人类基因组编辑：科学、伦理学与治理

主　　编：雷瑞鹏　翟晓梅　朱　伟　邱仁宗
责任编辑：顾良军　谢　阳

出版发行：**中国协和医科大学出版社**
　　　　　（北京东单三条九号　邮编 100730　电话 65260431）
网　　址：www. pumcp. com
经　　销：新华书店总店北京发行所
印　　刷：北京玺诚印务有限公司

开　　本：787×1092　　1/16
印　　张：28.5
字　　数：630 千字
版　　次：2019 年 12 月第 1 版
印　　次：2019 年 12 月第 1 次印刷
定　　价：88.00 元

ISBN 978-7-5679-1292-2

前　言

　　自从 2018 年第 2 届国际人类基因组编辑会议以及贺建奎事件后，我们就感觉到有必要编辑一本专门讨论有关人类基因组编辑科学、伦理学和治理方面的书，供与基因组编辑工作有关的科学家，医学家，生命伦理学家，对基因组编辑感兴趣的人文学科和社会科学学者，有关的科研和医疗管理人员，媒体的记者和编辑，以及广大公众阅读。我们之所以会有这种想法，一是我们看到基因组编辑这门技术的广阔前景，对人、家庭、社会和人类都会有直接的和深远的影响，不仅是各个学科专业人员，各个部门的管理人员，而且广大的公众都会越来越关注与基因组编辑有关的各种问题；二是我们也看到许多媒体，尤其是虚拟媒体发表的许多有关基因组编辑的文章，不管是作者自己撰写，还是从外文媒体译编过来的，往往充满着因缺乏科学和伦理学基本知识而发生的错误、谬误、歪曲，起着很大的误导作用。在读网文多于读文献的社会文化情境之中，这些误导可能会在处于基因组编辑边缘的学科专业人员（例如一些哲学家包括一般伦理学家）、缺乏与基因组编辑有关专业知识的媒体记者和编辑、不了解基因组编辑特点的行政管理人员，以及对基因组编辑感兴趣的广大公众中产生一些不适宜的期望、诉求和推断，使得合适治理这门新兴技术受到各种形式干扰和不适当的压力。在这种情况之下，出版一本专业的、传播正确知识的、反映最新探索成就的有关人类基因组编辑的科学、伦理学和治理的书，就成为一件迫切需要的工作了。

　　2019 年 5 月 11 日中国社会科学院应用伦理研究中心、中国自然辩证法研究会生命伦理学专业委员会、中国医学科学院生命伦理学研究中心、华中科技大学生命伦理学研究中心、厦门大学医学院生命伦理学研究中心以及中国人民大学伦理学及道德建设研究中心生命伦理学研究所联合主办和组织了"基因组编辑的伦理和治理问题学术研讨会"预备会议。之所以称为预备会议，因为这次会议的报告人是由生命伦理学专业委员会青年工作委员会（马永慧副教授为主任委员）经商议推荐的，都是 45 岁以下的年轻人，他们需要中老年师长的支持和帮助，以便在将来的正式会议能够报告得更好。他们的报告一方面说明，我们年轻的生命伦理学学者这几年学术上进步很大，他们很有前途，另一方面也显示出他们的研究深度还不够，有的在研究径路尚有欠缺，有待改进。但总的来说，他们的努力表明，我们有可能出版一本有关人类基因组编辑科学、伦理学和治理的书，其中我国生命伦理学学者的著作构成这本书的骨干。因此，我们出版这样一本书，不但有必要，而且也有可能。我们这本书也收集一些我们认为非常重要的国外同行的著作，他们的观点不尽相同，如同在我们的文章中观点、意见、建议也不全然相同一样，这给我们留下了进一步探讨的余地。

因此，我们编辑的这本书，不仅提供有关基因组编辑的科学、伦理学和治理方面的基本知识，也为进一步讨论与基因组编辑有关的问题提供驱动力。

希望读者会喜欢阅读我们这本书。

我们要衷心感谢这本书中翻译为中文的所有英文文章作者对我们的真诚的支持，感谢 Nature 杂志社、Cell 杂志社、The Hastings Center、Elseview 出版公司、The Economist 杂志社、Issues in Science and Technology 杂志社以及 American Association of the Advancement of Science 等单位批准和允许我们将他们期刊中的文章译为中文并在中国出版。我们也要感谢我国《医学与哲学》杂志社、《知识分子》和《先锋哲学》在线杂志批准和允许转载他们的文章。

雷瑞鹏

翟晓梅

朱　伟

邱仁宗

2019 年 9 月 30 日

目　录

Contents

导　言　篇

制订全球人类基因组编辑伦理、治理和监督标准①

世界卫生组织制订基因编辑全球标准制订专家委员会第一次会议报告

翟晓梅

世界卫生组织制订基因编辑全球标准的努力

为规范各国基因编辑，世界卫生组织计划制订全球标准。世界卫生组织建立了一个全球多学科专家委员会，以审查与人类基因组编辑（体细胞和生殖细胞）相关的科学、伦理、社会和法律挑战。该委员会将审查目前关于研究状况及其应用的文献，以及对该技术的不同用途的社会态度。然后，世界卫生组织将在国家和全球一级接受专家委员会关于合适监督和治理机制的建议。这项工作的核心是了解如何促进透明性和值得信赖的做法，以及如何确保在做出任何授权决定之前进行合适的风险/受益评估。最近科学家利用 CRISPR-Cas9 等工具编辑人类基因组突出了在该领域制订标准的必要性。世界卫生组织专家工作委员会将以协商的方式，并根据现有的倡议开展工作。世界卫生组织与联合国和其他的国际机构进行了联系，并与各国科学院和医学科学院以及起草先前报告的机构进行了沟通。

世界卫生组织关于制订人类基因组编辑治理和监督全球标准专家顾问委员会（WHO Expert Advisory Committee on Developing global standards for governance and oversight of Human Genome editing）将考查与人类基因组编辑相关的科学、伦理、社会和法律挑战，目的是就人类基因组编辑适宜的治理机制提出建议。委员会于 2019 年 3 月 18 日至 19 日在日内瓦举行会议，审查目前的情况，讨论并商定未来 12～18 个月的工作计划。委员会成员以独立和个人身份任职，代表广泛的学科、专业知识和经验。世界卫生组织根据世界卫生组织"利益声明"表中披露的信息对所有潜在的利益冲突进行了评估。

世界卫生组织人类基因组编辑专家顾问委员会名单：

---

① 编者按：世界卫生组织决定建立关于制订人类基因组编辑治理和监督全球标准专家顾问委员会，以制订全球人类基因组编辑伦理、治理和监督标准，我国翟晓梅教授被遴选为该委员会委员，并参加了该委员会第一次会议，现将她撰写的世界卫生组织制订基因编辑全球标准制订专家委员会第一次会议报告作为本书的导言。翟晓梅教授是中国医学科学院/生命伦理学研究中心执行主任，国家卫生健康委员会医学专家伦理委员会副主任委员兼办公室主任，中国医院协会医学伦理学办公室主任，中国科协中国自然辩证法研究会生命伦理学专业委员会理事长。

Cameron，Justice Edwin 南非最高法院和宪法法院法官，共同主席。

Hamburg，Margaret Ann 国际著名公共卫生和医学领军人物，美国科学促进会前主席，美国食品和药品管理局前局长，共同主席。

以下委员以姓氏英文字母为序：

Alquwaizani，Mohammed 沙特阿拉伯食品和药品管理局药物受益和风险评价主任，曾任该局药物警戒和药品安全中心主任。

Bartnik，Ewa 波兰华沙大学遗传学教授，波兰科学院主席团生命伦理委员会委员，联合国教科文组织国际生命伦理学委员会委员（2010~2017）

Baylis，Françoise 加拿大达鲁斯大学研究教授，加拿大皇家学会院士，加拿大健康科学院院士。

Buyx，Alena M. 德国慕尼黑技术大学医学和卫生伦理学教授，医学史和医学伦理学研究所所长。

Charo，R. Alta 美国威斯康星大学法律和生命伦理学教授，克林顿时期美国国家生命伦理学顾问委员会委员，美国医学科学院人类基因编辑委员会主席，2018年第二届国际人类基因组编辑峰会组织委员会委员。

Chneiweiss，Hervé 神经学家和神经科学家，法国国家科学研究中心研究主任，巴黎法国国家科学研究中心/法国国家卫生与医学研究院/索邦大学神经科学研究中心主任，法国国家卫生与医学研究院伦理委员会主任，教科文组织国际生命伦理学委员会委员（2014~2021），以及前法国国家咨询伦理委员会委员（2013~2017）。

De Vries，Jantina 南非开普敦大学医学系生命伦理学副教授。

Holland，Cynthia 澳大利亚律师和妇产科专家。

Inamdar，Maneesha 印度干细胞和发育生物学专家，班加罗尔尼赫鲁高级科学研究中心教授和主任。

Kato，Kazuto 日本大阪大学医学研究生院生物医学伦理学和公共政策教授，人类基因组组织伦理委员会委员，日本内阁办公室科学、技术和创新理事会生命伦理学专家小组组员，第2届国际人类基因组编辑峰会组织委员会委员。

Lovell-Badge，Robin 英国克里克研究所干细胞生物学和发育遗传学实验室主任，欣可斯顿小组指导委员会委员，欧洲分子生物学组织成员，医学科学院院士，皇家学会院士。

Metzl，Jamie 美国技术未来学者和地缘政治专家，曾在美国国家安全委员会、国务院和参议院对外关系委员会任职。现任以波士顿为基地的生物技术公司首席战略官员。

Ana-Victoria-Sanchez-Urrutia 巴拿马科学、研究和创新国家秘书处顾问，巴拿马国家研究生命伦理学委员会委员，曾参与起草巴拿马有关卫生研究和使用人类细胞和组织的立法。

Simpore，Jacques 非洲布基纳法索瓦加大学分子生物学和遗传学教授，曾任职于布基纳法索卫生部专家委员会，艾滋病控制部长委员会。

Thairu-Muigai，Anne 肯尼亚分子人群遗传学家，农业和技术大学遗传学教授，曾任肯尼亚大学教育委员会专员。

翟晓梅 现任中国医学科学院/北京协和医学院生命伦理学研究中心执行主任，国家卫生健康委员会医学伦理专家委员会副主任委员兼办公室主任及公共政策专家委员会委员，中国医院协会医学伦理学办公室主任，中国人民大学伦理学及道德建设研究中心兼职研究员，华中科技大学生命伦理学研究中心兼职研究员，中国生命伦理学学会理事长，国家人类器官捐赠和移植专家委员会委员，中国艾滋病和性病协会常务委员兼伦理工作委员会主任，中国遗传学学会伦理、法律和社会问题委员会副主任，美国海斯汀思研究中心 Fellow，曾任人类基因组组织伦理委员会委员，亚洲生命伦理学协会副会长，世界卫生组织短期专家。作为访问学者曾访问：美国国立卫生研究院生命伦理学部、乔治城大学的临床伦理学研究中心、哈佛大学公共卫生学院（Research Fellow）、约翰霍普金斯大学，荷兰的尼梅根大学，比利时的卢文大学，意大利的帕多瓦大学，德国波鸿大学的医学伦理学研究中心，英国兰开斯特大学的环境、哲学与公共政策研究所。

世界卫生组织关于制订全球治理和监督人类基因组编辑标准的新顾问委员会同意努力在该领域建立强有力的国际治理框架。世界卫生组织总干事 Tedros Adhanom Ghebreyesus 博士说："基因编辑可对健康有着令人难以置信的助益，但它也会在伦理和医学上带来一些风险。该委员会是世界卫生组织领导力的完美范例，汇集了一些世界领先的专家，为这一复杂问题提供指导。我感谢专家顾问委员会的每个成员花费他们的宝贵时间和发挥他们的专业知识。"在 3 月 18～19 日的两天里，专家委员会审查了当前的科学技术状况。他们还商定了透明性、包容性和责任的核心原则，这些原则是委员会目前建议的基础。委员会一致认为，此刻任何人从事人类生殖系基因组编辑的临床应用是不负责任的。

该委员会还同意需要一个关于人类基因组编辑研究的中央登记处，以便建立一个开放和透明的、可用于工作的数据库。该委员会要求世界卫生组织立即开始建立这样一个登记处。委员会已邀请所有从事人类基因组编辑研究的人员与委员会进行公开讨论，以更好地了解技术环境和当前的治理安排，并帮助确保他们的工作符合当前科学和伦理的最佳实践。该委员会以包容的方式运作，并提出了一系列具体建议，以提高世界卫生组织作为该领域信息资源的能力。世界卫生组织首席科学家 Soumya Swamanathan 博士说："该委员会将为所有致力于这项新技术的人开发必要的工具和指南，以确保最大的受益和对人类健康最小的风险。"

在接下来的两年中，通过一系列面对面会议和在线咨询，委员会将与广泛的利益攸关方进行磋商，并提出可扩展、可持续和适合在国际、地区、国家和地方各级使用的综合治理框架的建议。该委员会将征求多个利益有关方的意见，包括病人团体、公民社会、伦理学家和社会科学家。

世界卫生组织基因编辑全球标准制订专家委员会第一次会议

世界卫生组织成立基因编辑全球标准制订专家委员会的目的是，在宏观上对人类基因编辑组以及新技术的管理机制提出建议；CRISPR-Cas9 工具应用于编辑人的基因，凸显在该领域的建章立制的需要。世界卫生组织成立专家委员会在已有的举措基础上审视人类基因组编辑的 ELSI（伦理、法律、社会问题）的挑战，对权威管理机构提出管理建议。第一次专家会议于 2019 年 3 月 18~19 日在日内瓦举行。

世界卫生组织建立的这个全球性、多学科的专家组，负责考查与人类基因组编辑（体细胞和生殖细胞的编辑）有关的科学、伦理、社会和法律挑战。委员会包括来自非洲、亚洲、欧洲、中东、大洋洲、北美洲和南美洲的成员。委员会的任务是就人类基因组编辑对机构、国家、区域和全球治理机制提出合适的建议。在其工作过程中，委员会将审查有关当前人类基因组编辑研究及其应用的文献，考虑现有的治理建议和相关的正在采取的举措，并征求有关社会对该技术不同用途的态度的信息。委员会将探讨如何最好地促进透明和值得信赖的做法，以及如何确保在开展任何相关工作之前已经进行了合适的评估。最近应用 CRISPR-Cas9 等工具编辑人类基因组，凸显了在这一领域需要强有力的监督。委员会将以协商方式开展工作，并以现有举措为基础，为今后的基因编辑技术制订负责任和反应灵敏的治理框架。它将与联合国的相关机构和其他国际机构联络，并与科学院和医学科学院以及在该领域已经工作或正在工作的其他国家或专业机构、患者团体和民间社会组织进行沟通。

会议活动

2019 年 3 月 18 日至 19 日，委员会 18 名成员中的 17 名和来自 8 个组织的观察员在瑞士日内瓦举行会议。会议由世界卫生组织成立基因编辑全球标准制订专家委员会总干事 Tedros Adhanom Ghebreyesus 博士宣布开幕。作为其工作的一部分，委员会在其成员中考虑到了委员的兴趣，讨论了委员的作用和责任，并审查了其任务的声明。

在其第一天会议上，英国弗朗西斯·克里克研究所干细胞生物学和发育遗传学实验室高级组长和负责人 Robin Lovell-Badge 发言，他概述了常用的编辑工具；目前用于临床试验的编辑工具；潜在的使用范围；编辑工具如何实现遗传物质不同功能变化及其表达，例如插入、删除、序列交换和碱基编辑；体外和体内体细胞基因组编辑的实例，包括在子宫内干预的可能性；人类生殖系体外基因组编辑的应用，例如编辑产生配子的细胞，或编辑早期胚胎；利用基因组编辑工具进行体内生殖系编辑的潜力；基因组编辑的临床应用面临的挑战，例如嵌合现象或同源定向修复的效率和准确性的缺点，以及克服它们的潜在技术方法；将基因组编辑工具传递到细胞中的方法；以及检测基因组是否已被编辑的能力。委员会聆听了下列报告：用于检测和测量脱靶效应的体外和计算机方法；区分由于自然背景突变水平编辑引起的突变；体细胞基因组编辑临床应用的潜在未来发展；基因组编辑的潜在危害和潜在益处；以及检测基因组编辑负面影响的技术的发展。

会议随后听取了关于与其工作有关的现有举措和报告的简短通报，包括："基因组编辑：伦理评论"和"基因组编辑和人类生殖：社会和伦理问题"，这两个报告分别于 2016 年和 2018 年由纳菲尔德生命伦理委员会出版发表；美国国家科学院和国家医学科学院的人类基因组编辑计划倡议；"世界人类基因组与人权宣言"（1997 年），"人类基因数据国际宣言"（2003 年），"世界生命伦理学与人权宣言"（2005 年），教科文组织国际生命伦理学委员会更新其对人类基因组与人权的反思（2015 年）的报告；政府间生命伦理学政府间委员会，以及欧洲理事委员会的"人权与生物医学公约"。

世界卫生组织介绍了一系列受委托提供的委员会工作背景的文件，包括：人类基因组编辑技术的治理；关于其他基因组编辑技术的治理，包括与粮食安全、环境安全和全球健康安全有关的技术；人类基因组编辑的伦理学；以及提供关键问题摘要的一份总体文件。这些文件已在会议前送交委员会成员审阅。委员会听取了基因组编辑可能包括对健康影响的直接和间接含义，例如提供预防或治疗遗传疾病的方法，或有可能促进营养和粮食安全、环境健康和全球健康安全方面的进步。

委员会随后举行了一次闭门会议，会上对所提供的信息进行了思考。委员会成员就该专家组的任务，与其工作有关的实质性问题以及如何组织其活动以成功完成其任务交换了意见。委员会确定了与其任务相关的体细胞和生殖系基因组编辑相关的要求，并决定考虑与两者相关的治理措施和制订与两者相关的建议。委员会注意到，考虑到其时间允许的范围，其工作计划方案是颇为雄心勃勃的。

在会议的第二天，是以分小组讨论的形式开展工作，以确定和讨论可能构成或有助于制订治理框架的具体问题、机制和利益攸关方。委员会还考虑了这些要素在国际、区域、国家或地方各级如何不同。

在讨论之后，委员会成员被邀请确定可能达成一致的指导原则或行动。确定了三个行动项目和相应的原则。

会议的最后一个下午，包括一次闭门会议，委员会讨论并制订了今后的工作计划，并考虑安排下次会议。

会议成果

1. 委员会同意需要提供更有组织的机制来收集和整理与其工作有关的计划和正在进行的研究的细节，并根据透明性原则来确定这一需要，委员会要求世界卫生组织立即开始制订注册工作。委员会呼吁任何人，无论他们是在政府部门、学术界、企业界或共同体实验室进行与要求注册授权相关的研究和研发，要求其注册，一旦注册完成便获得注册号码。委员会认为，任何未注册相关研究的行为都必须被视为在根本上违犯了负责任的研究。委员会呼吁这些研究的资助方应要求研究在数据库中进行注册，并且期刊仅以注册号发表研究结果。注册机构需要包含将来获得产品和临床应用的规定。委员会成立了一个工作组来制订注册机构的架构，其中包括商定必须包含在该注册机构中的研究类型以及应提交的元数据，详细地介绍其研究。

2. 委员会同意先前表达的观点，"目前对任何人进行人类生殖系基因组编辑的临床应用都是不负责任的。"为符合负责任管理科学的原则，并注意到相关工作可能已经在进行中，委员会要求并敦促所有进行或了解与其任务有关的研究和开发的人员，特别是人类生殖系细胞和胚胎的基因组编辑的人员立即与委员会接触。与这些研究人员的互动对委员会的证据收集工作至关重要，以便更好地了解技术环境以及现有的治理安排。委员会注意到了解迄今尚未公布的数据的重要性，包括阴性或不确定的研究结果，以及为获得成功所做的努力。

3. 委员会一致同意包容性的重要性，强调其希望得到尽可能广泛的利益攸关方的投入，并正在探索使大家能发表意见的开放在线机制的机会。委员会要求总干事加强世界卫生组织与技术和非专业受众分享信息和收集信息的能力。已经确定了两个战略：增强型网站以及定向外展到区域和国家的办公室。具体而言，委员会要求总干事与世界卫生组织的区域和国家办事处接触，并敦促他们征求社会对人类基因组编辑的看法，并充当承载工具的作用，特别是利用世界卫生组织以多种语言运作的能力。委员会还强调了与语言无关的资源的重要性，例如漫画和模因（memes）。这一程序将提高委员会工作的包容性。

委员会今后的工作

委员会注意到没有一个机制或行动者能够有效解决与人类基因组编辑有关的所有问题，因此需要建立一个全面的治理框架。该框架必须：①确定相关问题，解决这些问题的一系列具体机制，并与尽可能广泛的利益攸关方合作制订；②具有可扩展性、可持续性并适合在国际、区域、国家和地方各级使用；③在世界上对科学和临床研究和实践传统上监管较弱的地方，并且可能尚未以较大强度进行基因编辑的地方开展工作；④向所有负责监督基因组编辑的人员提供他们所需的工具和指导。

委员会制订了未来的工作计划，包括在未来 12～18 个月内举行的一系列面对面会议，与在线磋商同时举行，以进行广泛和包容性的辩论。委员会将继续负责任地探讨管理科学的标准和做法，以及有效治理框架的属性。委员会将按照确定的日程表工作并产生具体的成果。在 2019 年 8 月 26 日开始的一周内举行的下一次会议上，委员会将开始充实治理框架的要素为确定具体要素以及它们如何在不同层面运作。委员会未来的工作将补充而不是复制其他确保基因组编辑技术合适治理所做的努力。[1,2]

参 考 文 献

［1］ WHO. Human Genome Editing. 2019. https：//www.who.int/ethics/topics/human-genome-editing/en/.

［2］ Advisory Committee on Developing Global Standards for Governance and Oversight of Human Genome Editing REPORT OF THE FIRST MEETING. 2019 https：//www. who. int/ethics/topics/human-genome-editing/GenomeEditing-FirstMeetingReport-FINAL.pdf?ua＝1.

科学篇

CRISPR 的英雄们[①]

Eric S. Lander

原文标题：The Heroes of CRISPR

作者：Eric S. Lander

作者单位：Broad Institute of MIT and Harvard，415 Main Street，Cambridge，MA 02142，USA；Department of Biology，Massachusetts Institute of Technology，Cambridge，MA 02139，USA；Department of Systems Biology，Harvard Medical School，Boston，MA 02115，USA. Correspondence：lander@ broadinstitute. org

发表刊物：Cell，Leading Edge：Perspective 164：18-28，Elsevier Inc.

发表时间：January 14，2016

链接地址：http://dx.doi.org/10. 1016/j.cell.2015. 12. 041

译者：雷瑞鹏

三年前，科学家报告说，CRISPR 技术可以在活的真核细胞中使精准而有效的基因组编辑成为可能。从那时起，这种方法就在科学界掀起了一场风暴，成千上万的实验室将其应用于从生物医学到农业的各个领域。然而，前 20 年的历程（一种奇怪的微生物重复序列的发现；将其识别为适应性免疫系统；其生物学特性；改变基因组工程用途）仍然鲜为人知。本文旨在填补这一背景故事——思想的历史和先驱者的故事——并从作为科学发现基础的非凡的生态系统中汲取教训。

导 言

很难回想起比 CRISPR 更快席卷生物学的革命。仅在 3 年前，科学家报告，可将 CRISPR 系统——微生物通过记录和靶向入侵病毒的 DNA 序列用来抵御入侵的病毒适应性

[①] 编者按：麻省理工学院和哈佛大学 Broad 研究所所长 Eric S. Lander 于 2016 年在《细胞》（*Cell*）杂志 164：18-28 上发表了一篇题为 "The Heroes of CRISPR" 的文章，讲述 CRISPR 的历史，十分重要。本文译者雷瑞鹏是华中科技大学哲学系教授，人文学院副院长，生命伦理学研究中心执行主任，中国自然辩证法研究会生命伦理学专业委员会副理事长兼秘书长。

免疫系统——的使用改变为一个在活的细胞内编辑哺乳动物和其他生物基因组的简单而可靠的技术。CRISPR 很快就被广泛应用于许多领域——创建复杂的人类遗传病和癌症的动物模型；在人的细胞中进行全基因组筛选，以确定引起生物学过程的基因；打开或关闭特异性基因；以及将植物进行基因修饰——并正在世界各地的数千个实验室中使用。CRISPR 可被用于修饰人类生殖系的前景已经激起了国际上的争论。

我没见过没有听说过 CRISPR 的分子生物学家。然而，如果你问科学家这场革命是如何发生的，他们往往不知道。免疫学家 Peter Medawar 爵士说："科学史让大多数科学家感到枯燥乏味。"（Medawar，1968）事实上，科学家们确是不懈地聚焦未来。一旦一个事实被稳固地确定下来，导致它被发现的迂回道路就会被视为一种干扰。

然而，科学进展背后的人的故事可以教会我们很多关于驱动生物医学进展的神奇的生态系统——有关意外发现和规划、纯粹的好奇心和实际应用，无假说和假说驱动的科学，个人和团队，以及新鲜的视角和深厚的专业知识的作用。这种理解对于政府机构和基金会来说非常重要，因为仅在美国政府机构和基金会就有超过 400 亿美元的资金投入生物医学研究。对公众也同样重要，他们往往把科学家想象为躲在实验室里的孤独天才。而且，对受训者来说，对科学事业有一个现实的认识，作为指导和启发，尤其有价值。

在过去的几个月里，我设法了解 CRISPR 背后 20 年的背景故事，包括理念的历史和个人的故事。本文基于发表的论文、个人访谈和其他材料——包括期刊的退稿信。最后，我试着总结一些普遍性的教训。

最重要的是，本文描述了一群 12 位左右的鼓舞人心的科学家，他们与他们的合作者以及其他有贡献者（他们的故事未在这里详述）发现了 CRISPR 系统，揭示了其分子机制，并将其用途改为一个生物研究和生物医学的有力工具。他们是 CRISPR 的英雄。

CRISPR 的发现

故事始于西班牙 Costa Blanca 的地中海港口 Santa Pola。几个世纪以来，这里美丽的海岸和广阔的含盐沼泽一直吸引着度假者、火烈鸟和商业盐商。Francisco Mojica 在附近长大，经常在那些海滩来往，当他 1989 年在与海岸近在咫尺的 Alicante 大学开始他的博士研究，也就不足为奇了。他参加入了一项研究地中海富盐菌（*Haloferax mediterranei*）的实验室工作。地中海富盐菌是从 Santa Pola 的沼泽分离出来的一种古细菌和极端耐盐的微生物。他的导师已经发现，生长培养基的盐浓度似乎会影响限制性内切酶切割微生物基因组的方式，而 Mojica 着手描述这些改变后的片段的特性。在他检测的第一个 DNA 片段中，Mojica 发现了一个奇怪的结构——由大约 36 个碱基分隔开的 30 个碱基组成的近乎完美的、大致是回文的、重复序列的多份拷贝，与微生物中已知的任何重复序列家族都不相似（Mojica et al.，1993）。

这位 28 岁的研究生被迷住了，并在接下来的 10 年里致力于解开这个谜团。不久，他在亲缘关系密切的 *H. volcanoii* 以及更遥远的嗜盐古菌（*halophilic archaea*）中发现了类似的重复序列。通过对科学文献的梳理，他还发现了与真细菌（eubacteria，细菌分为两大类：

真细菌和古细菌 archaebacteria。——译者注）的联系：日本的一个研究组（Ishino et al.，1987）在一篇论文中提到，大肠杆菌中的重复序列与富盐菌属的重复序列具有类似的结构，尽管没有序列相似性。这些作者几乎没有做什么观察，但 Mojica 意识到，在相隔如此遥远的微生物中存在如此相似的结构，必定标志着原核生物的某种重要功能。他写了一篇论文报告了这类新的重复序列（Mojica et al.，1995），然后前往牛津大学从事短期的博士后研究。

　　Mojica 回到家乡，在 Alicante 大学任教。由于学校几乎没有任何启动资金或实验室空间，他求助于生物信息学来研究这种奇怪的重复序列，他将其称为短规则间隔重复序列（short regularly spaced repeats，SRSRs）；后来，根据他的建议，这个名字改为成簇规则间隔回文重复序列（clustered regularly interspaced palindromic repeats，CRISPR）（Jansen et al.，2002；Mojica and Garrett，2012）。

　　到 2000 年，Mojica 已经在 20 种不同的微生物中发现了 CRISPR 位点，包括结核分枝杆菌、艰难梭菌和鼠疫耶尔森杆菌（Mojica et al.，2000）。在两年内，研究人员将位点的普查数量增加了一倍，并对位点的关键特性进行了编目，包括在邻近区域存在特异性的与 CRISPR 相关联的（cas）基因，这些基因可能与其功能有关（Jansen et al.，2002）。[1]

　　但是 CRISPR 系统的功能是什么呢？存在大量的假说：各种各样的意见认为它参与基因调控、复制子分区、修复 DNA 以及其他作用（Mojica 和 Garrett，2012）。但这些猜测大多基于很少证据或没有证据的基础上，一个接一个地被证明是错误的。与 CRISPR 的发现一样，关键的洞察力来自生物信息学。

CRISPR 是一种适应性免疫系统

　　在 2003 年 8 月的假期里，Mojica 避开了 Santa Pola 海滩的酷热，躲进了他在 Alicante 有空调的办公室里。到目前为止，作为新兴 CRISPR 领域的明显领导者，他已经把注意力从重复序列本身转移到分隔它们的间隔上。利用他的文字处理器，Mojica 煞费苦心地提取出每一个间隔，并将其插入 BLAST（Basic Local Alignment Search Tool）程序中，以寻找与任何其他已知 DNA 序列的相似性。他以前尝试过这种方法，但没有成功，但 DNA 序列数据库不断扩大，这一次他淘到了黄金。在他不久以前测序的来自一个大肠杆菌株的 CRISPR 位点上，其中一个间隔序列与感染了许多大肠杆菌株的 P1 噬菌体的序列相匹配。然而，人们已知携带该隔离序列的特定菌株对 P1 感染具有抵抗力。到该周末，他已经费力地研究了 4500 个间隔序列。在 88 个与已知序列相似的间隔序列中，2/3 与携带该间隔序列的微生物有关的病毒或接合质粒（conjugative plasmids）相匹配。Mojica 意识到 CRISPR 位点必定编码一种适应性免疫系统的指令，以保护微生物不受特定的感染。

　　Mojica 和同事们出去喝白兰地庆祝，第二天早上回来起草论文。于是开始了长达 18 个月的沮丧之旅。Mojica 意识到这一发现的重要性，把论文寄给了《自然》杂志。2003 年

---

　　[1]　原文有图表未授权许可我们翻译复印。——译者注

11月，《自然》杂志在没有寻求外部评审的情况下拒绝了这篇论文；令人费解的是，编辑声称关键的思想已经为人所知。2004年1月，《美国国家科学院院刊》（*Proceedings of the National Academy of Sciences*）认定，这篇论文缺乏充分的"新颖性和重要性"，没有理由将其送出去审阅。《分子微生物学》（*Molecular Microbiology*）和《核酸研究》（Nucleic Acid Research）依次拒绝了这篇论文。到如今，Mojica已经绝望了，他害怕被人抢先，于是把这篇论文寄给了《分子进化杂志》（*Journal of Molecular Evolution*）。经过12个多月的审查和修订，报告CRISPR可能功能的论文终于在2005年2月1日发表（Mojica et al.，2005）。

大约在同一时间，CRISPR在另一个不太可能的地点成为关注的焦点：位于巴黎以南约30英里的法国国防部的一个单位。Gilles Vergnaud，一位在巴斯德研究所接受培训的人类遗传学家，从军备总局（Direction Generale de l'Armement）获得了读博士学位和博士后的支持。1987年完成学业后，他加入了政府机构，建立了第一个分子生物学实验室。在以后的10年里，Vergnaud继续他的人类遗传学的研究工作。但在20世纪90年代晚期当有关的情报报告引起了人们关切伊拉克的萨达姆·侯赛因政权正在发展生物武器时，法国国防部要求Vergnaud在1997年将他的研究组把注意力转移到法医微生物学（forensic microbiology）——开发基于菌株之间微妙的基因差异追踪病原体来源的方法。他与附近的巴黎南方大学遗传学和微生物研究所建立了一个联合实验室，开始使用串联重复系列（tandem-repeat）多态性——法医鉴定人的DNA指纹的主要工具——来鉴定炭疽和鼠疫的菌株。

法国国防部从1964年至1966年在越南暴发的一场鼠疫中获得了61份独特的鼠疫杆菌（*Y. pest*）样本。Vergnaud发现这些紧密相关的分离株在它们的串联间隔序列位点上是相同的，唯一的例外是他的同事Christine Pourcel发现的一个位点是CRISPR位点。菌株偶尔会因存在新的间隔序列而有所不同，这些间隔序列总是以极化的方式在CRISPR位点的"前"端获得（Pourcel et al.，2005）。引人注目的是，许多新的间隔序列都与鼠疫杆菌基因组中的一种原噬菌体相对应。作者提出，CRISPR基因位点在防御机制中发挥作用，他们用诗意的语言来说，"CRISPR可能代表了'过去基因攻击'的记忆"。Vergnaud发表研究结果的努力遇到了与Mojica同样的阻力。这篇论文在2005年3月1日发表于《微生物学》（*Microbiology*）杂志之前，曾遭《国家科学院院刊》、《细菌学杂志》（*Journal of Bacteriology*）、《核酸研究》（*Nucleic Acids Research*）和《基因组研究》（*Genome Research*）等杂志拒绝。

最后，第三位研究人员Alexander Bolotin，一位俄罗斯移民，法国国家农业研究所的微生物学家，在2005年9月的《微生物学》杂志上也发表了一篇描述CRISPR染色体外起源的论文（Bolotin et al.，2005）。他的报告实际上是在Mojica 2005年2月的论文发表一个月后递交的——因为他将论文递交给另一家杂志被拒绝了。值得注意的是，Bolotin是第一个推测CRISPR如何拥有免疫功能的人——提出CRISPR位点的转录产物是通过反义RNA抑制噬菌体基因表达来起作用的。尽管这一猜测合情合理，但后来被证明是错误的。

CRISPR具有适应性免疫并使用核酸酶的实验证据

与Mojica一样，Philippe Horvath也很难选择一个更本土化或不那么迷人的论文主题。

在斯特拉斯堡大学（University of Strasbourg）攻读博士期间，他专注于研究一种用于生产德国泡菜——阿尔萨斯特产德国酸菜（choucroute garnie）的乳酸菌的遗传学。出于对食品科学的兴趣，Horvath 突然离开去做博士后研究，在 2000 年后期加入位于法国西部 Dangé-Saint-Romain 的 Rhodia 食品公司，该公司是细菌发酵剂制造商，建立了它的第一个分子生物学实验室。该公司后来被丹麦 Danisco 公司收购，而 Danisco 公司自身在 2011 年被杜邦公司收购。

Rhodia 食品公司对 Horvath 的微生物学技能很感兴趣，因为其他乳酸菌，如嗜热链球菌，被用来制造酸奶和奶酪等乳制品。Horvath 的任务包括开发基于 DNA 的方法来精确鉴定菌株，克服乳制品发酵工业用培养基常见的噬菌体感染的困扰。因此，了解某些嗜热链球菌菌株如何保护自己免受噬菌体攻击具有科学意义和经济意义。

2002 年晚期，Horvath 在荷兰一个关于乳酸菌的会议上了解到 CRISPR 后，开始用它来对他的菌株进行基因分型。到 2004 年后期，他注意到间隔序列与对噬菌体抵抗力之间存在显著的相关性——几个月后，Mojica 和 Vergnaud 报告了这一点。2005 年，Horvath 和他的同事们——包括美国 Danisco 公司新获得博士学位的 Rodolphe Barrangou，以及魁北克市 Laval 大学杰出的噬菌体生物学家 Sylvain Moineau——开始直接检验 CRISPR 是一种适应性免疫系统的假说。值得注意的是，Moineau 也是一位工业科学家。他在拉瓦尔（Laval）大学获得了食品科学博士学位，同时也在研究乳酸菌。在回到拉瓦尔大学进行学术研究之前，他曾在联合利华公司工作；自 2000 年以来，他一直在与 Rhodia 食品公司进行合作。

这些研究人员利用一种可清楚表征的噬菌体敏感嗜热链球菌和两种噬菌体，进行了基因选择，以分离出对噬菌体有抗性的细菌。而对噬菌体有抗性的菌株并没有发生经典的抗性突变（如进入噬菌体所需的细胞表面受体），却在其 CRISPR 位点获得了噬菌体衍生的序列（Barrangou et al.，2007）。此外，插入多个间隔序列与抗性增加相关。他们已经看到获得性免疫在起作用。

他们还研究了两个 cas 基因的作用：cas7 和 cas9。细菌需要 cas7 来获得抗性，但是携带噬菌体衍生的间隔的细菌不需要这种基因来保持抗性——这提示 cas7 参与了产生新的间隔和重复序列，但不参与免疫本身。相比之下，cas9 的序列包含两种类型的核酸酶基序（HNH 和 RuvC），因此其产物大概剪切核酸（Bolotin et al.，2005；Makarova et al.，2006），这对噬菌体抗性是必要的；Cas9 蛋白是细菌免疫系统的活性成分。（警告：在早期的 CRISPR 文献中，现在著名的 cas9 基因被称为 cas5 或 csn1。）

最后，他们发现，能够克服基于 CRISPR 免疫的罕见噬菌体分离株在它们的基因组中携带单碱基变化，以改变与间隔相对应的序列。因此，免疫依赖于间隔和靶标之间精准的 DNA 序列匹配。

编程 CRISPR

1989 年在阿姆斯特丹自由大学获得博士学位的 John van der Oost，最初打算通过利用蓝藻来生产生物燃料来解决世界对清洁能源的需求。在返回阿姆斯特丹之前，他在赫尔辛基和海德堡工作，研究了细菌的代谢途径。1995 年，Wageningen 大学给他提供了一个永久职位，但有一个条件：他们想让他扩大一个研究嗜极微生物的小组。van der Oost 曾在德国听过一场关于硫磺矿硫化叶菌（*Sulfolobus solfataricus*）的演讲，这些细菌在黄石国家公园的温泉中茁壮成长。他开始与美国国立卫生研究院国家生物技术信息中心（National Center for Biotechnology Information，NCBI）的微生物进化和计算生物学专家 Eugene Koonin 进行合作。Koonin 已经开始对 CRISPR 系统进行分类和分析，在 2005 年的一次访问中，他将 van der Oost 引入了当时还不为人知的 CRISPR 领域（Makarova et al.，2006）。

van der Oost 刚刚获得了荷兰国家科学基金会（Dutch National Science Foundation）的一笔巨额资助。除了研究在他的研究计划中描述的问题，他还决定用一些资金来研究 CRISPR。（在 5 年后提交给该机构的报告中，他强调了该机构允许研究人员自由改变科学计划的政策的价值。）

他和他的同事将一种大肠杆菌的 CRISPR 系统植入另一种缺乏自身内源性系统的大肠杆菌株中。这使得他们能够在生物化学上表征一个由 5 个 Cas 蛋白组成的复合物，称为级联（Cascade）（Brouns et al.，2008）。

通过逐个敲除每个组分，他们显示，要将一个从 CRISPR 位点转录的长前体 RNA 裂解为 61 个核苷酸长的 CRISPR RNA（crRNAs），需要级联反应。他们克隆并测序了一组与级联复合物共纯化的 crRNAs，发现所有这些都是从重复序列的最后 8 个碱基开始的，然后是完整的间隔和下一个重复区域的开始。这一发现支持了早期的提示，即重复序列的回文性质将导致 crRNA 中二级结构的形成（Sorek et al.，2008）。

为了证明 crRNA 序列负责基于 CRISPR 的抗性，他们开始创建第一个人工 CRISPR 阵列——编程 CRISPR，目标是在 λ 噬菌体（λ）中的 4 个基本基因。正如他们预测的，携带新 CRISPR 序列的这些菌株显示抗噬菌体 λ。这是第一个直接编程基于 CRISPR 的免疫系统的案例——一种为细菌制造的流感疫苗。

结果也暗示 CRISPR 的靶标不是 RNA（正如 Bolotin 所提出的），而是 DNA。作者设计了两个版本的 CRISPR 阵列——一个在反义方向上（与 DNA 位点的 mRNA 和编码链均互补），另一个在正义方向上（仅与另一个 DNA 链互补）。尽管这些间隔的功效各不相同，但义的版本起作用的事实强烈提示，靶标不是 mRNA。不过，证据是间接的。在《科学》杂志的编辑们敦促他们对得出一个确定的结论保持谨慎的情况下，van der Oost 在《科学》（Science）杂志上发表的论文将 CRISPR 以 DNA 为靶标作为一个"假设"的想法提出，因为杂志编辑们说服他在得出定论时要小心谨慎。

CRISPR 的靶点是 DNA

Luciano Marraffini 在芝加哥大学攻读研究葡萄球菌的博士学位时，从该系教授 Malcolm Casadaban 那里了解到了 CRISPR。Casadaban 是噬菌体遗传学方面的世界权威。2005 年，Casadaban 立即理解 CRISPR 可能是一种适应性免疫系统这一发现的重要性，并向所有愿意聆听的人谈论了 CRISPR。与噬菌体共同体中的许多人一样，Marraffini 确信 CRISPR 可能因

RNA 干扰而不起作用，因为这种机制效率太低，无法克服噬菌体感染后的爆发性生长。反之，他推断，CRISPR 必须切断 DNA——实际上，这种功能活动就像限制性内切酶一样。

Marraffini 渴望在世界上为数不多的几个研究 CRISPR 的研究组中从事博士后工作，但他的妻子在伊利诺伊州库克县的刑事法庭有一份很好的翻译工作，他觉得自己应该留在芝加哥。他说服了西北大学的生物化学家 Erik Sontheimer，让他加入 Sontheimer 的实验室，从事 CRISPR 的研究。Sontheimer 一直从事 RNA 剪接和 RNA 干扰方面的研究。

甚至在搬到西北大学之前，Marraffini 就开始研究 CRISPR，甚至在他完成他的研究生工作的时候——探索葡萄球菌的 CRISPR 系统是否可以阻止质粒接合。他注意到，一株表皮葡萄球菌（*Staphylococcus epidermidis*）有一个间隔，与耐药金黄色葡萄球菌质粒上编码的切口酶（nickase，*nes*）基因的一个区域相匹配。他指出，这些质粒不能被转移到表皮葡萄球菌，但是破坏质粒内的 *nes* 序列或基因组 CRISPR 位点上匹配的间隔序列，这种破坏作用消除了干扰（Marraffini and Sontheimer，2008）。很明显，CRISPR 阻断了质粒，就像它阻断病毒一样。

Marraffini 和 Sontheimer 简要地考虑了在体外重建 CRISPR 系统，以证明它能切割 DNA。但是表皮链球菌的系统过于复杂——它有 9 个 Cas 基因，而且仍然不能很好地描述它的特征。于是他们转向了分子生物学。聪明的是，他们修饰了 CRISPR 系统靶向的质粒中的 *nes* 基因——在它的序列中间插入了一个自剪接内含子。如果 CRISPR 靶向 mRNA，这种改变不会影响干扰，因为内含子序列会被剪接出来。如果 CRISPR 靶向 DNA，插入将消除干扰，因为间隔将不再匹配。结果表明：CRISPR 的靶点是 DNA。

Marraffini 和 Sontheimer 认识到 CRISPR 本质上是一种可编程的限制性内切酶。他们的论文是第一个明确预测 CRISPR 可能被改用于异种系统的基因组编辑。"从实践的观点来看，"他们宣称，"对含有任何给定的 24 个到 48 个核苷酸靶标序列的 DNA 进行特定可寻址破坏的能力可能具有相当大的功能用途，尤其是如果该系统能够在其原生细菌或古细菌环境之外发挥功能的话"。他们甚至申请了专利，包括使用 CRISPR 来切割或纠正真核细胞中的基因组位点，但缺乏足够的实验证明，最终他们放弃了这项技术（Sontheimer and Marraffini，2008）。

Cas9 由 crRNAs 引导，在 DNA 中产生双链断裂

2007 年的开创性研究确认 CRISPR 是一种适应性免疫系统（Barrangou et al.，2007）之后，Sylvain Moineau 继续与 Danisco 合作，设法理解 CRISPR 裂解 DNA 的机制。

问题是 CRISPR 通常如此有效，以至于 Moineau 和他的同事们不能很容易地观察到入侵的 DNA 是如何被破坏的。然而，在研究嗜热链球菌（*S. thermophilus*）的质粒干扰时，他们幸运地找到了突破口。研究人员发现了一些菌株，其中 CRISPR 只能部分提供保护，电穿孔不能使质粒转化。在这样一个效率低下的菌株中，他们可以看到线性化的质粒持续存在于这些细胞内。不知何故，质粒干扰的过程被减缓到足以观察 CRISPR 作用的直接产物（Garneau et al.，2010）。

这个菌株使他们能够解剖切割过程。与他们早期的结果一致（Barrangou et al., 2007），他们显示质粒的切割依赖于 Cas9 核酸酶。当他们对线性化的质粒进行测序时，他们发现了原间隔邻近基序（PAM）序列上游的 3 个核苷酸处有一个精确的钝端裂解活性，这是一个关键的序列特性，他们在之前的论文中已经对其功能的特性进行了描述（Deveau et al., 2008；Horvathet al., 2008）。他们在扩展他们的分析时显示，病毒 DNA 在与 PAM 序列完全相同的位置也被切割。此外，与靶点匹配的不同间隔数与观察到的切割数相对应。

他们的研究结果明确表明，Cas9 的核酸酶的活动是在特定的 crRNAs 序列编码的精确位置上切割 DNA。

tracrRNA 的发现

尽管对 CRISPR-Cas9 系统进行了深入的研究，但仍有一个额外的不解之谜悬而未解——小小的 RNA，后来被称为反式激活 CRISPR RNA（trans-activating CRISPR RNA，tracrRNA）。事实上，发现者 Emmanuelle Charpentier 和 Jörg Vogel 并不是专门要去研究 CRISPR 系统的；他们只是试图鉴定微生物 RNAs。

Charpentier 于 1995 年在巴斯德研究所获得微生物学博士学位，并在纽约做了 6 年的博士后工作，之后于 2002 年在维也纳大学和 2008 年在瑞典 Umea 大学开办了自己的实验室。在发现一种控制酿脓链球菌（*Streptococcus pyogenes*）致病力的异常 RNA（Mangold et al., 2004）后，她开始对在微生物中鉴定额外的调节 RNA 感兴趣。她使用生物信息学程序扫描酿脓链球菌基因间区域的结构，表明它们可能编码未编码的 RNA。她已经发现了若干候选区域——包括一个靠近 CRISPR 位点的区域——但是没有关于 RNA 本身的直接信息，很难追踪这些区域。

当 Charpentier 在 2007 年于威斯康星州麦迪逊市举行的 RNA 学会会议上遇到 Vogel 时，解决办法就出现了。Vogel 在德国接受微生物学训练，在乌普萨拉和耶路撒冷的博士后工作期间，他开始专注于在病原体中寻找 RNAs。当他 2004 年在柏林的马克斯·普朗克感染生物学研究所成立自己的研究组时，继续这项工作。（5 年后，他搬到 Würzburg 领导一个传染病研究中心。）随着"下一代测序"技术的出现，Vogel 意识到大规模并行测序将使产生任何微生物转录组学的全面目录成为可能。他刚刚将这种径路应用于引起胃溃疡的幽门螺杆菌（Sharma et al., 2010），并正在研究其他各种细菌。Charpentier 和 Vogel 决定把目标也对准酿脓链球菌。

这种径路取得了一个惊人的结果：位居第三的最丰富的转录本——仅次于核糖体 RNA 和转移 RNA——是一种新颖的小的 RNA，它是从紧挨着 CRISPR 位点的一个序列转录而来的（在 Charpentier 注意到的区域），与 CRISPR 重复序列有 25 个近乎完美的互补碱基。这种互补性提示，这个 tracrRNA 与 crRNAs 的前体杂交在一起，且被 RNase Ⅲ 裂解加工为成熟的产物。基因删除实验确认了这一想法，表明 tracrRNA 对于加工 crRNAs 以及 CRISPR 功能是必不可少的（Deltcheva et al., 2011）。

后来的研究揭示，tracrRNA 还有另一个关键作用。后续的生化研究显示，tracrRNA 不仅参与了 crRNA 的加工，而且对于 Cas9 核酸酶复合物裂解 DNA 也是必不可少的（Jinek et al.，2012；Siksnys et al.，2012）。

在遗传距离相隔遥远的有机体重建 CRISPR

Virginijus Siksnys 在苏联时代的立陶宛长大，毕业于维尔纽斯大学，20 世纪 80 年代初离开家乡，前往莫斯科国立大学攻读博士学位，在那里他学习了酶动力学。当他回到维尔纽斯的家乡时，她加入了应用酶学研究所，研究当时热门的限制性内切酶。然而，20 年后，他对研究限制性内切酶的特性感到厌倦。Horvath，Barrangou 和 Moineau 2007 年的论文重新使他对外来 DNA 的细菌屏障入了迷。作为一名化学家，他觉得唯有在体外重建 CRISPR，他才能理解它。

他的第一步是测试他是否拥有所有必要的组件。他和他的同事们开始研究嗜热链球菌的 CRISPR 系统能否在一个遗传距离［这里指的是遗传距离（genetic distance）间隔遥远。遗传距离是物种之间或同一物种不同种群之间遗传差异的测度。——译者注］相隔非常遥远的微生物——大肠杆菌中以完全功能的形式重组。令他们高兴的是，他们发现转移整个 CRISPR 位点足以对质粒和噬菌体 DNA 产生靶向干扰（Sapranauskas et al.，2011）。他们还利用他们的异源系统，证明了 Cas9 是干扰中唯一需要的蛋白质，以及它的 RuvC-和 HNH-核酸酶结构域（Bolotin et al.，2005；Makarova et al.，2006）。

这个领域已经达到了一个关键的里程碑：CRISPR-Cas9 干扰系统的必要和充分的组成部分——Cas9 核酸酶、crRNA 和 tracrRNA——现在已经为人所知。已经根据卓越的生物信息学、遗传学和分子生物学对该系统进行了全面的剖析。现在是转向精确的生化实验来设法确认和扩展试管中的成果的时候了。

在体外研究 CRISPR

Siksnys 和他的同事利用他们在大肠杆菌中的异种表达系统，通过在 Cas9 上使用链霉亲和素标记纯化嗜热链球菌 Cas9-crRNA 复合物，并在试管中研究其活性（Gasiunas et al.，2012）。他们显示，该复合物可以在体外裂解一个 DNA 靶点，从 PAM 序列中产生正好是 3 个核苷酸的双链断裂，这与 Moineau 及其同事在体内的观察结果相符。最引人注目的是，他们证明了他们能够用 CRISPR 阵列中专门设计的间隔重新编程 Cas9，从而切割他们在体外选择的靶位点。通过对 HNH-和 RuvC-核酸酶结构域催化残基的突变，他们也证明了前者可裂解与 crRNA 互补的链，而后者可裂解与之相反的链。而且他们显示，crRNA 可以被削减到只有 20 个核苷酸，仍然可以实现有效的分裂。最后，Siksnys 显示，该系统还可以通过第二种方式进行重组，即结合纯化的 His 标记 Cas9、体外转录的 tracrRNA 和 crRNA 及 RNase Ⅲ，并显示这两种 RNA 对 Cas9 切割 DNA 都是必不可少的（他们最终将从他们修改后的论文中删除了这第二种重构方式，但他们在 2012 年 3 月存档的他们发表的美国专利申请中报告了所有工作。）（Siksnys et al.，2012）。

大约在同一时间，Charpentier 和她一位同事在维也纳开始对 CRISPR 进行生化特性的鉴定。2011 年 3 月，她在波多黎各举行的美国微生物学会（American Society for Microbiology）会议上发表关于 tracrRNA 的演讲时，遇到了加州大学伯克利分校（University of California, Berkeley）享誉世界的结构生物学家和 RNA 专家詹妮弗·杜德纳（Jennifer Doudna）。在夏威夷长大后，Doudna 在哈佛大学攻读博士学位，与 Jack Szostak 一起工作，将一种 RNA 自我剪接基因内区重新设计制造为能够复制 RNA 模板的核糖酶，然后就在科罗拉多大学与 Tom Cech 一起做博士后工作，在那里她解决了核糖酶的晶体结构。在她自己的实验室（1994 年在耶鲁大学开始，2002 年在伯克利开始），她描述了多种多样现象背后的 RNA 蛋白质复合物特性，例如核糖体内部进入位点和微 RNA 的处理。她一直在使用晶体学和冷冻电子显微镜来解决 I 型 CRISPR 系统级联复合体成分的结构问题，I 型 CRISPR 系统是用于大肠杆菌等微生物的更为复杂的系统。

Charpentier 和 Duodna 这两位科学家决定联合起来。她们使用了重组 Cas9（来自酿脓链球菌在大肠杆菌中表达）以及已经体外转录的 crRNA 和 tracrRNA（Jinek et al.，2012）。与 Siksnys 一样，她们显示 Cas9 可在体外切割纯化的 DNA，可以用专门设计的 crRNAs 编程，这两个核酸酶域可以切割相反的链，Cas9 需要 crRNA 和 tracrRNA 二者才能发挥作用。此外，她们还显示，当这两种 RNA 融合成单导 RNA（sgRNA）时，它们可以在体外发挥作用。sgRNAs 的概念将在基因组编辑中得到广泛的应用，在经过其他人修饰后，可使它在体内有效起作用。

Siksnys 于 2012 年 4 月 6 日向 Cell 杂志提交了他的论文。六天后，该杂志在没有外部评审的情况下拒绝了这篇论文。事后 Cell 的编辑也同意这篇论文非常重要。Siksnys 浓缩了这份手稿，并于 5 月 21 日将其寄给了《美国国家科学院院刊》（*Proceedings of the National Academy of Sciences*），后者于 9 月 4 日在网上发表了这份手稿。Charpentier 和 Doudna 的论文运气要好一些。在 Siksnys 的论文于 6 月 8 日递交给《科学》杂志两个月后，它顺利通过了评审，并于 6 月 28 日出现在网上。

这两组科学家都清楚地认识到生物技术的潜力，Siksnys 宣称"这些发现为通用可编程 RNA 引导的 DNA 内切酶的工程铺平了道路"，而 Charpentier 和 Doudna 指出"利用该系统进行 RNA 可编程基因组编辑的潜力"。（几年后，Doudna 呼吁全世界注意编辑人类生殖系的前景所引发的重要社会问题。）

哺乳动物细胞的基因组编辑

20 世纪 80 年代晚期，科学家们设计了一种方法来改变活细胞中的哺乳动物基因组，这改变了生物医学研究——包括使在小鼠胚胎干细胞的特定位置插入 DNA 成为可能，然后产生携带这种基因修饰的小鼠（Capecchi，2005）。虽然是革命性的，但这个程序是无效的——要求通过选择和筛选在 100 万个细胞中鉴别出一个细胞，在这个细胞中，生物学家同源重组将一个基因与研究人员提供的修饰版本进行了交换。在 1990 年代中期，哺乳动物根据酵母遗传学家的观察发现，在基因组位点引入双链断裂（使用一种"大范围核酸酶

meganuclease"，这是一种具有极其罕见的识别位点的核酸内切酶），同源重组的频率大大增加，而异源末端结合引起的删除很小（Haber，2000；Jasin and Rothstein，2013）。他们意识到，高效基因组编辑的秘密在于找到一种可靠的方法，在任何想要的位置产生双链断裂。第一个总体策略是使用锌指核酸酶（ZFNs）——由一个锌指 DNA 结合域和一个取自限制性内切酶的 DNA 裂解域组成的融合蛋白，它们结合起来并切割一个基因组位点（Bibikova et al.，2001）。科学家很快证明了利用 ZFNs 可在果蝇和小鼠中通过同源重组进行位点特异性基因编辑（Bibikova et al.，2003；Porteus and Baltimore，2003）。到 2005 年，Sangamo 生物科学公司的一个研究组报告了他们成功地纠正了人类细胞系中重症综合性免疫综合征基因的突变（Urnov et al.，2005）。然而，制造能够可靠识别特定站点的 ZFNs 被证明是缓慢而烦琐的。2009 年晚期，有两组科学家描述了来自植物病原体黄单胞菌（Xanthomonas）的一类令人瞩目的名为 TALEs（Transcription activator-like effectors）的转录激活蛋白，这才出现了较好的解决办法（Boch et al.，2009；Moscou and Bogdanove，2009），它们使用精确的模块域代码来靶向特定的 DNA 序列。尽管如此，这种方法仍然需要大量的工作，要求为每一个靶点配备一种新的蛋白质。

自从 Marraffini 和 Sontheimer 在 2008 年的论文中指出 CRISPR 是一种可编程的限制性内切酶以来，研究人员就认为 CRISPR 可能提供一种强大的工具来切割，从而编辑特定的基因组位点——如果它能在哺乳动物细胞中起作用的话。但这是一个很大的"如果"。"与微生物不同，哺乳动物细胞有非常不同的内部环境，它们的基因组比微生物大 1000 倍，存在于细胞核中，并嵌入一个复杂的染色质结构中。试图转移其他简单的微生物系统，例如自剪接第二组内含子，均以失败告终，而利用核酸靶向基因组位点的尝试也一直存在问题。CRISPR 能否被重新设计制造成为一个强大的人类基因组编辑系统？直到 2012 年 9 月，专家们还持怀疑态度（Barrangou，2012；Carroll，2012）。

张锋在 11 岁时从中国石家庄移民到了爱荷华州得梅因。在周六的强化课程上他迷上了分子生物学，16 岁时他在当地的基因治疗实验室每周工作 20 小时。作为一名哈佛大学本科生，当一位同学患严重的抑郁症时，他对脑产生兴趣，后来他在斯坦福大学攻读博士学位时跟神经生物学家和精神病学家 Karl Deisseroth 研究化学，在那里他们（与 Edward Boyden 一起）开发出了光遗传学（optogenetics）——一种革命性的技术，通过这种技术，携带微生物光依赖通道蛋白的神经元可以被光脉冲触发。作为波士顿的一名独立研究员（最初是哈佛大学后来是麻省理工学院脑与认知科学系和 Broad Institute 研究所的一名初级 Fellow），张锋旨在进一步拓展研究神经生物学的分子工具箱。在开发出一种利用光来激活基因表达的方法（通过 DNA 结合域与转录激活域的耦合将两种植物蛋白在有光存在时结合在一起）之后，他开始探索一种通用的方法来编程转录因子。当 TALEs 被破译后，张锋与他的合作者 Paola Arlotta 和 George Church（以及来自 Sangamo BioSciences 公司的一个研究组独立地）成功地将它们改用于哺乳动物——使精准地激活、抑制或编辑珍贵基因成为可能（Zhang et al.，2011；Miller et al.，2011）。不过，他仍然在寻找更好的径路。

2011 年 2 月，张锋听了哈佛大学微生物学家 Michael Gilmore 关于 CRISPR 的演讲，立刻被吸引住了。第二天，他飞往迈阿密参加一个科学会议，但仍然躲在酒店房间里，消化全部 CRISPR 文献。当他回来的时候，他着手创造了一个用于人类细胞的嗜热链球菌 Cas9 的版本（带有优化的密码子和核定位信号）。到 2011 年 4 月，他已经发现，通过表达 Cas9 和以携带荧光素酶基因质粒为靶点的设计制造的 CRISPR RNA，他能够降低人类胚胎肾细胞的发光水平。不过，效果并不明显。

张锋在接下来的一年里对系统进行了优化。他探索了增加 Cas9 进入细胞核的比例的方法。当他发现嗜热链球菌 Cas9 在细胞核内的分布不均匀（它在细胞核内聚集成群）时，他测试了替代物，发现幽门螺旋杆菌 Cas9 的分布要好得多。他发现哺乳动物细胞虽然缺乏微生物 RNaseⅢ，但仍然可以处理 crRNA，尽管与细菌不同。他测试了多种 tracrRNA 的亚型，以确定其中一种在人类细胞中是稳定的。

到 2012 年年中，他已经有了一个健全的三组分系统，由来自酿脓链球菌或嗜热链球菌、tracrRNA 和 CRISPR 阵列的 Cas9 组成。他以人和小鼠的基因组中的 16 个位点为靶点显示，通过非同源末端接合与修复模板的同源重组插入新的序列，可以高效、准确地使基因发生突变引起删除。此外，通过编程具有匹配间隔的 CRISPR 阵列，能够同时编辑多个基因。当 Charpentier 和 Doudna 的论文在夏初发表时，他也用她们在体外研究中描述的短 sgRNA 融合测试了一个双组分系统。结果证明，融合在体内的效果很差，只切除了一小部分位点，效率较低。但他发现了一种修复标准 30 个"发夹"（hairpin，用工程方法将引导 RNA 延长，然后再弯过来形成发卡形象，可提高 CRISPR 的准确性 50 倍。——译者注）的全长融合，就解决了这个问题（Cong et al., 2013; Zhang, 2012）。（张锋不久继续显示 CRISPR 有多种功能：它可以被用来在几周内建立复杂的遗传病小鼠和体细胞癌模型，以及进行全基因组筛选以找到某一种在生物过程中必要的基因——可通过减少"脱靶"切割使之更为准确。他和曾与 van der Oost 合作的计算生物学家 Koonin 还发现了新的 2 类 CRISPR 系统，包括一个拥有其切割方式不同于 Cas9 的核酸酶的系统，只需要 crRNA 而不需要 tracrRNA。）（Zetsche et al., 2015）。张锋于 2012 年 10 月 5 日递交了一篇报告哺乳动物基因组编辑的论文，发表于 2013 年 1 月 3 日的《科学》杂志上（Cong et al., 2013）。这篇论文成为该领域被引用最多的论文，以后 3 年逾 2.5 万份请求得到他的试剂，由非营利组织 Addgene（位于美国麻省剑桥的非营利的质粒储存库，2004 年 1 月 8 日由 Melina Fan 及其兄弟 Kenneth Fan 和丈夫建立。——译者注）负责分发。

一个月后，10 月 26 日，与张锋合作的一位才华横溢、多才多艺的哈佛大学资深教授 George Church（具有丰富的基因组学和合成生物学的专业知识和技能）递交了一篇关于人类细胞基因组编辑的论文。自从他在 20 世纪 70 年代在哈佛从师 DNA 测序先驱 Walter Gilbert 当研究生时起，Church 一直将注意力集中于开发强有力的技术来"读"和"写"大型基因组——也用挑衅性的建议搅动社会辩论，例如利用合成生物学使毛茸茸的猛犸象和尼安德特人再生。意识到张锋的努力，并受 Charpentier 和 Doudna 论文的刺激，Church 开始在哺乳动物细胞中测试 crRNA-tracrRNA 融合。与张锋一样，他发现短融合在体内是无效的，但全长融合效果很好。他定了 7 个靶点，并展示了非同源末端接合和同源重组。Church 的论文与张锋的论文很接近（Mali et al., 2013）。（Church 和其他人很快利用 CRISPR 技术创造出改进的"基因驱动"——能够通过自然种群快速传播的合成基因——

这使人们对抗击携带疟疾的蚊子等应用感到兴奋，并担心破坏生态系统。他还将设法利用 CRISPR 来灭活猪基因组中的逆转录病毒，从而促进猪-人的之间的异种移植。）

到 2012 年夏末，随着体外研究得到注意，以及在发表之前在体内成功进行基因组编辑传播的消息，若干其他的研究组竞相进行展示基因组分裂但不是编辑的原理性实验（principle experiments）。Duodna 在 Church 的协助下递交了一篇论文，展示了一个基因组位点的低水平切割（Pandika 2014；Jinek et al.，2013）。韩国首尔国立大学 Jin-Soo Kim 教授曾使用 ZFNs 和 TALEs 进行基因组编辑，他显示两个位置的切割（Cho et al.，2013）。在这两种情况下，由于 sgRNAs 缺少 tracrRNA 关键的 30 个"发夹"，所以切割效率都很低。哈佛大学教授 Keith Joung 走得更远，他也是使用 ZFNs 和 TALEs 进行基因组编辑的领军人物。Joung 利用他的合作者 Church 提供的全长 sgRNA 结构，通过在斑马鱼身上的实验，确定 CRISPR 可被有效地利用来在生殖系中进行删除（Hwang et al.，2013）。这些短篇论文于 2012 年晚期递交，并于 2013 年 1 月初张锋和 Church 的论文发表后不久被接受，出现在 1 月晚期的在线杂志上。

CRISPR 像病毒一样传播

2013 年初，谷歌对"CRISPR"的搜索量开始飙升——这一趋势一直没有减弱。在一年内，研究人员报告了基于 CRISPR 的基因组编辑在许多有机体中的应用，包括酵母、线虫、果蝇、斑马鱼、小鼠和猴子。对可能应用于人类治疗学（human therapeutics）和商业农业的科学和商业的兴趣开始升温，社会对这项技术可能被用于生产设计婴儿的前景的关切也开始升温。

CRISPR 的早期先驱者继续推进前沿，但他们不再孤单。世界各地的科学家纷纷涌入，涌现出一批新的英雄人物，他们进一步阐明了 CRISPR 的生物学原理，改进和扩展了基因组编辑技术，并将其应用于各种各样的生物学问题。在本文的篇幅之内，不可能公正对待这些贡献：读者可以参考最近的评论（Barrangou and Marraffini，2014；Hsu et al.，2014；van der Oost et al.，2014；Sander and Joung，2014；Jiang and Marraffini，2015；Sternberg and Doudna，2015；Wright et al.，2016）。

20 年前在西班牙富盐沼泽中发现的微生物系统曾经鲜为人知，现在却成为科学期刊特刊、《纽约时报》头条、生物技术初创企业以及国际伦理峰会的焦点（Travis，2015）。CRISPR 已经到来。

CRISPR 的教训

CRISPR 的故事充满了关于产生科学进展的人类生态系统的经验教训，这些教训与资助机构、广大公众和有抱负的研究人员有关。

最重要的是，医学突破往往来自完全不可预测的起源。CRISPR 的早期英雄们并不是去追求编辑人类基因组——甚至不是去研究人类疾病。他们的动机是出于个人的好奇心（了解耐盐微生物中奇怪的重复序列）、军事上的紧急事件（防御生物战）以及和工业应用（改善酸奶生产）的混合。

这段历史也表明，基于大数据的"无假设"（hypothesis-free）发现在生物学中扮演着越来越重要的角色。CRISPR 位点、它们的生物学功能和 tracrRNA 的发现都不是来自实验室的实验，而是来自对大规模、往往是公共的基因组数据集的开放式生物信息学探索。"假设驱动"（hypothesis-driven）的科学当然仍然是必不可少的，但在 21 世纪，这两种径路之间的合作将会越来越多。

CRISPR 的许多英雄人物在他们科学生涯的开始阶段（包括 Mojica、Horvath、Marraffini、Charpentier、Vogel 和 Zhang）就做了开创性的工作，这很有启发意义——有些是在 30 岁之前。伴随着青春而来的往往是对未知的方向和看似模糊的问题心甘情愿的冒险以及成功的驱动。这是一个重要的提醒，因为美国国立卫生研究院首次拨款的平均年龄已经攀升至 42 岁。

也值得注意的是，许多人做出他们里程碑的工作是在一些可能被认为走的是偏僻科学路经的地方（西班牙的 Alicante、法国国防部、Danisco 公司实验室，以及立陶宛的维尔纽斯）。而且，他们的开创性论文往往被居主导地位的杂志拒绝——只是在相当长的延迟之后，在不那么显眼的地方才出现。这些观察可能不是巧合：他们所处的环境可能提供了更大的自由来追求不那么时髦的话题，但对于如何克服期刊和审稿人的怀疑，却很少得到支持。

最后，这个故事强调，科学突破很少是灵光乍现的时刻。他们是典型的合奏表演，演出超过十年或更长时间，在此期间演员们成为比他们任何一个人单独能做的更伟大的事情的一部分。这对普通大众，以及一个正在思考科学人生的年轻人来说，都是一节美妙的课。

参 考 文 献

［1］Barrangou, R. RNA-mediated programmable DNA cleavage. Nat. Bio-technol, 2012, 30, 836-838.

［2］Barrangou, R., and Marraffini, L. A. CRISPR-Cas systems: Prokaryotes upgrade to adaptive immunity. Mol. Cell, 2014, 54: 234-244.

［3］Barrangou, R., Fremaux, C., Deveau, H., et al. P. CRISPR provides acquired resistance against viruses in prokaryotes. Science, 2007, 315: 1709-1712.

［4］Bibikova, M., Carroll, D., Segal, D. J., et al. Stimulation of homologous recombination through targeted cleavage by chimeric nucleases. Mol. Cell. Biol, 2001, 21: 289-297.

［5］Bibikova, M., Beumer, K., Trautman, et al. Enhancing gene targeting with designed zinc finger nucleases. Science, 2003, 300: 764.

［6］Boch, J., Scholze, H., Schornack, S., Landgraf, et al. Breaking the code of DNA binding specificity of TAL-type Ⅲ effectors. Science, 2009, 326: 1509-1512.

［7］Bolotin, A., Quinquis, B., Sorokin, A., et al. Clustered regu-larly interspaced short palindrome repeats（CRISPRs）have spacers of extra-chromosomal origin. Microbiology, 2005, 151: 2551-2561.

［8］Brouns, S. J. J., Jore, M. M., Lundgren, M., Small CRISPR RNAs guide antiviral defense in prokaryotes. Science, 2008, 321: 960-964.

［9］ Capecchi, M. R. Gene targeting in mice: functional analysis of the mammalian genome for the twenty-first century. Nat. Rev. Genet, 2005, 6: 507-512.

［10］ Carroll, D. A CRISPR approach to gene targeting. Mol. Ther, 2012, 20: 1658-1660.

［11］ Cho, S. W., Kim, S., Kim, J. M., et al. Targeted genome engineering in human cells with the Cas9 RNA-guided endonuclease. Nat. Biotechnol, 2013, 31: 230-232.

［12］ Cong, L., Ran, F. A., Cox, D., et al. Multiplex genome engineering using CRISPR/Cas systems. Science, 2013, 339: 819-823.

［13］ Deltcheva, E., Chylinski, K., Sharma, C. M., et al. CRISPR RNA matura-tion by trans-encoded small RNA and host factor RNase Ⅲ. Nature, 2011, 471: 602-607.

［14］ Deveau, H., Barrangou, R., Garneau, J. E., et al. Phage response to CRISPR-encoded resistance in Streptococcus thermophilus. J. Bacteriol, 2008, 190: 1390-1400.

［15］ Garneau, J. E., Dupuis, M. E`., Villion, M., The CRISPR/Cas bacterial immune system cleaves bacteriophage and plasmid DNA. Nature, 2010, 468: 67-71.

［16］ Gasiunas, G., Barrangou, R., Horvath, P., et al. Cas9-crRNA ribonucleoprotein complex mediates specific DNA cleavage for adaptive immunity in bacteria. Proc. Natl. Acad. Sci. USA, 2012, 109: E2579-E2586.

［17］ Haber, J. E. Lucky breaks: analysis of recombination in Saccharo-myces. Mutat. Res, 2012, 451: 53-69.

［18］ Hale, C. R., Zhao, P., Olson, S., Duff, et al. RNA-guided RNA cleavage by a CRISPR RNA-Cas protein complex. Cell, 2009, 139: 945-956.

［19］ Horvath, P., Romero, D. A., Coûté-Monvoisin, A. C,. et al. Diversity, activity, and evolution of CRISPR loci in Streptococcus thermophilus. J. Bacteriol, 2008, 190: 1401-1412.

［20］ Hsu, P. D., Lander, E. S., and Zhang, F. Development and applications of CRISPR-Cas9 for genome engineering. Cell, 2014, 157: 1262-1278.

［21］ Hwang, W. Y., Fu, Y., Reyon, D., et al. Efficient genome editing in zebrafish using a CRISPR-Cas system. Nat. Biotechnol, 2013, 31: 227-229.

［22］ Ishino, Y., Shinagawa, H., Makino, K., et al. Nucleotide sequence of the iap gene, responsible for alkaline phosphatase isozyme conversion in Escherichia coli, and identification of the gene product. J. Bacteriol, 1987, 169: 5429-5433.

［23］ Jansen, R., Embden, J. D. A. V., Gaastra, W., et al. Identifi-cation of genes that are associated with DNA repeats in prokaryotes. Mol. Microbiol, 2002, 43: 1565-1575.

［24］ Jasin, M., and Rothstein, R. Repair of strand breaks by homologous recombination. Cold Spring Harb. Perspect. Biol, 2013, 5: a012740.

［25］ Jiang, W. and Marraffini, L. A. CRISPR-Cas: New tools for genetic manipulations from bacterial immunity systems. Annu. Rev. Microbiol, 2015, 69: 209-228.

［26］ Jinek, M., Chylinski, K., Fonfara, I., et al. A programmable dual-RNA-guided DNA endonuclease in adaptive bacterial immunity. Science, 2012, 337: 816-821.

［27］ Jinek, M., East, A., Cheng, A., RNA-pro-grammed genome editing in human cells. eLife, 2013, 2: e00471.

［28］ Makarova, K. S., Grishin, N. V., Shabalina, S. A., A putative RNA-interference-based immune system in prokaryotes: computational analysis of the predicted enzymatic machinery, functional analogies with eukaryotic RNAi, and hypothetical mechanisms of action. Biol. Direct, 2006, 1: 7.

［29］ Makarova, K. S., Wolf, Y. I., Alkhnbashi, O. S., et al. An updated evolutionary classification of CRISPR-Cas systems. Nat. Rev. Micro-biol, 2015, 13: 722-736.

［30］ Mali, P., Yang, L., Esvelt, K. M., et al. RNA-guided human genome engineering via Cas9. Science, 2013, 339: 823-826.

［31］ Mangold, M., Siller, M., Roppenser, B., et al. Synthesis of group A streptococcal virulence factors is controlled by a regulatory RNA molecule. Mol. Microbiol, 2004, 53: 1515-1527.

［32］ Marraffini, L. A., and Sontheimer, E. J. CRISPR interference limits horizontal gene transfer in staphylococci by targeting DNA. Science, 2008, 322: 1843-1845.

［33］ Medawar, P. Lucky Jim (New York Review of Books), March 28, 1968.

［34］ Miller, J. C., Tan, S., Qiao, G., et al. A TALE nuclease architec-ture for efficient genome editing. Nat. Biotechnol, 2011, 29: 143-148.

［35］ Mojica, F. J. M., and Garrett, R. A. Discovery and Seminal Developments in the CRISPR Field. In CRISPR-Cas Systems, R. Barrangou and J. van der Oost, eds. (Berlin, Heidelberg: Springer Berlin Heidelberg), 2012, pp. 1-31.

［36］ Mojica, F. J. M., Juez, G., Rodríguez-Valera, F. Transcription at different salinities of Haloferax mediterranei sequences adjacent to partially modified PstI sites. Mol. Microbiol, 1993, 9: 613-621.

［37］ Mojica, F. J. M., Ferrer, C., Juez, G., et al. Long stretches of short tandem repeats are present in the largest replicons of the Archaea Haloferax mediterranei and Haloferax volcanii and could be involved in replicon partitioning. Mol. Microbiol, 1995, 17: 85-93.

［38］ Mojica, F. J. M., Díez-Villaseñor, C., Soria, E., et al. Biological significance of a family of regularly spaced repeats in the genomes of Archaea, Bacteria and mitochondria. Mol. Microbiol, 2000, 36: 244-246.

［39］ Mojica, F. J. M., Díez-Villaseñior, C., García-Martínez, J., et al. Intervening sequences of regularly spaced prokaryotic repeats derive from foreign genetic elements. J. Mol. Evol, 2005, 60: 174-182.

［40］ Moscou, M. J., and Bogdanove, A. J. A simple cipher governs DNA recognition by TAL effectors. Science, 2009, 326: 1501.

［41］ Pandika, M. Jennifer Doudna. CRISPR Code Killer, Ozy. com, January 7, 2014. < http://www.ozy.com/rising-stars/jennifer-doudna-crispr-code-killer/4690 >.

［42］ Porteus, M. H., Baltimore, D. Chimeric nucleases stimulate gene targeting in human cells. Science, 2003, 300: 763.

［43］ Pourcel, C., Salvignol, G., Vergnaud, G. CRISPR elements in Yersinia pestis acquire new repeats by preferential uptake of bacteriophage DNA, and provide additional tools for evolutionary studies. Microbiology, 2005, 151: 653-663.

［44］ Sander, J. D., and Joung, J. K. CRISPR-Cas systems for editing, regu-lating and targeting genomes. Nat. Biotechnol, 2014, 32: 347-355.

［45］ Sapranauskas, R., Gasiunas, G., Fremaux, C., et al. The Streptococcus thermophilus CRISPR/Cas system pro-vides immunity in Escherichia coli. Nucleic Acids Res, 2011, 39: 9275-9282.

［46］ Sharma, C. M., Hoffmann, S., Darfeuille, F., R., et al. The primary transcriptome of the major human pathogen Helicobacter pylori. Nature, 2010, 464: 250−255.

［47］ Siksnys, V., Gasiunas, G., and Karvelis, T. RNA-directed DNA cleavage by the Cas9-crRNA complex from CRISPR3/Cas immune system of Strepto-coccus thermophilus. U. S. Provisional Patent Application 61/613, 373, filed March 20, 2012; later published as US2015/0045546 (pending).

［48］ Sontheimer, E., and Marraffini, L. Target DNA interference with crRNA. U. S. Provisional Patent Application 61/009, 317, filed September 23, 2008; later published as US2010/0076057 (abandoned).

［49］ Sorek, R., Kunin, V., and Hugenholtz, P. CRISPR-a widespread system that provides acquired resistance against phages in bacteria and archaea. Nat. Rev. Microbiol, 2008, 6: 181−186.

［50］ Sternberg, S. H., and Doudna, J. A. Expanding the Biologist's Toolkit with CRISPR-Cas9. Mol. Cell 58, 568−574.

［51］ Travis, J. GENETIC ENGINEERING. Germline editing dominates DNA summit. Science, 2015, 350: 1299−1300.

［52］ Urnov, F. D., Miller, J. C., Lee, Y. -L., Beausejour, et al. Highly efficient endogenous human gene correction using designed zinc-finger nucleases. Nature, 2005, 435: 646−651.

［53］ van der Oost, J., Westra, E. R., Jackson, R. N., et al. Unravelling the structural and mechanistic basis of CRISPR-Cas systems. Nat. Rev. Microbiol, 2014, 12: 479−492.

［54］ Wright, A. V., James, K., Nuñez, J. K., et al. Biology and ap-plications of CRISPR systems: Harnessing nature's toolbox for genome engi-neering. Cell, 2016, 164: 29−44.

［55］ Zetsche, B., Gootenberg, J. S., Abudayyeh, O. O., et al. Cpf1 Is a Single RNA-Guided Endonuclease of a Class 2 CRISPR-Cas System. Cell, 2015.

［56］ Zhang, F., Cong, Le, Lodato, S., et al. Efficient construction of sequence-specific TAL effectors for modu-lating mammalian transcription. Nat. Biotechnol, 2011, 29: 149−153.

［57］ Zhang, F. Systems Methods and Compositions for Sequence Manipu-lation. U. S. Provisional Patent Application 61/736, 527, filed December 12, 2012; later published as US008697359B1.

基因编辑科技的进展

顾　颖　康　辉[①]

基因编辑一般是指利用人工核酸酶（Customized Endonuclease）在生物细胞自有双链DNA 的特定位点制造断裂（Double Strand Break，DSB），通过细胞自身 DNA 损伤修复机制，在无外源模板或引入重组外源 DNA 模板的情况下，定点产生基因组变异。基因编辑技术的出现和发展，使人类认识和利用基因组的途径实现从"读取"到"改编"的突破，帮助人类不断推进对生命规律的理解，也前所未有扩展了包括对人自身在内多个物种遗传操作的能力。

基因编辑的技术原理和发展历程

广义上，基因编辑和传统的同源重组技术实现基因敲除（knock-out）、基因敲入（knock-in）以及转基因技术等都属于分子层面的基因组改造手段。传统同源重组技术复杂，耗时长、投入高、推广难。传统转基因技术可跨物种水平转移基因，随机插入基因组内，但其安全性评估问题在社会上特别是公众认知中争议不断。基因编辑既可以在基因组上相对精准地制造突变，又避免导入异源基因。

基因编辑工具一般具有两个功能域，靶向域和修饰域。靶向域识别 DNA 或 RNA 特定位点，修饰域进行相应操作，实现 DNA 或 RNA 序列切割改变、DNA 转录阻断、基因表达启动或增强、基因表达抑制或关闭、DNA 甲基化等，改变遗传物质或遗传物质的表达，从而影响生命活动。根据所使用的工具酶不同，基因编辑技术先后经历多个世代：归巢内切酶（homing endonuclease 或 mega endonuclease），锌指核酸酶（zinc finger nucleases，ZFNs），类转录激活因子核酸酶（transcription activator-like effector nucleases，TALENs）和 CRISPR/Cas（clustered regularly interspaced short palindromic repeats，CRISPR Associated Proteins）系统（图 1）。近来还发展出锌指蛋白同源重组酶（Zinc Finger Recombinase，ZFR）、CRISPR 碱基修饰酶技术（CRISPR-Base Editor）、结构导引内切酶（structure-guided endonuclease，SGN）等新型基因编辑技术。其中最为高效、也是近年研究热点的当属 CRISPR/Cas 系统及其衍生技术。

[①]　作者工作单位为深圳华大生命科学研究院，顾颖为研究员、博士。

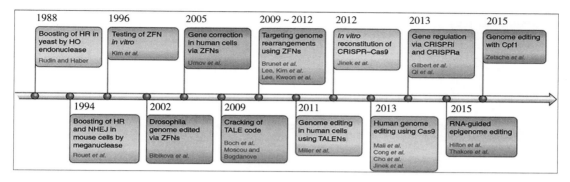

图 1　基因编辑技术发展重要节点（Jin-Soo Kim）

CRISPR/Cas 系统的发明源自对细菌及古生菌的研究。1989 年，日本科学家在细菌基因组中发现了一组串联重复序列。2005 年研究者通过生物信息学分析发现细菌及古生菌基因组中广泛存在这种特殊序列，命名为规律间隔成簇短回文重复序列（CRISPR），但在真核生物及病毒中没有发现。2007 年 Philippe Horvath 等证实 CRISPR/Cas 系统是细菌对抗外来 DNA 及噬菌体病毒的免疫机制，细菌利用 CRISPR 特异识别外来 DNA 片段（包括病毒序列）再利用 Cas 对其裂解，保护自身基因组。受此启发，科学家探索利用这种工具对其他物种的基因组进行精准切割和编辑。2013 年，哈佛大学医学院 George Church、麻省理工学院 Broad 研究所华人科学家张锋以及加州大学旧金山分校系统及合成生物学中心 Lei S. Qi 分别发表在 Science 和 Cell 的三个研究将 CRISPR/Cas 系统成功应用到人和小鼠细胞。后来，CRISPR/Cas 很快又在真菌、细菌、果蝇、线虫、斑马鱼、大鼠、猪、羊，以及水稻、小麦、高粱等多种生物体上成功应用，迅速将基因编辑推向生命科学研究热点。

如图 2 所示 CRISPR/Cas 的技术原理，CRISPR 精确识别 DNA 上特异位点制造双链断裂后，在无外源模板或搭配不同外源模板的情况下，使断裂处修复后出现插入/缺失突变（indel，a）、片段插入或替换（insertion 或 replacement，b）、大片段丢失或结构重排（large deletion 或 re-aarangement，c）；若将 Cas 蛋白与其他功能性蛋白融合，还可以在基因组的特定位点实现基因激活（activation，d）、DNA 或染色质修饰（DNA modification 或 chromatin modification，e）以及位置荧光标记（imaging location，f）。在继承其他基因编辑工具继承高效率、靶向位点可设计、可敲除/敲入、跨物种适用性等特性的同时，CRISPR/Cas 技术具有设计构建难度低、成本低、用途广泛等优点，在世界各地的实验室快速普及（表 1）。

但是，CRISPR/Cas 基因编辑技术仍存在较显著的脱靶问题，即非目标区域也被编辑。由于 CRISPR/Cas 系统靶向识别序列长度大约是 ZNFs 和 TALENs 的一半，且不需要形成双识别的蛋白二聚体即可实现切割，天然具有更显著的脱靶效应。同时 CRISPR/Cas 系统对部分位置的碱基错配有较高容忍性，也增加脱靶可能。因此，CRISPR/Cas 技术的改进重点之一是设计多种方法尽可能降低脱靶效应。

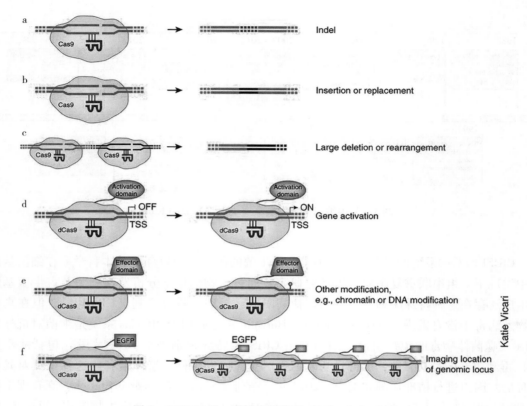

图 2　CRISPR/Cas 系统应用策略（Jeffry D Sander）

表 1　不同基因编辑技术特点的对比

	HE 技术	ZFNs 技术	TALENs 技术	CRISPR/Cas 技术（*）	SGN 技术
起始时间	1994 年	1996 年	2009 年	2013 年	2016 年
最早报道	Jean-François Nicolas	Srinivasan Chandrasegaran	Ulla Bonas	Zhang Feng	Zhou Guohua
			Adam J. Bogdanove	Jennifer Doudna	
基因大小	视类型而定	~1kb * 2	~3kb * 2	4.2kb+100bp	~1.7kb * 2
构成成分	蛋白二聚体	蛋白二聚体	蛋白二聚体	蛋白-RNA 复合体	蛋白-DNA 复合体
靶向机制	蛋白-DNA 互作	蛋白-DNA 互作	蛋白-DNA 互作	碱基互补配对	碱基互补配对
高通量筛选	否	否	否	是	是
靶向系统	HE 蛋白	ZF 蛋白	TALE 蛋白	Cas9+sgRNA	FEN1
核酸酶系统	HE	Fok1 等	Fok1 等	Cas9	Fok1
靶向序列长度	14~40bp	18~36bp	32~50bp	~23bp	~50bp
脱靶效应	弱	中度	弱	强	弱（推测）

此外，科学家还在开发其他基因编辑工具。例如南京大学周国华等报道的结构导引内切酶（SGN）、河北科技大学韩春雨报道的 NgAgo 蛋白等。韩春雨的实验结果因无法被中外科学家重复而引起广泛强烈质疑，以作者主动撤稿告一段落。

现有基因编辑工具通常通过移码突变（即改变开放阅读框，ORF）产生基因功能的缺失。虽然这不影响基因敲除，但因突变结果难以控制，对基因治疗等医学应用十分致命。因此新一代基因编辑技术的一个发展方向是避免制造 DNA 双链断裂，并尽可能通过直接的、不依赖于细胞 DNA 损伤修复机制的编辑。广大科学家正在孜孜不倦地探索更安全、更高效的新编辑系统。

基因编辑的使用

基础研究和动植物育种

基因编辑在基础研究、医学研究和动植物微生物育种三个方向上广泛使用、互相促进。随着各个物种基因组测序工作相继完成，通过基因编辑可以制造突变细胞系或突变微生物、动植物模型，可以研究基因功能解释科学问题、研究疾病机制和在全基因组上高通量筛选疾病相关基因，研发疾病诊疗手段，也可以通过人工构建代谢合成通路、进行特定物质的生物合成。

对植物体而言，传统遗传改良周期长、分子机制不清楚、耗时费力；物理或化学诱变法虽然可以在基因组上随机产生大量突变位点，但针对性较差、突变位点鉴定工作量巨大；传统基因打靶方法效率极低，并且常伴随外源基因整合到目标物种的基因组中。RNAi 方法下调基因表达不够彻底，其后代基因随世代的更迭沉默效果会逐渐减弱甚至完全消失。基因编辑技术特别是 CRISPR/Cas9 优点明显——通过对植物基因组中的特定部位进行基因突变，使植物失去、获得或改变某些基因功能，实现植物特定性状的改变，如改善植物生长发育和提高植物对生物和非生物胁迫的抗性等，可以为定向育种提供指导，在植物研究中应用广泛。

基因编辑在动物体上既可以模拟自然界已经发现的突变型，还可以创造自然界不存在的突变模型。例如使用小鼠全基因组 CRISPR 敲除文库，对非转移性的小鼠癌症细胞系进行全组基因敲除筛查，然后将编辑过的细胞移植到免疫缺失小鼠体内，发现其中一些细胞可形成了高转移性肿瘤。利用新一代测序，可以鉴别原发肿瘤及转移灶中的细胞所敲除的基因，从而发现了新的肿瘤转移相关基因。基因编辑对象不仅包括模式动物，也包括各种农业动物体内。通过对突变体深入、细致的研究，可以揭示相应基因的功能和作用机制。利用基因编辑技术除了进行已有性状增强或缺失（例如增加产肉、无角），培养优良抗性养殖品种。例如，猪"蓝耳病"是 PRRSV 病毒引起的急性传染病，可通过空气或接触等方式传播，易大规模暴发，给养猪业带来巨大的经济损失。研究者发现有望通过基因编辑技术敲除猪基因组 CD163 使其具有天然具有抵抗 PRRSV 的能力，避免病毒侵染。在未来，在特定动植物基因组中定点插入外源基因，在动植物细胞内建立起新的代谢途径或蛋白质合成路径，可以合成临床用药或活性蛋白，将扩张动植物细胞的应用范围。

医学研究

基因编辑在生物医学上根据编辑对象可分为两类体细胞基因编辑和生殖细胞基因编辑，根据编辑途径可分为体外编辑回输体内和体内编辑。通过正常基因的导入，在基因组水平上对 DNA 序列进行改造，修复遗传缺陷或者改变细胞功能，使彻底治愈遗传病、感染性疾病乃至肿瘤成为可能。此外，基因编辑还为异种器官移植研究提供了新的安全性保障。

遗传性疾病　遗传性疾病的病因是遗传物质发生改变，部分或全部修复细胞中遗传物质的致病突变可以缓解或者扭转疾病进程，实现遗传病的精准治疗。研究热点包括杜氏肌营养不良症、血友病、视网膜色素变性、地中海贫血和神经退行性疾病等一系列单基因和多基因遗传病。近年来已有多个研究进入临床实验阶段，2018 年张峰的 Editas Medicine 公司在研疗法 EDIT-101 的 IND 临床试验申请获得 FDA 批准，适用于治疗一种遗传性视网膜衰退疾病——LCA10（Leber 先天性黑矇症 10 型）。这标志着 CRISPR 技术临床应用研发进入实质阶段。

对遗传性疾病治疗最为根本、也是伦理争议最强的是对生殖细胞进行基因编辑。虽然针对致病基因在胚胎发育较早时期进行编辑，可以在整个机体水平纠正突变，理论上有更好的治疗价值，但受限于编辑效率、安全性和伦理考量，技术发展本身还停留在基础研究阶段。例如 2015 年中山大学黄军就等利用辅助生殖中废弃的三倍体受精卵开展地中海贫血基因编辑研究。2015 年和 2018 年先后召开的两届国际人类基因组编辑峰会上对此均有大量的讨论，并发表了会议声明。

感染性疾病的诊断和治疗　感染性疾病的病因是病原 DNA/RNA 进入人体表达，使人体细胞和组织的结构功能出现异常。利用基因编辑技术特异性识别和清除特定序列，可以帮助诊断和治疗感染原。

2017 年美国研究者 James Collins 团队与张锋团队合作开发基于 CRISPR/Cas 系统的 SHERLOCK（Specific High Sensitivity Enzymatic Reporter UnLOCKing）系统，可以在现场筛查血液、尿液或唾液样品，相较于传统的检测手段灵敏度提高了一百万倍，能够指示最少一个拷贝的靶 RNA 或 DNA 分子的存在，从而区分病毒的基因型，并有望用于超级细菌中的抗药性基因片段检测、癌细胞中的基因变异识别，偏远地区寨卡和埃博拉等流行性病毒筛查。

在感染原治疗方面，CRISPR/Cas9 可以在全基因组上筛选和扫除特定基因序列，因此对于体内病毒感染具有彻底的清除作用。例如，作为一个重大的公共健康问题，HIV 病毒感染已可以通过联合抗逆转录病毒疗法（cART，俗称"鸡尾酒疗法"）予以控制，极大降低感染者发病率和死亡率。然而 HIV 具有宿主基因组整合能力，传统的治疗手段无法有效清除整合进感染者基因组的病毒库，使病毒仍然以整合的前病毒形式广泛弥散于感染者的循环系统、中枢神经系统、骨髓以及肠道相关淋巴组织感染细胞中，这些细胞在体内长期存活，并对抗病毒药物和免疫系统有较强抗性。因此感染者一旦未遵医嘱服药，潜伏的病毒就会卷土重来。基因编辑技术通过全基因组特异识别和剪切，为彻底清除体内 HIV 前病毒带来了希望。

在 HIV 感染预防中，研究者也尝试利用基因编辑去除 HIV 侵染宿主细胞的表面受体（CCR5 和 CXCR4），实现预防病毒感染。受到"柏林病人"治愈的鼓励，研究者期望通过改造干细胞使其 CCR5 基因功能缺陷达到功能性治愈，即曾利用 ZFN 和 TALENs 在体内和体外成功敲除 CCR5 和 CXCR4 基因，使细胞表面的 CCR5 和 CXCR4 蛋白通道不能正常构建，该策略对抑制病毒感染的有效性，然而这两种工具的复杂性和成本也限制基因治疗的进一步临床应用。CRISPR/Cas9 系统的出现改变了局面。2018 举世震惊的"基因编辑婴儿"即延续这一策略。但由于该研究者罔顾现阶段技术的局限性，未经合格的伦理审查，贸然在生殖系细胞上尝试，严重违反了法律法规和国际伦理共识，激起全世界的反对。

不容忽视的是，CRISPR/Cas9 系统对细胞中游离的病毒基因组同样具有切割活性，作为预防和治疗工具还能广泛应用于包括 HIV 在内的其他持续性感染的病毒，如 EBV、HBV、HCV 等。2019 年美国科学家 Khalili 发表在 *Nature Communications* 上的研究首次利用激光和 CRISPR 对 23 只活小鼠试验，在 9 只小鼠体内完全清除了基因组中可复制的 HIV-1 DNA，标志着 HIV 感染可能彻底治愈的关键一步。但是 CRISPR/Cas9 等基因编辑技术真正应用于感染类疾病的临床治疗还需要在安全性、有效性和特异性方面进一步提高。在体细胞水平进行基因治疗和在生殖系细胞水平进行基因改造也有相当大的技术区别。

癌症治疗　癌症是一种多基因病，是基因突变逐渐累积所致。除了传统的手术治疗和放化疗，新型癌症治疗方法还有抑制变异癌基因的小分子、抗体药物的靶向治疗过继性免疫细胞治疗和免疫检查点抑制剂治疗。其中过继性免疫细胞治疗是将自身或异体的抗肿瘤效应细胞的前体细胞，在体外进行诱导、激活和扩增，然后转输给肿瘤患者，提高患者抗肿瘤免疫力。然而"魏则西事件"一度将免疫治疗推上风口浪尖，成为众矢之的。目前基因编辑技术主要用在体外对 T 细胞进行修饰，以降低肿瘤患者的免疫排斥，提高 T 细胞对肿瘤细胞的特异性识别能力，并降低肿瘤细胞的免疫抑制效应。此外也有利用基因编辑技术直接靶向肿瘤驱动基因突变来杀伤肿瘤细胞的尝试。

异种器官移植研究

由于器官移植越来越庞大的供体缺口，20 世纪 60 年代起医学界便从狒狒和黑猩猩开始尝试给人类进行异种器官移植。由于免疫排异异种移植从未成功，但异种移植的想法始终存在。后来人们进一步认识到异种移植还存在跨物种病毒传播的风险，使异种器官移植具有巨大的生物安全障碍。例如猪的器官虽然与人的器官大小相若，但猪体内具有几十种转录病毒（PERV）。基因编辑技术的发展为扫清异种器官的免疫排斥和跨物种病毒传播两大障碍提供了希望。此外，整合基因编辑技术和异种细胞嵌合胚胎技术，异种器官移植研究正前所未有向超越以往想象的新方向发展。2019 年，日本正式解除人-动物混合胚胎制造和移植限制，相关研究蓄势待发。

展望未来，基因编辑技术的临床研究将大幅度增加。在临床上测试这类疗法前，技术上还需要更多安全性与效率性的评估。

基因编辑科技创新布局与专利保护

基因编辑技术在全球发展如火如荼，受到政府和社会资本的密切关注。一方面，各国政府在科技政策上争相支持，你追我赶。另一方面，大量社会资本介入，各种公司特别是生物医学类公司如雨后春笋出现（表2）。

表2　国际主要生物医学类基因编辑公司

公司	技术	成立时间	创始人	地点	在研项目
Poseida Therapeutics	CRISPR	2015 年	George Church	美国	多发性骨髓瘤、前列腺癌和 β-地中海贫血的基因疗法
eGenesis	CRISPR	2015 年	George Church	美国	通过 CRISPR/Cas9 基因编辑技术研发可供人类器官移植使用的转基因猪
Intellia Therapeutics	CRISPR	2014 年	Jennifer Doudna	美国	造血干细胞相关疾病的基因治疗、CART 的基因编辑技术
Agenovir	CRISPR	2014 年	Stephen Quake	美国	病毒性疾病的基因治疗，包括 HPV HBV EBV CMV HSV
Editas Medicine	CRISPR	2013 年	Feng Zhang	美国	先天性黑矇症等基本的基因治疗
Crispr Therapeutics	CRISPR	2013 年	Emmanuelle Charpentier	瑞士	囊肿性肺纤维化、镰状细胞贫血等疾病的基因治疗
Synthego	CRISPR	2012 年	Paul Dabrowski, Michael Dabrowski	美国	CRISPR 基因组编辑和研究设计的合成 RNA 组合
Caribou Bioscience	CRISPR	2011 年	Jennifer Doudna	美国	血液病、肿瘤等领域的基因编辑治疗
Precision Bioscience	ARCUS	2006 年	Matthew Kane	美国	基于 ARCUS 基因编辑的肿瘤免疫治疗
Sangamo Therapeutics	ZFN	1995 年	Philip Gregory	美国	血友病、艾滋病、亨廷顿综合征、赫勒综合征等基因治疗

中国在《"十三五"国家科技创新规划》《"十三五"生物技术创新专项规划》《"十三五"生物产业发展规划》《"十三五"国家战略性新兴产业发展规划》中都对基因编辑的发展予以布局和大力支持。在中国科学界的努力奋斗下，中国基因编辑研究论文与专利的数量已居于国际前茅，中国 CRISPR/Cas 领域的专利申请仅次于美国。但是，中国申请人大多关注于植物或动物中的应用研究，而对编辑系统的结构改进相对不多，涉及核心专利较少。核心知识产权分布不平衡可能导致开发者和产业群在未来跨国专利纠纷或技术谈判中处于被动地位。

小　结

　　以新一代 CRISPR/Cas9 基因编辑技术的出现及快速发展为代表，生命科学继人类基因组计划（HGP）完成后又一次迎来全球热潮。基因编辑技术使人类掌握了对生命体前所未有的改造力量，并且这种力量首次可能通过人类生殖系基因编辑作用于自身并遗传给后代，其影响力超越国界。这其中希望与惊喜并存，挑战与陷阱同在。识别和规划基因编辑发展正确的道路与节奏，已超出科学界的能力、责任和义务，也需要包括伦理学界、法学界在内全社会的共同努力。

参 考 文 献

［1］ Blanpain C，Libert F，et al. CCR5 and HIV infection. Receptors channels，2002.

［2］ Boch J. TALEs of genome targeting. Nature biotechnology，2011.

［3］ Cong L，Ran F，et al. Multiplex genome engineering using CRISPR/Cas systems. science，2013.

［4］ Cox DBT，Gootenberg JS，et al. RNA editing with CRISPR-Cas13. Science，2017.

［5］ Carroll D. Genome engineering with Zinc-Finger nucleases. Genetics，2011.

［6］ Carroll D. Genome editing：progress and challenges for medical applications. Genome medicine，2016.

［7］ Cyranoski D. Japan approves first human-animal embryo experiments. Nature editorial，2019.

［8］ Dash P，Kaminski R，et al. Sequential LASER ART and CRISPR treatments eliminate HIV-1 in a subset of infected Humanized Mice. Nature communications，2019.

［9］ Gao F，Shen X，et al. Retraction note to：DNA-guided genome editing using the Natronobacterium gregoryi Argonaute. Nature biotechnology，2017.

［10］ Gootenberg J，Abudayyeh O，et al. Nucleic acid detection with CRISPR-Cas13a/C2c2. Science，2017.

［11］ Kim JS. Genome editing comes of age. Nature protocols，2016.

［12］ Liang P，Xu Y，et al. CRISPR/Cas9-mediated gene editing in human tripronuclear zygotes. Protein & cell，2015.

［13］ Mali P，Yang L，et al. RNA-guided human genome engineering via Cas9. Science，2013.

［14］ 马慧等主译，美国国家科学院等编. 人类基因组编辑：科学、伦理和监管. 北京：科学出版社，2019.

［15］ Ran A，Hsu P，et al. Genome engineering using the CRISPR-Cas9 system. Nature protocols，2013.

［16］ Lei R，Zhai X，et al. Reboot ethics governance in China. Nature，2019.

［17］ Sander JD，Joung JK. CRISPR-Cas systems for editing，regulating and targeting genomes. Nature biotechnology，2014.

［18］ Xu S，Cao S，et al. An alternative novel tool for DNA editing without target sequence limitation：the structure-guided nuclease. Genome biology，2016.

［19］ Whitworth，K M，et al. Gene-edited pigs are protected from porcine reproductive and respiratory syndrome virus. Nature biotechnology，2016.

［20］ 杨焕明. 基因组学（2016）. 北京：科学出版社，2016.

CRISPR-Cas 年表[①]

雷瑞鹏

时间	事　件	人　物	地点
1987 年 12 月	CRISPR 机制首次发表	Amemura, Ishino, Makino, Nakata, Shinagawa, Takase, Wachi	大阪大学
2000 年 1 月	在其他细菌和古生菌中鉴定出 DNA 更多成簇重复，称为短规律间隔重复（SRSR）	Mojica, Diez-Villasenor, Soria, Juez	Alicante 大学，Miguel Hernandez 大学
2002 年 3 月	首次发表 CRISPR-Cas9 这一术语	Mojica, Jansen, Embden, Gaastra, Schouls	乌德勒支大学
2005 年	Jennifer Doudna 和 Jillian Banfield 开始研究 CRISPR	Doudna, Banfield	伯克利加州大学
2005 年 8 月 1 日	法国科学家提出，CRISPR 间隔序列可以提供细胞对噬菌体感染的免疫力，并降解 DNA	Bolotin, Quinquis, Sorokin, Ehrlich	国立农学研究院
2005 年 11 月 11 日	美国研究人员发现了 Cas 基因的新家族，这些基因似乎有助于保护细菌免受病毒入侵	Haft, Selengut, Mongodin, Nelson	基因组研究所
2007 年 3 月 23 日	实验首次证明 CRISPR 与 Cas9 基因一起在保护细菌免受病毒侵袭方面的作用	Barrangou, Horvath, Fremaux, Deveau	Danisco 美国公司
2008 年	证明大多数 CRISPR-Cas 系统的分子靶标是 DNA，不是 RNA		
2008 年 2 月	科学家们创造了术语“前间隔序列”来表示对应于 CRISPR-Cas9 系统中一个“间隔”的病毒序列		
2008 年 8 月	科学家们描述了 CRISPR 系统中的 RNA 处理通路的特征		Wageningen 大学，Sheffield 大学，国立卫生研究院

①　编者按：编写此年表参照 What is biotechnology 网站，即 https://www.whatisbiotechnology.org/index.php/timeline/filter.

时间	事 件	人 物	地点
2008 年 12 月	科学家发表了参与 CRISPR-Cas 机制的 RNA 基因沉默通路	Carte, Wang, Li, Terns	佐治亚大学, 佛罗里达州立大学
2011 年	提出了 CRISPR-Cas 系统的分类		
2011 年 3 月	Emmanuelle Charpentier 和 Jennifer Doudna 联合研究 Cas9 酶	Doudna, Charpentier, Hinek, Hauser	柏克莱加州大学, Umea 大学
2012 年 4 月	CRISPR-Cas 9 技术首次商业化		杜邦公司
2012 年 5 月	首次递交 CRISPR-Cas 9 技术的专利申请	Doudna, Charpentier	
2012 年 8 月 17 日	发表了利用 CRISPR-Cas9 系统的全新基因编辑方法	Jinek, Chylinski, Fonfara, Hauer, Doudna, Charpentier	柏克莱加州大学
2012 年 12 月 12 日	快速通道申请 CRISPR-Cas 9 技术提交给美国专利局	Zhang	MIT Broad 研究所
2013 年 1 月	利用 CRISPR-Cas 于人类基因组编辑		
2013 年 1 月	利用 CRISPR-Cas 编辑斑马鱼的基因组		柏克莱加州大学, 维也纳大学
2013 年 2 月	显示 CRISPR-Cas 具有编程抑制和激活基因转录的功能	Bikard, Murrafini	洛克菲勒大学
2013 年 3 月	CRISPR-Cas 用于酿酒酵母的基因组编辑，酿酒酵母是一种用于酿酒、烘焙和酿造的酵母		
2013 年 4 月 1 日	显示 CRISPR-Cas 介导的基因调控有助于内源性细菌基因的调控	Sampson, Weiss	艾默里大学
2013 年 8 月	CRISPR-Cas 用于设计制造大鼠的基因组		
2013 年 8 月	CRISPR-Cas 用于设计制造植物基因组，包括水稻、小麦、拟南芥、烟草和高粱		
2013 年 8 月	改进了 CRISPR-Cas 系统的特异性		
2015 年 3 月	科学家提出，与干细胞一起使用的 CRISPR/Cas9 可以提供来自转基因猪的人体器官	Feng, Dai, Mou, Cooper, Shi, Cai	深圳大学，匹茨堡大学医学研究中心，广西大学
2015 年 3 月 26 日	美国科学呼吁全世界自愿暂停利用基因组编辑工具修饰人的生殖细胞	Lamphier, Urnov	

续　表

时间	事　件	人　物	地点
2015 年 4 月 22 日	英国纳菲尔德生命伦理学理事会成立一个新的工作组，研究与基因组编辑有关的机构、国家和国际的政策和规定		
2015 年 5 月	利用 CRISPR-Cas9 对人体三原核胚胎进行基因编辑	黄军就等	中山大学
2015 年 9 月 2 日	包括医学研究理事会内的英国主要研究理事会宣布支持在临床前研究中使用 CRISPR-Cas9 和其他基因组编辑技术		
2015 年 9 月 11 日	Hinxton Group 发表的一份声明表明，关于 CRISPR 和基因编辑提出的大多数伦理和道德问题之前都有过争论		
2015 年 9 月 15 日	英国纳菲尔德生命伦理理事会举行了第一次研讨会，以鉴定和界定与基因组编辑研究发展有关的伦理问题		
2015 年 9 月 18 日	英国科学家寻求许可对人类胚胎进行基因修饰，以研究基因在人类受精的最初几天所起的作用	Naikan	Francis Crick 研究所
2015 年 9 月 25 日	发现新的蛋白质 Cpf1，提供了简化基因编辑的手段	Zhang, Zetsche, Gootenberg, Abudayyeh, Slaymaker	MIT Broad 研究所
2015 年 10 月 5 日	CRISPR/Cas9 修饰了猪胚胎中的 60 个基因，迈出了创造出适合人类移植的器官的第一步	Church	哈佛大学
2015 年 10 月 6 日	联合国教科文组织国际生命伦理学委员会呼吁禁止人类生殖系的基因编辑		
2015 年 11 月 16 日	美国科学家发表了一项重写 CRISPR/Cas9 所做改变的技术	DiCarlo, Chavez, Dietz, Esvelt, Church	哈佛大学, 苏黎世瑞士联邦理工学院
2015 年 11 月 23 日	美国科学家用 US CRISPR/Cas9 修饰文字基因防止它们携带疟疾寄生虫	Gantz, Jasinskiene, Tatarenkova, Fazekas, Macias, Bier, James	San Diego 和 Irvine 的加州大学
2015 年 12 月	人类基因编辑国际峰会召开，讨论与人类基因编辑研究最新进展有关联的科学、医学、伦理和治理问题	Baltimore, Doudna, Church, Zhang	美国国家科学－工程学－医学科学院，美国国家医学科学院，中国科学院，英国皇家学会
2015 年 12 月 31 日	基因编辑工具 CRISPR 成功地用于改善 Duchenne 肌肉萎缩症小鼠模型肌肉的功能	Nelson, Gersbach, Hakim, Ousterout, Thakore	Duke 大学, Missour 大学, North Carolina 大学, MIT, 哈佛大学

时间	事 件	人 物	地点
2016 年 1 月 6 日	美国科学家发表改良的 CRISPR/Cas 9，其脱靶 DNA 风险断裂风险较小	Kleinstiver，Pattanayak，Prew，Tsai，Nguyen，Zheng，Joung	哈佛大学
2016 年 2 月 1 日	英国科学家得到授权可利用 CRISPR-Cas 9 对人的胚胎进行基因修饰	Niakan	Francis Crick 研究所
2016 年 3 月 16 日	美国科学家发表了一种新的碱基编辑技术，它提供了一种无需切割双链 DNA 或捐赠者提供 DNA 模板就能改变基因组的手段	Komor，Kim，Packer，Zuris，Liu	哈佛大学
2016 年 6 月 21 日	2016 年：NIH 批准使用基因编辑工具 CRISPR/Cas9 首次进行治疗病人的临床试验	June	宾州大学
2017 年 2 月	美国国家科学和医学科学院批准用 CRISPR 进行生殖系实验		
2017 年 4 月 13 日	显示 CRISPR 是检出 DNA 或 RNA 分子单靶点的敏感诊断工具	Abudayyeh，Bhattacharyya，Collins，Daringe，Donghia，Dy，Essletzbichler，Freije，Hung，Joung，Koonin，Lee，Livny，Myhrvold，Regev，Sabeti，Gootenberg，Verdine，Zhang	MIT Broad Institute，哈佛大学，Howard Hughes 医学研究所
2017 年 5 月 13 日	展示如何能够利用 CRISPR-CAS9 消除感染小鼠的 HIV 的研究发表	Yin，Zhang，Qu，Chang，Putatunda，Xiao，Li，Zhao，Dhai，Qin，Mo，Young，Khalili，Hu	Temple 大学，匹茨堡大学，四川大学
2017 年 8 月	中国研究人员报告说，利用碱基编辑技术校正人的胚胎中与 beta 地中海贫血（一种遗传性血液病）连锁的基因	Liang，Ching，Sun，Xie，Xu，Zhang，Xhiong，Ma，Liu，Wang，Fang，Songyang，Zhou，Huang	中山大学，Baylor 医学院
2017 年 10 月 25 日	编辑 RNA 的新的 CRISPR 技术发表	Zhang，Cox，Gootenberg，Abudayyeh，B Franklin，Kellner，Essletzbichler，Verdine，Joung，Lander，Belanto，Voytas，Regev	MIT，明尼苏达大学
2017 年 10 月 25 日	宣布了改进 CRISPR 技术的碱基编辑，提供了无需切割 DNA 改变 DNA 单个化学字母的手段	Gaudelli，Komor，Rees，Packer，Badran，Bryson，Liu	MIT，哈佛大学
2018 年 1 月 5 日	研究人员发现，先前存在的以 CAS9 蛋白为靶标的抗体增加了免疫反应的可能性，削弱了 CRISPR-Cas9 在基因治疗中的作用	Charlesworth，Deshpande，Dever，Dejene，Gomez-Ospina，Mantri，Pavel-Dinu，Camarena，Weinberg，Porteus	斯坦福大学

续　表

时间	事　件	人　物	地点
2018 年 8 月 27 日	启动了首次 CRISPR-Cas9 临床试验		Vertex 制药公司，CRSIPR Therapeutics
2018 年 11 月 24 日	中国科学家宣布诞生首次经基因编辑的婴儿	贺建奎	中国南方科技大学
2018 年 12 月 14 日	新的基因修饰技术（CRISPRa）有可能增加其靶基因的表达	Matharu，Rattanasopha，Tamura，Maliskova，Wang，Bernard，Hardin，Eckalbar，Vaisse，Ahitu	旧金山加州大学
2018 年 12 月 21 日	CRISPR-Cas9 编辑有助于恢复一线化疗对肺癌的疗效	Kmiec，Bialk，Wang，Hanas	Helen F Graham 癌症研究中心和研究所
2019 年 1 月 23 日	利用 CRISPR-Cas9 控制小鼠中的基因遗传	Grunwald，Gntz，Poplawski，Xu，Bier，Cooper	圣地亚哥加州大学

伦理学篇

对人体研究和生殖系基因修饰的基本立场①

翟晓梅　邱仁宗

在阅读"中国与西方之间的科学伦理鸿沟"（《纽约时报》2015 年 6 月 29 日）这篇报道后，我们感到有必要说明中国对人体研究和生殖系基因修饰的基本立场，以便澄清这篇报道造成的误解。

在中国食品药品监督管理局颁布的《药物临床试验质量规范》（1999，2003）以及卫生部颁布的《涉及人的生物医学研究伦理审查办法（试行）》（2007）中，有关涉及人的临床试验和研究的伦理管理准则完全符合国际公认的文件，如《纽伦堡法典》、世界医学会的《赫尔辛基宣言》以及国际医学科学组织理事会/世界卫生组织的《涉及人的生物医学研究国际伦理准则》。这两个管理部门、中国的科学家、医生、生命伦理学家以及研究机构全都接受这些国内规章和国际准则。他们并不认为文化特征妨碍我们接受有关人体研究的国际准则，包括不伤害/有益、尊重和公正的基本生命伦理学原则。允许 14 天以下人胚胎的研究并不是中国首创的，也不是中国文化特有的，而是被许多国家接受的。

在 1991~1999 年间中国的食品药品管理局和卫生部颁布了一些有关体细胞基因修饰的行政规章，强调要确保安全和实现知情同意的要求。迄今在中国仅是体细胞基因修饰在法律上是可允许做的。在卫生部颁布的《人类辅助生殖技术规范》（2003）"三、实施技术人

---

① 编者按：本文是写给《纽约时报》的一封信。2015 年 6 月 29 日《纽约时报》科学版发表一篇题为"中国与西方之间科学伦理鸿沟"署名文章引起了国内外的注意。文章称，中国每年花数千亿元于科研，建造了数十个实验室，训练了数千名科学家，努力成为生物医学研究的领袖。但匆匆忙忙赶往科学前沿可能要付出代价：专家担心中国的医学研究人员正在跨越西方长久以来公认的伦理边界。4 月当广州中山大学 34 岁的黄军就领导的团队发表人胚胎基因编辑的实验成果时全世界的科学家都震惊了。黄军就使用的技术叫 Crispr-Cas9，也许有一天可用来消灭遗传病。但理论上它也能被用来改变诸如眼睛颜色或智能，这种改变可遗传给未来世代。黄博士及其同事设法改变引起被称为 β 地中海贫血症的基因突变。在实验中 85 个胚胎没有成功。即使如此，对全球的许多科学家来说，这是本不应该跨越的界线。然后作者引用中国一些访谈者说"西方与中国的红线是不一样的"，"伦理学是一个文化问题"，"红线是在中国人胚胎实验不能大于 14 天"。当一位中国访谈者说，卫计委专家委员会认为，黄博士的实验在伦理学上是可接受的，因为不是为生殖目的，文章作者说，这种立场使一些海外科学家惊愕。最后作者说许多中国科学家是"先干起来，之后再讨论"，意思是中国科学家只顾干，不管是否符合伦理。本文对该文进行了驳斥，曾发表于 2015 年 8 月 14 日《健康报》。

员的行为准则"中明确规定："（九）禁止以生殖为目的对人类配子、合子和胚胎进行基因操作。"在黄博士发表基因组编辑的论文后，在中国的报纸和网站上发表了不少的评论，在这些评论中大家一致的意见是，在现阶段应该阻止人胚胎基因组修饰在人身上进行临床试验和应用。这一立场与2015年3月19日在《科学》杂志发表的《走向基因组工程和生殖系基因修饰的审慎途径》是一致的。中国科学家所做的并不是人胚胎生殖系基因修饰的临床试验和应用，而是体外胚胎实验，其目的不是生殖，而是改进基因组编辑技术。3月19日《科学》杂志文件的作者之一斯坦福大学法律教授诠释说，这个建议并不包含体外胚胎实验。

至于一些科学家持有的"干了再说"的做法也不是这中国独有的现象。你可以在美国和其他国家找到同样的这种"干了再说"的做法。这与文化无关，也许与来自其他因素的压力有关，如社会的、地缘政治的以及个人的因素。

根据以上所述，我们认为在对待科学或伦理学上，中国与西方并不存在这篇报道所说的根本差异。

人类基因编辑技术的研究和应用：伦理学的视角①

邱仁宗

  2015 年 4 月 18 日《蛋白质和细胞》杂志发表我国科学家、中山大学黄军就等首次成功修饰人胚基因的论文（Liang et al., 2015）后，引起了国际科学界的争议。2015 年 6 月 29 日《纽约时报》（Tatlow, 2015）科学版发表一篇题为"中国与西方之间科学伦理鸿沟"的署名文章引起了国内外的注意。文章称，中国每年花数千亿元于科研，建造了数十个实验室，训练了数千名科学家，努力成为生物医学研究的领袖。但匆匆忙忙赶往科学前沿可能要付出代价：专家担心中国的医学研究人员正在跨越西方长久以来公认的伦理边界。4 月当广州中山大学 34 岁的黄军就领导的团队发表人胚胎基因编辑的实验成果（Liang et al., 2015）时全世界的科学家都震惊了。然后文章说，翟晓梅教授说，卫健委专家委员会认为，黄博士的实验在伦理学上是可接受的，因为不是为生殖目的。作者说，翟教授的立场使一些海外科学家惊愕。可是，该文作者所说的西方长久以来公认的伦理边界在哪里呢？黄军就他们的团队跨越了那条公认的伦理边界吗？翟晓梅教授的合情合理评论怎能引起一些海外科学家的惊愕呢？

  本文拟在扼要介绍基因编辑技术后讨论着重讨论该技术引起的伦理问题，在探讨这些问题时也顺便回答对我国科学家和生命伦理学家的上述责难。

基因编辑的历史和现状

  作为一门应用伦理学的生命伦理学（或医学伦理学）学科对某一具体问题作出伦理判断或制定评价行动是非对错标准时必须首先了解相关事实，即英国伦理学家 Ross 所说的"非道德事实"或与道德无关的事实。因此我们首先要了解基因编辑是什么一回事。在与 CRISPR 相关联的由 RNA 引导的内切酶 Cas9 基础上基因组工程技术的最新进展使得我们能

---

  ① 编者按：本文主要讨论利用人的胚胎进行基因组编辑研究而不是为了实现生殖目的在伦理学是否可以得到辩护，原发表于《医学与哲学》杂志 2016 年第 37 卷第 7A 期 1-7 页，特对《医学与哲学》杂志表示感谢。邱仁宗为中国社会科学院哲学研究所教授，应用伦理学研究中心名誉主任，中国医学科学院/北京协和医学院生命伦理学研究中心学术委员会主任，华中科技大学生命伦理学研究中心主任、教授，中国人民大学伦理学与道德建设研究中心研究员、生命伦理学研究所所长，国际哲学院院士。

够系统探讨哺乳动物基因组的功能。与当代计算机中文字处理器的搜索功能相类似，Cas9 能够依靠短的 RNA 搜索串被引导到复杂基因组的指定位置。利用这种系统基因组内的 DNA 序列及其功能输出很容易在选择的任何机体内被编辑或调控。由 Cas9 介导的基因修饰是简单的和可扩展的，使研究人员能够阐明在系统层次基因组的功能组织以及建立基因变异与生物学表现型之间的联系。利用 CRISPR-Cas9 的基因编辑技术又是一个关于一种神秘的原核防御病毒的机制如何变成一个最为有力的和通用的工程生物学平台的有趣故事，这个故事说明了基础科学研究的重要性，基础研究是科学的脊梁骨。正如重组 DNA 技术得益于限制性内切酶（对噬菌体与细菌之间的战争至关重要）的基础研究一样，最新一代基于 Cas9 的基因组工程工具也是基于对细菌抗噬菌体防御系统的研究。（Patrick et al.，2014）

　　什么是 CRISPR-Cas9？CRISPRs（clustered regularly interspaced short palindromic repeats 成簇的、规律间隔的短回文重复序列）是含有短的碱基序列重复系列的原核 DNA 片段，每一个重复系列之后是来自先前接触的细菌病毒或质粒的短的 spacer DNA（间隔 DNA）片段。Cas9 是 CRISPR associated protein 9 这一短语的缩写，即与 CRISPR 相关联的蛋白质 9 或核酸内切酶。CRISPR/Cas 系统是抵御外来因子如质粒和噬菌体的原核免疫机制，为细菌提供获得性免疫。CRISPR spacers 能辨认外来遗传因子，并将它们切除，类似真核有机体的 RNAi（RNA 干扰）。CRISPRs 在大约 40% 经测序的细菌基因组，以及大约 90% 经测序的古细菌内发现。CRISPR-Cas9 是一种使科学家能够通过消除、代替或添加部分 DNA 序列来编辑基因组的新技术。它不是使我们能够这样做的第一件工具，以前的工具有：锌指核酸酶（ZFNs）、转录激活因子样效应物核酸酶（TALENs）和归巢核酸内切酶（兆碱基大范围核酶），但 CRISPR-Cas9 是迄今为止最为有效、低廉和容易的方法，使得精确的基因操纵实际上能够在所有活细胞中进行，即使在活体内。如果我们把基因组当作一本充满数百万字的遗传密码，那么 CRISPR-Cas9 就可看作是用来插入或删除字（基因）甚至改变单个字的有效工具。那么 CRISPR-Cas9 是如何做到这一点的呢？实际上，这门技术我们取自自然界。有些细菌甚至古细菌利用它们自己内置的基因编辑技术来保护它们自己免受有害病毒的侵袭，这是一种原始的免疫系统。它们用一对分子剪刀在精确的位置上剪断 DNA 的两条螺旋，这样就可以添加或消除一些 DNA 片段。CAS9 这种内切酶就是这些分子剪刀，它附属于一小段 RNA，后者能引导分子剪刀到所要的位置。当切断 DNA 时，DNA 就开始修复自己，但这种自然修复方法容易发生错误，导致增添或删除一些 DNA 片段。利用 CRISPR-Cas9 可使这种情况发生改变，例如我们可以插入一段正常的或所要的 DNA 序列以代替原来的，但这一程序更为复杂一些。

　　在研发 CRISPR/Cas 基因编辑技术的先驱中我们仅提及两个团队。一组是以加州大学伯克莱分校的化学家 Jennifer Doudna（1964~）和法国微生物学家、德国马克斯·布朗克感染生物学研究所所长 Emmanuelle Charpentier（1968~）为首的团队，他们于 2012 年 8 月 17 日在 Sciences 杂志发表了 CRISPR-Cas9 编辑技术。（Jinek et al.，2012）麻省理工学院和哈佛合作成立的 Broad 研究所生物医学工程教授 Feng Zhang（1982~）为首的团队基于 2011 年以来的研究首先发明了真核基因组编辑方法，论文于 Sciences 杂志 2013 年 1 月 3 日发表。（Cong et al.，2013）虽然 Doudna 和 Charpentier 发表论文在先，然而 Zhang 却获得了专利权。前者已延请律师准备打一场基因编辑技术的专利权官司。（Regalado，2015）这引起了学界两方面的关切：其一，赋予某人专利权后，其他科学家还能不能自由地运用该技术进行研究，还是必须缴纳专利费；其二，不少有识之士担心，基因编辑技术处于起飞阶段，赋予某人专利会严重阻碍该技术的开发应用，甚至从根本上怀疑这种专利权能否在伦理学上得到辩护。至今，由于跨国制药公司对一些安全有效的药物拥有知识产权，许多发展中国家无力支付昂贵的专利费，从而使千百万病人无法可及这些药物，而仍然承受疾病的煎熬。像世界卫生组织和艾滋病防治规划署以及一些医学家和生命伦理学家纷纷建议对知识产权和专利权制度进行改革。这需要另撰专文讨论。

CRISPR/Cas 基因编辑技术的优缺点。其优点是，快速、简便、低廉。缺点是：其一，靶向效率较低：靶向效率或实现想要的突变的百分比是借以评估基因编辑工具的最重要参数之一。与其他方法（TALENs 或 ZFNs）相比，Cas9 的靶向效率较好。例如在人类细胞中 ZFNs 和 TALENS 仅能实现 1%~50% 的效率，而 Cas9 系统在斑马鱼和植物超过 70%，在诱导多能干细胞中为 2%~5%。我国科学家周琪的团队可将一个细胞的小鼠胚胎中的基因组靶向改进到 78%。（Zhou et al.，2014）。但在人胚胎中效率仍然很低。其二，脱靶突变率较高。Cas9 脱靶的情况还很多，而且脱靶情况一般难以发现，要求进行全基因组测序来完全排斥这些脱靶突变。

基因编辑技术的可能应用范围。基因编辑技术自 2002 年以来广泛应用于人、细菌、斑马鱼、线虫、植物、热带爪蟾、酵母、果蝇、猴、兔、猪、大鼠和小鼠。利用此技术可通过单个 gRNA 将单点突变导入一个特定的基因；利用一对由 gRNA 导向的 Cas9 也可引致较大范围的删除或重新安排基因组，如倒置或易位。最近的激动人心的发展是使用 dCas9 版的 CRISPR/Cas9 于转录调节的靶蛋白结构域、表观基因修饰以及特定基因组位点的显微可视化。还可利用此技术更好地建立动物模型，以了解疾病病因发病机制，增进基本知识，开发新药物。

基因编辑技术在医学上的可能应用。①治疗：如果研究开发以及临床转化的策略合适，进展顺利，有可能通过修饰体细胞，治疗个体自身遗传病（地中海贫血）、治疗和预防个体自身基因引起的疾病（癌症、乳腺癌和卵巢癌，删除 BRCA 基因）、治疗和预防个体自身感染艾滋病病毒（将插入细胞核内的 DNA 艾滋病病毒删除）。②预防：同样，如果策略合适和进展顺利，有可能通过生殖系（卵、精子、合子、胚胎）基因修饰使后代不得该家族的遗传病或其他与基因有关的疾病，预防各种烈性传染病、预防癌症、心血管疾病、预防药物依赖等。③增强（enhancement）：增强是人获得超越人类具有的性状和能力（如夜视）。增强可有两种目的：其一为医学目的，例如人本来不能抵御逆转录病毒（艾滋病），通过基因修饰使人获得预防艾滋病病毒感染的能力，比方说将动物（如猪）不得这些逆转录病或其他人类烈性传染病的基因添加到人类基因组内；人类寿命原则上至多到 150 岁，将乌龟的长寿基因添加在人类基因组内，可以活到超过 150 岁。其二为非医学目的，例如改变皮肤、头发、瞳孔颜色；拔高身高；加强膂力；加快奔跑速度等。于是，也许今后的父母可以根据他们的愿望和爱好，利用基因编辑技术，剔除一些引起他们不喜欢的性状的基因，插入一些从其他机体取来或合成的可产生他们喜欢的性状的基因，来设计制造孩子。④用于异种移植：例如敲掉猪体内在人体引起免疫反应的基因；删除猪体内若干逆转录病毒等，这样将猪器官移植至人体内不致引起免疫反应和跨物种感染。

基因编辑技术在非人生物体的应用。基因编辑技术几乎可以用于任何生物体。今后也许人们可以利用基因编辑技术培养出不会叮咬人的蚊子，不长象牙的大象，不长角的犀牛，能制造蛋白质、药物、疫苗或燃油的细菌，长着一个角的马（独角兽）或其他神话里的动物，以及复活那些已经绝灭的动植物。

问题：所有上述在技术上有可能做的事，是否都应该做？这样，我们就可进入了讨论伦理问题的领域。

基因编辑技术的伦理问题

什么是伦理学？相当一部分人，包括一些科学家和决策者对伦理学有许多误解。例如老说"这里没有伦理问题"或老想回避伦理问题的科学家就是。有些人将伦理学与宗教混为一谈。甚至一些医学伦理学书籍的作者认为医学伦理学的方法是观察、实验。我在《理解生命伦理学》（邱仁宗，2015c）一文中指出，生命伦理学是一门规范性的、理性的、实用的、经验知情的和世俗的学科，以正视听。伦理学探讨人类行动的社会规范，为评价行动是非对错设置伦理标准。因此，渗透着价值观，观察、实验结果只解决"是什么"问题，不能解决"应该做什么和应该如何做"的问题。"应该做什么"的实质性伦理问题和"应该如何做"的程序性伦理问题渗透在我们一切工作之中，尤其是在新的科学技术的创新、研发和应用之中，既不可能"这里没有伦理问题"，也不能"回避伦理问题"。伦理问题的解决依靠理性的论证和辩护。

评判我们在基因编辑技术方面所采取行动的是非对错主要有哪些标准？主要有两个：一我们要考查该行动采取后的后果如何，对个人和社会造成的伤害有多大，带来的好处（受益）有多大，如何权衡风险-受益比，如果这个行动的风险-受益比是可接受的，我们就说这个行动是"好的"（good）；二是要看采取该行动是否履行了公认的义务，例如尊重人、尊重他人权利、公平对待人、关心有感知的动物的福利、保护环境等，如果这个行动做到了这些，我们就说这个行动是"对的"（right）。请注意我们任何一个行动都涉及是否"好"（good）与是否"对"（right）两个维度，因此必须进行"平衡"（balance）、"权衡"（weighing）。

基因编辑中有哪些"应该"问题？我们可列举如下：对于研发基因编辑技术，我们应该采取什么方针？是"干了再说"，还是"严密防范"？我们应该进行基础研究和临床前研究吗？我们应该或允许对人胚胎进行基因编辑研究吗？我们应该或允许对体细胞进行基因编辑以治疗疾病吗？如果应该或允许，那么应该怎样做？我们应该或允许对体细胞进行基因编辑以达到非医学的目的如增强吗？我们应该或允许对生殖系细胞进行基因编辑以治疗疾病吗？什么条件下允许做？目前禁止将对生殖系细胞进行基因编辑以应用于临床是否正确？我们应该或允许对生殖系细胞进行基因编辑以达到非医学的目的的增强吗？我们应该或允许对人胚胎在离体条件下进行非生殖目的的进行基因编辑研究吗？我们应该对非人的生物细胞进行基因编辑吗？还有，在上述所有的基因编辑技术研发和应用中：如何进行风险-受益比、安全性和有效性的评价？如何贯彻知情同意？如何避免重蹈优生学的覆辙？基因编辑技术研发应用的成果应该如何在人民之间进行公平分配？基因编辑技术的创新是否应该或允许申请专利？在基因编辑技术的创新、研发和应用中是否应该在利益攸关者（科学家、研究医疗机构、生物技术公司、人文社科专家、相关民间组织和公众代表）建立伙伴关系，以达到沟通和相互理解？谁应是最后决策者？改变由数十万年自然选择进化形成的人类基因库，是否应该与公众商议？在基因编辑技术的创新、研发和应用中如何在个人、机构、国家和国际层次进行管理？

由于篇幅所限，本文根据该项技术目前情况，将主要讨论如下一些问题：基因编辑技术研究和应用的基本方针、基础研究和前临床研究（包括利用人胚胎进行研究）、体细胞基因修饰、生殖系基因修饰、增强、非人生物基因修饰等问题，并对一些值得商榷的观点进行评论，而留待科研成果的公平分享、知识产权制度改革、公众参与、多层次的管理等问题于另一篇文章讨论。

研发基因编辑技术的基本方针

在我们面前，经常提到的是两条基本方针："干了再说"（proactionary approach）和"严密防范"（precautionary approach）。美国、中国等国一些科学家主张采取前一进路，他们说，"国家安全重于生物安全，干了再说"。这种进路的预设是："无罪推定"，即在没有证据证明行动的风险大于受益前，就对该项技术进行大力开发。对于常规技术的开发是可以这样做的，因为对其风险和受益的预测是比较确定的。对于新兴技术（emerging technologies，或高新技术）则不然。新兴技术有三个特点：其一，不确定性，即不知道可能发生的种种后果如何或每一种后果发生的概率如何，例如技术应用后难以预测对健康和环境非意料之中的和不合意的后果；最难预测和控制积累时间长的社会后果（即技术对人群内个体与群体之间关系的影响）；还有不受控制使用的后果，包括双重使用（dual use），如合成病毒有助于研究病毒，但也可能被反社会或恐怖主义者恶意利用。其二，歧义性。歧义性是指对可能后果的意义、含义或重要性缺乏一致的意见，对生物技术的实践、产品和后果有着种种不同的且可能不相容的意义和价值。其三，转化潜能。转化潜能指的是新兴生物技术改变现存社会关系的能力，或创造先前不存在的或甚至不可想象的新能力和新机会，建立一个全新的范式（paradigm）（邱仁宗，2015a）。基因编辑技术完全具备这些特点。这些特点使得我们需要采取反思的进路，即我们要思考我们如何思考这些技术。基于这些特点，对基因编辑技术的研究和应用采取"干了再说"的方针是不合适的。那种把国家安全与生物安全对立起来的观点，也是不合适的。如果生物安全和生物安保没有保障，危及相当一部分人的健康和生命，国家安全从而谈起。而且在强调干起来再说，时不等人，赶紧抢占制高点，尤其与追逐利润的资本市场结合在一起时，容易忽视研究者、生产者和消费者的健康和生命。纳米技术的开发应用就是一例，我们在开发应用纳米技术时未能及时进行毒理学研究，没有制订实验室和生产车间的纳米颗粒浓度的健康安全标准，已经引起纳米材料制造个工人的患病和死亡等事件（Song，2009）。

鉴于此，人们认为对新兴技术应采取"严密防范"的方针，即强调要有证据证明对健康和环境没有有害作用时才能进行研究和应用，这是"有罪推定"政策。然而如果我们不着手进行研究和试验，如何知道其对健康和环境的可能有害呢？因此对于新兴技术（基因编辑、合成生物、神经技术、纳米技术等）的创新、研发、应用，似乎采取"摸着石头过河""积极、审慎"的方针，较为合适。我们可以将整个创新、研发和应用过程分成若干阶段，每一步的推进都要根据前一步工作产生的证据或数据，经过一定机制的审查和批准，才能进入下一步，尤其是从基础研究到前临床研究，包括实验室研究和动物研究，从动物研究到临床试验或研究，再到实施性研究（implementation research）①，最后才能在临床推广使用。

基础研究和临床前研究应该置于优先地位

我国从 2005 年开始数百家医疗开展的未经证明、不受管理的所谓"干细胞疗法"造成严重的负面后果，大量受治病人在不知情的情况下接受所谓的治疗，受到了身体、精神和经济的伤害，可是获得了什么样的科学和医疗上的成就呢？除了提供这种"疗法"的医生、医院以及提供"干细胞"制品的公司从病人那里赚取成亿利润外，什么也没有。可是至今卫生行政管理部门未对这起严重事件进行追查，认真吸取经验教训。但这起事件说明一点：转化医学必须从基础研究开始，没有基础研究作为"科学的脊梁骨"，不可能获得安全而有效的疗法。前卫生部医学伦理专家委员会的《人类成体干细胞临床试验和应用的伦理准则（建议稿）》（卫生部医学伦理专家委员会 2014）明确指出，成体干细胞的临床前研究，是成体干细胞临床试验的必要前提；成体干细胞的临床试验，是成体干细胞治疗技术临床应用（转化）前的必经条件。目前，基因编辑技术虽然有简便、快速和低廉的优点，但存在着靶向效率较低和脱靶突变率较高的缺点，不解决这两个问题，是不可能也不允许应用于人的。而解决这两个问题就要靠基础研究和临床前研究。2015 年 12 月 1~3 日中国科学院、英国皇家协会和美国国家科学院联合在华盛顿举行的"人类基因编辑高峰会议"，在经过 3 天深思熟虑的讨论达到的共识（NAS，2015）中，第一条就是指出，应该强化基础和临床前研究，以改进人类细胞基因序列的编辑技术，了解临床使用的潜在受益和风险，以及理解人类胚胎和生殖系细胞的生物学，进行这方面要服从法律和伦理的规则和监管。欣克斯顿小组的建议（Hinxton，2015）也是将基础和临床前研究放在第一位。

那么，在进行基础和临床前的研究中是否允许进行人胚胎的研究呢？早在 2015 年 3 月 19 日，18 位国际著名科学家、法学家和伦理学家在《科学》杂志的在线"政策论坛"发表了一项"前往基因组工程和生殖系基因修饰的审慎道路"（Baltimore et al.，2015）的声明，建议"采取步骤强有力地阻止将生殖系基因组修饰应用于人进行临床应用，然后在科学和政府组织之间对这类活动的社会、环境和伦理含义进行讨论"。这里需要澄清的是：①这里要"劝阻"的是包括以增强为目的以及以预防疾病为目的的生殖系基因修饰；②这里要"劝阻"的是这种技术的临床应用，不阻止非临床的应用，不禁止对细胞、细胞系或

---

① 实施性研究是对如何促进将研究成果转化为常规实践的方法的研究。

组织的研究，甚至不禁止对可能成为生殖系一部分的细胞、细胞系和组织的研究，例如对人的胚胎干细胞系、人的诱导多能干细胞系的研究，直接对卵和精子的前驱细胞，甚至直接对人卵和精子的研究。该声明没有谈及人胚胎的体外研究问题，因为对此有争议。有人认为人胚就是人；而其他人则认为不是，包括植入前或在植入后到分娩之间任何时刻都还不是人。在我国占主流地位的生命伦理学家均认为，人胚胎还不是人，即使人胎儿也不能作为人来对待，然而人的胚胎和胎儿都有一定的高于无生物的道德地位，没有充分的合适的理由不能随意操纵、抛弃和破坏。为了治愈遗传病以及其他疾病，应该是允许对人胚胎进行研究的一个站得住脚的理由（Greely，2015；邱仁宗，2015b；翟晓梅、邱仁宗，2015）。

我国科学家利用 CRISPR/Cas9 技术在不可存活的人的三原核胚胎进行基因组编辑的研究，完全是可以得到伦理学辩护的。理由一：这种研究有利于改善基因组编辑技术（例如使之更有效、更迅速、更便宜，减少脱靶性），从长远来说有利于预防人体遗传性疾病，为有可能来自遗传病家庭的孩子造福。理由二：我国科学家明确指出，这是研究，不是为生殖目的，不是临床应用，CRISPR/Cas9 这项技术目前还很不成熟，用于临床还为时太早。理由三：我国科学家使用的是不能存活的三原核合子胚胎，因而不会造成伤害。当然使用病理性的三原核合子胚胎，会引起一个其研究结果在多大程度可以推论到正常胚胎上的问题。这是从事这项研究的科学家必须考虑的一个问题。

那么我国科学家是如《纽约时报》记者 Tatlow 所言"跨越了西方长期公认的伦理边界了吗"？（Tatlow 2015）为此，我们要问：那位《纽约时报》记者所说的"西方长期公认的伦理边界"在哪里？黄军就他们团队跨越了这条伦理边界吗？我们在人工流产、植入前遗传诊断、人胚胎研究、治疗性克隆、人胚胎干细胞研究等问题上，已经得出这样的结论，即必须区分人的不同实体：①人类生命（human life），如人的受精卵、人胚胎、人胎儿，它们有较低的道德地位；②人（human being），"人始于生，而卒于死"，每个人是智人物种一个成员，享有作为人的尊严和人权；③人格的人（human person），拥有所有生物学、精神（自我意识）和社会的层面，是社会和法律生活的主体。那么黄军就团队跨越了什么样的伦理边界呢？他们跨越了应该被强烈劝阻的生殖系基因修饰的临床应用这条线了吗？他们没有。他们跨越了在人胚胎进行离体实验这条线了吗？这条线并不是西方长期公认的伦理边界。因为对此西方学者自身也存在着深刻的分歧。同理，翟晓梅教授合情合理的评论怎能引起一些海外科学家的惊愕呢？实际上我们并未看见国际生命伦理学家对此评论表示过任何惊愕，这种惊愕仅仅 Tatlow 本人的。我们倒看见英国生物学家 Kathy Niaken 博士（Cressey et al.，2015）要求英国政府允许她利用人胚胎进行研究，而且英国人类受精和胚胎管理局也于 2016 年 2 月批准了她的申请。① 我们不知道 Tatlow 是否也认为 Niaken 博士的申请和英国管理当局的申请跨越了"西方长期公认的伦理边界"，是否也认为这引起了海外科学家的惊愕？如果认为不是，那不是双重标准呢？如果认为是，怎么没有看见她再写一篇题为"英国与美国之间科学伦理的鸿沟"呢？

---

① http：//www. laboratoryequipment. com/news/2016/02/uk-scientists-given-approval-genetically-modify-human-embryos.

那么我们看看在美国华盛顿举行的基因编辑高峰会议的声明和英国的欣克斯顿小组的声明怎么说。前者说："如果在研究过程中对早期人类胚胎或生殖系细胞进行基因编辑，修饰后的细胞不应该被用于受孕"（NAS，2015）；后者说："使用适当的模型，以反映人类生物学和遗传学的关键方面（如异构性），包括：动物模型、人类体细胞、人类多能干细胞及其分化衍生物，精原干细胞、配子、在体外培养的人类胚胎且遵守 14 天规则，① 以测试其有效性和安全性。"而且进一步指出，"在基因组编辑研究中，已经使用或考虑使用以下三种人类胚胎：在体外受精中剩余的、不可存活的胚胎；体外受精中剩余的、可存活的胚胎；为研究专门生产出的胚胎。……我们建议那些意愿在人类胚胎中使用基因组编辑技术进行研究的科学家们，仔细斟酌需采用何种类别的人类胚胎"（Hinxton，2015）。Tatlow 认为中国与西方之间存在科学伦理鸿沟的立论根据在于中国允许人胚胎实验，而西方禁止人胚胎实验（事实并非如此），现在参与国际高峰会议和欣克斯顿小组的顶级科学家一致同意可以甚至需要用人胚胎进行实验，那么 Tatlow 就完全失去了"鸿沟论"的根据。黄军就被顶尖科学杂志 Nature 评为 2015 年 10 大科学人物第 2 名，这是有识之士的正当评价（Nature，2015）。至于目前是否应该暂停体外胚胎的研究，进行一些科学和伦理学上的反思，对此学界有不同意见（邱仁宗，2015b）。

应该允许将基因编辑技术应用于体细胞基因治疗

英国一位 1 岁的女孩 Layla 因基因编辑技术而解除病痛，她从一位供体那里接受了经过修饰的免疫细胞。伦敦一家医院的免疫学家 Waseem Qasim 的团队对这位女孩进行了治疗，他们准备在明年对 10~12 位病人进行安全性试验。所有的治疗方法都无法治疗 Layla 的白血病，因此才能获得特别许可用巴黎一家公司研究人员开发的新技术进行治疗，数月之后女孩的情况良好（Reardon，2015）。这是一个成功应用基因编辑技术于体细胞的例子。病人获得经基因修饰的体细胞，仅能影响病人自身，不能遗传给他的后代。人的体细胞基因组修饰就是体细胞基因治疗，已经进行了 35 年之久，这需要大量使用基因组编辑技术，其中有些已经进入 II 期和 III 期临床试验，有些已经批准临床应用，这早已不存在伦理问题和争议。作为一种常规的成熟的临床试验的体细胞基因治疗试验，在技术改进的条件下将基因编辑用于体细胞基因治疗，其风险-受益比是可以接受的。但在将基因编辑技术应用于体细胞基因治疗时，必须坚持前临床研究是临床研究/试验的前提，而临床研究/试验是临床应用的先决有条件。在将基因编辑技术应用于体细胞基因治疗时，要考虑风险-受益比是否有利；研究设计在科学上是否有根据、伦理学上是否符合要求；如何获得有效知情同意；如何进行独立的伦理审查；如何合适地处理利益冲突等。这些是研究伦理的常规要求。在特殊情况下，用基因编辑技术对体细胞基因修饰以治疗疾病，可以作为试验性治疗（创新疗法）提供给少数病人。上述的女孩不是临床试验的受试者，而是试验性治疗的受治者。

---

① 这 14 天的限制是英国最早提出的，现已得到包括中国在内的世界各国广泛同意，这是限制整体人类胚胎可在体外培养的时间长度。接受《纽约时报》访谈的我国学者以为这一规定是中国提出的，这是错误的（Tatlow，2015）。

因为她的病情紧急，已经用过其他方法结果无效，虽然用基因编辑技术进行治疗尚未证明安全有效，但在原则上存在对这位女孩有效的可能性，因此将其作为试验性疗法提供给女孩。[①] 国际高峰会议的声明指出："由于所建议的体细胞临床应用意在影响接受基因修饰的个体，所以可以在现存和逐步演进的基因治疗监管架构中对它们进行适当而严格的评价，监管机构可以在批准临床试验和治疗时权衡风险和潜在受益。"（NAS，2016）

目前应该禁止将基因编辑技术应用于生殖系基因治疗

反对生殖系基因治疗的种种理由，有一些是难以成立的：例如有人认为，这样做会"扮演上帝的角色"，然而"扮演上帝角色"这一概念本身就是歧义丛生的。我们的生活充斥着改变自然的过程，是否都是"扮演上帝的角色"呢？扮演与不是扮演上帝角色的界线又是在哪里呢？有人说，修饰生殖系基因遗传给后代，但未得他们的同意。但我们可以推定他们会同意预防遗传病。正如我们现在治疗婴儿的疾病，我们不能以未得他们同意为理由拒绝，因为我们可以推定，当他们有决策能力时是会表示同意的。还有人说，生殖系基因治疗导致纳粹优生学。但我们可用坚持知情同意原则来防止。但是有一个支持生殖系基因治疗的理由是站得住脚的，即我们有责任使我们的后代不得使他们痛苦的遗传病；生殖系基因治疗如果成功，可使病人的子孙后代免予遭受遗传病之苦。然而，就目前情况而言，基因编辑技术还不成熟，靶向效率低而脱靶突变率高，因而，用于生殖系基因治疗在理论上有难于估计的高风险。一旦干预失败，不仅对受试者自身，而且对他们后代造成不可逆的医源性疾病。但我们无论如何不能伤害后代。美国基因治疗先驱 Friedman 和 Anderson 提出，满足以下三个条件人们可以考虑进行人类生殖系基因治疗：①当体细胞基因治疗的安全有效性得到了临床的验证；②建立了安全可靠的动物模型；③公众广泛认可（翟晓梅、邱仁宗，2005，208-210）。

人类基因编辑的国际高峰会议声明指出，"原则上也可将基因编辑用于使配子或胚胎进行遗传改变，其所生孩子的所有细胞都将携带这种遗传改变，而且将遗传给后续的世代，成为人类基因库的一部分"。"但生殖系基因编辑的临床应用将是不负责任的，除非且直到，（i）基于对风险、潜在受益和替代选择的理解和权衡，相关的安全性和有效性问题已经得到解决；且（ii）对于所建议应用的适宜性有了广泛的社会共识。而且，任何临床应用应当唯有在得到合理监管的情况下进行。目前，任何所建议的临床使用都没有达到这些标准：安全问题尚未被充分探讨；最有说服力的有益案例尚有限；而且许多国家有立法或法规禁止生殖系基因修饰。然而，随着科学知识的进展及社会观点的演变，应当定期重新讨论生殖系编辑的临床使用。"（NAS，2015）欣克斯顿小组的声明也指出："我们并不认为此刻已经具备足够的知识来考虑将基因组编辑技术应用于临床生殖目的。然而，我们承认，当所有的安全性、有效性和治理的要求均得到满足时，将这种技术用于人类生殖也许是在道德上可接受的，虽然还要求进一步作实质性的讨论和辩论。"（Hinxton，2015）

---

① 这种情况与埃博拉病毒流行期间允许使用正在试验中的药物或疫苗对病人进行试验性治疗的情况是相同的（邱仁宗，2014）。

目前不考虑将基因编辑技术用来增强

所谓"增强"是指超出作为人类这个物种具备的原有能力，例如人这个物种不具备夜视的能力，也不具备天然抵御艾滋病病毒的能力。增强有两类：一类是医学目的的增强，例如使人有能力预防艾滋病、禽流感、埃博拉。但增强可能引起格外的风险，与修补基因不同，添加基因可能引起干扰其他基因正常表达。为此，我们首先要从基础研究和非临床研究做起。另外一类是非医学目的的增强，例如改变皮肤、头发、瞳孔颜色，使人活到200岁，使人奔跑像马一样迅速等。对此反对者多，支持者少。反对的理由有：风险将会大大超过受益；追求性状的"完美"不能得到伦理学的辩护（Sandel，2009）；以及应该让未来的孩子有一个开放的未来（open future）（Feinberg，1980），我们不能将孩子局限在我们给他们选择的基因圈子内（翟晓梅、邱仁宗，2005，210-213）。

表1中，从1到4的数字表示，基因编辑技术以治疗为目的用于体细胞基因修饰可以得到伦理学的辩护，用于生殖系基因修饰目前难以得到辩护，但原则上不排除其可能。数字越大越难得到辩护，因此基因编辑技术以增强为目的用于体细胞和生殖系细胞均不能得到伦理学的辩护。

表1 基因编辑用于人的伦理学上可辩护性

	治 疗	增 强
体细胞	1	3
生殖系	2	4

对非人生物基因修饰也必须有规范和管控

以 Greely 为代表的专家认为 CRISPR/Cas9 和其他基因组编辑方法对我们世界的最大威胁是非人生物基因组修饰。如果我们要消灭疟疾、黄热病和登革热，我们要对蚊子进行基因组修饰；如果我们要生产生物燃料，我们要对藻类进行基因组修饰；我们要让绝灭的候鸽复活，我们要对带尾鸽进行基因组修饰；我们要创造独角兽，我们对马进行基因组修饰，于是我们重新塑造了生物圈，如果不加控制或不能控制，自然界会变成什么，人类是否能适应？（Greely，2015）因此，建议对非人基因组修饰也需要制订必要的规范和实施必要的管控。

参 考 文 献

［1］Baltimore，D et al. Prudent path forward for genomic engineering and germline gene Modification. Science，2015，April 3.

［2］Cong，L et al. Multiplex genome engineering using CRISPR/Cas systems. Science，2013，339（6121）：

819-823.

［3］Cressey，D et al. UK scientists apply for licence to edit genes in human embryos. Nature，2015，18 September.

［4］Feinberg. J. The child's right to an open future，in Aiken，W & LaFollette，H（eds.）Whose Child? Totowa，NJ：Rowman & Littlefield，1980：124-153.

［5］Greely，Henk. Comments：Of Science，Crispr-Cas9，and Asilomar. 中译文见《生命伦理学通讯》2015 年第 2 期.

［6］Jinek，M et al. A programmable dual-RNA-guided DNA endonuclease in adaptive bacterial immunity. Science，2012，337（6096）：816-821.

［7］Liang，P et al. CRISPR/Cas9-mediated gene editing in human tripronuclear zygotes. Protein & Cell，2015，6（5）：363-372.

［8］National Academy of Science US（NAS）. On Human Gene Editing：International Summit Statement，2015.

［9］Nature's 10，365 Days：the Year of Science：Ten People Who Matter This Year. Nature，2015，529：467.

［10］Nuffield Council on Bioethics（NCB）. Emerging Biotechnologies：Technology，Choice and the Public Good，2012.

［11］Patrick，D et al. Development and applications of CRISPR-Cas9 for genome engineering，Cell，2014，157：1263-1277.

［12］邱仁宗. 直面埃博拉治疗带来的伦理争论. 健康报，2014-8-29.

［13］邱仁宗. 农业伦理学的兴起. 伦理学研究，2015a.（1）：86-91.

［14］邱仁宗. 人胚胎基因修饰的科学和伦理对话. 健康报，2015-5-8.

［15］邱仁宗. 理解生命伦理学. 中国医学伦理学，2015，28(3)：297-302.

［16］Reardon，S. Leukaemia success heralds wave of gene-editing therapies. Nature，2015，527：146-147.

［17］Regalado，A. CRISPR patent fight now a winner-take-all match. MIT Technology Review，April 15，2015.

［18］Sandel，M. The Case against Perfection：Ethics in the Age of Genetic Engineering，Harvard UniversityPress，2019.

［19］Song，Y et al. Exposure to nanoparticles is related to pleural effusion，pulmonary fibrosis and granuloma. European Respiratory Journal，2009，34（3）：527-528.

［20］Tatlow，DK. A scientific ethical divide between China and West. The New York Times，June 29，2015.

［21］The Hinxton Group 2015 Statement on Genome Editing Technologies and Human Germline Genetic Modification. http://www.hinxtongroup.org/.

［22］UNESCO. Emerging techniques for engineering gametes and editing the human genome：Ethical challenges and Practical recommendations. UNESCO/IBC SHS/YES/IBC-22/15/2 REV. 2 Paris，2 October 2015 Report of the IBC on Updating Its Reflection on the Human Genome and Human Rights. http://unesdoc.unesco.org/.

［23］卫生部医学伦理专家委员会. 人类成体干细胞临床试验和应用的伦理准则（建议稿），内部文件，2014.

［24］翟晓梅，邱仁宗，主编. 生命伦理学导论，第 6 章基因治疗. 北京：清华大学出版社，2005，197-221.

［25］翟晓梅，邱仁宗. 对人体研究和生殖系基因修饰的基本立场. 健康报，2015-8-14.

［26］Zhou，Q，et al. Dual sgRNAs facilitate CRISPR/Cas9-mediated mouse genome targeting. Federation of European Biochemical Societies Journal，2014，281（7）：1717-1725.

基因编辑技术用于体细胞基因治疗的伦理问题①

陈　琪　马永慧②

20 世纪 90 年代取得巨大突破的基因技术，逐渐承担起技术作为操作手段和工具的责任，也导致了以治疗疾病和增强人类为目的的，主动干预生命过程的行为。由于基因技术是直接针对"人"自身的改造，其发展在过去的几十年带来了激烈的社会伦理冲击。而 2018 年底的发生在我国的基因编辑婴儿事件，更将这一关切推至顶峰，人们需要认真思考基因技术研究和应用之边界，以及基因干预对人类尊严、生存和价值的根本性挑战。

基因技术力图实现疾病的治愈、控制和预防，以及实现健康的增进，根本目的在于使人的身心恢复到未遭受疾病侵袭以前的状态。或者，如果有可能的话，使身心达到更优良完美的状态。这是基因技术的价值内核和伦理本质，也是价值取向。

基因技术的发展轨迹，大致可以分为三个层面：第一个层面是利用基因技术打开了认识人类生命奥秘的新视野，帮助我们基于疾病分子根源的分析建立了新的医学治疗模式。第二个层面，基于对生命规律的认识，基因技术发挥了"工具"和手段的作用，以治愈疾病为起点主动干预生命。而第三个层面则是随着技术对人类生殖的干预不断进展，以使人更健康、更有能力、更幸福为使命，通过基因技术来设计和创造未来的完美新生命过程。近些年，随着基因编辑技术的应用，这个趋势已经初露端倪。

如果说前两个层面的伦理关注主要集中在基因决定论与非基因决定论、技术的风险性与复杂性、个人权利与自由、伦理原则的调试、胚胎的道德地位判定等问题的思考，那么第三层次的伦理关注更为根本，如基因编辑技术能否应用于人类生殖？科学和技术的道德目标是什么？基因技术时代人的本质及人类生存的终极目标是什么？以及更为广泛的政治、社会、文化，以及跨文化的问题。而这些关注凸显了科学文化与人文文化的深层次矛盾，因为基因技术逐渐从根本上颠覆了传统伦理价值赖以存在的基础，引发了对人的本质及人

① 本文受到 2019 年度厦门大学校长基金年度项目"人类基因编辑的伦理考量与规制研究"（基金号 20720191024）支持。

② 编者按：本文由厦门大学医学院生命伦理研究中心两位作者撰写，马永慧是北京协和医学院人文和社会科学系翟晓梅教授的硕士生，英国曼彻斯特大学 John Harris 教授的博士生，现为厦门大学医学院副教授，生命伦理研究中心执行主任，中国自然辩证法研究会生命伦理学专业委员会副秘书长兼青年工作委员会主任。

类生存的终极目标的反思。贺建奎的胚胎基因编辑之所以引发全世界的关注，也是因为其引发了第三层次的伦理问题。然而，更好的讨论生殖系基因编辑伦理问题的前提是，我们已经深刻反思了第二层面的伦理问题，本章节聚焦体细胞基因治疗的一些基本伦理和社会问题，以为后续的讨论提供理论基础和依据。

体细胞基因编辑疗法发展情况

体细胞基因编辑疗法，是在已出生的、已经患有某种疾病，并且现有疗法不能很好的改变其的病状的基础上，通过使用基因编辑技术来编辑患者或他人身上已经分化的，或者将要定向分化的体细胞，以实现疾病治疗的目的。这类疗法的受益及风险都来自患者个人，并不会遗传给下一代。

体细胞基因治疗和生殖细胞基因编辑的区别在于，后者是对生殖细胞（即精子、卵细胞或受精卵）进行基因编辑，以期达到预防某种遗传性疾病或增强某种功能的目的。而造成的改变可以世世代代遗传下去。这两种操作方式产生的影响天差地别。前者是对体细胞进行的改造，仅影响病人个体，而后者是对人类生殖细胞基因进行编辑修改，基因的修改会随着自然的繁衍进行不可逆的遗传。在国外媒体及监管机构，对体细胞编辑疗法和生殖细胞编辑这两个概念分得很清。但国内的提法中却很少将这两个概念严格分开，大多笼统地使用了"基因编辑"这一词汇，这在一定程度上误导了人们对基因编辑这项技术的认知。

使用基因编辑对体细胞进行基因治疗这一想法在很多年前就已经被提出，并已在疾病治疗方面取得了长足的进步[1,2]。目前用于基因治疗的方法都是建立在对大量人类细胞和非人类个体的研究基础之上，这些方法能够对活细胞或个体的基因进行增加、删除或修饰。近年来，基因编辑技术的发展日新月异，无论是相对早期的锌指核酸酶（ZFN）和转录激活子样效应因子核酸酶（TALENs），还是被《科学》杂志评为2015年度科学突破之首的基因魔剪CRISPR-Cas9技术，其发展和广泛应用对基因和细胞替代疗法、以及新药研发产生了深远影响和推动。已经有数篇关于体细胞基因编辑技术应用于治疗的报道。2014年，Sangamo公司使用基因编辑细胞治疗了12位艾滋病患者，他们将TALEN酶换成了锌指核酸酶，一周后患者血液CD4T细胞大幅度增加，多数患者的人类免疫缺陷病DNA水平下降，1/4的患者血液检测不到人类免疫缺陷病毒RNA[3]，2014年10月，Sangamo公司报告了一项关于B型血友病的基因编辑试验，即在猴子的白蛋白中插入一个健康的凝血因子IX基因后，其血中凝血因子IX增加[4]。2015年，Nature一篇报道称，英国应用基因编辑技术治疗了一位患白血病的女婴，经数月随访，情况良好[5]。

观其发展历程，基因组编辑的进步为治疗和预防人类疾病提供了一条新的径路，癌症相关的基因治疗占首位[6]，另外，还包括上千种的遗传性疾病，这也是基因组编辑备受瞩目的原因之一[7]。自从1990年5月美国国立卫生研究院（National Institutes of Health, NIH）重组DNA顾问委员会（Recombinant DNA Advisory Committee，RAC）批准了美国第一例基因治疗严重联合免疫缺陷综合征（Severe Combined Immunodeficiency Disease,

ADA-SCID）临床试验以来，基因治疗已经扩展到恶性肿瘤、心血管疾病、遗传病、传染性疾病等多个病种[8]。

人类体细胞基因编辑技术及其优势

体细胞基因治疗（somatic gene therapy）是将外源基因导入体细胞，使其表达基因产物，以治疗疾病的方法。利用病毒进入细胞的机制构建病毒载体是目前基因治疗最有效的手段。病毒载体可以导入功能基因并补偿可遗传突变导致的基因功能异常（基因替换），或者令宿主细胞产生新的功能（基因添加）。但由于基因导入系统不完全成熟且不可逆转，载体结构不稳定。治疗基因的打靶准确性有限；受多基因突变与环境影响的复杂性疾病，较难获得预期疗效[9]。近年来，很多科研人员试图使用基因组修饰来治疗遗传性疾病，利用核酸酶在基因组上的靶位点对 DNA 进行双链打断，使基因组编辑的成功率显著增加[10]。使用核酸酶编辑系统对基因组中的靶基因进行切割和修改的概率能达到近 100%。以下这些特点都是使得基因编辑的应用得以推广的原因。

灵活性　核酸酶基因编辑包括多种改变细胞中 DNA 序列的方法。利用这种编辑可以实现多种不同的结果。包括：对基因的编码序列进行靶向破坏（失活）；精确的替换一个或多个核苷酸（如将一个遗传学变异原位替换成野生型等位基因或其他编译类型的等位基因）；定点插入一个编码蛋白的基因；靶向改变调控基因表达的非蛋白编码基因原件；在特定的基因组位点上进行大片段删除[7]。

安全性　基因组编辑可以避免传统的基因治疗手段带来的半随机整合突变风险。而且，使用基因组编辑原位纠正遗传性变异可以使突变基因的表达调控和功能得以恢复。传统的基因疗法通过将目的基因转入细胞并在细胞内进行移位或组成型表达，具有癌变或功能失常的风险，而将干细胞在体外进行基因修正，并导回体内治疗原发性免疫缺陷，可以避免这种风险，因而是体外基因组编辑第一个潜在的应用，当临床所需的细胞的打靶率足够高时，可以进行有效的临床治疗，那么在安全性方面，基因组编辑最终可能优于传统基因治疗[7]。

体细胞基因编辑的发展前景

以重型 β 地中海贫血患者的体细胞基因编辑疗法为例，其原理是将患者自身的造血细胞提取出来，通过技术手段编辑其中某个特定基因，再将其移植回患者体内，使将来分化成的红细胞有较为正常的血红蛋白表达，从而达到治病效果。深入的科学研究和精湛的生产工艺可以大大降低其风险。即使最后万一出现未预测到的差错，患者也可以进行二次移植。因此，这类疗法的风险是相对较为易于把控的。目前中国有超过 30 万中型和重型地中海贫血患者，绝大部分重症患者存活时间不超过 20 岁。而传统的地中海贫血疗法主要包括输血排铁及异体造血干细胞移植两种。前一种方式需要长期保持输血及服用去铁剂，代价高昂且不能彻底根治。后一种方式则往往受限于配型困难，80%～90% 的患者都难以找到合适的免疫配型供体。因此基因编辑疗法把患者自身的细胞改造了来治疗自己的病，有可能成为治愈这种疾病的一个新的突破口。

以体细胞基因编辑的 CAR-T 技术为例，CAR-T 技术实质上也是一种基因工程技术，该技术是通过对体细胞（即免疫细胞）而非生殖细胞进行基因编辑，遗传基因不会发生改变，对于人类子孙后代不会造成影响。据欧洲药品管理局资料，CAR-T 疗法先后须经专利药品委员会、高级治疗委员会和欧盟委员会批准后方可获得临床应用。在中国，同样需要相关职能部门审核通过，才能进行临床试验及应用。我国的 CAR-T 细胞治疗研究虽然较国外整体起步较晚，但后期发展突飞猛进。从 2012 年我国首次在 clinicaltrial. gov 上登记 CAR-T 细胞临床试验以来，我国每年新注册的 CAR-T 项目以数倍的速度爆发式增加，目前我国在 clinicaltrial. gov 上登记的 CAR-T 项目超过 170 项，已经超过美国的 103 项，成为世界上 CAR-T 细胞临床试验注册数量最多的国家。

体细胞基因编辑技术可以在试管中进行，然后将编辑后的细胞输入患者体内，还可以直接在人体内进行编辑。科学家已经利用同源重组技术将导致镰状细胞贫血的 β 珠蛋白变异体修复为野生型序列[11]，还有人修正了重型混合免疫缺陷[12]。科学家还进行了更复杂的研究，他们利用基因组编辑技术将野生型 mRNA 的 DNA 拷贝插入特定的内源位点，以修复下游的突变[13-15]。

基因组编辑也可以用于干扰致病基因的表达，包括对显性遗传突变和某些神经退行性疾病，例如对亨廷顿病的冗余三联体进行干扰[16]，以及删除携带治病突变的外显子，以重建杜氏肌营养不良患者的抗肌萎缩蛋白[17-19]。还有些科学家尝试干扰某种内源性基因抑制剂的表达，以重建某种胎儿基因的表达，补偿某种成人基因的缺陷，比如在地中海贫血患者中重建胎儿珠蛋白的表达以补偿成人 β 珠蛋白表达量的不足，或者在镰状细胞贫血患者体内中和镰刀形 β 珠蛋白的突变体[20]。这些策略都讲、将极大强化目前基于细胞的免疫疗法，也许会突破目前的一些治疗瓶颈。

人类体细胞基因编辑的伦理问题

相比于人类胚胎的基因编辑，基因编辑技术应用于体细胞的基因治疗通常在伦理上可接受性程度较高，但并不意味着没有争议。首先，和很多新兴基因技术一样，基因编辑技术也受到"扮演上帝"的指责，这种"扮演上帝"的指控带有强烈的宗教情感色彩。其理由主要是：①认为人类 DNA 包含上帝创造生命的某种"密码"，是神圣不可被解读也不可修改的。修改基因就是修改上帝的创造及设计，把自己当作上帝，这是最严重的反叛行为。②认为这可能将人类未来的命运完全交由少数人来操控和设计。这种救世主心态是非常狂妄地想取代上帝的僭权行为。③人类基因编辑将极大改变人类的身体、心理等遗传性状，越过人类进化所需的自然进程而塑造新质的技术人。"技术人"迅猛扩张，"自然人"边缘瓦解，走向灭亡。④通过基因技术增强人类，是一种对人自身自然本性的干预，与"遵循自然"相矛盾，关键是技术不能伤害人的自由生命本质，必须承诺人的自由生命本质为其基本的前提。因此，"从贬义的角度讲，'充当上帝'的说法含有我们像上帝那样做出决定，但却没有上帝那样无所不知的智慧的意思[21]"。

那么用基因编辑体细胞来治疗疾病的正当性、道德合理性如何？一些科学家认为，体细胞基因治疗是目前疾病治疗技术的一种自然而合乎逻辑的延伸。支持的理由有：①人类基因编辑具有道德合理性，技术时代，人类早已利用各种工程技术对自然界的所有领域进行了干预，没有理由拒绝利用技术对自身进行改造。②人类技术革命中，每一种医疗技术都伴随着风险，正效应和负效应共存。不能因为存在的不确定风险就止步不前，这样有失公正。③伦理观念应随着时代发展和人类进步而不断革新和调整，过时的伦理会扼杀人类基因编辑技术的发展。

我国学者认为[22]，针对新兴技术应采取"严密防范"（Precautionary approach）的方针，而非"干了再说"方针（Proactionary approach）。将整个创新、研发和应用过程分成若干阶段，每一步的推进都要根据前一步工作产生的证据或数据，经过一定机制的审查和批准，才能进入下一步，尤其是从基础研究到临床前研究，包括实验室研究和动物研究，从动物研究到临床试验或研究，再到旨在推动研究成果转化为常规实践的实施性研究，最后才能在临床推广使用。对于基因编辑技术的应用，应该遵循如下方针：①基础研究和临床前研究应该置于优先地位；②应该允许将基因编辑技术应用于体细胞基因治疗；③目前应禁止将基因编辑技术应用于生殖系基因治疗；④目前不考虑将基因编辑技术用来增强；⑤对非人生物基因修饰也必须有规范和管控。

体细胞基因治疗案例

尽管出于疾病治疗目的进行的体细胞基因治疗，在伦理上是可以接受的[23]。然而，基因编辑技术作为一个新兴技术，其治疗结果也是不能预料的。

1999 年 9 月 17 日，美国费城 18 岁的 Jesse Gelsinger 成为世界上首位因基因治疗失误而丧命的患者[24]。1999 年 9 月，宾夕法尼亚大学的遗传学教授 Jim Wilson，作为人类基因疗法研究所负责人，开展了一项基因治疗临床试验，他带领的团队招募了 18 名志愿者，这些志愿者都是鸟氨酸转移酶缺乏症（OTCD）患者，因为缺乏鸟氨酸转移酶，他们的肝脏无法代谢氨，而氨在体内堆积会造成脑损伤甚至死亡。Jim 团队的临床试验正是通过将能产生鸟氨酸转移酶的基因整合入体细胞以治疗或缓解疾病。该团队将腺病毒作为运载体，把其上的致病基因替换为目的基因，借助病毒强大的复制功能，让目的基因表达的产物也就是鸟氨酸转移酶得以产生。Jesse Gelsinger 正是受试者之一，他的患病可能是由于自然突变造成的，症状并不严重，只要按时服药就能控制病情。但是他最终参与了研究，在接受腺病毒载体注射后，他会很快出现了发热症状，这在他同意参与本研究前已经被告知，研究人员也以为这只是类似流感的小症状，可是随后 Jesse 出现了严重的反应，诸如黄疸、凝血障碍、肾衰竭、肺衰竭等。研究人员和医生束手无策，最终在 1999 年 9 月 17 日下午 2：30 分宣告了 Jesse 的死亡。该事件后，与腺病毒基因治疗有关的所有临床 I 期试验都因此叫停。

Jesse 并非是基因治疗试验中唯一的不幸者。1999 年《循环》杂志曾报道，一位患者在接受血管新生的基因治疗 40 天后死亡；2000 年 *Nature* 报道有 691 例采用腺病毒进行基因治疗临床试验发生了严重事件，而事发后立即向 NIH 报道的仅 39 例[25]。在法国，10 名曾经接受基因治疗的儿童中 1 名已经死亡，另有 1/3 出现了白血病类似症状[8]。这些令人痛心的事件令医学界和生命伦理学界对人类体细胞基因编辑治疗的深思。这些伦理思考主要包括：知情同意、选择合适的受试者、风险受益评估和利益冲突几个方面。

知情同意

知情同意是尊重人的重要体现。临床实践和医学研究的演变进程表明，知情同意是保护受试者利益的重要工具。在基因治疗的临床试验中，更是保障基因治疗受试者权益和避免伤害的有效途径，也是培养受试者对于基因编辑技术的信任和参与的重要条件。要实现有效同意，需具备以下要素：信息的告知、信息的理解、同意的能力和自主选择[26]。《纽伦堡法典》要求，自愿/自主选择是"受试者应该处于自由选择权的地位，不受任何势力的干涉、欺骗、蒙蔽、哄骗或其他某种隐蔽形式的压制和强迫"。能力是指受试者根据信息接收情况自我做出决定的能力，既是知情的基础条件，也是同意合法性与有效性的守门概念[27]。信息是指研究者向受试者披露的会对决策有实质影响的内容。

知情同意过程是一个解释、说明和交流的过程，通过向受试者提供有关信息，以帮助他们做出是否参加试验的决定，绝不简单是签署文件。基因编辑技术应用于基因治疗的试验的知情同意问题表现在：研究是否有试验前的扎实科学基础？研究的安全性和有效性是否得到保障？如何告知潜在的风险和受益以及是否做到了利益最大化风险最小化？是否保护了隐私？在告知过程中存在哪些"治疗性误解"？是否告知有无替代方案？是否告知自由退出的权利？是否有家庭成员参与代理同意？这些问题往往在特定案例中得到呈现。

在 Jesse 案中，也凸显了知情同意方面的问题。首先，参与该基因治疗项目的医生 Dr. Randy 早在 Jesse17 岁时便得知 Jesse 想要成为受试者的意愿，但因成年后才能够成为受试者，Jesse 只得在一年后参与受试[26]。一般情况下 18 岁以上的健康人被认为是自主行为能力人。研究人员在这时考虑到了受试者同意的能力。其次，Jesse 入组前，研究小组对其进行了一系列检测，并由进行基因治疗手术的医生 Dr. Raper 告知 Jesse 和其父亲手术过程，术后可能出现的症状以及可能的风险，例如，凝血障碍，肝炎，还可能需要肝移植，甚至死亡等[26]。有一种观点认为，只要参与者被充分告知（well-informed）研究的不确定性、风险以及所在地域的有力的治理结构，那么常规的知情同意模式就能够得到辩护[28]。但是研究小组并未告知该试验曾经有过严重的后果，即曾导致 3 只猴的死亡，且未经 Jesse 同意就擅自增大了基因转移过的腺病毒的剂量[26]，这无疑是未尽信息充分告知的义务，或许研究人员会为自己辩解，即便悉数告知，Jesse 和其父亲也未必听得懂，不告知全部的信息是为减少受试者的担忧与害怕，但是试验却以剥夺了一条年轻的生命告终。此外，类似基因治疗这种高新技术，告知并让受试者理解"腺病毒""基因转移""基因表达""鸟氨酸转移酶"这种专业术语，本身就不是一件易事，更遑论让他们权衡受试与传统治疗的利弊。再加上基因编辑这种创新性疗法不可忽视的不确定性，患者长期受病痛困扰的脆弱性，知情同意必须要针对具体情境进行考察。在 2000 年 1 月的一次听证会上，Jesse 的父亲说："这是一场本可以避免的灾难。我儿子事先并没有被告知有什么严重的危险（包括试验用的猴子的死），他被诱导并错误地相信这次人体实验是有利于他的。"Jesse 是受一个病人咨询网站吸引而去的，该网站称这项基因治疗方案为一个"非常低的剂量和可喜的结果"的方案。

选择合适的疾病及受试者

如何选择受试者之前，首先需要明确的是体细胞基因编辑技术的应用范围。体细胞基因治疗已经开展了 35 年之久，利用基因编辑技术进行治疗也进入 Ⅱ 期和 Ⅲ 期临床试验，有些已经批准临床应用，这早已不存在伦理问题和争议。国际基因编辑高峰会议的声明指出："由于所建议的体细胞临床应用意在影响接受基因修饰的个体，所以可以在现存和逐步演进的基因治疗监管架构中对它们进行适当而严格的评价，监管机构可以在批准临床试验和治疗时权衡风险和潜在受益。"

不论是进行基因治疗性试验还是已获批准的治疗，选择合适的疾病和对象是一个核心而具体的问题，都可以降低对病人的伤害，增加受益[23]。欧洲医学研究委员会在人类基因治疗报告中指出：最适合的候选对象应该是那些"致病基因"已经被识别和克隆的单基因遗传性疾病患者；不可逆转的危及生命的病人，或者没有替代疗法的病人。然而实际的选择受试者的过程是非常复杂的，在选择受试者时，要做到以下几点：①知情同意；②制定严格的选择标准，程序公正，并全程接受审查和监督；③要预先进行风险受益评估，若危害过大、风险过高或风险不可知，则有理由怀疑方案的目的和动机；④当常规疗法无法治疗时，才可以考虑使用基因编辑[23]。

那么怎样的受试者才是合适的呢？Jesse 案中，鉴于 OTD 是一种 X 染色体遗传病，宾夕法尼亚大学的伦理学家 Arthur Caplan 认为，让患 OTD 的新生儿参与试验是不正当的，合适的受试者应是那些女性基因携带者，以及有轻微症状的健康状况良好的男性[29]。不宜选择病情严重的人作为受试对象，可能的原因是：病情严重的患者身体可能对于基因治疗非常敏感，若出现一些刺激性症状，影响治疗效果或者是试验的观察结果的判断；但病重患者也可能对于基因治疗敏感度更低[30]，不仅于疾病无益，还白白遭受了痛苦，可能会发生严重的并发症，甚至因此死亡。新生儿不宜成为受试者，是因为婴儿不具备理解信息并做出同意的能力，父母通常作为他们的代理人，但是因为 OTD 患儿寿命最长不会超过 5 岁[29]，这些父母怀着太过绝望的心情，无法理智的作出使孩子获得最大幸福的决定。虽然研究人员已经对试验对象做出了一些限制，但是仍然没能阻挡悲剧的发生。Jesse 的尸检报告表明他的骨髓中有一些异常细胞，导致基因治疗后出现了不可预估的剧烈免疫反应，这一固有疾病在他接受基因治疗前并未被检测出，也成为使 Jesse 丧生的原因之一[29]。由此，选择治疗对象时，还应对病人的固有疾病有一定程度了解，至少确保患者没有严重的基础疾病，以免影响治疗效果，甚至致病人死亡。

那么绝症患者是不是就理所应当的成为受试者呢？以癌症晚期患者为例，传统疗法无甚效果，5 年生存率低，治疗预后差，复发率高，这些病人是研究者轻易瞄准的对象，因为他们已经无药可救，即便基因治疗带来了什么严重后果，也不会比死亡更糟糕了，更何况这可能是这些患者的最后一根救命稻草。我们不反对癌症晚期患者作为受试对象，但是必须用严格的伦理审查来保护病人利益。另外，那些意识不清的患者、儿童和胎儿能不能作为受试者呢？实际上，没有规定明确指出这些群体不能作为受试者，只是研究者们出于操作方便、不易受民众指责等考虑首先排除了这部分人群。在选择受试者时研究者应公平合理的选择，不应仅仅因为担心对后代的意外伤害，就禁止把胎儿作为基因治疗的对象[31]，如涉及脆弱人群，更要审慎，在进行基因治疗前最好向专业人士（如儿科医生）等进行咨询，并对研究者进行严格审查来保护受试者。

风险与受益评估

体细胞基因治疗的原理是利用病毒载体将外源目的基因转入体细胞以治疗疾病[32]，但是并不能改善病人基因遗传缺陷的背景，患者原本的单基因或多基因缺陷仍有可能遗传给后代[33]。基因治疗这一高新技术的特点之一就是不确定性。这种不确定性包括技术本身的不确定性以及技术应用过程中的不确定性。自 1972 年美国科学家开启重组 DNA 技术以来，由于人类有限的认识水平，基因技术尚未被完全认识[33]，基因治疗本身尚且存在一些不确定因素，会给人造成一些伤害[32]。例如，在体细胞基因治疗的应用中，定点整合到细胞中的基因因为不能很好地调控长期表达和特异表达，可能给患者带来不可计量的损伤；基因治疗需要借助的逆转录病毒进入人体后可能随机整合入人染色体，有激活隐性致癌基因的可能[32]。这些安全性问题的存在，让基因治疗不能轻易作为治疗手段，由此引发的安全顾虑不可忽视。接受基因治疗的个体可能无法从中获益，甚至有损身体健康。若外源性基因整合入人类染色体，同时该外源基因可表达某些疾病，那么这样的基因遗传给后代，会对后代产生影响[34]。

风险受益评估是体细胞治疗研究的重要原则之一[35]。在这方面，FDA 已经发布了一个具有影响力的基因治疗试验指南，该指南与基因组编辑试验相关[7]。在开展基因治疗临床试验中，当且仅当受试者获得的治疗利益和人类所获得的科学知识远大于对受试者的风险，且风险最低化时，"风险/受益"比是可接受的。研究者尽可能以受试者可接受的方式告知各种潜在的风险和受益，并提供估计"风险/受益"比的方法。既要慎重对待各种潜在的风险，但又不可因噎废食，要在"不伤害"和"有利"之间找到平衡点。研究者须考虑导入的基因是否稳定高效表达、载体的毒性等。但仅仅做到"不伤害"并非基因治疗的本意，它须对病人有预防、治愈、缓解、减轻疾病的功效，对整个人类的健康有利。

商业化与利益冲突　基因技术是一种大规模的、有计划的社会活动，其开发应用与商业运作紧密相关。在追求功用和效益的过程中，技术的功利性价值不断强化，人文关怀却遭忽视。基因治疗在医疗领域的发展潜力和前景，越来越多的医药公司和生物科技研发公司将目光投向了基因治疗，期待着基因治疗的临床应用，促使实验室与生物公司达成合作以获得商业支持[9]。加之，医疗人员身兼多职，当商业利益与医疗救护或科学研究交织在一起时，原本由于高新技术带来的伦理问题就更加复杂。

利益冲突是一种处境，在这种处境中，当事人或者机构对于主要利益的专业判断，容易受到次要利益的不当影响[36]。在医学领域中，医生应该首先考虑病人的健康和福利，医学研究者的主要利益是获得可普遍化的科学知识。而次要利益指的是专业人员或者机构自身可获得的利益，如经济收入、学术成就、名声、地位等。次要利益并非是不当的，但是有影响专业人员的客观判断和决定的可能性，并且有可能会带来伤害或者错误，导致失去社会公信力[37]。在实践中，利益冲突相当普遍也难以避免，处于利益冲突中本身也不意味着要遭受谴责，但是要有意识地去公开，有时需要回避，以避免负面结果的发生。未经公开的利益冲突危害病人/受试者，给他们带来不必要的风险；危害医患关系/研究者-受试者关系，病人/受试者感到受骗上当，辜负了他们的信任，因而诉诸法律诉讼；危害专业，破坏了医学科学的廉政性和名声[38]。

1999 年的 Jesse 案，不仅涉及大家较为了解的知情同意问题，也是第一次将商业化带来的利益冲突公开化的典型[23]，叩问研究者的科研责任。经调查，主持这项研究的科学家 Jim Wilson 在资助该研究的 Genovo 公司持股 30%，一旦项目成功，获得的经济利益是非常可观的，他们还能获得项目专利[23]。当纯粹的科学家开始追逐名利、地位，又拥有自己的公司或在公司持股时，他们会因此而失去独立性，伦理观念受到侵蚀，伦理判断不再可靠，将商业目的放在比科研和医学更重要的位置，忽视作为科研人员的责任，科研诚信无从保证[39]。1995 年美国的 NIH 报告就曾指出，为获得更多的专利或资助，相当多的基因治疗试验夸大了其治疗效果，忽视了对受试者的风险，向社会传达了错误信息[40]。研究者的这一经济利益，与受试者的生命利益发生冲突，而研究者不但没有公开和回避，反而隐瞒了真相。更重要的是，研究者及相关人员作为行为主体，其主流价值观及道德认知决定了其价值导向并指导了其社会行为，因而利益导向问题也是基因治疗伦理反思的重要组成。鉴于 Jesse 案的不良影响，Jim Wilson 医生所在的美国宾夕法尼亚大学人类基因治疗研究所的有关研究被停止，而这一禁止带来的是这一领域长达十年的停滞不前。

那么要如何应对体细胞基因编辑中的利益冲突和商业化问题呢？医学研究的利益冲突普遍存在，随着企业与研究机构的关系日益密切，完全避免利益冲突几乎不可能。最适当的应对办法是：①公开。尽可能地公开揭露研究者所获得的各种财务利益，如资金来源、可能的利益冲突等；②审查，研究机构的伦理委员会（IRB/ERC）负责审查研究设计、过程和伦理风险、包括利益冲突，判定利益冲突是否会影响临床试验的正常运作及受试者的健康照护；③有些研究涉及的利益冲突可能会严重伤害到患者/受试者对医生/研究者的信赖，因此应该被禁止。如果该利益冲突有可能伤害到科学研究的廉正性，也应该被禁止。可采取的措施包括禁止涉及利益冲突的研究者参与研究，或者完全禁止研究的开展；④教育，与医生和研究者进行系统的伦理培训，提高伦理意识。

Jesse 事件发生后，NIH 规定：允许个人公司持股不得超过 5%，但作为技术顾问可以获得适当的报酬。2000 年 6 月，美国基因治疗协会（ASGT）通过一项决议：涉及基因治疗的试验应客观、无偏见，摆脱由于商业资助而引发的利益冲突[23]。加拿大医学会（CMA）在 2007 年发布"医生与产业界互动指南规范"（Guidelines for Physician in Interactions with Industry）提出六个一般原则：①医生与厂商的互动首要目的是公民健康提升；②医生与厂商的关系应该受到 CMA 的伦理规范与本文件指引；③执业医师的主要义务是救助病人，如果医生与厂商的关系已经影响到医患关系的新人本质，那么这个关系就不适当；④若医生与厂商间的互动，造成医生与病人间有利益冲突，医生应以有利于病人的方式解决。特别是医生应该避免私人利益卷入其处方及医疗决策；⑤除了受厂商雇佣的医生外，医生在与厂商的关系中应该保持专业自主与独立，应该对科学方法保持忠诚；⑥与厂商有关系的医生，在任何情形下当他意识到其专业判断可能被认为会受此关系影响时，都有揭露此关系的义务[41]。

结　　语

基因编辑技术在人类治疗和预防重大疾病方面开辟了新的途径，也是攻克医学难题的重要手段，在不远的将来有巨大潜力提高人类的健康福祉。但是，当前基因编辑技术的不确定性和安全隐患，值得科学家和伦理学家共同关注。与生殖系的基因编辑相比，针对体细胞的基因编辑目前在伦理可行性方面争议较小，但并不意味着不存在伦理问题。本文重点讨论了基因编辑技术应用于体细胞治疗的知情同意、风险-受益评估、目标疾病和受试者选择、商业化与利益冲突问题，这些问题对于制定针对基因编辑技术的伦理管控和治理至关重要。随着越来越多的体细胞基因治疗和试验的开展，这些问题的重要性和迫切性愈发凸显。只有在严格的伦理管控前提之下，对基因编辑技术进行研发，并制定相应的法律法规，以对基因编辑技术的应用进行规范化和法制化管理，才能推动基因编辑技术负责任、可持续的良性发展。

参　考　文　献

［1］ Cox DB, Platt RJ, Zhang F. Therapeutic genome editing: prospects and challenges. Nat Med, 2015, 21 (2): 121-131. doi: 10. 1038/nm. 3793.

［2］ Naldini L. Gene therapy returns to centre stage. Nature, 2015, 526 (7573): 351-360. doi: 10. 1038/nature15818.

［3］ Tebas P, Stein D, Tang W, et al. Gene editing of CCR5 in autologous CD4T cells of persons ininfected with HIV. New England Journal of Medicine, 2014, 370 (10): 901-910.

［4］ Shama R, Anguela X, Doyon Y et al. In vivo genome editing of the albumin locus as a platform for protein replacement therapy. Blood, 2015, 126 (15): 1777-1784.

［5］ Reardon S. Leukaemia success heralds wave of gene editing therapies. Nature, 2015, pp. 146-147.

［6］ Ginn SL, Alexander IE, Edelstein ML, Abedi MR, Wixon J. Gene therapy clinical trials worldwide to 2012-an update. J Gene Med, 2013, 15 (2): 65-77. doi: 10. 1002/jgm. 2698.

［7］ （美）美国国家科学院和美国国家医学院编著. 曾凡一, 时占祥译. 美国人类基因组编辑丛书 人类基因组编辑 科学、伦理与管理. 上海: 上海科学技术出版社, 2018.

［8］ 安娜, 王忠彦. 基因治疗的伦理问题及对策探讨. 医学与哲学, 2012, 33 (3A): 23-24.

［9］ 司琪, 蔡奥捷, 程晓寒. 基因治疗的发展及其伦理反思. 中国医学伦理学, 2016, 30 (12): 1496-1499.

［10］ Caroll D. Genome engineering with targetable nucleases. Annual Review of Biochemistry, 2014, 409-439.

［11］ Dever D, Bak R, Reinisch A. CRISPR/Cas9 β-globin gene targeting in human haematipoietic stem cells. Nature, 2016, 539: 384-389.

［12］ Booth C, Gaspar H, Thrasher A, et al. Treating Immunodeficiency through HSC Gene Therapy, 22,

2016，（4）：317-327.

[13] Genovese P, Schiroli G, Escobar G, et al. Targeted genome editing in human repopulating haematopoietic stem cells. Nature，2014，510：235-240.

[14] Hubbard N, Hagin D, Sommer K, et al. Targeted gene editing restores regulated CD40L function in X-linked hyper-IgM syndrome. Blood，2016，127（21）：2513-2522.

[15] Porteus M. Genome Editing. A New Approach to Human Therapeutics. Annual Review of Pharmacology and Toxicology，2016，56：163-190.

[16] Malkki H. Selective deactivation of Huntington disease mutant allele by CRISPR-Cas9 gene editing. Nature Reviews Neurology，2016，12（11）：614-615.

[17] Long C, Amoasii L, Mireault A, et al. Postnatal genome editing partially restores dystrophin expression in a mouse model of muscular dystrophy. Science，2016，351（6271）：400-403.

[18] Nelson C, Hakim C, Ousterout D, et al. In vivo genome editing improves muscle function in a mouse model of Duchenne muscular dystrophy. Science，2016，351（6271）：403-407.

[19] Tabebordbar M, Zhu K, Cheng J, et al. In vivo gene editing in dystrophic mouse muscle and muscle stem cells. Science，2016，351（6271）：407-411.

[20] Hoban M, Orkin S, Bauer D. Genetic treatment of a molecular disorder：gene therapy approaches to sickle cell disease. Blood，2016，127（7）：839-848.

[21] 陈俊. 基因技术与伦理关怀：保持必要的张力. 科学技术与辩证法，2007，24（6）：76-79.

[22] 邱仁宗. 基因编辑技术的研究和应用：伦理学的视角. 医学与哲学，2016-07，37（7）：1-7.

[23] 翟晓梅，邱仁宗主编. 生命伦理学导论. 北京：清华大学出版社，2005.

[24] Munson R. Intervention and Reflection：Basic Issues in Medical Ethics. Wadsworth Publishing，2007.

[25] 刘德培. 基因治疗：几多磨难几多希望. 科技日报，2000-10-24.

[26] Beauchamp T. & Childress J. Principles of Biomedical Ethics. New York, USA：Oxford University Press，2001.

[27] 陈化，马永慧. 粪菌移植临床干预的知情同意问题探析. 中国医学伦理学，2017，30（11）：1337-1341.

[28] Greely H. The uneasy ethical and legal underpinning of large-scale genomic biobank? Annual Review of Genomics and Human Genetics，2007，8：343-364.

[29] Munson R. Intervention and Reflection：Basic Issues in Medical Ethics. Wadsworth Publishing；2007.

[30] 张伟. 基因治疗伦理审查的若干问题探讨. 中国医学伦理学，2016，28（2）：185-186.

[31] Caplan A & Wilson J. The ethical challenges in utero gene therapy. Nature Genetics，2000，24（2）：107.

[32] 郭永松. 基因的研究与应用_ 医学与社会伦理共同关注的新热点. 医学与社会，2001，14（1）.

[33] 吴奎彬，封展旗. 基因治疗及其伦理问题. 中国医学伦理学，2000（6）：34.

[34] 张新庆. 体细胞基因治疗中的伦理问题探讨. 科技进步与对策，2004，1：86-88.

[35] Dettweiler U & Simon P. Points to Consider for Ethics Committees in Human Gene Therapy Trials. Bioethics，2001，15：491-500.

[36] Thompson, F. Understanding Financial Conflicts of Interest. The New England Journal of Medicine，1993，329（8）：573-576.

[37] 高帆，马永慧，祁兴顺. 浅析医学研究中的利益冲突. 肝脏，2017，22（2）：93-94，103.

[38] 邱仁宗. 利益冲突. 医学与哲学，2001，12.

［39］邱仁宗，翟晓梅. 生命伦理学导论. 北京：清华大学出版社，2005.

［40］Orkin S & Motulsky A. Report and recommendations of the panel to assess the NIH investment in research on gene therapy. December 7，1995. Available at：https：//osp. od. nih. gov/uploads/2014/11/Orkin_Motulsky_ Report.

［41］Canadian Medical Association. Guidelines for Physicians in Interactions with Industry，Available at：httlps：//policybase. cma. ca/dbtw-wpd/Policypdf.

可遗传基因组编辑引起的伦理和治理挑战①

邱仁宗　翟晓梅　雷瑞鹏

有关可遗传基因组编辑讨论的背景

2018 年 11 月 27～29 日在香港举行的第二届国际基因编辑峰会要讨论的重点之一是可遗传基因组编辑的科学、伦理和治理问题。2015 年 12 月 1～3 日中国科学院、英国皇家科学学会和美国科学院在华盛顿联合召开了第一届国际人类基因编辑高峰会议，会后成立了以美国威斯康辛大学麦迪逊分校的法学家和生命伦理学家 Alta Charo 教授和麻省理工学院医学研究所 Richard Hynes 教授为共同主任，有美国、加拿大、英国、法国和中国等国科学家、医学家、伦理学家和法学家参加的"人类基因编辑：科学、医学和伦理委员会"（Committee on Human Gene Editing：Scientific，Medical and Ethical Considerations），2017 年美国科学院和美国医学院发表了该委员会起草的一份报告题为：《人类基因组编辑：科学、伦理学和治疗》（Human Genome Editing：Science，Ethics and Governance）[1]，反映了各国科学家对基因编辑研究和应用的共识。其主要内容有：①基因组编辑是使基因组（机体的一套完整的遗传材料）发生添加、删除和改变的新的有力工具，基因组的编辑更加精确、有效率、灵活和费用低，但这些应用同时又带来了受益、风险、管理、伦理、社会问题，其中重要的问题包括如何平衡潜在的受益和意外伤害的风险；如何治理这些技术的应用；如何将社会价值整合进临床和政策考虑之中。②涉及人类细胞和组织的基因组编辑的基础性实验室研究，对推进生物医学科学至为关键，有些基础研究需要用生殖系细胞，包括早期人胚胎、卵、精子和产生卵和精子的细胞，人类基因组编辑的基础性实验室研究在现有的伦理规范和管理框架内是可加以监管的。③体细胞编辑的临床使用目的在于治疗和预防疾病，体细胞基因组编辑的效应限于被治疗的病人，不会遗传给病人的后代，基因治疗受伦理规范和管理监管已有一段时间，这种经验为体细胞基因组编辑建立类似的规范和监管机制提供了指导，体细胞基因组编辑疗法目前已经可以用于临床实践。④关于生殖系编辑和可遗传的改变，成千上万的遗传病是因单基因突变引起的，因此对携带这些突变的个体的

① 编者按：本文主要讨论可遗传基因组编辑的伦理和治理问题，原发表于《医学与哲学》杂志 2019 年第 40 卷第 2 期：613-618，特对《医学与哲学》杂志表示感谢。

生殖系细胞进行编辑可使他们的孩子摆脱被遗传这些疾病的风险，然而人们对生殖系编辑有高度的争议，因此建议：可以允许生殖系基因组编辑试验，但仅应该在这样一个管理框架内进行，这个管理框架包括如下标准：不存在合理的其他治疗办法；限于预防严重的疾病；限于编辑业已令人信服地证明引起疾病或对疾病有强烈的易感性的基因；限于将这些基因转变为在人群中正常存在的版本，且无证据有不良反应；已经获得该程序的有关风险与潜在健康受益的可信的前临床和临床数据；在临床试验期间对该程序对受试者的健康和安全的效应要进行不断而严格的监管；要有长期、多代的随访的全面计划，同时尊重个人自主性；最大程度的透明与保护病人的隐私保持一致；对健康和社会的受益和风险要连续地进行重新评估，公众要广泛地连续不断地参与；以及要有可靠的监管机制，以防止扩展到预防疾病以外的使用。⑤至于基因组编辑用于"增强"，因为难以评价增强给人带来什么受益，需要公众参加讨论来使管理者更好地进行风险/受益的分析，需要公众参与讨论以了解实际的和预测的社会影响，以便制订有关这类技术应用的治理政策。该委员会建议，治疗或预防疾病以外目的的基因组编辑此时不应该进行，并且在是否或如何进行这种应用的临床试验之前，公众对此进行讨论是必不可少的。

构成国际科学共同体对基因组编辑研究和应用共识的这一文件，显然是将优先次序排列为：基础研究；体细胞基因组的临床试验和应用；可遗传的基因组编辑的临床前研究、临床试验及应用；最后才是增强，增强显然不应该置于我们的研究日程上。随着从基础研究到增强这一梯级上升，影响风险和受益的因素日益复杂，不确定性和未知因素逐步增加，以至我们既不能对干预的风险－受益比进行可靠的评估，也不可能实施有效的知情同意，因为连科学家和医生都不知道干预后会发生什么。在这一文件中突出之处是："可以允许生殖系基因组编辑试验"，但施加了许多的条件，而这些条件是目前以及最近的将来是不具备的。如果与2015年美国记者就黄军就利用人胚胎进行基因编辑的基础研究就批评他跨越西方公认的伦理边界相比，说明西方与中国在科学伦理的观点更加接近，这进一步驳斥了该记者认为其中存在鸿沟的错误论点[2]。

也许更为重要的是，英国生命伦理学权威性智库于2018年7月发表一份《基因组编辑和人类生殖：社会和伦理问题》（*Genome editing and human reproduction：Social and ethical issues*）的研究报告。[3]这份报告讨论了决定基因组编辑技术是否以及如何应用于人类生殖的概念、体制、管理和经济因素，以及影响其可接受性的社会各种伦理规范。这份报告的结论是，根据在伦理学探讨基础上制订的条件，可遗传的基因组编辑是应该允许的，然而这些条件目前尚未形成。但有可能在将来形成。按照目前的技术和社会的发展轨道，很可能会形成。这份报告指出了不应该允许进行可遗传基因组编辑的条件，但在伦理学上不存在绝对反对的理由。因而我们有伦理学上的理由来继续探讨可遗传基因组编辑的条件。该文件确定了两条原则：一是未来的人的福利原则：接受基因组编辑的配子或胚胎应该仅仅用来为了一个目的，即为了确保作为编辑这些细胞的一个后果可能生出的那个人的福利；二是社会公正和共济原则：接受基因组编辑的配子和胚胎的使用仅仅允许在这样的条件下进行，即这样做不会加深社会的分裂或使社会内部某些群体的边缘化或不利地位更加恶化，该报告提出了有关对可遗传基因组编辑的治理建议。

反对和支持可遗传基因组编辑的论证

反对对可遗传基因组进行任何编辑的论证

1. 一种反对的论证是基于这样的观念，上帝或自然已经把大家的生活安排好，不管本人的感觉如何。你改变了某个人的基因组，从而能改变他的生活，那是在"扮演上帝的角色"或造成"不自然"的情况，这在伦理学上是不允许的。这种反论证是不能成立的：对"扮演上帝角色""自然性"等概念本身含混，颇多争议；世界上不相信上帝存在的人多于相信的人，因此不能构成普遍性论证方式；自然的安排也不都是合理的和合意的等。这方面的论证我们已经在不同场合讨论过或驳斥过，这里不再重复[4]。

2. 另一种反对的论证是说，对基因组进行编辑以选择未来的人的特征可能产生这一未来的人去过另一种可能的生活，而这另一种可能的生活充满着不确定性，难以设想这个未来的人生活会怎样，因此这种基因组编辑的干预等于违犯了后代子孙形成他们自己身份的权利[5]。然而，另一种可能生活的不可预测性不能构成反对对可遗传基因组编辑的论证，因为许多干预（例如器官移植）都可能产生不可预测的后果，从而改变人的生活。而且，接受编辑的是一个胚胎，尚不具备作为一个人拥有的形成自己身份的权利，否则他的父母先选择一个配偶，后来换了一个配偶，不也改变未来孩子的身份吗？更不要说，在现代生活，即使基因组未经编辑，生活同样充满不确定性。

3. 按照哈贝马斯根据人性（human nature）来反对基因工程的论证也可用于可遗传基因组编辑[6]。按照哈贝马斯的论证或逻辑，可遗传基因组编辑就会改变人性，而人性是不应该改变的，因为人性使一个人成为他自己。在这里哈贝马斯似乎陷入了一个自然主义谬误（naturalist fallacy），将"是"转化为"应该"。而且他援引了非常容易产生歧义的概念"人性"。首先，人们对什么是"人性"，并没有一致的答案；其次，在实际生活中，尤其在医学中，人们已经难以区分什么是自然的与什么是人工的，许多非基因的干预已经在使人不能成为他自己了；最后，"人性"也不都是合意的（包括对人体的设计也存在许多不合理之处，正如雷瑞鹏、冯君妍、王继超等有关自然性的观念和论证一文表明的[4]），可以作为我们据以评判行动对错的伦理基石，人性善恶之争延续了许多世纪也没有得到解决，也许人的本性就是既有善又有恶的，如何能够成为我们评判行动是非善恶的标准。如果我们的基因组编辑，仅仅去为了防止后代患例如地中海贫血这样的疾病，这对哈贝马斯意义上的"人性"又有什么样的影响呢？这并不妨碍你成为你自己，也许使你更好地成为你自己。

某些可遗传基因组编辑在伦理学上可以允许的论证

桑德尔[7]论证说，父母把某些他们喜爱的特征强加在他们后代身上扭曲了亲子关系。然而他的批评仅限于增强未来孩子的特征，他没有反对预防可遗传的疾病的基因干预。因为防止孩子患遗传病有利于孩子的发展。如果将可遗传的基因组编辑区分成可允许的与不可允许的，那就要解决三个问题：①要有一个划分伦理学上可允许的与不可允许的标准；②要设法找到一个在操作上有效的办法来区分伦理学上可允许的与伦理学上不可允许的；③要为基因干预的遗传例外主义找到一个辩护办法，因为在怀孕前后人们有许多干预未来孩子的办法（如胎教、改善孕妇营养等），为什么对基因干预要特别对待呢？遗传例外主义（genetic exceptionalism）是认为遗传信息或遗传干预有其特殊性，因此必须将它与其他类型的信息或干预区别开来，给予特殊的关切，需要更为站得住脚的伦理辩护。

我们不完全同意对新技术的应用于人，采取这样一种哲学论证的辩护路径，即从一些哲学概念出发，来推论某种干预是否应该做，例如从孩子有选择权来反对对胚胎进行任何干预。人的胚胎还不是出生的孩子，他有什么选择权或其他权利？我们认为生命伦理学的分析是一种实践的分析，例如：①对技术现状的分析，例如目前的基因编辑技术是否成熟，有哪些优缺点；②如应用这项技术于治疗人的疾病，是否安全和有效，会有哪些风险与受益，风险与受益比是否可以接受；③如果应用这项技术于预防下一代患遗传病，对这未来生出的孩子是否安全和有效，会有哪些风险和伤害，会有哪些受益，风险-受益比是否可以接受。如果涉及有行为能力者，还有尊重他们自主性、实现知情同意的问题。而这种实践分析的路子的根本目的是为了维护和促进遗传病人或其后代的利益而不是去维护某种哲学的概念。这次会议的最后声明就是按照这种路子来为可遗传基因组编辑进行辩护的[8]。

第二届国际基因组编辑峰会的最终声明说，"改变胚胎或配子的 DNA 和使带有引起疾病的突变的父母拥有健康的孩子"。这就是可遗传基因编辑给亿万遗传病病人带来的受益。例如我国带有地中海贫血基因携带者 4700 万，单单就这一项说，他们生出来的可能 4700 万或 9400 万（如果他们生两个孩子）可免除患地中海贫血之苦，对他们个体、对他们家庭以及社会来说难道不是巨大的受益吗？因此有什么理由去反对进行可遗传的基因组编辑呢？如果一旦基因编辑臻于成熟，而且可以负担得起。不但可遗传基因组编辑应该允许，而且可能应该成为各国政府的道德律令。问题在于，这种"允许"还不是"现在就做"，因为现在条件尚不成熟。目前对胚胎或配子进行可遗传的基因组编辑不但有风险，而且这种风险还难以评价。由于目前技术和方法所限，胚胎中某些细胞的基因组得到了编辑，有些则没有，仍然将疾病遗传下去；基因编辑的脱靶突变和引起其他基因缺失或干扰其他基因功能仍然存在，原计划要改变的性状得到了改变，同时却又改变了计划以外的其他性状。生殖系基因组编辑产生的有害效应不仅影响个体，而且也影响个体的后代。在目前知识和技术条件下我们难以对风险-受益比作出全面的评估。当难以对干预的风险-受益做出评估时，我们如何保护病人以及未来的孩子呢？然而，今天做不到的事，不等于明天做不到。鉴于目前基因技术的日益改善，以及用体细胞基因组治疗疾病的安全性和有效性日益得到保障，我们相信有朝一日可遗传的基因组编辑的安全性和有效性也可以得到保障，到了那时可遗传的基因组编辑从基础研究、前临床研究进入涉及人的临床试验就可以得到伦理学的辩护和接受了。组织委员会在声明中明确指出，从基础研究、临床前研究转化到临床试验，必须坚持最近三年来发表的基因编辑指南中明确阐述的标准，要求制订评估基因修饰临床前证据的标准，临床试验执业者能力的评估标准，以及执业人员行为守则及其与病人并与病人维权群体建立密切关系的标准。我们认为，在评价某一新技术是否应该应用于人时不应该从哲学的概念出发，而是应该具体分析该项技术对人的可能影响，评估其风险-受益比，以及相关的人是否受到应有的尊重，而不是从某个哲学家发明的某个概念出发。这是生命伦理学论证的正当路径。

建立可遗传基因组编辑的伦理框架和做好治理安排

从我们允许可遗传基因组编辑到我们批准对配子或对胚胎进行基因组编辑，还有很长一条路要走。科学家们将努力进行基础研究和临床前研究，以改善基因组编辑技术的安全性和有效性，通过体细胞基因组编辑治疗疾病，我们可以逐步建立对基因编辑的监管体系，从我们的伦理学视角来看，我们需要做好两件事：建立可遗传基因组编辑的伦理框架和做好可遗传基因组编辑的治理安排。我们认为，在没有做好这两件事以前不可开展可遗传基因组编辑的临床试验。

但在我国，首先要解决我国专业人员和公众对开展基因编辑工作的两大关切：

基因编辑简便实用，估计很快会在我国开展起来。在我国，主要有两大关切。关切一：会不会形成像"干细胞乱象"一样的"基因编辑乱象"？新生物技术发展之快，我国医疗卫生事业中市场原教旨主义（错误以为靠资本、市场可以解决我国医疗卫生问题）比较严重，引起一些关切是自然的。

2005～2012年，我国有数百家医院开展未经证明和不受管理的所谓"干细胞疗法"（不是将全潜能或多潜能干细胞分化为专潜能细胞，进行细胞移植，而是将未分化的成人干细胞或脐带干细胞经培养扩增后直接注射入病人体内），估计可能有数万或数十万病人接受这种未经临床试验证明也未经主管部门批准的治疗，但至今没有1例有科学证据证明这种疗法治疗好了病人的疾病，仅有的短暂的刺激作用。而病人花费的金额可能达数亿或数十亿之钜，成为制造干细胞的生物技术公司和开展这种疗法的医院和医生的巨额利润来源。但病人的疾病并没有治好，有的更糟，个别的因此死亡了。将未分化的成人干细胞或脐带干细胞经培养扩增后直接被注射入病人体内冒充种种高科技疗法至今未绝，也未得到严肃处理。因此，这种关切是合理的[9]。

这不是杞人忧天。据报道，杭州癌症医院已经开展了基因编辑疗法，据称他们开展了是临床试验，试验结果是85位病人死了15人，他们说是疾病致死，与基因编辑无关；在试验期间死亡的都不算不良事件。他们开展基因编辑治疗，得到哪个主管部门的批准；从事基因编辑的人员资质是否有保证；15位病人死亡是否经过相关专家鉴定为疾病致死，而非编辑致死；临床试验期间死亡均为不良事件，可以能随便修改规定；其临床试验是否经过机构伦理审查委员会审查批准；其机构伦理审查委员会委员是否有资格和能力审查基因编辑的临床试验；每人病人付了多少费用；出现了那么多的死亡人数医院以及杭州卫生行政部门和杭州市或浙江省伦理委员会不进行调查追究等。这一案例本身不是即将出现的基因编辑乱象的序曲吗？[10]

关切二：对未经基因编辑的病人及其后代将会如何被对待？2010～2015年出版了若干本医学伦理学教材[11]。值得注意的是作者称遗传有缺陷，身体和智力低下的人为"劣生"

（与纳粹用语 inferior 接近），主张对他们进行强制绝育，说他们对社会是负担，他们的生命没有价值，同时主张对于严重残疾、患不治之症的病人、临终病人等实施"安乐死"，他们有"义务"接受安乐死，道理是一样的，他们对社会已经没有价值，是社会的负担，因此他们的生命没有价值。这也是与纳粹的理论相一致的。当年纳粹对遗传病患者实施强制绝育，对患不治之症的病人实施"安乐死"，也是因为纳粹认为，他们作为人已经失去价值，因为他们是社会的负担。如果这些医学伦理学作者的意见被政府采纳，将会有数千万人接受强制绝育，数千万人被义务"安乐死"，这将是一个怎样的局面？如果用这种教材培养出来的医生或科学家，对于遗传病人、残疾人将会采取怎么样的态度？现在一部分人可以通过基因编辑使其基因组得到改良，防止出现遗传病，而另一部分人没有，那么那些没有被基因编辑修饰的人及其后代会不会被人认为"低人一等""劣生"，其作为人的价值不如经过基因编辑的人呢？根本的问题是：人本身有其内在价值吗？还是仅有外在的、工具性价值？对那些未经基因编辑的人的尊重何在？我们认为，人有其内在价值，不因身体或智力有障碍而丧失其一分价值；人的尊严是绝对的和平等的。

但我国领导人如何看待残疾人的呢？1998 年时任国家主席江泽民在致康复国际第 11 届亚太区大会的贺词[12]中指出："自有人类以来，就有残疾人。他们有参与社会生活的愿望和能力，也是社会财富的创造者，而他们为此付出的努力要比健全人多得多。他们应该同健全人一样享有人的一切尊严和权利。残疾人这个社会最困难群体的解放，是人类文明发展和社会进步的一个主要标志。"我们相信，从事医学伦理学教学和研究的学者以及所有医务人员都会同意贺词中所体现的对残疾人的"人文关怀"。

建立一个评价基因编辑用于人类生殖的伦理框架，也就是评价我们（科学家、医生、管理者）在这方面的决策是非对错的道德标准

这个框架应由以下部分组成：

伦理框架 1：基因编辑用于人类生殖的前提

基因编辑用于人类生殖必须先进行临床试验，在临床试验证明安全有效后，经过主管部门组织专家委员会鉴定批准后，方可正式用于临床实践；

在临床试验前，必先进行临床前研究，尤其是动物研究，证明是安全而有效的；其数据必须公开发表，让其他科学家重复检验；

必须进行基础研究，改进基因编辑技术，消除或减少其缺点（脱靶、引起突变、对其他基因的干扰等），增进其功效。

所有这些努力是为了确保在进行临床试验时风险-受益比对未来要出生的孩子是有利的。

伦理框架 2：维护未来父母的利益

用基因编辑修饰生殖系基因组的目的是，生出一个没有患未来父母遗传病的孩子，我们要努力维护这对未来父母的利益，包括：在修饰前提供咨询，告知他们充分的、全面的相关信息，尤其是风险-受益信息；帮助他们理解这些信息；给他们充分的时间考虑，在不受强制或不正当利诱条件下做出同意修饰其生殖系（配子或胚胎）基因组的决定；无论修

饰后结果如何，也要对未来的父母提供咨询；将无行为能力者排除在受试者之外。这就是贯彻知情同意的伦理要求，知情同意基于尊重这对夫妇的自主性，将他们作为人对待，人本身是目的，具有内在的价值，他们拥有与非遗传病患者同样的人的尊严和权利。

伦理框架 3：维护未来的人的利益

可遗传基因组编辑的目的是生出一个不患她/他父母患的遗传病的孩子。因此，在纳菲尔德生命伦理学理事会的意见中将基因编辑用于人类生殖的原则 1：为了未来的人的利益。这个原则要求我们的医生/科学家应该将接受基因组编辑操作的配子或胚胎仅仅用于这样的目的：确保一个可能出生的人的利益，是进行这种操作的结果。这一原则是要求我们充分考虑如何维护一个可能要出生的人的利益。简言之，我们对未来父母的配子或胚胎进行基因编辑，其唯一的目的是生出一个没有遗传病的孩子，我们不是为了赚钱（当然要进行成本核算），也不是为了优生学（eugenics），即目的是让所谓"优生"的个人或种族得以繁衍，限制所谓"劣生"的个人或种族生殖[13]。

伦理框架 4：维护社会其他人的利益

遗传的基因组编辑干预可能会同时影响到社会中的其他人。由于基因编辑技术比较简单，一旦经过改进和完善，很可能会比较普遍地推广应用，这样社会上是否会分成两部分人：一部分患有遗传病的人经过体细胞基因组编辑将疾病治愈了，而且经过生殖系基因组编辑他们的孩子也预防患他们的遗传病；而另一部分患同样遗传病的人他们的基因组没有得到编辑，仍然受遗传病折磨，而他们的孩子也因其生殖系基因组未经编辑而仍然罹患他们的遗传病。那么后一部分人是否会被人认为"低人一等"，甚至是"劣生"而遭到歧视呢？如果发生这种情况，那么基因编辑导致了社会上一部分人的道德地位遭到了贬低。在这种条件下，基因编辑就不应在这种社会内实施。因此单单有原则 1 是不够的。必须还有一条原则来确保，给所有人的利益赋予相称的权重。于是纳菲尔德生命伦理学理事会提出了原则 2："曾接受基因组编辑操作的配子或胚胎（或来源于曾经接受这种操作的细胞）的使用仅仅在这样一些条件下才是允许的：能够合理地期望，这种使用不会产生或加剧社会的分裂或加剧社会内部一些群体的边缘化或处于更为不利的地位"[14]。我们建议，进行基因编辑的医生和科学家必须公开明确地声明，我们的工作是为了生出一个避免患遗传病的孩子，我们对任何遗传病患者或其他形式的残疾人不歧视、不污名化，他们与其他人拥有同等的内在价值和人的尊严和权利，并贯彻在行动之中。

伦理框架 5：维护整个社会的利益

人类的个体结合在社会之中。社会是一个"我为人人，人人为我"的利益共同体和命运共同体。做父母的希望有与自己基因有关的孩子，他们这种利益具有积极的社会价值，所以社会就有伦理义务允许他们追求这种利益而不去横加干涉，有时还要提供积极的帮助。进而我们认为父母想利用基因组编辑以便使他们可获得不会患有他们遗传病的孩子，这在伦理学上可以允许的。然而，这里有一定的限制：不是所有使用基因组编辑改进未来孩子的干预都是可接受的，我们必须考虑这种干预更为宽泛的含义，包括对他人的可能影响以及是否符合社会公认的伦理和法律规范。例如上面我们提到，基因编辑的广泛应用，可能会影响到社会成员的结构以及他们的道德地位，那么在实施基因编辑前我们就应该邀请公众或其代表参与讨论，而不是我们过去的"科学家发明，企业家出钱，政府盖章，公众尝苦果，人文社科人员收拾残局"的糟糕局面。在公众参与过程中，我们要特别听取受影响者和可能增加其脆弱地位的人群的意见。唯有这样，我们的社会不至于因推广使用基因编辑而陷于分裂，反而通过此而增加社会凝聚力和稳定性。

伦理框架 6：维护人类的利益

载有基因组编码的 DNA 成对碱基结构能够使得遗传物质的复制机制代代相传。可遗传基因组编辑涉及代际基因组的修饰。这种修饰改变了基因特性代际相传，即前代的基因特性再也传不到后代了。编辑胚胎与体细胞基因治疗之间的显著差异就在于，胚胎中的修饰将在机体每一个细胞中复制，并且也进入未来孩子的"生殖系"之中。这意味着这种修饰可通过他们的配子（卵或精子）传递下去，能够由后代继承，一直到无数的未来世代。这种跨代继承的可能性提出了不仅对下一代，而且对未来世代的责任问题。胚胎编辑引起的改变通过许多代传递下去这种可能引起人们对安全的关切。可能的不良效应可能潜伏很长时间而没有表现出来，然而突然在好几代以后表现出来，这是可能已经扩散到许多后代人了。我们对未来世代的责任，实际上不限于人类生殖，核能利用对环境的影响，全球性的气候变暖，我们目前的生活方式对环境的破坏，都涉及我们对未来时代的责任，形成了"代际公正"的概念。

做好可遗传基因组编辑的治理安排

我们建议的治疗安排包括三方面：①专业治理（professional governance）。即相关的学会（如中华医学会、中国遗传学会、中国医学遗传学会）应制订有关会员从事基因编辑的行动规范。在干细胞乱象期间，中华医学会糖尿病学分会出台了一个用干细胞治疗糖尿病必须首先进行临床试验的声明，这是唯一一个学会发表此类声明，体现了严肃的医学专业精神[15]。而所有其他学会默不作声，违反了病人利益第一、尊重病人自主性和社会公正三大医学专业精神原则，丧失了诚信。希望中华医学会及其分会不要对其会员违反专业精神及其原则的行为漠然处之。②机构治理（institutional governance）。加强机构伦理委员会对基因编辑，尤其是生殖系基因组修饰临床试验方案的审查能力。体细胞基因修饰临床试验的研究方案审查与通常的生物医学和健康研究的方案没有重大差异，但对生殖系基因组修饰临床试验方案的审查要复杂得多，要求委员具备相关的基因组学和基因编辑技术的知识，分析其可能的风险-受益比的能力。机构伦理审查委员会审查生殖系基因组修饰临床试验方案，可能需要关注：从事临床试验人员尤其是试验负责人的资质（例如贺建奎可能就不具有从事临床试验的资质）；临床试验的具体目的，是治疗（防止患遗传病）还是增强（增加人原来不具备的防病能力）；配子和胚胎来源，它们的质量，它们经过基因编辑的操作的情况；将经过基因编辑操作的胚胎转移至生殖道的操作程序计划；对未来的孩子可能的风险-受益是什么，风险-受益比是否有利；提供配子和胚胎者即未来父母的知情同意实施情况（包括告知他们什么，如何帮助他们理解，有谁去做知情同意工作等）；植入生殖道后能发生原本不会发生、我们未预计到的风险，造成伤害，如何应对；植入生殖道发生不良反应、不良事件如何应对；如果生出的孩子不如未来父母期望者，甚至父母拒绝接受，如何处理；费用如何安排，诸如此类。为此，机构负责人要组织加强能力建设的工作，对参与基因编辑的所有科研人员、医务人员、机构伦理审查委员会委员进行相关的专业技术和伦理的培训，并随着基因编辑技术的进展要进行继续教育。③监管治理（regulatory governance）。管理科技及其在人体应用的行政部门（如卫健委）需要有相应的治理安排，例如，需要制订专门的可遗传基因组编辑的伦理准则和管理办法；进行生殖系基因组修饰的机构和人员应有资质要求，建立相应的准入制度；对可遗传生殖系基因组修饰临床试验方案建立二次审查制度：机构伦理审查委员会审查后，由卫健委另组可遗传基因编辑伦理审查委员会再进行审查；加强对实施生殖系基因组修饰机构的伦理审查委员会的检查评估。④法律治理（legal governance）。我国立法应介入可遗传基因编辑技术的管理，设立专门委员会对我国现有的限制可遗传基因组编辑的法律法规进行审理，并就可遗传基因编辑技术对人类基因池的影响进行沟通。⑤国际治理（international governance）。中国科学院、英国皇家学会以及美国科学院-医学科学院-工程科学院的三院高峰会议机制仍应继续。应建议联合国召开可遗传基因编辑技术对人类影响大会，在成员国之间进行沟通、交流并达成阶段性共识。其他等。

治理安排目的之一，是要确保一旦可遗传的基因组编辑进入临床试验，下列的条件已经具备：

对健康和社会的受益和风险要连续不断地进行重新评估；

可遗传基因组编辑所要预防后代的疾病不存在合理的其他治疗办法；

仅限于预防严重的疾病；

仅限于编辑业已令人信服地证明引起疾病或对疾病有强烈的易感性的基因；

仅限于将这些基因转变为在人群中正常存在的版本，且无证据有不良反应；

可遗传基因组编辑程序的有关风险与潜在健康受益可信的前临床和临床数据已经获得；

在临床试验期间要不断且严格地监管该程序对受试者的健康和安全的有效性；

要有长期、多代的随访的全面计划，同时尊重个人自主性；

要保持最大限度的透明，同时要保护病人的隐私；

公众要广泛而连续不断地参与；以及

要有可靠的监管机制，以防止扩展到预防疾病以外的使用。

如果一个社会缺乏上述伦理框架和治疗安排，他们的科学家和医生就没有资格从事可遗传的基因组编辑。

［附］

案例分析：H博士声称他进行得临床试验是将其中有一位艾滋病病毒阳性者的夫妇的卵进行基因组编辑，敲掉了他认为引导艾滋病病毒的CCR5基因，然后植入该对夫妇女方生殖道，已生产出一对双生女孩子，并提供给这对夫妇28万人民币作为保险费用。这一案例引起全国以致全世界的热烈争议。那么根据现有材料，H博士对人胚进行基因组编辑是否有问题，如果有问题，存在什么问题呢？下面是作者的分析：

问题1：H博士选择"增强"性生殖系基因组编辑是最不能得到伦理学辩护和接受的。如图所示，基因编辑用于人的伦理学上可辩护性：随着数字的增加，干预产生的风险和受益的不确定性、未知因素和复杂性也随之增加，我们无法可靠地评估干预的风险-受益比，更无法保证干预的风险-受益比会有利于病人或未来的孩子。

	治　　疗	增　　强
体细胞	1	3
生殖系	2	4

问题 2：他的基因编辑试验是违规的。2003 年卫生部《人类辅助生殖技术规范》三、技术实施人员行为准则规定：8. 禁止对配子、合子、胚胎实施基因操作。10. 禁止人类与异种配子的杂交；禁止异种配子、合子和胚胎行女性体内移植；禁止人类配子、合子和胚胎行异种体内移植。2003 年科技部和卫生部人胚胎干细胞研究伦理指导原则规定：第六条进行人胚胎干细胞研究，必须遵守以下行为规范：（一）利用体外受精、体细胞核移植技术、单性复制技术或遗传修饰获得的囊胚，其体外培养期限自受精或核移植开始不得超过 14 天；（二）不得将前款中获得的已用于研究的人囊胚植入人或任何其他动物的生殖系统。

问题 3：他在科学上是不严谨的。即使像他所说，感染艾滋病病毒靠的是 CCR5 基因，可是两个孩子中有一个 CCR5 并没有完全敲除，那么她仍有可能干扰艾滋病病毒。他说他抽了孩子的脐带血检查编辑有没有引起其他基因异常，可是他只查看了基因组的 80%，如果他没有检查的 20% 内基因有编辑引起的突变，那对孩子们的健康危害将是很大的。许多科学家指出，CCR5 不仅可能在细胞表面产生蛋白引导艾滋病病毒进入细胞内感染 DNA，它还有积极的免疫功能。将这两个孩子的这个基因敲掉了，就有可能使她们比其他孩子更容易感染其他传染病，例如流感。科学上的疏漏说明他在科学上以及对孩子不负责任[16,17]。

问题 4：科学上的不必要和无效性：预防艾滋病有许多简便、实用和有效办法，用基因组编辑是"大炮打麻雀"。有些艾滋病病毒毒株并不依赖 CCR5 产生的蛋白进入细胞内，它用另一种蛋白 CXCR4[17]。有些天生缺乏 CCR5 的人一样感染艾滋病。这说明，H 的工作是无效的。

问题 5：知情同意是无效的。H 从来不报告，知情同意怎么做，由谁来做。有效的知情同意，提供的信息必须是全面的。孩子的父母知道预防感染艾滋病病毒有许多方法吗？他们知道孩子的 CCR5 基因可能没有完全敲掉吗？他们知道 CCR5 基因还有免疫功能吗？他们知道艾滋病病毒进入细胞核内也可以借助其他蛋白吗？因此，没有提供全面信息的同意是无效的。他向孩子父母 28 万元构成了不当利诱，这也使父母的同意归于无效。

问题 6：伦理审查是无效的，还可能是伪造的。按照卫健委规定，研究方案必须由 PI 所在单位的机构伦理委员会审查批准。他的研究方案必须有南方科技大学的机构伦理委员会批准，但该大学的机构伦理委员会并没有审查批准他的研究方案，却是与南方科技大学无关的深圳美和妇幼科医院的伦理委员会审查批准他的方案。因此，这种审查批准是无效的。据说该院院长否认他们批准了他的方案，声称所有签字都是伪造的，如查实，那么他的那份审查批准书是伪造的。

问题7：H 的增进性基因组编辑会影响到我们人类的子孙万代，必须有主管部门批文，而南方科技大学已经声称，该校学术委员会反对他的研究。因此，他的研究是非法的。

参 考 文 献

［1］Committee on Human Gene Editing：Scientific，Medical and Ethical Considerations：Human Genome Editing：Science，Ethics and Governance，The National Sciences Press，2017；参阅：邱仁宗：人类基因编辑：科学、伦理学和治理，《医学与哲学》2017，38（5A）：91-93. 有关基因编辑的一些基本知识请阅：邱仁宗. 基因编辑技术的研究和应用：伦理学的视角，《医学与哲学》2016，37（7A）：1-7.

［2］Zhai X，Ng V & Lie L. No ethical divide between China and the West in human embryo research，Developing World Bioethics. 2016，16（2）：116-120；TATLOW，DK A scientific ethical divide between China and West，The New York Times，2015-6-29（Health & Medicine）.

［3］Nuffield Council on Bioethics：Genome editing and human reproduction：Social and ethical issues，2018. http://nuffieldbioethics.org/project/genome-editing-human-reproduction.

［4］翟晓梅，邱仁宗. 生命伦理学导论. 北京：清华大学出版社，2005：208-210；邱仁宗. 论"扮演上帝角色"的论证. 伦理学研究，2017，（2）：90-99；雷瑞鹏，冯君妍，王继超等. 有关自然性的观念和论证. 医学与哲学，2018，39（8A）：94-97.

［5］Bostrom N. & Sandberg A. The wisdom of nature：an evolutionary heuristic for human enhancement，in Savulecscu J & Bostrom N.（eds.）：Human enhancement，Oxford：Oxford University Press，2018，375-416.

［6］Habermas J. The Future of Human Nature，Cambridge：Polity，2003：2，11，40，78.

［7］Sandel M. The case against perfection，Cambridge，MA：Harvard University Press，2009：97.

［8］Organizing Committee：Statement by the Organizing Committee of the Second International Summit on Human Genome Editing，November 29，2018. http://www8. nationalacademies. org/onpinews/newsitem. aspx?RecordID=11282018b.

［9］邱仁宗. 从中国"干细胞治疗"热论干细胞临床转化中的伦理和管理问题. 科学与社会，2013，（1）：8-26.

［10］Rana P. Marcus A & FaN W. China，unhampered by rules，races ahead in gene-editing trials，The Wall Street Journal 2018-01-21，https://www. wsj. com/articles/china-unhampered-by-rules-races-ahead-in-gene-editing-trials-1516562360.

［11］沈旭慧. 医学伦理学. 杭州：浙江科学技术出版社，2011：131；吴素香. 医学伦理学. 广州：广东高等教育出版社，2013：123-125；张元凯. 医学伦理学. 北京：军事医学科学出版社，2013：191-192；刘见见. 医学伦理学. 沈阳辽宁大学出版社，2013：198-199；郭楠，刘艳英. 医学伦理学案例教程. 北京：人民军医出版社，2013：126-127；王丽宇. 医学伦理学. 北京：人民卫生出版社，2013：93；焦雨梅，冉隆平. 医学伦理学. 第 2 版. 武汉：华中科技大学出版社，2014：202；刘云章，边林，赵金萍. 医学伦理学理论与实践. 石家庄：河北人民出版社，2014：114；王彩霞，张金凤. 医学伦理学. 北京：人民卫生出版社，2015：150 等.

［12］转引自：《人民日报》1998-8-24：1.

［13］Nuffield Council on Bioethics：Genome editing and human reproduction：Social and ethical issues. 2018：73. http://nuffieldbioethics.org/project/genome-editing-human-reproduction.

［14］ Nuffield Council on Bioethics：Genome editing and human reproduction：Social and ethical issues. 2018：85. http://nuffieldbioethics.org/project/genome-editing-human-reproduction.

［15］ 中华医学会糖尿病学分会. 2010 关于干细胞治疗糖尿病的立场声明和关于干细胞治疗糖尿病外周血管病变的立场声明，11 月 25 日。http://cdschina.org/news_ show.jsp?id＝598.html.

［16］ 参阅：The era of human gene-editing may have begun. Why that is worrying：The baby crisperer. Economist. 2018-11-30：1-6. https://www.economist.com/leaders/2018/12/01/the-era-of-human-gene-editing-may-have-begun-why-that-is-worrying.

［17］ 参阅：Cyranoski D & Ledford H. Genome-edited baby claim provokes international outcry. The startling announcement by a Chinese scientist represents a controversial leap in the use of genome editing. Nature. 2018. 563：607-608. https://www.nature.com/articles/d41586-018-07545-0.

生殖系基因编辑之伦理法律分析：
以中国大陆基因编辑婴儿为例①

蔡甫昌　庄宇真　赖品妤

本文以 2018 年 11 月中国大陆科学家进行胚胎基因编辑并宣称已诞生能预防 HIV 感染之双胞胎婴儿为例，探讨进行人类生殖系基因编辑所涉伦理法律问题。首先回顾该案相关科学事实、分析胚胎基因编辑所涉人体试验及研究伦理问题、概述国际医学会之基因编辑伦理规范与声明，并以台湾相关规范为参照、检视该胚胎基因编辑案例在台湾地区将涉及之法律责任，最后提出合乎伦理之生殖系基因编辑条件。作者藉此案例回顾与伦理法律分析指出，在 CRISPR-Cas9 基因编辑技术日渐广泛使用时，相关国际学会指引对于人类生殖系基因编辑之规范有逐渐考虑放宽之趋势，然而在未能确保生殖系基因编辑对人类胚胎之影响及下一世代可能的长远冲击时，生殖系基因编辑是违背研究伦理，而台湾地区法令对此亦明确禁止。未来若能确保安全性前提之下，其可能开放之条件应仅限于重大残疾且无其他替代疗法之遗传疾病的治疗，并须经严谨之临床试验审查程序、落实知情同意以保障受试者权益。

中国大陆基因编辑婴儿案例事实

案例回顾

2018 年 11 月 26 日中国大陆媒体人民网报道，中国深圳南方科技大学贺建奎副教授对胚胎进行基因编辑，全球首例可对艾滋病免疫的双胞胎姊妹已经诞生；消息报道后引发高度伦理争议，人民网旋即撤下报道，贺则透过网络影片说明与捍卫自身研究之正当性[1]。面对来自世界各国科学社群之批判与质疑，贺出席 11 月 28 日在香港举行之第二届人类基因组编辑国际峰会（Second International Summit on Human Genome Editing，以下简称"第二届峰会"）对此提出说明。贺表示对于部分研究结果意外遭泄露致歉，强调该研究经咨询

① 编者按：本文作者是在台湾大学医学院医学教育暨生物医学伦理学科暨研究所工作的蔡甫昌、庄宇真、赖品妤三位同行。本文以贺建奎为例详尽探讨进行人类生殖系基因编辑所涉伦理法律问题。蔡甫昌为台湾大学医学院教授、生物医学伦理学研究中心主任。本文原载于《台湾医学》2019 年 23 卷 2 期：133–155，收入本书时略有删改，特此表示感谢。

多位科学家及医师，先前已于老鼠、猴子与人类三原核（3PN）胚胎进行相关临床前研究且数据已提交期刊进行同侪审查，重申此次人类胚胎研究有取得受术夫妻之知情同意、无接受外界资金，以及对于相关研究结果将能造福艾滋村村民与社会大众感到自豪等[2,3]。根据南方科技大学官网原载于贺个人页面之"Clinical Registry"文件显示[4]，此项名为"HIV免疫基因 CCR5 胚胎基因编辑安全性和有效性评估"之研究计划，目的在以基因编辑技术产生带有 CCR5 基因突变之胚胎（CCR5-Δ32），并使其成长为可避免罹患艾滋病之健康小孩。研究招募中国大陆境内已婚夫妇（夫 HIV 阳性/妻阴性），病人须为临床稳定状态，病毒量小于 75 copies/ml、$CD4^+$ 细胞数目大于 250 cells/μl。该试验并非临床随机分派试验（randomized clinical trial，RCT），文件中虽有"随机方法"之字样，是指由艾滋病公益组织以"随机"发送问卷方式（randomly distributes questionnaires）寻找满足条件之志愿者，经面谈与体检后，签署知情同意书，与一般对于"随机分派"之定义并不相同。

研究进行主要由两部分构成：试管婴儿（in vitro fertilization，IVF）与基因编辑。前者依循一般人工生殖流程，后者则以"卵细胞质内单精子显微注射（intracytoplasmic sperm injection，ICSI）"，将混合 CRISPR-Cas9（ThermoFisher）和 CCR5sgRNA（SYNTHEGO）之精子悬浮液，注射至取出 4~5 小时的卵里。接着进行 5~6 天的体外胚胎培养，待出现 3~6 个胚胎滋养层细胞时（trophoblast），进行胚胎着床前基因诊断（preimplantation genetic diagnosis，PGD）与全基因定序（whole genome sequencing，WGS），检视其基因编辑效果、脱靶问题（off-target）及是否有其他遗传变异。对于成功产下的基因编辑宝宝，预计从出生当日、28 天后，以及第 1、3、5、7、10、13、17.5 年时进行追踪检查；出生当日会以 WGS 分析宝宝之脐带血与检测其 CCR5 基因编辑成效，接下来每次追踪项目除一般身体检查、婴幼儿发展、血液与生化检查、HIV 检测外，尚有包含如第 7 年的西尼罗病毒检测、手口足疾病检测与第 10 年的智力测验等特殊项目[5]。

根据贺于第二届峰会之陈述，其总共为七对夫妻进行此项试验（原招募八对、一对退出），整个研究过程已有 31 个受精卵进入胚胎阶段。会后，美国马萨诸塞大学基因学家 Ryder 根据会议中贺呈现的基因编辑结果表示，双胞胎的任一胚胎皆未达到目前在动物实验中已知的 Δ32 缺失[6]。纵然 CRISPR-Cas 9 皆有切在预计的位置，但切下的序列与已知的 Δ32 缺失皆不相同；看似其中一个胚胎产生 15 个碱基对的缺失、另一个则是分别产生 4 个碱基对缺失与 1 个碱基对增加的异型对偶基因（heterozygous allele）。此外，此基因编辑效果似乎并不完全，以产生 15 个碱基对缺失的胚胎为例，对于脐带血、脐带与胎盘基因检测的结果，仅一半带有此缺失；这有两种可能的解释，一是其编辑效果其实为异型对偶基因，另一种则是在同一生物体内产生两种基因型，意即"基因镶嵌（mosaicism）"[7,8]。

与此研究相关科学事实

CCR5 基因缺失与病毒感染及治疗应用　贺宣称经此基因编辑的宝宝可对艾滋病免疫乃立论于先前之研究，人体 CCR5 基因所形成之蛋白是多数 HIV-1 进入人体 $CD4^+T$ 细胞与巨噬细胞的主要受体之一[9]。关于 CCR5 基因缺失与 HIV 抗性的相关研究大约自 20 年前开始发展；2009 年 Hütter 等人之研究指出，受试者 Timothy Ray Brown 同时罹患艾滋病与急性骨髓性白血病（acute myeloid leukemia，AML），先后接受两次周边血液干细胞移植，于接受移植与停止使用抗病毒药物的 20 个月后，皆未再于 Brown 体内测得病毒，这是首例认为被治愈的艾滋病人个案（最初被称为"柏林病人（the Berlin patient）"，研究者认为此案例成功的主因在于干细胞捐赠者为带有 CCR5-Δ32/Δ32 同基因型组合（homozygous）CCR5 基因缺失者[10,11]。后续虽有部分研究团队尝试重现此疗法，但多数因治疗引发或与疾病相关之死亡，或是仍旧于病人身上测得病毒而无法获得相同的治愈效果[12]。此种移植带有 CCR5 基因缺失干细胞之治疗策略，最主要的限制在于 CCR5 并非 HIV 进入细胞的唯一途径，仅是多数 HIV 倾向优先选择的途径；在 HIV 感染的过程中病毒可将其"趋性（tropism）"改至其他趋化因子共同受体（chemokine co-receptor）例如 CXCR4[13]。目前将此治疗假说实际应用于临床的部分，主要为 CCR5 拮抗剂药物（MARAVIROC）；此药于台湾核准的适应证为，仅适用于对第一线抗反转录病毒药物无法耐受或治疗失败，且只具 CCR5 趋性之 HIV-1 感染之成人患者（在未检测到 CXCR4 趋性病毒株之前提下），并建议与其他抗反转录病毒药物并用[14]。

直到距柏林病人十年后的今日，终于可能出现第二个成功案例——称为"伦敦病人（the London patient）"；这个案例来自一项由国际非营利组织"艾滋病研究基金会（amfAR，the Foundation for AIDS Research）"自 2014 年开始赞助国际间对感染 HIV 与罹患血液肿瘤之病人进行移植治疗之研究计划。伦敦病人则是其中一位（共 40 位）。停止使用抗病毒药物 18 个月后，至今尚未复发。纵然此案例为相关研究领域带来莫大鼓舞，惟受限于此治疗方式本身之多重限制与不确定性，对艾滋病临床治疗带来之启发大于实质。因此不少研究者以此为基础，尝试开发能适用于一般 HIV 病人之治疗方法，例如美国宾夕法尼亚大学的 Tebas 采取细胞治疗之策略，取出病人体内之白细胞，以 CRISPR 技术于体外剔除 CCR5 基因，再输回病人体内，唯目前仅能延后病毒复发，尚未达到可治愈之程度；另外还有美国南加州大学的 Cannon，其团队则是尝试直接对病人骨髓细胞的 CCR5 基因进行编辑[15]。

根据 2017 年一项大规模遗传学研究，从涵盖 87 个国家约 133 万笔资料的分析结果指出，带有 CCR5-Δ32 基因型的频率，介于 16.4%（挪威）至 0%（埃塞俄比亚）之间，其频率呈现北方较高、朝欧亚东南方向减少的趋势，与过去研究发现一致[16]。以欧洲为例，拥有同基因型组合（CCR5-Δ32/Δ32）者约占 1%，由于细胞表面完全不表现由该蛋白组成之受体，可大幅提高细胞对 HIV-1 入侵的抗性；拥有异型对偶基因者，还是可能受感染，但会有较低的 HIV-1 病毒量，以及推迟艾滋病病程发展约 2~3 年[17]。CCR5-Δ32 基因型虽能提高对 HIV-1 之抗性，却也可能使人于面临他种病毒感染时有较高之风险；例如当感染西尼罗病毒（West Nile virus，WNV）时，一般而言有 80% 的感染者不会出现任何症状，而 CCR5 基因缺失者将有较高概率发展出严重症状[18]、接受黄热病疫苗时有较高产生严重不良反应之风险[19]、与罹患蜱媒脑炎（tickborne encephalitis）产生较严重症状有关[20]、感染流感病毒（influenza）时产生严重症状与死亡的概率较高[21] 等。Keynan 等（2011）指出，以某个特定人类细胞受体为目标进行治疗的策略，可能具有许多优点，然而同时也应审慎考虑其伴随之非预期效果；尤其当该受体并非对特定病原具专一性，且其本身在细胞免疫机制对抗其他病毒入侵之基本功能里扮演重要角色时[22]。

HIV 阳性病人生育与预防相关

对于如案例中受术夫妻之情形，亦即父亲为 HIV 阳性、母亲为阴性，由于精液为 HIV 病毒传染途径之一，早期病人为求避免将疾病传染给妻儿，多数选择不生育后代。自十几年前开始，台湾已有医疗团队尝试透过精子精液分离技术（即所谓"洗精术"）、搭配试管婴儿、显微注射（ICSI）等人工生殖之临床试验，在受控制之低病毒量前提下，已可大幅提高生下健康宝宝、母亲也未被感染的成功率[23]，如今已为临床常规可选择之治疗方案。此外，若是母亲本身为 HIV 阳性之情形，依据联合国艾滋病规划署（UNAIDS）数据，透过预防性投药、选择适当生产方式和使用母乳替代品等预防措施，可将新生儿的感染概率由 45% 大幅下降至 2% 以下[24]。

近年来，随着抗病毒药物持续发展，亦有多数研究关注如前述之 HIV 相异伴侣（HIV-discordant couples）自然生育之可行性[25]。许多研究皆发现，当感染之一方有接受抗病毒药物治疗，可大幅降低传染给伴侣的风险[26,27]；当病毒量受到良好控制时，相异伴侣之间的传染机会甚至可接近 0%[28,29]。早期亦有研究在男性感染者接受有效抗病毒药物控制时，让女性伴侣于预计受孕期间进行暴露前预防性投药（pre-exposure prophylaxis，PrEP），在 46 对受试之相异伴侣共计 53 次受孕下，没有女性因此受到感染[30]。此外，过去由于抗病毒药物效果有限，一般建议当母亲为 HIV 阳性病人时，计划性剖宫产为预防母子垂直感染之建议作法；如今，根据 2014 年美国卫生及公共服务部（HHS）"感染 HIV 怀孕妇女之治疗及预防垂直传染专门小组"（Panel on Treatment of Pregnant Women with HIV Infection and Prevention of Perinatal Transmission）所提出之建议指引，当孕妇病毒量有效控制于 1,000 copies/ml 以下时，可采阴道自然生产（建议等级 BII；建议强度：中等；证据等级：有一个以上具长期临床结果的良好、非随机、或观察型世代研究证据）[31]。

CCR5 基因于中枢神经系统之影响及相关研究　贺于峰会上曾被问及"是否知情 Zhou 与 Silva 等人所提有关 CCR5 基因对大脑影响之研究"，贺当时表示知情并声明自身反对以基因编辑进行增强（enhancement）之立场[32]。该研究是指 2016 年由 Zhou 等人发表于《eLIFE》期刊[33]，被许多人视为"寻找聪明基因"的研究。该研究首先从 148 种带有不同别除基因突变之小鼠，筛选出在"情境恐惧制约"（contextual fear conditioning）训练中，比控制组有显著较佳表现之突变品系；带有 CCR5 同基因型缺失之小鼠则是被筛选出的其中一个品系；在接受训练后的 24 小时及 2 周后，皆有显著较佳之表现，研究者据此推测 CCR5 基因缺失与长期（long-term）及久远（remote）记忆之增强有关。该研究后续再以小鼠进行多项测试，其中包括如：评估带有 CCR5 异基因型缺失之小鼠记忆能力、训练前后海马回的 MAPK（mitogen-activated protein kinases p44/42）与 CREB（cAMP-responsive element-binding protein）之活化程度、长期增益效果（long-term potentiation，LTP）之强度，以及 CCR5 基因过度表现小鼠之记忆功能等。结论指出，CCR5 对于大脑皮质之可塑性（plasticity）及记忆而言，扮演重要之"抑制"角色；换言之，若能抑制或降低 CCR5 表现，将可提升小鼠大脑之 MAPK/CREB 讯号传递、LTP 及海马回相关之记忆能力。而一般常见于 HIV 相关之认知疾患，很可能是肇因于 HIV 病毒蛋白引起 CCR5 之过度活化。面对是否可将此研究结果诠释为"聪明基因"，爱尔兰基因学者 Mitchell 认为，小鼠实验里所看到的成效未必可在人类实验里重现；同样的突变效果亦可能对认知功能产生负面影响，例如增加了记忆生成的速度，但却弱化了过滤不重要记忆的能力；即使此突变真能在人类产生如小鼠一般的效果，亦未必是好的。共同作者 Silva 补充以神经科学观点，当某一受体缺失带来某些益处，同时很可能对认知功能造成某种形式之缺损，且是难以预测的[34]。

中国大陆基因婴儿编辑事件所涉生命伦理与研究伦理议题

是否应将 CRISPR-Cas9 技术用于人类生殖系基因编辑

CRISPR-Cas9 基因编辑技术乃由 Feng Zhang、Jennifer Doudna 等于 2012 年所研发，该技术能精准、容易操作并兼顾成本地进行基因组编辑。早在本次事件之前，科学社群对是否能编辑人类生殖系基因已有许多讨论[35]。2015 年 3 月 Lanphier 等于 *Nature* 发表 "Don't edit the human germline"，主张以现阶段技术而言，对人类胚胎进行基因编辑可能产生之效果是难以预测的，且将传递至下一代，这是危险且伦理上无法接受的；相关研究很可能被滥用于非治疗性的目的，导致"允许不明确的治疗性介入可能会开启人们走向非治疗性的基因增强"之隐忧；一旦此种违反伦理的研究受到社会大众强烈反弹时，将阻碍此前瞻性技术被运用于发展新治疗策略[36]。同年 4 月 Baltimore 等人于 *Science* 发表 "A prudent path forward for genomic engineering and germline genetic modification"，强烈不建议任何实施于人类临床应用的生殖系基因编辑；支持以透明之方式评估 CRISPR-Cas9 技术运用于人类和非人类生殖系基因治疗效果和特异性之研究；同时科学社群和政府组织应展开有关此技术对于社会、环境与伦理影响之讨论，借此发展负责任地使用此新技术的途径[37]。CRISPR-Cas9 技术研发者 Doudna 与 Zhang 在响应本次事件时，亦认为基于现阶段技术上的不确定性，例如可能造成镶嵌现象与脱靶效应等，目前不应该将该技术用于编辑人类生殖细胞[38,39]。生命伦理学者 Caplan 则主张，并非对胚胎进行基因编辑就是不合理的，若该研究之目的是可能永久治愈一些对人类而言严重与致命的遗传疾病，基于此目的对人类生殖系所进行的基因编辑研究将是合于伦理且应该探索的[40]。

综上所述可归纳出以下几点：

1. 现阶段不应将 CRISPR-Cas9 技术用于人类生殖系基因编辑　考虑目前此技术应用之安全性、受益、风险、对人体及未来世代之影响皆充满不确定性，若骤然使用于人类，将违反保护人类受试者及研究伦理原则。

2. 应累积充分之临床前基础研究证据　生物医学研究以消除人类疾病、减少痛苦、提升健康福祉为目的，然而欲将该技术导入临床使用，必须依循新医药技术研发之程序，累积足够安全性及效益之证据。

3. 研究应以治疗为目的　此技术应用可能带来对人类社会难以想象与掌握之冲击，为避免在研究阶段被滥用，由科学社群与政府建立可接受之研究目的是重要的。目前应以"治疗"为目的，而非治疗性目的则是不被允许的。当目的不够明确时，很可能会因滑坡效应而使该界线日趋模糊，因此宜先采取较限缩与具体之目的。

4. 重视公众信任　应及早规划相关公共参与、科普教育与政令倡导等各项措施，促进社会对科学及医疗技术发展具备基本之认知，借此建立民众了解符合伦理之科学发展原则，减少对滥用技术者之误信，并避免因突发舆论事件而阻碍此技术应有之发展。

研究目的及设计之科学性受质疑

贺之研究以创造先天带有可对 HIV 免疫基因之后代为目的，公开言论亦多以此研究结果可为中国艾滋村村民（摆脱污名）、双胞胎姐妹与社会大众（对 HIV 免疫）带来福祉，藉此作为捍卫其研究正当性之理由之一。关于此主张，主要有以下批评。

1. 试验对参与者不具治疗利益，接受编辑之胚胎为健康胚胎：生殖系基因编辑须以"治疗性目的"为标准，此研究因以在健康胚胎上产生 CCR5-Δ32 突变基因为目的，故并非以治疗疾病为目的。有生育障碍之参与者虽可能因参与试验而得到人工生殖治疗，但这并非该试验之目的。

2. 试验主张之预防目的并非目前医疗水平无法达成者：有关预防父亲 HIV 阳性传染给子代的策略，早期有以洗精术搭配人工生殖技术等方式，近期随着抗病毒药物效果逐渐改善，目前临床实务采用搭配抗病毒药物、良好控制病毒量、暴露前预防性投药（PrEP）等方式，已有良好预防效果；若是关于预防一般健康人感染 HIV，则有更多已知且有效的途径[39,41]。

3. 研究设计与目的间无足够科学证据支持应进行人体试验：既有之科学证据已指出，剔除 CCR5 基因未必能对 HIV 完全免疫，因部分具有不同受体趋性之病毒株仍能进入细胞；纵使可能对部分 HIV 病毒有较佳的抗性，但同时也让当事者因此在他种病毒攻击时承受较高的风险。即使欲验证抑制 CCR5 对 HIV 免疫之效果，目前有已上市之 CCR5 拮抗药物（MARAVIROC）可供其作为验证假设的初步研究方法，欠缺采取如此极端与未经过足够测试手段的理由[42]。

4. 基因编辑结果与已知突变型不同，缺乏该突变相关科学证据：根据贺于峰会上呈现之基因编辑结果，双胞胎任一位皆未成功达成已知的 Δ32 缺失[6]；纵使编辑成功，尚未能确知是否能与先天缺失者在对抗 HIV 时具有相同效果、该编辑效果是否能持续存在、是否产生其他影响等，更遑论在两位受试胚胎上产生的缺失序列皆是未经研究的，可能对人体产生何种影响更是无法预期[42]。

5. 论文未经医学期刊接受即发布消息：该研究尚未通过同侪审查与期刊发表，即以媒体与研讨会对外说明亦遭到批评。该研究若未经相关领域专家检视与验证其科学性与伦理性，其是否属于正确严谨之科学证据是无法确定的。并且研究发表不能不考虑其伦理，任何负责任的医学期刊皆不应该接受刊登充满伦理争议之研究论文。有学者提出贺虽于峰会展示丰硕的临床前研究证据（小鼠、猴子、3PN），但在同样欠缺透明度的前提下，或许是意在"领先"发表，实际上则彰显其对于研究未具负责任之态度[2]。

涉及多项研究不当行为与违反研究伦理

事件爆发后，与该研究案相关之内容及文件成为媒体及学界关注焦点，相关评论探讨该研究案可能涉及研究不当行为及违反研究伦理之处，可归纳为五点：

1. 伦理审查许可涉及造假　该研究案其中一份来自深圳和美妇儿科医院伦理审查许可证明文件，事件发生后即经医院表示该文书造假[43,44]；2019年1月22日根据广东省的初步调查结果，认定贺是透过他人伪造伦理审查书[45]。此外，其于中国大陆临床试验注册中心[46]（Chinese Clinical Trial Registry，ChiCTR；注册号：CHiCTR1800019378）标明该研究经费来自深圳市科技创新委员会下的"科技创新自由探索"项目，此部分亦经深圳市科技创新委员会否认[47]。造假（fabrication）与未取得研究伦理委员会审查同意即进行研究，皆属于严重之研究不当行为态样[48]；前者甚至涉及刑事犯罪。

2. 研究设计之风险利益失衡　有关此试验在风险远超过潜在利益之前提下进行，或许是最受争议的部分之一[9,39,49]。以"个人层次"而言，该试验因未采如洗精术或搭配PrEP等目前已知可降低传染之预防方法，受术妻受HIV感染之风险较一般临床作法来得高；对胚胎所为之基因编辑技术尚未累积足够之科学证据，充其量仅可得到"有CCR5基因突变"之结果，具体可能有哪些风险则难以预估；另该试验之同意书多处强调因受术夫为HIV阳性，若受术妻或胎儿感染HIV属于"不可避免"与"常见"的事件，故非团队责任，需由参与者自行承担风险；以及参与者若于胚胎着床后至产后28天内欲退出试验，将必须偿还整个研究过程之花费（最多28万人民币），若10天内无法还清，会有另外10万人民币的罚款。前述内容除与科学事实不符且违背基本研究伦理原则外，亦皆为参与者需承担之心理及经济风险。相较之下，受术夫妻虽可能因参与试验而获得免费试管婴儿治疗，藉以改善其不孕处境，但严格来说，这仅是参与试验之间接利益，并非为改善参与者健康所设计之介入；至于对胎儿，同样因相关科学证据不足，无法具体评估潜在利益。因此，无论是对受术夫妻或胎儿而言，对个别参与者之潜在利益皆未大于风险。纵使在生物医学场域，未必所有试验都必须对参与者带来直接利益，若是基于可产生重要知识，藉以增进人类整体或特定族群之福祉，也可能是使研究风险正当化之理由。唯以该试验而言，虽可能提供科学知识，但是否能促进社会任一群体之福祉，尚无足够证据可支持；而由于科学性基础不足，知识之可信度及价值亦受影响。更有甚者，该研究之宣传方式可能使社会大众产生"没有CCR5基因就不会感染艾滋"等误解，并对社会既有价值文化产生冲击（科学家可任意编辑人类胚胎基因），这些皆属社会风险之范畴。综上所述，由于无法带给参与者高于风险之潜在利益，可获取之科学知识极为有限，却带来其他社会风险，因此该试验加诸个别参与者之净风险无法被证成。

3. 受试者同意书及知情同意过程问题　根据杂志报道，该试验团队透过"微信语音"方式向参与者进行说明，一名曾参与此过程之男子表示，对方未说明任何有关编辑人类胚胎的伦理问题，内容强调参与试验将会得到之经济利益，并表示生下不健康婴儿的可能性非常低，且已在动物实验取得很高成功率等语，然而却未说明具体的实验内容[50]。此外，检视其对外公开之知情同意书内容，可发现诸多不符合研究伦理之处，包括：有关科学事实使用夸大误导与不明确之文字、大量使用技术性词汇且未予说明、未向潜在参与者说明临床上的替代方案（可安全自然生育的方法）、未揭露利益冲突、未提供数据与检体使用期限及二次利用等相关信息、关于风险说明避重就轻与信息不精确、强调参与者可获得之财务诱因、退出试验有附条件且有惩罚金额、将羊膜穿刺检查安排于怀孕 12～16 周进行（常规是 16～18 周）、要求宝宝出生后第五、七、十年时皆须接受"不明手术"等[51]。

4. 对易受伤害族群之影响　该试验最初之参与者招募是透过中国大陆艾滋病公益组织"白桦林"进行，招募条件包括：夫为 HIV 阳性、夫妻一方有生育障碍等，以发展艾滋病疫苗为目的，参与夫妻将由团队免费为其进行试管婴儿手术。根据该组织负责人表示，在中国大陆艾滋病病人是不被允许进行试管婴儿的，不少有需求的病人只能前往泰国等地进行[52]。若其言属实，此试验在招募参与者所提出之诱因（免费为夫为 HIV 阳性之不孕夫妻进行人工生殖），对于中国大陆的潜在族群而言，将可能使其为了拥有健康的儿女而难以客观衡量其中之风险，影响其参与试验之自愿性（voluntariness），使其陷入易受伤害（vulnerable）之处境。其次，以 HIV 阳性病人为例，因其高敏感性之疾病信息，选择以此族群为试验对象时，需格外考虑纳入此族群之必要性、特殊之风险与伤害、研究结果是否对该族群有益等，并事先规划相应之保护与补偿措施。唯经检视所有与研究相关之文件及信息，未见到任何有关易受伤害族群之特殊考虑或保护机制。CRISPR-Cas9 技术研发者张亦声明，无论是新医疗进展、基因编辑等，尤其是会对易受伤害族群有所影响时，皆应经过审慎地检测，且与病人、医师、科学家与相关社群进行公开讨论[39]。

5. 未揭露利益冲突信息　贺身为研究主持人，同时身兼 7 间公司股东与 6 间公司法定代表人，且为其中 5 间公司的实际控制人；7 间公司之总注册资本为 1.51 亿元。贺原任教于中国大陆南方科技大学（以下简称"南科大"），2018 年 2 月时办理留职停薪；据报道南科大为鼓励教授创新创业，支持教授每周有一天在校外从事成果转化工作，明确教职员工可以获得以职务发明成果及技术作价入股企业进行转化收益的 70%。以贺名下之"因合系"公司为例，更是囊括数间生物技术公司与医学实验室，经营项目如基因检测技术开发等，与基因研究息息相关[53]。若前述属实，贺担任试验计划主持人、身为多间生技公司之所有者、经营业务与试验内容相关、并以名下公司赞助此试验，除未于研究任何阶段揭露外，其间之角色与利益冲突过多，已达难以让外界及公众信任研究公正客观之程度[44,54]。如同 Caplan 所言，没有人应该是自己这份潜藏庞大利益成果的唯一评估者[40]。

"弯道超车"的科研文化

事发之后有中国大陆法界人士认为，由于现有规范（如《人胚胎干细胞研究伦理指导原则》）并无罚则，导致司法部门难以介入[55]。中国大陆生命伦理学者邱仁宗亦曾表示，贺虽可能违反中国大陆卫生部和科学技术部的相关规定，但目前中国大陆所面临的困境是"即使违反规定，也不会受到惩罚"[56]。同时，在第一时间，亦有 122 名中国大陆科学家联署声明，表达坚决反对基因编辑胎儿相关研究[57]，意味着违反伦理的争议性研究，未必是肇因于法规订有处罚规范与否。换言之，在法规监管力量之外，或许尚有其他促使此事件发生之重要影响因子存在。

近年来，"弯道超车"（overtaking round the corner）[58]成为被用来描述或期许中国大陆科技发展能超越先进各国的常用语。此词汇推测是出自 2009 年当时中国大陆科技部长万钢用来期许国家以电动汽车为核心的新能源发展，意指能在落后的基础上（在此例中为传统汽车），设法跃过某些发展过程（例如放弃对传统汽车技术的发展），直接达到超越现有技术的目标（全力发展电动车技术、取代传统汽车成为业界第一）；此话当时在该产业引发讨论。不少代表性人物皆认为，抛下传统技术改以全力发展新技术即能成为业界第一的想法，就技术发展上是不正确的，且很可能产生更大风险[59]。此思维在其他科技研发场域亦带来影响，例如贺列名的"千人计划"（Thousand Talents Programme）即是中国大陆政府释出利多，包括第一年 100 万人民币的补助金与额外福利等，以吸引国内外顶尖学者带着新技术到中国大陆发展的重大策略之一[60]。在基因研究领域，以政府经费赞助，使中国大陆得以成为第一起完成将 CRISPR-cas9 应用在人类胚胎基因编辑，亦是基于相同思维之运作[61]。在此科研氛围下，研究不当行为或有争议性的研究发表时有发生。2016 年河北科技大学一位年轻科学家在 *Nature Biotechnology* 发表号称比 CRISPR-Cas9 先进的基因编辑技术，一夜之间成为科学巨星，随即因数据造假而遭撤下论文；但事发之后当事人仍持续享有大学和地方政府之资助[62]。2018 年 1 月，国际期刊 *Cell* 发表了中国大陆科学家成功培育出全球首例体细胞核转植（SCNT）之克隆猴，也是第一起克隆灵长类的案例[63]，同时也引发各界对伦理界线模糊的担忧[64]。

相应地，不少中国大陆科学家铤而进行大胆、风险极高的生物医学研究；其中有获得国际认可者，但也同时有大量的不当研究行为发生。2017 年《Tumor Journal》发生假冒同侪审查而遭撤回 107 篇中国大陆论文创下世界纪录，数百位牵涉其中之中国大陆科学家，多数来自生物医学研究领域，但亦不乏来自传统医学领域者[62]。抢快的结果不仅轻忽生命伦理、研究伦理与学术诚信，亦可能忽略受试者及病人权益，贬抑人性尊严[44、62、65]。

有学者提问，中国大陆生命伦理是否因为与西方生命伦理存在差异，进而导致追求个人名利的科学成为主流。然而根据古典儒家伦理与政治哲学之诠释，生物医学研究和科学不应该是为服务科学家个人野心或单一国家的利益，因为中国大陆古代医学伦理认为"医乃仁术"[66]。数位中国大陆生命伦理学者则辩驳指出，在全球化的时代许多破坏规则的事件涉及东西双方，应该要反思当前普遍存在的国际科学文化，助长追逐轰动且抢第一的研究。例如 Golden Rice Trial 案例[67]是违反中国大陆的规定，但其主事者是在美国大学任教；本次事件中，亦不乏对贺之研究构想或试验知情与参与之美国科学家[68]。

建立国际管理机制

虽然多数国际组织与专家学者皆认为，目前尚不宜进行人类生殖系基因编辑，唯同时也认同应有条件地允许人类胚胎基因编辑研究，借以累积足够之临床前研究证据。以 National Academies of Science，Engineering and Medicine 2017 年报告之立场为例："在经过同侪审查之临床前研究已厘清潜在风险和利益之后，只有为了迫切之医疗原因，且没有合理替代方案、并具有最大透明度和严格监督之下，（人类胚胎基因编辑）临床试验方可被许可进行。"在此概念下，不少论者呼吁应在国际之规格下建立管理机制，借以避免类似的事件再重演。*Nature* 编辑委员会则提议可由赞助者或政府建立一全球（或全国）的注册系统，用于记录所有与人类胚胎基因编辑相关的临床前研究信息[69]。

然而全球各地区因不同文化宗教给予胚胎不同的道德地位，不同地方对于"没有合理替代方式""迫切医疗原因"未必能有一致的标准。如果将管理机制设于国际场域，不同国家间的司法管辖权将如何处理，遑论在政治及科研商业竞争下可能产生的角力与冲突。又如前述，在此事件爆发之前，事实上有许多相关领域里的学者专家，已知悉贺企图进行之研究内容，例如其过去之指导教授、与曾咨询过的一些专家等。其中或许确实有部分支持者，但以多数表示对其研究不认同之研究者，亦未有人设法阻止此不合伦理之研究被实现[42]。因此，除了国际医学专业组织所设定的指引与于人类胚胎编辑之监理机制，医学期刊所扮演审查与发表之角色，最重要的仍是回归各国政府对于医学研究临床试验的监督管理，各医学中心研究机构其伦理审查机制必须能具体落实，对科学家的研究伦理与学术诚信之基本训练；此外，也必须重视基因编辑技术应用更广泛的伦理法律社会冲击，提升公共参与机制。

生殖系基因编辑国际伦理指引与声明

有鉴于基因编辑技术在近年来发展日新月异，在本次事件爆发以前，欧美许多相关组织已召开会议，讨论遗传性基因编辑的使用限度、立场与担忧，如 Nuffield Council on Bioethics（2018）[70]、National Academy of Science，Engineering and Medicine（2017）[71]、American Society of Human Genetics（2017）[72]、Council of Europe（2017）[73]、American Society for Gene and Cell Therapy and Japan Society of Gene Therapy（2015）[74] 和 National Institutes of Health（2015）[75]。大部分组织均提到生殖系基因编辑的难题在于有一系列科学性、伦理与社会问题未能有妥善的对策，因此反对于现阶段进行生殖系基因编辑。例如 National Institutes of Health（NIH）在 2015 年声明拒绝资助人类生殖系基因编辑技术研究。该机构认为目前技术上有许多严重与不可量化的安全疑虑；在未能得到下一代人类同意前进行改变将产生道德疑虑，也缺乏令人信服的医学证据支持在胚胎中使用 CRISPR-Cas9 的合理性，因此主张改变人类胚胎生殖系是一条普世不可跨越的线。

American Society for Gene and Cell Therapy（ASGCT）和 Japan Society of Gene Therapy（JSGT）认为有关体细胞基因组编辑的科学方法已经足以修正安全、效率的必要问题，目前有关伦理层面的讨论已有不错的结果。然而，另外生殖系基因编辑研究因为涉及许多重大和未能解决的伦理问题而变得十分复杂。ASGCT 和 JSGT 同样重视下一世代人类的权利，由于该研究对不仅包括胚胎，还包未来世代，即便认为目前可用的基因组编辑技术能预防疾病或加强人类的能力，但在现有技术得到充分控制前进行的研究与应用都是道德上不可接受的。基于如此，SGCT 和 JSGT 主张严厉禁止人类生殖系基因编辑或其他生殖遗传编辑，直到这些技术和伦理问题得到解决，且具有广泛和深入讨论达到社会共识。American Society of Human Genetics（ASHG）的立场主张鉴于未能回答科学、伦理和政策上的问题，进行生殖系基因编辑并且让人类怀孕是不恰当的；但是否能使用公众资金进行相关科研的讨论上则有不同的意见。

ASGH 主张有适当监督和捐赠者同意的情况下，没有理由禁止在人类胚胎和配子上进行体外生殖系基因组编辑，特别是该技术能促进基因编辑技术在未来的临床应用。从如此的立场而延伸，ASHG 认为不应该禁止公共资金支持这类研究。因为若能让研究符合法规，并在独立治理机构的监督下进行，将能有效掌握研究的内容与意图。相反而言，如果不开放公众资金而是依赖私人金流运作将会丧失监督的力量。而针对未来临床应用，ASHG 提出应须符合：①医学合理性；②强大的证据基础；③伦理上的正当性；④透明的公众参与过程。这四点条件满足后方能在未来临床上有所进展。

Council of Europe 认为对于将基因编辑技术使用在人类生殖系，基于"不安全"之理由，科学界共识为暂时停止发展；在人体上进行生殖系编辑可能越过被视为"伦理上不可侵犯"的界线，目前在欧盟及许多欧洲理事会成员国，皆采取禁止编辑人类生殖系基因之立场，并对部长委员会（Committee of Ministers）提出五点建议：①敦促尚未同意 Oviedo Convention（人类基因编辑应在不遗传至后代的前提下进行）的成员国不再拖延，或至少国家应禁止有意进行基因组编辑的生殖系细胞或人类胚胎而产生的怀孕。②建立共同的管理及法规架构，以使这些旨在治疗严重疾病的新技术，能有平衡的潜在利益和风险，并同时避免人类基因技术被滥用或因此导致之不良反应。③对人类使用新基因技术的医疗潜力和可能的道德、人权结果进行广泛且知情的公开辩论。④指示 Council of Europe 的生命伦理委员会（DH-BIO）根据 Oviedo Convention 和一般预防原则，评估新兴基因组编辑技术带来的伦理和法律挑战。⑤建议成员国在公众辩论、DH-BIO 的评估、与共同之管理法规架构的基础上，明确发展国家对实用新基因技术的立场，设定实践的限制和促进。在这些声明之后，National Academies of Science of Science Engineering Medicine 和 Nuffield Council of Bioethics 先后进一步提出指引，说明重要条件满足下将能允许使用生殖性基因组编辑。前者并提出十点有关可允许进行人类生殖系基因编辑标准：

1. 缺乏合理性的替代疗法。

2. 仅限于预防严重疾病或症状。

3. 仅限编辑有可信证据显示该基因会导致或使人高度易罹患（strongly predispose）该疾病或症状。

4. 仅限将基因转换为已知在人口群中普遍存在、与一般健康状态相关、且有很少或没有不良反应的版本。

5. 可以提供关于此试验风险与潜在健康利益的可信临床前与/或临床数据。

6. 在临床试验过程中对实验参与者的健康与安全有不间断与严密的监督。

7. 订定广泛的长期、多世代追踪研究计划，但仍能顾及尊重个人自主。

8. 在保障病人隐私的前提下有最大透明度的呈现。

9. 持续对健康与社会利益和风险做重新评估，也广泛、长期的让公众参与以及投入。

10. 有可靠的监督机制可避免（人类生殖系基因编辑）被扩大使用到预防严重疾病或症状以外的用途。

Nuffield Council of Bioethics 则透过了解技术，并且探问为该技术影响的三大族群：个人、社会、全人类包括未来世代。分析对于这三种身份，所面临的生殖系基因组编辑的利益风险，最后提出两大原则：

1. 确保个人在使用基因编辑出生后，其福利是受保障且一致性。
2. 和社会正义、稳定性保持一致，不应该增加社会不利、歧视或造成社会分裂。

并且呼吁相关的科学研究应该要在基因编辑介入的安全性和可行性下建立临床使用标准；除此之外需要更多的社会研究，以便更好理解基因编辑对未来世代的福利影响。针对机构所隶属的国家（英国），则建议法律在允许使用遗传性基因编辑介入前，要有足够的机会进行广泛的社会辩论。

从各机构的声明、提出的指引可以发现，生殖系基因编辑技术被认为具有高度的前瞻性，前瞻性的另一面则是对于未来未知的风险难以掌握之担忧，故强调伦理道德规范的必要性与公众讨论的重要性。整体而言，从 2015 年到 2018 年，国际机构似有逐步放宽与允许发展生殖系基因编辑技术的趋势；与此同时，如何保有伦理道德的防线，如何裁定合适的法规，则是目前学界的挑战。

合理的转化途径主张　2015 年第一届人类基因组编辑国际峰会曾针对人类生殖系基因编辑提出声明："在安全性、有效性、伦理、与管理等议题被解决之前，于临床进行任何生殖系基因编辑皆是不负责任的行为。"直到第二届峰会召开前皆未有提出更新声明之规划。未料贺事件之爆发，其行为明显违背前届峰会之声明。第二届峰会乃提出新的声明："……是时候为（临床）试验定义出严格、负责任的转化途径（translational pathway）。"根据其声明，此途径之内涵包括：建立临床前研究证据标准、基因编辑之准确度、临床试验执行人员之能力评估、实施专业行为准则，以及与病人与相关倡议团体建立稳固之合作关系等[76]。此番立场声明引发正反讨论。Savulescu 与 Singer 肯定此技术之可发展性，主张贺案之所以引发伦理争议并非因为涉及人类生殖系基因编辑，而是未能遵循以人类为受试者之基本价值与伦理原则所致；并进一步提出具有伦理正当性之"转化途径"应依风险利益衡量循序渐进，先从灾难性的（catastrophic）单基因突变疾病（例如威胁婴儿生命的 Tay-Sachs Disease）着手研究，其次为严重的单基因突变疾病（例如中年发病的亨丁顿舞蹈症），然后是基因相关之常见疾病（例如糖尿病与心血管疾病），最后是强化免疫系统与或许可应用在推迟老化[77]。其他多数学者则采取不同立场，Normile 批判该声明像是科学社群基于某种"善意"（good faith）信念所订下的临时协议，欠缺明确与具体关于实施此研究之指引[78]；Zhang 则主张在建立一套缜密的安全标准之前，应先暂停相关研究活动[39]；加州柏克莱基因与社会中心（Center for Genetics and Society）及英国人类基因学警报（Human Genetics Alert）呼吁各国政府和联合国应制定暂停措施来禁止相关实验的进行[76]；Baylis 则主张目前应先循公众教育、参与、充权（empowerment）等途径，建立"是否"进行人类生殖系基因编辑之广泛共识，而非探讨"如何进行"[80]。

贺案之台湾相关规定试评

中国大陆基因编辑婴儿案例之发生引起全球关注，然而"本案如果在台湾发生，将会涉及哪些伦理法律责任呢？"以下便以台湾相关规定尝试进行检验与分析。由于目前贺之主张皆未经过独立的基因检测验证，也未发表于经同侪审查的期刊[9]，因此，以下分析主要参考自其于第二次峰会上之简报、发言，以及贺曾于网络公开之知情同意书内容，并假设其发言与主张为真实为前提；此外，与研究案申请相关之部分则参考自贺曾于网络公开之文件及部分媒体转载图片，再依台湾现行规定及政策试对此案例进行评析。

本案例所涉研究大致可分为几个部分：①人工生殖（试管婴儿、单精子显微注射）；②进行胚胎着床前基因诊断（PGD）、对胚胎/胎儿进行全基因定序（whole genome sequencing，WGS）等分子遗传学诊断检验；③对胚胎进行基因编辑（CRISPR-Cas9）；④怀孕期间追踪检测（包含 12~16 周羊膜穿刺、30~32 周每晚胎动计数 1 小时等）；⑤孩子出生后的定期追踪检测（出生 28 天~17.5 岁，包含一次 WGS）。以台湾现行规则架构而言，本案例虽看似以常规之试管婴儿为主轴，但由于涉及在人类受试者（胎儿、孕妇）身上进行尚未纳入常规医疗之新医疗技术（基因编辑产生 CCR5 基因变异胚胎所发育之胎儿），根据台湾"人体试验管理办法"第 2 条，在医疗机构将新医疗技术列入常规医疗处置项目前，应施行人体试验研究；依台湾地区所谓"人工生殖法"第 17 条，本研究案之人工生殖属人体试验，应依循台湾医疗相关规定办理。考虑类似研究以台湾现阶段政策立场，尚不会进入前述④、⑤阶段。以下将针对前述①~③之研究行为可能涉及违反相关规定及政策之部分，分点提出探讨。

非教学医院及未经主管机关许可施行人体试验

根据台湾"医疗法"第 78 条规定，人体试验原则上应于教学医院施行，若该医疗机构有特殊专长者，须先经主管机关同意后方得准用相关规定（第二项）。为提高台湾医疗技术水准或预防疾病上之需要，教学医院经拟定计划，报请主管机关核准，得施行人体试验（第一项）。与本研究案相关的研究伦理审查申请书有两份，分别是来自深圳市罗湖区人民医院（深圳大学第三附属医院）与深圳和美妇儿科医院，分别以"基因疗法在重大遗传相关疾病的安全性评估"与"CCR5 基因编辑"为研究项目名称[80]。以一般申请机构内研究伦理审查之实务惯例，推论该研究规划于此二机构施行。以施行人体试验资格观之，前者依其官网自陈为"第三级甲等医院"，属于中国医院分级体系三分级中唯一具有教学功能之层级[81]；故若属实，应属适格之医疗机构；后者于其全国医疗机构查询系统中，显示为"未定级"之层级[82]，若未另外向主管机关申请许可则径施行人体试验，在台湾属违反"医疗法"第 78 条第二项。

另根据两份审查申请书中所载之项目起讫时间，分别为 2017 年 4 月与 3 月，然而其于"中国大陆临床试验注册中心"注册之日期为 2018 年 11 月 8 日；倘若此注册等同向中央主管机关申请，人体试验早于主管机关许可前即开始施行、且自始未取得许可，此部分于台湾属违反"医疗法"第 78 条第一项。前揭违反"医疗法"之行为，得由主管机关处新台币二十万元以上一百万元以下罚款，并令其中止或终止人体试验；情节重大者，并得处一个月以上一年以下停业处分或废止其开业执照（第 105 条第一项）。

机构人体试验审查会作业恐未符合规定

根据台湾"医疗法"规定，人体试验施行前亦须经由具一定组成之审查委员会审查通过（第78条第三项），且再根据"人体试验管理办法"，医疗机构将人体试验审查会委员名单、会议纪录及作业规范对外公开（第6条）；深圳市罗湖区人民医院及深圳和美妇儿科医院皆未能于其官网搜得前揭资讯；是故，若确定未公开此信息，单以两间医疗机构人体试验审查会组织规范之部分，于台湾则已违反"人体试验管理办法"。

研究计划主持人履历不符合法规要求之资格

根据台湾"人体试验管理办法"第4条第一项，可提出人体试验研究计划之主持人，应为领有执业执照并从事临床医疗五年以上之医师、牙医师或中医师，并需于最近六年曾受人体试验相关训练三十小时以上、于体细胞或基因治疗人体试验之主持人则需另加五小时以上之有关训练，以及研习医学伦理相关课程九小时以上。唯本研究案之主持人贺建奎，虽宣称具基因组学专业，但并非领有执照与从事临床医疗之医师。主持人资格不符之申请案，一般于研究伦理审查程序最初之"行政审查"阶段进行核对并通知申请人补件；若无法提出符合要求之资格，将无法担任人体试验计划之主持人，计划亦不得送审。

研究计划主持人不具可执行医疗业务或操作人工生殖技术之资格

由于本案例涉及人工生殖与妇产科多项医疗业务，属医师业务范围者，若由贺亲自进行，将因未取得合法医师资格而执行医疗业务，违反台湾"医师法"第28条，可处六个月以上五年以下有期徒刑，得并科新台币三十万元以上一百五十万元以下罚金。纵非属医师业务范围，例如胚胎操作相关部分，根据台湾"人工生殖机构许可办法"，于人工生殖机构任职之专任技术员须具特定生物相关系所学士以上学历，并依法取得足够之训练时数。贺大学时为物理系毕业，后于美国取得生物物理学（biophysics）之博士学位，皆非该办法附表所列之相关科系；原则上，其于台湾恐难符合人工生殖技术专任技术员之资格。本案是否有其他妇产科医师或技术人员协助进行人工生殖，则应究其是否符合相关资格训练，以及他（们）在本计划中所扮演之角色、是否担任协同主持人等资格，进一步来认定是否合乎临床试验及人工生殖之法令。

人工生殖技术应于主管机关核可之机构进行

根据台湾"人工生殖法"第6条规定，医疗机构应申请主管机关许可后，始得实施人工生殖、接受生殖细胞之捐赠、储存或提供之行为。本研究案例所涉两间医疗机构：深圳市罗湖区人民医院与深圳和美妇儿科医院，前者由广东省卫生和计划生育委员会核准得进行人类辅助生殖技术服务之机构[83]，唯后者则非为核准机构之列；若于后者机构进行任何涉及常规人工生殖技术，将可依"人工生殖法"处新台币十万元以上五十万元以下罚款（第33条）；施术医师并应依"医师法"规定移付惩戒（第35条）。

胚胎着床前基因诊断（preimplantation genetic diagnosis，PGD）与对胎儿进行之分子遗传学检测尚非属常规医疗业务

根据本案提供给受术妻之知情同意书内容，将于胚胎体外培养出现3~6个胚胎滋养层细胞时进行胚胎着床前基因诊断（PGD）与全基因定序（WGS）；并于母亲怀胎第12~16周时，以羊膜穿刺方式取样对胎儿进行基因分析。依台湾主管机关现行政策方针，机构欲进行临床细胞遗传学检验或遗传性及罕见疾病检验者，需先经主管机关审查通过，且除经核定之检验项目外，其余分子遗传诊断检验项目仅能作为辅助诊断或研究性质之宣称。另依"优生保健措施减免或补助费用办法"，产前之基因检验，必须以孕妇经诊断胎儿疑似已有基因疾病之前提；其他产前遗传诊断检验则须以孕妇经诊断或证明有下列情形之一者：①本人或配偶罹患遗传性疾病；②曾生育过异常儿；③家族有遗传性疾病；④孕妇经超声波筛检，胎儿有异常可能者。且以上两种情况，皆须于前述经评核通过之遗传性疾病检验机构进行，方符合优生保健费用减免之资格。另参考台湾大学医学院附设医院基因医学部细胞遗传检验室针对"胚胎着床前基因诊断"（PGD）之说明，PGD临床准确率约为95%，有可能受到基因突变、检体污染、分子诊断设备与技术灵敏度等多项复杂因素的限制，而导致诊断误差发生[84]。

综上所述，依台湾相关规定及政策而言，胚胎着床前基因诊断（PGD）与全基因定序（WGS）等分子遗传学检验项目尚非常规医疗项目，实务操作上，亦应于签署同意书过程向病人说明此部分，以及关于此类检验之预期成功率、错误率、极限等。唯于本案之知情同意书中，并未另外针对PGD与WGS此种非属常规人工生殖之检验项目对受试者进行告知，且强调只要透过PGD与WGS即可降低胚胎/胎儿先天异常、基因编辑脱靶效应之风险（姑且不论这是否符合科学事实），对于检验项目本身之准确性及极限则支字未提，此举将使受试者因未获得正确与充分信息而受到误导（误以为是常规医疗的一部分、误以为只要进行此种检验即可避免胚胎/胎儿异常）。

违反基因治疗规范中不得涉及影响人类生殖之限制

本案例中所采取之基因编辑技术，尚未诊断出任何已知遗传疾病或其他重大缺陷之胚胎（生殖细胞）为改造对象，目的在特定疾病之预防而非治疗。严格来说，此做法并非基因治疗，而是属于"基因增强"（genetic enhancement）之范畴。与基因增强相关之医疗行为虽未被纳入法规中，但并非是因其属于毋须受到管理之低风险行为；相反地，基因强化由于比基因治疗涉及更复杂之伦理争议，始终尚未被视为"医疗"，更遑论要在医疗行为相关法规中窥见其身影。

根据"基因治疗人体试验申请与操作规范"（以下简称"基因治疗规范"），基因治疗（gene therapy）是指利用基因或含该基因之细胞，输入人体内之治疗方法，其目的在于治疗疾病或恢复健康；基因治疗在台湾属于应施行人体试验之新医疗技术，欲进行基因治疗人体试验应依"基因治疗规范"行之；此规范未规定者，适用"医疗法""医疗法施行细则""新医疗技术人体试验申请与审查作业程序"等相关规定。

本案例利用基因（CRISPR-Cas9 和 CCR5sgRNA），输入精卵混合中；虽看似与"基因治疗规范"中基因治疗之定义不完全相符（非输入"人体"；非以"治疗"为目的），然而其"胚胎基因增强"之试验性质却是超越"基因治疗规范"中对基因治疗之限制，主要基于以下两点考虑：①基因治疗依我们法规尚被视为须经人体试验之新医疗技术（非常规医疗），"胚胎基因增强"更属于本质上尚不得进行人体试验者，或至少须以基因治疗人体试验之规格看待之。②此案例虽非以"人体"为输入对象，却是以"将编辑成功之胚胎培育出生"为目的，所输入之基因将对人体造成"永久"之影响；虽以预防疾病（增强）为目的，但与基因治疗有相同甚至更高之风险，自是应受到该规范之限制。依台湾《基因治疗规范》，基因治疗应遵循以下适用原则：①限于威胁生命或明显影响生活品质之疾病。②有充分的科学根据，可预测基因治疗对该疾病为有效且安全的治疗方法。③预测其治疗效果将比现行治疗方法更为优异。④预测对受试者是利多于弊之治疗方式。⑤仅限于对体细胞为基因治疗，禁止施行于人类生殖细胞或可能造成人类生殖细胞遗传性改变之基因治疗。可透过台湾卫生事务主管机关医学伦理委员会 2001 年 8 月 23 日之决议理解此限制规范之范围与考虑："对于可能将遗传物质传给下一代之细胞（例如：生殖细胞），施行可能增加、改变或置换其基因之新医疗技术，均属人体试验范围。现阶段基于伦理上之考虑，尚不宜准许施行该类人体试验。"是故，本案所欲预防之疾病（艾滋病），或许尚可属于威胁生命或明显影响生活质量之疾病种类，唯于接下来的第②、③、④点皆尚不具备足够之证据，且其以"可造成人类生殖细胞遗传性改变"为基因编辑介入之目的，已根本上违反"基因治疗规范"；以现阶段台湾有关规定而言，属于不宜施行之人体试验类别。

无法通过基因治疗人体试验之审查

"基因治疗规范"对于主管机关审查基因治疗人体试验计划并订定有下列须注意之事项：①试验所依据的医学理论是否适当。②试验所依据的资料是否得自适当的体外前期试验和活体试验模式。③载体及基因递送系统是否适当。④是否能确保不致过度偏离预期效果，以保护接受试验者。⑤是否会对生殖细胞造成影响，使基因变异遗传至后代。⑥是否有造成细菌或病毒感染的危险性。⑦接受试验者同意书之内容是否充分。此规范虽订定于十多年前，但上述七项之审查原则仍有助于判断该领域之人体试验计划案件在科学性、风险评估与知情同意部分是否合宜。

以本案例而言，试分析如下：①该试验所依据之医学理论尚未确立（以外力编辑人类基因所产生之 CCR5 基因缺陷可使人类先天对 HIV1 产生免疫力）。②贺于会议中主张之体外前期试验和人类 3PN 胚胎实验数据皆属于未经发表于同侪审查期刊之数据，并非经科学社群检视验证后的可信资料。③该试验采用之 CRISPR-Cas9 基因递送系统，非属于目前基因治疗实务使用于人体之常用系统，亦尚未累积足够使用于临床人体之实证数据。④脱靶效应为基因编辑技术目前最主要的限制，尚无法确保该效应不发生，仅能追踪检测其是否发生、预测可能产生之影响以及观察实际发生后之影响。⑤本案例直接以生殖细胞为基因编辑之对象，原则上，以之发展出的成体，无论是体细胞或生殖细胞，皆将带有该遗传变异。⑥CRISPR-Cas9 基因递送系统本身虽非使用病毒为载体，但由于该序列之制造源自对人体无害之大肠杆菌（Escherichia coli）之菌株，系统制程仍有受其他微生物污染之风险，惟此部分可透过良好实验室质量管理避免。以此案例而言，最主要风险在于，由于其研究设计着重在胚胎之基因编辑，并未采取临床常规避免 HIV 相异伴侣（父亲阳性）避免传染给母亲与子代之作法，致使无论是受试者（母亲）或是其研究目标（孩子），皆暴露于潜在受 HIV 病毒感染之风险；此外，关于经基因编辑产生基因缺失后之胚胎，是否因此提高其对其他病原体之易感性（susceptibility），则属未知但可能存在之风险。而第⑦点关于同意书内容是否充分，根据台湾所谓"医疗法"第 79 条第三项，人体试验知情同意书应包含下列内容：试验目的及方法、可预期风险及副作用、预期试验效果、其他可能之治疗方式及说明、接受试验者得随时撤回同意之权利、试验有关之损害补偿或保险机制、受试者个人资料之保密、受试者生物检体、个人资料或其衍生物之保存与再利用。暂且不细论该同意书内所载内容，仅就应包含项目而言，本案提供给受试妻之同意书中，并未包含"其他可能之治疗方式及说明""试者生物检体、个人资料或其衍生物之保存与再利用"此二部分之说明文字。此外，同意书中虽于多处载明受试者可随时退出，但事实上若是在特定期间内退出，受试者将面临赔偿与可能的惩罚。此种带有"赔偿"的退出条件有违赫尔辛基宣言（Declaration of Helsinki）之精神（2013 版本第 26 条）；台湾"药品优良临床试验准则"规定"执行临床试验应符合赫尔辛基宣言之伦理原则"（第 4 条第一项），其中关于受试者同意书内容，亦有明文列出"受试者为自愿性参与试验，可不同意参与试验或随时退出试验，而不受到处罚或损及其应得之利益。"（第 22 条第一项第 13 款）。

违反台湾胚胎研究伦理政策指引

2007 年 8 月 9 日，因应干细胞研究技术进展与 2005 年爆发之黄禹锡研究伦理事件，继 2002 年 2 月 19 日公告"胚胎干细胞研究的伦理规范"[85]之后，台湾卫生事务主管机关进一步公告"人类胚胎及胚胎干细胞研究伦理政策指引"（以下简称"胚胎研究伦理指引"）。根据此指引，在台湾，胚胎研究的来源，仅限来自无偿提供之自然流产、符合法规之人工流产、人工生殖剩余胚胎，或以体细胞核转植制造且尚未出现原条之胚胎或胚胎组织（第 4 条）。根据该指引第 3 条，研究用胚胎不得以人工授精方式制造，亦不得将研究用胚胎拿来繁衍或植入人体进行培育。对本案例而言，需探讨之核心议题即："制造胚胎之目的究竟为何？"因当胚胎是以研究为目的制造时，当受《胚胎研究伦理指引》之规范。本案虽看似包含人工生殖等手段，然而，受术夫妻纵不经由参与此试验过程，同样可循临床医疗常规之人工生殖技术孕育健康子女；换言之，人工生殖并非试验之目的。另参考本案例名称与研究设计即可得知，所制造之胚胎系以验证 CRISPR 基因编辑技术产生 CCR5 基因缺失成效及其衍生效果为目的。胚胎之制造既是以研究为目的，根据台湾"胚胎研究伦理指引"，自不得以人工授精方式制造，更不得将研究用胚胎植入人体。是故，本案之设计本身已违反台湾"胚胎研究伦理指引"，属于尚不得实施之胚胎研究类型。另根据该指引第 7 条，此类研究应经伦理审查会通过后方可执行，并应依循以下审查要点：①研究计划须符合促进医疗与科学发展、增进人类健康福祉及治疗疾病之目的。②难以使用其他研究方法获得成果。③计划内容具备科学质量并符合伦理要求。以此观之，本案非以治疗疾病为目的；在必要性部分，事实上透过尚未出现原条之胚胎研究，即可验证基因编辑成效，在各阶段科学证据尚不充分之前提下，植入人体以繁衍并非必要之研究方法；最后，其研究设计并非基于已知对胚胎进行 CCR5 基因编辑相关之安全性与有效性之证据，且其采取之研究方法并不符合台湾现行对基因与胚胎相关研究之限制，且未符合多项台湾地区研究伦理实务上之要求。综上所述，本案无法通过台湾地区"胚胎研究伦理指引"所要求胚胎研究应达到的审查标准。

结　语

"2012 年发明之 CRISPR-Cas9 基因编辑技术，让科学家可以用便宜又精准的工具及方法，于实验室中随心所欲地切割编辑基因，过去数十年来小说电影所想象描绘的情节，例如 1931 年赫胥黎的《美丽新世界》(*Brave New World*)，城市人在出生前其阶级能力已经被设计决定好；或 1997 年电影《千钧一发》(*GATTACA*) 中，人们可以在生育前选择下一代的特征性状以进行基因增强；以及 90 年代自复制羊多利 (Dolly) 问世后，生命伦理学家所热衷讨论的各种新遗传学 (new genetics) 伦理挑战，已经从对遥远未来的想象，突然逼近到眼前是可以迄及的[86]"。

2018 年底爆发之中国大陆基因编辑婴儿案，引起了许多科学家与生命伦理学者对于人类基因编辑界线之热烈检讨。在 CRISPR-Cas9 技术应用日渐广泛之时，疯狂科学家创造科学怪人 (Frankenstein) 之剧本已然悄悄上演。本文针对贺案之科学事实进行回顾、分析其所涉研究伦理问题，并假设贺案若在台湾发生时，以台湾的相关规定和指引为参照，检验其所涉及之伦理法律责任。作者相信如此将有助于读者以实际案例来思考研究伦理之应用，探讨其实践是否能保护易受伤害之受试者，并且检验台湾现行相关规范是否充分清楚。从相关国际学会指引之回顾可知，近年对于人类生殖系基因编辑之规范有逐渐考虑放宽之趋势；然而在未能确保生殖系基因编辑对人类及下一世代可能的长远冲击时，其开放条件限于重大残疾且无替代疗法之遗传疾病的治疗，并须经严谨之临床试验审查程序、落实知情同意并保障受试者权益；在未能确保安全性前提而用于生殖系基因增强则是违背研究伦理的，而台湾对此乃明确禁止。

参 考 文 献

[1] 自由时报. 免疫爱滋基因编辑婴儿诞生 中国大陆惹议. 2018-11-27. http://news.ltn.com.tw/news/world/paper/1249870 Accessed March 8,2019.

[2] Science Media Centre：expert reaction to Jiankui He's defence of his work：opinion from Dr. Helen Claire O'Neill，2018. http://www. sciencemediacentre. org/expert-reaction-to-jiankui-hes-defence-of-his-work Accessed March 8,2019.

[3] 张嘉敏，陈倩婷. "基因改造婴"贺建奎于基因峰会向大会致歉，称大学对研究不知情. 2018-11-28. https://www.hk01.com/% E7% A4% BE% E6% 9C% 83% E6% 96% B0% E8% 81% 9E/264466/% E5% 9F%

BA%E5%9B%A0%E6%94%B9%E9%80%A0%E5%AC%B0-%E8%B3%80%E5%BB%BA%E5%A5%8E%E6%96%BC%E5%9F%BA%E5%9B%A0%E5%B3%B0%E6%9C%83%E5%90%91%E5%A4%A7E6%9C%83%E8%87%B4%E6%AD%89-%E7%A8%B1%E5%A4%A7E5%AD%B8%E5%B0%8D%E7%A0%94%E7%A9%B6%E4%B8%8D%E7%9F%A5%E6%83%8585.Accessed March 8,2019.

[4] 维基百科网站备份工具：南方科技大学. Jiankui He. https://web. arcHIVe.org/web/20181126211842/http://www.sustc-genome.org.cn/research.html.Accessed March 8,2019.

[5] Internet ArcHIVe：Informed Consent (Version：Female 3.0). https://web. arcHIVe. org/web/20181126211842/http://www. sustc-genome. org. cn/source/pdf/Informed-consent-women-English. pdf. Accessed March 8,2019.

[6] Ryder S：Twitter post on Nov. 29, 2018. https://twitter.com/RyderLab.Accessed March 8,2019.

[7] Zimmer K. CRISPR scientists slam methods used on gene-edited babies, 2018. https://www.the-scientist. com/news-opinion/crispr-scientists-slam-methods-used-on-gene-edited-babies-65167.Accessed March 8,2019.

[8] Lowe D. After Such Knowledge, 2018. https://blogs. sciencemag. org/pipeline/arcHIVes/2018/11/28/after-such-knowledge? fbclid = IwAR18RYtJhfItRKeNgte0zSgOwY9T74OdbmBeVjLpYsLlyhQcyRP_NQg2lOU. Accessed March 8,2019.

[9] Cyranoski D, Ledford H. Genome-edited baby claim provokes international outcry. Nature, 2018, 563：607-608.

[10] Hütter G, Nowak D, Mossner M, et al. Long-term control of HIV by CCR5 Delta32/Delta32 stem-cell transplantation. N Engl J Med, 2009, 360：692-698.

[11] Brown TR. I am the Berlin patient：a personal reflection. AIDS Res Hum Retroviruses, 2015, 31：2-3.

[12] Hütter G. Stem cell transplantation in strategies for curing HIV/AIDS. AIDS Res Ther, 2016, 13：31.

[13] Symons J, Vandekerckhove L, Hütter G, et al. Dependence on the CCR5 coreceptor for viral replication explains the lack of rebound of CXCR4-predicted HIV variants in the Berlin patient. Clin Infect Dis, 2014, 59：596-600.

[14] 李育霖, 罗一钧, 洪健清. 台湾艾滋病毒感染者抗艾滋病毒药物的治疗指引. 卫署药输字第024928号, 2018年9月3日. http://www.aids-care.org.tw/member/files/01%E7%AC%AC%E4%B8%80%E7%AB%A0_1070903.pdf?v=20180903 Accessed March 8,2019.

[15] Cohen J. Has a second person with HIV been cured?, 2019. https://www. sciencemag. org/news/2019/03/has-second-person-HIV-been-cured? utm_campaign = news_daily_2019-03-04&et_rid = 337795420&et_cid=2697796.Accessed March 8,2019.

[16] Solloch UV, Lang K, Lange V, et al. Frequencies of gene variant CCR5-Δ32 in 87 countries based on next-generation sequencing of 1. 3 million individuals sampled from 3 national DKMS donor centers. Hum Immunol, 2017, 78：710-717.

[17] Galvani AP, Novembre J：The evolutionary history of the CCR5-Delta32 HIV-resistance mutation. Microbes Infect, 2005, 7：302-309.

[18] Lim JK, McDermott DH, Lisco A, et al. CCR5 deficiency is a risk factor for early clinical manifestations of West Nile virus infection but not for viral transmission. J Infect Dis, 2010, 201：178-185.

[19] Pulendran B, Miller J, Querec TD, et al. Case of yellow fever vaccine-associated viscerotropic disease with prolonged viremia, robust adaptive immune responses, and polymorphisms in CCR5 and RANTES genes. J infect Dis, 2008, 198：500-507.

［20］ Kindberg E，Mickiene A，Ax C，et al. A deletion in the chemokine receptor 5（CCR5）gene is associated with tickborne encephalitis. J Infect Dis，2008，197：266-269.

［21］ Falcon A，Cuevas MT，Rodriguez-Frandsen A，et al. CCR5 deficiency predisposes to fatal outcome in influenza virus infection. J Gen Virol，2015，96：2074-2078.

［22］ Keynan Y，Juno J，Kasper K，et al. Targeting the chemokine receptor CCR5：good for HIV，to Reduce Perinatal HIV Transmission in the United States ［page D-6］，2014. http：//aidsinfo. nih. gov/contentfiles/lvguidelines/PerinatalGL.pdf.Accessed March 11,2019.

［23］ 张上淳、陈茂源、洪健清等. 爱滋病防治中心（附件六）. https：//www.cdc. gov. tw/uploads/files/3f443154-197a-4957-a77d-c881cb078a72.pdf.Accessed March 11,2019.

［24］ 卫生福利部疾病管制署. 预防母子垂直传染方案-简介. 2018 年 3 月 22 日. https：//www.cdc.gov. tw/professional/page. aspx？treeid ＝ beac9c103df952c4&nowtreeid ＝ 87a8cb75016a684f. Accessed March 11,2019.

［25］ 郑舒幸、林媚慧、郑健禹. 爱滋病毒感染者的生育新思维. 爱之关怀，2017，100：39-44.

［26］ Donnell D，Baeten JM，Kiarie J，et al. Heterosexual HIV-1 transmission after initiation of antiretroviral therapy：a prospective cohort analysis. Lancet，2010，375：2092-2098.

［27］ Cohen MS，Chen YQ，McCauley M，et al：Antiretroviral therapy for the prevention of HIV-1 transmission. N Engl J Med，2016，375：830-839.

［28］ Rodger AJ，Cambiano V，Bruun T，et al. Sexual activity without condoms and risk of HIV transmission in serodifferent couples when the HIV-positive partner is using suppressive antiretroviral therapy. JAMA，2016，316：171-181.

［29］ Loutfy MR，Wu W，Letchumanan M，et al. Systematic review of HIV transmission between heterosexual serodiscordant couples where the HIV-positive partner is fully suppressed on antiretroviral therapy. PLoS One，2013，8：e55747.

［30］ Vernazza PL，Graf I，Sonnenberg-Schwan U，et al. Preexposure prophylaxis and timed intercourse for HIV-discordant couples willing to conceive a child. AIDS，2011，25：2005-2008.

［31］ HHS Panel on Treatment of Pregnant Women with HIV Infection and Prevention of Perinatal Transmission：Recommendations for Use of Antiretroviral Drugs in Pregnant HIV-1-Infected Women for Maternal Health and Interventions to Reduce Perinatal HIV Transmission in the United States ［page D-6］，2014. http：//aidsinfo.nih.gov/contentfiles/lvguidelines/PerinatalGL.pdf Accessed March 11,2019.

［32］ Regalado A. China's CRISPR twins might have had their brains inadvertently enhanced ［MIT Technology Review］，2019. https：//www. technologyreview. com/s/612997/the-crispr-twins-had-their-brains-ltered/？utm_ campaign ＝ site _ visitor. unpaid. engagement&utm _ source ＝ facebook&utm _ medium ＝ add _ this&utm_ content＝2019-02-21 Accessed March 5,2019.

［33］ Zhou M，Greenhill S，Huang S，et al. CCR5 is a suppressor for cortical plasticity and hippocampal learning and memory. eLife 2016，5：e20985.

［34］ Cyranoski D. Baby gene edits could affect a range of traits，2018. https：//www. nature. com/articles/d41586-018-07713-2 Accessed March 6,2019.

［35］ Baylis F，Darnovsky M. Scientists Disagree About the Ethics and Governance of Human Germline Editing ［The Hastings Center，Bioethics Forum Essay］，2019. https：//www. thehastingscenter. org/scientists-disagree-ethics-governance-human-germline-genome-editing/Accessed March 11,2019.

［36］ Lanphier E, Urnov F, Haecker SE. Don't edit the human germ line. Nature, 2015, 519：410-411.

［37］ Baltimore D, Berg P, Botchan M, et al. A prudent path forward for genomic engineering and germline gene modification. Science, 2015, 348：36-38.

［38］ Public Affair, UC Berkeley. CRISPR co-inventor responds to claim of first genetically edited babies, 2018. https://news. berkeley. edu/2018/11/26/doudna-responds-to-claim-of-first-crispr-edited-babies/Accessed March 11,2019.

［39］ Regalado A. CRISPR inventor Fneg Zhang calls for moratorium on gene-edited babies. MIT Technology Review, 2018. https://www.technologyreview.com/s/612465/crispr-inventor-feng-zhang-calls-for-moratorium-on-baby-making/?utm_ campaign = site_ visitor. unpaid. engage ment&utm_ medium = tr_ social&utm_ source=facebook Accessed March 11, 2019.

［40］ Caplan A. The 'Monstrous' Immorality of Creating Genetically Engineered Babies, 2018. https://medium. com/s/story/the-monstrous-immorality-of-creating-genetically-engineered-babies-6c7e409c9490 Accessed March 11,2019.

［41］ Anonymous. As a Strategy for HIV Prevention, Disabling the CCR5 Gene in Embryos Implanted in HIV-Negative Mothers Makes Zero Sense, 2018. https://blogs. jwatch. org/HIV-id-observations/index. php/as-a-strategy-for-HIV-prevention-disabling-the-ccr5-gene-in-embryos-implanted-in-HIV-negative-mothers-makes-zero-sense/2018/12/02 Accessed March 7,2019.

［42］ Yong E. The CRISPR Baby Scandal Gets Worse by the Day, 2018. https://www. theatlantic. com/science/arcHIVe/2018/12/15-worrying-things-about-crispr-babies-scandal/577234/? fbclid = IwAR1MrlAX25258LfvyVZc0YUWtOEFMZDC7QloK4u2Z5A6QkxFyv0b5cF-puM # note Accessed March 7,2019.

［43］ 秦锋. 深圳和美医院："基因改造婴儿"文书涉造假已报警. 2018-11-26. http://ca. ntdtv.com/xtr/b5/2018/11/28/a1401021.html Accessed March 11,2019.

［44］ Wee SL, Chen E. In China, Gene-Edited Babies Are the Latest in a String of Ethical Dilemmas. The New York Times, 2018. https://www. nytimes. com/2018/11/30/world/asia/gene-editing-babies-china. html?_ ga=2. 257549195. 1469268477. 1545050200-1876317800. 1545050200 Accessed March 11,2019.

［45］ 世界日报. 基因编辑婴儿 贺建奎"造假"躲监管. 2019-1-22.

［46］ 中国大陆临床试验注册中心. 因不能提供原始资料供审核，已驳回补注册申请 HIV 免疫基因 CCR5 胚胎基因编辑安全性和有效性评估. 2018-11-30. http://www. chictr. org. cn/showproj. aspx?proj=32758 Accessed March 11,2019.

［47］ 深圳科技创新委员会. 深圳市科技创新委员会关于贺建奎基因编辑项目有关情况的声明. 2018-11-26. http://www.szsti.gov.cn/xxgk/tzgg/201811/t20181127_ 14734812.htm Accessed March 11,2019.

［48］ Smith R. What is Research Misconduct? In：Williamson A, White C, eds. The Cope Report 2000：Annual Report of the Committee on Publication Ethics. UK, BMJ Books, 2000, 7-11.

［49］ Zhang L, Zhong P, Zhai X, et al. Open letter from Chinese HIV professionals on human genome editing. Lancet, 2019, 393：26-27.

［50］ 王珊. 疯狂的贺建奎与退却的受试者, 三联生活周刊. 2018-11-29. https://posts. careerengine. us/p/5bffd4f176b2dc255393505d?nav=post_ hottest&p=5c208a243336df105d3da 701 Accessed March 11,2019.

［51］ Jiankui He. Informed Consent (Version：Female 3.0). Supplementary explanation of informed consent (Long-term health follow-up plan). https://web. arcHIVe. org/web/20181126211842/http://www. sustc-genome.org.cn/research.html Accessed March 11,2019.

[52] 新京报网. 艾滋病公益组织"白桦林":曾被"吹风"两女婴将出生. 2018-11-27. http://www.bjnews.com.cn/news/2018/11/27/525331.html Accessed March 11,2019.

[53] 中国大陆新闻网. "编辑婴儿"背后的基因生意:贺建奎旗下公司总注册资本过亿. 2018-11-27. http://www.chinanews.com/gn/2018/11-27/8686741.shtml Accessed March 11,2019.

[54] Caplan A. He Jiankui's Moral Mess. PLOS Biologue, 2018. https://blogs.plos.org/biologue/2018/12/03/he-jiankuis-moral-mess/Accessed March 11,2019.

[55] 慈美琳. "基因改造婴"-科技部胚胎禁令无罚则. 律师:循危害公共安全调查. 2018-11-28. https://www.hk01.com/%E7%A4%BE%E6%9C%83%E6%96%B0%E8%81%9E/264762/%E5%9F%BA%E5%9B%A0%E6%94%B9%E9%80%A0%E5%AC%B0-%E7%A7%91%E6%8A%80%E9%83%A8%E8%83%9A%E8%83%8E%E7%A6%81%E4%BB%A4%E7%84%A1%E7%BD%B0%E5%89%87-%E5%BE%8B%E5%B8%AB-%E5%BE%AA%E5%8D%B1%E5%AE%B3%E5%85%AC%E5%85%B1%E5%AE%89%E5%85%A8%E8%AA%BF%E6%9F%A5 Accessed March 11,2019.

[56] Normile D. Shock greets claim of CRISPR-edited babies, Science 2018, 362:978−979.

[57] 寰宇新闻网. 中国大陆诞生首对基因编辑宝宝上百科学家联署反对. 2018-11-27. http://globalnewstv.com.tw/201811/50191/Accessed March 11,2019.

[58] Tyfield D. Zuev D. Stasis, dynamism and emergence of the e-mobility system in China:A power relational perspective. Technological Forecasting and Social Change, 2018, 126:259−270.

[59] 新浪新闻. "究根溯源"-质疑"弯道超车"缘何引发多方共鸣. 2017-6-16. https://sina.com.hk/news/article/20170616/0/1/2/%E7%A9%B6%E6%A0%B9%E6%BA%AF%E6%BA%90-%E8%B3%AA%E7%96%91%E5%BD%8E%E9%81%93%E8%B6%85%E8%BB%8A-%E7%B7%A3%E4%BD%95%E5%BC%95%E7%99%BC%E5%A4%9A%E6%96%B9%E5%85%B1%E9%B3%B4-7561195html Accessed March 11,2019.

[60] Jia H. China's plan to recruit talented researchers. Nature, 2018, 553:S8.

[61] Schaefer GO, The Conversation. China will develop the first genetically enhanced 'superhumans', experts predict, 2016. https://www.dailymail.co.uk/sciencetech/article-3721991/China-develop-genetically-enhanced-superhumans-experts-predict.html Accessed March 11,2019.

[62] Nie JB. He Jiankui's Genetic Misadventure:Why Him? Why China? The Hastings Center, Bioethics Forum Essay, 2018. https://www.thehastingscenter.org/jiankuis-genetic-misadventure-china Accessed March 11,2019.

[63] Liu Z, Cai Y, Wang Y, et al. Cloning of macaque monkeys by somatic cell nuclear transfer. Cell, 2018, 172:881−887.

[64] Cyranoski D:First monkeys cloned with technique that made Dolly the sheep. Nature 2018;553;387-8.

[65] 吴易叡. 谁搭建了诳言的平台? 贺建奎基因编辑风波的另一种读法. 2018-12-4. https://theinitium.com/article/20181204-opinion-gene-edition-baby Accessed March 11,2019.

[66] Nie JB, Pickering N. He Jiankui's Genetic Misadventure, Part 2:How Different Are Chinese and Western Bioethics? The Hastings Center, Bioethics Forum Essay, 2018. https://www.thehastingscenter.org/jiankuis-genetic-misadventure-part-2-different-chinese-western-bioethics/? fbclid = IwAR1RlhZq6YnBjZ3E0-XABr5TR253ideotd6pVaYtNXL4XGcdn5zmxa-ZuTQ Accessed March 11,2019.

[67] Enserink M. Golden Rice Not So Golden for Tufts. Science News, 2013. https://www.sciencemag.org/

news/2013/09/golden-rice-not-so-golden-tufts Accessed March 11,2019.

［68］Zhai X, Lei R, Zhu W, Qiu R. Chinese Bioethicists Respond to the Case of He Jiankui. The Hastings Center, Bioethics Forum Essay, 2019. https://www. thehastingscenter. org/chinese-bioet hicists-respond-case-jiankui/Accessed March 11,2019.

［69］Editorial：How to respond to CRISPR babies. Nature, 2018, 564：5.

［70］Nuffield Council on Bioethics：Genome editing and human reproduction, 2018. http://nuffieldbioethics. org/project/genome-editing-human-reproduction Accessed March 11,2019.

［71］The National Academy of Science, Engineering and Medicine：Human germline editing：science, ethics and governance, 2017. https://www. nap. edu/catalog/24623/human-genome-editing-science-ethics-and-governance Accessed March 11,2019.

［72］Ormond KE, Mortlock DP, Scholes DT, et al. Human germline genome editing. Am J Hum Genet, 2017, 101：167-176.

［73］Parliamentary Assembly. The use of new genetic technologies in human beings, 2017. http://assembly.coe. int/nw/xml/XRef/Xref-XML2HTML-en.asp?fileid=24228&lang=en Accessed March 11,2019.

［74］Friedmann T, Jonlin EC, King NMP, et al. ASGCT and JSGT joint position statement on human genomic editing. Mol Ther, 2015, 23：1282.

［75］National Institutes of Health：Statement on NIH funding of research using gene-editing technologies in human embryo, 2015. https://www.nih.gov/about-nih/who-we-are/nih-director/statements/statement-nih-funding-research-using-gene-editing-technologies-human-embryos Accessed March 11,2019.

［76］Normile D. Organizers of gene-editing meeting blast Chinese study but call for 'pathway' to human trials. 2018. https://www. sciencemag. org/news/2018/11/organizers-gene-editing-meeting-blast-chinese-study-call-pathway-human-trials Accessed March 12,2019.

［77］Savulescu J, Singer P. An Ethical Pathway for Gene Editing. Bioethics, 2019, 33：221-222.

［78］Neuhaus CP. Should We Edit the Human Germline? Is Consensus Possible or Even Desirable? ［The Hastings Center, Bioethics Forum Essay］. 2018. https://www. thehastingscenter. org/edit-human-germline-consensus-possible-even-desirable/Accessed March 12,2019.

［79］Baylis F. Questioning the proposed translational pathway for germline genome editing. Nature Human Behaviour, 2019, 3：200.

［80］丁香园. 每对夫妇28万元，感染爱滋不负责：基因编辑知情同意曝光. 2018-11-28. https://mp. weixin.qq.com/s/UzwZ13qBDpsao7_ JWVdgRQ Accessed March 11,2019.

［81］深圳市罗湖区人民医院. 医院简介. 2018-10. https://www.szlhyy. com. cn/index. php?m=content&c=index&a=lists&catid=2 Accessed March 11,2019.

［82］中华人民共和国国家卫生健康委员会. 全国医疗机构查询（查询字符串：广东省，深圳和美妇儿科医院）. http://zgcx.nhfpc.gov.cn:9090/Accessed March 11,2019.

［83］广东省卫生健康委员会. 产前诊断和辅助生殖机构通告. 2018-1-8. http://www. gdwst. gov. cn/Pc/Index/search_ show/t/all/id/17969.html Accessed March 11,2019.

［84］台大医院基因医学部细胞遗传检验室. 胚胎着床前基因诊断（PGD）. https://www.ntuh. gov. tw/gene/lab/prenatal/Pages/PGD.aspx Accessed March 11,2019.

［85］蔡甫昌. 人类干细胞研究的道德争议（下）. 健康世界, 2004, 220：44-46.

［86］蔡友月，潘美玲，陈宗文（编）. 台湾的后基因体时代. 新竹：交通大学出版社, 2019：iii.

从"未来世代"相关论证审视可遗传基因编辑①

尹 洁

综观反对人类基因组编辑尤其是可遗传基因编辑的论证，早在第一届人类基因编辑峰会上，J. Harris 就给出了一个较为清晰的指引，他认为围绕这一主题反对可遗传基因编辑的观点可以总结为如下三个方面：一、基因编辑是错的是因为它影响了未来世代，而人类种系是神圣不可侵犯的。二、基因编辑构成了对于未来世代的不可接受的风险。三、不能获得未来世代的同意意味着我们不应该使用基因编辑。以下我将试图分别由这三个论点出发，梳理与之相关的论证，并应用于分析贺建奎基因编辑事件。

第一个问题：基因编辑是否侵犯了人类种系的神圣性？

持有实用主义观点的人会更倾向于认为，现代医学的目的是去除病痛，而不是去揣测究竟哪些特性是上帝赋予我们的神圣性所在。但持有宗教立场的人恐怕很难同意这一点，对于他们而言跟随上帝的旨意是必需的。但即便需要追寻神圣性的要求，也应该弄清楚"神圣性"的来源何在。对于这一问题的回答在很大程度上取决于我们如何理解"神圣性"概念的内涵。"神圣性"到底意味着什么？我们至少需要清楚"神圣性"的定义才能知晓它的要求，但这一点是含混的。很多对于生命伦理学的批评源自于指责其使用太多含义不清且似乎放之四海而皆准的概念。生命伦理学研究者相当一部分出自于哲学背景，从哲学概念和理论出发的方法论用于研究传统的形而上学或认识论问题较为合适，但如果单纯停留在或者只是过于纠结一般性概念则会丢失生命伦理学解决实践问题的初衷。如果认为神圣性的要求是以神的全知全能全善作为依据，或者基于对于神的模仿要求我们不断接近完美的观点，在这种理解的指引下，基因编辑技术的使用如果能让我们更为接近完美，那岂不是一种对于神圣性的靠近而非背离？其次，所谓"影响未来世代"能否是反对基因编辑的充分条件？换句话说，可遗传的基因编辑具有改变后代的影响这一点能不能成为反对它的理由？Harris[1] 指出 UNESCO 和 Oviedo Convention 关于"不能影响或改变后代"的观点是荒谬的，事实上不仅仅辅助生殖改变后代，甚至连不借助任何人工技术手段的自然生殖也

---

① 编者按：本文由复旦大学哲学学院青年研究员尹洁撰写。尹洁 2006 年获复旦大学医学学士，2009 年获复旦大学哲学硕士，2013 年获得纽约州立大学 Albany 分校哲学博士学位。

改变后代。因此，如果我们不以改变后代的理由反对自然的生殖过程（当然几乎没有人会这样做），似乎同样也不能基于此种理由来反对可遗传的基因编辑。

第二个问题：基因编辑是否造成对未来世代的不可接受的危险？

Harris[1]认为，为了考察或评估危险系数，我们可以选用一个现成的事例作为类比，比方说辅助生殖，这意味着只要种系基因编辑不比辅助生殖的已知选项更为危险就是可允许的。但 Evans[2]在结论上与 Harris 恰恰相反，他反对目前阶段的基因编辑，认为实际上种系基因编辑没有必要使用在所有的情境中，为了减少所谓的不公正（injustice），在很多情境中只需要更为广泛地推广基因检测或 PGD（pre-implantation diagnosis，植入前基因诊断）即可，并不需要大费周章地去做基因编辑。因此如果必须使用基因编辑技术的疾病并不多见，那么因其难以预测的危险和弊端而决定推迟研发似乎也不是不明智。这种谨慎的态度也并不少见，诸如甘绍平（2019）[3]等学者从责任伦理和代际正义角度论证继而持有的看法也表明应在不能确定危险程度的情况下暂缓技术应用，其理由是，倘若我们能估算风险的话我们就有可能设计防范风险的办法，但是当前在我们连基因编辑的危险性都无法确定的情况下，此刻甚至连风险的计算都是不可能的，这时采取谨慎的态度更为必要。

第三个问题：不能获得未来世代的同意是否意味着不能进行基因编辑？

在这里我先尝试给出一个纯粹基于纯粹学理的回答。在哲学上，与我们是否侵犯未来世代论证相关的一个经典问题叫做 non-identity problem（常见的翻译是"非同一性问题"，但我认为译为"非身份识别问题"更为符合这里的语境。）。所谓 non-identity 指的是没有身份识别，这一论证的核心在于指出，当我们在谈论未来世代时，我们所谈论的人并不是具有身份识别（identity）的人（当然实际上在谈论"未来世代"的时候，指的似乎是作为群体的 generation，而不是单个的个体。），因此所谓对于未来世代权利的侵犯或伤害这一点也就无从谈起。同样的逻辑不仅仅用于讨论我们这里的基因编辑问题，也适用于诸如胚胎干细胞研究等广义上与生殖（procreation）相关的伦理问题。这个论证的关键在于，侵犯他人成立与否与被侵犯人的身份识别究竟有没有必然的关联，或者换句话说，对于他人的侵犯是否需要被侵犯人的身份识别确定作为其必要条件。在传统的契约论（contractarianism）即霍布斯式的契约论中，订立契约的各方之所以选择遵守契约是基于自利的动机，但斯坎伦式的契约论则基于对于一些特定价值的普遍认同，在这种契约论框架下，伤害违背了订立契约时的初衷，也因此对于他人的伤害并不需要被伤害者的实际在场，也就是说，在一段关系中我们因为伤害而亏欠他人是因为契约关系被破坏，而不是因为那个人，这在某种程度上将经典的 non-identity problem 打发掉了。当然这一论证需要预设斯坎伦式的契约论（contractualism）立场。并且这一论证，无论是采取斯坎伦立场反驳 Non-identity 论证还是反过来，都是一种立足点在形而上学的论证。对于哲学家而言，这一论证可能更具有智性上的吸引力，但考察实际的决策问题却很难直接由这样的理论演绎出方案来。

相较而言，Harris[1]给出的论证并不以形而上学的语言呈现，他认为实际上根本没有与同意相关的未来人类。并且既然我们无论如何都一直在为未来世代做各种决定，不征求同意就是不可避免的。进而，Harris 认为没有获得未来世代同意不仅不应该成为不进行基因编辑的理由，反倒更应该成为行动的积极理由，因此真正的道德律令毋宁是去做出正确的选择，而不是不选择；基因编辑之所以遭到一些人的反对则是基于一个未经确证的假设：未来世代不愿意那样出生，但 Harris 认为这个猜测是没有理由的。他认为如果真的有所谓义务，那我们的义务毋宁说是创造尽可能完美的孩子。就像我们的科学一直致力于让我们远离脆弱的地球一样，Harris 认为我们原有的本性也像地球一样极其脆弱，所以我们应该远离原有的本性。在这种理念下，当今人类的真正使命是在科学的发展下找到安全的选项，这意味着我们不能停止脚步。

在我看来，Harris 很明显持有一种较为激进的主张。他认为阻止基因编辑技术所给出的关于侵犯未来世代的论证本身基于一种类似心理学上称作"投射"的做法，也就是我们把自己所认同的观点投射到未来世代那里并声称他们偏好一种不愿意被如此改变的想法，但这个论证是有问题的，即便未来世代并不偏好某个特定的被改变的性状或属性，这并不代表他们完全不介意被改变这件事本身。也许有人会认为这个问题大可用换位思考的方式来解决，比方说，如果我是那个未来世代的孩子，我被问及是否介意被基因编辑得皮肤更白，我的回答多半是不介意，因为皮肤白这一性状至少在我生活的这个社会（尤其是东亚社会）和时代是被看好的，虽然这并不能保证未来的东亚社会这一标准仍流行。这个例子进一步引出了另外一个更为一般性的问题，即，如果按照社会既定喜好的标准来判断基因编辑的合理性的话，这一标准的正当性理由又何在？为什么社会既定喜好作为标准就是合理的呢？换句话说，既然皮肤白并不是什么恒久不变的金标准，那么诉诸于这个例子来辩护基因编辑的合理性似乎没有什么力度。问题就在于标准本身是语境依赖的，皮肤白、个子高这些生物学性状不见得在所有社会都是被偏好的，在西方国家太过于白皙被认为是羸弱的表现，皮肤晒成古铜色反倒是社会大多数人所认可的。但如果说肤白个高是语境依赖的性状，仍有一些不具有争议性的，比方说高智商和更为健康的体魄，在任何社会高智商和更为健康的体魄都是人们所欲求的和看重的。再以我自己为例，倘若在我出生之前接受过基因编辑，现在的我得知本来我其实没有这样的智商，我由此推断因而也许当年我不会考上我实际就读过的大学，进而再推断我现在拥有的一切在很大程度上都基于在未出生之前的我的胚胎（或者作为胚胎的我）身上所做的基因编辑或者在我的父母甚至祖父母身上所实施的可遗传的基因编辑，一个合理的反应究竟是我应该庆幸有这样的技术还是应该恼怒于我的命运被这样肆意地改变了呢？当然这一点并不能由我个人的经验推知而得到结论，毕竟这是一个假设性的情景，而我在某种程度上并不具有立场可以就假设性情境做出判断，也就是说，有可能仅仅在我现在假设的意义上我才会认为可遗传的基因编辑——只要把我改造得更聪明更健康——没有什么不可接受的，而在实际中倘若我真的遭遇便是另外一回事了。这一点类似于 Thomas Nagel 的那个问题：what is it like to be a bat？原来的问题试图展现的是，如果你不是一只蝙蝠，你可能并不知晓作为一只蝙蝠的主观体验是怎样的。借用这一类比，同样地，对于我是否能够在真正的事后回答是否介意被基因编辑这件事，我其实并不能确定，因为我无法具有那样的主观体验（qualia）。

对于 Harris 来说，既然我们无论如何都被裹挟着前进，那么与其因为惧怕风险而停滞不前倒不如正面遭遇，但这恐怕不能算是个论证，至多只是个立场，那些要求计算风险的人在这一点上有着合理的诉求，因为任何风险不管在集合的（collective）的意义上概率上有多小，对于个体而言的效果是全或无，也就是说，要么被击中要么免于灾祸。而关于远离脆弱的人类本性的想法，与哈贝马斯关于人性及基因编辑的看法恰好相反[4]。哈贝马斯认为人性具有所谓不可抛弃性（indisposability），因此我们不能将人性看作某种可优化的东西。换句话说，他认为父母作为"编程者"（the programmer）通过基因改造"被编程化"（the programmed）的一方，等于是将什么是好的生活的观点强加给了后者，但这是一种不对等的关系。由于胚胎和人并不具有平等沟通的能力，这种单向度的选择违背了对生命的尊重，限制了另一个生命自我实现的能力，是把人视作工具（means）而非一个主体或目的（ends）本身的体现。当然这一论证似乎仍是陷入了 non-identity problem 的窠臼，因为如果被改造的一方并没有身份识别，似乎很难说在这种情况下将那个（还不算是人的）人看作工具而非目的，毕竟作为目的的人需要是一个（人格）人。进而，如果胚胎还不算是一个（人格）人，也就谈不上所谓尊重。问题在于 Human nature 即所谓人的本性究竟具有怎样的特性使得它不能或不应该被改变。Harris 很明显认为既然我们的本性脆弱，就应该朝着更为强大的方向去，他之所以理所当然地认为这一点没有什么好质疑的是因为他没有预设哈贝马斯那样的形而上学立场，而只是采取了更近似实用主义的立场。我们究竟在一种道德的意义上能否被允许来改变人性，是这个争论的核心问题。哈贝马斯认为基于其物种伦理的要求，这一改变不被允许，而 Harris 认为真正的道德义务恰恰是改变人性借以增强功能。在哲学史上关于人性的探讨大多说法不一，事实上我们关于 human nature 到底是什么都定义不清，因此尽管哈贝马斯的物种伦理赋予人类以崇高的道德地位，仍然很难理解究竟我们应当维护一个怎样的人性，以及为什么一定要如此坚持。

对基因编辑持支持态度的除了 Harris 还有 Savulescu 等人。Gyngell，Bowman-Smart 和 Savulescu[5] 也探讨了从代际正义角度看基因编辑技术应用的问题，他们写道：那些认为基因编辑会因为改变基因组而影响未来世代的想法过于绝对，这些不好的应用不见得是发展可遗传基因编辑的必然结果，并且这些结果也可能被避免或至少我们可以尝试削减其效果。事实上正是基于代际正义的要求才更应发展可遗传的基因编辑，这是因为当代医学恰恰使得一些基因变异不能通过进化机制而被淘汰，而利用可遗传的基因编辑可以把那些致病的基因变异去除掉，使得后代免于受这些疾病影响；虽然并不是所有疾病都完全源自生物学变异，也有一些由后天的原因造成，但究竟是选择干预后天因素还是先天生物学因素，则需要看具体语境；从积极的方面看，至少可遗传的基因编辑给了我们选择的机会。

Gyngell 等人的观点同样隐含了一个前提，就是我们应该做那些有益于后代的技术应用，对于这一点的理解并没有因为贺建奎事件的出现而改变，这篇文章刊发于贺建奎事件之后，也同样提及由于贺建奎此次尝试的实验性质和缺少对于婴儿福祉的充分考虑，文章作者之一也予以了谴责。此文较新颖的一点是提出了进化上的一个理由来支持其论证，但无论这一理由自身的科学性如何，这里隐含的论证预设仍是：如果基因编辑技术具有增强后代生物机能的可能，那么我们就应该在合理防范的基础上欢迎这一技术的应用。事实上，这样的预设被绝大多数科学家所赞同，而伦理学家则在这一点上则似乎经常站在了相反的立场上，在不少科学家的印象中所谓伦理学的反思和质疑拖慢了科学技术的进步。

类似的然而却更为极端的观点由心理学家 Steven Pinker 提出[6]，他认为生命伦理学家需要意识到延缓技术发展的代价巨大，晚一年将有效的治疗投入使用可能会造成数以百万计的人的生命损失或残疾，因此去呼吁延迟技术的研发和应用等于造成了巨大的生命财产损失。进而他论辩道，生命伦理学家一直呼吁大家基于对未来风险的预测来制定当前的政策从而防范可能出现的不可控的危机，但所谓关于技术多年后情景的预测实际上并没有意义，因为实在太久远了，由于技术发展的不确定性，我们并不知道今后技术的发展会到哪一步，比如，我们关于 21 世纪的各种预见并未能成真，从彼时克隆多利羊到现在也没能造出完美后代，我们的交通仍拥堵，并没有实现我们在科幻电影中看到的那种天空中满是高速交通工具且有条不紊的状况。在 Pinker 看来生物技术发展的不确定性更甚，也因此任何基于所谓未来预测的政策都是弊端大于好处。Pinker 提出了一个极具争议性的口号：生命伦理学应该做的事情是别挡路。他认为"真正伦理的生命伦理学"耗费太多时间精力在探讨那些一般性的概念诸如"尊严""神圣"或"社会正义"上，这些所谓的生命伦理学论证似乎始终停留在复杂的形而上学层面，使用的原则也似乎总是放之四海而皆准，并常常采取一种质问或威胁要起诉技术应用的口吻。即便确实存在未来的风险，Pinker 论辩道，由于生物医学研究是渐进性的，当可预见的危险出现时也能够被及时处理；人的机体非常复杂，被繁复的回路管控，因此对于机体的任何干预，人体自身都会以其系统的其他部分改变来补偿；生物医学研究比起一辆脱轨列车而言更像西西弗斯，它最不需要的就是生命伦理学家总是来帮忙把石头给从山上推下去。Pinker 一直是传统道德哲学尤其是形而上学立场的反对者，对于他而言道德哲学的研究似乎经常偏离方向，有很多问题需要道德心理学的说明或验证，哲学不应该停留在抽象概念的讨论上。

第四个问题：哲学究竟如何贡献于当代生命伦理学问题？

综观我们以上的讨论，大多数聚焦于从代际义务角度来审视基因编辑技术应用的讨论并不直接去研究作为哲学概念或理论的代际正义。换句话说，这些关于在使用基因编辑技术时是否考虑到我们对于未来世代义务的论辩，事实上都承认了这样一点，即我们关于子代和后代确实负有代际义务。因此争论的关键并不在于究竟我们是否应当有关于后代的代际义务，而在于在已经考虑这一义务的背景下，我们应当如何规划行动的脚步。关于基因编辑技术的应用，从实践的意义上而非哲学论辩的角度来看，最应该关心的问题不是关于代际正义的理论证成，即我们能否提供理由来论证代际正义究竟是如何可能的。无论是诉诸于我们作为人类对于后代关心的自然情感，还是罗尔斯基于其正义论理论框架设定的代际正义理论，都是一种证明代际义务合理性的说明而不是讨论我们究竟负有怎样的代际义务。这提醒我们注意，代际正义与代际义务有所不同，前者作为抽象的哲学概念或理论，意图厘清在什么意义上正义诸理论拥有一种在不同世代间适用的可能，而后者则更多用于探寻具体而言我们对后代负有什么样的义务。综观哲学文献，探讨代际正义的多数不关心具体层面的代际义务问题，因此当我们在生命伦理学中去找寻如何界定我们之于未来世代的义务时需要在具体语境中讨论代际义务的内涵和外延。在这个问题上代际正义的哲学论证往往是不相关的。无论是罗尔斯基于契约论的代际正义理论还是约纳斯基于责任之形而上学框架的伦理主张，都不能告诉我们在使用基因编辑技术上究竟向后代负有什么样的责任，这一责任的具体要求是什么。

正因为如此，我认为在这个问题上的生命伦理学探讨至今为止似乎方向有所走偏。如果说一开始的争论是在是否应该使用基因编辑技术还是弃用这个问题上面，那么现在的问题已经发生了变化，尤其在当代中国社会中这个问题的面向与西方也有所不同。首先，中国不是一个宗教社会主导的国家，这一涉及基因编辑的论辩中关于神圣性的论点和相应的论证在这个语境中引发共鸣的可能性比较小，虽然代际正义的论证仍然适用，诉诸于人类对于后代的自然情感或罗尔斯式抽象的无知之幕背后的契约都具有理论上的适用性。但当今的争论重点并不在我们是否应该使用基因编辑技术上，而是我们应该怎样使用从而防范和减少对于未来世代的潜在威胁和危害。综观目前比较有限的关于基因编辑的生命伦理学讨论，主要的对立观点仍是围绕是否应当使用基因编辑技术。这并不是否认讨论这一话题是否具有重要的意义，事实上我认为在这个问题上持有支持或反对观点都表达了人类在先进技术应用上的基本立场，关于这两方面观点之理由的论述也各自具有哲学思辨性，但关键的问题却已经不在这里。纠结于这个问题，从某种意义上而言，很可能带有西方文化的偏见，亦即西方话语（discourse）占据了我们的思维空间，导致我们在如何构思这一问题（frame the question）上产生了偏差。

换句话说，时代对于生命伦理学提出的新要求，决定了单从传统做哲学的进路探讨无法切中实际的问题或者至少不足以解决问题。约纳斯的责任伦理和罗尔斯式代际公正的哲学讨论最初都在生态伦理领域应用，主要用于讨论自然资源在不同世代之间的分配问题。尽管责任伦理框架因其重构了人与自然、技术的关系，将伦理学诉求置于形而上学基底上，而不需要拘泥于契约的条件，克服了罗尔斯式契约论无法满足的"相互性"（mutuality）条件，因此似乎更适合用于理解在使用基因编辑技术（以及其他生物医学技术）时我们对于后代的义务问题，但正如以上所指出的，分歧的根本不在于责任或代际正义概念的证成与否（或是证成路径），事实上无论是支持或反对基因编辑技术应用的论点恰恰都隐含承认了代际义务的正当性和必要性。分歧的关键在于对于安全性、收益和风险的理解和预期不同，支持者认为收益足够抵消风险，反对者则认为风险一旦变成现实就难以控制。关于如何分析和评价这样的差异，我们并不需要通过研究究竟代际正义如何证成这个问题从而才能从伦理学的角度看基因编辑在当下和未来应该怎样规划。

由此我们再来思考，今天应当如何看待贺建奎事件，看看以 Harris 那三个关于未来世代的问题来构思论证，是否能给出令人满意的回答。我们是否能基于对于第一个神圣性问题的回答来判断这一事件的合理性呢？正如我前面所言，在当下的文化语境下可以暂时搁置这个受到西方话语影响的问题，当然即便排除掉宗教观点，神圣性的观念也可以由单纯对于自然的敬重而来，但我个人的观点是基于这个理由去反对基因编辑，就中国目前的发展阶段和科技政策定位而言，也许不是一个非常有说服力的论证。

但关于第二个问题的回答应该是较为确定的，即在我们不能确定如何估算风险和降低风险的情况下贸然前行不如不做，因此我们可以在如此回答这第二个问题的基础上进而将其应用到贺建奎事件上。在这一点上，我认为 Harris 和 Pinker 等人关于不发展技术救那一百万人救相当于杀死一百万的论证并不能成立。人类生来就受困于疾病、瘟疫、战争，与疾病做斗争是人类自我保存的必修课，这一斗争是无法选择的，我们作为海德格尔意义上"被抛的存在"无法控制疾病的缠绕，一个人因疾病死去或者千万人因瘟疫而死去与杀人不是一种性质。如果基于安乐死实践中消极安乐死和积极安乐死的区分，那么可以更清楚地看到将不发展技术与杀人对等的不合理性，积极安乐死之所以与杀人被认为是近乎相等的是因为积极安乐死本身需要有医生去执行安乐死这一行为而不是消极地任由病人死去（killing the patient vs. Letting die）。为了免除风险等原因不去发展和应用技术最多只能类比消极安乐死，不能类比积极安乐死，并且，在我看来，在无法预测和防范风险的情况下不发展和应用技术不仅仅不是杀人，反倒是为了防止出现更大范围的和更深程度上对于人类的伤害。贺建奎辩称他的行为正是出于对于后代的利益考虑，声称其在胚胎上所作的基因编辑能够一劳永逸地使得后代免于患上艾滋病，对于这一点的反驳被大多数科学家提出，他们指出，既然存在其他对受试者而言更为安全和有效的选项，贺建奎作为科学家却罔顾这一事实而执意做基因编辑，这使得人们不得不质疑他的动机并非出自对于病人（当然基于贺建奎此次基因编辑的试验性质，很难称 Lulu 和 Nana 为"病人"）权益的考虑。在这一点上，贺建奎既未能为当下的病人考虑，也没有为作为未来世代的病人后代考虑。

至于从第三个问题的角度如何分析贺建奎事件，我的看法是，当涉及到这样具体的案例时，在前文中我所谈到的各种类似于 non-identity problem 的纯哲学论证并不适用，在具体案例面前这样的形而上学论证显得较为无力（impotent），这是应用伦理学（或者更准确地说，实践伦理学）不同于纯思辨哲学的地方。Lulu 和 Nana，倘若她们如贺建奎所言的那样确实已出生的话，并不是"假设性的"（hypothetical）未来世代，在贺建奎决定实施基因编辑的时候，她们已经是胚胎了。因此需要问的问题是，当贺建奎在决定编辑胚胎时，他如何看待作为其被试对象（虽然他自己声称这是一个治疗不是试验）的胚胎，也因此分析这个问题的合理的伦理学路径是首先去思考胚胎的道德地位（moral status）。而 Lulu 和 Nana 的后代，才是作为"假设性的"未来世代出现的。如果认为胚胎具有一定的道德地位，但又不像你我一样具有"人格人"（person）的地位，那么对于胚胎的基因编辑在何种程度上侵犯了其利益（interest）？由于胚胎并不具有知情同意的可能性，因此基于知情同意前提的评判也是不适用的。

问题三的关键在于，同意（consent）本身是不是基因编辑得以允许的必要条件？在医学伦理中，知情同意的确是一个基本的且必要的要求，但在某些情况下可以免除[7]。赫尔辛基宣言的规定是[8]，当试验主体不具有物理上的和精神上的能力做出知情同意，且造成其无法做出知情同意的条件本身是这一试验研究群体的特征的时候，知情同意在伦理委员会的审查和批准下可以免除。另外，在紧急的情况下，知情同意也可以免除，比如说在严重的心脏病、休克、神志的突然改变等无法做出知情同意又急需医疗救助的时候。但这两大类情况都有一个共同的前提，就是被试验的人群或被紧急救助的人要能够从这一没有征求知情同意的试验行为或治疗行为中有所获益，且这一获益必须是被试验或被救助人群"急需的"（in greatest need）。在基因编辑胚胎的案例中，胚胎是否"急需"贺建奎的试验行为？对于这个问题的回答才是从 Harris 的第三个问题来看这一基因编辑事件合理性的依据。

由此看来，Harris 基于未来世代所考虑的三个问题，事实上都与代际公正的哲学论证不直接相关，其内核仍是当代生命医学伦理学的基本问题，诸如有利和不伤害原则的运用、知情同意的要求和应用条件等。由贺建奎基因编辑这一事件作为案例而做出的反思，也从某种程度上展现了生命伦理学作为实践伦理学，其切近现实问题的进路与分析传统形而上学问题进路的差异和关联。这要求当代生命伦理学研究者既需要聚焦于实践问题也需要注重概念分析，却不能混淆概念和相关理论的演绎与实践问题的解决，在前者上的努力不必然导向后者。

参 考 文 献

［1］ Harris J. Why Human Gene Editing Must Not Be Stopped. https://www.theguardian.com/science/2015/dec/02/why-human-gene-editing-must-not-be-stopped.

［2］ Evans N. E. Gene Editing：How Much Justice Delayed or Denied?，https://impactethics.ca/2015/12/02/gene-editing-how-much-justice-delayed-or-denied/.

［3］ 甘绍平. 代际义务的论证问题. 中国社会科学，2019，1.

［4］ Habermas J. 2003. The Future of Human Nature. London：Polity Press. 3.

［5］ Gyngell C，Bowman-Smart H，& Savulescu J. Moral reasons to edit the human genome：picking up from the Nuffield report. Journal of Medical Ethics. Published Online First：24 January，2019，doi：10.1136/medethics-2018-105084.

［6］ Pinker，S.，The Moral Imperative for Bioethics，https://www.bostonglobe.com/opinion/2015/07/31/the-moral-imperative-for-bioethics/JmEkoyzlTAu9oQV76JrK9N/story.html.

［7］ Rebers S.，Aaronson NK，van Leeuwen FE，& Schmidt M K. （2016）. Exceptions to the rule of informed consent for research with an intervention. BMC Medical Ethics，17，9. doi：10.1186/s12910-016-0092-6.

［8］ Vanpee D，Gillet JB，Dupuis M. Clinical trials in an emergency setting：implications from the fifth version of the Declaration of Helsinki. J Emerg Med，2004 Jan；26（1）：127-131.

我们对未来世代负有义务吗：反对和支持的论证
——从生殖系基因组编辑说起

张　毅① 　邱仁宗　雷瑞鹏

前　言

2018 年 11 月 26 日，来自中国南方科技大学的生物物理学家贺建奎宣布，他用编辑过的胚胎细胞创造了一对名为露露和娜娜的双胞胎。他敲除了她们的 CCR5 基因，该基因会产生一种蛋白质，引导艾滋病毒进入细胞核。然而，另一种能产生 CXCR4 蛋白的基因，同样能将艾滋病毒导入细胞核。CCR5 还具有非常重要的积极免疫功能，可防止婴儿感染其他传染病，如流感。目前的基因组编辑技术还不够成熟，它们具有相对较高的脱靶率，并可能损害正常基因的功能。贺建奎检测了从露露和娜娜的脐带血中所提取出的仅 80% 的基因组，而剩下的 20% 的 DNA 并没有测序。他的编辑结果极有可能损害了露露和娜娜及其下一代或子孙后代的健康。如果确实如此，贺建奎是否违反了他所在的现在世代（present generation）与未来世代（future generations）之间的代际公正？由于他的鲁莽干预，他可能会损害他的试验目标艾滋病患者（targeted HIV patients）的下一代或子孙后代的健康，使他们的境况比本可能会更糟。他是否应该对露露和娜娜的下一代或子孙后代可能受损的健康负责？他是否对露露和娜娜患有艾滋病的父亲及其母亲的下一代或子孙后代负有道德义务？

最早提出我们的行动可能影响未来世代问题的是英国著名哲学家帕菲特（Derek Parfit）在他的书《理和人》（*Reasons and Persons*）第 4 篇未来世代[1]之中，但他并未涉及当时因使用能源技术不当产生的温室效应，即现在的气候变暖对未来世代的影响问题。即使如此，他和其他哲学家对有关未来世代的哲学思考是非常重要的。随着科技的发展，我们的行动不但影响现在世代及其子孙，而且会影响未来世代的效应越来越明显了。这样，科学技术的进步或政策的选择使得哲学思考的主题转向了与现实生活有关的问题和一些我们不得不去面对的问题：全球气候变暖、人口政策、表观遗传学（epigenetics）和生殖系（germline）基因组编辑。所有这些发展都预示了，尤其由于科学技术向纵深进一步发展，使得我们今天采取的行动可能会影响到那些尚无身份标识和我们对他们一无所知的未来世代那些人的健康和生活质量。

---

① 编者按：张毅为华中科技大学哲学系博士研究生。

代际关系与同时代人之间关系的区别

公正原则应该实施于同代人之间已经不存在任何争论了。那么公正原则是否也应该在不同世代的人之间实施呢？即是否存在代际公正（intergenerational justice）呢？这曾经是一个有争论的问题。有些哲学家认为公正原则似乎并不适用于代际关系，其理由如下：①非同时代人的世代之间缺乏直接的互惠性。例如非同时代的人之间没有相互合作，也没有产品和服务的交换。②现在世代的人与未来世代的人之间权力关系存在着不对称性，而这种不对称性是持久不变的。例如现在世代人滥用化石燃料，造就了全球气候变暖，这不仅危及目前某些动物物种以及某些地方的人类（如太平洋一些小的岛屿的居住者）的生存，而且将使未来世代的生活质量远低于现在世代时，就可以说他们对未来世代行使了权力。这样，现在世代就有效地操纵了未来世代的利益。相比之下，未来世代不能对现在活着的人施加这种影响，在这个意义上讲，现在世代与未来世代之间的权力关系是根本不对称的。同样，现在活着的人也不能对过去的人施加影响。未来人们的存在本身都受现在活着的人的影响。这些现在活着的人会影响未来的人存在本身（不管未来人是否会存在）、未来人的数量（未来人会存在多少）以及未来人的身份（谁会存在）。简言之：未来人们的存在、数量和特定身份取决于（依赖于）目前活着的人们的决定和行动。可以想象，现在世代的人作出的决定可能会导致人类生命的终结；制度化的人口政策有着悠久的传统，其目标是控制未来世代的人数，包括国家一级的限制性人口政策和一对夫妻是否生育子女的决定。此外，我们的许多决定间接影响到了将有多少人活下来和他们是谁，因为我们的许多决定会影响到谁与谁相见，谁决定与谁生孩子。为了说明这种"不同人的选择"，帕菲特（Derek Parfit）采纳了人格身份的遗传身份观点：一个人的身份至少部分是由其 DNA 所构成的，该 DNA 是在创造这个人的过程中卵子被某个精子受精的结果。因此，我们的行动会对未来人的遗传身份产生影响，因为它们影响未来人从哪些特定对的细胞生长发育出来——以及任何直接或间接影响人类生殖选择的行动都会产生影响。我们对未来的认识是有限的。虽然我们可能知道以前和现在存在的人的特定身份，但我们通常无法谈及有特定身份标识的未来人。事实上，涉及遥远未来的诸多预测较之更为接近的未来，更有可能是真的。例如，某些政策将会改变或某些资源将被耗尽的预测在遥远未来更有可能是真的。尽管如此，我们不可能知道遥远未来的这些人的特定身份。我们对未来缺乏知识，这也意味着我们通常最多只能知道可供选择的长期政策在规范性意义的相关后果的可能性。

区别的规范性含义。我们之间的彼此关系与我们对后继世代或先行世代的关系之间的这些区别引起了一些重要的规范性问题。其中包括：

第一个问题涉及不可改变的事实的规范性意义，这一事实是遥远未来的人和已故的人对现在活着的人甚至没有行使权力的可能性。由此，在一些哲学家看来，非同时代人之间不可改变的权力不对称性，将排除未来的非当代人和已故的人有可能对现在活着的人提出权利要求。

第二，如果未来人依赖于目前活着的人的决定和行动，例如未来人的存在、身份或数量取决于现在的决定和行动，那么人们能说前者在什么程度上受到后者的伤害呢？此外，目前存在的人在做出这种决定时能否以未来人的利益为指导？这些问题构成了所谓的"非同一性问题"（non-identity problem，也译为"非身份识别问题"。——编者注）的基础。

第三，我们对未来的有限知识也意味着，往往最多只能知道可供选择的长期政策规范性意义上的后果。我们应该如何与在风险和不确定条件下生活的未来人发生关系呢？因为我们最多只知道可供选择的政策产生不同后果的可能性，那么我们应该如何评估施加于未来人们的不同风险以及可能的或不确定的受益呢？

第四，鉴于我们既不知道未来人们的个人身份也不了解他们的特殊偏好，我们有什么动机来履行对他们的义务呢？

反对我们对未来世代负有义务的论证

不存在论证

第一个论证被称作不存在论证或时间定位论证。它声称我们没有理由关心未来世代，他们对我们来说无关紧要。他们甚至尚不存在，并且等他们存在的时候我们已经死亡了。父母可能会关心他们的子辈和孙辈，但是没有理由为超出子孙之外的人操心。最简单的理由是，子孙后代（尚）不存在，我们对他们没有义务。这一论证可以概括如下：

1. 未来的人尚未存在；
2. 我们对任何尚未存在的事物都没有义务；所以
3. 我们对未来的人没有义务。

这个论证是有效的，它的第一个前提也为真。但因前提 2 为假，所以它是错误的。以未成年人怀孕为例，这当然对母亲不好；但更重要的是，这对潜在的孩子也不好。有责任感的人在没有准备好抚养孩子的时候努力避免怀孕，部分是因为是他们承认有义务照顾他们的孩子——甚至在这些孩子存在之前。因此，显然我们对那些还不存在的人负有义务，前提 2 为假。这个论证由此失败。这个失败的论证告诉我们，对未来世代的义务实际上就是对未出生的孩子的义务——尽管不一定是我们自己的孩子。

无知论证

无知论证声称，我们不知道未来人们想要什么；也许他们更喜欢一个满是高速公路和大型购物中心的世界，而不是国家公园和湿地，那么为什么要为他们保存一些他们甚至可能不会喜欢的东西呢？可以这样总结：

1. 仅当能够知道那些人喜欢什么以及他们需要什么或想要什么，我们才能对他们负有义务。

2. 我们不知道未来的人们会是什么样子，他们需要什么或他们想要什么。所以

3. 我们对未来的人没有义务。

前提 1 也许没有问题。如果我们对一类人一无所知，那么我们就不可能知道什么对他

们好或不好，也就没有对他们负责任地采取行动的根据。但前提 2 为假。基于人类的全部既往史以及人类生物学、生理学和心理学，我们有大量的证据证明未来的人们会是什么样的，他们需要什么或想要什么。我们能够确定，例如——至少对于未来几个世纪的人们来说——他们需要食物、衣服、住所以及干净的水和空气。他们更偏好一个没有危险地受到有毒或放射性物质污染了的环境。鉴于我们目前对人类的了解，他们很多人想要开阔的空间和自然美景，这是非常可能的。因此，我们清楚地知道对未来的人行动要有责任。

找不到受益者论证

这条推理路线最初是由帕菲特提出的，他用它并不是为了驳斥对未来世代负有义务的观念，而是要提出一个哲学论点。该论证可概述如下：

1. 不同的行动将导致不同的人生活在遥远的未来。
2. 当不同的行动导致不同的人时，我们不可能使任何一个特定的人变得更好或更糟。
3. 我们不能使任何一个特定的人在遥远的将来变得更好或更糟[1,2]。
4. 我们只对那些我们能使其变得更好或更糟的人负有义务。
5. 我们对遥远未来的人没有义务[3,4]。

从 1 和 2 到 3 的推论是有效的，但是前提 2 有问题。如果采取一项政策使一个人生活在地狱般的世界里，这也许使他比他从未存在更糟。有些人的生活可能充满了痛苦，以至于不值得活着。但要点不在这里。要点是，从 3 和 4 到 5 的推论是无效的，因为结论忽略了前提 3 中限定的条件。前提 3 是关于"任何特定的人"。如果结论 5 陈述得当，它将会是这样的：我们对在遥远的未来任何特定的人都没有义务。

为什么这个论证失败了？这个结论是从 3 和 4 有效地推导出的，而且事实上也是相当合理的——我们何以能针对遥远未来某个特定的人决定我们的行动呢？但是 5 并不由 3 和 4 推出。因为，在给定 3 和 4 的情况下，我们仍然有理由假定我们对任何可能生活在遥远未来的人负有义务，而非特定的人。那么，这是反例。这个论证也失败了，主要是因为第二个推论是无效的。不过至少，找不到受益者论证提出了一个有效的论点：对遥远的未来世代的政策不可能合理地指向特定的受益人。相反，它必须旨在为所有未来的人创造尽可能最好的条件。不受控制的全球气候变暖、伴随的急遽气候波动、全球农业的破坏、海平面上升以及日益恶劣的天气，将为未来世代创造出他们可以预见地发现远非最佳的条件——即使他们的偏好与我们大相径庭。相反，如果我们现在就采取有效行动遏制全球气候变暖，那么生活在未来的任何人都将从中受益。

对未来世代无身份标识的成员的伤害

请考虑一项使用可耗竭资源以增加目前活着的人的福利为目的的政策。这项政策会伤害未来的人们，理由是这项政策将可预见地恶化他们的生活条件。这种政策的拥护者可能会回答说：即便不是我们所有的行动，但许多条件都不仅会对未来人的生活境况产生（间接）影响，而且对他们的组成即未来人的数量、存在和身份产生有影响。对据称伤害未来人的行动也是如此。如果不采取据称有害的行动本来会导致据称受害的人不存在，则不能说该人因此而受到伤害。一些哲学家鉴定出一种是伤害的历时性概念（diachronic notion）和一种是虚拟-历史性概念（subjunctive-historical notion）（与历史的基准进行虚拟性比较）。这两个概念都要求，被伤害的个人作为个体存在与起伤害作用的行动或政策是无关的。

伤害的必要条件是什么？根据伤害的历时性概念，下面的公式成立：①一个（历时性的）行动（或不行动）在 t_1 时刻对某人造成了伤害，仅当行动者使该人在后来的某个时刻 t_2 所受伤害比在 t_1 之前这个人更糟。根据伤害的虚拟历史性概念，伤害相应的必要条件是：②（虚拟历史性的）某个行动（或不行动）在 t_1 时刻对某人造成了伤害仅当行动者使这个人在之后的某个时刻 t_2 受到的伤害比如果该行动者对这个人根本没有采取行动这个人本来会在 t_2 时的情况更糟。

是否有可能排除现在的人伤害未来的人的情况？当认为未来的个体是可能的个体时，那么伤害的历时性和虚拟历史性的概念都将排除现在的人伤害未来人的可能性，因为要求得到尊重其利益和权利的（未来的）人在现在的人作决定时，并不处于特定的安康（well-being）状态——他们在那时并不存在。但是：根据①，除非我们能够声称此人在我们作决定时即在 t_1 时处于一种特定的安康状态，我们不能说由于我们在 t_1 时的决定，此人在 t_2 时情况变得更糟。②也是如此：除非我们能够声称，有一个特定的人，他的情况在 t_2 要比如果我们没有对其采取任何行动这个人实际上在 t_2 时的情况更好，否则这种伤害的概念是没有意义的。采用历时性或虚拟-历史性伤害概念，排除了当我们在对未来人民生活质量有显著不同后果的长期政策中做出选择时有伤害未来人们的可能性。至于那些其存在取决于据称有伤害作用行动的人，他们不可能由于这种行动而比如果不采取行动的情况更糟（或者实际上更好）。因为在那种情况下，他们本来不会存在。

无诉求论证

有人曾论证说，未来的人不能对现在活着的人提出道德诉求，因为他们还没有权利。如果假定未来的人还没有权利，而任何义务必须以其他人的某些权利为基础，我们可以得出结论，我们对未来的人没有义务。但前提也许可遭到驳斥。人们可以合理地争辩说，未来的人将在未来拥有权利；如果他们存在的话，他们将拥有权利（这也许被认为是理所当然的），且如果人权的概念将成为一种强有力的道德传统（这是人们也许非常希望的）。人权概念本质上属于丰富的非物质文化思想，未来世代应该将其视为他们的道德遗产。

所有人权都可能被未来的全球独裁政权抛弃的观点，与因为人类物种可能会因为核战争而灭绝所以我们不应该关心未来世代的论证一样站不住脚。这两个论证之所以都是站不住脚的，是因为我们不能通过想象一种会使任何道德行动变得毫无意义的道德灾难来拒绝道德义务。因此，我们应该假定未来的人将持有他们将希望行使的权利。这种未来的权利意味着今天的义务。如果是这样，那么这个"无诉求"的论证也失败了（参阅［3，4，5］）。

对未来世代负有义务的论证

过去我们较少考虑我们对未来世代的义务，也很容易对此类义务采取反对或怀疑的态度，因为由于技术低下我们看不到我们目前的行动会对未来的世代产生什么影响。现在就大为不同了。我们目前对未来世代的影响已经昭然若揭了，例如使用化石燃料的能源技术已经使我们的气候大为变暖，而有些技术对未来世代的影响正在越来越明显地被揭示出来。

我们如何影响未来

未来问题主要源于关于未来人的两个事实：①他们还不存在；②他们的存在依赖于我们现在做什么。我们对未来人们的义务当然依赖于如何通过我们现在做什么来影响他们。我们可以在 4 个相互关联的行动/政策领域做到这一点：毁坏环境，改变人口的规模和结构，采取不健康的生活/行为模式，以及采取不适当的技术干预（如生殖系基因组编辑）。我们今天越来越意识到，我们对环境的破坏最终会对未来的生活质量产生严重影响。因此，对未来人的道德义务有助于为保护环境的政策辩护。我们究竟应该为未来保护什么样的自然资源，这是一个进一步的问题。但显然，我们不能将公平分享石油等不可再生资源的权利归予所有未来世代。首先，正如我们不能确定一块蛋糕的公平份额，除非我们知道有多少人分享它，我们也不能确定我们可以公正地耗费的自然资源份额，除非我们知道将来会有多少人。但是，尽管在遥远未来的人们没有权利获得我们社会所依赖的不可再生资源，但他们必须有权获得可再生的自然资源，而这正是任何人类生活方式的基本条件。我们在道义上应该为他们保留完整的海洋、森林、河流、土壤和大气。

未来的生活质量也受到人口政策选择的影响。虽然环境政策和人口政策是相互关联的，但它们是相互独立的因素。我们可以在不增加人口的情况下破坏环境，而且我们可以——也许不是现实的，但至少在原则上——推行一些人口政策，使世界在生态规定的限度内拥挤不堪。不把人口问题造成的苦难强加给未来世代的道德义务是人口政策的终极辩护。

我们选择不健康的生活/行为模式会对未来世代产生负面影响。表观遗传学与未来世代的关系是一个非常有趣的新课题。表观遗传学是最近发展起来的很有前途的科学研究领域，它探索生物化学环境（食物、有毒污染物）和社会环境（压力、虐待儿童、社会经济地位）对基因表达的影响，即基因是否会以及如何"开启"或"关闭"。表观遗传修饰可以对生命后期的健康和疾病产生重大影响。最为令人惊异的是，有人提出，一些人一生中获得的表观遗传变异（或"表观突变"）可能会遗传给后代，从而对未来世代的健康产生长期影响。表观遗传学是科学发现中最具科学、法律和伦理学重要意义的前沿学科之一。表观遗传学将环境和遗传对个体性状和特征的影响联系起来，新发现表明，大量的环境、饮食、行为和医疗经历可显著影响个体及其后代的未来发展和健康。一项研究报告称，在 11 岁之前开始吸烟的父亲与那些吸烟较晚或从不吸烟的父亲相比，他们的儿子在 9 岁时平均体重较重。该研究还表明，父系吸烟确实会诱发男性生殖系跨代反应（germ-line transgenerational responses）。另一项研究发现，在胎儿期吸烟的祖母的孙辈在出生后的前 5 年患哮喘的风险增加。表观遗传学正在证明我们对我们基因组的完整性负有责任。现在，我们做的每一件事——吃的、吸的、喝的所有东西——都会影响我们的基因表达和未来世代的基因表达。表观遗传学将自由意志的概念引入我们的遗传学理念中。

我们不当的生殖系基因组编辑会对未来世代造成负面影响。正如贺建奎所做的那样，他从孩子露露和娜娜身上敲除了 CCR5 基因，但因为该基因具有免疫功能，可以防止感染流感等传染病，所以她们的孩子、孙辈、后代和未来世代可能比那些生殖系基因组未经编辑的祖先的孩子更容易感染传染病。由于 Crispr-Cas9 技术尚不成熟，贺建奎也许损害了其他正常基因的功能，对露露和娜娜子孙后代的健康产生负面影响。根据伤害原则，我们有义务不以任何方式伤害未来世代。

我们与未来人在道德上没有区别的论证

这个论证是基于这样一个理念：未来的人们在与道德相关的方面与我们没有任何不同。换言之，出生时间和出生地、部落、国籍、宗教或性别一样与应该如何评价一个人无关。既然理智的人同意，我们对目前活着的人负有义务（不杀害他们，不偷他们东西，不引起他们不必要的伤害等），由于未来的人在与道德相关方面与他们没有任何不同，所以我们对未来的人负有义务。

论证如下：

1. 我们对所有目前活着的人都负有义务。
2. 未来的人和目前活着的人在与道德相关方面没有什么不同。
3. 我们对所有未来的人都负有义务。

未来世代的人也是权利持有者

虽然未来的人还不存在，但作为人，他们将像我们一样是权利持有者。当他们存在时，他们显然会有道德权利，这些权利与他们同时代人的道德义务有关。问题是他们的道德权利是否也与我们现在所承担的道德义务相关——甚至在这些权利的持有者存在之前。我们可以通过类比来处理这个问题。为了论证的方便，假设只有人属于道德共同体，人类胎儿在分娩前没有人的价值和权利，但是在分娩后，根据中国的观点，他们成为人。这是否得出结论说，他所遭受的某些伤害不会是错误的呢？当然不是！那么这个胎儿在成为一个人之前就被伤害了，这些伤害使胎儿受到了虐待，并且有人可代表他控诉他的身体完整性被侵犯了。在帕菲特的例子中，如果"我在一片树林的灌木丛中留下一些碎玻璃"，一百年后这些碎玻璃伤害了一个孩子，我的行动就伤害到了这个孩子。

互惠不是我们义务的条件。反对这一观点的人可能会说，与胎儿不同，遥远未来的人们不可能与我们进行道德交流。例如，那个孩子不能起诉我要求赔偿，他也不能以任何方式给我回应。但是，为什么我们必须假定，道德共同体的成员资格仅限于那些与我们有相互道德交流的人呢？孩子们通常被认为对父母有权利，但这很难说是因为当他们的权利没有得到满足时可以得到补偿，或者是因为他们后来承担了照顾年迈父母的义务。因此，如果道德允许对儿童权利的无条件、单方面的尊重，那么就不能理解，未来人们的权利就可以因假定的互惠道德原则而被剥夺。这里有一个反例：假设 A 国发射了一枚导弹，杀死了 B 国无辜的居民。他们的生命权受到了侵犯。现在再假设 A 国发射导弹，只是这一次它沿着太空轨道飞行，直到它在两个世纪后杀死 B 国无辜的居民。如果在前一种情况下，受害者生命权遭到了的侵犯，那么在后一种情况下这肯定也是对这些未来受害者生命权的侵犯。

导弹在发射后两个世纪击中目标的事实在道德上是不相干的。同样，目前对环境的破坏和人口控制的缺乏将在未来侵犯受其影响的人的权利——除非我们纠正这种境况。

时间视角与地理视角论证

也许对出生时间的道德无关性的最好理解是认识到对我们的前辈的来说，我们是未来的人。毕竟，过去与未来之间的区别不是终极的和绝对的，而是相对于时间视角而言的。在这方面，它就像"外国人"的称谓，这是相对于地理的视角。谁算外国人依赖于我们居住的国家。同样，谁算是一个未来的人依赖于我们居住的时间。所有的人对于他们自己国家以外的国家的人来说都是外国人。同样，所有的人都属于他们前辈的未来世代。有一些未来世代的范例。碰巧的是，一些现在不愿意加入到对抗全球变暖的努力中来的国家的前辈们，他们在道德上已经进步到足以将现在世代纳入他们的道德考量之中。例如，美国的开国元勋们在设计宪法时就考虑到了未来世代。同样，1916 年《国家公园服务法》（National Park Service Act）明确规定，公园的目的是"保护其中的风景、自然景观和历史文物以及野生生物，并以使其不受损害的方式供未来世代同样享用"。现在的美国人，甚至到过那里的外国人，都属于这些未来世代。而且我们高兴地看到英国威尔士政府已经任命了一位负责未来世代的部长，这是世界上第一位这样的部长。

不确定性不是一个问题。但是，即使我们能够达成一致意见，我们对未来世代负有义务，这些义务是什么或者我们如何履行这些义务并不是显而易见的。首先，未来存在很多不确定性——未来越遥远，不确定性就越大。我们甚至不能绝对肯定未来世代将存在。人类可能会被战争、疾病、小行星撞击等毁灭。但是，这种不确定性只是在程度上而不是在性质上不同于我们在对已经存在的人做出决定时所面对的不确定性。例如，父母通常认为自己有义务在孩子上大学之前为孩子的大学教育存钱——也就是说，在这个时候，他们的孩子能否上大学还没有定论。事实上，我们许多道德考虑都指向未来可能永远不会实现的场景。因此，未来世代可能不存在这一事实并不是一个严重的反驳；十有八九，他们将存在。

义务会随着时间的推移而减少吗？是的，我们对真正遥远的未来世代知之更少，能做的也更少，因此有充分的理由相信，我们的义务在更遥远的未来变得更弱。但这并不新奇。义务也会随着空间距离的增加而减少。我们对朋友、家人、同事——以及一般来说对那些我们能够有效帮助或伤害的人——比对那些与我们没有任何联系的其他国家的人负有更大的义务。这并不是因为与我们没有关系的远方的人没有我们认识的人那么重要。而是因为对于我们认识和关心的人，我们处于一个更好的位置去做一些有益的事情。他们依靠我们的方式是远方的陌生人所不具备的。尽管如此，我们对远方的陌生人也负有义务——不杀害或伤害他们，不降低他们的生活品质，甚至可能偶尔帮助他们（参阅 [3，4，5]）。

从事和批准可遗传基因编辑工作的科学家/医生和政府对未来世代的责任

改进基因编辑技术：降低脱靶率，将正常基因功能干扰降到最低。

改进临床前研究，特别是动物研究，提高其有效性，为证明在动物中的可遗传基因编辑技术的安全性和有效性提供可靠的证据。

加强动物研究向临床试验的转化，提高临床试验的有效性，为人类可遗传基因编辑的安全性和有效性提供有力的证据。

可遗传基因编辑的程序和方案必须由机构、省/市和中央三个层面的伦理审查委员会进行审查。

基因组被编辑的婴儿及其后代的终生健康应由科学家/医生和卫生部门负责。

在制订可遗传基因编辑的程序和方案之前，必须得到立法机关和政治协商机构的批准。

可遗传基因编辑程序应引起人们的广泛讨论，并通过全民讨论，并以某种方式予以批准。

减少和消除对带有遗传缺陷和遗传疾病残疾人或患者的污名化和歧视。

该程序和方案应交由国际咨询委员会进行评议。

参 考 文 献

［1］ Parfit D. Reasons and Persons. Oxford：Clarendon，1984：351-380.

［2］ Balch O. Meet the world's first 'minister for future generations'. The Welsh government has given Sophie Howe statutory powers to represent people who haven't yet been born. https://www. theguardian. com/world/2019/mar/02/meet-the-worlds-first-future-generations-commissioner.

［3］ Moral Obligations toward the Future. http://global. oup. com/us/companion. websites/9780195332957/student/adtlchapter/pdf/Future_ Chapter.pdf.

［4］ Konrad OTT K. Essential Components of Future Ethics. Ng. YK, Wills, I. Welfare Economics and Sustainable Development. Oxford：Bolss Publisher，2009：139-160.

［5］ Herstein O. The Identity and （Legal） Rights of Future Generations. The George Washington Law Review，2009，77（5/6）：1173-1215.

我们为什么在人类基因组编辑中要避免 "M" 这个字?

Françoise Baylis

原文标题：Why avoid the "M-word" in human genome editing?
作者：Françoise Baylis，University of Dalhousie，Canada
发表刊物：Bioethics Forum，The Hastinmgs Center
发表时间：2019 年 4 月 1 日
链接地址：https://www. thehastingscenter. org/why-avoid-the-m-word-in-human-genome-editing/
译者：雷瑞鹏

众所周知，好的伦理始于好的事实。以下是 2015 年至 2019 年可遗传人类基因组编辑有关伦理学和政治学方面的一些事实。

2015 年：《自然》（*Nature*）和《科学》（*Science*）杂志分别发表了两篇文章，随后《蛋白质与细胞》（*Protein & Cell*）杂志发表了一篇文章，描述了人类在无法存活的胚胎中首次尝试编辑人类生殖系基因组。《自然》杂志的这篇文章明确呼吁暂停。《科学》杂志的这篇文章呼吁谨慎前进。

2015 年：第 1 届国际人类基因编辑峰会举行，并总结道："进行生殖系编辑的任何临床使用将是不负责任的除非且直到①基于合适的理解和对风险、潜在受益和备选方案的平衡，相关的安全性和有效性问题已经得到解决，以及②对所建议的应用的合适性有广泛的社会共识。"

2017 年：美国国家科学院、工程科学院和医学科学院的一个委员会（在第 1 次国际峰会之后召开，进行为期一年的对共识的深入研究）发布了一份报告，报告称："如果技术挑战得到克服和鉴于风险潜在受益是合理的，可以启动临床试验，但条件是：如果限于最为令人不得不做的情况，如果接受一个全面的监管框架，该框架将保护受试者和他们的后代，以及如果有充分的防范措施，以防止不合适地推广用于并非不得不做或不那么得到充分理解的情况。"

2015 年峰会声明起始的假定是，人类生殖系基因组编辑是不负责任的，除非且直到……。2017 年美国国家科学院报告的起始假定是，如果……人类基因组编辑是可以允许的。这是一个显著的差异。

2018 年：第 2 届人类基因组编辑国际峰会举行，并发表声明称："……现在是为这些试验确定一个严格、负责任的转化途径的时候了……这样的途径将要求建立临床前证据和基因修饰准确性的标准、临床试验研究人员的能力评估、可执行的专业行为标准，以及与患者和患者维权团体强有力的伙伴关系。"

这次首脑会议的声明延续了"如果……允许"的主旋律。为了抗衡最近将关键问题从"是否"进行可遗传人类基因组编辑转向"如何"进行可遗传人类基因组编辑的努力，包括三位 CRISPR 先驱中的两位在内的 18 位科学家和伦理学家在《自然》杂志上发表了一篇文章，呼吁全球暂时停止进行可遗传人类基因组编辑。

2019 年："暂停可遗传基因组编辑"说："我们呼吁全球暂停所有人类生殖系编辑的临床应用——也就是说，改变（在精子、卵子或胚胎中的）可遗传 DNA 来制造基因经过修饰的儿童。"这一呼吁给出的四个理由之一是，"一些评论人士将随后的声明诠释为削弱广泛社会共识的要求：这些声明包括 2017 年美国国家科学、工程和医学科学院的一份报告，以及 2018 年第 2 届人类基因组编辑国际峰会后组委会的一份声明。"

David Baltimore 是 2015 年《科学》杂志那篇文章的第一作者，他呼吁谨慎的前进，并主持第 1 届和第 2 届国际峰会。他在接受《科学新闻》（*Science News*）采访时说："第 1 届峰会和第 2 届峰会避免使用暂停一词，这是有意的。因为这个词一直与关于你能做什么和不能做什么的非常严格的规则联系在一起……制订规则大概不是一个好主意。"

这份声明解释了 Baltimore 避免使用"M"一词的动机，但它没有解释所有签署了两份峰会声明的人的动机。在 2015 年峰会声明的最初签署人中，有 4 个呼吁暂时的全球暂停（Lander、Baylis、Berg 和 Winnacker），还有 4 人支持临时禁止，但反对将其称为暂停（Baltimore、Daley、Doudna 和 Lovell-Badge）。

最近呼吁采取暂时的全球暂停措施，使以下各点清晰可见：

首先，几乎所有人都一致认为，在这个时候进行人类生殖系基因组编辑是不负责任的。有些人走得更远，坚持认为在这个时候进行人类生殖系基因组编辑是不负责任的，如果有人进行的话。

其次，有些人对使用"暂停"一词感到满意，它被定义为"暂时禁止"。这句话准确地描述了几乎所有人都达成一致的意见。许多同意暂时禁止可遗传人类基因组编辑的人却被"M"这个字吓坏了。

对优生学和优生实践的批判性分析①

雷瑞鹏　　冯君妍　　邱仁宗

优生学的简史和日本优生法的演变

"优生"一词，来源于希腊文"eugenes"，意为"生而优良"。关于优生的思想，最早可以追溯到古希腊哲学家柏拉图，他在《国家篇》中指出：国家负有民族选优的责任，为了使人种尽可能完善，应对婚姻进行控制和调节；要让最好的男人和最好的女人在一起[1]。"优生学"（eugenics）这一术语由英国遗传学家高尔顿（Francis Galton）提出。他在1883年发表的文章"人的能力及其发育研究"（Inquiries into Human Faculties and Its Development）[2]中提出优生学是"改良血统的科学，……使更为适合的种族或血统拥有更好的机会迅速胜过那些不那么适合的种族或血统。"高尔顿坚信"进化论"和"适者生存论"同样适用于人类社会，提出了运用自然科学的技术成果来实现人类优生的观点[3]。

19世纪末20世纪初，优生学和优生运动从英国开始，随即席卷欧洲大陆，并扩展到其他大洲。优生学在美国最为发达，因而美国学者称纳粹优生学的根源在美国[4]。美国优生学和优生运动倡导人达文波特（Charles Davenport）、洛夫林（Harry Laughlin）和格兰特（Madison Grant）等人极力鼓吹对"不适应者"、遗传病患者、残障者采取强制绝育、禁止他们移民美国等办法，来维护美国种族的纯洁性（racial purity）。1914年洛夫林发表了一份优生绝育法草案，主张将"对社会不合适的人"（socially inadequate），即低于正常或社会不能接受的人，以及"低能者、疯子、罪犯、癫痫病人、酗酒者、患病者、瞎子、聋子、畸形人以及依赖他人的人"进行强制绝育[5]。由于他对"种族清洗科学"（Racial Cleansing Science）的贡献，1936年被德国海德堡大学授予名誉学位。1916年律师格兰特出版了《伟大种族的逝去》一书，被称为"科学种族主义的宣言"（Manifesto of Scientific Racism）[6]。

---

① 编者按：讨论遗传学、基因组编辑的伦理和治理问题必须同时牢记历史上因误用遗传学的知识和技术引起对基因有缺陷以及身心有残疾的人的污名化和歧视的教训，甚至由国家采取强制措施对他们进行强制绝育或"义务安乐死"的教训。本文是在我国第一篇对优生学及其实践的系统性批判性分析、原文发表在《医学与哲学》第40卷第1期1~10页。此处在文字上略作修改。冯君妍是华中科技大学哲学系博士研究生。

早在 1907 年美国印第安纳州就制订了绝育法,自 1927 年在具有里程碑意义的 Buck vs Bell[7]一案中,弗吉尼亚州的凯丽(Carrie Buck)被认定为"痴呆傻人"(feebleminded,原意是智力低于正常者,在英语里是一个贬词,类似 idiot,imbecile,moron,与我国称呼这些人为"痴呆傻人"相仿),法官判决对她实施强制绝育。此后有 11 个州制订的强制绝育法。从 20 世纪初到 20 世纪 70 年代 64 000 人被绝育[8~10]。实施优生学的欧洲国家有:瑞典、丹麦、芬兰、法国、冰岛、挪威、瑞士、爱沙尼亚、苏联等以及澳大利亚、加拿大、巴西等,也包括日本。

优生学和优生运动在德国发展到了极点。德国"优生学家"要建立一门新的卫生学,称为"种族卫生学",是维护日耳曼优等种族的预防医学,采用强制患身体或精神残障者绝育或实施"安乐死"的手段防止"劣生"(inferiors,指有病的、精神病的、智力低下的人)繁殖。他们将健康的、精神健全的、聪明的人称为"优生"(superiors)。1933 年 7 月希特勒采纳了他们的建议,颁布了《防止具有遗传性疾病后代法》,即绝育法,拉开了纳粹德国严酷迫害残疾人的序幕。希特勒在《我的奋斗》中宣称,我们必须禁止那些身心不健康、无价值的人将疾患传递给他们的孩子。1935 年 10 月颁布《保护德意志民族遗传卫生法》,即婚姻卫生法,禁止德意志人与其他种族通婚。在 1934~1939 年期间,约 35 万人因执行该法律而被迫绝育。强制绝育是滑坡的顶端,接着就是强制"安乐死",最后是滑坡的底部,即大屠杀[11~12]。

在第二次世界大战中,日本与德国均持有认为人与人之间、不同种族之间不平等以及种族主义的意识形态,在这种意识形态影响下先后制定了《国家优生法》(The National Eugenic Law)和《优生保护法》(The Eugenic Protection Law),给诸多被强制绝育者带来了不可逆的身体、精神和社会上的伤害和痛苦。这些优生法的立法宗旨是防止增加所谓"劣等"后代,后来日本将强制绝育对象从遗传病患者扩大到精神病患者和麻风病患者[13]。1996 年对《优生保护法》进行了大幅度修改,法律的名称也改为《母体保护法》(The Maternal Protection Law),原法中的优生学概念和术语也被悉数删除[14]。1940~1945 年实施的强制绝育术近 500 例,1948~1996 年达 25 000 例。遭强制绝育的受害者,最年幼的女孩为 9 岁、男孩为 10 岁,许多是 11 岁儿童,且未成年人占比超过一半。控告日本政府的来自宫城县的女性受害者被绝育时是 15 岁,被定为"遗传性智力低下",此后她经常感到腹痛,身体状况不断恶化,她因无法生育而一直未能结婚,饱受精神痛苦。这名女性自 20 年前便已开始着手向政府索赔事宜,而日本政府以该法律"在当时是合法的"为由加以拒绝[15]。他们对日本政府提起法律诉讼,要求给予赔偿和谢罪是完全可以得到伦理学辩护的。

2017 年 3 月在维也纳举行"纽伦堡法典之后 70 年的医学伦理学,从 1947 年到现在"的国际学术会议[16]上,世界各国的学者进一步揭露了纳粹德国在其占领区推行的优生实践,对优生学的理论和实践做了进一步的批判。此次日本优生法受害者起诉日本政府,也引起各国人民、媒体和学界对优生学和优生实践的同声谴责及进一步的反思。形成鲜明反差的是,自 2011 年以来,我国出版的一些"医学伦理学"教材却继续赞美优生学和优生实践。这在世界上是少有的,在世界上更为罕见的是对优生学和优生实践的赞美却出现在"医学伦理学"的教材之中。

"医学伦理学"教材赞美优生学和优生实践的事实。这些教材充斥着"劣生""劣生儿""劣质个体""呆傻人""无生育价值的父母"等歧视性词语；称"优生学（eugenics）是一门有遗传学、生物医学、心理学、社会学和人口学相互渗透而发展起来的科学"[17]，"高尔顿创立了这一研究改善人类的遗传素质，提高民族体魄和智能的科学。100多年来，优生学已成为一门综合性多学科的发展中的科学"[18]。他们认为："一个生命质量极低的人，对社会和他人的价值就极小，或者是负价值，他的存活不仅对社会对他人不能负担任何义务，还要不断地向社会和他人索取，只能给社会和他人带来沉重的负担。"[19]因此对他们必须"按照优生学原则的要求，凡是患有严重遗传性疾病的个人，都必须限制以至禁止其生育子女，其中最彻底的手段是对其实施绝育手术"[20]。为"预防有严重遗传病和先天性疾病的个体出生……就是通过社会干预，用特殊手段对'无生育价值的父母'禁止生育。这些手段包括限制结婚、强制绝育""无生育价值父母，主要包括：有严重遗传疾病的人、严重精神分裂症患者、重度智力低下者、近亲婚配者、高龄父母"[21]，称早已废弃的甘肃省"关于禁止痴呆傻人生育的规定……这一法规公布后在国内外引起很大反响，在各阶层、各领域都存在争论，更多的是支持和赞许"[22,23]。我们不怀疑这些教材的作者们关注我国人口质量的良好意愿，但他们在撰写教材前没有搜集阅读有关优生学和优生实践的文献，也不了解我国制订有关条例和法律的争论实况。

优生学是一门科学吗？

要回答优生学是否是一门科学，有必要对优生学的概念进行分析。首先我们必须澄清"优生学"（eugenics）与我国的"优生优育"是两个完全不同的概念。我国的"优生"意指"健康的出生"（healthy birth）与高尔登的"优生学"（eugenics）意义完全不同[24]。高尔登的"优生学"是用国家机构强制推行绝育措施，使"优等种族"有更好的机会得到繁衍，而我们是通过提供母婴医疗卫生措施生出一个健康的孩子。这就是为什么我国权威机构接受我国生命伦理学家建议明确指示不再使用"eugenics"，并建议我国"优生优育"中的"优生"的英译应为 healthy birth。在政策上我们的优生优育是帮助父母生出一个健康的孩子，在提供遗传检测、咨询、处理意见中遵循知情同意原则，其中既不存在认为我们是优等民族，其他是劣等民族的种族主义，也不存在人类有"优生"和"劣生"的不平等思想，尽管我国个别的法律法规存在着一些混乱的术语。如果我们取高尔登对优生学的经典定义并结合优生实践来看，优生学（eugenics）不具备作为一门科学的特征。一门科学应是对宇宙界某一领域现象做出可检验的解释和预见的知识系统，应具备客观性、可验证性、确切性、系统性、道德中立性等特点。高尔登对优生学的经典定义是"改良血统的科学，……使更为适合的种族或血统拥有更好的机会迅速胜过那些不那么适合的种族或血统"。对这个定义可以提出如下问题：什么是"血统"（stock）？什么是"更为适合的种族"、"不那么适合的种族"？根据什么标准来区分"更为适合的种族"与"不那么适合的种族"？根据什么理由要使"更为适合的种族"胜过"不那么适合的种族"？在美国有些优生学者看来"更为适合的种族"是 Nordic 人，即西北欧的种族（丹麦、瑞典、挪威、芬兰），而不适合的种族是黑人和印第安人；而在德国优生学者看来，适合的种族是雅利安人，可是雅利安人原本是印度-伊朗人种，是不同人种混合的结果，而希特勒则专断地说，雅利安人包括德意志人、英格兰人、丹麦人、荷兰人、瑞典人和挪威人，而南欧人、亚洲人、非洲人，尤其是犹太人和吉普赛人则是不适合的种族。优生学者从来没有正式地、明确地回答这些问题。而且他们除了应用不断发展的遗传学语言之外，从来没有发展出以自己特有的术语构成的知识系统。因此，它完全缺乏客观性、可验证性、确切性、系统性、道德中立性等特点。由于其术语的不确切性和多义性，就连"优生"这个最为重要的关键词，至今没有一个确切的定义。因此，与其说优生学是一门科学，不如说它是一种意识形态，即一组支持国家、政党、集团某项社会政治政策的观念或信念，而且是一种残暴的、反人类的臭名昭彰的意识形态，不是一种开明、和谐、以人为本的意识形态。优生学的历史远不是一部值得骄傲的历史，优生学的开创者和倡导者怀着种族偏见和对弱势者的偏见，实施着残酷而不人道的强制绝育和种族隔离计划，导致数十万被认为拥有不够标准基因的人被强迫进行绝育，更糟的是优生学以"种族医学"的形式，从谋害有残障的"雅利安"（德意志）人开始，最后在大屠杀中杀害数百万人。有人可能会说，这是优生的方式问题，优生学本身没有错。问题是，怎样能使"优生"人群、"优等"种族或民族得以繁衍，而让"劣生"人群、"劣等"种族或民族绝育呢？这必须动用国家的权力和强力。新版《韦伯斯特新世界学院词典》就定义优生学为"通过控制婚配的遗传因子来改良人种的运动"[25]。正是由于以上原因，1998年在我国举办的第18届国际遗传学大会建议科学文献中不再使用"优生学"（eugenics）这一术语[26]。事实也如此，随后除了批判性用法外，"优生学"一词再也没有在各国出现在科学文献之中。

优生学错在哪里？

优生学是遗传决定论或基因决定论的一种表现，认为人的性状（包括智力）都是由遗传因素或基因决定的。现代遗传学已经澄清，人的基因型与表型是不同的，基因的表达受体内体外环境的作用和影响。为研究基因组以外的因素如何影响基因的表达，已形成了一门专门的科学学科，即表观遗传学（epigentics）。在决定人们健康的因素中医疗卫生因素占20%，个人生活方式或行为因素占20%，环境和社会因素占55%，遗传因素仅占5%（这是总体的情况，对于某些疾病遗传因素的作用要大一些，例如对于所有癌症，遗传因素的作用占5%~10%，对于长寿可占至25%）[27]。

优生学本身违反遗传学。高尔顿提出优生学之时尚未发现基因的双螺旋结构，因此他不知道，基因有显性与隐性之分，也不知道基因本身会发生突变，也会在环境因素作用下发生突变。他以为只要让健康的人有机会大量繁殖，将有残障的人绝育，那么这一国家的人口质量就会提高。然而，他不了解：其一，他认为是健康的人或健康种族的成员，也许其家庭及其所有成员看起来都很健康，但不能保证他们的后代之中不会出现有残障的成员，因为这些成员都拥有可能会引起疾病的隐性致病基因；其二，即使把一个国家所有遗传性残障人都强制绝育了，也不能保证人口中不出现有残障的人，因为人的基因本身会发生突变，环境因子也会以某种方式作用于基因，引起它们发生致病的突变。

人类基因组研究的证据已经将优生学的理论证伪。人类基因组计划的研究成果之一是证明，所有人99.9%基因是相同的，仅有0.1%的差异；94%的变异发生在同一人群（例如种族或民族）的个体之间，仅有6%的变异发生在不同人群的个体之间[28]。因此高尔登将种族分成"合适的种族"与"不那么合适的种族"或纳粹将种族分成"优等种族"与"劣等种族"已经被人类基因组研究的证据证明是假的。以上三点说明优生学缺乏科学性。

优生学将人分为"优生"与"劣生"以及将种族分为"优等"种族与"劣等"种族，严重违反所有主要文明共同坚守的人与人平等的基本价值，尤其反映其对残疾人的严重歧视，以及根深蒂固的种族主义。人与人在身体、心理以及其他性状方面有差异不能构成在道德地位和法律上的不平等、不公平和歧视。人们在健康、能力上的差异，应该看作是人类的多样性的表现，而不应该看作人在道德地位和法律上有高低。

优生学仅视人有外在价值或工具性价值，而否认人固有的内在价值。在这一点上纳粹学者的论述与我国"医学伦理学"教材作者的论述如出一辙。德国律师Carl Binding和医生Alfred Hoche出版了一本题为《授权毁灭不值得生存的生命》的书，在书中他们写道"不值得生存的人"是指"那些由于病患和残疾其生命被认为不再值得活下去的人，那些生命如此劣等没有生存价值的人"；"他们一方面没有价值，另一方面却还要占用许多健康的人对他们照料，这完全是浪费宝贵的人力资源。因此，医生对这些不值得生存的人实施安乐死应该得到保护，而且杀死这些有缺陷的人还可以带来更多的研究机会，尤其是对大脑的研究"[11]。而我国一些"医学伦理学"教材的作者说，"一个生命质量极低的人，对社会和他人的价值就极小，或者是负价值，他的存活不仅对社会对他人不能负担任何义务，还要不断地向社会和他人索取，只能给社会和他人带来沉重的负担"[17,19]。笔者发现有的"医学伦理学"教材在讨论安乐死时，使用的是非常类似的语言，如"一个患者当他身患当时的'不治之症'而又濒临死亡时，从他对社会、国家、集体应尽的道德义务来说，不应无休止地要求无益的、浪费性的救治，而应接受安乐死……患者的亲友基于上述道德义务，也应同意患者接受安乐死"。

一些作者来自纳粹德国，而另一些作者来自社会主义中国，可是他们的论调如此相似，岂不令人深思？其实，就社会价值而言，残疾人、精神病人不一定比所谓健康人低，我们只要考虑一下英国科学家霍金和荷兰画家凡·高就可以明白。如果他们的父母因有遗传病或精神病而被强制绝育，霍金和梵高就不能来到人世，对人类是否是一个重大的损失？

对作为与健康人处于平等地位的残障人、遗传病人、精神病人缺乏起码的尊重，他们之中大多数人仍然拥有理性，具有一定程度的自主性，具有一定的知情同意能力，因而可以对与他们自身有关问题做出决策，即使缺乏或暂时缺乏决策能力，也应由他们的监护人做出代理同意。

优生学实践真有改善人口质量的效果吗？

至今没有证据证明优生实践提高了美国、德国、日本的人口质量。理由之一，在强制绝育实践中，优生学鼓吹者往往把罪犯、妓女、酒徒、乞丐、小偷甚至"问题少年"列为强制绝育对象，这些人的行为是"社会病"，与遗传病不相干。理由之二，正如上面所述，即使健康人也会拥有致病的隐性基因以及基因本身或在环境因子影响下发生突变。理由之三，以强制绝育最为严重的德国汉堡为例，根据汉堡遗传病专家对我国学者交流的信息，当时在执法人员实施强制绝育过程中往往出现非遗传病患者被拉去实施强制绝育充数，而有权有势的家族则通过关系或贿赂使得他们有遗传性残障的家庭成员免除强制绝育。我国"医学伦理学"教材作者称，应对 5 类"无生育价值的父母（有严重遗传疾病的人、严重精神分裂症患者、重度智力低下者、近亲婚配者、高龄父母）"进行强制绝育[21]。那么有没有客观标准来测定遗传疾病严重到多大程度，精神分裂症严重到多大程度，智力低下严重到多大程度，父母年龄高到多大程度，应该定为"无生育价值呢"？作者没有回答。认为有 4 类"无生育价值的父母"的作者[29]，对此也没有回答。

以优生为目的的强制绝育收获的是：对受害者长期身体、精神和社会性的伤害；在社会上引起的长期分裂以及久久不能平息的伤痕；以及实施强制绝育的国家永远负载着这一段臭名昭著的历史。

我国某些省的优生规定值得赞许吗？

甘肃省禁止痴呆傻人生育规定业已废除，我国再也没有类似的法律法规颁布。但我国的医学伦理学家，却称"关于禁止痴呆傻人生育的规定……这一法规公布后在国内外引起很大反响，在各阶层、各领域都存在争论，更多的是支持和赞许"[22,23]，所以有必要了解甘肃省禁止痴呆傻人生育规定的实际情况。（值得注意的一个现象是支持优生学和优生实践的"医学伦理学"教材作者往往同时支持"安乐死义务论"，因为这两者之间存在逻辑联系。）该条例发布后，有生命伦理学家和妇产科医生在卫生部科教司支持下去甘肃进行了调查。他们发现：①甘肃省条例制定背后的错误假定是将社会经济发展相对缓慢与智力低下者人数比例相对高的因果关系倒置了，误认为社会经济发展相对缓慢是由于智力低下者人数比例较高的原因。②调查者走访了甘肃陇东的所谓"傻子村"（这是歧视性词汇，但为便于行文，在此暂且用之），发现在村子里所见到的智力低下者多为疑似克汀病患者。克汀病是先天性疾病，不是遗传病，这种病是孕期缺碘引起胎儿脑发育异常，后经当地医生证实是克汀病患者。③当地对严重克汀病女性患者实施绝育似乎有合理理由，因为当时农村将妇女视为生育机器，而且妻子是可买卖的商品，穷人买不起身体健康的妻子（需要上千元），而买一个患克汀病的女孩仅需 400 元。这些女孩分娩时往往发生难产，有时因此死亡，即使生下来因不会照料致使婴儿饿死、摔死。如不能生育就会被丈夫转卖，有的女孩被转卖三次，受尽折磨和痛苦。因此，绝育可减少她们的痛苦。调查者当时就追问，既然是好事，那为什么要强制绝育，为什么不对本人讲清楚道理，或至少获得监护人的知情同意呢？④调查者发现当时甘肃遗传学专业人员严重缺乏，如何判断智力低下是遗传引起的且足够严重。事实上，他们并未作遗传学检查，误认为三代人都是"傻子"，那就是遗传原因引起。这使笔者想起 Buck vs Bell 一案中法官所说的"三代都是傻子就够了"，必须实施强制绝育。但后来发现凯丽一家根本不是"傻子"，凯丽被绝育前生的女孩在学校读书成绩良好[29]。

　　甘肃省这一优生规定存在的问题有如下[30]。

　　根据当时全国协作组的调查，在智力低下的病因中，遗传因素只占 17.7%，82.3%的病因是出生前、出生时、出生后的非遗传的先天因素和环境因素。因此，从医学遗传学角度看，对遗传病所致智力低下者进行绝育对人口质量的改善仅能起非常有限的作用。要有效地减少智力低下的发生，更大的力量应放在加强孕前、围产期保健、妇幼保健以及社区发展规划上。有些地方采用智商低于 49 作为选择绝育对象的标准，完全缺乏科学根据，智商不能作为评价智力低下的唯一标准，也不能确定智商低于 49 的智力低下是遗传因素致病；根据"三代都是傻子"来确定绝育对象也是有问题的，因为"三代都是傻子"并不一定都是遗传学病因所致；没有把非遗传的先天因素和遗传因素区分开（克汀病环境因子所致，补碘即可防止）。

　　对智力严重低下者的生育控制应符合有益、尊重和公正的伦理学原则。对智力严重低下者绝育，可符合其最佳利益。例如妇女因有生育能力而被当作生育工具出卖或转卖，生育孩子因不会照料而使孩子挨饿、受伤、患病、智力呆滞，甚至不正常死亡。智力严重低下者无行为能力，他或她不能对什么更符合于自己的最佳利益做出合乎理性的判断，因此只能由与他们没有利害或感情冲突的监护人或代理人（一般就是家属）做出决定。不顾妇女本人或其监护人的意见，贸然采取强制手段对其进行绝育，违反了这些基本的伦理原则。

　　就智力严重低下者生育的限制和控制制定法律法规，应该在我国宪法、婚姻法以及其他法律法规的框架内。如果制定强制性绝育法律，就会与我国宪法、法律规定的若干公民权利，如人身不受侵犯权和无行为能力者的监护权、残疾人的平等权利等不一致。而制定指导与自愿（通过代理人）相结合的绝育法律，就不会发生这种不一致。立法要符合医学伦理学原则，符合我国对国际人权宣言和公约所做的承诺；立法的出发点首先应当是为了保护智力严重低下者的利益，同时也为了他们家庭的利益和社会的利益；立法应当以倡导性为主，在涉及公民人身、自由等权利时不应作强制性规定，应取得监护人的知情同意；立法应当考虑到如何改善促进健康的自然环境条件、医疗保健条件、营养条件和其他生活条件、教育条件、社会文化环境以及社会保障等条件，而不仅仅是绝育；立法应使用概念明确的规范性术语（如"智力低下"）而不可使用俗称（如"痴呆傻人"）；立法应当规定严格的执行程序，防止执行中的权力滥用等。在我国遗传学家和生命伦理学家建议下，2004 年国务院颁布的《结婚登记条例》取消了遗传学婚检，而最新颁布的《中华人民共和国婚姻法》仅一般规定称"患有医学上认为不应当结婚的疾病"禁止结婚，既未特指遗传病，也未要求做遗传学婚检。

　　人们也许要问：为什么我们的某些医学伦理学家会在他们的"医学伦理学"书中表达如此错误的、远远落后于世界潮流的观点？笔者认为，其关键是，他们没有与时俱进，不了解伦理学界进入生命伦理学时代，医学已经从医学家长主义、以医生为中心的范式转入以人为本、以病人为之中心的范式，在以人为本、以病人为之中心的思想指导下，要求医学和医学专业人员以及管理医学的行政人员，必须意识到，医学中的人文精神，不仅体现在对人（不管是病人、受试者还是健康人）的干预中可能受到的伤害和受益的关注，而且体现在对人的尊重，对人自主性的尊重，对人的尊严的尊重，而人的尊严是绝对的和平等的，尤其要认识到人本身是目的，具有内在的价值，而不仅仅是手段，不仅仅具有工具性价值或外在价值。这就是人与物的不同。物可以因对人和社会没有价值而被舍弃，而人则不能因对他人和社会没有使用价值而被强制绝育，而被义务"安乐死"。

在本文最后，笔者要引用我国领导人表达的我国政府对残疾人的基本立场[31]以及中国人类基因组社会、伦理和法律问题委员会的四点声明[32,33]。

1998 年时任国家主席江泽民在致康复国际第 11 届亚太区大会的贺词中指出："自有人类以来，就有残疾人。他们有参与社会生活的愿望和能力，也是社会财富的创造者，而他们为此付出的努力要比健全人多得多。他们应该同健全人一样享有人的一切尊严和权利。残疾人这个社会最困难群体的解放，是人类文明发展和社会进步的一个主要标志。"我们相信，从事医学伦理学教学和研究的学者都会同意贺词中所体现的对残疾人的"人文关怀"。

中国人类基因组社会、伦理和法律问题委员会 2000 年 12 月 2 日发布了四点声明：

1. 人类基因组的研究及其成果的应用应该集中于疾病的治疗和预防，而不应该用于"优生"（eugenics）；

2. 在人类基因组的研究及其成果的应用中应始终坚持知情同意或知情选择的原则；

3. 在人类基因组的研究及其成果的应用中应保护个人基因组的隐私，反对基因歧视；

4. 在人类基因组的研究及其成果的应用中应努力促进人人平等，民族和睦及国际和平。

这四点声明将有利于我们应用伦理学的最新成果为人类造福，而避免优生学的干扰。

参 考 文 献

[1] 柏拉图. 柏拉图全集. 国家篇：第一卷. 王晓朝译. 北京：人民出版社，2002：442.

[2] Galton F. Inquiries into Human Faculties and Its Development. London：Macmillan，2001：17.

[3] 潘光旦. 优生概论. 上海：上海书店，1989：6.

[4] Black E. The horrifying American roots of Nazi eugenics［EB/OL］.（2003-09）［2018-08-18］. https://historynewsnetwork.org/article/1796.

[5] LOMBARDO P. Eugenic sterilization laws［EB/OL］.［2018-08-18］. http://www.eugenicsarchive.org/html/eugenics/essay8text.html.

[6] Grant M. The Passing of the Great Race. Burlington，Vermont：Charles Scribner's Sons，1916：20，62.64，139，152，173，193，282.

[7] The Hidden History of Eugenics：the Supreme Court Case that Changed America（2016-08-09/2018-08-18）. http://www.abc.net.au/radionational/programs/earshot/the-supreme-court-case-that-changed-america/7575000.

[8] Bouche T，Rivard L. America's Hidden History：The Eugenics Movement.（2014-09-18/2018-08-18）. ht-tps://www. nature. com/scitable/forums/genetics-generation/america-s-hidden-history-the-eugenics-move-ment-123919444.

[9] Ko L. Unwanted Sterilization and Eugenics Programs in the United States（2019-01-28）http://www.pbs.

org/independentlens/blog/unwanted_ sterilization-and-eugenics-programs-in-the-united-state.

[10] Lumen Learning. Eugenics in the United States. （2018-08-18） https：//courses. lumenlearning. com/cultur-alanthropology/chapter/eugenics-in-the-united-states/.

[11] 弗莱德兰德. 从"安乐死"到最终解决. 赵永前译. 北京：北京出版社，2000.

[12] Weindling P. German eugenics and the wider world：Beyond the racial state, in：Bashford A & Levine A. The Oxford Handbook of the History of Eugenics. Oxford：Oxford University Press，2012：315-331.

[13] Robertson J. Eugenics in Japan：Sanguinous Repair, in Bashford A, LevineA. The Oxford Handbook of the History of Eugenics. Oxford：Oxford University Press，2012：521-543.

[14] Morita K. The eugenic transition of 1996 in Japan：From law to personal choice. Disability & Society，2001，16（5）：765-771.

[15] Abbamonte J. Victims of Japan's former 'Eugenics Protection Law' speak out and demand compensation （2018-03-08/2018-08-18）. https：//www. pop. org/victims-japans-former-eugenics-protection-law-speak-demand-compensation/.

[16] Czech H, Drum C, Weindling P. Medical ethics in the 70 years after the Nuremberg Code，1947 to the Present, in Wiener Klinische Wochenschrift, Proceedings of International Conference at the Medical University of Vienna. Wien：Springer Medizin，2018.

[17] 郭楠，刘艳英. 医学伦理学案例教程. 北京：人民军医出版社，2013：126-127.

[18] 王丽宇.《医学伦理学》，北京：人民卫生出版社，2013：93.

[19] 焦雨梅，冉隆平. 医学伦理学. 第2版. 武汉：华中科技大学出版社，2014：202.

[20] 王彩霞，张金凤. 医学伦理学. 北京：人民卫生出版社，2015：150.

[21] 沈旭慧. 医学伦理学. 杭州：浙江科学技术出版社，2011：131.

[22] 刘云章，边林，赵金萍. 医学伦理学理论与实践. 石家庄：河北人民出版社，2014：114.

[23] 吴素香. 医学伦理学. 广州：广东高等教育出版社，2013：123-125；张元凯. 医学伦理学. 北京：军事医学科学出版，2013：191-192；刘见见. 医学伦理学. 沈阳：辽宁大学出版社，2013：198-199.

[24] 邱仁宗. 遗传学、优生学与伦理学试探. 遗传. 1997，19（2）：35-39.

[25] Guralnik D（Editor in Chief）. Webster New World College Dictionary, 5th ed. Boston，MA：Houghton Mifflin，2014：482.

[26] 邱仁宗. 人类基因组研究与遗传学的历史教训. 医学与哲学，2000，21（9）：1-5.

[27] Sowada B. A Call to be Whole：The Fundamentals of Health Care Reform. Westport，CT：Praeger，2003：53.

[28] Highfield R. DNA survey finds all humans are 99. 9pc the same. （2002-12-20/2018-08-18）. https：//www.tel-egraph. co. uk/news/worldnews/northamerica/usa/1416706/DNA-survey-finds-all-humans-are-99. 9pc-the-same. html.

[29] Lombardo P. Three Generations, No Imbeciles：Eugenics, the Supreme Court, and Buck v. Bell. Balti-more：Johns Hopkins University Press，2010：7-78.

[30] 邱仁宗. 全国首次生育限制和控制伦理及法律问题学术研讨会纪要. 中国卫生法，1993（5）：44-46.

[31] 邱仁宗，张迪.《纽伦堡法典》对生育伦理的人文启示. 健康报，2016-09-23.

[32] 邱仁宗. 生命伦理学在中国的发展. 刘培育，呆文川编：《中国哲学社会科学发展历程回忆》续编1集. 北京：中国社会科学出版社，2018：304-332.

[33] 邱仁宗. 人类基因组研究和伦理学. 自然辩证法通讯，1999（1）：20-23.

残疾与正义：一种基于能力的正义理论①

李　剑

Disability is not a brave struggle or 'courage in the face of adversity.' Disability is an art. It's an ingenious way to live.

——Storm Marcus, *Storm Reading*, 1993

残疾是一种复杂的现象，分别有医学模型、社会模型、交互模型这三种概念定义的方式。其中社会模式影响最大，把残疾看作社会压迫的产物和后果。在当代政治哲学中，森提出"跛足者论证"，以能力平等批判和取代罗尔斯（John Rawls）的资源平等，从而提出了作为真实自由与真实机会的能力概念。努斯鲍姆（Martha Nussbaum）指出无法处理残疾问题是罗尔斯正义（cjustice）理论以及契约论最重大的问题，并试图把能力提升为政治哲学基本概念。罗尔斯对原初状态的本质描述与他对残疾问题的回避与排斥不一致，其正义信念与契约论"自由、平等、独立"的假定不一致，而能力理论能更好地把握和发展罗尔斯式的正义信念。从能力出发的社会批判，就是以人类核心能力对社会制度进行跨文化的规范。

在任何时代、任何社会，人类中总有一部分人是残疾人，然而，对残疾的理论分析和概念研究却是从 1970 年代才开始进行的。这是伴随西方的残疾权利运动出现的，用以反对当时流行的对残疾的医学分析框架。在政治哲学领域，森把残疾问题视为人类多样性的重要层面，用著名的"跛足者"例子有力地批评了包括罗尔斯基本善的平等理论在内的资源主义平等观，和包括效用主义在内的福利主义平等观。努斯鲍姆更是明确指出残疾问题是为当下的社会正义理论忽略而亟待重视与解决的问题之一。从而残疾问题成为关注社会不平等与不正义的政治哲学理论都需要重视的问题。

什么是残疾：理解残疾的三种模型

对残疾进行概念分析有三个模式，分别是医学模型、社会模型和交互模型。

---

① 本文由中国社会科学院哲学研究所李剑研究员撰写，曾在《先锋哲学》发表。此处在文字上略有修改。

医学模型

里德尔（Christopher Riddle）说，医学模型（the medical model）把关于残疾的功能性限制看作是一个医学现象，可为医学或技术手段治疗，并有可能为生物工程手段避免。因为这个模型的关注点是个体的无能力（inability），故也称个体模型[1]。

1980 年世界卫生组织发布的《国际损伤、残疾、障碍分类》中对残疾的定义，以及对损伤（impairment）、残疾（disability）和障碍（handicap）这三者的分类，就体现了关于残疾概念的医学模型。"损伤是指由疾病或创伤而来的身体功能构造的异常；残疾是指完成任务的能力所受到的限制……，而障碍是指关联于损伤或残疾的社会劣势"[2]。

医学模型在个体的损伤和残疾之间建立了一种因果联系，它认为残疾是由偏离了人的正常功能的个体生物状况所造成的，并因为残疾又进一步造成了残疾者在社会中所处的劣势即障碍。例如，视力损伤是一种对人的正常视觉功能的偏离，带来了活动上的制约，因此就造成或导致了残疾，而残疾就进一步导致了障碍[3]。医学模式把残疾的原因看作是内在于残疾者自身的，残疾者在某种活动上受到的限制以及相应的、在参与进社会活动中去时所遇到的障碍，都是由残疾者的个体"异常"（abnormality）所决定和造就的。

对医学模型来说，面对残疾问题，解决办法就是进行可能的医学干预，提供可能的治疗和康复，残疾的个体是需要被改变的对象。医学模型"把残疾者的局限视为内在的局限，其局限自然地、合理地把他排除在主流文化之外了。在此框架下，残疾者被认为因其自身的身体条件（即，使其生活中主要活动受限的损伤）而无法行使种种社会功能。这种观点带来的后果就是，残疾者要么被系统性地排斥在社会机会之外，要么就只能进行有限的社会参与"[4]。

社会模型

从 1970 年代开始，对残疾的理解逐渐转到造成残疾的社会因素上来。这种转变体现在 1976 年英国"身体损伤者反对隔离联盟"（UPIAS）发布的《残疾基本原则》中[5]。受其影响，英国社会学家奥利弗（Michael Oliver）于 1990 年提出了与医学模型相对立的、理解残疾的社会模型（the social model），奥利弗也把它称为关于残疾的社会理论。奥利弗认为，医学模型把残疾者看作医学干预、治疗和康复的消极对象，这是对残疾者的压迫，因其完全无视残疾的社会维度，只是把残疾看成了个体的不幸和悲剧。而如果把"残疾定义为一种社会压迫，残疾者就可以被看成一个冷漠和无知的社会中集体的受害者"[6]。

奥利弗认为对残疾的重新定义是非常重要的，因为从 1950 年代以来，"人们越来越认识到，如果特定的社会问题要得到解决，或至少得到缓解，对问题的根本性的重新定义就是必须的。"[7]旧的定义把残疾问题医学化和个体化了，也因此使对残疾问题的解决变得医学化和个体化了。奥利弗认同并重申了《残疾基本原则》中对损伤和残疾的新定义。损伤被定义为：一个肢体或其部分的缺失，或拥有一个有缺陷的肢体、拥有有缺陷的身体机体或身体结构。残疾被定义为：当代社会的组织方式所造成的（身有损伤者）活动上的劣势或限制，这个社会的组织方式毫不或甚少关心身有损伤的人士，并因此把他们排斥在社会主流活动之外。

这个对残疾的新定义，把造成残疾的原因从残疾者个体身上转移到社会的组织上。"上述定义明确把社会和社会组织看作造成残疾的原因"[8]。这个新定义让我们以全新的视角来看待残疾问题和残疾者的处境。研究人员面对残疾者提问的"你能告诉我你有什么问题吗"就应该变成"你能告诉我社会有什么问题吗"；而"你的残疾是否让你乘坐巴士很困难"这个问题，就变成"巴士的设计是否让你感到乘坐它们是困难的"；"你感到独自在社区活动有多困难"的问题，就变成"让你在社区活动变得困难的环境上的制约因素都有哪些"；"你的残疾是否影响你当下的工作"，就变成"你是否因为物理环境或他人的态度而有工作上的困难"。

这些重新表述的问题，就清楚地展示出，残疾不是来自个体的不足或功能上的局限，而是残疾者身处的物理与社会环境所造就的产物。损伤与残疾的区分与新定义，就使得残疾不再是个体的悲剧，而成为来源于一定社会、经济结构的社会构造（social construct）。例如，聋人在我们社会的残障处境，是因为"我们没有学会如何与他们交流，而不是因为他们不能与我们交流。……我们未能把手语看成一种语言，而只是把手语看成聋人之间使用的机械的交流方法，如此就让聋人处于残疾的状况"[9]。残疾被看作是文化产生出来的以及社会建构出来。"残疾完全是社会性的，并且仅仅是社会性的。……残疾与身体无关，它是社会压迫的结果"[10]。既然残疾是一种社会建构，残疾就是人为的，不是内在于残疾者的自然事实；既然残疾者的残疾其来源是外部环境，而这个外部环境是可以改变的，则残疾者的劣势处境就不是不可变更，而是可以改变的。因此改变残疾者残疾的状况，就需要改变社会，消除针对残疾者的社会阻碍（social barriers）和歧视性态度。

关于残疾的社会模型从提出之日起，就产生了很大的影响。残疾研究成为一个专门的学科和研究领域，类似于批评性的女性理论和种族理论。当代研究残疾及相关问题的学者一般都要援引并评论社会模式。萨玛哈（Adam Samaha）说："社会模型是一种对（关联到人的劣势地位的）残疾的定义。其最根本的，是把造成劣势的因果责任从身体或心智有损伤的个体身上，转移到他们所处的社会的、经济的以及建筑的环境上去。……当传统智慧把残疾的人生归因于个人的悲剧，或诅咒，或原罪，或一些别的个体化的现象，社会模式却把关注的焦点引向围绕着一个有损伤的个体的环境"[11]。斯坦（Michael Stein）指出，"残疾的社会模型所肯定的是，偶然的社会条件而不是内在的生物局限性，制约着个体的能力，并创造出'残疾'这个范畴来。……社会性地建造起来的环境，及在社会构造中反映出来的态度，对于创造'残疾'起着主要作用"[12]。因此，需要改变的不是身有残疾的个体，而是造成了残疾的社会和外部环境。

社会模型在残疾人权利运动中发挥了巨大的作用，也影响到关于残疾的国际法领域[13]。但是它的理论缺陷也越来越突出，近年来受到更多理论上的批评。一种批评认为，社会模式已经失去了它的用处，成为过时的意识形态。谢克斯比亚（Tom Shakespeare）和沃森（Nicholas Watson）持此种观点[14]。他们认为，社会模型完全否认了损伤和残疾的相关性，这导致残疾人社群反对对损伤的医治或对功能的提升。"如果社会模型被推向其逻辑的极致的话，损伤甚至都不会成为我们应当努力去避免的东西了。"[15]对损伤采取干预可以与移除社会阻碍并存，因为人们的残疾既是社会阻碍也是他们的身体所造成的。特兹（Lorella Terzi）认为，社会模型的问题是没有给出关于损伤的任何理论解释。如果残疾与损伤无关，我们就很难理解为何社会会专挑出一些个体来进行压迫与歧视；压迫与歧视总归是关系到这些人共有的一些初始状态的。此外，想象一个社会阻碍和歧视全部消失的社会，残疾者的损伤仍然会造成一些他们活动上的限制，而在残疾者日常经验中的疼痛、不适、疲乏和有限的功能性等因素一样会存在。所以，在关于残疾的社会学之外，还需要有关于损伤的社会学来加以补充，而社会模型对残疾的理解是过度社会化了[16]。

交互模型

基于对社会模型的批评，以及对损伤与残疾之间关系的重新认识，一些哲学家和生命伦理学家提出了关于残疾的新定义，即交互模型（the interactional model）。它所主张的是，残疾应当被看作一个人的内在特征（即他的损伤），与在残疾者身处的环境中这些损伤如何展现出来的方式（即他的残疾的事实）之间的复杂的交互作用。如果没有损伤，就不会有残疾，就不会有对与残疾相关的社会阻碍的经验。损伤不是残疾的充分条件，但损伤是残疾的必要条件。如果损伤和残疾之间不存在这样一种关系的话，残疾就变成一个空洞而无所不包的词汇，可以包括进各种形式的社会压迫了[17]。如果损伤是不能改变的，则残疾就总会在一定程度上存在，无论社会是怎样组织和安排。努斯鲍姆说，"我们不可能阻止所有的残疾，因为，即便在一个公正的社会中，一些损伤仍会持续地影响功能性。我们应当做的是去避免与基本权利相关的障碍"[18]。也就是说，残疾者因残疾而遭遇的社会劣势地位可以，也应该得到避免或消除。

世界卫生组织2001年通过的《国际功能、残疾与健康分类》（ICF）中对残疾的定义，就体现了关于残疾的交互模型理论。它认为医学模型和社会模型都只是部分的有效，都不是充分的，残疾"是一个复杂的现象，……它总是人的特征与该人所处的总体环境的特征之间的交互作用；残疾的某些层面几乎完全内在于这个人，而另一个层面却几乎完全外在于这个人"[19]。残疾是用来"指损伤、活动限制和参与制约（participation restrictions）的一个总括词汇。残疾是在有着健康问题的个体（如大脑性麻痹、唐氏综合征和抑郁症）和个人性的、环境性的因素（如消极的态度、无法使用的交通系统和公共建筑，以及有限的社会支持）之间的交互作用"[20]。

既然残疾有着个体的特征或损伤的层面，那么对损伤进行干预和治疗就是恰当的。贝肯巴赫（Jerome Bickenbach）说，否定这个层面，"就意味着残疾者不能藉由他们的残疾而提出任何针对健康资源的要求了……这既是不公正的，也是有损尊严的"[21]。他认为残疾的构成既有健康的成分（the health component），也有参与的成分（the participation component）。前者对应的是机能（capacity），后者对应的是行为表现（performance）。应把健康的成分与环境因素区分开，例如一个生活在澳洲的高位截瘫患者和生活在喀麦隆的高位瘫痪者，他们在机能的损失上是一样的，但同样的机能损失对两者生活经验的影响大不相同。另外，如果能改变机能损失的性质和层次，就意味着改变了这个人的健康状况，这要求我们对应于残疾者的健康状况分配给他所需要的健康资源[22]。

能力理论的提出：关于跛足者的论证

森认为残疾问题是支持能力理论的最重要论证之一。考虑一个跛足者，他的残疾不但会削弱他获得收入的能力，也会造成一种"转化障碍"（the conversion handicap），即把收入和资源转化成良好生活的困难[23]。罗尔斯用基本的社会品（primary social goods）来刻画对平等的需求，这些基本品包括权利、自由、机会、收入和财富，以及自尊的社会基础。对于跛足者来说，与健全者获得同样多的品（goods），不意味着他们能得到同样水平的良好生活。基本品理论看起来对此毫不关心，它不关心人类的多样性，然而承认人类的多样性对于平等主义理论有着深刻的影响。人们因为不同的健康情况、寿命、气候条件、地理位置、工作条件、性情甚至身材（影响到对食物和衣着的需求）而有着非常不同的需求。忽视这些事实，并不是忽视一些特例，而是忽视了非常广泛和真实的差别的存在[24]。

从人类多样性出发，森就对进行平等主义评价的基本品尺度（the primary goods metric）和福利尺度（the welfare metric）都进行了批判。

森对基本品尺度批判说，不同条件和处境下的人，需要不同分量的基本品才能满足同样的需求。因此，"以基本品来评价优势就会导致一种多少是盲目的道德观"[25]。只关心品，而不关心品对人做到的事，这是一种"拜物教式的缺陷"[26]。人们从品中所获得的东西，依赖于多种因素。仅以个人拥有品和服务的多少，来评判个人的优势，是严重地具有误导性的。从关注这些品转到关注品能够为人做些什么，才是合理的。

森也使用跛足者的例子来反对福利尺度。这个残疾者也许得到的满足和快乐不比别人少，以效用（utility）来衡量的话，他也许并不处于劣势。"这也许是因为他天性就乐观；也许是因为他所向往的特别少，看见天上的彩虹就快活起来；也许因为他笃信宗教，认定他在来生会得到回报，或者以为这不过是对前世罪孽的惩罚而愉快地接受了现实"[27]。这被称为适应性偏好（adaptive preference）。因为人们会调节他们的预期使之符合处境，所以效益不是制定政策的合适指导。也许一个残疾者已经学会了面对他的不幸，在不幸面前也会勇敢地微笑，但这个事实不能取消他应该得到补偿的合理要求。

森认为，在这些理论框架中所缺少的是"基本能力"（basic capabilities）的概念，即一个人能够用特定的基本的东西来做些什么。基本品因其只关心品而有着拜物教的缺陷。效用虽然关心品能对人做些什么，其关注的焦点却是人的心理反应（mental reaction）。正因为从品到能力的转化因人而异，所以前者（品）的平等就与后者（能力）的平等大相径庭。森说，基本能力的平等是一个一般性的观念，应用基本能力的平等需要考虑和衡量不同的能力，它把关注的焦点从品转到了品所能为人做的事情上来。因此，基本能力就成为超越效益和基本品的道德维度。评价正义的尺度，就不再是人们持有的资源或基本善，而是要关注人们的基本能力[28]。

森对能力进行了理论上的定义。"一个人的能力集合可以被定义为在他把握范围内的功能性向量集合（the set of functioning vectors）"[29]。要考察一个人的幸福，就要关注他的能力集合，这就意味着，要关注"一个人所拥有的一般意义上的积极自由（'去做这个'或

'成为那个'的自由）"[30]。因此，能力指示的是积极自由。而功能性（functionings）就是各种行为和状态（doings and beings）。"功能性可以是基本的，如有充足营养的、有良好健康的、避免了可避免的疾病与未成年夭折等；可以是复杂的成就，如是快乐的、是拥有自尊的、参与进社区生活中去的等"[31]。功能性与能力的区别可以由下面这个例子得到澄清。一个因宗教原因而禁食的人 A，与一个因饥馑而挨饿的人 B，其功能性都是一样的，即都处于饥饿的状态。但他们的能力不同，因为 A 能够不去禁食，而 B 却没有选择。

在其他地方，森也把能力的观念定义为"获得有价值的、属于人的功能性组合——即一个人能够去做什么或成为什么——的机会"[32]。"一个人去获得不同的各种功能性组合（行为与状态）的'能力'，表征的就是他现实的自由"[33]。"如果说已经获得的功能性构成了一个人的幸福，那么获得功能性的能力就构成了这个人拥有幸福的自由，即真实机会。……这个自由，反映的就是一个人得到幸福的机会"[34]。

认为真实的平等应该是能力上的平等，森的能力理论就能够处理残疾者的平等问题。残疾是人类多样性的一个重要层面。特兹指出，能力理论把残疾看作是在个体和社会因素的交互作用下产生的。从能力的视角来看待残疾问题，就把残疾的需要放置于能力的空间中来评价。残疾是一种能力上的失败（capability failure），任何残疾对能力视角来说都是一个关系到正义的问题。损伤与残疾应该使用功能性与能力的概念来理解。损伤是影响到功能性的个体特征，残疾是一个人在他能获得的功能性集合上受到的制约，并由此导致了更狭窄的能力范围。能力理论把关注的焦点从造成残疾的生物或社会因素，转移到人们能选择的能力集合的范围上来。能力理论关心特定的功能性（如跛足者需要轮椅来行动），也关心环境的因素（如建筑物的坡道等可为轮椅使用者所用的物理环境），以及两者之间的交互作用。因此，为了改变跛足者的劣势地位，就需要给他提供一部轮椅并且恰当地设计物理环境[35]。

努斯鲍姆的能力概念与森的能力概念之差别

努斯鲍姆的能力概念是从森的理论中来的，但两者有所不同。

森的能力概念定义为获得有"价值的"功能性的机会或自由。功能性很多，包括有价值的功能性与无价值的功能性，比如处于营养充足的状态和处于营养不良的状态都是功能性，然而前者是获得生活福祉所需要，故为有价值的功能性。另外，功能性的价值也可以衍生自人的价值选择，如一个宗教徒为着信仰的目的而禁食，固然他处于营养不良的状态中，但这是他所选择的有价值生活的一部分，故对于他而言也是有价值的功能性。能力既然是得到有价值功能性的自由，则一个人所具有的能力的集合，就指示着他生活的福祉，标示着他生活质量的程度和范围。因此森也称能力是获得幸福的自由。

而努斯鲍姆的能力概念中剔除了"有价值的"这一要素。如此一来，凡是进行一种活动或达到一种生存状态的自由，都是能力。努斯鲍姆说，所谓能力，就是对"你能做到什么"和"你能成为什么"这两个问题的回答。所以在努斯鲍姆这里，以及其他一些能力理论学者如罗宾斯（Ingrid Robeyns）那里，能力和功能性都是以道德上中立的方式得到定义的。她们对森的定义进行批评，指出不是所有的功能性都必然有积极的价值。有些功能性的价值是消极的，比如，参与到暴力行为中去的功能性，或被无法治愈的痛苦疾病感染的功能性。功能性是幸福的构建要素，然而也是不幸的构建要素。功能性是价值中立的，有许多行为与状态都有消极价值，但仍然是功能性。努斯鲍姆曾举例说强奸别人的能力不应该是我们去保护的能力。所以，许多能力理论学者说功能性是一个人有理由去珍视的状态与行为，这个定义是错误的[36]。一个人珍视的功能性，并不一定具有积极的价值。

因此我也认为，为了让能力和功能性这两个能力理论基本概念得到抽象的、具备一般性和普遍性的定义，剔除这两个概念中的价值判断内涵是必要的。这也使能力的概念不再仅仅狭隘地适用于人际之间生活质量的比较分析或指示一个人生活的福祉，而是成为一个类似于自由那样的政治哲学基本概念。

斯鲍姆对能力概念还进行了性质上的区分。她的能力概念包含一个内在能力和结合能力的区分（internal and combined capabilities）。一个人自身拥有的能力是内在能力，这是一个人的特征，比如个性、理智和情绪的机能、身体健康的状态、学习能力和感知，以及运动的技巧等。内在能力与内在机能不同，内在能力是经训练而培养和发展出来的，并在绝大多数情况下，是在与社会、经济、家庭和政治环境的相互作用下发展而来的。作为实质自由（substantial freedom）的能力是结合能力，是指个体能力和政治的、社会的、经济的环境之间的结合所创造出来的自由或机会。即，内在能力与社会、政治、经济条件的相加，就带来了结合能力。一个人如果有内在能力，但是受到社会、政治、经济环境的阻碍，就不会有结合能力。结合能力意味着他能够对不同的功能性进行现实中的选择[37]。"……概念上去思考一个产生出结合能力而不产生出内在能力的社会是不可能的"[38]。一般努斯鲍姆在谈到人类核心能力时，无疑都是结合能力。结合能力的观念和另外两个观念紧密关联：人类的蓬勃发展（human flourishing）和自我实现（self-realization）。努斯鲍姆用结合能力的观念，试图把握的是一种直觉，即一个阻碍了人的能力发展的社会是不正当的，这样的社会带来的是浪费和贫瘠。此外，她也用到"基本能力"的概念，她用来指得到培养或未得到培养的内在力量。"基本能力是使一个人日后的发展和训练成为可能的内在机制"[39]。

所以努斯鲍姆的能力一开始就定义为和社会、政治、经济条件结合在一起的一个概念，一个人要获得结合能力就必定意味着对他身处的社会、政治、经济条件提出了要求（claims），一种理论主张每个人都需要达到某种能力的起点线上就意味着对社会提出了规范性原则。因此，结合能力就是社会正义这个维度上的能力概念。

残疾作为哲学问题

罗尔斯的正义理论对残疾问题的忽视

如何公正对待身心残疾者、如何把正义扩展到所有世界公民身上、如何公正对待非人类动物这三个问题，努斯鲍姆认为都是当今迫切需要解决和面对的政治哲学问题[40]。其中残疾问题居于首位。从霍布斯、洛克开始的社会契约论传统，一直把在自然状态中订立契约的各方设想为"自由、平等和独立"的。罗尔斯正义理论植根于社会契约传统中，并且是当代最有影响力的正义理论，却对残疾问题是完全忽视的。罗尔斯把社会看作公平的合作制度，社会合作是发生在"被视为自由且平等的，被视为就其完整的一生都是正常的并且能够充分合作的社会成员之间"的，而严重的临时残疾、终身残疾或心智失常，就阻止人们成为彼此合作的社会成员[41]。斯塔克（Cynthia Stark）也把这个理论上的设定称为"充分合作假设"（the fully cooperating assumption），指的是"为着罗尔斯的理论目的，所有公民都被看作是身体上、心智上健全的，并因此都能够充分参与进合作中去"[42]。

罗尔斯把残疾看成是一个特殊的困难问题，要先放置在一边。他以为在理想的事例中提出的基本理论，应能加以扩展以解决更困难更复杂的问题，或留待立法阶段去解决。罗尔斯说："所有公民，在其一生中，都是能够彼此充分合作的社会成员。这意味着每一个人都有充分的理智能力从而在社会中起到正常的作用，并且没有人有极难去满足的不寻常的需求，比如，不寻常的和昂贵的医疗要求。当然，照顾有着这种需求的人是一个迫切的实践问题。但是在这一初始阶段，……把特定的困难问题放置一边是合理的。如果我们能提出一个关于基本案例的理论，我们就能在以后试着把该理论扩展到别的案例上去"[43]。原初状态中的各方所代表的仅仅只是充分合作的公民。斯塔克说，"尽管（在原初状态中）没有人知道他们所代表的那些人的性别、种族、价值观或者才能，但他们的确知道，他们代表的人既不是身体有残疾也不是心智有缺损因而无法参与进社会实践和制度中去的。此外，罗尔斯明确表示，仅有身体健全者和心智正常者才是差别原则的适用对象"[44]。对于身处劣势的残疾者，差别原则既不会给他们更多，也不会给他们更少。差别原则对残疾者的劣势处境并不关心。对罗尔斯来说，残疾和有特殊健康需要的案例是"道德上不相干的"案例，只会"干扰我们的道德感知"，这些人的命运激起的是我们的"怜悯和焦虑"[45]。

然而，即便从罗尔斯自身理论的目的和追求出发，残疾者问题也是他必须在其理论框架中考虑和处理的。政治哲学必须关心影响到人类中一部分成员的残疾问题，一种正义理论需要说明给予残疾者何种地位和对待才是平等和公正的。因为政治哲学，在罗尔斯把它开创出来的时候起，就是为了追求和实现社会制度上的正义。他在正义论开篇就说："真理是思想体系的首要美德，正义是社会制度的首要美德。一个理论无论是怎样的优美和简约，若不是真的就该被拒斥或修正；同样的，一种法律与制度无论是怎样的高效和有序，若是不正义的就必须被革新或废除"[46]。那么研究政治哲学就是为了追求正义，而这就必须关心社会组织和制度安排中任何形式和任何地方出现的不平等和不正义[47]。故罗尔斯正义理论对残疾问题的回避，即便从他本人的理论纲要出发，也是无法得到辩护的。

罗尔斯正义原则只要求对残疾者和其他人一样做到基本善品的平等。这当然相较于给残疾者分配更少或不分配基本善品的制度来说是一种平等，但仍然不是真正的平等。基本善平等不能保证给残疾者真正的平等。

第一，获得工作的机会，在残疾者那里是不平等的，至少他获得工作的机会范围更狭窄。一个盲人不能从事社会上许多工作，如果这些工作需要用到视力的话；盲人获得工作需要能够进入社会，而在一个存在社会障碍的环境里，他出门是困难重重的，无法乘坐交通工具，无法在建筑物里使用电梯（如果电梯没有盲文标示和语音提示的话）。由此导致他的收入障碍（incoming handicap）。

第二，在同一份工作里，如果残疾者获得和他人一样的收入，这种收入上的平等仍然带来一种不平等，即能力不平等。因为残疾者要从事与他人一样的活动，所需的花费更大，要克服的障碍更多。在森的例子里，一个跛足者还需要轮椅才能出门。在盲人的例子里，还需要一个导盲犬才能出门。用同样的收入，残疾者和他人能做到的事大不相同，意味着两者在享有的真实机会和真实自由上不平等，尽管从形式上看他们的权利和自由是平等的。一旦指出能力上的不平等，或者，一旦以能力为尺度来衡量平等，就显示出罗尔斯平等理论的缺陷：即形式上的权利与自由，与真实权利及真实自由不一样，拥有前者并不保证拥有后者。

对残疾者无法或难以参与社会生活，无法或难以追求他的生活计划，无法或难以成为他想要成为的那种人，诸如此类的社会限制和劣势地位就构成了他与其他人之间的不平等，也构成了需要一种更健全的政治哲学来面对和解决的社会不正义。对正义的追求，也许本来就是，并且应当是经由对不正义的观察和研究发端的。这就如南茜·弗雷泽（Nancy Fraser）所说的，正义应以否定的方式来思考。她说："正义实际上从未被人们直接经历过，相反，我们经历的都是不公正；而正是通过不公正的经历，我们形成了关于正义的观念。只有通过反复思考我们认为是不公正的那些事物的特征，我们才开始领悟什么是不公正的替代物。只有通过思考那些用于克服不公正的事物，我们抽象的正义概念才能获得内容。……在关注错误的东西时，我们需要指出它为什么是错的以及如何纠正它。只有通过这样一种否定性的思维过程，我们才能激活正义的概念"[48]。因此，残疾问题所包含的复杂性和困难因素，恰恰不是回避、排除或推后这一问题的借口，而是必须严肃面对和思考它的理由。当面对残疾问题时，如果契约论的正义理论是无力处理的，那么契约论的正义理论就需要"被拒斥或修正"。

罗尔斯本人认可包括残疾在内的三个问题是他的契约理论特别难以解决的。他虽然投入许多努力到世界公民的问题上，但是承认残疾和动物问题在"作为公平的正义"的范围内或许是不可能得到解决的。"或许这个问题是政治正义的问题，但'作为公平的正义'在这个例子中是不正确的，尽管'作为公平的正义'在其他例子中是正确的。到底这个缺陷有多深刻还有待审视"[49]。基于此，努斯鲍姆认为有必要提出能力理论作为关于基本正义的理论；在上述三个问题尤其是残疾问题的解决上，她主张能力理论都是远远优越于罗尔斯的正义理论的。能力理论与罗尔斯为代表的契约理论的差别主要在如下四个方面。

第一，关于正义的情境（the circumstances of justice）。契约理论规定，当人们脱离自然状态并为着互利（mutual advantage）订立契约时，正义才有意义。能力理论的起点却是亚里士多德和马克思关于人作为社会和政治存在的观念，人是在与他人的关联中发现意义的。

第二，关于"自由、平等和独立"。能力理论不假定订立契约的各方是"自由、平等和独立"的，它使用的是把人视为"政治动物"的亚里士多德关于人的观念。这是说，人不仅仅是道德的、政治的存在者，人也有一个动物性的身体；而人的尊严恰恰不对立于这种动物的本性，而是内在于这种本性中的。关于自由，能力理论强调人的自由的动物性、物质性基础；关于平等，它不主张人们在力量上和能力上是平等的，它承认的人的多样性恰恰是它优于其他理论的长处；它也不把人设想为"独立"的，人们的利益总是与他人的利益交织在一起，而且人们总会在人生的特定阶段不对称地依赖他人。

第三，关于社会合作的目的。能力理论否认正义原则是为了寻求互利，正义关系到的是正义本身，正义是为人们所热爱并寻求的。

第四，各方的动机（the motivations of the parties）。罗尔斯那里订立契约的各方缺少仁爱的情感（benevolence）及对正义的内在的爱。能力理论从一开始就包括仁爱的情感，但最显著的是同情[50]。同情包含了一种判断，即一个人把他人的善看作自己的目标与目的的重要组成部分[51]。既然任何人都可能是一个盲人、聋人或轮椅使用者，那么，在原初状态中各方不能得知关于种族、性别、阶级的信息，却知道他们不是身心残疾者，这一点就是武断而任意的。只有让原初状态的各方都不能得知他们是残疾或健全的，如此产生出来的原则才能真正对残疾者是公正的[52]。

在罗尔斯理论中，原初状态里屏蔽了什么信息这一点是格外重要的。原初状态是一个假想的、订立契约的状态，各方在这个状态中都对他们自身的关键特征一无所知。比如，不知道他们是贫是富，是才华横溢还是才干平平，也不知道他们对什么是一个好生活的观念会是什么样的。就是在这种状态中，他们来选择将要规范社会基本制度的那些正义原则。选择了正义原则，就意味着他们进入了一个将要约束他们的契约。正因为订立契约的各方对自身关键特征是无知的，所以他们不会选出那些优待或偏向拥有这些特征的人的原则。原初状态起到的作用，就是对正义原则的选择和辩护不会受到一个人在社会中特定的身份与地位的影响，也不会受到出于一己之私的偏见的影响[53]。当原初状态屏蔽了关于性别的信息，性别就不会成为影响到订约方如何选择正义原则的因素，而如此选择出来的正义原则就不会偏向具有某种特定性别的那类人。

这样一来，罗尔斯的原初状态没有屏蔽关于人们是健康还是残疾的信息，就使得由原初状态中产生的正义原则偏向于健全而有充分合作能力的人，这对于受残疾影响的那部分人来说，是不公正的。正因为我们生活的这个社会，从物理环境到社会制度都是健全者设计的，才对残疾者构成种种障碍。健全者既没有体验，也就感觉不到需要把环境和制度设计或改造成对残疾者来说包容和平等对待的。正义原则还不仅仅是由健全者设计的，也是为健全者设计的。由健全者来设计的社会，在经验上和事实上已经表明是对残疾者排斥而非包容。此外，契约论中订约方寻求的是彼此互利的原则，则，彼此皆为健全者的订约方无需考虑对残疾者有利的原则。

我认为在此需要思考的一个问题，是为什么性别、阶级与天赋都是原初状态必须屏蔽的人的关键特征，而残疾与否却不是这一类的关键特征呢？若确知了性别、阶级与天赋等信息，便会影响到订约各方选择正义原则时的公正和客观性，那么出于同样的理由，关于自身是健康还是残疾的信息不是也应当在原初状态中被屏蔽吗？固然人类中大多数成员不是残疾者，但是人人都有可能成为残疾的。既然没有人有金刚不坏之身，也不能够控制自己生活中的所有事件，则人人就都不能免于成为残疾的可能性[54]。因此健全或残疾与否，应视为于所有人都相关的关键特征，而在原初状态中对此类信息加以屏蔽。

作为一种假想的原初状态，为什么会对我们来说有道德上的意义呢？罗尔斯说，这是因为包含在对原初状态的描述中的条件，是我们事实上会接受的条件；或者，如果我们不接受，我们也会为哲学上的思辨说服而接受它们。如此一来，我们就把我们经过反思而准备承认为合理的所有条件都整合进一个观念或概念中了。而一旦我们把握了这个概念，我们就能在任何时候都从一个规定的视角看待这个社会和世界。因此，原初状态是一个看待社会和我们在社会中处境的永恒视角。"从这个视角看我们在社会中的地位，就是在永恒的形式下去看；就是不仅从所有社会的观点，也从所有时代的观点来看待人的处境。……用这个视角去看，无论这些有理性的人身处哪个时代，他们才能把所有个体的视角汇聚一处，才有可能达成一些规范性原则；每一个人都依此原则来生活，而又都从自己的立场出发确证了这些原则"[55]。因此，就罗尔斯对原初状态本质的描述和分析来看，原初状态没有任何理由可以不去扩展到包括进每一个残疾者的视角。如不能从残疾者的视角来看，原初状态就不可能成为永恒的视角，也就是纯粹的客观的视角。

藉由对罗尔斯为代表的契约论的反思，并使用能力概念，努斯鲍姆就建构出包含了残疾视角的社会正义理论。这个理论强调并试图达到残疾者与他人在能力上的平等，即真实平等。这就需要明确正义原则应加以规范的能力的性质或类别。正义原则无法也不应在人类所有能力的领域进行规范，让所有人都能实现真实平等的能力领域是关系到，并且是仅仅关系到对人们过上一个有人类尊严的生活来说至关重要的那些能力。这些能力也被称为人类核心能力。因此努斯鲍姆提出了包含十项人类核心能力的一个列表。能力列表中每一项都是人们能够过上一个有尊严的生活所必需的。努斯鲍姆强调，要得到能以批判力和确定性来引导社会政策的一个正义图景，我们必须明确核心的人类能力都是什么，而一个正义的社会应该保障所有公民都达到十项列表中的起点线。

该列表各项为：①生命。能够生活到人生正常的长度。②身体的健康。能够拥有良好的健康，包括生殖健康；有充分的营养及住所。③身体的完整性。能够自由行动；不会受到暴力攻击，在生育的事务上有选择的机会。④感知、想象与思想。能够使用感官，能够想象、思想和推理，包括但不限于接受文学、数学和科学的基本教育；能够运用想象力和思考以体验并创造宗教、文学、音乐等作品或事件；能够运用自己的心灵；能够拥有愉悦的经验并避免无益的痛苦。⑤情绪。能够拥有对自己之外人与物的依恋；能够去爱那些爱我们的人并为他们的离去悲伤；更一般地，能够去爱，去悲伤，去经验到渴望、感激和正义的愤怒；自己情绪的发展不会为恐惧和焦虑摧残。⑥实践理性。能够形成关于善的观念并进行对自己生活计划的批判性反思。⑦联系。（a）能够与他人生活，能够承认其他人类成员并向其展示关切，能够参与进不同形式的社会交往中去，能够想象别人的处境。（b）拥有自尊和不受羞辱的社会基础，能够被当作与他人平等的、有尊严的存在者对待。⑧其他物种。能够关心动物、植物和自然界，在与动物、植物和自然界的关联中生活。⑨游戏。能够去笑、去游戏、去享受休闲的活动。⑩控制自己的环境。（a）政治性的：能够有效参与进支配自己生活的政治选择中去。（b）物质性的。能够持有财产，运用实践理性并进入与他人有意义的关系中[56]。

罗尔斯说他的正义论是对效用主义的系统性的取代。他所称为"公平的正义"的，是本质上高度康德式的契约主义。罗尔斯认为用公平的正义取代效用主义，是因为公平的正义最忠实地反映了我们关于正义的信念，因为它"构成了一个民主社会的最合适的道德基础"[57]。正义赋予每一个人不可侵犯的地位。"每个人都有基于正义的不可侵犯性，即便是整个社会的福祉都不能凌驾或压倒"[58]。然而恰恰是他的契约论的正义理论在面对残疾问题时，不能做到对每一个人基于正义的平等对待。努斯鲍姆的人类核心能力学说，勾勒出了达到这一目的的理论图景。这个能力理论的图景，就其本质来说，既是罗尔斯式的正义信念，也是康德关于人是目的的伟大道德原则的展示和呈现。努斯鲍姆说，"我关于社会正义理论的基本论断是：对人类尊严的尊重，要求在所有这十个领域中，都把公民置于一个能力的起点线之上"[59]。保障每个人具备这些能力，是一个公正的社会应该达到的政治目标，是能力理论所提出的跨文化规范，其中体现的原则是把每一个人当作目的而不仅仅是手段来对待。从而对残疾者应当如何被公正地对待的问题，努斯鲍姆的能力列表就刻画了清晰的目标，提供了规范性的内容。在这样一个由人类核心能力所规范的社会中，每一个残疾者与其他人一样，都是他自身的目的，并且只被当作目的来对待。

参 考 文 献

[1] Christopher A. Riddle, Disability and Justice. The Capabilities Approach in Practice. Lexington Books, 2014：14.

[2] World Health Organization, The International Classification of Impairments, Disability and Handicaps (ICIDH), Geneva, World Health Organization, 1980.

[3] Lorella Terzi, "The Social Model of Disability：A Philosophical Critique", Journal of Applied Philosophy, 2004, 21 (2)：142.

[4] Michael Ashley Stein, "Disability Human Rights", California Law Review, 2007, 95 (1)：86.

[5] UPIAS, Fundamental Principles of Disability, London, Union of the Physically Impaired Against Segregation, http://disability-studies.leeds.ac.uk/files/library/UPIAS-UPIAS.pdf.

[6] Michael Oliver, The Politics of Disablement, Macmillan, 1990：2.

[7] Michael Oliver, 1990：3.

[8] Michael Oliver, 1990：11.

[9] Michael Oliver, 1990：17.

[10] Michael Oliver, Understanding Disability：From Theory to Practice, St. Martin's Press, 1996：35.

[11] Adam M. Samaha. "What Good Is the Social Model of Disability?", The University of Chicago Law Review, 2007, 74 (4)：1255.

[12] Michael Ashley Stein, 2007：85-86.

[13] 国际法领域有关残疾的国际文书（international instruments），从 1970 年代开始见证了从医学模型到社会模型的逐渐转变。1981 年联合国提出"参与与平等"的口号，并把当年设为国际残疾年。1990 年代国际文书走向对社会模型的全面接受（参见 Michael Ashley Stein, 2007, pp. 88-90.）。2006 年 12 月联合国大会通过了《残疾人权利公约》（CRPD），这是第一个保护残疾权利的国际公约，并于 2008 年 5 月生效.

[14] Tom Shakespeare and Nicholas Watson, "The Social Model of Disability：An Outdated Ideology?", in Sharon N. Barnartt, Barbara M. Altman (ed.) Exploring Theories and Expanding Methodologies：Where

we are and where we need to go，Emerald Group Publishing Ltd，2001.

［15］ Tom Shakespeare and Nicholas Watson，2001：16.

［16］ Lorella Terzi，2004：149-153.

［17］ Christopher A. Riddle，2014：15.

［18］ Martha C. Nussbaum，2006：424.

［19］ World Health Organization，International Classification of Functioning，Disability and Health（ICF），Geneva，World Health Organization，2001.

［20］ http：//www.who.int/mediacentre/factsheets/fs352/en/.

［21］ Jerome E. Bickenbach，"Measuring Health：The Disability Critique Revisited"，paper presented at The Third Annual International Conference on Ethical Issues in the Measurement of Health and the Global Burden of Disease，Harvard University，2008.

［22］ 中国对残疾的理解还处于医学模型阶段，也未经历欧美残疾权利运动以来对社会制度的批判和改造，那么现在就提出交互模型是否合适？我想回答是肯定的。交互模型要求的是在个体和社会两个层面上都提升功能性，消除和减少障碍。在个体层面，关于残疾问题的能力视角或能力理论要求对个体更多的资源分配，包括健康与医疗资源的分配，因为残疾者需要更多资源以获得同样的功能性；在社会层面，能力理论要求改变给残疾者制造了障碍和歧视态度的社会制度与社会环境．无论是森还是努斯鲍姆的理论都在这方面有更广的适应性和更强的规范性。

［23］ Amartya Sen，The Idea of Justice，Penguin Books，2010：258.

［24］ Amartya Sen，"Equality of What？"，Tanner Lectures on Human Values，vol. 1，ed. by S. McMurrin，Cambridge University Press，1980：215-216.

［25］ Ibid：216.

［26］ Ibid：218.

［27］ Amartya Sen，1980：217.

［28］ Amartya Sen，1980：218-220.

［29］ Amartya Sen，"Well-being，Agency and Freedom：The Dewey Lectures 1984"，The Journal of Philosophy，82（4），1985：200-201.

［30］ Ibid：201.

［31］ Amartya Sen，Inequality Reexamined，Oxford University Press，1992：39.

［32］ Amartya Sen，"Human Rights and Capabilities"，Journal of Human Development，2005，6（2）：153.

［33］ Amartya Sen，"Justice：Means versus Freedom"，Philosophy & Public Affairs，1990，19（2）：114.

［34］ Amartya Sen，1992：40-41.

［35］ Lorella Terzi，"Vagaries of the Natural Lottery？Human Diversity，Disability，and Justice：A Capability Perspective"，in Kimberley Browenlee and Adam Cureton（ed.）Disability and Disadvantage，Oxford University Press，2009.

［36］ Ingrid Robeyns，"Capabilitarianism"，Journal of Human Development and Capabilities，2016（a），13（3）：406.

［37］ Nussbaum，2011：20-25.

［38］ Nussbaum，2011：22.

［39］ Nussbaum，2011：24.

［40］ Martha C. Nussbaum，Frontiers of Justice：Disability，Nationality，Species Membership，Harvard

University Press，2006：1-2.

［41］John Rawls，Political Liberalism，Columbia University Press，1993：20.

［42］Cynthia A. Stark，"How to Include the Severely Disabled in a Contractarian Theory of Justice"，The Journal of Political Philosophy，2007，15（2）127.

［43］John Rawls，"Kantian Constructivism in Moral Theory"，The Journal of Philosophy，1980，77（9）：546.

［44］Cynthia Stark，2007：134.

［45］John Rawls，"A Kantian Concept of Equality"，Cambridge Review，Februry，1975：96.

［46］John Rawls，A Theory of Justice，Harvard University Press，1971：3.

［47］中国官方数据有八千万残疾人. 这个数据有很大问题. 根据这个数据中国残疾人占国家总人口 6%，而世卫组织统计全世界残疾人占世界人口比例为 15%，即超过十亿人有不同形式残疾. 为何中国残疾人在总人口中占比如此之低？我想其中一个原因大概是中国的残疾标准更严格.

［48］南茜·弗雷泽."论正义：来自柏拉图、罗尔斯和石黑一雄的启示". 国外理论动态，2012，11.

［49］John Ralws，1993：21.

［50］有人会说在考虑正义问题时应慎用同情，例如一个选手参加歌唱比赛，不能因为她的母亲得了绝症就把她选为第一名. 然而，强调同情不是要给处于劣势的人他们不应得的优待，而是给予他们应得的平等对待. 对这个例子中的歌唱选手来说，她应当得到的是自己及家人在健康资源上的平等保障，而歌唱的名次只能视乎其歌唱水平来决定.

［51］Martha Nussbaum，2006：85-91.

［52］Martha Nussbaum，2006：112-113.

［53］Timothy Hinton，"Introduction：the original postion and The Original Position-an overview"，The Original Position，ed. Timothy Hinton，Cambridge University Press，2015.

［54］因为人的本性就是包含了脆弱和局限性的，所以我们也可说人人都是有缺损的（impaired）. 但缺损与残疾仍然是不同的范畴，我们不能说人人都有残疾，或人人都是某种意义上的残疾者. 例如近视只是在视觉功能上有缺损，而残疾关联的缺损和损伤（impairment）必须是严重到偏离人的正常功能范围的. 所以近视可以看成还是保有正常范围内的视觉功能的，虽然不是最好的视力，但是仍然可以使用视力来生活、工作、和人交流等，而盲人是没有视觉功能. 人正常听力范围是 20 到 2 万赫兹，如果听力有缺损但是还在一个大致正常的范围，能生活、工作、参与社会等，也不被视为是聋人.

［55］John Rawls，1971：587.

［56］Martha Nussbaum，Creating Capabilities：The Human Development Approach，Harvard University Press，2011：33-34.

［57］John Rawls，1971：viii.

［58］John Rawls，1971：3.

［59］Martha Nussbaum，2011：36.

可遗传的基因组编辑与人类生殖：伦理和社会问题①

纳菲尔德生命伦理学理事会

原文标题：Heritable Genome Editing and Human Reproduction：Social and Ethical Issues

作者：Nuffield Council on Bioethics

出版时间：2018

链接地址：http://nuffieldbioethics.org/project/genome-editing-human-reproduction

译者：冯君妍　冀　朋　王继超

校对者：翟晓梅　雷瑞鹏　邱仁宗

伦理学考虑

个　　人

尊重生殖的目标

重要的是要认识到人们体现出来的生殖愿望；他们有一种力量和紧迫感，感觉起来也是理由充分的。对许多人来说，想要有孩子的愿望，是他们所体验到的最深刻的愿望之一。他们可能想过他们未来的孩子，以及他们自己的生活将会随着孩子的降生发生怎样的变化。他们对未来孩子的形象可能还不十分清晰：这是一幅悬而未决的复杂形象，包括许多相互排斥的特点（性别特征、眼睛颜色等），但是它可能体现某些设想。某些先前的遗传知识可能给未来的父母以更特殊的方式来考虑他们未来的孩子出生的理由。例如，如果未来的父母或他们的一位近亲有一个患有遗传性代谢病的孩子，那么他们可能就有理由相信他们未

---

① 编者按：本文是英国纳菲尔德生命伦理学理事会（Nuffield Council on Bioethics）2018 年发表的 Heritable Genome Editing and Human Reproduction 研究报告中的 Ethical Consideratons and Conclusions 冀朋是华中科技大学哲学系博士研究生，王继超是北京协和医学院人文学院硕士研究生。

来的孩子可能也患有这种疾病。对未来父母进行基因测试可能会为这种结局或一系列其他可遗传病情赋予统计上的可能性。尽管他们对孩子的渴望仍然强烈，但处于这种地位的未来父母可能会开始更加谨慎地思考他们的生殖选项。

对遗传关系的渴望　对于许多认为可以考虑生殖的人来说，生养孩子的欲望不仅仅是作为父母或组建家庭的欲望。也可能涉及父母要一个体现与他们有遗传联系的孩子的愿望。许多在怀孕过程中遇到困难的妇女和夫妇决定进行体外受精（IVF），以便有一个有遗传联系的孩子，即使其他做父母的选项也是可得的。尽管费用高、体能要求高和健康风险高，以及实现预期结果的不确定性，但他们还是这样做了。

然而，与许多其他与辅助受孕有关的问题相比，这方面的理由没有得到很好的考查。在这一节中，我们回顾人们重视遗传亲缘关系的众多理由中的一些理由。

早期人类学家一开始就假定家庭（亲属关系）是生物学事实的文化表示，而且在世界各地都是一样的。相应地，一度被称为"血缘关系"的东西在一些文化中被视为家庭（亲属）关系的一个重要组成部分。部分出于这个理由，人们可能仍然认为，缺少这种联系可能会对儿童或家庭关系产生负面影响，或者认为当彼此之间有遗传联系时，对儿童、父母和/或家庭会更好。然而，这一规范性信念绝不是普遍的。人类学研究，包括多种文化的和通过收养或辅助生殖而形成的非传统家庭结构的人种学研究，提示亲属关系和遗传关系是依情况而定的，并可能在现代社会中正变得更加流动。

在某些情况下，对一个有遗传关系的孩子的渴望可能表达了未来父母的一种愿望，他们想要复制自己的某些东西，并希望在另一个人身上看到这些东西，这个人将承载这些东西，并超越他们自己的生命限制，确保他们的生物遗产。在某些情况下，主要愿望也许是"指定"生物学父母，而不是指定儿童，在这种情况下，寻求技术解决办法的动机是避免第三方捐赠者参与私人计划。基因组学增加了对人际关系的理解的另一层复杂性，正如对健康和疾病的理解一样。这就封闭了对可见特征遗传的民间理解，虽然在某些情况下，基因遗传与民族、文化甚至人格的观念结合在一起。

然而，关于遗传关系的重要性的许多说法是推测性的，而且来自社会研究的证据，往往是不一致的和不是结论性的。人们的动机可能是混合的，既是关于自我的，也是关于他人的，有时是非理性的，或者可能基于虚假的信念。我们能够得出的结论是，遗传关系的重要性在不同的人之间，在不同的文化之间是多种多样的，也许也随着时间的推移和对个人经历的应对而不同。在工业化社会的千禧一代中，其重要性可能正在下降。此外，这种重要性由不同的人构成，并以许多不同的方式由他们表达。尽管对于人们为什么想要有遗传关系的孩子，有各种各样的解释，但这些本身都不成为在道德上要求尊重和支持他们生殖计划辩护理由。换句话说，在理解人们为什么想要有遗传联系的孩子与理解为什么他们在要这些孩子中应该得到帮助之间存在着区别。

下面，我们将考虑尊重和支持其他人的生殖计划的两类理由：第一类理由是这些生殖计划的性质中有一种东西，要求得到认可且被分享的某种价值。第二类理由是有理由支持或至少不干预这些计划，以保护基本自由。在谈到这一点之前，我们应该注意两个要点：第一点是谈论"对孩子的渴望"，是将这种谈论置于人生历程的一个特殊交叉点上：未来父母对一个尚未出生的孩子的渴望。然而，这一视角也许不适当地强调了生命的早期阶段。孩子会长大：生一个孩子的后果就是让一个人有完整的一生，不管这个生命有多长，所有这些都是有价值的，不仅仅是童年时期。第二点是人们生来就处在与他人的关系中，这些关系可持续并贯穿他们的生活。他们的身份和道德行动能力的可能性不能独立于这些关系来理解，就好像他们首先住在离散的宇宙中，然后才根据他们内在的或内生性的利益自由地形成重要关系。

生殖作为一种好处 关于生殖的一种观点是，它是作为人的自然表达。在这种"自然主义的观点"下，生殖在实现"人的繁荣昌盛"、实现固有的目的或计划方面有着特殊的作用。在这种情况下，繁荣应该带来幸福，同时它的挫折意味着幸福的丧失。因此，对一个有遗传关系的孩子的渴望被看作男人和女人所想要的（并且暗示着，不想要孩子是道德上的缺失）是自然的一部分，一些"鼓励生殖者的"立场认为生殖是一种道德责任，许多信仰团体，包括一些犹太和基督教教派，都鼓励生殖（以及在某些情况下反对避孕和堕胎）。

或者，拥有一个遗传关系的孩子，与其说是一种自然功能的实现，不如说是一种人类自然欲望的满足。这种观点可能来自一些没有机会抚养孩子的人诉说的不完整、不快乐或缺乏成就感的感觉，或至少是受此影响而形成的。反对这种公开的或含蓄的自然主义立场的是，从经验上可以看出，很多人对生孩子有强烈的渴望，然而，同样明显的是，许多人没有这种渴望。因此，这种看法有可能导致无端、不公正和可能令人反感的结论，即这些人的立场是"不自然的"。一些评论家拒绝自然主义，论证说，妇女（特别是）对孩子的渴望实际上受到社会和文化期望的强烈挟持，而且，还认为它们是使妇女处于系统性地不利地位的因素或者压迫妇女的结构的一部分。

许多社会安排都支持生孩子。"无子女"的成年人可能被排除在共享社会生活的一部分之外，他们可能无法从许多国家提供给父母的经济利益中获益。在日本、新加坡和韩国这些国家中，已经探讨了更开放的鼓励生殖的政策，在某些情况下是出于经济的理由，及为了弥补原住人口的减少。在其他情况下，拥有遗传联系的子女被视为保持独特的或受到威胁的族裔身份的一个办法（鼓励生殖政策也声名狼藉地被民族主义和种族主义采纳，在生物、社会和政治层面上制造虚假的身份）。在工业化程度较高的经济体中，由于对全球人口过剩和贫困以及社会不平等加剧的更为普遍的担忧，往往会削弱鼓励生殖的倾向。

虽然很明显很多人都想要有遗传联系的孩子，也很难证明有遗传联系的孩子，甚至有孩子，有内在的好处。然而，这可能不是要点。尽管人们都试图证实人们应该或不应该生孩子——或在某些情况下要或不要孩子——人们表达的复杂动机似乎很少被理论的合理性所支配（或可控）。然而，我们可有很好的理由来尊重它们，这些理由可能不是因为它们是好的愿望，而是因为它们是我们先验地应该尊重的人的愿望。我们将在下一节中探讨这一论证，然后再考虑，如果它成立，是否有道德理由限制这些愿望的表达。

尊重生殖利益

聚焦于追求与该目标的道德价值无关的生殖利益的自由，有一种直觉上的吸引力，那就是不要不经思索地把那些对有遗传联系的孩子——或者任何孩子——没有特别的欲望的人排除在规范之外。更普遍的是，当有不同个人价值体系的人居住在一个共同的社会世界时，这使我们才能够（就目前而言）将就不同目标的相对道德价值展开的论证归类在一起，以及通过一组不同的问题，即关于什么时候在道德上允许（或要求）干涉（或协助）他们的计划的问题来探讨我们的问题。

作为一项消极权利，可以认为推定的生殖自由权是一项特殊的隐私权，是一项控制自己的身体，以及不受他人以妨碍追求一个人自由选择的目标的方式阻碍或干涉的权利。没有说生殖有什么特别，除了为了这种保护而把它挑出来。但是，如果生孩子的利益在规范性上是重要的，那么它可被认为是一项积极的权利，它超越了不受干涉的权利。在实践中，这可产生获得援助的权利，例如获得受资助的辅助受孕服务（虽然有不仅生物医学技术，而且还有各种形式的建立家庭的援助）。一些作者确实提出了这样一项积极权利的理由，或是作为一项独立的权利，或是为了纠正根本性的不平等。然而，即使可以确立这一权利，相应义务的存在也很可能在很大程度上取决于社会情境：例如关于安全和有效技术的可得性，以及如果他们要得到公共资金的话，对于医疗卫生服务不存在压倒一切的机会成本。

因此存在消极权利之间的不对称——不受干涉的权利——以及获得援助的任何积极权利。消极权利的享有不取决于它所保障的利益的能够表达的内容（尽管它可能因对他人的影响而受到限制）。它完全符合尊重一个人没有分享或无法分享的欲望。另一方面，积极的诉求似乎在很大程度上取决于其他人的参与，因此也取决于在规范上得到认可的愿望的内容，这些内容可能要求其他支持理由，尤其是如果这是一种没有得到普遍认同的愿望的话。

对生殖利益追求的约束

权利提供了一种构建利益有可能相互干涉的人与人之间关系的方式。如果认为人人平等享有基本权利，那么他们就必须能够合理的限制，因为有可能一个权利持有人行使他们的权利有可能干涉另一个人同样受到权利保护的利益。这种干预可能是直接的（对另一个人的影响）或间接的（对会对他人产生不利影响的共同生活条件的影响）。然而，人与人之间的互动在很大程度上是有益的：正如我们上面所指出的，人们生来就生活在一个与他人有关的世界里，而且能否实现他们的利益在很大程度上取决于他们与他人的关系和他们可相容的和一致的利益。在人类生殖的情况下，最直接受到未来父母生殖利益影响的人，即其未来后代，尚不存在。在本节中，我们将探讨未来人的利益如何从道德上得到辩护以及它可能对未来父母的生殖利益有什么含义。

未来的人的利益 从直觉上看，似乎是，未来父母根据他们可得的遗传知识做出的一些决定可影响他们未来孩子的利益。如上文所述，在患有严重遗传性代谢障碍的情况下，未来父母可能决定采用植入前干预措施，以确保要转移的胚胎不会受这种障碍的影响。在这种情况下，如果转移的胚胎导致一个孩子的出生，该孩子将不会有种疾病。另一方面，未来的父母可能会在没有辅助的情况下决定怀孕。在这种情况下，他们的孩子有可能会受到这种疾病的影响。这两个可能的孩子可能会有非常不同的生活。我们还可以想象这两个案例的第一个案例（植入前干预）的变化，在其中孩子不受这种疾病的影响，但由于手术本身的后果，他们的发育潜力在某种程度上受到限制，但直到出生后才显露出来。未来父母采取一种办法而不是另一种办法的决定可能会产生明显不同的后果。但是，如果真有的话，对这些后果的预期有什么重要呢？

生殖决定的道德可允许性在哲学上是复杂的，也是一个有争议的领域。困扰这些讨论的两个问题是，是否有可能说任何一种生活都比不存在更糟，以及我们是否可以说，创造一种比其他我们本可以创造的生活更糟糕的生活，就是伤害我们所创造的人或我们对他做了坏事。虽然有些哲学家认为存在本身就是一种受益，只要存在的生命并不坏到不值得活下去；但另一些哲学家则争辩说，不出生总是更好。但除非存在本身就是一种伤害，至少根据与未来的人（其存在是决定的一个后果）有关的福利的理由，似乎很难争辩说，任何给予生命的生殖决定都可能是错误的。这一点与我们的直觉（未来的父母在生孩子方面所做的一些决定在道德上是重要的）相冲突这一事实，是哲学家们已知的非同一问题的核心。

非同一性问题

哲学家 Derek Parfit 在《理与人》中邀请他的读者想象一下，试图说服一个年轻女孩现在不要生孩子，因为那个孩子的生活质量会很差，但是以后生孩子，那个孩子会有更好的生活质量。女孩有权拒绝这样的论证，即推迟怀孕符合她自己的利益，因为她有权做不符合她最大利益的事情。当为了她孩子的利益而提出诉求时，有人争辩说，在这两种情况下（现在受孕或以后受孕）都没有孩子受伤害：在这两种情况下，她的孩子都是一个值得生活的生命，而且在任何情况下，孩子都不能用他的生命来换取另一个孩子的生命，因为他们在数字上是不同的（非同一的）孩子（如果你给我一瓶啤酒 A，我说我要这啤酒箱中另一瓶啤酒 B，那么 A 与 B 就是在数字上不同的。如果 A 与 B 在数字上是同一的，那么它们就是同一瓶啤酒。——诸者注）。任何一种结果似乎都不是比另一种结果更好或更坏，因为没有人更好或更坏。

非同一性问题已应用于多种辅助受孕的实例，包括利用植入前基因检测在胚胎之间进行选择，以及选择不同的线粒体捐赠的方法。

与其他领域一样，这一领域的许多哲学论证的一个问题是，这一论证导致我们去支持与我们的直觉相冲突的结论或判断。关于我们是否应该修改我们的直觉，还是拒绝我们的结论，这是一个哲学论证的进一步问题。两者都被认为是有问题的。虽然我们不打算在这里长篇大论地讨论这个问题，毕竟，这个问题已经占用了许多长篇哲学书籍，却仍然没有解决，但我们不应忽视这个非同一性问题，仅仅是因为它似乎远离了日常对生殖决策的关切，或者因为我们决定谈论权利而不是后果。后果很重要，尤其是因为经过深思熟虑的生殖决定是以产生某种事态而不是另一种事态的目标为指导的。我们面临的困难是在评价他们的存在以及因此他们拥有利益和权利的能力取决于什么的决定时，未来的人的利益起什么作用。

在我们上面提供的未来父母的孩子有可能遗传严重代谢障碍，在提到"未来的孩子"与"两个可能的孩子"之间有一个值得注意的滑动。这种滑动涉及精神取向转向想象的后代，与来自不同的受孕、妊娠和分娩过程前后想象的视角相对应。这很重要。在每一种情况下，我们讨论的后代都不是实际的、独立存在的人，而是精神上的形象。我们上述提示，在生孩子之前，未来的父母可能对他们未来的孩子有一种精神上的形象。如果怀孕是偶然发生的，直到他们知道怀孕正在进行之前，未来的父母也许不会开始形成这样的形象。如果他们计划怀孕，他们可能有一个形象，他们认为孩子会是什么样的，这是从更广泛的经验中得出的共同的假定。如果他们知道，通过基因测试，他们的孩子有可能继承一个特定的遗传病，这种遗传病可能是这形象的一部分。"未来的孩子"的概念可容纳两个矛盾的形象，在现实中不能共存的东西。（例如，不同的性别特征，蓝眼睛和棕色眼睛）。

随着做出后继的决定（有些是深思熟虑的选择，另一些则不是），"未来的孩子"概念中可能的矛盾逐渐得到解决。可得的选项将在很大程度上取决于人们所处的状态——在世界许多地方，生物学家族中存在的遗传特征的机会也许不能通过基因测试来确认，选项可能仅限于选择生殖伙伴。对希望根据他们的孩子可能继承的特征的先验遗传知识来采取行动的夫妇，第一个决定也许是他们的"未来的孩子"是否与他们或者对他们中的任何一个人的基因有关。（如果无关，那么同样的问题就会再次出现，但可能有一组不同的遗传天赋问题，例如配子捐献者或其他人的遗传天赋如何。）虽然这缩小了可能性的范围，但"未来的孩子"仍然有许多其他可能的形态，有理由认为这些形态与其他不同，与不同水平的福利联系在一起。当他们通过有关生殖的程序、时机和条件的决定时，"未来的孩子"的概念将逐渐被认同为一个实际的孩子，这个孩子就将是在特定状态、特定时间、特定的配子结合的结果。在怀孕开始那个时刻，可能还有很多未来的父母不知道他们期待的未来的孩子的许多事情。然而，他们也许知道的一些东西是，他们刻意选择要或选择不要的遗传特征。

根据父母如何从一定数量可能的（但不可共存的）未来孩子中生出一个未来孩子来思考生殖决定，这就有助于生殖决定中发挥未来孩子利益的作用。它揭示了这些决定，包括现在怀孕或以后怀孕，使用这些配子或其他的配子，编辑胚胎或不编辑胚胎，选择这个胚胎或那个胚胎，继续或终止妊娠的决定等所有这一切，是如何选择了在其中存在拥有特定的特征、能力和机会的人的未来，而不是在其中不拥有这些特征、能力和机会的人的未来。当我们说决定在道德上很重要时，我们的意思之一是，作出决定的人对带来由此决定产生的事态负有责任，因为他们本可以做出不同的决定（或当他们有机会时不做决定）带来不同的事态。责任不是一种离散的判断，而是一种伴随着这一决定的后果而持续下去的状态，而是父母与其子女之间的实际关系的基础。很明显，父母不可能对他们子女福利的所有方面都负责，并且生殖的方式仅仅是其中的一个因素。在下一节中，我们考虑这一责任的范围和限度以及与之相关的道德义务。

不允许做任何编辑的论证　基因组编辑选择未来的人某些特征的潜力可能是一种产生重大后果的力量。然而，可能存在许多不确定性，无法解决。不确定的根源是随之而来的一系列复杂后果，这使得很难对可供选择的另外一种生活是什么样作出假定。诸如遗传联系或具有某些其他遗传特征是可区分的，但可能不能与产生的人的心理和社会身份分离。

可供选择的可能的生命的不可预测性，可能被认为是支持作出任何特定干预具有荒谬性的论据（只要它没有导致"生命不值得活下去"）。相反的观点认为，这些决定的意义是，它们侵犯了后代形成自己身份的权利。选择别人的遗传天赋（有可能通过选择生殖伴侣除外）也许类似于一种奴役，除了对他们自由的限制采取的是一种生物学特征的形态，而不是身体约束或心理压迫。基于这种观点，这种干预侵犯了作为一个自由和独立的人的基本尊严和本性。

一种反对意见认为，对所给予的任何干涉都是错误的，因为已经安排的是上帝或大自然安排的。即使没有形而上学的基础，生命科学和生物技术应用的其他各种不安也经常以这种方式表达。"经过反复考验的"自然过程比"人的修修补补"更可靠的观点，对民间道德和对风险和不确定性的态度有强大的影响。

哲学家 Jürgen Habermas 在"生命开始的偶然性不由我们安排与给予一个人的生命以伦理形态的自由之间的联系"之中寻求偏爱自然胜于设计的哲学而不是宗教或审慎的理由。Habermas 集中于自我认同的经验，而不是行动自由的外部约束，尤其是，知道一个人的特征曾由另一个人在生前决定，可能会影响他们对自己作为自由和平等的人的共同体的一位自主而平等成员的理解。他解释道：

"在这一意义上，潜在的伤害不是在剥夺法人的权利的层面上，而是在于作为潜在权利的载体的人的不确定地位。随着她被制造的生命起源的非偶然性的实现，这个年轻人冒着失去对作为法人的她真正享有平等公民权利必要地位的心理预设的危险。"

以这种方式解释道德权利的本体论条件是赋予基因组对一个人的道德地位和社会心理身份的作用以很大的意义，近于遗传决定论，或者显示以这种方式解释它的风险。它也是例外主义的，因为它把遗传因素视为比父母可能应用的其他约束更重要的因素。（我们将在下面讨论区分可接受和不可接受的干预的困难时回到这个问题。）然而，可行的基因组编辑技术的前景要求我们面对 2002 年 Habermas 可能希望避免的决策。正如他所预见的那样，科学知识的发展及其在社会中的传播可能导致规范性的转换，可能将作为转化为不作为：当更多的人知道可观察的特征中遗传因素的参与，当拥有这种自我认识变得平常时，更进一步，当根据这一知识有可能为自己的后代采取行动时，道德责任的性质就发生转换。（我们将在下面本章第二部分讨论社会规范时回到这一点）

论证某些（但不是全部）编辑是可允许的 虽然 Habermas 提供了拒绝技术进展的理由，但其他哲学家则将其视为需要控制的现实。政治哲学家 Michael Sandel 认为，父母将自己偏爱的特征强加于后代"损害了父母与孩子之间的关系"。然而，他的批评是针对"增强"未来的人的特征的企图。他不批评旨在排除遗传性疾病的基因干预措施。排除疾病特征不受批评的理由是，它据说促进了疾病所抑制的人类的繁荣昌盛。在这一点上，他追随美国法律哲学家 Joel Feinberg，认为孩子拥有"预先的自主权利"或"信任权利"，这就要求将他们自我实现的机会最大化。

然而，一种谋求区分某些基因干预措施是可以接受的和另一些基因干预措施必不能接受的观点，至少要面对三类困难。第一类困难是为体现在开放或繁荣的概念中隐含的规范性作辩护。第二类困难是找到一种在操作上有效的方法，将道德上可允许的案例与应该允许和不应该允许的案例区分开来，从而使监管可行。第三类困难（我们已经在上面提到过）是说明，与其他未来父母可能在受孕前后作出可能的干预（例如对孩子教育的选择）相比，基因操作有一些特殊的情况，以便为特地对待这些案例进行辩护。我们在以下段落反过来讨论这些案例。

为规范性辩护 虽然确保儿童未来选项的开放性似乎是一种先验的好处，但对实际上可能采取的步骤要求更为具体的辩护。作为一个普遍的概念，开放实际上带来了一些困难。在植入前作出的决定的一个显著特点是，它们在未来可能性之间构成了不可逆转的分叉，但这种分叉形成了他们经历的独特性。来自残疾权利和女性主义观点的批评论证说，一种开放很可能意味着关闭另一种开放。一些作者强烈地论证说，许多人对残疾人生活质量的假定是错误的，至少在某些情况下，残疾可能包含同样有价值的自由，虽然和别人享有的自由不同。

毫无疑问，对于某些形式的残疾的生活体验的价值，仍有争议的余地，诸如"伤害""残疾"和"疾病"等术语都是众所周知的有争议的描述。虽然很少有人会争辩说，残疾并不是一种伤害，因为它会带来痛苦和不利的经历，许多残疾学者争辩说，在许多（当然不是所有）案例中，我们找错了痛苦和弱势的根源。20 世纪 70 年代末和 80 年代初，由几位著名的残疾活动家和学者设计的英国残疾社会模型试图将伤残（impairment）和失能（disablement）分开。根据这种模型，伤残是对一个人的生理、智力、心理或感官功能的长期限制，但伤残不一定是失能：失能是由于环境障碍、社会态度等造成的，这些障碍排斥、压迫或使伤残人处于不利地位。

当然，说消除致残障碍可以消除伤害是荒谬的，而且在许多情况下，包括大多数遗传病在内，障碍在很大程度上是不相干的。虽然社会模型的价值在于防止大量与基因有关的身体差异瓦解成一个无用的均质的"残疾"概念，并鼓励更为有细致差别和精致的分析。（例如，必须将严重溶酶体储存疾病的伤害与感觉障碍或中度学习障碍的伤害区分开来。）虽然这些考虑对许多人或在某些情况下是重要的，但必须注意不要夸大其一般意义。在目前的情境下，这些考虑提请人们注意，当某些状态被定义为病理的，并被标示作不同种类的治疗时，不要忽视情境的重要性。

如果很难根据功能或能力具体规定"正常的"或"合意的"的边界，那么根据基因组来提供这种边界几乎是荒谬的。人类基因组显示出大量的变异。例如，就范围而言，界限是模糊的，我们已经显示在边界上其界限可能有怎样的争议。（例如，一个正常范围是否包括与边缘疾病或残疾特征相关联的变异，特别是在不同人群中表达不同且可能与多向效应有关联的地方？）就分布而言，对于在什么流行水平上一个等位基因应该被标记为正常发生的等位基因，这是有争议的，而使之更复杂的是，如何在人口中测量流行率是受限的。（例如，某种特征可能是东安格利亚部分地区较为常见的现象，但在作为一个整体的英国人口中则不是这样，或在东非的部分地区是这样，但在作为一个整体的非洲大陆人口中则不是这样。）尽管国际宣言中对"人类基因组"给予了崇敬，但正如我们在第一章中所指出的，这个概念在形而上学上是不连贯的。也许作这样的提示从表面上是吸引人的：在下面二者之间有显著区别，一方面，编辑一个植入前基因组，以引入一个在现有人群（或相关的亚人群，不论如何界定）中发现的"野生型"基因变异库；另一方面，引入一种新的变异（也许是在另一个物种中发现的，并被认为可转化给人）。然而，为了做到这一点，就要设想人类基因组是一个凝固和有界的概念，但我们知道它在进化上是杂乱无章的。

区分可允许的和不可允许的干预　如果人们接受，某些提高能力的干预措施在道德上是可允许的，那么就很难把它们与其他不可允许的干预措施区分开来。如果要支持某种形式的外部监管，这种区别必须是清楚、稳定和容易理解的。在植入前遗传检测和胚胎选择的案例中，区分"治疗"干预与"增强"干预的困难已经得到了讨论。这种区分可能重要的一个方面是，这些类别已被视为符合不同种类的道德和法律权利：作为基本的社会品的医疗也许是国家、医疗专业人员或保险业者理应提供给人们的，而增强则是为了个人利益而由私人追求的。使这种区别复杂化的因素之一是预防医学：不清楚的是，避免某种结局的一种干预，如果没有这种干预，该结局也许发生也许不发生，那么这种干预是否适合于这种二元模型，虽然这是公共卫生倡议中日益重要的一部分。正如上面所讨论的，第二个因素是这种判断取决于许多情境因素，包括环境的性质以及各种生物医学和社会技术的可得性和有效性。鉴于这两个类别之间存在大量的"灰色地带"，这种区别既不清楚也没有得到很好的理解，而且可能也不稳定。

然而，正如我们在第一章中所指出的，当我们将"治疗"和"增强"（以及预防）等类别应用于那些被期待存在但尚未（也可能永远不会）存在的人们时，我们必须小心谨慎。我们所说的是带来具有这些特征的人，而不是改变已经存在的人的特征。事实上，它们是否会存在，可能取决于是否允许进行干预。与简单的医学模型不同，在医疗时，治疗受到疾病影响的病人，是消除疾病症状，而在生殖情境下所涉及的道德要求和责任的性质要复杂得多。在任何情况下，某一干预措施是否构成治疗或增强（或其他）及其道德可允许性的问题，对这些问题的辩论在某种情况下可以与干预的伦理判断无关。下面，我们根据个人福利和社会规范考虑，制订一种可供选择的径路。然而，首先，我们将讨论在伦理学上区分干预的第三个困难。

基因组例外论　与基因组干预有关的伦理区分所涉及的第三个困难是找到一个将这些干预措施与其他可能的干预措施区分开来的道德基础。为什么与父母干预后代生活的许多其他方式（这些方式也成为他们个人经历不可避免的特点和未来发展的条件）相比，基因组干预是例外的呢？一个可能的理由是基因组干预的结果被不可磨灭地铭刻在了未来人的个人经历之中。然而，在所有或甚至大多数情况下，它们的效应不一定比诸如体育训练、教育、灌输道德良知等干预措施更大。此外，考虑到不同人的表达和不同的情况，基因组干预可能不会比其他对照措施更有效，除非在一些非常不寻常的情况下。

在许多情况下，拟议的基因组干预也许代表技术解决主义（technological solutionism），以取代更为合适和有效的社会对策。这些手段本身可能因作为道德问题而重要，而不论其效果或干预的目的如何。

要求基因组编辑的论证　如果未来人们的利益具有道德分量，我们可能会问，某些基因组干预是否是道德上的要求。例如，效果论生命伦理学家 Julian Savulescu 曾论证"生殖有益原则"。根据这一论证路线，我们实际上应该尽我们所能使未来的人的福利最大化，包括在可行的情况下扩展或扩大他们继承的能力。通过这种方式，人们可以看到，在所有其他条件相同的情况下，假定可以逐步克服任何可能的技术障碍的话，温和的禁令应该让位给看似更为极端的禁令。这可能会引起人们对实际做法的关注。

暂时撇开社会公正的考虑（我们在本章的第二部分中回过来谈），一个简单的福利最大化标准也有其自身的问题。首先，如果这被理解为对未来人的价值最大化，一个实质性的挑战是，我们要知道（或可靠地预测）什么特征（甚至哪类特性）将是促进福利的。缺乏一些临床治疗的疾病可能是一个很强的候选者，而其他特征的价值可能更武断或高度依赖情境。此外，有一种风险是，在选择这些特征中的任何一个时，未来的父母实际上通过将额外的期望负担放在他们的后代身上而降低了他们的自由。

保护或促进未来的人的福利

上述的考虑有助于理清各种考虑，这些考虑可以为基因组干预问题提供直觉和更具反思性的反应。从它们那里我们可以得出一些规则来帮助指导我们去探讨。首先，我们必须接受我们的道德决策是在给定的社会和技术情境下做出的，无论我们多么希望世界与目前的不同。这意味着我们必须对行动和有意识的不作为承担责任：决定不使用可得技术，以及是否发现有关基因组的知识或干预它仍然可被视为涉及道德责任的选择。然而所讨论的那种基因组干预尚不可得，一些机构已经参与铺设技术发展的途径：想到在全球范围内，现在的发展可能半途而废或倒退，这肯定令人伤感。其次，我们必须了解道德决策发生时的个人情况。它发生在一对夫妇的生殖计划的情境中，他们可能希望进行干预，以便为他们未来后代的生活建立某些条件。该计划还涉及可能协助他们的责任，以及通过其法律和法规（或缺乏它们）允许或禁止这些人帮助他们的社会的责任。其他被拒绝的选项的情境对于理解基因组编辑选项在其自由和利益方面所起的作用也很重要。因此，这些人和社会都隐含地赋予满足生殖欲望以特殊的价值。第三，关键是干预措施以及其他一些因素，对未来的人的生活产生的后果。在其边缘（例如在严重的遗传病的情况下），这些干预可能有很强的决定性，但基因组干预是唯一的一个（并且可能不是最显著的）父母将影响其后代的决定，（以及）父母做出的决定影响子女（并且它可能是随着其他生物因素的干预逐渐变得不那么重要，特别是对于发展中的自我认同感）。第四，鉴于遗传变异、表型、生物和文化之间关系的复杂性，我们反思的焦点应该不仅仅聚焦于遗传干预（因为基因变异最终仅在嵌入家庭、社会和文化的一个人的赋体的基因组情境下才有意义），这似乎是显而易见的。我们无法预测，但我们必须想象，未来的人的生活会是什么样的，以及我们可能做出的干预对其赋体的身份和福利的重要意义。

正如我们在本节开头所说，实践的道德推理根据我们对未来的合理期望。这些期望围绕着"未来的人"的心理概念形成，他进入作为助发现法的目前推理之中。除其他事项外，这些期望基于（但也受制于）对世界本身、科学知识现状和技术进步水平的理解。所有的决策都被我们不能确定地预测将来会发生什么的问题所困扰。这对所有道德理论来说都是一个问题，因为即使后果与选择的评估无关，但情况仍然是，人们行动的意志是取向未来的。然而，与许多其他决定不同，干预未来的人的基因组的决定涉及特殊的后果，这些后果具有道德意义并带来独特的不确定性。

一种后果是通过所使用的程序以独特的方式影响未来的人的福利。重要的是要记住，我们正在讨论的目前未经证明的治疗，其风险尚未得到明确评估。在医疗决策中，通常根据患者看到的结局如何不同，通过"权衡"不同行动方针引起相关的风险来做出决定。然而，在我们要讨论的案例中，临床风险只能是故事的一部分，因为这种风险仅在自愿生殖计划的情境下产生。与必须权衡所有临床风险相对照，有一种选项实际上根本没有临床风险，即不要孩子（或不要有遗传关系的孩子）。此外，在生殖计划的情况下，应该考虑未来的人的利益，以及未来的父母的利益。

然而，在必须考虑他们的利益时，却不知道未来的人将如何评价可能的结局，但意识到结局本身可能会影响到他们如何评价这些结局。这是因为在某种程度上，一个人的基因组因为与其独特的赋体的形态和经验有关，可以构成他们心理社会身份的各个方面。

除了行动能力的不对称（在利益攸关的那些人之间）以及对现在和未来的知识之间的不对称之外，某个人在其中赋体的更为广泛的环境中产生另一个重要的不对称。这是排除限制能力的特征与容纳另一种偏好之间的规范性不对称，通过这种不对称，可判定某些目的与规范会聚（或符合），而其他目的可能意味着与之离散（或以某种方式超越规范）。承认此情境的意义也指向行动与不作为之间的不对称，特别是在治疗可及高度受限，存在与手术相关联的风险，以及涉及他人的利益和身体权利的地方。

根据上述讨论，我们可以制订一项指导涉及基因组干预的任何生殖计划的道德原则。由于行动能力与责任（落在未来的父母，而不是他们的后代）之间，认识论的不确定性（在目前状态与未来后果之间）与规范性评价（及其对赋体的依赖）之间的不对称，这项原则具有防范性形态。

> 原则 1：未来的人的福利
> 　　已经受基因组编辑程序（或源自经受此类程序的细胞）的配子或胚胎应该仅用于这样的情况：该程序实施的方式和目的意在确保也许作为用这些细胞治疗的后果而生出的一个人的福利以及与这个人的福利相一致。

虽然我们认为符合这一原则对于可遗传的基因组编辑干预在道德上可允许是必要的，但使它们在道德上可允许还不充分。下面我们将考虑还应该满足的其他条件。但首先，我们将使这一福利原则更加清晰。

未来的人福利原则的含义　从我们先前的论证得出的结论是，福利原则——特别是"福利"指什么——的重要意义在某种程度上取决于预期的社会和技术情境。尽管如此，有可能对此作一概述。

首先，关键问题之一是所用技术的安全性，特别是医源性风险（使用该技术引起的不良反应的风险）。安全性本身通常被描述为伦理问题，尽管人们在评价风险方面可能存在差异。我们需要考虑的一个重要问题是这一决定的情境以及合适的对照物是什么。在第 1 章中，我们曾论证说，认为设定这个问题的合适情境是未来的父母的生殖计划。如果将未来的人的利益视为最重要的，任何风险的存在都可能排除任何干预；然而，在本章开头，我们观察到，也将那么重要的道德分量赋予了未来的父母的生殖利益，以及父母及其后代的利益重要地纠缠在一起。因此，未来的父母责任的性质是复杂的。

从基于风险的视角看，"可供选择的"径路的存在可能是一个重要的考虑。如果有等价的治疗可得，或者如果新治疗的引入与要达到的目的不相称，这种考虑可能使我们反对创新。但是，谁有权认为不同的治疗可被视为"可供选择的方案"呢，这是一个重要的问题。（例如，在没有配子捐赠时 PGT 可被视为等价办法。）在生殖问题上，尊重未来的父母的自主性要求他们有权对他们如何实施他们的生殖计划做出自由选择，这是不言自明的；然而，如果他们在选择什么之中有可接受的选择供他们选择，那么拥有选择可能仅在实际上具有重要意义。有可得的可供选择办法的论证也将与新技术的创新更为相关，那时不确定性要比从已经在使用中已得到证明的技术中选择更大。（尽管在使用中的技术会有不同的风险概况，这可根据给予不同生殖偏好的权重加以测量。）

尽管如此，我们的思考必须超越最初的创新时期，并假定显示治疗是合理地安全的，我们必须考虑已经被选择/修饰以满足某些愿望或偏好是否与未来的人的福利相一致。正如我们所表达的那样，福利（"做得好"）的概念是一个比福祉（"情况很好"，例如"健康的"）更广泛的概念。从这个意义上讲，心理社会福利就不仅仅是良好的健康更是一个重要的考虑，尽管关于良好健康是否是福利的必要组成部分还有争论的余地。此外，福利高度依赖于社会情境。我们可以说，在其他条件相同的情况下，避免疾病与未来的人的福利是一致的。我们还可以说，没有先验的理由认为，避免疾病之外的偏好也不应该与未来的人的福利相一致。然而，在这里情境因素可能更强烈。

有关个人利益的结论

关于直接参与的个人主要是未来的父母及其后代的利益，在有些情况下，可遗传的基因组编辑干预在道德上可接受，并受制于对未来的人福利的合适保护。也许这些情况中最明显的（由于这些情况直接影响未来的人的福利）是，应该通过相关研究评估后代和后继世代的不良结局的风险。然而，很难（如果不是不可能的话）确信，在任何实际临床使用（以及在许多临床使用中可得数据）之前，已经鉴定出所有不良结局或评估其发生可能性。这种不确定性困扰着所有生物医学创新，但它们在生殖程序中具有独特的含义，因为在那里它们不仅涉及自愿受试者，而且（主要）涉及未来的人，对他们的不良结局难以纠正，如果不是不可能的话。

两类研究尽管不能解决与创新有联系的有关未来的人福利的不确定性，但有助于鉴定这些不确定性。我们应该为了公共利益从事和支持这类研究。第一类是研究基因组编辑技术的安全性和有效性，以支持开发临床使用的循证临床标准。然而，由于福利的概念扩展到了超越纯粹的医学描述之外，同样重要的是社会研究，这将有助于理解基因组编辑干预后出生的人的福利的含义（例如涉及 PGT 后出生的人的研究）。

虽然先前的研究（包括利用动物模型进行的研究）能够提供相关信息，但它不能消除转化为应用于人时面对的不确定性。前面讨论在现代技术先进的社会中如何将价值置于有遗传关系的孩子上，讨论的目的是考查为面对这些不确定性应该提供的情境，以及鉴定所涉及的责任的性质。我们将在第 4 章中回过来讨论如何在实践中管理这些不确定性。这些不确定性（特别是与临床风险有关的不确定性）中的许多与初始创新而不是随后的技术扩散有联系。随着技术的传播，有一些潜在的不良结局，其重要性可能实际上在增加，而不是降低。与个人有关的考虑只是我们必须注意的一组考虑，为了确定可遗传的基因组编辑干预的道德可允许性。在下一节中，我们考虑其他人的间接利益和更广泛的道德共同体的利益。

社　　会

在上一节中，我们考虑了直接参与生殖计划的那些人的利益：未来的父母及其未来的子女。我们得出的结论是，人们渴望成为生物学父母，并且在这样做时尽可能地通过使用基因组编辑来影响他们的遗传特征以确保他们孩子的福利，这产生了一个道德上强有力的诉求。然而，生殖，特别是涉及生物医学技术的生殖，是在更广泛的社会和技术情境下进行的。社会成员的生殖一般而言就是社会的再生产——生产下一代。在本节中，我们将注视与试图影响未来的人的遗传特征有关的、更为广泛的社会考虑，包括那些虽然没有直接涉及，但可以与道德有关方式受间接影响的那些人的利益。这包括追求个人利益的方式如何塑造其他人也追求他们自身利益的情境。

转换社会规范和"进步"

试图影响未来世代遗传特征而可能影响社会的最明显方式是优先选择特征，使社会的构成（即构成该社会的个人的特征）随时间而变化。例如，利用追溯到 18 世纪的荷兰军事记录的研究，发现在最后的 200 年中，荷兰男性的平均身高增加了 20 厘米，在这一时期内荷兰人的平均身高从欧洲最短的到世界上最高的。该研究的作者将这种身高增长（这是一种很强的可遗传特征）主要归因于较高的荷兰男性的相对成功的繁殖，以及营养和其他环境和社会因素。

荷兰人平均身高的变化是一个例子，说明生殖行为（由其他因素加强）如何在没有经过深思熟虑协调的情况下改变了荷兰社会的构成。没有必要因发生这种变化而对个人的选择进行引人注目的约束。事实上，荷兰是一个在技术上先进的自由民主国家，其社会不平等程度最低。生殖技术提供了比选择生殖伴侣更为确定的选择下一世代特征的方法。例如，对英格兰和威尔士唐氏综合征筛查的一项研究得出结论，虽然唐氏综合征患者的出生频率在研究期间几乎没有变化，然而产前筛查和终止妊娠的可得性对那些本来会出生就有该病（对该病的筛查是可得的）的孩子数量有显著影响。可遗传的基因组编辑干预代表一种前瞻性的生殖技术，它将进一步提高生殖选择的能力和范围。

对于个体而言，可遗传的基因组编辑干预提供了一种方法，使未来的父母能够有遗传关系的孩子，同时排除或容纳某些遗传特征（如疾病易感性）。然而，在人群层次，在具有某些与健康有关特征的人群中人的是否存在影响总体人群健康。公共卫生措施，如疫苗接种和饮水氟化，意在改善某一人群现有成员的健康。然而，改变人群特征的另一种方法是首先影响哪类人成为该人群的成员。

多样性　对于如果同样的生殖选择是否能为所有未来的父母可得，那么这是否会导致人群多样性的增加或减少，尚有一些争辩的余地。提出类似问题的一种情况是性别选择。在一些国家，人们观察到由于选择性堕胎而导致性别比例扭曲，从而引起相关联的社会问题。虽然目前人类生存需要一些性别多样性，但其他特征并不一定也如此。

想象这样一种情况：其中所有人都可以自由选择使用有效的技术来选择其后代的遗传特征，这不一定会导致多样性本身的显著减少（尽管它可能很好地用另一组多样性取代这一组）。例如，有可能自愿消除严重的遗传性障碍，至少消除那些没有与一些补偿性受益结合在一起的障碍（所谓的"消极优生学"）。然而，允许未来的父母在生物学约束内选择他们孩子的偏爱特征（所谓的"自由主义优生学"）的结局难以预测。它可能会导致一个更加同质化的社会或一个更加多样化的社会。哲学家 Nicholas Agar 论证说，社会应该对遗传选择采取与其他种类的生命选择相同的立场，对什么是好的或对的存在着多样性的观点和分歧。虽然 Agar 是生殖自由的捍卫者，然而，他承认与其他市场一样，猜想的"基因超市"也要求合适的监管。例如，他认识到社会中存在有问题的偏见以及这些偏见通过种种办法得到市场上的选择性生殖技术的支持或加强。自由派的径路往往强调自主性，而淡化社会选择受社会因素制约的程度。增加选择是否会增加多样性或同质性可能在很大程度上取决于流行的社会因素。

优生学

"优生学"（在分子遗传学出现之前 Francis Galton 创造的一个术语）由于它与 19～20 世纪在包括德国、英国和美国在内的国家的强制绝育计划、强迫安乐死、种族主义和种族灭绝有联系，有着颇有争议的历史。从 20 世纪后期起，辅助生殖技术的日益可得显著扩展了生殖的选项。这使得有关该术语的使用及其应用的实践的争议有了新的焦点。

我们起初通过控制鼓励谁生殖或劝阻（或在某些情况下阻止）谁生殖来区分积极的优生学（旨在主动地"改善"某一人群的基因池的行动或举措）与消极的优生学（旨在预防或减缓基因池任何"恶化"的行动或举措）。

根据追求优生学目标的力量和协调状况，可以得出另一区别：强优生学可定义为通过国家干预控制生殖，改善人群，例如 20 世纪 30 年代发生的那样。弱优生学可以被定义为通过非强制性个体选择促进生殖选择的技术。可能由个体生殖选择的总和引起的、在人群层次特征的变化，一直被一些生命伦理学家作为"自由主义优生学"而维护着。这与国家公共卫生计划的"威权主义优生学"形成对比。

威权主义优生计划与由意识形态推动的使某一人群中某些特征发生率最小化的努力相关联，虽然对威权主义优生计划存在着强烈的反对意见，但有些人仍然质疑这样的假定：国家追求政策目标，例如通过产前筛查等干预措施改善人群健康，是绝不可辩护的。他们论证说，公正地实现这些目标这一事实比结局更重要。

转换规范　如果生殖行为随新的机会或新的条件而发生变化，那么什么是正常的行动或事情可能会相应地发生转换并变为新的期望。我们关注这些机会的一个理由是虽然它们似乎可以提供从生物遗传的约束中摆脱出来的新的自由，但遵守新规范的期望实际上可能具有减少这些自由的效果。在生命伦理学辩论中的一个普遍的猜测是，性交动作与人类生殖目的之间的分离将变得规范化，其带来的结果是在遥远的未来，为了确保未来的父母的偏好结局，很多甚至大多数人类的生殖将由专业科学家管理。这样的愿景扩展了将下一世代的遗传禀赋从生殖伴侣选择中解放出来的可能性，其办法首先是扩大配子的选择范围（包括第三方捐赠者），其次是通过胚胎选择和最终细胞和基因组修饰以使更精细的鉴别成为可能。许多作者预测虽然辅助生殖在许多当代社会中已经变得正常了（至少在当代媒体中最初被认为是怪异的），而无辅助的有性生殖倒可能会被视为不正常的。

转换规范的标志性案例是引入染色体异常（唐氏综合征是最为熟悉的）的产前筛查技术。有人论证说，筛查的普遍可得性改变了社会对接受筛查以及阳性筛查试验后选择结局的期望。需要说清楚的是，不是父母选择接受筛查或终止胎儿受影响的妊娠（这通常受到批评），而是未来的父母可能会感到社会压力，既要接受检测和又要终止妊娠。人们不顾这一事实：唐氏综合征这一存活率最高的非整倍体，现在与高质量的生活是可以兼容的。（因此，在唐氏综合征产前诊断后终止妊娠被一些人视为基于对唐氏综合征患者特征的过时观点的选择。）这种行为的转变可能会修正道德结论：人们通常做的事会隐含地成为他们应该做的事。类似的情况可能发生在一对患有显性遗传病和不育症的夫妇身上。为了生孩子，他们需要体外受精，但之后他们面临为了他们未来孩子福利利用植入前遗传检测筛选出受影响的胚胎的压力，而不顾他们希望所有的胚胎都要考虑转移，因为这种疾病是在人类受精和胚胎管理局（HFEA）批准进行植入前检测的疾病清单上。

关于技术的社会传播导致规范改变的关切可适用于基因组编辑的前景。至少有两种似乎可能的方式可以使基因组编辑成为未来的规范。第一种情况是，基因组编辑对于接受体外受精的那些人成为规范。越来越多去做体外受精的人已经拥有遗传信息（例如通过先前的基因组测序或孕前筛查），他们可能希望对此采取行动（例如排除已知疾病的遗传风险因素）。这反过来可能会产生新的责任：未来的父母和专业人士的道德责任以及所涉及的专业人士的法律责任。第二种情况是，否则本来不会去做的那些人，为了能够对他们的胚胎进行基因编辑，可能选择接受体外受精或其他形式的辅助受孕。在先前已经诊断出病情的情况下，这是进入基因组编辑的最可能途径。但是，个人基因组测试的传播可能揭示了未来的父母可能希望包括在内或排除在外的新的基因组组合的可能性。

对于那些希望保持自由派立场但又担心基因技术对人类多样性影响的人的困难是，如果基因组编辑广泛可得又可及，他们会允许所有人都可选择使用它；实际上，维持目前的遗传多样性范围可能意味着拒绝一些本来想要进行基因组编辑的人，从而迫使他们生出具有某些"保留"特征的后代。从公正的观点来看，这似乎是非常令人反感的，并且可能会对具有这些特征的人的心理社会身份的形成产生负面影响。

表达论的反对意见　即使可遗传的基因组编辑干预措施没有被广泛采用，导致社会整体构成产生可检出的变化，仍然可以争辩说，简单地使这种技术可得是可令人反对的。"表达论（expressivism 是一种理论，它认为，比方说"说谎是错误的"这句话是表达说话人的一种不赞成的精神状态，而不是他的认识状态。——译者注）的反对意见"认为这种干预对具有某种赋体形式的人表达（迄今是隐含的）了消极的社会态度，甚至可能使这种态度复杂化，或者更为普遍地加剧了对残疾人有敌意的社会环境。该论证最初与产前筛查有关，但对基因组编辑有类似的作用。

表达论的反对意见具有一定的吸引力，因为引入技术的后果包括了对现有残疾人的负面影响，特别是在的残疾轻微之处以及在某种程度上是社会造成之处。然而，对于遗传性遗传障碍并非如此，遗传性遗传障碍最可能是基因组编辑的目标，其表现显著影响生活的质量和生命的长度。然而，它确实突出地考虑了因采用新技术而处于更加脆弱地位的人的利益的需要。基于人权的径路有助于引起人们对这些思考的注意，但如果仅用它来抵御特定拟议创新的负面后果，其效用就很有限。除此之外，我们还需要对更广泛的问题进行思考和采取行动，这些更广泛的问题是要考虑创新决策集体产生于哪一种社会。我们在下面讨论这种更广泛的反思，并在第 4 章中提出如何更好地支持这种反思。

同情，关怀和共济的社会美德 可能很少有人会对许多遗传性遗传病特征的消除感到后悔。然而，有些人争辩说，如果使残疾消失，人类脆弱性的价值就会丧失。我们理解这一想法的一种方式是，脆弱性的体验可能产生其他有价值的东西，例如关怀、同情和慷慨。生命伦理学学者 Erik Parens 引用了与其他重视关怀的情况所作的类比，注意到许多人会反对这样的想法：我们应该利用基因技术来终结例如青春期或老年期及其带来的挑战。他论证说，我们应该以同样的方式对待与某些遗传特征相关联的脆弱性。跨学科学者 Rosemarie Garland-Thomson 捍卫了一种更强的观点，即残疾具有规范价值，应该被视为"潜在的生殖资源而不是明确的限制性债务"保留下来。然而，Parens 和 Garland-Thomson 的观点都有的一个困难是，他们依靠社会重视脆弱性好处的成员，让他们的孩子愿意轮到（或有机会）成为脆弱性的承载者。反之，道德哲学家 Mike Parker 考虑的是脆弱性在个人生活中地位，而不是个人在作为一个整体的社会或人类中的地位，并且论证说，认为人类的繁荣包括优势和弱点两方面。在这种意义上试图消除人类经验的负面因素会事与愿违。正如 Parker 所说，"最可能的生活概念不一定也不可能是一切顺利的"。

可能有人提出，尽管如此应该保留现在存在的某些特定的特征。这样做的困难是，它将人变成了"遗传品种家畜"。似乎很难提出一个强有力的理由说，至少应该维持任何特定的遗传特征，除非这种特征在某种程度上使人之为人至关重要（虽然这似乎不太可能）。一般来说，可以作为一种更强有力的理由提出的是物种多样性的价值，以应对不断变化的条件，尽管这不能公正地用于要求某个特定的人拥有（或者同样地拒绝拥有，即避免拥有）这个特征。在任何情况下，无论是在社会层面（Parens）还是在个人层面（Parker），都不可能有必要采取限制性措施来保留脆弱性。社会学家 Tom Shakespeare 对终止残疾的预测不予理会，因为他观察到残疾的实例总会出现（例如自发突变、产后疾病、事故、老化）以及针对遗传性遗传残疾的基因组编辑的应用不会对社会的多样性或什么被认为是正常的产生重大影响。虽然构成脆弱性和残疾的东西可会随着规范的演变和条件的变化而改变，但它们总将与我们同在。

"表达论的反对意见"

对产前筛查的表达论反对意见首先由残疾人权利活动家提出，并且多年来由 Adrienne Asch 和其他一些残疾学者、女性主义者和生命伦理学家进行辩护和发展。该论证声称，产前筛查和其他生殖技术用来选择防止残疾婴儿的出生，表达了对残疾人的敌对和歧视的态度，并向他们和更广泛的社会发出了伤害残疾人的信息。

这一论点曾以不同的方式提出。一些人论证说，选择性生殖技术传达了社会赋予残疾人较低地位或价值的信息，这不仅可能引起心理伤害，而且还会通过作用于对残疾人更广泛的社会态度产生更广泛的伤害。据称，选择性生殖技术的信息加强了对残疾的错误偏见，并传播了残疾人的生命不值得活着的观点。表达论反对意见的另一个更为似乎有理的说法是，向残疾人发出伤害性信息不是由生殖技术的个体使用者表达的，而是由允许、资助或推荐其用于选择防止残疾婴儿出生的卫生政策表达的。

虽然在过去 20 年中有关残疾和产前筛查、选择性终止和 PGT 的争论中表达论的反对意见一直占据突出地位，但对它一直有人提出了各种各样的批评。一个共同的反对意见是，生殖技术的这些使用可能传达的任何负面信息都不一定是有关残疾人自身的；我们有可能赋予一种导致残疾的疾病反面价值，同时也可能赋予患有这种疾病的人与没有患这种疾病的人一样高的价值。另一种回应是，如果使用生殖技术发出的有害信息是不使用它的充分理由，这也可能意味着我们根本不应该试图治疗或治愈残疾，且故意引起残疾并不是错误的，大多数人会发现这些结论是不可接受的。也有人论证说，作为个人生殖技术决策基础的动机和信念是如此多样化，以至于并未明确传达任何单一的信息。

是否有理由认为选择性生殖技术必然传达某种信息，它们的可得性可能会使一些残疾人感到痛苦或冒犯。该领域的经验性研究已经发现，一些残疾人确实发现，利用选择生殖技术来防止残疾婴儿是令人痛苦的、贬值价值的或令人反感的。

虽然人类多样性本身也许并未处于基因组编辑干预的严重威胁之下，但社会组成的变化可能会对个体产生过渡性影响。如果身患一定程度残疾的人数较少，那么对这些残疾人的一般熟悉程度和社会接受度可能会下降。与此同时，专家的医学专业知识或技能可能会变得罕见，并且可能对以减轻残疾的任何具体的不良身体影响或改善环境的研究或措施投资很少。这至少是一个理由，让我们停下来并反思促进基因组编辑是否是对某些残疾形式存在的唯一或最合适的应对办法，这种应对办法体现了一种"技术解决主义"，即试图用技术解决至少部分是社会挑战的问题。

公平和公正　规范的结构预设了什么是在规范之内或与规范相一致的，以及什么是在规范之外或与规范相矛盾的。即使在规范发生转换时，这种区别仍然存在的观念是恒定不变的。然而，随着新技术使用的扩散，人们或他们在道德上重要的利益与规范处于不同的关系之中。正如我们在第 2 章中所讨论的，虽然转换社会规范本身不一定是坏事，但它们可能影响人们之间的优势和劣势的分配。换句话说，可能会有赢家和输家：那些从中受益的人，以及那些发现自己的利益更难追求或得到保障的人，每个类别中的人可能多或少。即使所有人都从中受益，但如果某些人的获益比其他人大得多，就可能会引起关切。

对公正的关切可能产生于当利益的可及分配不均，潜在的受益和风险分配不同时（以至于一些人享有更大比例的受益，而另一些人承担更大的风险），并且这种分配与其他品的分配有关（因此其影响是加剧现有的不平等或巩固优势）。例如，该服务的可得要花的费用高得让某些可能希望使用它的人无法支付，就是这种情况。当然，这是许多消费品，特别是奢侈品的情况。但某些品对过上充实的生活更为基本，由于这个理由人权保护往往集中于这类品。基本医疗和教育这些品通常属于这一类别。尽管与基本医疗相比有显著的不同且更加复杂，但我们在上面已经提示，有机会生出有遗传关系的后代被广泛认为是一件好事。

为了考虑规范的转换是否可能产生不良的结局，有必要将考虑的重点从个人选择的可取性重新聚焦于这些选择可能引起的社会性质的改变。换句话说，我们有必要想象社会的未来，社会的未来在一定程度上是在应对正在发挥作用的特定技术形态中塑造自身的。这样做的目的不是徒劳地试图预测未来；相反，这是一种尝试，探索对不同的设想的未来事态（以及特别是探索人们在如何评价这些事态方面的差异）的合乎道德的应对。这样做能帮助阐明人们对分配效应以及可能产生意想不到的后果的关切。它还能够帮助避免"梦游"进入一个不太理想的未来，这要么是因为本可以有益的干预措施由于想象中的伤害而被禁止，要么相反，因为有害的结局发生了，而这些结果本可以通过深谋远虑和防范性措施加以避免。我们在第 2 章中为这些评议提出了一个可能的起点，当时我们考虑基因组编辑的使用可能发展到超出首次使用的罕见情况以外，在条件允许的情况下用于其他适应证。在本章中，我们已经开始考虑可能的技术革新的社会含义以及在个别情况下应用这些革新的决策。进一步的步骤是想象，生活在这样一个世界中，作为不同赋体的居民生活可能是什么样子，以及不同的社会技术条件将如何影响利益的实现或受损。

反映包含种种可能的基因组技术（或没有这些技术）的各种未来超出了本报告的范围，而在这样一份报告中这样做在任何情况下都是不充分的。我们的建议更为谨慎，也就是说，考查和列出评价那些在这个问题上有不同利益的人使用它的不同方式。要做到这一点，可以听取那些其利益受到可遗传的基因组编辑干预影响的人的意见，这些措施以他们自己的术语表达，并根据他们自己的价值观和经验背景加以理解。这不仅仅是那些可能首先希望使用基因组编辑技术的人，而且还包括那些利益受到直接影响较小的人，特别是那些处于（或可能处于）不平等脆弱地位的人。由于规范的转换可能涉及那些迄今可能认为自己是无利益牵涉的观察者的利益，而且由于这些规范的发展重新塑造了社会，也就是所有人的道德结构。我们在此提出一项社会公正和共济的原则，以确保如果采用可遗传的基因组编辑技术，其使用应限于不应给某些个人或群体带来不公平的优势或给其他人带来不公平的劣势。在第 4 章中，我们建议促进这种承诺，从而帮助确保社会公正和共济原则得到实现。

> 原则2：社会公正和共济
>
> 　　唯有在不能合理地预期会造成或加剧社会分裂或社会群体的彻底边缘化或处于不利地位的情况下，才应该允许使用已经接受基因组编辑程序的配子或胚胎（或源自已经接受此程序的细胞）。

与他人和社会利益有关的结论

　　在本章的第一部分，我们发现父母想要有遗传关系的孩子的愿望被广泛认为是一种具有积极社会价值的利益。我们发现，有一种强烈的道德要求，允许在不受干涉的情况下追求这种利益，在某些情况下，还可能责成提供积极的援助。我们还发现，利用基因组编辑来确保儿童拥有与其福利有联系的遗传特征（例如没有可遗传疾病）的意向在道德上是可被认可的。然而，我们注意到有一些限制：并不是所有使用基因组编辑来改善未来人们的福利都是可接受的。我们必须考虑到更广泛的含义，包括对其他人的间接影响和符合隐含地支撑道德共同体的道德规范体系。

　　我们考虑了可遗传的基因组编辑干预改变人口组成、改变社会规范和行为期望的可能性，以及对社会多样性，特别是对残疾人的体验的含义。我们发现，如果要引入可遗传的基因组编辑干预，重要的是这样做不要增加不公平和不利地位。我们认识到这样一种危险，即聚焦于未来父母的直接目标模糊或扭曲了对所有相关利益的考虑，也许是因为其他人受到的直接影响较小，也许只是在相当长的时间之后，个人受到的影响程度较小，尽管人数较多，某些协商或民主程序，特别是那些侧重于围绕某一特定解决方案作出的二元选择（例如"允许 x"或"不允许 x"）的那些程序，往往要求意见两极分化，从而模糊了这些考虑。这不利于在更复杂和有细微差别的立场之间进行建设性接触，也不利于发现能够支持共识的情况。

　　回顾第2章中关于技术创新和公共利益的讨论，我们的结论是，唯有在有足够的机会进行广泛的社会辩论之后，才应该引入基因组编辑干预。（我们将在第4章回到这在实践中意味着什么以及如何鼓励这样做。）特别重要的是，在这场辩论中要注意那些可能受到间接影响的人的声音，特别是那些可能处于不平等或增加其脆弱地位的人的声音。因此，需要做出特别努力，与那些由于采用或推广可遗传的基因组编辑干预而更容易受到不利影响的人进行公开和包容的协商。

人　类

跨越世代

　　编码基因组的 DNA 成对的碱基结构使"遗传物质的复制机制"得以代代相传。到目前为止，我们的讨论集中在两代人之间的基因组修饰上；也就是说，遗传特征的修饰祖先世代与下一世代即他们后代之间的传递。编辑胚胎和正在开发的用于治疗某些遗传病（也可用于非治疗目的）的体细胞基因疗法之间的一个重大区别是，原则上，胚胎中的修饰在有机体所有细胞核中被复制，这样也就进入未来的人的"生殖系"。这意味着修饰可通过他们的配子（卵子或精子）传递给后代和能够被后代继承，并可能直到无限的未来世代，直到通过正常的重组和隔离机制（如任何其他等位基因发生的那样）消失，或者通过进一步的干预，也许基因组编辑，或者干脆不生孩子，这种传递被故意逆转。

这种跨越世代遗传的可能性不仅涉及对下一世代的责任问题，而且也涉及对未来世代的责任问题。有些人会认为，能够使他们的后代避免在每一代中出现不受欢迎的特征的可能性是有益的。另一些人则认为这是对他们的自由的一种傲慢的约束，一种试图让他们适应他们可能不想要的特殊生活。通过许多世代传递改变的潜能，使人们对安全性更担心了。这种潜能带来了一种担忧，即潜在的不良效应可长期酝酿而没有显现，只是在生命后期或若干世代之后才显现出来，到那时它们也许已经扩散到多个后代身上。除了简单的数量扩增外，任何这种扩散都可能涉及分配方面的不平等，因为它会影响到特定的家庭。另一方面，如果在第一世代或第二世代的后代中识别出某种高度渗透性的遗传上的不良效应，以及如果我们假定基因组编辑技术在第二代时至少与在第一代一样有效（以及后来的世代可能更有效），那么这将允许后继的世代采取进一步的干预，逆转或重写他们自己后代的修饰。尽管这种情况不大可能发生，但在任何情况下都不会比他们祖先的情况更糟，因此恢复原始变异可能仍然是不可取的。我们不可能抽象地将多大可能性赋予这种推测性的结局，但这也可能无关紧要：我们可以转而尝试鉴定我们对未来世代的责任的要求和限制。正如我们在本章第一部分对第一世代后裔所做的那样，我们再次面临这样一个问题，即如何为那些尚未存在的人的利益找到一种方法，以便在我们对他们的存在环境的道德推理中加以考虑，尽管现在这种考虑已经很差了。

对未来世代负有责任或义务的观念不仅与人类生殖的决定有关。近几十年来，这一观念在公众和学术讨论中尤其突出，讨论的主题从核能的发展到（特别是）环境退化和全球气候变化。最近，对有害的环境因子和分子造成的伤害的关注聚集在鉴定环境条件的表观基因效应上，这些环境条件是人类活动造成的。有些学者论证说，现在世代对其后代的生活条件所施加的权力要求我们发展一种独特的"代际公正"概念。这至少要求现在世代人承担一种责任，按照可持续发展的环境原则，为后续世代确保可接受福利水平的条件。虽然乍一看来在急剧变化的社会技术和环境情境中可持续性似乎是一项保守的原则，但下它可能要求采取更为激进的行动。

毫无疑问，在工业化国家人类的现在世代在许多方面使得他们的子孙后代共享的环境不那么可持续了。这些作用是如此显著，以至于许多科学家已经开始把他们存在的时期表征为地质年代中的一个新时期：人类世。人们会发现，已经慢慢适应某个特定的生物学生态位的人无法适应其迅速变化的生存条件。例如，气候变化无疑会使地球上相当大一部分地区不再适合人类居住。与此同时，在世界上许多人口稠密的地区，空气污染和人们在没有多少选择的情况下吸入或接触到的其他有害于 DNA 的毒素正在增加。

　　有人提出，基因组编辑可为这种困境提供一种补救办法，即允许引入一些特征，使未来世代更好地适应要求他们生活在其中的条件。由于基因组编辑可能使人能够在分子水平上指导自身的进化和地球上共同居住者的进化，这可能会以一种未受指导的进化过程无法达到的、但可能是环境灾难发生的所要求的速度发生作用。考虑到试图在分子水平上指导进化所隐含的巨大不确定性，目前这样的计划将是轻率鲁莽的。

　　如果一项技术应用的后果存在显著的不确定性，并且有理由相信某些结局可能是灾难性的，那么经常会援引某种众所周知（但诠释很不一致）的"防范原则"。在这种情况下，如果基因组编辑是唯一的选择，那么无论是选择还是不选择，都有可能产生灾难性的后果（一方面会毁掉未来人们的生活，另一方面也会意识到存在的威胁）。值得庆幸的是，基因组编辑并不是唯一的解决方案，尽管目前确定的解决方案中没有一个是容易或确定的。然而，尽管对防范性原则有许多不同的诠释，但它至少允许在目前采取行动，即使没有明确的证据表明将来可能发生伤害。因此，这一原则似乎至少要求进一步研究和开发基因组编辑技术，以防范未来的威胁。

　　在本章的第一部分，在考查有关个体的基因组编辑伦理学时，我们没有得出结论说，只要符合未来人的福利，就会强烈反对（安全、有效的）可遗传基因组编辑干预措施。在本章第二部分末尾，我们的结论是，这种干预将是错误的，如果它们造成不公正，但我们的结论不是绝对的；我们并没有说这些干预在原则上是错误的。我们讨论的论证集中于在个人和社会层次的可遗传基因组编辑干预。上面的例子开始讨论跨越世代的基因组编辑（扩展到数量不确定的未来世代）和物种层次修饰的含义。在这一章的开头，我们提出的问题是：为什么我们应该认识到我们将某种价值赋予使人们能够拥有他们想要的孩子。为了便于论证起见，我们提出，基因组编辑可能有助于拯救人类物种，或者可能导致其被取代。这样做的理由是为了阐明一个更深层次的问题：我们究竟为什么应该将某种价值赋予人类物种的生存？

跨人类论（Transhumanism，认为高新技术可大大增强人的智力和生理功能以致使人的状态发生转化。——译者注）

　　在本节中，我们将讨论基因组编辑可能导致人类物种自我克服的意见。我们将特别考虑"人类基因组"与人类本性之间关系的重要意义。最后，对这个问题的讨论将带我们进入这样一个问题，即基因修饰本身或某些种类的基因修饰是否具有东西，使得它们应该被绝对禁止，因为它们违反了对人类本身的本性具有根本意义的东西。

　　家谱、遗产和尊严　代际基因组编辑对当代基因组学发现所揭示的人类概念造成道德困扰的两个方面是：第一，它威胁到人类基因遗传的完整性；第二，它威胁到人类基因组身份的完整性。第一个方面涉及对世代之间遗传禀赋的传递线路的干扰，因为这条线路以某种方式把理论上的"人类家庭"联系在一起；第二个方面涉及对人类遗传禀赋这一概念类别的边界条件的干扰——这区分了"人类家庭"与非人类。许多学者和一些现有的法律文书可能被认为蕴含着，这两种形式的干扰都将（或可）被认为是道德上不允许的。特别是在一些人权论述中，经常根据侵犯"人的尊严"提出这种反对意见。

　　要注意的第一件事是，从描述性的观点来看，这些情况可能不是特别麻烦，如果干预只是用在家庭血统或在更广泛的人群中其他地方发现的变异代替配子或胚胎中的基因变异。一种典型的变异往往被称为"野生型变异"，尽管与其他动物物种一样，人也显示一系列正常的变异，而将变异表征为"非典型的"或"突变"的，往往负荷很重的价值。然而，实际的野生型变异只是一组可能变异的一个描述性子集（这些变异可能是进化带来的，就我们所知，它们已经存在于某个地方，但还没有被种群基因组测序所识别）。虽然很明显，一些组合的特征在生理上被禁止，因为它们不能共存于有机体（即它们对有机体是会致命的），至于那些组合依然存在，它们在生命中发生这一事实可能主要由于特殊的生殖遭遇和DNA 发生突变的结果。特别是考虑到不断变化的环境条件和进化压力，想象在现存或灭绝种群中观察到的变异代表了最终一组可能的、恰恰是人类的基因组状态，似乎是不合理的。

那种将人的尊严或人权与拥有某种特定基因组联系起来的"基因组本质论"似乎是不连贯的，因为人类基因组不是一个单一的、稳定的东西，也不是在所有细节上都与其他有机体的基因组不同。第一个反对将进化引离"野生型"的论证是，在实践中这样做是粗心鲁莽的。这是因为目前的知识相对贫乏，而且我们确实知道进化成本高昂（由于有虚假踪迹），这可能转化为实际的人类成本，而我们目前可能不知道如何通过理性设计做得更好。然而，这种反对意见对这样一种情况不那么令人信服：某种特定的变异被改变为在某一遗传近亲中找到的可清楚表征的野生型变异。此外，这是一个审慎的论证，而不是一个确定无疑的论证。

一旦消除了对基因编辑技术安全性的担忧，引发对基因编辑的绝对反对的这一关切，似乎更多的是对人在自身进化过程中分子层次干预的关切，而不是对未来人的本性的关切。然而，如果我们不愿意将这种关切作为有关个体的反对意见来接受，就像我们在本章第一部分讨论这个关切时不愿意接受的那样，那么我们似乎没有更好的理由将它作为有关物种未来的反对意见来接受。

公正与人性　然而，从社会公正的观点来看，有理由对基因组编辑和其他生物技术的可及表示关注。在本章的第二部分中，我们考虑了聚集个人选择的可能性能够导致与人口组成变化有关的社会规范的变化。我们注意到这如何通过生殖伴侣的选择以及也可能因表观遗传修饰而发生。长期以来，人们一直担心基因技术会导致"基因下层阶级"的出现。自 19 世纪 90 年代初以来，尤其是在美国，这些担忧一直集中在何种基因图谱可能揭示对疾病有遗传易感性上，可能使人们"无法就业，也无法投保"。如果情况是基因组编辑技术的可及分配不均（例如由于成本或可变的公共服务提供），可能导致具有社会优势的遗传特征集中在某些群体和家庭，而其他（不利的）特征集中在其他群体，则基因组编辑将以不同的方式加重这些担忧。

在几个世代里，可以想象"基因富裕"和"基因贫困"之间可能会出现分裂，这可能会破坏作为合乎道德地对待他人基础的"基因共济"。对这一想法的外推是想象设想"仅仅是人"与某种超越人的东西——"后人"（posthumans）——之间产生的区别，从而建立了一种潜在对抗性的对立。我们可以想象这种对抗不仅在生物学上表达出来，而且也在生物学上得到巩固。这样的未来已经被哲学家和科幻小说的作者想象为一个思想实验，它可以阐明我们当前行动的内在价值和后果。

人的尊严和人权

人的尊严概念具有悠久的历史，在哲学、政治、法律等领域发挥了重要作用。关于什么构成人的尊严以及它在政策和立法中应起的作用，存在着彼此竞争的观点。在援引人的尊严的不同话语中，是否有任何单一的思想在起作用，对此存在着分歧。

在哲学语境中，理论家往往诉诸人的尊严，他们的目标是阐明什么是人的特殊或独特之处。它被认为是人类而非其他动物拥有的一种特征，是人类独特价值和（道德）地位的基础。因此，有关人类尊严的问题与人格、自主性、理性、道德以及与人的规范性观念有关联的其他概念有着重要的关系。人的尊严也出现在是其他重要哲学观念的论述之中：例如在社会公正的"能力"径路之中，人的尊严观念是确定人们理应有的特定能力的关键。在世界许多地方，特别是在第二次世界大战结束之后，法律文书也广泛援引人的尊严的观念，这是人权法的基础。1948年的《联合国世界人权宣言》第1条规定，"人人生而自由，在尊严和权利上一律平等"。不可侵犯性、不可剥夺性和普遍性的观念是重要的相关联的观念，而人的尊严不仅对如何对待人施加了限制，也是所有人共有的固有特征，不论其国籍、种族、性别或其他特征如何这一观念是其在国际和人权立法中发挥作用的关键。

然而，有人曾论证说，没有一个单一的、连贯的人的尊严概念。例如，人们注意到，立法者可以将这一观念用于非常不同的目的，对人的尊严有"赋权"和"约束"两种观念，既可用于自由派政策，也可用于保守派政策的种种目的。此外，在具体说明用来鉴定人的尊严的所有人共有特点方面也存在问题；例如，将人类尊严的观念与人格或自主的概念紧密联系在一起的对人类尊严的哲学论述，可能会在解释幼儿或有严重精神障碍者的尊严（和权利）方面遇到问题。反之，将尊严视为人的基本的形而上学属性的论述，则被批评为晦涩难解或不合理。人的尊严的概念与人类基因组之间有着密切的关联，特别是在《世界人类基因组与人权宣言》之中。

虽然有些人把人的尊严作为人权的基础加以推进，但人权论述的连贯性并不取决于是否接受这一要求。

在脱离人性及其特定赋体形态的过程中，有人声称，一个后人（post-human being）也许不再承诺人的道德形态。这种后人与人的当前时代的关系也许在很大程度上类似于现在人与非人动物的关系。处于尊严论传统的学者们对此表示关注，他们看到了赋体、人性和人权之间的基本关系。例如，一群学者提出了一项保护"濒危的人"的新国际条约：

"克隆和可遗传基因改变可被视为一种独特的反人类罪：通过将进化掌握在我们自己的手中，并将其导向发展一个新的物种，有时被称为'后人'，这些技术能够改变人类本身的本质（因此威胁到改变人权的基础）。"

在提出这一建议时，他们是在回应美国政治学家福山（Francis Fukuyama）。福山在他的著作《我们的后人类未来》（*Our posthuman future*）中论证说，考虑到生物科学前所未有的发展速度及其效应的不确定性，"人性"发生改变的可能性不容忽视。然而，福山并不认为所有人都会因为安全风险而放弃使用基因技术，因此有可能出现优生学计划。他论证说，既然"人性对我们的公正和美好生活的观念至关重要"，"如果这项技术普遍推广开来，所有这些都会发生变化。"

然而，这种激进愿景的构建受到了经验障碍和理论反对的挑战。经验障碍是有可能发生这样的情况：不受控制的人口增长可能会湮没任何可能的优生学计划的结局。理论上的反对意见是，将人性和人权的基础建立在一种拥有独特演化形态的哺乳动物生物学类别之上，就是从根本上误解了人权的可能性条件，并且不必要地陷入一种本质论径路，这种径路可能有一些直觉上令人厌恶的后果。拥有"人"权不一定要推出有一个扎根于基因组的类别成员标准或任何其他特定的描述模式。尽管拥有一个共同的基因组为共济和利他主义提供了某些机会，也为我们认同和帮助他人提供了一种方式，但这并不是为什么我们应该这样做的理由。我们这样做的理由来自其他地方。

与一般人类有关的结论

诚然，我们在本节中讨论的可能性是牵强附会的。尽管要求一定程度的技术成就，这些成就在未来的某个时候也许可能也许不可能，但它们现在的价值不是作为一种预测，而是作为一种思想实验，帮助我们对基因组编辑前景的重要性进行反思。由此我们得出结论，重要的不是在基因组水平上保存或改变某一特定系列的特征，而是基因组干预对人和他们所在的彼此之间的社会关系的潜在后果。这些不是在对不确定结局的追求上，而是在对未来的取向上表达出来的。

由于我们正在利用人权的概念来解决这些问题，因此重要的是要考虑使用可遗传的基因组编辑干预措施是否有可能破坏这些权利的基础。我们的结论是，虽然某些特定干预涉及并可能侵犯人权，但它们并不威胁人权的基础本身。这是因为我们之拥有人权并不取决于是否拥有"人类基因组"，即使我们能够描述这种东西。因此，留下来的是我们需要根据基因组编辑如何涉及个人相互交织的权利和利益，以及联系这些个体所生活的社会中流行的权利体系和价值观念来考虑基因组编辑的合乎伦理的使用问题。

总　结　论

在本章中，我们探讨了与可遗传基因组编辑干预有关的三组考虑，即与直接参与其中的个人有关的考虑、与他人和他们所生活的社会有关的考虑，以及与人类和人性有关的考虑。基于在基因组知识不断增长的背景下我们对作为生殖选项的可遗传基因组编辑干预的理解（第 1 章），以及在第 2 章中我们发展的对作为一种有前途的技术的基因组编辑的更为广阔的视角，我们开始探讨将道德权重赋予人们拥有具有某些特征的有遗传关系后代的利益。我们发现，虽然他们在生殖计划中没有从他人得到援助的独立的积极权利，但他们的利益被认可为产生具有相当力度的道德诉求。由于生殖的特殊性质，从而向一个人提供的干预对另一个人（即尚未出生的未来的人）具有原发效应，我们考查了可遗传的基因组编辑干预的影响，特别是它们可如何影响未来的人的身份和利益。我们的结论是，仅当配子或胚胎（或其前体）的基因组编辑符合可能因此而出生的未来的人的福利时，才可在道德上允许。这包括程序本身有不可接受的不良反应的风险，以及也有这种选择可能给未来的人提供合理的理由来责备他们的父母的情况。我们再次强调，在目前的知识状态下，可遗传的基因组编辑干预能够可靠地确保成功修饰的复杂特征很少（也就是说，作为可实现的基因组修饰结果的这些特征将在未来的人身上可靠地表达出来）。出于这个理由，虽然可以克服对程序的安全性的担忧，但是除了有可供选择的办法来代替现有的程序以避免遗传性基因疾病或修饰对疾病风险易感的等位基因之外，很难预见可遗传基因组编辑干预的可接受使用。

我们的第二组考虑进一步限制基因组编辑程序的使用环境。这些考虑与直接参与的个人利益无关，而是与社会利益有关，特别是与在维护那些由于基因组编辑技术而在社会中的地位可能变得更脆弱的人的间接利益时的社会利益有关，人们认识到（正如我们在第2章中所观察到的），社会规范并不是一成不变的，可以预期会随着技术的发展而改变。然而，这些变化应该在广泛的社会辩论的背景下发生，这种辩论允许价值观和利益的差异浮出水面并加以权衡。在下一章，我们将更详细地考虑治理措施，包括法律和监管措施，在确保公众可接受的结局同时保护个人权利和促进社会公正中所起的作用。

在本章的第三部分，我们考虑了使用基因组编辑技术是否有任何明确的限制，比如引入前所未有的生物学变异（而不是恢复已知的"野生型"）。我们的结论是，如果这些实验不是生物学上的鲁莽行为，而且符合未来人民的福祉，不是社会分裂，也不是在没有事先社会辩论的情况下发起的，那么它们就不一定会破坏人权概念或未来有关个人的权利。鉴于目前的科学知识现状，任何可遗传的基因组编辑程序都不太可能在不久的将来满足这些条件。

我们认识到，在得出这些结论时，我们非常重视对社会规范的质疑，以便确定目前限制人们选择他们未来孩子某一特定特征的良好理由是什么。这些良好的理由实际上构成了发展和拥有基因组编辑技术的公共利益，这应该为这一领域的公共政策提供信息。这种公共利益的产生使一种社会进程，可能出现两种边缘化：第一种是偏离特定社会内部社会规范的价值观的边缘化；第二种是这样一种鉴赏的边缘化，那是对在造成不同公众和不同地区之间伦理差异的全球化世界中容纳不同社会结论的鉴赏。在下一章中将讨论这些含义，届时我们将考虑如何通过切实可行的法律和治理措施更好地确保遵守本章提出的原则。

评对贺建奎事件的评论和建议

雷瑞鹏

2018年11月26日贺建奎宣布他编辑了人胚胎基因组并成功地创造出了一对双胞胎后在全国和全世界引起轩然大波。许多权威性的科学家和生命伦理学家在权威性杂志上对贺建奎事件以及与基因组编辑有关科学、伦理学和治理问题进行了评论，提出了建议。本书已经收集了若干文章，本文拟就有关贺建奎生殖系编辑的有害性、基因编辑尤其可遗传基因组编辑的伦理和治理问题，对一些专家的评论和建议进行评述。

贺建奎编辑胚胎基因对孩子及其后代以至未来世代是否有害？

美国加利福尼亚大学柏克利分校整合生物学和统计学系的魏新珠（Xinzhu Wei 的译音）和丹麦哥本哈根大学地球遗传学研究中心 Rasmus Nielsen 联合在 Nature Medicine（25：909-910）发表了一篇题为"CCR5-Δ32 is deleterious in the homozygous state in humans"（在人的纯合子状态下，CCR5-Δ32 是有害的）的文章，证明贺建奎用基因编辑技术删除胚胎的 CCR5 基因对露露和娜娜及其后代以至未来世代的健康和生命可能是有害的。他们利用 409,693 名英国血统个体的基因型和死亡登记信息，研究了 CCR5-Δ32 突变的适应性效应。他们估计 Δ32 等位基因纯合个体的全因死亡率增加 21%。

他们指出，贺建奎没有在科学文献中介绍他的实验，但是网上信息描述了他引入 CCR5 基因突变，模仿 CCR5-Δ32 突变的效应，这种效应曾为欧洲人提供针对 HIV 的保护。虽然这些突变与 CCR5-Δ32 不完全相同，且突变的后果未知，但所述的目的仍然是预防 HIV。CRISPR 实验引发了一系列明显的伦理问题。事实上，尽管 Δ32 提供了针对 HIV 的保护，也可能提供对其他病原体例如天花和黄病毒的保护，甚或有助于中风后的康复，但它似乎也削弱了对其他某些传染病的抵抗力，比如流感。由于最近有大量的基因组数据的数据库可用，直接研究个体突变的适应性效应现在已经成为可行。根据之前在较小数据集中的报道，我们可以预期，Δ32 突变在纯合子状态下是有害的，这表明 Δ32/Δ32 基因型个体在感染流感时死亡率增加，发生某些传染病的可能性是 4 倍。他们利用英国生物样本数据库的 409,693 名英国血统个体的基因型和死亡登记信息来研究检验这一假说。Δ32 在英国人群中出现的频率为 0.1159，英国生物样本数据库中包含了来自 Δ32 等位基因纯合的数千个体的数据，这提供了一个机会将这些个体的死亡率与 Δ32/+ 和 +/+ 个体进行比较。他们计

算出这三种 Δ32 基因型的每一种（年龄 41~78 岁）每年的存活率（1-死亡率），这是可得数据所允许的全部范围。由于 77 岁和 78 岁的样本量小，他们主要报告 76 岁前的存活率。在英国生物样本数据库志愿者中，70~74 岁的死亡率比一般英国人口中同年龄的人低 46~56%。收录参加研究的 76 岁以前的个体的未校正存活率是：Δ32/Δ32 为 0.8351，Δ32/+为 0.8654，+/+为 0.8638，这说明在 76 岁前 Δ32/Δ32 的总死亡率比其他基因型高约 21%。平均收录年龄为 56.5 岁，因此数据在很大程度上反映了这个年龄以上人群的死亡率差异。他们用一般人群每年的死亡率来部分纠正死亡登记延迟和确定偏差。校正后，Δ32/Δ32 基因型的个体活到 76 岁的概率比其他基因型的个体低约 20%。他们的结果表明作为 Δ32 突变的纯合子与队列中预期寿命的降低有关，这一发现与之前的报告相呼应，即 Δ32 降低了对流感和其他传染病的抵抗力。虽然 Δ32/+也提供了对 HIV 的保护，但我们没有观察到 Δ32/+与+/+个体之间的死亡率有任何差异。这可能反映了英国生物样本数据库队列的健康志愿者效应，如果感染 HIV 或因 HIV 感染而死亡率较高的个体，不太可能被招募。在这种情况下，他们对死亡率的估计反映的是接触 HIV 减少的个体，那么有关 Δ32/Δ32 的死亡率增加的结论是有关这些个体的。如果是这样，也就意味着 Δ32 在 HIV 存在时是超显性的；也就是说，突变的杂合个体具有最高的适应度。如果没有 HIV 或该突变提供保护的其他感染因子，该突变将处于负方向选择。然而，由于目前英国人口中只有大约 0.16% 的人感染了 HIV，这种保护的受益可能太小，不足以对他们的研究中生存概率产生可检出的影响。功能基因缺失的纯合子性与适应性降低相关联，这也许并不令人意外。这强调了这样一种观念，即使用 CRISPR 技术或其他基因工程方法在人类中引入新的或衍生的突变会带来相当大的风险，即使这些突变提供了一种可感知的有利之处。在这种情况下，对抵御 HIV 的成本可能是增加对其他疾病以及也许更为常见的疾病的易感性。

在他们的文章发表之后，美国公共广播电台（National Public Radio）于 2019 年 6 月 3 日发表了与本文作者之一 Rasmus Nielsen 的访谈（https://www.npr.org/sections/health-shots/2019/06/03/727957768/2-chinese-babies-with-edited-genes-may-face-higher-risk-of-premature-death?from=groupmessage），题为"两位经过基因编辑的中国婴儿可能面临高风险的早夭"。报道中说，现在看来，根据周一发表的一项研究，中国科学家在编辑双胞胎女孩 DNA 时试图重新制造的遗传变异也许对她们总体健康的伤害要大于受益。在 Nature Medicine 发表的这项研究，包括了 40 万人的 DNA。领导这项新研究的加州大学柏克利分校的整合生物学教授 Rasmus Nielsen 说"这是一个警世的故事"。去年秋天中国科学家贺建奎宣布他从利用 CRISPR 这一基因编辑工具在他实验室编辑了其 DNA 的胚胎中创造了两个双胞胎女孩。他说他修饰了一个已知为 CCR5 的基因以保护女孩免予感染 HIV。但也有证据证明，CCR5 变异有其他效应，例如使人对西尼罗和流感病毒更易感。Nielsen 说，"我们知道它有许多不同的效应。问题是：有了这种突变总体上是有益的还是有害的？对此我们不知道"。因此，Nielsen 及其同事分析了 40 多万人的相关数据，他们的基因和健康记录储存在英国生物样本数据库内。Nielsen 及其同事报告说，就总体而言，研究者发现有两份拷贝的 CCR5 变异的那些人大约有 21% 活不到 76 岁。Nielsen 说，"我们发现他们的死亡率显著增加"，"这是相当可观的。我们很惊讶效应会如此之大"。其原因尚不完全清楚，但 Nielsen 认为，这可能是因为人们越来越容易感染流感。Nielsen 说："这是一个可能的解释。"这些发现凸显出，为什么这位中国科学家现在做他所做的事情还为时过早。Nielson 说："现阶段有很多理由不生 CRISPR 宝宝。其中一个事实是，我们无法真正预测我们诱发的突变的效应。"

我们认为魏新珠和 Nielson 的研究结果非常重要，因为这在科学上对贺建奎所谓利用可遗传的基因组编辑预防后代感染 HIV 的主张提出了严重的质疑。首先是，在目前科学知识条件下，基因组编辑后的效应存在很大的不确定性。这是科学家以及审查有关基因编辑研究方案的各级伦理审查委员会必须严肃认真考虑的。如果考虑不周密不慎重，可遗传基因组编辑的结果不但将伤害生产出的孩子，而且对人类的未来世代贻害无穷。他们的研究还有一点非常重要，就是他们利用了英国的人类生物样本数据库（Biobank），没有这类生物样本数据库，就难以得出这一重要的研究结果。这一研究突出说明了生物样本数据库对生物医学和公共卫生研究的重要性，我国虽然建立了不少不同类型的生物样本数据库，但由于一些科学家对生物样本数据库的意义认识不足，因此一些库的利用率不高。

在贺建奎事件中贺建奎及其有关机构和监管机构有哪些错误问题？

英国科学记者 Ed Yong 在 2018 年 12 月 3 日美国《大西洋月刊 The Atlantics》一期发表了一篇题为 "The CRISPR Baby Scandal Gets Worse by the Day"（CRISPR 婴儿丑闻江河日下）的文章，论述了世界上第一个基因编辑婴儿的创造充满了技术和伦理上的错误。作者认为这些错误有：①贺建奎没有去解决未满足的医疗需要。他认为 HIV 病毒利用 CCR5 基因作为进入人体细胞的途径，试图使用基因编辑技术使 CCR5 失去活性，尽管娜娜和露露的父亲都是 HIV 阳性，但实际上两个婴儿都没有感染 HIV。但 HIV 可以通过安全性教育或抗病毒药物来控制。使用像基因编辑这样极端且未经检验的方法的理由是站不住脚的。失活 CCR5 也不能完全对 HIV 免疫，因为一些病毒株能够通过不同的蛋白质进入细胞。虽然天生缺乏这种基因的人看起来很健康，但他们可能更容易感染西尼罗病毒，而且更有可能死于流感。因此贺建奎让娜娜和露露对 HIV 产生了抗性，而这种病毒本可以用无数其他方法避免，然而却让她们面临其他危险。②实际的编辑没有很好的实施。贺建奎的数据尚未发表或经同行评议，因此他的实验的许多细节都不清楚。但根据他在香港峰会上展示的幻灯片，其他科学家业已谴责这项工作太业余。例如，他似乎只成功编辑了露露 CCR5 基因的一半。这可能或者是因为她体内的每个细胞都有一个正常的 CCR5 拷贝和一个编辑过的拷贝（她是杂合的），或者是因为她的一半细胞携带两个编辑过的基因，另一半携带两个正常的基因（她是嵌合体）。如果是前者，她就不会对艾滋病毒有抵抗力。如果是后者，这取决于她的免疫细胞是否特异性地携带编辑过的基因。同样的情况也可能发生在娜娜身上，从幻灯片上看，她似乎在某个地方也有正常的 CCR5 拷贝。更重要的是，经过编辑的细胞似乎没有以正确的方式进行编辑。他在露露和娜娜体内引起了完全不同的 CCR5 突变，他制造了新的突变，既没有理由认为它们是保护性的，更没有理由认为它们是安全的。③目前还不清楚这些新的突变会产生什么作用。贺建奎在娜娜和露露的基因组中引入的三种突变中，至少有两种是实质性的变化，这些变化可能会改变 CCR5 如何发生作用。通常情况下，科学家会将相同的突变引入小鼠或其他实验动物体内，看看会发生什么；如果招募 HIV 患者，取出一些免疫细胞，引入新的 CCR5 突变，将细胞移植回来，并监测志愿者是否健康，这可能需要数月或数年的时间。但贺建奎似乎跳过了所有这些基本检查，将经过编辑的胚胎植入了一名妇女体内。因此，露露和娜娜是尚未在动物身上试验过的变异基因的测试对象，这是令人震惊的：贺建奎们公然无视我们现有的、有关人们应该如何对待任何拟议中的干预措施的所有规则和惯例。④在知情同意方面存在的问题。目前尚不清楚贺建奎试验的参与者是否真的知道他们签名参加的是什么。他依靠一个艾滋病协会来接触患者，并错误地将自己的工作描述为"艾滋病疫苗开发研究计划"。他在香港峰会上告诉与会代表，他和另一位教授亲自带领志愿者通过了信息同意程序。但获得同意是一项要求接受训练的特殊技能；但他没有。他使用的同意书描述了 CRISPR 和基因编辑，但他使用了大量的技术语言。他说他的病人"受过良好的教育"，已经对基因编辑技术有了了解。但根据中国杂志《三联生活周刊》的新闻报道，当有关贺建奎实验的新闻报道出来时，一个人退出了实验，他对生物学只有高中水平的了解，仅仅听见过"基因编辑"这个术语。这名男子声称，他没有被告知脱靶效应的风险，也没有被告知基因编辑是一项被禁止的、在伦理学上有争议的技术。同意书不是一份同意表格。贺建奎的同意书中一点也没有提到使 CCR5 失去活性的任何负面后果，反而更专注于免除他的团队对过程中出现的问题的法律责任。该表格还赋予他的团队在杂志、日历、广告牌、宣传、产品包装以及汽车和电梯海报上使用婴儿照片的权利。⑤贺建奎在秘密的掩护下行动。据贺建奎自己承认，他没有把实验的情况告诉他所在的机构南方科技大学，他在 2018 年 2 月开始停薪留职，开始他的秘密工作。该校在一份声明中称，该项目"严重违反了学术伦理和标准"，并计划对此展开调查。贺建奎声称他得到了深圳和美妇儿科医院的伦理审查委员会批准。但在一份声明中，医院院长表示，该医院伦理审查委员会从未开会讨论过这样一项研究计划，贺建奎的批准表格上的签名"涉嫌伪造"。与此同时，他的实验室网页已经消失了，在政府网站上一些赞扬他其他工作的声明也消失了。⑥组织了一场花言巧语的公关活动。贺建奎把许多人蒙在鼓里，更令人吃惊的是，他还组织了一场公关活动。他聘请了美国公关咨询师 Ryan Ferrell 担任顾问。他在 YouTube 上创建了五段视频，描述了他的所作所为及其背后的原理。虽然他做了所有这一切，但他的工作的实际技术细节并没有在任何官方出版物中公布。⑦有几个人知道他的意图，但未能阻止他。即使他在科学会议上谈到了他在其他动物身上的基因编辑研究，但他仅仅与经过选择的少数人讨论了他的编辑人类胚胎的雄心壮志。这些人包括他的 Rice 大学前导师 Michael Deem，Deem 在该研究计划中起了积极的作用，据报道在几名患者同意参加时他也在场。（Deem 持有贺建奎两家公司的少量股份，目前正因卷入此事而接受调查。）其他科学家则并不支持。据 STAT 报道，他还咨询了加州大学伯克利分校的 Mark DeWitt，后者告诉他不要继续这项研究计划。美联社还报道称，他曾向斯坦福大学的前导师 Stephen Quake 表达过编辑人类胚胎的兴趣，后者告诫他要寻求伦理建议。今年 2 月，他还告诉斯坦福大学的 Matthew Porteus，他已经获得了医院的批准，可以继续进行他的实验。Porteus 对美联社表示，他对贺建奎的幼稚和鲁莽感到愤怒，但在斥责了他之后，认为贺建奎不会这么做下去。香港峰会主席 David Baltimore 称这一事件是"科学共同体自我监管的失败"。但生命伦理学家 Hills 表示，如果人们和他们一起工作，科学家们真的能辨认出一个坏蛋吗？答案是否定的。我们只是假定，如果某人是同事，他们有共同的价值观。她补充道，我们没有一个监督基因编辑的国际组织。中国的不同寻常之处在于，它确实有一个医学伦理机构负责监督中国的所有医学研究，斯坦福大学伦理学和法学教授 Hank Greely 指出，植入胚胎这一步骤将被视为在未经 FDA 批准的情况下分发一种新药，这是违犯联邦法律的罪行。⑧他的行动违反了全球共识。在某种程度上，全球对在人类胚胎上使用基因编辑技术达成了共识，那就是：不要急于求成。2015 年，美国国家科学-工程学-医学科学院召开了一次由科学家、伦理学家和其他人士参加的国际峰会，讨论了这个问题。而这是该组织 2017 年发表的一份具有里程碑意义的报告的观点。该报告并没有直截了当地要求完全禁止生殖系基因编辑，但是说，"需要小心谨慎"。唯有在"严格监督"、"最大透明性"和"缺乏合理替代方案"的临床试验中，以及唯有进行"更多研究以满足合适的风险/受益标准"以及"公众的广泛参与和发表意见"之后，才能进行这项工作。贺建奎他的工作既匆忙又保密，显然不符合这些标准。而且贺建奎写道，美国国家科学院在 2017 年的报告中"首次"批准了人类胚胎中的生殖系基因编辑，以治疗或预防严重疾病。他好像把没有红灯当成了绿灯。⑨贺建奎的行动违犯了他自己国家的伦理观点。2017 年 7 月，他在冷泉港实验室的一次会议上有提到他编辑人类胚胎的计划，但他提到了 Jesse Gelsinger 的案例，（这是在美国宾州大学发生的一件基因治疗的丑闻，在一项基因治疗的临床试验中，选择受试者不符合科学和伦理标准、违反知情同意程序，并且 PI 有严重利益冲突导致受试者 Jesse 死亡的案例——编者注）他居然还敦促科学家在编辑胚胎基因组之前谨慎行事。⑩贺建奎好似寻求伦理咨询但对建议置之不顾。据 STAT 的 Sharon Begley 报道，贺建奎与斯坦福大学的生命伦理学家 William Hurlbut 以及他在亚利桑那州立大学的儿子 Benjamin Hurlbut 进行了详尽的交谈，但并未接受他们的劝阻。⑪没有办法说贺建奎的工作有什么好处。威斯康星大学麦迪逊分校的生命伦理学家 Alta Charo 说，无法评估这是否真的带来了任何好处。如果她们到 18 岁仍然是 HIV 阴性，也没有办法证明这与编辑有任何关系。⑫贺建奎毫无悔意。在香港峰会上发表讲话时，他表示了歉意，但只是因为有关他工作的消息在他能够在一个科学场所发表之前"意外泄露"了。关于实验本身，他说："我感到自豪。"⑬科学共同体内一些人闪烁其词。在他的爆炸性新闻发布后，香港峰会的组织委员会，发表了一份措辞平淡的声明，只是重申了之前报告中的结论。峰会后发表的第二份声明较为强硬，称贺建奎的言论"令人深感不安"，他的工作"不负责任"。但是第二份声明仍然讨论了将创造更多的基因编辑婴儿作为一个应该努力的目标。声明说，风险"太大了，目前不允许进行基因编辑的临床试验"，但"是为此类试验确定一条严格而负责任的转化途径的时候了"。来自哈佛医学院的 George Daley 是这次会议的组织者之一，他在会议期间也表达了类似的观点。一个监督团体，在社会中的遗传学研究中心（Center for Genetics in Society）说："尽管会议主席以赫胥黎（Huxley）的《美妙新世界》（*Brave New World*）作为峰会的开场白，但会议上的讨论很少，而且在结论性声明中丝毫也没有提示对社会后果进行有意义的讨论。"⑭一位著名的遗传学家维护贺建奎。在接受《科学》（*Science*）杂志采访时，哈佛大学一位深受尊重的人士、CRISPR 先驱 George Church 说，他觉得在有关贺建奎的事情上"有义务在这件事上保持平衡"。Church 提示，贺建奎似乎受到了欺凌，他的实验中"最严重的事情"是"他没有把文书工作做好"。加拿大遗传学顾问协会（Canadian Association of Genetic Counsellors）当选会长 Alexis Carere 说："Church 的言论极其不负责任"，"如果有人违反了我们制订的规则，我们有充分的理由把这件事说出来。他的言论的不幸后果是，它让人觉得似乎存在某种平衡，而 Church 正好处于中间。不存在这种平衡。"Carere 也对 Church 访谈的其他部分感到失望，她说："在 Church 的访谈中，每一句话都是我从未听说过的新的伦理准则。"例如，Church 指出，"只要这些孩子都是正常、健康的，他们在运动场上和家庭中都会过得很好"。但不符合伦理的行动仍然是不符合伦理的，即使没有出什么差错。⑮这类丑闻很容易再次发生。去年，全世界都知道一群科学家复活了一种叫作马痘的病毒。一些研究人员和伦理学家对这项工作提出了批评，他们论证说，这将使其他人更容易再造出相关的而且危险得多的天花病毒。这揭示了现代科学核心内部的一个脆弱性。也就是说，一小群研究人员可以对可能产生全球性后果的实验做出几乎单方面的决定，而其他所有人只能在事后才知道这些决定。何建奎的实验就是在最强烈的光线下揭示了这种脆弱性。

我们认为，这篇文章除了指出贺建奎的科学和伦理上的错误外，还特别指出了贺建奎虽然犯了明显违反国际科学共同体共识的错误，但在深层科学共同体存在着一股实际上支持他的涓流，尤其是他指出当代科学核心内部的一种脆弱性，即一小群研究人员可对产生全球性影响的实验做出单方面的决定，而其他所有人只能在既成事实后才知晓并不得不面对。这应该是我们强烈要求发展新兴技术有透明性、要求在研究的"上游"公众参与决策以及对之加强监管的理由。然而，作者所使用的某些文字使人感觉到，作者似乎不是太了解可遗传基因组编辑在预防严重遗传病对人类的重要意义，我们主张的"暂停"是暂时停止可遗传基因组编辑的临床试验和应用，而不是停止其基础研究和临床前研究。

怎么才是负责任的基因编辑？

那么，怎么样的基因编辑是负责任的呢？2019 年 1 月 16 日《新英格兰医学杂志》*The New England Journal of Medicine* 发表来自美国哈佛医学院 George Q. Daley、英国弗朗西斯·克里克研究所 Robin LovellBadge，和法国巴黎大学 Julie Steffann 三人的评论文章，题为"After the storm：A Responsible Path for Genome Editing（暴风雨之后——基因编辑的负责任之路）"，在这篇文章中他们试图回答这个问题。他们首先指出，最近宣布的一对双胞胎的出生，她们的基因组在体外受精过程中被编辑，这引起了广泛的谴责，因为这是对初出茅庐但强大的生物技术的过早临床应用。贺建奎可能声称，他是世界上在人类胚胎中首次使用 CRISPR-Cas9 基因组编辑技术的第一人，但他将永远被人们记住他不顾后果地蔑视广泛表达的科学、临床和伦理标准。他们指出，现有的使用病毒载体进行体细胞基因治疗的监管框架经过了几十年的试验的磨炼，应该能有效地平衡科学严格性、患者安全性与体细胞基因组编辑试验的创新。只要患者的福利得到优先考虑，通过对体细胞进行基因组编辑来治疗疾病就不会引起什么伦理上的担忧。这一希望远远超过了医疗风险。然而，他们认为，虽然世界上第一次胚胎编辑的应用存在严重缺陷，尤其是因为它没有去解决未满足的临床需求，并促使人们要求暂停或彻底禁止，但明智的办法是以更负责任的方法使人类受益。那么，什么是更负责任的方法呢？

他们接着指出了胚胎编辑遇到的科学和伦理障碍。2015 年，首次报道基因组编辑应用于体外人类胚胎，美国国家科学、工程与医学科学院，英国皇家学会和中国科学院召开了第 1 届人类基因编辑国际峰会，讨论体细胞组织编辑和涉及配子或胚胎的生殖系编辑提出的科学、社会、伦理和监管问题。组织委员会认可即将来临的体细胞组织编辑以治疗疾病为目的应用于临床，并支持进一步研究人类胚胎的基因组编辑，以探索早期人类发育并设法确保用于避免儿童遗传病的基因组编辑。该委员会强烈认为，后者的任何临床应用都是过早和不负责任的，并要求国际团体进一步审议，以制订统一的科学和伦理框架，并确定哪些临床适应证（如果有的话）可被认为是允许的。然后，他们指出，第 2 届人类基因组编辑国际峰会于 2018 年 11 月在美国国家科学院和英国皇家学会以及香港科学院的赞助下在香港举行，令人吃惊地宣布基因组经过编辑的双胞胎的诞生支配了这次会议。尽管如此，组织委员会重申"临床实践的科学理解和技术要求仍然太不确定，风险太大，无法在此时进行生殖系编辑的临床试验"，而且贺建奎的报告"令人深感不安……不负责任，不符合国际规范。"2018 年的峰会还强调了过去 3 年的科学进展，这些进展产生了非常精确的编辑技术，具有极低的脱靶突变率，以及新的碱基编辑方法，以避免潜在地有害的 DNA 双链断裂。在伦理学领域也已经取得了同样的进展。事实上，所有报告基因组编辑科学和伦理前景的 60 多个研究团体都认为临床胚胎编辑为时过早，但有些人承认它具有避免高危夫妇传递遗传病的潜力。这种潜力取决于是否对科学有更多的理解，以及对特定临床使用是否得到更广泛的社会接受。

他们认为负责任的基因编辑，首先要求：①在科学方面，任何转化途径都要求有界定中标的有效性和潜在的脱靶有害突变的标准。细胞和模型生物的功能评估对于进一步阐明毒性风险至关重要。对于人类胚胎的基因组编辑，需要就使嵌合现象（对早期胚胎单个细胞编辑不完全或不均匀）最小化的技术达成共识。未回答的问题包括如何最好地将临床方法标准化，如何在临床实践之前确保执业人员具备专业知识，以及如何在使用这些方法后监测出生的儿童，同时尊重他们的隐私。还有一些关于成本、可及性和社会公正的困难问题，一旦这些方法被证明是有效和安全的，就需要回答这些问题。现在的问题是，我们是否需要一个许可制度或有专业知识的监管机构来评价特定基因改变的性质、改变基因的临床需要、相关的临床前数据和临床研究方案。②负责任的基因编辑要求，在伦理方面则应该能使公众广泛参与对各种应用的考虑，应该仅在科学和社会问题能够得到充分解决，行使法定管辖权的国家或地区已经做出了决定的情况下，人类胚胎的基因组编辑才得以进行。③负责任的基因编辑还要求认真对待优生学的复活和社会公正问题。尤其是编辑与避免疾病或保持健康无关的有利性状的基因，例如优化智力、记忆力、创造力、勇气或力量等性状的努力引发了优生学的幽灵——以及有关社会公正的棘手问题。如果允许进行这种干预，会不会只有少数特权阶层才能可及，从而加剧不平等？那些潜在的有利基因编辑有可能引发心血管疾病、中风、痴呆、癌症或易患传染病的风险怎么办？在这种情况下，风险与受益之间的平衡更难计算，而且大多数研究组得出的结论是，这种权衡目前无法理性化（意指目前还无法用充分的理由给予辩护。——作者注），至少对有关基因和基因变异缺乏更广泛的了解情况下无法理性化。这让用于预防毁灭性遗传病的生殖系基因组编辑怎么办？④负责任的基因编辑也要考虑维护健康，避免个人和家庭痛苦的社会需要。风险-受益的分析无法理性化是一个方面，另一方面是生殖系基因组编辑也许是使后代避免致命遗传病的唯一办法。目前已知有数千种遗传病是孟德尔遗传方式罕见基因变异的结果，在这些变异中，疾病等位基因已得到很好的理解，而且在健康人群中，这种等位基因恢复到常见形式不大可能带来伤害。当一对夫妇的两个成员都携带纯合子隐性疾病等位基因，或者其中携带例如亨廷顿舞蹈症一个常染色体显性疾病等位基因的一人是纯合子时，基因组编辑提供了生育一个健康的、有遗传关系的孩子的唯一希望。尽管这类病例总体上极为罕见，但当疾病等位基因在一个社会或地理群体中的频率很高时，它们就会成群出现。此外，罕见性始终会驱使家庭寻求医疗解决方案。关于更常见的挑战——传递常染色体隐性或显性遗传病的夫妇——人们一直争辩说，基因组编辑是不必要的，因为体外受精和植入前遗传诊断（PGD）能够鉴定无病胚胎。不幸的是，在大多数此类病例中，PGD 未能导致健康婴儿的出生。许多胚胎不适合转移，因为它们受到遗传疾病或质量差的影响。此外，在一些妇女和在一些危及生育的遗传病的情况下，很少能获得胚胎。欧洲人类生殖与胚胎学联合会（European Society of Human Reproduction and Embryology Consortium）的数据提示，2011～2012 年，PGD 预防单基因疾病的成功率为 20%。Béclère-Necker 医院的 PGD 中心报告说，在提取卵母细胞的周期中，只有 18% 的活产成功，在经历多个周期的夫妇中，健康婴儿的总出生率只有 27%。相当大比例（27%）的 PGD 周期不能产生可转移的、可存活的胚胎。常染色体显性疾病（如强直性肌营养不良、亨廷顿舞蹈症、1 型神经纤维瘤病）是 PGD 的常见适应证。在这里，失败率更高，因为只有 50% 的胚胎被认为是无病的。应用基因组编辑技术可以挽救那些携带异常等位基因的可存活胚胎，在理论上这将使健康婴儿的出生概率提高 1 倍。此外，在人类发育的非常早期阶段，基因组编辑可能比体细胞疗法在消除基因缺陷方面更有效：它不仅能治疗个体自身，还能从后继世代中根除这种疾病。对于某些疾病，如影响运动神经元或脑部的疾病，在出生时使用躯体疗法已经太晚了。⑤负责任的基因编辑也必须考虑病人家庭的可负担性。随着消费者基因组学的兴起和全基因组测序成本的下降，有风险的夫妇一定会寻求任何未来的基因干预，让他们拥有健康的孩子。此外，随着常规治疗方法和体细胞基因治疗的日益成功，越来越多的遗传病患者将活到生殖年龄，并希望在不传递疾病基因的情况下拥有自己的孩子。生殖系基因组编辑可最终被证明是一种效率更高和更有效的消除疾病的方法。⑥负责任的基因编辑必须考虑公众的可接受度。已发表的民意调查和公众参与活动显示，如果判定是安全的，那么基因组编辑预防遗传病的前景就会得到广泛的公众支持。然而，公众强烈反对通过编辑基因组来增强人类性状，对被认为可允许的任何基因编辑方法的应用都必须加以监管，以防止滥用。我们认为这篇文章作者提出的负责任的人类基因组编辑的六点要素，是非常值得我们科学家、伦理学家和监管机构考虑的，我们需要将这六点要素转化为规范性的规定。

编辑人类基因组有哪些道德上的理由？

澳大利亚墨尔本大学儿科学系 Christopher Gyngell，澳大利亚墨尔本默多克儿童研究所 Hilary Bowman-Smart，英国牛津哲学系牛津 Uehiro 实践伦理学研究中心 Julian Savulescu 为 Journal of Medical Ethics（2019；0：1–10）撰写一篇特写文章，讨论"编辑人类基因组的道德理由"（Moral reasons to editing the human genome）。作者指出，基因组编辑技术在最近几年发展迅速，并表明我们未来能够精确编辑人类生殖系。最强有力的基因编辑技术是 CRISPR-Cas9 系统。CRISPR-Cas9 自然存在于细菌中，其功能是通过将病毒 DNA 切割成小的、无功能的片段以防御病毒。2012 年，加州大学伯克利分校的一个研究团队证明，在实验室中可将 CRISPR-Cas9 加以修改，从而几乎可将任何 DNA 序列作为靶标。2015 年 4 月，CRISPR 首次被用于人类胚胎的编辑。2017 年 8 月，美国的研究人员利用 CRISPR 纠正了人类胚胎中的一种突变，这种突变导致致命的心脏疾病——几乎没有脱靶突变。2018 年 11 月，贺建奎博士宣布将 CRISPR-Cas9 系统用于编辑双胞胎露露和娜娜的基因组，为了使她们抵抗 HIV。这一企图遭到谴责，由于其实验性质和缺乏对儿童福利的考虑。这样的研究引发了关于基因组修饰伦理学的广泛争论。生殖细胞（胚胎、精子和卵细胞）的基因组编辑最初非常有争议，导致一些人呼吁彻底禁止这一应用。尽管如此，专家们已经达成广泛共识，认为在研究中进行基因组编辑在道德上是允许的。然而，用于生殖的基因组编辑，这种被称为可遗传基因编辑（HGE）的实践，一直争议很大。

2018 年 7 月，纳菲尔德生命伦理理事会发表了题为《基因组编辑与人类生殖：社会和伦理问题》（Genome editing and human reproduction：social and ethical issues）的报告。这份报告对于支持一种基于伦理原则对 HE 进行评估的径路具有重要意义。只要符合促进个人福利和社会共济的原则，HGE 的任何特殊使用在道德上都是允许的。作者认为，纳菲尔德报告鉴定出许多情况，其中 HGE 可能是产生一个有基因关系的孩子的唯一选择。这些情况包括 y 染色体缺陷的病例，或双亲中一方为纯合子的显性病况。HGE 可能是必要的但更有可能的场景是，有不受影响的胚胎的机会将是低到非常低。例如，在显性病况下，一个或两个亲本可能是杂合的，或者在存在多个不希望有的独立排序变异。但报告中没有提到另一种情况，即当生殖细胞系（如精原干细胞内）发生显性新突变时，HGE 可能是产生健康的基因相关儿童的唯一选项。该报告提出了使用 HGE 来避免复杂病情的可能性，这种病情在人群中很常见，而且由于涉及大量基因，很难通过选择性方法避免。展望 HGE 广泛应用的未来，该报告设想了多种可能的应用。这些包括增强免疫力和对疾病的抵抗力，对不利环境条件的耐受性（如空间条件），超能力或其他各种因素，如制造维生素而不是不得不服用维生素的能力。

报告指出，这项技术发展的社会和政治驱动力最初可能是利用胚胎进行"基础"研究，而基因组编辑在人类生殖中的应用有可能带来社会变革，而政策和监管将在这一变革的过程中发挥关键作用。报告指出了三种对新技术融入环境的担忧：第一，由于技术发展势头失控，我们可能只是"梦游"般地进入一个新世界；第二，该技术可能会受到功能潜变

（function creep，这是指原来赋予技术某种功能，后来不知不觉担负了其他功能，而相关的人不知情。——编者注）的影响，其使用可能会以道德上令人不安的方式扩展；第三，我们可能正在走向滑坡，没有可靠的伦理学或法律手段来区分道德上不可接受的应用与道德上可接受的应用。鉴定这些担忧有助于认识到在更好的治理和伦理反思可能发挥更重要作用的过程中的关键点。报告对围绕 HGE 的伦理问题的径路主要以人权和利益的概念为框架，以期制订普遍性原则。它通过三种不同种类的利益的视角考查伦理问题：①受到技术直接影响的个人（父母和未来的人）；②社会，尤其是那些可能不那么直接的和直接的方式同时受到影响的人（如患有遗传疾病的人）；以及③人类全体和未来世代的利益。这一考查的结论是，"所有这些考虑都没有提出一个将构成禁止可遗传基因组编辑干预的绝对理由的伦理原则"。报告注意到，就个人的利益而言，使用 HGE 必须在未来父母的利益与可能产生的未来人的福利之间取得平衡。出于各种各样的理由，未来的父母往往希望孩子与他们有基因上的联系，其中大多数是"凭感觉的也是有理由的"。尽管如此，这并不一定由此得出结论说，这些愿望构成拥有一个基因相关孩子的任何道德诉求。然而，该报告探讨了为什么应该支持他们生殖计划的两个理由。第一个理由是来自这样的观点，生育是一件好事，从自然主义视角来看，生育是人类功能和繁荣的基本部分，是人类对自然的人的欲望的满足。更为温和地说，将生育视为一种好事可能来自认识到社会安排有利于生育。然而，正如报告的结论所说，显然很难认为生育本身是好的。人们应该支持他们生殖计划持的第二个理由是出于对生殖利益的尊重。这些利益导致消极权利和积极权利，尽管后者的适用范围可能取决于社会情境。然而，父母的生殖利益必须受到另一组利益的约束：未来人的利益。当然，这提出了诸如无身份标识问题（non-identity problem）等问题，报告以下列方式处理这些问题。有许多可能的孩子以父母可能有的心理意象的形式存在着；随着在生育过程中做出越来越多的决定，这些可能的孩子的多样性变小，变得更接近实际的未来孩子的本性。这些决定可能有关孩子的种种性质，而这些性质可能包括与孩子福利水平有关的性质。父母对他们的决定所导致的事态负责，这些决定具有道德上的分量。报告考查了这种责任的范围和限制。报告讨论了已经提出的论证，①任何的基因组编辑都不允许（例如根据哈贝马斯基于自主性的论证）；②有一些基因组编辑是可允许的（一般地区分"治疗"与"增强"的应用）；以及③有一些基因组编辑是道德上要求做的（类似于生殖受益原则）。报告用所有这些径路处理了许多问题。第一组论证提出了基因决定论问题，以及如何以道德上连贯一致的方式将基因组编辑与其他育儿策略充分区分开来的问题。第二组论证是难以区分治疗应用与增强，包括但不限于残疾人权利和女权主义者对任何此类论证中隐含的规范性的批评。关于第三组论证，报告对这一原则在实践中的应用提出了关注，例如是否有能力充分和可靠地识别与福利有关的基因组变异，以及预期负担的风险。然而，所有这些径路都说明了该报告提出的第一项原则：基因组编辑技术的使用必须确保并符合任何可能因这些技术而出生的未来人的福利。对于 HGE 的任何应用是道德上可允许的，这一原则是必要的，但不是充分的。然后报告提出了两条伦理原则：未来人的福利；以及社会公正和共济（参照本书纳菲尔德生命伦理学理事会的"可遗传基因编辑的伦理原则"）。接受过基因组编辑程序的配子或胚胎（或来源于已经接受此类程序的细胞的配子或胚胎）

应仅在无法合理预期产生或加剧社会分裂或社会内群体的边缘化或不利地位时才应该得到允许。报告所述的第三组论证是人类和未来世代的利益。HGE 的潜在不良影响可能仅在若干代后才会显现出来，这里我们对未来世代负有责任或道德义务的观念是关键。一种观点认为，HGE 可能提供一种方法来补救已经启动的对未来世代伤害，例如失控的气候变化。然而，援引"防范原则"（precautionary principle）会提示，HGE 的不确定性和可能的负面后果意味着它不应该被应用。然而，正如报告所指出的那样，这并不构成不去继续研究和开发这项技术作为对未来事件采取两面下注的一种手段的理由。

报告还讨论了 HGE 与跨人类现象（transhumanism）之间的关系。跨人类现象是一个与 HGE 等技术的出现密切相关的概念。HGE 可以导致人类物种"自我克服"，发展为更伟大，更有能力的物种，并且报告质疑这是否构成了不应用它的道德理由。这可能源于基本的人类尊严概念。HGE 可能令人不安，因为它威胁到人类基因遗传的完整性（干扰将人类家庭联系在一起的传播路线）和人类基因组身份的完整性（区分人类家庭与非人类）。这些问题可通过仅用野生型或典型变体代替加以减轻，但当然，什么是野生型变体或突变型变体的问题本身是负荷价值的（野生型基因指自然界中占多数的等位基因，在生物学实验中常作为标准对照基因。与之相对应的概念为突变型基因。后者往往由野生型基因突变而来。——编者注）。人类基因组变异很多，许多新变体都是可能的，并且可能会出现。该报告回应了这一点，指出对人类基因组远离野生型变体的担忧是谨慎的，而不是一个不这样做的绝对道德理由。然而，围绕公正和公平以及"基因丰富"和"基因贫乏"之间分裂的可能性仍然存在问题。该报告最后指出，对基因组编辑技术的使用没有绝对的限制，只要：

- 这些技术的使用在生物学上不是不计后果的；
- 它们与未来人民的福利是一致的；
- 它们没有使社会分裂；
- 没有事先的社会辩论，它们不会启动。

我们认为，作者对 HGE 的绝对限制和道德至上命令的讨论是很有意义，并且是饶有兴趣的。他们认为，纳菲尔德关于 HGE 的报告的中心结论是，对 HGE 的使用没有绝对的限制，只要应用符合其指导原则并在此之前进行广泛的公众辩论。我们相信可以得出关于 HGE 伦理学的更有力的结论。像 HGE 这样的技术不可能是绝对好的或绝对坏的。我们可以谈论一项技术的特定应用是好是坏，或者它们的可得性对社会的影响是好是坏——但是技术本身并不是赋予"好的"或"坏的"性质那类对象。因此，关于 HGE 最基本的伦理问题是它的特定应用是好的、坏的、可允许的、可取的等。作者考查了 HGE 的一些可能的应用，并表明一些应用将不仅仅是道德上可允许的，而且是道德至上命令。

关于单基因疾病。作者指出，医学遗传学成功的一个标志是在出生时诊断出苯丙酮尿症（PKU）。这是一种遗传性代谢障碍，其中苯丙氨酸羟化酶水平降低。这意味着个体不能代谢氨基酸苯丙氨酸。1962 年，设计了一种通过血液测试来诊断 PKU 的方法。现在，作为新生儿筛查的一部分，"针刺足跟试验"（从新生儿取血样通过针刺脚后跟——作者注）已成为常规。那些被诊断为患有 PKU 的儿童被给予低苯丙氨酸饮食，否则他们将发展成严重的智力残障。这种饮食意味着不能吃面包、意大利面食、大豆、蛋清、肉、豆类、坚果、豆瓣菜和鱼。这样的环境干预是很难办到的。生活中总是有误食含苯丙氨酸食物的风险。如果设想开发出一种人造酶来取代苯丙氨酸，定期服用这种药物，PKU 的患者就可以正常饮食。这样的治愈方法将被誉为突破。提供这种治愈方法将是道德至上命令，就像为严重出血提供输血和为感染提供抗生素一样。作者说，现在想象一下，制药公司不生产这种酶，而是让身体生产它。通过改变 PKU 患者的 DNA，我们可以让患者自己的细胞产生缺失的酶，即苯丙氨酸羟化酶。不依赖制药公司有很多好处。体内的生产使反应更有针对性，剂量更准确。此外，它消除了病人无法获得治疗的所有可能性，比如当公司供应链出现问题时。正如为 PKU 提供一种替代酶疗法是道德至上命令一样，对预防 PKU 进行安全的基因组编辑也是至上命令。如果 PKU 基因突变的携带者能够通过 HGE 预防未来的孩子患 PKU，他们就有义务使用这项技术，就像他们有义务使用酶替代疗法一样。对此我们不敢苟同。毕竟，低苯丙氨酸饮食疗法的风险较低，而受益是确定无疑的，主要是要加强管理，而用 HGE 来预防孩子患 PKU 目前还无法对其风险-受益做出确定的评估。将这种方法视为道德至上命令，目前尚缺乏必要的条件，我们不否认当条件得到满足时也许这种疗法会成为政府的道德至上命令，但目前强调这一点并无实际意义。

关于植入前基因检测和 HE。纳菲尔德报告指出，除了"极其罕见的"病例外，如 PKU 那样的单基因疾病已经可以通过体外受精（IVF）结合植入前基因检测（preimplantation genetic testing, PGT）加以预防，但条件是，也许不能合理期望可获得具有这些特征的可存活的胚胎。作者指出，直到 2013 年获得的数据显示，在英国进行的体外受精周期中，18%仅生产了一个可存活的胚胎。因此，意欲通过 PGT 来避免疾病而进行试管授精的所有 100 对夫妇中，大约仅有 18 对夫妇将生产一个可存活胚胎。直到 2016 年的数据显示，英国每年大约有 126 个 PGT 试管授精周期，只产生一个可存活的胚胎。在这些情况下，用基因选择来避免疾病是不可能的。随着人们越来越晚地选择怀孕，部分是出于教育和事业的理由，胚胎将会越来越稀缺。使用这种技术的夫妇都是隐性疾病的携带者。在这些情况下，一个胚胎携带两种致病突变拷贝的概率为 25%。这意味着，在英国每年有 31 例 HGE 可以使胚胎避免 PGT 不能避免的遗传病。然而，这可能是一个保守的估计。当父母在患有像亨廷顿舞蹈症那样的显性疾病情况下是纯合的，或存在多个不良的独立排序变异，受影响的胚胎数量将接近 50%。据一家试管婴儿公司的记录，接受 PGT 的胚胎中有 48%受遗传病影响，虽然这随诊疗机构的情况而异。从上述数字推断，全世界每年有几百例 HGE 是能生产不患遗传病的后代的唯一选项。虽然每年有几百个病例可被认为是罕见的，但这是不可忽视的。如果一项公共卫生措施能够每年减少几百例严重疾病的发病率，那么我们就有充分的理由实施它。采取这样的措施不仅是"道德上允许的"，而且是我们应该积极做的事情。当然，在资源有限的情况下，我们有理由选择受益最大化的干预措施，但这并不否定我们必须惠及少数人的道德理由。作者的结论是，总而言之，应用 HGE 预防单基因疾病是一种很好的技术应用，也是我们有道德理由去追求的。如果有可能使用 HGE 来预防单基因疾病，那么将其用于这一目的是道德上的至上命令。当然，考虑到单凭这一应用可能不会使大量的人受益，也许不能为使用有限资源研发 HGE 辩护，因为这些资源可用于更有效的医疗卫生措施。对此，我们可用上述的理由来反驳作者，目前还不具备谈论 HGE 是道德上至上命令的条件；这里我们可以加上卫生资源分配公正的理由，即我们首先必须将稀有的卫生资源分配于预防和治疗对社会经济负担非常严重的疾病，使用 HGE 预防遗传病可能在轻重缓急次序方面难以占据优先地位。

关于多基因疾病。作者指出，大多数疾病都不仅是少数基因变化的结果。它们是许多，有时是数百个基因与环境效应结合的结果。这种多基因疾病是世界上最大的杀手之一。心血管疾病正在成为低收入和中等收入国家死亡的最大原因。70 岁以下的慢性病死亡人数加起来约占全球死亡人数的 30%。慢性病除了对个人造成痛苦和死亡之外，还对国家卫生系统造成巨大负担，消耗了可用于其他地方的资源。一项研究发现，对欧盟成员国来说，与治疗心血管疾病相关的医疗费用每年总计为 1040 亿欧元。基因对慢性疾病有影响。全基因组关联研究已经鉴定了至少 44 个与糖尿病相关的基因，35 个与冠状动脉疾病有关的基因和 300 多个与普通癌症有关的基因。作者认为，我们可以有一种选择，即对于那些知道自己对特定疾病具有高多基因风险的个体，可使用 HGE 来改变他们的配子，以确保他们不会将这种高风险疾病遗传给子女。例如，通过编辑大约 27 个与冠心病相关的突变，有可能将一个人的终生风险降低 42%；通过编辑 12 个基因变异，一个人一生患膀胱癌的风险可以降低几乎 75%。这种应用不可能通过目前的基因选择方法实现。比方说，一对夫妇想要使用 PGT 在胚胎中选择 15 个不同的基因，以减少他们患心血管疾病的可能性。然后他们需要创造数千胚胎，以使其足以可能在所有 15 个位点具有正确的组合。与传统的 IVF 和 PGD 相比，这对夫妇拥有这种胚胎的概率<1%。作者进一步指出，鉴于慢性病引起的巨大疾病负担，我们有强有力的道德理由来开发降低其发病率的技术——无论这些技术是通过遗传还是环境机制运作的。如果 HGE 可以改变基因，以减少目前和未来世代的多基因疾病风险，那么使用它就是一种至上命令。显然，这个应用距离可能还有很长的路要走，可能是几十年。一个主要的困难是我们还不能充分地理解多基因评分法（用于预测个体患复杂疾病的风险。——编者注），以准确预测大规模改变的影响。尽管如此，我们有道德理由来开发 HGE，意在使用于下列的目的。首先，它将降低因慢性疾病导致的过早死亡和残障的发生率。其次，使用 HGE 使风险最高的个体与风险最低的个体相同，将促进平等。最后，利用 HGE 降低慢性病的发病率也将促进公正。如上所述，卫生系统花费数十亿资源来治疗和预防慢性病。在生殖系细胞中使用 HGE 减少某人对慢性病的易感性可能相对便宜（接近 2 万美元）。在资源有限的世界中，采取更昂贵的治疗可能妨碍治疗其他人的疾病。公正要求我们在其他条件相同情况下选择最具成本-效果（cost-effective，这不是指一切归结为金钱的成本-效益，而是指资源的利用更有利于预防治疗人群疾病，改善生活质量，延长健康寿命。——编者注）的选项。如果我们不投资最具成本-效果的选项，我们会伤害有可能使用这些资源的其他人。我们同意作者认为在未来 HGE 可能是一种成本-效果比较高的预防疾病方法，但只能是在未来，而不是现在。现在我们需要做的是加强基础研究和临床前研究。

关于增强。作者认为，几十年来观察到的智能变异中约有 50% 归因于遗传因素。最近的一些大型研究发现了许多多态性，这有助于说明 20% 的可遗传智能变异。与复杂疾病一样，使用多基因评分法可以将人群分为三个大组，即"高智能高素质"；"高智能中素质"和"高智能低素质"。理论上有可能使用 HGE 将个体从低或中素质组转移到高素质组。用纳菲尔德报告的话来说，使用多基因评分法进行智能增强将是一种增强形式，仅使用"野生型"变体（物种中已存在的变体），而不是一种超越目前存在于该物种中性状的增强。换句话说，它是"正常范围的人类增强"的一种形式。虽然未来有可能将智能增强到超越目前在物种中观察到的水平——但这种增强形式目前远远不可行。作者注意到了，有关类似生殖系工程等技术最直观的一个关切是对平等的影响。人们担心生殖系工程只能供富人使用，它可扩大贫富鸿沟，为已有的社会优势增加生物学优势。这是一个重要且复杂的问题，不仅基因组编辑面临这个问题，而其他的品（goods，"品"是满足人类想要和利用的东西，包括产品、服务、资源等，可以是物理上可触摸的如苹果，它们占有空间以及非物理的如信息；可区分为私人品，如衣服、食品、电视机、手机、汽车、公共品如空气、国防、商业品如商家出售的产品或服务、公共的资源，如未宣布国有的天然河流或海洋中的鱼类、木材、煤炭等。因此翻译成"利益"、"善"都是不合适的。——编者注）例如教育也面临这个问题。就伦理学而言，我们必须采取措施确保均等地或公平地分享 HGE 的受益和成本。正如纳菲尔德理事会所承认的那样，这不是禁止该技术或不开发该技术的理由，而是一个确保以负责任的方式开发该技术的理由。作者认为，正如智能这一例子所示，也可能使用 HGE 直接改善平等性。大自然是一种生物彩票，不顾公平。有些人天生有才华，有些人生活短暂或严重残障。目前，饮食、教育、特殊服务和其他社会干预措施被用来纠正自然不平等。也许，基因的靶向组合是促进教育平等的有效手段。例如，人们学习如何阅读的天生能力存在自然变异。对于社会经济地位较高的人来说，这往往并不重要，他们负担得起花费额外的时间陪孩子教他们如何阅读或聘请家庭教师等。但是，对于那些社会经济地位较低的人来说，这种素质（predispositim）会让他们终生不识字。虽然其他措施在理论上无疑可以弥补这种结局的不公平性，但将遗传起点均等化可能证明是最有效的方法。这种方法具有传递给后代的额外好处。出于平等的理由，基因组编辑可能被用作公共医疗卫生的一部分。通过 HGE 提升智能和其他认知性状将是一种"增强"，而不是预防疾病。正如纳菲尔德报告所指出的那样，这本身并没有减少我们追求它的道德理由。我们有道德上的至上命令要求用一切合理的手段在教育中实现平等。我们不能认同作者随意扩大增强的概念范围，增强不是形状或能力的改善，而是对人类这个物种所具有的性状或能力的超越；再者增强的未知因素和不确定性非常之多，使我们无法对干预的风险-受益比做出理性的评估，也无法向接受干预者提供充分的信息使他们做出理性的决定。

关于未来世代和代际公正。纳菲尔德理事会报告考虑的关键利益之一是未来世代。至关重要的是要考虑开发或未开发 HGE 的长期后果。人往往对不久的将来表现出认知偏差，而忽视了我们的行为如何影响非常遥远的未来。这可能会扭曲我们对技术的评价。我们对未来世代的义务往往用代际公正来描述。我们对未来世代应给予的考虑与我们对我们同时代的人应给予的是一样的。例如我们不应该不必要地耗尽臭氧层，这会对未来的人造成极大的伤害，而我们自己的受益微乎其微。作者指出，有些人担心，通过 HE 的干预，我们可能会通过负面改变我们的基因组来伤害未来世代。毫无疑问，HGE 的某些应用可能会伤害未来世代。然而，作者认为，这些应用并不是研发 HGE 的不可避免的结果，且可以减轻或避免。而且，深深介入未来世代的利益将表明，为什么作为一个代际公正问题来开发

HGE 有强有力的道德上的至上命令。随着我们为疾病开发有效和可及的治疗方法，我们几乎可以保证这些疾病的发病率将会在未来世代增加。这是因为人们不再选择引起这些疾病的突变来应对。例如，近视在历史上非常罕见，因为它是在狩猎-采集社会中被选中来设法加以纠正的。眼镜、隐形眼镜和激光眼科手术等现代技术有助于纠正这些视力问题。在现代社会中，视力自然较差的人与视力自然良好的人一样健康。这使得影响视力但不被选择来纠正的有害突变有可能在基因中发生。在许多国家，近视率现已超过 50%，使得人群越来越依赖于技术来实现"看"这种基本生物学功能。这很可能是，防止视力不佳的选择减少导致视力不佳增加。虽然近视很容易纠正，但同样的过程会使突变在影响其他生物功能的基因中积累。要求服用降血压的人、辅助生殖技术的人及具有遗传性耳聋倾向的人的百分比都在增加。虽然社会的改变在这些变化中起主要作用（例如不良饮食和久坐不动的生活方式和推迟生育），但生物因素也起着重要作用。在未来世代，几乎所有人都可依赖于这些技术以实现这些基本功能以及许多其他功能。这对于越来越依赖于技术以实现其基本功能的个人来说是不利的，并且需要花费大量时间和金钱来获得一系列治疗用品。同样，社会将承受不断上升的医疗成本。此外，如果人们依赖各种复杂技术的供应发生中断，自然灾害的后果将变得更加严重。幸运的是，我们的未来世代有一种方法可以避免这种医学化的未来。使用 HGE，我们就能够通过编辑将在我们的基因组中出现的致病突变加以排除。这将使我们的后代享受与我们今天享受的相同水平的遗传健康。当然，许多疾病都有生活方式因素——我们已经提到心血管疾病和不孕症。许多人抵制使用生物学干预来治疗生活方式问题。例如通过基因修饰人能够忍受仅由营养价值低的食物组成的饮食似乎是荒谬的。然而，作者认为引起许多当代疾病的生物学因素都值得修饰。而且，即使这些疾病完全起源于生活方式或社会因素，我们应该选择哪种干预——改变生物学、心理学、社会或自然环境——取决于特定干预的成本和受益，以及相关的道德价值。例如，可以通过避免暴露于阳光，或通过增加黑色素的产生，或通过增加我们的免疫细胞抗皮肤癌的能力来预防皮肤癌。我们应该选择哪种方式取决于情境（context）。作者认为，通过允许在我们的基因组中发生随机突变，现代医学的使用正在恶化未来世代成员的地位。幸运的是，有一个直接的补偿行动——发展 HGE。这不仅仅是允许的——而是一项道德的至上命令。我们要在这里重申我们的观点：作者坚持 HGE 是一项道德至上命令的意见只适用于未来，当安全而有效的 HGE 技术和方法可得时，目前我们还是应该在基础研究和临床前研究上多加努力。

关于治理和公众态度。作者指出，最终要由公众决定是否能应用基因组编辑。这是当代国家的指导原则。正如纳菲尔德理事会所指出的那样，在对治理 HGE 的法律进行任何修改之前，必须进行广泛和包容性的公开辩论。围绕 HGE 的公开辩论需要得到公共教育举措的补充。对复杂的科学事务做出真正知情的决策需要人们理解科学。皮尤研究中心最近的一项研究表明，86% 具有高等科学知识的美国人认可使用 HGE 来预防出生时明显的疾病。科学知识水平较低的认可的人数则下降到 56%。这一研究表明，对主题的熟悉程度如何塑造了人们对它的不同看法。皮尤研究还表明，人们认为可允许用 HGE 预防疾病（预防出生时疾病占 72%，后发疾病占 60%）和认为可以用于增强的人（18%）之间存在巨大差异。作者认为，似乎没有根本的理由说明为什么将 HGE 用于预防疾病不同于将其用于人类增强。重要的是，任何使用都应与促进个人福利相一致，并且不会对社会产生负面影响。就像科学一样，要使人们对伦理问题做出真正知情的决定，就要求进行伦理教育。人们应该从小就学习公正、自由和福祉（well-being）等概念，并学会如何批判性地思考这些话题。只有这样，我们才能真正对像 HGE 这样的技术做出知情的决定。我们认为，作者提供了充分的道德理由来为未来可能的可遗传基因组编辑进行辩护，然而这些道德理由不适用于增强。增强有太多的未知和不确定性因素，使我们目前无法将风险-受益的评估理性化，而且连我们自己也不知情，如何做到使基因编辑参与者知情同意？因此，我们的意见是：现在不是讨论增强的时候，首先要把体细胞基因治疗以及可遗传基因编辑的基础和临床前工作做好。

什么是合乎伦理的基因编辑途径？

《生命伦理学》（*Bioethics*）杂志邀请牛津大学教授、实践伦理学研究所所长 Julian Savalescu 和普林斯顿大学教授 Peter Singer 合写的一篇特邀社论，2019 年发表于该杂志第 33 卷 221-222 页。题为："编辑人类基因合乎伦理的途径"（A ethical path to edit human genes）。作者首先指出，伦理学研究我们应该做什么；科学是研究世界如何运作。在定义我们使用的概念（例如"医疗需要"的概念），决定哪些问题值得解决，以及我们在研究中对有感受能力的动物可以做些什么的时候，伦理学是至关重要的。贺建奎事件清楚地说明了伦理学对于科学的核心重要性。贺建奎为了使婴儿对人类免疫缺陷病毒（HIV）有抵抗力，他通过编辑除去了一个产生可使 HIV 进入细胞的蛋白质的基因（CCR5）。可是，对一个女孩该基因两个拷贝都修饰了（这可能对艾滋病病毒有抵抗力），而对另一个孩子只修饰了一个拷贝（这使她易感染艾滋病毒）。贺建奎邀请参加实验的夫妇，父亲是 HIV 阳性，而母亲是 HIV 阴性。他给他们免费提供体外受精和清洗精子，以避免 HIV 传播。他也向他们提供医疗保险、开支和治疗费用达 28 万人民币，相当于 4 万美元。这一揽子的钱包括婴儿在一段未明确规定的期限内的医疗保险。因研究而受伤害所致的医疗费用和赔偿以 5 万元人民币（7000 美元）封顶。贺建奎说，这些钱是从他腰包里取出的（我们不相信这句话，他腰包里不会有那么多钱，很可能是投资人对他公司所投的资金）。尽管给予了父母选择是否编辑还是不编辑胚胎的机会，但不清楚他们是否了解对这胚胎进行基因编辑对于保护孩子免受 HIV、感染是不必要的，以及他们经受了怎样的压力。对获得知情同意过程的批评是有根据的。对于普通人来说，这些信息很复杂，可能难以理解。对涉及人类受试者的研究的最基本伦理约束是不应该使受试者暴露于不合理的风险之中。风险应该是回答科学问题所必要的最低程度的，预期受益应与预期伤害相称。虽然赫尔辛基宣言指出，涉及无行为能力的受试者必须"风险最小，负担最小"，这最可能被解释为最低程度的总风险或总负担，而预期受益要与预期伤害相匹配或超过预期伤害。毕竟，孩子们接触到的是可能具有相当风险的新的有毒性的化学治疗剂。在判定风险是否合理时，重要的是不仅要评价获得受益的概率，而且也要评价受益范围有多大。与较小的预期受益相比，更大的预期受益值得冒一下较大的风险。避免 HIV 肯定是一项受益，但露露和娜娜感染 HIV 的概率很低。相比之下，编辑的未知效应可能会使她们无法过上正常的生活。作者指出，鉴于我们对改变一个基因的全部后果的无知，有什么理由可以为冒险对人进行基因编辑试验辩护呢？答案是，如果胚胎有一个灾难性的单基因疾病。一些遗传性疾病，如 BRAT 1，JAM3 和 PHGDH，在新生儿期是致死的，因此对于那些携带有这些基因的胚胎，基因编辑可能会挽救生命。存在脱靶突变的风险，但是这种突变的预期危害可能不会比这些未经编辑的胚胎的命运更糟糕。

作者批评遗传学家丘奇（George Church）根据如下理由为贺建奎的研究辩护：HIV 是一个没有治愈方法或疫苗的公共卫生问题。丘奇没有考虑到露露和娜娜那两个孩子是被利用的，风险很大，但没有相称的受益。在贺建奎介绍他实验的会议上，哈佛医学院院长戴利（George Daley）表示亨廷顿病（Huntington's disease）或家族黑矇性痴呆病（Tay-Sachs disease）可能是合适的基因编辑目标。目前尚不清楚戴利是否赞同这些首次人体试验。亨廷顿病与家族黑矇性痴呆病非常不同。患有家族黑矇性痴呆病的婴儿在他们生命前几个月就死亡了；而患有亨廷顿病的人大约可好好生活 40 年。因此，家族黑矇性痴呆病是早期试验的更好候选者，因为患有这种疾病的婴儿没有损失什么。这反映出与患有轻型遗传病的成人（例如 Jesse Gelsinger 死于 1999 年一项设计糟糕的基因治疗试验）相比较，对患有致命的鸟氨酸转氨甲酰酶（OTC）缺乏病的婴儿进行基因治疗实验的原理是有不同的。

作者认为，何建奎的试验是不合伦理的，不是因为它涉及基因编辑，而是因为它不符合治理涉及人类受试者的所有研究的基本价值和原则。在未来，如果基因编辑可以在没有脱靶突变的情况下完成，它可以用来解决对常见疾病的遗传倾向问题，如糖尿病或心血管疾病。这些疾病涉及数十或数百个基因。原则上，基因编辑可以用于准确修饰许多基因。基因编辑已经成功用于去除 62 种来自猪肾细胞系内源性逆转录病毒。现在第一次人类基因编辑的婴儿是为了增强对疾病的抵抗力，而不是治疗现有的疾病。将来，也许基因编辑将用于设计对传染性威胁拥有超级抵抗力。为了在伦理学上能够得到辩护，应该首先用于预防灾难性的单基因疾病（如家族黑矇性痴呆病），之后是严重的单基因疾病（如亨廷顿病），再后减少遗传因素对常见疾病的促进作用（如糖尿病和心血管疾病），最后增强免疫力，甚至可能延缓衰老。在更远的未来，基因编辑可用于增强遗传对总体智能的作用。中国目前正在资助那些试图揭示高智能遗传学的研究。也许我们所能期望的最好的是减少伤害和监管市场，以便做出重要的增强，例如抵抗疾病或增强智能（如果可能的话）作为基本医疗卫生计划的一部分，以便基因编辑的受益得到平等分配。我们认为，两位作者对贺建奎的批评非常中肯，也对合乎伦理的人类基因编辑刻画出了基本的轮廓。

有没有必要获得科学和社会的共识？

美国波士顿 Brigham and Women Hospital 心脏病学家、哈佛大学讲师 Lisa Rosenbaum 在《新英格兰医学杂志》2019 年 1 月 18 日一期发表了一篇"基因编辑的未来——走向科学和社会的共识（The Future of Gene Editing—Toward Scientific and Social Consensus）"的文章。作者首先提到，2018 年感恩节后的第二天，研究细菌免疫系统（导致已知为 CRISPR 的基因编辑技术）的加州大学伯克利分校的生物化学家 Jennifer Doudna，收到了中国科学家贺建奎发来的一封令人震惊的电子邮件，主题上写着"婴儿出生"。尽管 Doudna 此前并不知道贺建奎一直在致力于创造世界上第一个"CRISPR 婴儿"，但她长期以来一直担心，与CRISPR 有关的研究正在超越支持其合乎伦理使用所必需的共识。在她关于基因编辑的回忆录中，Doudna 描述了一场噩梦，在这场噩梦中，她被一个长着猪脸的希特勒召唤去介绍她所开发的"惊人技术"的潜在应用。但这是 Doudna 清醒时生活中一直关注的事情：通过一系列不计后果、构思拙劣的实验，科学家们会在没有适当监督或考虑风险的情况下，过早地实施 CRISPR，这证明是先见之明。作者以此说明科学新进展本身蕴含着违反伦理行为的可能性。这一点对我国一些认为科学是"第一生产力"因而不是双刃剑的科学家或虽然没有明言但其实际行动对可能发生的违反伦理的科研行为毫无戒心的科学家是一个有益的警告。贺建奎试图在两个胚胎的生殖系中编辑 CCR5 基因。CCR5 被认为是 HIV 借以进入 T 细胞的主要受体，他的目标是赋予对 HIV 的终生抵抗力。作者批评贺建奎疏忽大意的程度令人震惊——从缺乏临床需要（有安全有效的方法来预防艾滋病毒），伤害的不确定性（双胞胎可能有感染西尼罗河病毒和流感等疾病的高度风险），以及中靶和脱靶效应的其他潜在后果仍然未知，到误导性的同意过程（实验被形容为一个"艾滋病疫苗开发研究计划"），再到完全缺乏透明性（数据尚未发表）。

作者指出，宾夕法尼亚大学心脏病学家和遗传学家 Kiran Musunuru 曾为美联社审查贺建奎的数据。他认为，这些数据之所以确实，正是因为它们存在缺陷。Musunuru 解释说，贺建奎在每个囊胚阶段的胚胎数百个细胞中只取样了 3~5 个细胞。即使来自两个胚胎的细胞都清楚地表现出嵌合现象，他还是进行了植入。"如果贺建奎是弄虚作假，"Musunuru 说，"他将显示出有问题的强烈迹象的数据包括进去，那确实会是匪夷所思的。"Musunuru 强调，临床前数据已经清楚地显示出与嵌合体有关的重大风险，他说这违背了最基本的伦理学原理：将胚胎暴露在所有风险之下，却没有基因编辑的任何受益。作者进一步指出，贺建奎事件中一个特点是，来自科学共同体的谴责是迅速而一致——因为他们意识到这样的无赖行为可能是不可避免的。消息传出后不久，一位药物化学家 Derek Low 在他的博文中写道："所有人都站在周围注视着这件武器：正是何建奎这个家伙，走了过去，在任何人十分清楚目标物在哪里之前，就扣动了扳机。"鉴于专家组包括由美国国家科学院（NAS）召集的专家组已经列出了指导合乎伦理的和安全的基因编辑研究的原则，贺建奎的行为在科学共同体已经被迫接受清算，这导致许多观察家呼吁国际共识，明确地详细规定临床转化应该被允许的条件。然而，正如 Doudna 所言，也许此刻的一线希望在于，我们被迫公开地、全球地，而且相当急迫地面对由生殖系编辑研究提出的一些棘手问题。为此，我们首先需要在全球科学共同体建立一个大家同意的合乎伦理的行动或决策框架。

作者指出，唯有在潜在的临床应用的情境之内才能考虑该程序的伦理学。对此，许多伦理学家提出了三种类型的框架：增强、医疗受益和未满足的医疗需要。①关于增强。作者认为，增强是指培育合意的性状，如更高的身高和更强的智能（我们认为对增强的这种诠释过于宽松了：增强是超越人类物种正常的性状或能力）。作者认为，尽管当人们考虑具体的例子时，增强在这三种潜在的应用中被认为是最不符合伦理的（而且美国国家科学院建议反对增强），如美国国家科学院指出，未来的父母用基因编辑来增强孩子的肌肉力量以增加未来的运动员能力，这是不可接受的，但如果同样的技术可以让患有肌营养不良症的孩子恢复正常，这种使用在伦理学上是合理的吗？斯坦福大学遗传学家、NAS 委员会成员 Matt Porteus 认为，增强应该仅仅被视为恢复常态的一种手段。作者和 Porteus 显然将增强与性状或能力的改进混为一谈了。②医疗受益。不胜枚举的潜在的适应证医疗受益，可以降低常见的、复杂的疾病，如阿尔茨海默病、乳腺癌或心脏病的风险。但是，考虑到未知的风险，为这些目的而进行生殖系编辑提出合乎伦理的理由也很困难。此外，研究人员正在研究体细胞基因编辑的潜在使用，这种使用只针对有关的特定器官，也只针对成人或儿童，不影响后代。生命伦理学教授 Michelle Meyer 描述了这一类别中另一个可以设想的适应证，那就是赋予对一种地方病和致命性传染病的抵抗力，这种疾病既没有疫苗也没有治疗办法。在疟疾流行地区，进化在选择镰状细胞性状方面发挥了类似作用这一事实，突出了这一潜在使用的优点和预料意外后果的挑战。Meyer 强调，受益（例如避免死亡）必须非常大，才能抵消风险。她说："贺建奎的情景甚至没有接近所要求的风险-受益阈。"③未满足的医疗需要。尚未被满足的医疗需要适用于非常罕见的病例，其中怀一个健康的孩子的唯一选项是——例如，当未来的父母有一个常染色体隐性疾病（如镰状细胞性贫血）或当其中一人有一个基因的两个拷贝都有一种常染色体显性遗传病（如亨廷顿舞蹈症）时。虽然这类病例很罕见，因为它们提供了令人信服的医疗需要的例子，这往往是达成最大共识的领域。

作者不得不承认，即使如此，人们也许仍然难以达成共识。当人们考虑到生殖系编辑要求的体外受精（IVF）的实际现实时，事情也变得模糊不清了。举个例子，如果一对夫妇设法怀孕，而其中一人携带亨廷顿舞蹈症显性基因的单一拷贝，该怎么办？今天，这些试图利用 IVF 受孕的夫妇能够选择进行 PGD，可选择大约一半的无病胚胎。哈佛医学院院长和国际干细胞研究和临床转化准则作者 George Daley 注意到缺乏可存活的胚胎造成任何给定的 IVF-PGD 周期的高失败率，越来越多的夫妇使用个性化基因组学检出潜在的可遗传疾病，他指出对于常染色体显性遗传病，生殖系编辑可能在理论上使受孕的概率翻一番。但他也提醒人们要谨慎："在这成为可接受之前，还需要进行大量的研究，对社会和伦理问题进行更多的思考。否则，使用这种技术将会遭到强烈的反弹。"

作者承认，在科学共同体内部达成共识，还需要努力才行。贺建奎丑闻曝光后，包括 CRISPR 先驱张锋在内的一些科学家呼吁暂停植入编辑过的胚胎，直到达成更广泛的社会共识。但是其他人，例如科学记者 Carl Zimmer 争辩说，"经基因修饰的人"已经在我们当中。Zimmer 指的是在英国批准的线粒体替代疗法，用于患有严重线粒体病的妇女。这种疗法需要将健康妇女的线粒体 DNA 与患病妇女的染色体结合起来，以避免后代身患此类毁灭性疾病。这种疗法在美国是被禁止的，但 Zimmer 讲述了一个美国生育医生"悄悄地"去墨西哥为一名约旦妇女做此类手术的故事，该妇女随后拒绝让科学家随访由此产生的孩子。正如约翰斯·霍普金斯大学生命伦理研究所所长 Jeffrey Kahn 强调的，"禁令往往以更糟的结局告终。'他们把人们驱向没有规则或规则很少的地方'。至少，就线粒体代替疗法而言，禁令的后果可能会给患者带来更高的风险，并让科学失去了用武的机会"。可是，我们认为

Zimmer 和 Kahn 忽视了线粒体置换与生殖系基因组编辑的重大区别：它们二者基本上是分离的，细胞质内线粒体 DNA 的改变基本上不影响细胞核内的基因组，而生殖系基因组的编辑可能会"牵一发而动全身"。

达成社会的共识似乎更困难一些。作者说，更令人担忧的是，现有的和合适的法规却得不到遵守。贺建奎的研究目前在中国是非法的，就是一个很好的例子。达成社会共识既要取决于确保科学的伦理边界不被跨越，这样就要对科学的伦理边界进行清晰的沟通。作者担心，这样的确保也许是不可能的。在中国，广大科学界以及监管部门对贺建奎行为进行了的谴责，但其他人更关注的是用科学的里程碑来提升中国的国际声誉，而不是他的背离伦理。此外，对生殖系编辑的文化态度的多样性可能使任何禁令难以维持。例如，除了与残疾和不孕相关联的污名化加剧外，中国独生子女政策（现在是两个孩子）的另一个持久影响出现巨大的压力则是一定要有健康和聪明的孩子。作者指出，称贺建奎的行为是荒诞不经的 Savulescu 看到了基因编辑在为更快乐、更健康的生活提供机会方面未来具有的潜力。Savulescu 说："疾病只是一个统计学定义。"他解释说，例如由 IQ 低于 70 界定的智力残疾影响了很大一部分人口。他想知道，如果我们有增强认知能力的技术，让智力残疾的人受苦公平吗？Savulescu 认为，在未来 10 年内，我们将被迫回答这些问题。他注意到，对这种增强的主要反对意见是它会加剧不平等。Savulescu 论证说，要避免出现一个两个等级的社会，就需要建立一个公共卫生系统，在这个系统中，当基因编辑是安全的时候，为所有人可及，或者至少为那些最需要的人可及。其他人则要谨慎得多。艾默里大学一位流行病学教授 Cecile Janssens 将其与汽车设计进行了类比：敞篷车或许是夏日黄昏的理想选择，但在山口上却会致命。对于其他专家来说，这是一个更为基础的生物学问题。像智力这样的性状受很多基因的影响，如果不引入各种突变，就不可能实现增强，而这些突变会带来意料之外的伤害。简而言之，Musunuru 说，"生物学真的是杂乱不堪"。

作者正确地指出，在实际生活中对新技术的临床应用永远负荷着人的价值，因此必须进行价值权衡。例如最常被提及的由生殖系编辑带来的风险是引起癌症幽灵的脱靶突变。"目前还没有一份关于 CRISPR（无意中）导致癌症的动物模型的报告，" Musunuru 说，但没有人知道在人类身上会出现怎样的脱靶效应，因为人类的寿命比一直被研究的动物长得多。Musunuru 最关心的是，考虑到某些基因位点对疾病易感性有相反的影响，生殖系编辑是否会增加其他疾病的风险。例如，APOE4 既可增加阿尔茨海默病的易感性，也可促进年轻人更好的记忆功能。对于 I 型糖尿病和克罗恩病，已经观察到这种可变效应。尽管临床转化总是要求接受不确定的风险，但当这些风险将传递给后代时，对未知伤害的担忧就会更加突出。然而，正如哈佛大学内科医生兼经济学家 Anupam Jena 所指出的，取消或推迟可能会显著改变人们生活的技术，也有潜在的伤害。经济学家考虑这些挑战是根据福利最大化，而不是"不伤害"。Jena 说，这意味着我们要明确认识到，在以多快的速度和多安全的方式帮助人们之间存在着权衡。即便是用这种方式考虑问题要求我们考虑，在潜在可遗传性疾病的情境下，福利到底意味着什么。例如，没有父母希望他们的孩子残疾。然而，许多带着残疾生活的人认为他们的生活质量和没有残疾的人一样高。在寻求公众对生殖系编辑的共识时，我们应该如何处理这些不同价值之间的张力呢？斯坦福大学的生命伦理学家 Kelly Ormond 强调，人们要求研究阐明那些生活受生殖系编辑最直接影响的人的价值和偏好。此外，在一个许多人对基因编辑的理解来自像《千钧一发》（*Gattaca*）这样的反乌托邦（幻想中的充满痛苦和不公平的社会。——编者注）电影的社会里，需要广泛的教育努力来澄清这项技术能做什么和不能做什么。Meyer 提示，在某些方面，生殖系编辑并未根本背离当前的生殖技术。例如，长期以来，无论是通过选择配偶，还是根据合意的品质来选择配子供体，我们都对后代的性状实施了一定的控制。然而，正如研究和教育一样也许是必要的，但仍将存在一些无法回答的问题。

作者论证说，既然科学家们能以某种方式保证，编辑某一特定基因不会造成严重的、持久的或完全无法治疗的伤害，那么将未来世代从遗传病中拯救出来，难道不是一件纯粹的好事吗？然而，许多残疾人抗议使用先进的生殖技术来预防生出具有同样残疾的新人的努力：残疾人权利活动人士不仅可把他们的差异看作是他们身份的固有特征；他们也可能意识到自己的生命正在贬值，而这些努力反映出，更普遍地说，他们担心的是，在未来，人类的多样性将被故意剥夺，科学将为歧视作辩护。在这里，不同人群之间的价值张力显而易见，但我国的科学家和监管人士往往浑然不知。

因此，当患遗传病的夫妇最终获得基因编辑的机会时，未来的父母可能会发现他们的选择很困难。加州大学旧金山分校的心脏病学家、科学家 Ethan Weiss 是 Ruthie 的父亲。Ruthie 出生就患有白化病，这是一种单基因疾病，导致她在法律上成为盲人。她滑雪、在篮球队中表现出色，无论走到哪里，她都是一个鼓舞人心的人。Ruthie 说，她不希望自己的疾病被编辑掉，也不相信自己会努力挽救她未来的孩子。然而，正如 Weiss 告诉我的那样，如果他和他的妻子使用植入前基因诊断技术，他们本来会选择一个没有突变的胚胎。"这让我感到害怕，" Weiss 说，不仅是因为他们的家庭永远不会感受到 Ruthie 的神奇影响力，而且作为一个社会，"我们将使差异更加边缘化"。

然而，尽管有些人因残疾而苦壮成长，有些人却患有要么导致早逝，要么致残严重，根本不可能有 Ruthie 所拥有的机会。谁有资格决定改变这些孩子的命运是否合乎伦理？正如 Doudna 所写，"我们对如此巨大的责任，毫无准备。但我们不能避免它"。毫无疑问，我们将花费数十年的时间来争论是否以及如何合乎伦理地和安全地使用生殖系编辑。与此同时，Weiss 认为，对于那些被提供这种新兴技术的父母来说，不存在什么"知情决定"，这对于他们的生活与对于科学一样都是适合的：他说，"在你知道以前，你不可能知道"。作者最后的提醒非常具有启发性，值得我们认真考虑。

对可遗传基因组编辑，是否必先有社会共识？

美国亚利桑那州立大学生命科院生物学与社会副教授 J. Benjamin Hurlbut 于 2019 年 1 月 3 日《自然》杂志上发表一篇评论文章，题为："人类基因组编辑：应该问的问题是'是否做'，而不是'如何做'"（Human genome editing：ask whether，not how）。他在文章警告大家，科学共同体对 CRISPR 双胞胎的反应不应该抢在更广泛的社会讨论之前。作者指出，科学共同体的领袖们迫切地寻求为生出经基因修饰的人制订国际标准，他们对中国科学家贺建奎去年 11 月发表的声明做出回应，在呼吁为生出"用 CRISPR 编辑"的婴儿制订标准时，这些领导人回避了一个关键且尚未得到解答的问题：对通过引入将传给他们自己后代的变化，基因工程儿童是否（或是否能够）接受。这个问题不属于科学，而是属于全人类。我们还不明白，改变可遗传的基因对我们的基本关系——父母对孩子、医生对病人、国家对公民、社会对其成员——来说，意味着什么。作者指出，2015 年组织第 1 届人类基因编辑国际峰会的十多位生命伦理学家和科学家意见都一致。他们说，在满足两个条件之前从事可遗传的人类基因改变是不负责任的：一是安全性和有效性已经得到证明；第二，对于这样做是否合适，有"广泛的社会共识"。然而，仅仅三年后，峰会领导人似乎就放弃了对社会共识的承诺，从而放弃了确保科学议程得到更广泛的人类共同体的支持。通过将基因组编辑引进入生育诊所，峰会领导人做出了错误的判断：他们实际上是在说，贺建奎的实验之所以有问题，并不是因为他做了什么，而是因为他是如何做的。然而，真正的问题是，通过他所做的，贺建奎为一个属于我们所有人应该做的决定承担了责任。科学领袖们现在面临着重复同样错误的风险。为了朝着积极的方向前进，科学不能假定为一项技术设定终点，而应该遵循我们人民所提供的方向。科学是——而且必须是——为它所属的社会服务的。背离这一原则既损害了科学，也损害了人类的未来。我们非常同意作者这一论点。作者进一步说，未来必须吸收法律、政治理论、人文、艺术和宗教中的多种多样的思想传统以及丰富的人类经验。然而，科学界的领袖们正试图摆脱约束，进行自我监管，再次援引 1975 年阿西洛玛重组 DNA 会议作为先例。这既不是好的历史，也不是好的治理。在阿西洛玛，科学家们在没有公众参与的情况下解决了一个公众关注的问题。正如美国参议员爱德华·肯尼迪（Edward Kennedy）所言："他们在制定公共政策。他们是在私下进行的"。这使得研究得以进行，但代价是公众信任的丧失。作者说，40 年后我们必须选择一条不同的道路。这不仅关系到基因组编辑的未来，也关系到基因组疾病的治疗。作为人类共同体的我们如何引导和治理我们的科学和技术的未来，正处于紧要关头。我们认为作者提出了一个关键性问题。清华大学曹南燕教授首次在我国提出，科学和技术上的事情，不能由科学家定题目、企业化出钱、政府批准的三驾马车决定，应该让公众包括人文社科学者在"上游"就参加决策，作者的建议使我们觉得我们的人民代表大会和政协会议应该在有关科学和技术的决策中起更为重要的作用，应该鼓励成立关心科学技术研究及其应用的社会组织，并且积极参加有关国际组织的全球性决策。本文作者批评了一些人建议科技治理应该留给国家和市场的意见，认为这将使各国能够管理其境内的影响，但却否定了人类在判断应该创造什么样的未来方面所起的作用。批准 1997 年《奥维耶多公约》（Oviedo Convention）的 29 个欧洲国家长期以来一直认为，对人类进行可遗传的基因修饰违反了人权和尊严，这样的宣言显然是不妥的，因为没有在更大范围以及在更多利益攸关者代表参与下讨论这个问题。作者认为。围绕贺建奎实验的争议为全球科学和技术的治理创造了机遇，也迫切需要创新。朝向达成共识的进步将要求就需要讨论什么问题以及以什么条件进行讨论达成广泛的一致：安全性和有效性的科学评估？病人的自主权？人类的尊严？反过来，这要求就利害攸关的问题和谁是利益相关者达成过渡性共识：需要问些什么；以及通过什么形式来讨论。最后作者介绍了他和他的同事 Sheila Jasanoff、Krishanu Saha 正在带头进行一项小规模的实验，这是一个全球性的观察站，旨在召集不同学科、文化和国家之间的对话（S. Jasanoff et al. *Nature* 555，435-437；2018）。这些对话可以改善基因组编辑的治理，也可以加强把科学和其他治理机构联系在一起的信任纽带；它们可以帮助我们作为一个人类共同体聚集在一起，以及想象我们共同希望欢迎或回避的技术未来。1958年，哲学家Hannah Arendt担心，我们的技术可能会让我们"无法理解，也就是说，无法思考和谈论我们能够做的事情"。她指出，理解是一个政治问题：成为一个可以一起"思考和谈论"我们共同未来的公众。在奥斯维辛集中营之后那个支离破碎的时刻，当原子弹——这个非凡的科学天才的产物——威胁要毁灭文明时，想象这样一种政治是多么大胆。作者最后说，这也是一个要求拥抱激进希望的时刻。我们决不能让作为一个人类共同体学会思考和说话的艰苦和有益的工作被不顾一切地部署技术的冲动所取代。如果我们这样做了，伤害就可能来自这些我们还不了解，但仍然能够做得到的强大的新技术。作者这几句话，会让我们更加深入地去思考技术与人生、技术与社会、技术与人类、技术与未来这些话题。

对生殖系基因组编辑的监管是否有必要建立研究注册机构？

许多评论涉及我们对生殖系基因组编辑应该怎样进行监管，我们这里只能选择一些我们认为重要的意见和建议进行介绍和加以评论。

2018年12月6日Nature杂志发表题为"对CRISPR婴儿如何做出回应"（How to respond to CRISPR babies）的社论。社论说，贺建奎声称他已经用基因编辑产生了两个女孩，对此必须采取行动，而建立研究注册机构可能是一个良好的开端。人们喜欢说科学是自我纠正的。上周中国发生的事件对这种令人放心的老生常谈构成了严峻的挑战。研究人员看到了一种不成熟的实验性技术被用来帮助生产人类婴儿，那么他们如何应对医学伦理、集体责任和专业标准的失灵呢？鉴于对隐私的关切保护了父母及其一个月大的双胞胎女孩的身份，因此证实贺建奎的声称可能很困难。但该领域的许多科学家都同意两件事：基因编辑工具CRISPR-Cas9的相对简单性和广泛可用性意味着贺建奎声称所做的事情显然是极其可能的；并且，无论他是否是第一个使婴儿受过基因编辑的人，他不会是最后一个。作者认为，虽然检验贺建奎的主张是否准确是一件优先事项，但确保未来任何基因编辑人类婴儿生殖系的努力都以更加规范和负责任的方式进行，更是一件优先事项。作者指出，一些人争辩说，生殖系基因编辑使人受益，例如逆转导致疾病的突变，无法以任何其他方式解决，这可能是极为罕见的情况。然而，鉴于研究和医学发展迅速，需要设计一个明确的监管体系，以便在出现可信的建议时实施。这样的监管体系应该利用已经存在的监管措施。但它不应该从未来生殖系编辑已成定局的假定开始——这是一个社会而不是科学家决定的问题，而且是一个需要来自世界各地的不同利益攸关者发表意见的问题。研究人员和医生必须事先征得许可，而不是事后请求原谅。我们认为，这是社论作者的一个强有力的论点。作者进一步说，研究共同体建立的稳妥可靠的监管体系可以成为各国决定制订相关法律法规的基础。在英国，辩论是制订监管线粒体替代治疗法律的关键，这一治疗程序也影响了未出生的婴儿，并且意味着它们携带来自三个人的DNA。虽然法律并不总是管理新兴医疗程序的最佳方式，但它们确实为那些不遵守规则的人提供了惩罚的有效威慑，这与自我监管或准则不同。那么，基因编辑共同体如何建立一个更好的制度呢？一个起点是由资助者或政府设立的全球登记机构（或国家登记机构），以记录涉及人类胚胎基因编辑的临床前研究。这要求从早期阶段开始就说明研究计划的目标、步骤和限制。记录还应详细说明伦理审批和监督研究所采取的步骤。来自 2016 年国际干细胞研究会的准则是一个很好的模型，可用于监管涉及人胚胎和配子的研究，包括对生殖系基因编辑的研究。这些登记机构还可以提供一种机制来对不符合伦理和技术标准的研究计划举旗警告，以及提供向个人及其机构施加压力促进他们改进的途径。如果时机成熟，它们可以提供一个框架来界定通向临床的路径。它们有助于向人们——例如未来的父母——说明风险和潜在受益，这样他们就能够做出更知情的选择。我们认为，社论作者提出了一个值得全世界的科学家和监管机构追求的好主意，即成立国家或全球的登记机构。

是否需要为生殖系基因编辑制订规则？

2019 年 3 月 14 日《自然》杂志发表社论，题为"为生殖系基因编辑制订规则"（Set rules for germline gene editing），社论指出，在贺建奎事件发生之后，有紧迫的需要更好地监管有关的研究并使更多的共同体参与辩论。社论说，2 月中国卫生部门发表了旨在制止不诚实、不讲原则的人或无赖们过早地利用新的和未经批准的生物医学技术应用于临床的准则草案。该规定要求风险最高的技术，包括人类基因编辑必须由中国卫生部门批准。虽然在声明和规定中没有提及贺建奎，但显然贺建奎的丑闻是发布这些规定的驱动力。这次规定包括了处罚条款，显然希望能够起到威慑作用。社论作者认为，如何制止下一个基因编辑无赖，是全世界研究人员面对的一个迫切话题。一群国际的伦理学家和研究人员，其中包括原创研发 CRISPR-Cas9 作为基因编辑工具的研究人员，在本周的《自然》杂志呼吁暂停人类生殖系编辑（将可遗传的改变引入精子、卵或胚胎）的临床应用，直到该技术的安全性已经得到更好的研究以及大家接受这种使用为止。美国国家医学科学院已经支持这一呼吁。研究共同体、各国的科学院以及 WHO 等组织对这种暂停是否有效进行了积极的辩论。社论作者认为这样一种辩论要求全社会，尤其是受遗传病影响的家庭参与。另外，这种全球性的暂停如何执行也不清楚。中国对此已经有了规定，类似全国性的暂停，但似乎并没有起作用，贺建奎照样违反这个规定自行其是。但不管暂停的呼吁受到多大程度的支持，我们必须做几件事确保生殖系基因编辑走在安全的和合理的道路上。社论作者建议要做以下几件事：①所有对人胚胎和配子用基因编辑工具进行经过伦理审查和批准的基础研究（包括那些评估有效性和安全性的研究）应该在开放的注册处注册；②研究人员需要制订一项制度，使及早知道超越预定边界的风险的任何研究成为可能，类似 WHO 的监管有潜在生物安保风险的研究的指南，这种制度应该包括一种机制（也许可附属于开放的注册处），使研究人员有可能表明他从事的是有潜在风险的研究。从贺建奎的教训看，重要的是要设法让科学家和伦理学家及早得知这项研究计划，并有可能发表他们的关切。作者指出，提出这种警告要求研究人员改变他们的惯常做法，即研究人员为了科学上的独立性，往往不去干预他们的同伴所作出的研究计划的选择。同时，还有些国家法律框架比较宽松，那些不守本分的研究人员就可能利用了这一点，因此全球性努力的目标应该是制订和整合法律框架，以防止不可接受的研究，并处以惩罚。我们认为，这些意见是合情合理的，但要做到这一点需要各国齐心协力。

对于无赖科学家是否需要制订一个生态径路的监管制度？

美国威斯康星大学麦迪逊分校法学院教授、法学博士 Alta Charo 是美国国家科学院和国家医学科学院共识研究委员会共同主席，并主持了国家科学-医学-工程科学院起草 2017 年人类基因组编辑报告；她也是 2018 年第二届国际人类基因组编辑峰会组织委员会委员。她于 2019 年 1 月 16 日出版的《新英格兰医学杂志》*The New England Journal of Medicine* 那期杂志上发表了一篇题为"无赖们和生殖系编辑的监管"（Rogues and the regulation of germline editing）的文章。她首先说，在 Google 中键入"无赖科学家"，结果第一页只包含有关贺建奎的文章，他是 2018 年 11 月宣布在体外受精（IVF）期间基因组受到编辑的双胞胎女孩的诞生、震惊世界的中国科学家。与形容词"无赖"在一起，这些文章常常要求全球暂停生殖系编辑，无论是因为原则上反对人类控制基因组，对健康风险的关切，对社会混乱的恐惧，或仅仅是坚持继续辩论。但是，虽然要求暂停也许令人满意，但它对阻止无赖的行动者几乎没有作用。它也不会帮助那些真诚的与这些反对意见不一致的科学家，他们希望谨慎而负责任地从事这项技术。但我们认为，如果仔细读一读《自然》杂志上发表的呼吁暂停的原文，那么所呼吁的暂停与希望谨慎而负责任的从事这项技术的愿望是一致的。鉴于一些人对"暂停"的误解，我们非常同意作者这一看法。但作者说，"没有什么东西能够保证所有无赖洗手不干"，这是完全正确的。同样她建议实施全面的监管径路，即不仅利用政府机构的权力，而且也要发挥其他监管机构（如专利持有人，资助者，伦理监督委员会，期刊，医疗执照发放机构以及负有法律责任的保险公司）的作用，最大限度地减少过早的、无根据的或危险的行动，以及还将通过形成期望和奖励合作以及遵守共识规范来补充努力，以制订关于可接受和不可接受使用的共识，这些共识将起到"软监管"的作用。这样就形成一种"生态系统"径路可比暂停或正式禁令更能控制和指导这项技术。这也是很正确的并且可行的，但这并不与暂停相矛盾，暂停是这种"生态"径路监督的一部分。

作者透露说，2018 年 11 月第 2 届人类基因组编辑国际峰会在香港召开前不到两天，会议组织委员会（作者是其委员）听说贺建奎的作为，首先来自私人通讯，然后是新闻报道。峰会前一天晚上，委员会委员 Jennifer Doudna，Robin Lovell-Badge，Patrick Tam 和作者与贺建奎共进晚餐，试图了解他的所作所为，以及为什么。他的回答并不令人放心。临床前数据似乎不足。声称的辩护理由——保护免受艾滋病毒感染——并不令人信服，因为已有可供选择的办法。对潜在受试者的招募建议似乎存在缺陷，其余的编辑胚胎（现已冻结）的计划尚不清楚。他的决定似乎受到了想要成为类似于所谓体外受精之父 Robert Edwards 的渴望的影响。当贺建奎在峰会的第二天发表他的预定发言时，媒体的注意力已经变得势不可挡，记者们在每次休息时都聚集在会议领导人和参与者周围。当他上台时，相机的快门咔嘈声压倒了扬声器系统。在组织者 Lovell-Badge 和 Matthew Porteus 的仔细提问——有时候受到听众有关医疗需要和风险评估的敌意质疑——之后他离开了，他声称他坚持认为他相信他工作的质量和为他工作的辩护。但随后对他提供的数据进行的审查显示，他几乎肯定甚至没有成功进行预期的编辑——编辑结果加剧了对他在其他人尚未接受和准备使用时就着手这样一种实验引起的风险。

那么禁止或暂停是否是监管人类生殖系编辑的合适办法呢？作者指出，对于人类生殖系编辑，峰会领导人开始只是建议克制，2017 年 2 月美国国家科学院、工程科学院和医学科学院发表共识研究报告之后，对生殖系编辑的禁令已经进入重要的国际文件之中，例如欧洲理事会的奥维耶多公约（Oviedo Convention），它对一些欧洲国家具有约束力，其基础是人权观，包括避免蓄意改变基因组的一些义务。其他观察家呼吁暂停，他们论证说此时进行生殖系编辑会令人愤慨。他们认为香港峰会组织者的声明没有要求暂停，是"装聋作哑"，是"不够的"。一些批评使用了第 1 届峰会组织者使用的"广泛社会共识"语言，呼吁无限期暂停，直至能达成此类共识，而不描述该共识可能是什么样的。当然，全球共识（大多数？通过民意调查计算？通过投票计算？）根本不可能。反之，第 2 届峰会声明指出，公众的共识在每个国家内具有相关性。利用他们自己的政治制度，每个国家的公民都可以表达自己的观点，并决定是否禁止生殖系编辑，即使它被证明是安全有效的。一些批评家关注的是显然没有很好设计的明显不规范的临床前研究以及与编辑的多代效应相关的重大不确定性。他们也呼吁无限期暂停。但暂停没有任何预先确定的解除限制的终点的禁令与禁令没有什么不同。然而，如果没有某种暂停，一些科学家和伦理学家担心，无赖科学家会继续试验这项技术。暂停如何控制这些流氓并不明确，如果没有在所有国家实施法律上可执行的禁令，甚至不可能威胁，此类努力要承担刑事责任。

作者提供的另一种可供选择的径路是利用监管机构的生态系统，为负责任的转化研究制订路线图。这种指南将包括使用生殖系编辑的严格标准，以及判定是否这些标准是否已经满足的标准，将这些标准纳入更大范围的政治结构中，为公众提供投入。选择允许生殖系编辑的国家将需要一条负责任治理的途径。为此目的，WHO 已经宣布打算成立一个制订人类基因编辑治理和监督全球标准的专家咨询委员会，以审查科学的现状并就"其应用、潜在的用途和对这种技术的不同用途的社会态度"提供建议；提出潜在的监督机制；并为基因组编辑研究和潜在应用推荐全球治理结构。作者建议，除治理外，我们还需要一个临床前体外和动物研究的路线图，使监管机构能够评价拟议的人体临床试验。诸如多学科基因组编辑负责任研究和创新协会（Association for Responsible Research and Innovation in Genome Editing，ARRIGE）以及各种国家医学的科学院和学会等实体已表示有兴趣鉴定评价人类生殖系编辑是否已经准备好并适合使用的工具。第 2 届峰会的组织者不是呼吁彻底禁止，而是呼吁制订这样的路线图，而 ARRIGE 无非是说，"在被认为对人类安全而有效之前技术的使用不应该被允许或授权，并在广泛而开放的辩论之后精确的治疗应用得到了辩护"。

作者认为，需要一种更全面的径路，需要各种参与者的补充贡献，这些参与者可以对新技术的研究、开发和营销施加压力。没有任何参与者或他们的控制杠杆是新的，但值得将它们视为治理的综合生态系统的一部分。①体外研究的监督。在最初的体外研究阶段，研究可以根据管理知识产权所有权、材料的来源、实验室管理以及资助的优先或限制的规则进行监管。例如，专利所有人可对他们授予的许可证允许的使用进行限制，有效地行使作为私人监管者的作用，就像胚胎干细胞的一些与嵌合体相关的用途所做的那样。至于材料，任何使人体配子或胚胎难以获取的制度都将延迟基因组编辑技术的发展。实际上，在一些地方，反对人类胚胎实验的法律使生殖系编辑的研究变得不可能。限制向"捐赠者"付款或难以使用长期存放的废弃材料的规则都可能会减慢研究速度，同时研究人员会拼命寻找失散多年的捐赠者以征求他们对新用途的同意。严格的规则要求提供每个配子或胚胎捐赠的信息（来自谁；是广同意还是窄同意；以及是否、何时和如何使用）也会减慢工作。因此，关于延迟或推进生殖系编辑的政治选择可以部分地通过管理材料来源的规则来实现。②资助者。对资助者也有深远的影响。首先，通过为一种用途而不是另一种用途提供资金，他们可以影响研究人员的选择，尤其是处于其学术生涯早期的研究人员的选择，从而影响未来几十年的研究。其次，就像在干细胞领域一样，资助可能伴随着各种限制，例如关于可接受捐赠或不可接受实验的规则。[20]如果这些努力不被用作彻底扼杀一项技术的借口，那么它们就有可能促进基础科学的发展，同时尊重公众的优先事项和感受。③建立研究监督委员会。对于允许胚胎研究的行政和司法管辖的地区，关键的监管机会在于研究监督委员会。虽然美国法规的一些条款将一些涉及人的胚胎的工作置于这些委员会权限之外，但国际干细胞研究学会（International Society for Stem Cell Research，ISSCR）的准则以及在其他一些国家的规则将主体所有涉及胚胎的工作都由独立的委员会审查，这些委员会通常必须不仅包括技术专家，而且也包括公众代表。这些委员会是对材料来源和遵守有关实验的任何限制的又一个监督。④政府监管机构。政府监管机构如美国的FDA，提供了最明显的机会来决定研究和应用的方向。在其临床前研究的要求中，监管机构甚至可以在考虑开始临床试验之前，就对编辑的安全性、多代稳定性和有效性实施最严格的证明标准；它们还可以将审查限制在编辑与特别麻烦的病情相关的基因组位点上。任何营销批准都可能伴随着要求对已批准的编辑进行持续的评估，如美国FDA的风险评估和缓解策略（Risk Evaluation and Mitigation Strategy，REMS）规定所要求的那样。并且坚持为批准后的研究制定一个批准前计划（这将要求预期参与者愿意接受跟踪），这将要求赞助者留出资金，以确保工作能够完成。在日本和欧洲的制度中，有条件批准的可得性为完成批准后研究提供了甚至更强有力的激励，因为如果不提供批准后数据或不支持最初批准的风险-受益标准，此类批准将会减少。⑤建立国际审查机构。为了来补充政府监管部门的努力，可以建立一个国际审查机构以提供技术建议，类似于美国国立卫生研究院DNA重组顾问委员会（Recombinant DNA Advisory Committee，RAC）最近进行的研究方案审查。也可以利用这样的论坛对生殖系编辑是否明智和可接受进行持续的辩论。的确，第2届国际首脑会议的声明要求成立这样一个机构。尽管它的建议没有约束力，但它可以对在监管体系缺乏有效监测这些实验的专业知识或资源的司法管辖区进行的实验进行重要检查，RAC为美国对基因治疗继续起着这样的作用。实际上，第2届国际峰会的声明呼吁成立的就是这样一个机构。尽管它的建议没有约束力，但它可以对在监管体系缺乏有效监测这些实验的专业知识或资源的国家或地区的实验提供重要的核查。⑥期刊和同行评审。在从开始到批准后的整个过程中，期刊和同行评审对不成熟、误导或不合伦理的研究提供了至关重要的检查。期刊可坚持要求提供符合任何适用法律、法规和监督委员会审查的证明文件。此外，期刊和同行评审人员有机会批判性地考查数据，并评估某些实验是否有必要，结论是否得到结果的支持，以及材料的来源、受试者的招募或应用程序的选择是否存在任何不符合伦理之处。如果他们不满意，期刊可以拒绝发表该论文。这一生态系统的集体作用是确保多个权威机构进行技术和伦理的审查。即使一个实体未能识别并停止有问题的研究，另一个实体可提供支持，使得无赖的研究难以继续。⑦一些未被认可的参与方的作用。作者指出，即使是上述这些熟悉的参与方也不能构成完整的生态系统。还需要那些尚未被认可的参与方，例如卫生服务保险公司、保护消费者受欺诈机构、承担赔付责任的保险公司以及医疗许可和纪律机构等在监管中也可以扮演一定的角色。医疗保险公司凭借其报销政策，暗中控制着新的、昂贵的技术的传播速度。保险公司通过将报销范围限制在标准治疗失败的最严重病情之内，就像踩刹车一样，防止人们担心的滑向轻率使用药物或旨在改变健康的功能性状的"增强"的斜坡。在美国这样的国家，药品的标示外的使用是合法的，FDA 不得不设法对付这种做法。保护消费者受欺诈机构和承担赔付责任的保险公司也可以帮助遏制过早和不安全使用生殖系编辑技术的不受约束的蔓延。许诺干细胞治疗奇迹的诊所越来越多，这表明了，新技术对绝望的病人的引诱力，以及利润对不择手段的提供者的引诱力。干细胞领域也是在澄清和执行相关法规方面受到拖延。然而，最近 FDA 和联邦贸易理事会（Federal Trade Commission，防止虚假和误导性广告）都加大了执法力度。但即使该机构对最初的批准拥有明确的权力，对未经证明或轻率的应用的二次使用也对风险和受益的合乎情理的平衡构成了最大威胁。考虑到该领域普遍存在的不确定性，以及管理多代人风险的需要，政府机构可坚持为患者提供清晰而全面的信息，就像加利福尼亚州已经开始为干细胞诊所做的那样，颁发许可证和纪律委员会也可以监测和限制违反标准医疗（standards of care）的医疗行为。至于赔付责任，国家对使用"承担风险"条款的限制和坚持更高的知情同意标准可使保险公司对任何未经批准的使用保持警惕。至少在美国，知情同意不充分可以成为医疗不当诉讼的基础。事实上，正是出于这个原因，ISSCR 正在制订一份示范同意文件，该文件将为该领域设定一个标准，并为诉讼人和法院提供一个参考点，以审查对未发出警告的认定。我们这些 ISSCR 伦理和政策委员会的委员正在起草一个知情同意模板。

我们认为，作者的最大贡献是建议设计一个防止无赖科学家再次像贺建奎那样作案的生态监管系统，这才是一条负责任的前进之路。如果允许像生殖系基因编辑那样的技术在某个地方使用，伦理学要求制订一条有效治理的路径以及负责任的转化研究的路线图和开始临床试验的标准。但这一路线图仅仅是一个能够约束我们当中的无赖的、更全面的公共和私人实体生态系统的一部分。我们同意作者的意见：需要的是一个更为全面的生态监管径路。

治理篇

关于基因治疗研究的声明

国际人类基因组组织（HUGO）

2001 年 4 月

引　言

重组 DNA 技术的出现和人类基因组序列草图的发表，使人们对新基因知识通过基因治疗更加有可能治疗疾病满怀希望。媒体对此的兴趣使这个希望得到普遍的关注。

在这个声明中，基因治疗是指通过基因的添加和表达来治疗或预防疾病，这些基因片段能够重新构成或纠正那些缺失的或异常的基因功能，或者能够干预致病过程。在众多研究者中已经就用基因转移这个术语代替基因治疗达成共识，因为基因转移并不总是意在达到治疗结果。然而，基因治疗这个术语仍然在普遍使用，因此我们保留这个术语作为本声明的标题。基因增强是指意在修改人类非病理特性的基因转移。可遗传的基因修改以前被称为生殖细胞系基因治疗，本声明没有涉及基因增强。这个声明仅限于体细胞基因治疗，它不影响生物学后代。

在基因治疗研究中，焦点有了明显的变化。大约 15 年前，普遍认为基因治疗的主要焦点是单基因疾病。例如免疫缺陷症、遗传性贫血和囊性纤维化的基因治疗，是积极研究的主题。目前的重点已经转移到最终治疗多基因常见病（例如癌症和心血管疾病）的实验性基因治疗的尝试中了。

尽管人类基因治疗研究开始出现的结果可为谨慎的乐观辩护，但所有这样的研究其性质仍然是实验性的。它们有风险，效益尚不确定。

基因治疗的不寻常在于广泛的伦理争论先于技术。然而，对基因治疗如何进行管理仅存在于少数国家之中。而且，利益冲突在这个领域是一个问题。利益冲突以多种方式出现。这些冲突削弱了客观性，损害了信任和危及研究参与者的福利。

伦理防卫措施的存在及其影响因不同国家而异。在很多国家它们根本不存在，而且即使它们存在也无权过问基因治疗研究。

声明的目标

1. 回答公众关注的体细胞基因治疗研究的伦理行为、质量和安全等问题。
2. 将体细胞基因治疗区别于生殖细胞系治疗（可遗传的基因修改）和增强的基因修改。
3. 促进采纳国际准则的讨论。
4. 提出一个基因治疗研究向公众负责的框架。

共 同 原 则

在 1996 年的《研究正当行为的声明》中，国际人类基因组组织伦理委员会讨论了围绕涉及个体和群体的人类基因研究的问题。委员会工作的四项基本原则与进行基因治疗研究的研究者的伦理责任息息相关，即：

- 承认人类的基因是人类共同遗产的一部分；
- 坚持人权的国际规范；
- 尊重参与者的价值、传统、文化和人格；
- 接受并支持人类的尊严和自由。

建 议

鉴于体细胞基因治疗在治疗疾病中的重要潜在效益，国际人类基因组伦理委员会：

1. 认识到体细胞基因治疗研究特别需要公众的监督和不断审查。
2. 建议国家确保它们有一个国家性的伦理机构，其使命包括体细胞基因治疗。
3. 支持继续进行符合本声明的体细胞基因治疗。
4. 鼓励研究者、专业团体、资助者及政府倾听并且回应公众对体细胞基因治疗研究的效益、风险和伦理行为的关注。
5. 建议所有的研究接受严格的质量和安全控制，并遵从国际伦理规范。
6. 建议鉴定物质利益冲突，通过尽可能透明的途径特别是向研究受试者宣布，并及时加以处理。
7. 提议应建立伤害赔偿计划，向因研究后果直接受到伤害的参与者和其他人给予赔偿。
8. 认识到研究者和媒体在以负责任的和有内容的方式报告基因治疗研究进展中的重要作用。
9. 号召广泛讨论为了增强特性和生殖细胞系干预而未来可能利用基因转移技术的适宜性。

国际人类基因组组织伦理委员会希望，对这个声明的解读和实施应与伦理委员会以前的声明中概述的原则相一致。它们包括下列声明：

《关于受益分享的声明》（2000 年 4 月）；

《关于克隆的声明》（1999 年 3 月）；

《关于 DNA 取样：控制和可及的声明》（1998 年 2 月）；以及

《关于遗传研究正当行为的声明》（1996 年 3 月）。

国际人类基因组组织伦理委员会委员：

Bartha Maria Knoppers（加拿大）主席

Hiraku Takebe（日本）副主席

Ruth Chadwick（英国）副主席

Kare Berg（挪威）

Jose Maria Cantu（墨西哥）

Abdalluh Daar（阿曼）

Eve-Marie Engels（德国）

Michael Kirby（澳大利亚）

Darryl Macer（新西兰）

Thomas Murray（美国）

邱仁宗（中国）

Ishwar Verma（印度）

Dorothy Wertz（美国）

http://www.huqo-international.org/Resources/Documents/CELS-Statement-Gene Therapy Research-2001.pdf

（李 芳 译 邱仁宗 校）

人类体细胞基因组编辑的治理和监管问题

雷瑞鹏

体细胞基因组编辑和体细胞基因治疗

为什么讨论体细胞基因组编辑必须涉及体细胞基因治疗？理由有二：其一，基因组编辑技术，如 CRISPR-Cas 系统可以用作基因治疗，即它是一种新的基因治疗方式；其二，几乎在所有国家，体细胞基因组编辑用于治疗疾病并没有专门的监管体系，而是沿用体细胞基因治疗和涉及人的生物医学研究监管机制。

体细胞 somatic cells，源自希腊文 $\sigma\tilde{\omega}\mu\alpha$ sôma，意为"身体"。因此，体细胞是构成我们身体的（非生殖）细胞（染色体是双倍体），与生殖细胞（配子：卵、精子）相对（单倍体）而言。，人体约有 220 种体细胞。

基因组：是一个有机体的一套完整的 DNA，包括所有的基因。每一个基因组包含建立和维持这个有机体所必需的信息。在人，整个基因组的拷贝（30 亿多 DNA 碱基对）包含在有核的所有细胞之中。

编辑：现在使用的是 Crispr-Cas9 技术，有类似处理文字时的校对功能，发现错误加以删除、改正或代替（用正常基因代替有缺陷基因），或添加缺失的基因。

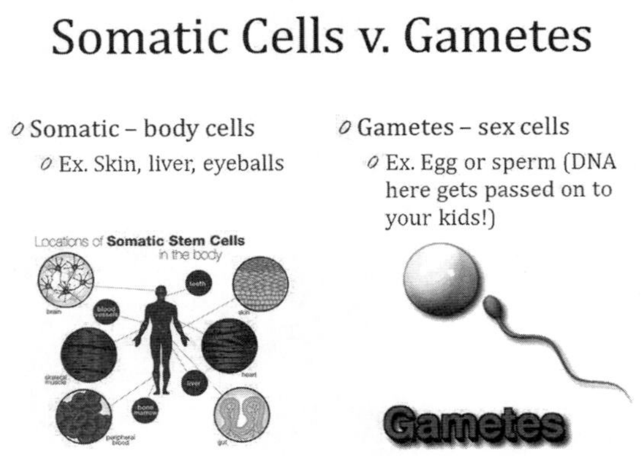

Somatic Cells v. Gametes

图 1　体细胞与生殖细胞（配子）

　　体细胞基因组编辑是指使用人的基因组编辑技术来编辑体细胞中的基因，其目的是治疗遗传病（已知有数千种，包括在我国南方颇为广泛的地中海贫血）。用于治疗遗传病的体细胞基因组编辑已经处于临床试验阶段。体细胞基因组编辑使体细胞发生的效应仅限于被治疗的个体，不会遗传给未来世代。

　　使体细胞的基因发生改变的想法不是新的，来自先前的基因治疗。为了使基因治疗能够应用于临床，已经作了40年的努力，也取得了可观的进步。到2016年数百项早期的以及少量晚期的临床试验在进行之中，但到2016年末只有两项基因治疗经批准用于临床。在进行基因治疗试验或研究的几十年中，已经对基因治疗中伦理问题进行了充分的讨论。例如2015年我国出版的《生命伦理学导论》（197-220页），它的第6章就是基因治疗，共有5节，分别为："基因治疗的概念和特点""体细胞基因治疗的伦理问题""生殖细胞基因治疗的伦理问题""基因增强的伦理问题"，以及"立法管理和伦理审查"[1]。

　　基因治疗与基因编辑的异同。过去用基因治疗，办法是将正常基因插入灭活病毒内，令病人感染病毒，经繁殖使正常基因逐渐代替有缺陷基因。但病人机体对插入的基因或病毒有免疫反应，引起炎症；正常基因可能被嵌入错误的部位；插入的正常基因可能产生过多的本来缺失的酶或蛋白，引起其他健康问题；插入的正常基因可能没有表达等。

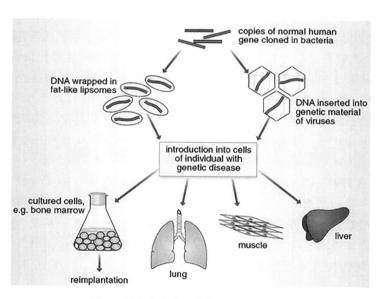

图2　以病毒为载体的体细胞基因治疗

　　基因治疗过程中发生一个著名的丑闻"Gelsinger事件"，已经成为伦理教学的经典案例：

　　1999年9月13日，美国费城18岁的Jesse Gelsinger患了一种遗传性疾病——良性鸟氨酸基转移酶（OTC）缺陷症。这种鸟氨酸代谢失调的疾病本可以通过营养和药物得以控制。但他却到宾夕法尼亚大学人类基因治疗研究所接受基因治疗的临床 I 期试验，这也是该研究所的第 18 位和最后一位受试者。在试验中，由 James Wilson 教授领导的研究小组将包含外源性治疗基因的腺病毒载体颗粒（最大剂量）注入到他的肝脏内。第二天，Gelsinger 病情加重，血氨急剧攀升，当日夜间，昏迷不醒。4 天后，由于强烈的免疫排斥反应，很快他就因多种器官衰竭而死亡。这也是第一例直接因基因治疗而死亡的临床试验。

1999 年 12 月，在 NIH 的一次会议上，James Wilson 说："至今，我们还不知哪一环节出了问题。动物试验也没有发生由于腺病毒的引入而致病，不知为何 Gelsinger 会死于腺病毒。即使对 Gelsinger 使用了大剂量，也只有1%的转移基因达到了靶细胞。"同时，他也承认自己所犯的错误：没有向 FDA 和 RAC 及时通报试验方案的修改。由 French Anderson 领导的一个 FDA 的调查小组认为，这起医疗差错是非故意的。而 RAC 的成员也未对 Anderson 是结论提出过多的异议。的确，多数基因治疗专家也不反对 Wilson 的辩解，发生超常的免疫排斥反应的确是导致死亡的直接诱因。

在 2000 年 1 月份的一次听证会上，Gelsinger 的父亲说："这是一场本可以避免的灾难。我儿子事先并没有被告知有什么严重的危险（包括试验用的猴子死亡），他被诱导并错误地相信这次人体实验是有利于他的。这决不是什么知情同意。"自愿受试者是受一个病人咨询网站所吸引来的。该网站把这项基因治疗方案称为："非常低的剂量和可喜的结果。"（如今这些词语已被禁用）James Wilson 和他的同事还拥有这项技术的知识产权，但这些利益冲突并没有告知受试者。有利于 Gelsinger 之父的一个简单的证据是：这次试验本来针对有严重缺陷的新生儿，而不是患有良性疾病的成人。在这次试验中，受试者要承担重大的风险。2000 年 9 月，他将 Wilson 等人及其所在的医院和他们的合伙 Genovo 公司一起告上了法庭，希望得到 5 万美元的补偿金和罚金。此案后在法庭外了结。

2000 年 3 月和 4 月，白宫商业委员会还直接给 FDA 和 NIH 的负责人写信，索要有关基因转移的所有相关文件，要求卫生和人类服务部去审查 FDA 和 NIH 的监督职能。在随后的几个月中，FDA 的进一步调查发现了宾夕法尼亚大学人类基因治疗研究所存在着诸多管理上的缺陷。为安全起见，2000 年初，FDA 一度曾暂停了对腺病毒载体基因治疗临床试验方案的审批。相应地，肌肉营养障碍联合会（Muscular Dystrophy Association）也停止了对该研究所 100 万美元资助。这个研究小组成员和其他相关人员没有充分考虑 Gelsinger 身体状况，腺病毒载体颗粒剂量水平高于 FDA 所允许的标准30%~60%。这意味着 FDA 和 NIH 的审查和监督也存在问题（《生命伦理学导论》222-223 页）[1]。

这次严重的基因治疗事件是一个警世故事，告诉我们对基因治疗要有合适的监管机制并严格按照该机制去做。我们在考虑如何对使用体细胞基因编辑治疗遗传病时必须记住这一事件的教训。

基因编辑优于例如目前以病毒为载体的基因治疗。基因治疗是一种随机性操作，不知将正常基因扔在基因组的什么地方；使用寻常的基因治疗来纠正特定的基因，好比带来拳击手套来打字；用 CRISPR/Cas9 技术，基因治疗就获得了随意重写基因组的能力，纠正位于基因组内的一小片 DNA，可以小到一个碱基对。CRISPR/Cas9 最重要的优点是简单而有效。可以将它直接应用于胚胎内，并可以节省修饰靶基因所需的时间。基因组编辑还有：灵活、安全和有效、可敲除基因以及可及等优点[2]。

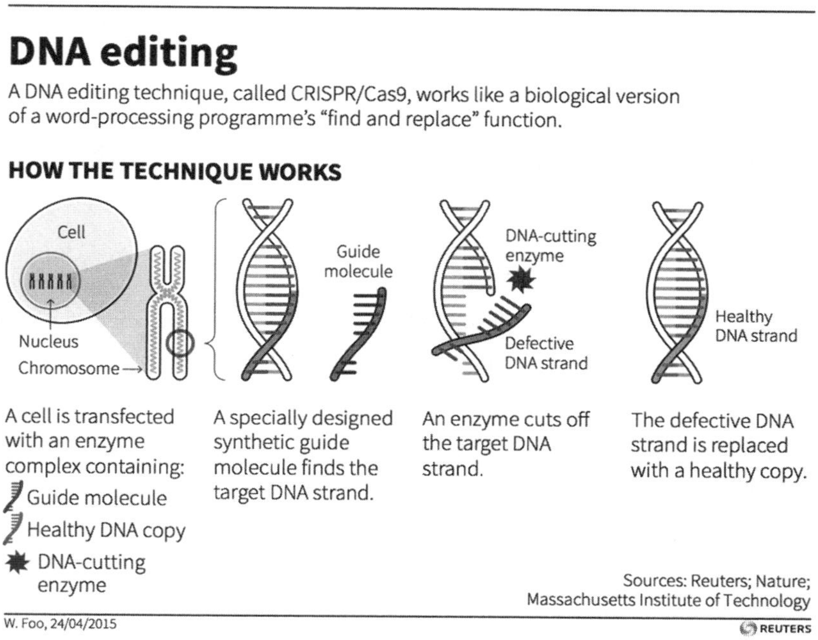

DNA editing

A DNA editing technique, called CRISPR/Cas9, works like a biological version of a word-processing programme's "find and replace" function.

HOW THE TECHNIQUE WORKS

Cell

Nucleus

Chromosome →

A cell is transfected with an enzyme complex containing:

Guide molecule

Healthy DNA copy

DNA-cutting enzyme

Guide molecule

A specially designed synthetic guide molecule finds the target DNA strand.

DNA-cutting enzyme

Defective DNA strand

An enzyme cuts off the target DNA strand.

Healthy DNA strand

The defective DNA strand is replaced with a healthy copy.

Sources: Reuters; Nature; Massachusetts Institute of Technology

W. Foo, 24/04/2015

REUTERS

图 3 利用 CRISPR-Cas 技术进行体细胞基因编辑以治疗疾病

用于治疗的体细胞基因组编辑现状。美国、欧洲以及我国都可允许审批用以治疗疾病的体细胞基因组编辑的临床试验方案，用于预防的生殖系基因组编辑以及用于增强的基因组编辑的临床试验目前不允许申请审批，因此我们这里讨论的人类体细胞基因组编辑的治理和监管问题是用于治疗疾病的人类体细胞基因组编辑的治理和监管问题。用于治疗疾病的体细胞基因组编辑还可以在特定条件下被批准作为创新疗法进行临床应用。所谓创新疗法（innovative therapy，或可译为"试验性疗法"）是正在研究中的新疗法，它们处于动物研究或临床试验阶段，未发现有安全性问题，但其疗效尚未得到证明或其副作用也不十分清楚，但是为了病人的紧迫需要（例如其他任何现有疗法对病人的疾病已证明无效）和为了病人的最佳利益（如果不用处于研究阶段的新疗法进行治疗可能趋于死亡）作为特例，经过机构伦理审查委员会的审查批准，有关监管部门的批准，获得病人的同意，可用处于研究阶段的新疗法进行治疗。创新治疗不是指医生或病人家属建议的任何疗法，例如偏方、从新闻报道中知道的疗法等。[3]

目前已有公开报道的用于治疗的体细胞基因编辑的案例：

> 2015 年 6 月在伦敦大奥尔蒙住院的 1 岁的 Layla 正因患一种白血病（急性淋巴细胞白血病）而生命垂危，所有常规治疗均已失败。医生被允许将正在做临床试验的体细胞基因编辑用作创新疗法，用来治疗 Layla 的白血病。11 月 5 日医疗团队在伦敦进行新闻发布会，报道结果良好，但需要 1、2 年后才能知道癌症是否得到治愈。2017 年 1 月 25 日 Layla 已经 1 岁半，未发现癌症复发的迹象[4]。

对用于治疗疾病的体细胞基因组编辑的治理和监管

参与治理人类基因组编辑的国际努力

巴斯德说："科学没有祖国，因为知识是人类的遗产。"（la science n'a pas de patrie, parce que le savoir est le patrimoine de l'humanité）但科学成为全球性时，它会处于种种不同的政治制度和文化规范之内。重要的是，我们要与世界各国的科学家、伦理学家、法学家一起确定一些治理的原则，它们超越这些差异和区分，同时适应文化的多样性。这就是我们说的"求同存异"和"和而不同"。

但这里应该强调的是"求同存异"中的"同"和"和而不同"中的"和"。我们认为，在科学、技术和医学问题上，不同国家和不同文化之间是"大同小异"。例如不伤害、有益、尊重和公正等生命伦理学原则，我们已经写进我们的管理办法之中。因此，我们的态度应该是积极参与国际制订治理人类基因组编辑的规范和标准的努力之中，而不应采取"分离"或"孤立"的态度。目前世界卫生组织已经成立有我国代表翟晓梅教授参加的专家顾问委员会来制订全球人类基因组编伦理标准，这是我们应该支持的重要举措。

监督、研究和临床应用人类基因组编辑的原则

美国科学-工程-医学科学院的人类基因编辑：科学、医学和伦理学考虑委员会于 2017 年发表的《人类基因组编辑：科学、伦理学与治理》中提出了治理和监管人类基因编辑临床试验和应用的伦理原则如下：

促进福祉（promoting well-being）：促进福祉的原则支持为受影响的人提供受益和防止伤害，在生命伦理学文献中经常被称为有益和不伤害原则。坚持这一原则所带来的责任包括①寻求人类基因组编辑的应用，以促进个人的健康和福祉，例如治疗或预防疾病，同时在高度不确定的情况下将早期应用对个人的风险最小化；②确保人类基因组编辑任何应用的风险和受益的合理平衡。

透明（transparency）：透明性原则要求以使利益攸关方可及和可理解的方式公开和共享

信息。坚持这一原则所带来的责任包括：①承诺尽可能充分和及时地揭示信息；以及②公众真正参加与人类基因组编辑以及其他新颖和颠覆性技术有关的决策过程。

尽职照护：（due care）对参与研究或接受临床治疗的病人给予尽职照护的原则要求仔细和深思熟虑地进行，而且唯有在有充分和有力的证据支持的情况下。

负责科学（responsible science）：负责科学原则支撑根据国际和专业规范坚持从实验室到临床的最高研究标准。遵守这一原则所带来的责任包括：①高质量的实验设计和分析；②对研究计划和产生的数据进行合适的审查和评价；③透明性；以及④纠正错误或误导的数据或分析。

尊重人（respect for persons）：尊重人的原则要求承认所有个人的人格尊严，承认个人选择的中心地位，以及尊重个人的决定。所有人的道德价值都是平等的，不管他们的遗传素质如何。遵守这一原则所产生的责任包括：①对所有个人价值平等的承诺；②尊重和促进个人决策；③防止过去滥用优生学再次发生的承诺；以及④致力于消除残疾的污名化。

公平（fairness）：公平原则要求对类似的情况一视同仁，风险和受益得到公平分配（分配公正）。遵守这一原则所带来的责任包括：①公平分配研究的负担和受益；以及②广泛而公平的可及人类基因组编辑导致的临床应用受益。

跨国合作（transnational cooperation）：跨国合作原则支持在尊重不同文化情境的同时，致力于以合作方式进行研究和治理。遵守这一原则所产生的责任包括：①尊重不同的国家政策；②尽可能协调监管标准和程序；以及③在不同的科学共同体和负责的监管当局之间进行跨国的协作和数据共享（181–183 页）[6]。

这些原则得到大多数国家的认可，因此也构成一个评价我们治理和监管的决策或行动是否合适的标准或评价框架。

人类基因组编辑临床试验和应用的程序要求

- 人类基因组编辑临床试验必须立足于基础研究和临床前研究。
- 基础研究要确保提高人类基因组编辑技术的有效性，减少脱靶率。
- 人类基因组编辑的临床前研究主要是动物实验，要求获得在动物身上进行试验安全和有效的证据。动物实验必须严格按科学性进行设计和从事研究，同时要坚持 3R 原则，保护动物福利，对动物实验方案进行严肃认真的伦理审查。
- 进入人的基因组编辑临床试验必须首先严格审查动物实验的数据，是否足以证明基因组编辑所有技术和方法对动物是安全和有效的。
- 唯有在临床试验获得充分可靠的证据，证明对人受试者是安全和有效的，并经过主管部门的批准，才能进入临床应用。

在动物实验或临床试验阶段，如遇到特需的情况，并经过主管部门批准，可以作为创新疗法应用，其条件是：

- 已有的所有疗法都已经试过，均为无效，病人即将死亡；
- 作为创新疗法治疗病人，必须有合乎科学和伦理的治疗方案；
- 治疗方案必须经机构伦理审查委员会审查批准；

- 治疗方案必须按照知情同意要求获得病人同意，对丧失决策能力的病人可实施代理同意；
- 在治疗过程中所有数据必须妥善记载和保存，如结果良好，应立即转入临床试验；
- 只限于少数病人。

对用于治疗疾病的体细胞基因组编辑的治理和监管

在大多数国家，对体细胞基因组编辑的监管是在现有的监管制度和伦理规范之内，例如澳大利亚、中国、欧洲、日本和美国。

在美国，使用体细胞基因组编辑技术的临床应用属于监管基于人的组织和细胞的治疗的美国食品和药物管理局（FDA）的管辖范围。任何基因编辑临床试验的启动都要求事先获得 FDA 的批准，IRB 也监督试验参与者的招募、咨询和不良事件监测。与体细胞基因组编辑临床试验相关联的监管评估将类似于与其他医学治疗相关联的监管评估，包括风险最小化、分析受试者面临的风险与潜在的受益相比是否合理，以及受试者是否在合适的自愿和知情同意下招募和录取。美国的额外监督包括由机构生物安全委员会进行的地方安全性审查，以及在国立卫生研究院重组 DNA 咨询委员会（Recombinant DNA Advisory Committee，RAC）主持下对具体、新颖的研究方案和一般方法进行国家级的审查。

美国决策者认为，已经为其他形式的基因治疗制订的伦理规范和管理制度足以管理涉及以治疗或预防疾病和残疾为目的的体细胞基因组编辑的新应用。但监管性监督也应强调防止未经授权或过早地应用基因组编辑。但在某些情况下，考虑对子宫内胎儿的体细胞进行基因组编辑也是可取的，例如，对发育早期具有破坏性作用的遗传病，胎儿编辑可能比产后干预有效得多。使生出的孩子获得潜在受益将是关键。但在子宫内进行基因组编辑还需要特别注意与同意有关的问题，以及注意对胎儿生殖细胞或生殖细胞祖细胞的中靶或脱靶修饰引起的风险的增加。

监管体细胞基因组编辑的建议基于若干最重要的原则。体细胞基因组编辑的研究和临床应用的一个重要目标是促进福祉。透明性和负责任的科学对推进研究是必要的，使人们对工作的质量有信心，同时尽职照护确保应用程序的进行，越来越仔细注意风险和受益，以及重新评估，以便及时对不断变化的科学和临床信息做出反应。随着治疗和预防医学技术的发展，公平和尊重人要求注意对这些进展的受益的公平可及，保护个人选择使用或不使用这些疗法，并尊重所有人的尊严，不论他们的选择如何。

美国科学-工程-医学科学院在其 2017 年发表的《人类基因组编辑：科学、伦理学和治理》报告中，对用于治疗疾病的人类基因组编辑的治理和监管的研究结论和建议如下：

一般来说，有大量的公众支持使用基因治疗（以及通过引申也指出使用基因组编辑的基因治疗）来治疗和预防疾病和残疾。体细胞内的人类基因组编辑在治疗或预防许多疾病以及提高目前正在使用或临床试验的现有基因治疗技术的安全性、有效性和效率方面具有巨大的前景。然而，尽管基因组编辑技术继续要优化，但它们仅仅最适合于治疗或预防疾病和残疾，而不是用于其他不那么紧迫的目的。已经为基因治疗制订的伦理规范和监管制度可以应用于这些应用。与体细胞基因组编辑临床试验相关联的监管评估将类似于其他医学疗法，包括风险最小化，分析对受试者的风险与潜在受益相比是否合理，判定受试者招募和录取是否合适的自愿和知情同意。监管监督还将需要包括法律权威和执行能力，以防止未经授权或过早地应用基因组编辑，监管当局将需要不断更新他们对正在应用的技术的具体技术方面的知识。至少，他们的评估不仅需要考虑基因组编辑系统的技术情境，还需要考虑拟议的临床应用，以便能够权衡预期的风险和受益。由于脱靶事件会随着平台技术、细胞类型、目标基因组序列以及其他因素而变化，此时无法为体细胞基因组编辑的特异性（如可接受的脱靶事件率）设定单一的标准。

建议：①应该将现有的审查和评价用于治疗或预防疾病和残疾的体细胞基因治疗的监管基础设施和程序，应用于评价使用基因组编辑的体细胞基因治疗；②此时，监管机构应仅批准与疾病或残疾的治疗或预防有关的适应证的临床试验或细胞疗法；③监管机构应该根据预期使用的风险和受益评价拟议的人类体细胞基因组编辑应用的安全性和有效性，认识到脱靶事件可能因平台技术、细胞类型、目标基因组位置以及其他因素而异；④在考虑是否批准体细胞基因组编辑用于超出治疗或预防疾病或残疾的适应证的临床试验以前应该先进行透明和包容的公共政策辩论（185-188 页）[5]。

我国有关法规规章与对用于治疗的体细胞基因组编辑的治理和监管

事实上我国有关人的基因治疗临床研究以及一般的生物医学研究的监管已经有了较好的规定，尽管执行方面存在着"有法不依"甚至顶风违法的情况。

人的体细胞治疗及基因治疗临床研究质控要点

1993 年 5 月 5 日卫生部药政管理局发布了《人的体细胞治疗及基因治疗临床研究质控要点》（简称《要点》），该要点一开始就指出，本档主要参考了美国食品与药物管理局生物制品评估与研究中心（FDA，CBER）1991 年制订的"人的体细胞治疗及基因治疗条件"、美国国立卫生研究院重组 DNA 顾问委员会（NIHRAC）关于"人体细胞基因治疗方案考虑要点及管理条例"1990 年的修订件，以及美国已批准的几个临床试用方案的档和最近发展的新的基因导入系统的数据，结合我国的实际情况，制订了在我国进行人的体细胞治疗与基因治疗临床研究的质控要点。内容包括：立题的依据基础，可能出现的副作用或危害，利弊的权衡，研究单位与人员的资格审查，细胞群体的鉴定，基因治疗用构建物的分子遗传学特征，临床前试验（安全评价、有效性评价、免疫学考虑要点），不同批号制品的质控及临床前试验，临床试验的考虑要点等。

质量控制　《要点》指出：由于用基因治疗的最终制品不是一个单一的物质，因此不能像一般生物制品那样制订出具体标准。但是必须强调，应该对整个操作过程和最终制品进行质量控制。为此，对所用的方法、试剂、材料均需详细说明，并对细胞库、关键的中间产物（如产病毒的细胞株）予以监控。必须检测不同批号制品的可重复性。

风险-受益评价　《要点》指出，要考虑可能出现的副作用或危害，应提供应用该方案后可能出现的副作用或危害，并提出如何避免可降低其危险性或副作用的措施；要进行利弊的权衡，根据该治疗方案的疗效及可能出现的风险，提出总体的利弊权衡估价。这种评估将是该方案能否获得批准的重要依据之一。

研究单位和研究人员的资格审查 《要点》要求：必须提出从事本研究的基础及临床单位的研究设施、主要仪器设备和临床设施；研究人员应包括基础和临床的重要研究人员以及临床主管该项目的护士长及护士。申请报告可以附件方式提供以上人员的职称、职务、简历。对于研究人员需提供近五年来的重要著作和学术论文清单，并要实行主要负责人承担责任制的原则。

临床前试验 关于安全评价，《要点》指出，动物模型与体外试验相结合一般可以检测产物的安全性。进行安全试验所用的材料必须有不同的剂量范围；即包括相等和超过临床应用的剂量。Ex vivo 需用的材料量根据具体情况而定。关于致瘤性，《要点》指出，如果操作过程可改变原有细胞的生长行为、改变细胞原癌基因、生长因子、生长因子受体或反式调控因子的表达与调控，导致细胞生长特性的改变，则用于临床试用前必须进行致瘤试验。同样，当细胞经过长期体外传代或经过基因工程处理的细胞也必须作致癌试验。

体内安全性试验 《要点》要求，导入人体细胞所用的添加物（如胶元、颗粒或其他物质），必须作动物毒性试验；若以病毒 DNA 或脂质体直接注入（或植入）人体，必须作动物毒性试验。DNA 直接注射（或植入），应作自体免疫的检测。同时须提供详细的毒理试验报告；必须排除有致病性的复制型病毒的存在，并提供其体外和体内安全性实验的全部资料。

有效性的评价 《要点》指出，临床前研究应包括实验模型以证明有效性；通常在临床试验前尚难提供直接的临床疗效的证据，但临床前研究将为临床试验的合理性提供依据。为此，应提供与有效性相关的各类数据。

临床研究的要点 《要点》强调基因治疗的临床研究比一般基因工程药物或普通药物的应用更为复杂，因此必须有实验室和临床专家的协同和密切配合。提出详细的临床使用方案以及在临床监测和其他治疗方面的具体措施。临床研究的方案除基本上参照卫生部颁布的《新药临床研究的指导原则》外，应包括以下几点：①本单位（相当于 IRB）的审查意见，包括对治疗方案的必要性、可行性、安全性以及对参加研究的临床单位与人员的数据审查意见。②选用的病种、病人的年龄范围、性别、疾病的发展阶段（如恶性肿瘤的临床分期）、试用的病例数。应预先制订病例的选择和淘汰的标准。③给药的方式、剂量、时间和疗程。如需通过特殊的手术导入细胞或基因制品，应提供详细的方案。④确定评估疗效的客观指标，包括临床指标和实验室检测项目。⑤基因治疗应尽可能提供其特有的指标，如导入细胞体内存活率、功能状态以及产生达到治疗目的的生物活性因子的状态、抗体形成等监测的指标。⑥若导入病毒或其他制品，应提供是否有病毒复制以及自体免疫和其他免疫等检测指标。对不同的制品应制订相应的监测方法。⑦对产生的副作用和不良反应必须作详细记录并及时进行总结。⑧鉴于基因治疗的特殊性，必须建立长期随访的计划及措施，以总结是否有远期的危害性（如致畸变等）。⑨对公共卫生和环境污染的考虑。如应用病毒直接导入体内，应提供无水平感染的证据，尤其是要防止对儿童和孕妇的影响。

《要点》的结语是：鉴于体细胞治疗及基因治疗是一类新的生物技术治疗方法，迄今为止，尚有不少未知的因素，本条例将根据发展情况予以修改和补充[6]。

人基因治疗申报临床试验指导原则

1993年5月卫生部公布《人的体细胞治疗及基因治疗临床研究质控要点》以后，国内外基因治疗的临床前及临床研究进展很快。为了我国基因治疗的正常开展管理，特起草《人基因治疗申报临床试验指导原则》（简称《指导原则》），作为申报人基因治疗临床试验的试行办法，于1999年4月22日发布。凡国内单位以及国外单位或中外合资单位所研制的人基因治疗制剂在我国境内进行临床研究，均须按此《指导原则》进行申报和审批。

《指导原则》非常详尽，首先在引言中指出，基因治疗是指改变细胞遗传物质为基础的医学治疗。目前仅限于非生殖细胞。基因治疗的申报范围，是将外源基因或遗传物质导入人体细胞以达到防治疾病的目的，不包括应用化学药物改变基因表达。后者应纳入化学药物治疗的申报范围。

《指导原则》要求申报资料应包括如下内容：①基因治疗制剂简介。其中包括：国内外研究现状、立题依据和目的及预期效果——应提供国内及国外已开展的同样或同类疗法的资料；所选择的病种、有效性、安全性及必要性。须着重指出申请方案与国外或国内已批准的方案的不同处、特点及其优越之处。凡属新的方案，应说明其优越性及安全性的依据；须说明可能出现的副作用或危害，并提出如何避免和减少其危害性或副作用的措施；利弊的权衡，该治疗方案可能达到的疗效及可能出现的风险，提出总体的利弊权衡的估价。这种估价将是该方案能否获得批准的重要依据之一；以及制剂的制备工艺简介，要求简要说明该制剂（或产品）的制备工艺流程及其对安全性的保证。②基因治疗制剂的性质、制备工艺及质控。其中包括：治疗用的目的基因及其质粒的组建；基因导入系统的组建；治疗用制剂的制备工艺及质控；连续三批基因治疗制剂的原始制造及检定记录；中国药品生物制品检定所的检定报告；基因治疗制剂的稳定性试验资料；需提供保存条件、保存液配方及至少对三批样品进行稳定性考察的具体数据。③基因治疗的有效性试验。在临床试验前，须提供基因治疗申请方案的体外及体内试验有效性的资料。体外试验：须证明该外源基因导入细胞后，能表达并能达到治疗效果的依据。若属 ex vivo，须提供该细胞中目的基因的表达量及细胞导入人体内后预期的效果；体内试验：提供动物实验结果证明在体内靶组织中基因导入的效率、表达状态及可达到治疗的目的。动物种类根据实验模型的需要而定。导入的途径应尽可能接近于临床试验的途径或条件。由于小动物对某些途径（如动脉插管）有一定困难，若改变导入途径须说明原因及依据。若有些方案在动物中难以观察其疗效（如种族差异），应充分提供有效性的间接或旁证资料或依据。④基因治疗的安全性试验。对质控合格的基因治疗制剂，须提供以下安全性试验的资料：总体安全性评估；分子遗传学的评估；毒性反应的评估；免疫学的评估；致瘤性试验。⑤基因治疗临床试验方案。《指导原则》指出，基因治疗不同于一般生物技术制品的临床应用，首先是它的复杂性。需有经验的临床单位和专家将制品输入或埋入人体的特定组织，甚至通过手术进行操作；其次是它的风险性，尚存在许多未知的因素，须对临床研究的全过程进行严密监控。为此必须有临床与研制单位联合申请。临床研究方案除参照国家《新药临床研究的指导原则》外，必须包括以下几点：单位主管部门［相当于省（市）卫生厅（局）］审查意见，包括对"方案"的必要性、可行性、安全性及对参加研究的临床和基础研究单位、人员的资格审查意见；提供基础研究与临床单位的全部主要研究人员和临床工作人员（包括负责医师、护士和实验室操作人员）的工作简历及从事与"实施方案"有关的经验。提供研究单位符合GMP生产条件的证明以及临床单位具有实施临床"方案"的医疗条件；应制订病例入选、排除与淘汰的标准，包括病种、病人的年龄范围和性别、疾病的发展阶段（临床分期）等，以及试验的病例数；给药的方式、剂量、时间及疗程。如需通过特殊的手术导入治疗制剂，须提供详细的操作过程；评估疗效的客观标准，包括临床指标和实验室检测项目；评估毒副作用及其程度的标准及终止治疗的标准。以及监测毒副作用所必需的临床与实验室检测的项目；提供基因导入后是否导入非靶组织的分子生物学检测的项目、方法及指标；若导入病毒或可能改变机体免疫状态的制剂，须针对性地提供观察人体免疫学方面的相关检测指标及对可能发生的免疫学反应的必要处理措施；对可能产生的副作用或不良反应的记录及总结的表格；建立实施治疗方案中的事故报告制度；随访的计划及实施办法，包括须检测的项目；在临床研究过程中，必须严格防止环境污染的措施，如应用病毒，必须防止及证明不发生水平感染的可能性，以及防止对儿童及孕妇的影响。⑥伦理学考虑。申报材料中，必须提出实施方案中有关伦理学方面的材料。必须充分重视伦理学的原则并具体按国家药品监督管理局GCP规定的要求严格实施。包括在实施本方案前，须向病人说明该治疗方案属试验阶段，它可能的有效性及可能发生的风险，同时保证病人有权选择该方案治疗或中止该方案治疗，以及保证一旦中止治疗能得到其他治疗的权利。严格保护病人的隐私。在病人家属充分理解并签字后才能开始治疗。《指导原则》最后说：基因治疗目前不用于生殖细胞[7]。

我们从《要点》和《指导原则》中可以看到这些规定在从技术方面确保基因治疗的安全性和有效性方面规定得比较详细，但在确保有效的知情同意以及切实对研究方案进行伦理审查，尤其结合基因治疗的特点确保保护受试者的利益和权利方面语焉不详。这是一大缺点。

2007年国家卫生健康委员会颁布《涉及人的生物医学研究伦理审查办法（试行）》，2016年修订后为正式的《涉及人的生物医学研究伦理审查办法》[8]，这一办法也适用于用于治疗的人类体细胞基因组编辑。限于篇幅我们不在这里详加讨论。

医疗技术临床应用管理办法

2008年国家卫生健康委员会颁布《医疗技术临床应用管理办法》（简称《办法》）。在《办法》的总则中强调，为加强医疗技术临床应用管理，促进医学科学发展和医疗技术进步，保障医疗质量和患者安全，维护人民群众健康权益，根据有关法律法规，制订本办法；医疗技术是医疗机构及其医务人员以诊断和治疗疾病为目的，对疾病作出判断和消除疾病、缓解病情、减轻痛苦、改善功能、延长生命、帮助患者恢复健康而采取的医学专业手段和措施；所称医疗技术临床应用，是指将经过临床研究论证且安全性、有效性确切的医疗技术应用于临床，用于诊断或者治疗疾病的过程；医疗技术临床应用应当遵循科学、安全、规范、有效、经济、符合伦理的原则；安全性、有效性不确切的医疗技术，医疗机构不得开展临床应用。

该《办法》一个特点是建立医疗技术临床应用负面清单管理制度，对禁止临床应用的医疗技术实施负面清单管理，对部分需要严格监管的医疗技术进行重点管理。其他临床应用的医疗技术由决定使用该类技术的医疗机构自我管理。《办法》规定医疗技术具有下列情形之一的，禁止应用于临床（以下简称禁止类技术）：临床应用安全性、有效性不确切；存在重大伦理问题；该技术已经被临床淘汰；未经临床研究论证的医疗新技术。

建立医疗技术临床应用负面清单管理制度，表明该《办法》的实行分类管理。被列入医疗技术临床应用负面清单的医疗技术就是"禁止类"。第二类是"限制类"，即禁止类技术目录以外并具有下列情形之一的，作为需要重点加强管理的医疗技术，由省级以上卫生行政部门严格管理：技术难度大、风险高，对医疗机构的服务能力、人员水平有较高专业要求，需要设置限定条件的；需要消耗稀缺资源的；涉及重大伦理风险的；存在不合理临床应用，需要重点管理的。

该《办法》比较着眼于医疗技术临床应用的管理和控制，例如规定国家要建立医疗技术临床应用质量管理与控制制度，充分发挥各级、各专业医疗质量控制组织的作用，以"限制类技术"为主加强医疗技术临床应用质量控制，对医疗技术临床应用情况进行日常监测与定期评估，及时向医疗机构反馈质控和评估结果，持续改进医疗技术临床应用质量；要求二级以上的医院、妇幼保健院及专科疾病防治机构医疗质量管理委员会应当下设医疗技术临床应用管理的专门组织，由医务、质量管理、药学、护理、院感、设备等部门负责人和具有高级技术职务任职资格的临床、管理、伦理等相关专业人员组成，负责根据医疗技术临床应用管理相关的法律、法规、规章，制订本机构医疗技术临床应用管理制度并组织实施；要求医疗机构建立医疗技术临床应用论证制度，对已证明安全有效，但属本机构首次应用的医疗技术，组织开展本机构技术能力和安全保障能力论证，通过论证的方可开展医疗技术临床应用；要求医疗机构建立医疗技术临床应用评估制度，对限制类技术的质量安全和技术保证能力进行重点评估，并根据评估结果及时调整本机构医疗技术临床应用管理目录和有关管理要求，对存在严重质量安全问题或者不再符合有关技术管理要求的，要立即停止该项技术的临床应用。

该"办法"规定，医疗机构在医疗技术临床应用过程中出现下列情形之一的，应当立即停止该项医疗技术的临床应用：该医疗技术被国家卫生健康委列为"禁止类技术"；从事该医疗技术的主要专业技术人员或者关键设备、设施及其他辅助条件发生变化，不能满足相关技术临床应用管理规范要求，或者影响临床应用效果；该医疗技术在本机构应用过程中出现重大医疗质量、医疗安全或者伦理问题，或者发生与技术相关的严重不良后果；发现该项医疗技术临床应用效果不确切，或者存在重大质量、安全或者伦理缺陷。

该"办法"还要求国家建立医疗技术临床应用评估制度，对医疗技术的安全性、有效性、经济适宜性及伦理问题等进行评估，作为调整国家医疗技术临床应用管理政策的决策依据之一；要求国家建立医疗机构医疗技术临床应用情况信誉评分制度，与医疗机构、医务人员信用记录挂钩，纳入卫生健康行业社会信用体系管理，接入国家信用信息共享平台，并将信誉评分结果应用于医院评审、评优、临床重点专科评估等工作。并要去县级以上地方卫生行政部门应当将本行政区域内经备案开展限制类技术临床应用的医疗机构名单及相关信息及时向社会公布，接受社会监督。

该"办法"专设一章法律责任，对违反本办法的医疗机构个人员进行处罚。

该"办法"专门有一条说明："人体器官移植技术、人类辅助生殖技术、细胞治疗技术的监督管理不适用本办法"。

显然，该"办法"也适用于用于治疗的人类体细胞基因组编辑。

生物医学新技术临床应用管理条例（征求意见稿）

2019年国家卫生健康委员会颁布《生物医学新技术临床应用管理条例（征求意见稿）》（简称《条例》）。该条例有关适用于目的为了治疗遗传病的人类体细胞基因组编辑的临床试验和临床应用，明确了未经临床试验不得在临床应用，根据风险程度要求进行二级或三级的伦理审查。

规定了批准或拒绝的标准，以及对于违反管理条例的规定了罚则。

该《条例》的总则中明确指出，为规范生物医学新技术临床研究与转化应用，促进医学进步，保障医疗质量安全，维护人的尊严和生命健康，制定本条例。《条例》所称生物医学新技术是指完成临床前研究的，拟作用于细胞、分子水平的，以对疾病作出判断或预防疾病、消除疾病、缓解病情、减轻痛苦、改善功能、延长生命、帮助恢复健康等为目的的医学专业手段和措施；所称生物医学新技术临床研究（简称临床研究），是指生物医学新技术临床应用转化前，在人体进行试验的活动，临床研究的主要目的是观察、判断生物医学新技术的安全性、有效性、适用范围，明确操作流程及注意事项等。

该《条例》定义，在人体进行试验包括但不限于以下情形：直接作用于人体的；作用于离体组织、器官、细胞等，后植入或输入人体的；作用于人的生殖细胞、合子、胚胎，后进行植入使其发育的。生物医学新技术转化应用（简称转化应用）是指经临床研究验证安全有效且符合伦理的生物医学新技术，经一定程序批准后在一定范围内或广泛应用的过程。

该《条例》的一个特点是对生物医学新技术临床研究实行分级管理。中低风险生物医学新技术的临床研究由省级卫生主管部门管理，高风险生物医学新技术的临床研究由国务院卫生主管部门管理。高风险生物医学新技术包括但不限于以下情形：涉及遗传物质改变或调控遗传物质表达的，如基因转移技术、基因编辑技术、基因调控技术、干细胞技术、体细胞技术、线粒体置换技术等；涉及异种细胞、组织、器官的，包括使用异种生物材料的，或通过克隆技术在异种进行培养的；产生新的生物或生物制品应用于人体的，包括人工合成生物、基因工程修饰的菌群移植技术等；涉及辅助生殖技术的；技术风险高、难度大，可能造成重大影响的其他研究项目。

该《条例》强调，开展生物医学新技术临床研究应当通过学术审查和伦理审查，转化应用应当通过技术评估和伦理审查；生物医学新技术临床前研究的监督管理按照国务院有关部门规定执行；完成临床前研究拟进行临床研究的，应当在医疗机构内开展，在人体进行的操作应当由医务人员完成；法律法规和国家有关规定明令禁止的，存在重大伦理问题的，未经临床前动物实验研究证明安全性、有效性的生物医学新技术，不得开展临床研究；未经临床研究证明安全性、有效性的，或未经转化应用审查通过的生物医学新技术，不得进入临床应用。

该《条例》另一特点是对临床研究项目申请与审查做了比较详尽的规定。对于拟从事临床研究活动的机构要求具备下列条件：三级甲等医院或三级甲等妇幼保健院；有与从事临床研究相适应的资质条件、研究场所、环境条件、设备设施及专业技术人员；有保证临床研究质量安全和伦理适应性及保障受试者健康权益的管理制度与能力条件。

该《条例》对于医疗机构向所在省级人民政府卫生主管部门提出申请，省级人民政府卫生主管部门对于申请开展中低级风险生物医学新技术临床研究的学术审查和伦理审查（临床研究学术审查和伦理审查规范由国务院卫生主管部门制定并公布），以及对于申请开展高风险生物医学新技术临床研究的，省级人民政府卫生主管部门进行初步审查，并出具初审意见后，提交国务院卫生主管部门，国务院卫生主管部门进行审查，分别做了比较具体的规定。例如：医疗机构内审查通过的，由医疗机构向所在省级人民政府卫生主管部门提出申请，并提交以下材料：立项申请书（包括研究项目的级别类别）；医疗机构资质条件（许可情况）；主要研究人员资质与科研工作简历；研究方案；研究工作基础（包括科学文献总结、实验室工作基础、动物实验结果和临床前工作总结等）；质量控制管理方案；可能存在的风险及应对预案；审查通过的，批准开展临床研究并通知省级人民政府卫生主管部门登记。

卫生主管部门对于临床研究项目的学术审查，主要包括以下内容：开展临床研究的必要性；研究方案的合法性、科学性、合理性、可行性；医疗机构条件及专科设置是否符合条件；研究人员是否具备与研究相适应的能力水平；研究过程中可能存在的风险和防控措施；研究过程中可能存在的公共卫生安全风险和防控措施。卫生主管部门对于临床研究项目的伦理审查，主要包括以下内容：研究者的资格、经验是否符合试验要求；研究方案是否符合科学性和伦理原则的要求；受试者可能遭受的风险程度与研究预期的受益相比是否合适；在办理知情同意过程中，向受试者（或其家属、监护人、法定代理人）提供的有关信息资料是否完整易懂，获得知情同意的方法是否适当；对受试者的资料是否采取了保密措施；受试者入选和排除的标准是否合适和公平；是否向受试者明确告知他们应该享有的权益，包括在研究过程中可以随时退出而无须提出理由且不受歧视的权利；受试者是否因参加研究而获得合理补偿，如因参加研究而受到损害甚至死亡时，给予的治疗以及赔偿措施是否合适；研究人员中是否有专人负责处理知情同意和受试者安全的问题；对受试者在研究中可能承受的风险是否采取了保护措施；研究人员与受试者之间有无利益冲突。该"条例"还规定有以下情形之一的，审查不予通过：违反国家相关法律、法规和规章的规定的；违背科研诚信原则的；未通过伦理审查的；立项依据不足的；研究的风险（包括潜在风险）过大，超出本机构可控范围的；不符合实验室生物安全条件要求的；）侵犯他人知识产权的；经费来源不清楚、不合法或预算不足的。

该《条例》专门有一章是研究过程管理，规定临床研究应当遵循以下原则：遵守国家法律法规、相关部门规章、规范性文件规定；遵守伦理基本原则；尊重受试者知情同意权；研究方法科学、合理；遵守有益、不伤害以及公正原则，保障受试者生命安全，亦不得对社会公众健康安全产生威胁。并要求医疗机构建立完善临床研究全程管理制度、受试者权益保障机制、研究经费审计制度等，保障研究项目安全可控，保障受试者合法权益，保障研究项目经费合法、稳定、充足。在研究过程中出现以下情形之一的，医疗机构及研究人员应当暂停或终止研究项目，并向省级人民政府卫生主管部门报告：未履行知情同意或损害受试者合法权益的；发现该项技术安全性、有效性存在重大问题的；有重大社会不良影响或隐患的；研究过程中出现新的不可控风险，包括对受试者个体及社会公众的健康威胁及伦理风险的。并规定，临床研究结束后，医疗机构应当对受试者进行随访监测，评价临床研究的长期安全性和有效性。对随访中发现的严重损害受试者健康问题，应当向本机构主管部门报告，给予受试者相应的医学处理，组织技术评估，并将处理及评估情况报告省级人民政府卫生主管部门；临床研究过程中，造成受试者超过研究设计预测以外人身损害的，按照国家有关规定予以赔偿。

该《条例》还有一章是有关"转化应用管理"的规定。临床研究证明相关生物医学新技术安全、有效，符合伦理原则，拟在临床应用的，由承担研究项目的医疗机构向省级人民政府卫生主管部门提出转化应用申请；医疗机构提出转化应用申请，应当提供以下材料：研究题目；研究人员名单及基本情况；研究目标、预期研究结果、方法与步骤；临床研究项目本机构内评估情况；临床研究审查情况（包括伦理审查与学术审查情况）；研究报告；研究过程原始记录，包括研究对象信息、失败案例讨论；研究结论；转化应用申请；转化应用机构内评估情况；该技术适用范围；应用该技术的医疗机构、卫生专业技术人员条件；该技术的临床技术操作规范；对应用中可能的公共卫生安全风险防控措施。临床转化的申请受理和审批也是按上述分级负责。

在"法律责任"一章，该《条例》制订了违反条例的罚则。

在最后的"附则"中，特别说明："干细胞、体细胞技术临床研究与转化应用监督管理规定由国务院卫生主管部门和国务院药品监管部门另行制定"。

人类体细胞基因组编辑临床试验和应用治理或监管的若干问题

治理与监管

治理（governance）的概念要比监管（regulation）宽。监管是治理的重要部分。治理的主体是领导机构，例如政治局、国务院等党政领导机构、地方政府的党政领导机构，各个部门的领导机构，公司的董事会，学校的校务委员会等，其任务是就大政方针做出决定，为决定的实施进行规划、分配资源（人力、财务），对决定的实施进行监督，对实施的结果机构进行评估，其决定涉及领导机构所管实体的使命、价值取向、愿景和结构。治理的事情一般是比较大的事，有关未来的事，涉及使命核心和价值取向的事，高层次的决策，布置下去的事情是否在执行，监督机构是否在监督等？而监管是根据一组规则对某一事业、活动进行监督、管理、控制，尤其是政府根据一组规则进行管控。需要监管往往是由于：市场失灵、社会集体的愿望、专业发展的需要、利益的调整等。这里主要讨论政府对例如基因编辑、人工智能神经技术等新兴技术的监管问题。新兴技术的监管问题主要有三个方面：

监管的概念、作用和衡量标准以及监督失灵

监管是监管机构（授权从事监管活动的政府机构）采取的干预措施，以良好的方式控制和引导有关人们的行动。由企业或科学家或其共同体采取的这种干预措施是"自我监管"。外部监管则包括来自政府的监管或公众的监管。监管环境（regulatory environment）包括以上所说的干预措施，包括法律、法规或规章的体系、政府监管制度、不同层次的伦理审查机构和制度，包括机构、省市一级和部一级的伦理审查委员会及其审查机制，能力建设机制和考查、评估机制等。

监管在新兴技术中的作用是什么？①监管机构和监管既要将新兴技术对公众的受益最大化，又要将其潜在的伤害最小化。监管的作用包括管理与新技术相关的风险问题，但也促进对社会有益的创新。②设定技术创新的限度、协调风险评估和管理、设计公众参与的程序以及设定赔偿责任的条款，都将落在政界人士和监管机构的肩上，最终要通过制定法律实施。③监管对技术的研发和使用既有约束作用，又有促进作用。这就需要法律与技术一起合作改善人类社会存在的基本条件。为此我们需要一个促进有益的创新，使得大家能分享这些技术的受益，又让我们管理风险的监管环境。

根据什么标准来衡量一个监管体制？①正当性（legitimacy）：监管目的、手段和程序的可辩护性，即根据什么理由需要对这项技术进行监管；②有效性（effectiveness）：监管的制度和措施应达到预期目的，尽可能避免监管失灵；③审慎性（prudence）：由于不确定性，监管措施应该慎之又慎，因缺乏必要而充分的信息，决策是暂行的，应该与时俱进，随时因技术或社会情况的发展而修改；④连接性（connection）：监管切不可脱离科学的发展，应该密切注视科学和技术的前进步伐，适时对监管措施做出调整；⑤国际性（cosmopolitanism）：亦即要与国际接轨，决不可坐井观天，必须参与制订国际框架，分享各国经验，与不同价值、不同文化的各国代表一起解决共同面对的问题[11]。

监管失灵的因素有：①监管腐败。监管者与被监管者有利益关系，因此监管如同摆设，不起任何作用。②监管能力不足。前面我们已经讨论过黄金大米试验事件，该事件表明我国机构伦理审查委员会能力不足。目前各国纳米技术的监管很差，监管者没有采取积极措施来应对纳米材料的风险，以为目前已有的监管规定已经足够，不了解纳米材料的特异性质。这说明对于每一特定的新兴技术，都需要特定的监管措施。③监管产生意外后果。例如知识产权制度，特别是专利制度，旨在激励创新，然而在某些新兴技术领域专利制度实际上可能阻碍创新，需要改革专利制度。④监管阻力。当被监管者抵制监管干预时，监管失灵也会出现。贺建奎事件说明当事人对相关监管措施是了如指掌的，但出于追求名利的原因（如企图一鸣惊人获得诺贝尔奖，或设法推销他所谓的"第三代测序仪"为其公司谋取利润），故意采取欺骗、逃避措施抵制监管。因此有人提出"反应性监管"（responsive regulation）或"巧监管"（smart regulation），一是如不依从逐渐增加监管强度；二是采取多种办法实施监督，如监管机构寻求与利益攸关者（例如资助者）合作，达成共识，让他们也参与监管。由于这种种监督失灵的情况，许多人坚决反对自我监管，自我监管往往变成有利于监管对象的监管[11]。

自我监督与外部监督

不少科学/医学家和科学/医学共同体愿意进行自我监管，这是非常积极的现象。但科学家和科学共同体必须理解，自我监管是不够的。因为：①科学家往往需要集中精力和时间解决创新、研发和应用中的科学技术问题，这是很自然的和可以理解的，可是这样他们就没有充分的精力和时间来关注伦理、法律和社会问题；②现今科学技术的伦理问题要比例如哥白尼、伽利略甚至牛顿时复杂得更多，而伦理学，尤其是科学技术伦理学或生命伦理学也已经发展为一门理性规范学科，它们有专门的概念、理论、原则和方法，不经过系统的训练是难以把握的；③现今的科技创新、研发和应用都是在市场情境下进行，这样科学家就会产生利益冲突，没有外部监管，只有自我监管，就会出现"既当运动员，又当裁判员"的情况。外部监督有两类：政府对新兴科技自上而下的监管，这是最为重要的，这就要建立一套监管的制度，自上而下的监督也包括人民代表机构和政治协商机构的监督，这是我们缺少的；自上而下的监督就要对违规者问责、追责、惩罚，再也不能让违规者不必付出违规成本。利益攸关方的自下而上的监督，利益攸关方包括人文社科诸学科相关研究人员、有关的民间组织和公众代表。我国的监管人员必须了解到，对于新兴技术，政府、科学家、企业三驾马车是不充分的，必须有公共参与，即人文社科专家和公众代表在上游就应该参与决策。

对体细胞基因组编辑技术不确定性的监管

作为基因组编辑的新兴技术，包括人类体细胞基因组编辑技术存在着不确定性。临床试验和临床实践，如同战场，有时情况瞬息万变。应对不确定性办法之一是防范原则（precautionary principle）。防范原则于20世纪70年代在德国国内法首先被引用，后被国际法采用。防范原则指导监管者应对潜在伤害的科学不确定性，人们说防范原则是一个"确保安全比说对不起"（better to be safe than "sorry"）要好的原则。防范原则不适宜应用于：①当伤害的类型已知，概率可定量时；②当伤害仅是假设性的或想象中的风险时。但在二者之间防范原则可适用：①潜在伤害类型已知，但因果关系未知或不确定，因此不能估计概率；②影响范围已知，但其严重程度不能定性估计。在应用防范原则时要考虑可得的科学证据，应用防范原则前先对问题进行科学方面的考查。防范原则被解释为：只要对健康、安全或环境有风险，即使证据是推测性的，即使监管成本很高也要进行监管。这是一种强的说法。这容易遭到反对。这里的问题是：为监管辩护，要求什么样的证据，以及是否也要考虑其他方面的风险（例如不能把资源都用于预防新兴技术的风险）？

对于防范原则存在着一些误解，把它诠释为"防止"（preventive）原则。我们对科学技术的发展可以有三种径路：一是促进径路；二是防止径路，要求直到一切可能的风险已知和得到消除时才能发展该技术；三是防范径路，处于促进与防止之间。采取防范原则的前提是：对科学技术风险的评估具有不确定性以及有必要采取行动。根据新兴技术的具体情况实施防范原则是为在不确定情况下采取限制性措施进行辩护。防范原则并不要求采取行动应对任何程度的潜在伤害，要采取行动对付的伤害应该是"严重的""重要的"，而不是纯粹假设性的，或仅仅是推测性的，这时就产生了我们采取行动进行监管的义务。有人建议应该在应对不确定性的监管制度中建立一个计划适应（planned adaption）机制，目的是获得与政策及其影响有关的新知识，允许修改政策和规则以便与这些知识相适应。在有不确定性的地方，监管政策和措施应该被看作是实验性的，即要在收集到的相关信息基础上，将监管政策和措施更新。计划适应要求改变人们的思维，从将政策决定看作"最后的"（这是我国常有的情况）改变为将制定公共政策视为"开放的"。在用于治疗的人类体细胞基因组编辑的情况下，我们的研究方案不应该看作是刻板不变的，应随着病人出现新的情况，我们意料之外的变化而相应修改，当然这及时向伦理审查委员会汇报，如果要刺骨研究方案，应由伦理审查委员会再次审查，获得他们的批准[12]。

参 考 文 献

［1］翟晓梅，邱仁宗. 生命伦理学导论. 北京：清华大学出版社，2005：197-220.

［2］Goncalves G, and Paiva, R. Gene therapy：advances, challenges and perspectives. Einstein（São Paulo）［online］. 2017, 15（3）：369-375. http://dx.doi.org/10.1590/s1679-45082017rb4024.

［3］Levine, R. Research and practice, in Emanuel E, Crouch R, Arras J, et al. Ethical and Regulatory Aspects of Clinical Research. Baltimore, Maryland：The Johns Hopkins University Press. 2003：103-107.

［4］La Page M. Gene editing has saved the lives of two children with leukaemia. New Scientist. 2007-01-25. https://www.newscientist.com/article/2119252-gene-editing-has-saved-the-lives-of-two-children-with-leukaemia/.

［5］National Academy of Science, Engineering and Medicine, USA, Human Genome Editing：Science, Ethics, and Governance, Washington, DC：The National Academy Press, 2017.

［6］国家卫生健康委员会. 人的体细胞治疗及基因治疗临床研究质控要点，1993.

［7］国家卫生健康委员会. 人基因治疗申报临床试验指导原则，1999.

［8］国家卫生健康委员会. 涉及人的生物医学研究伦理审查办法（试行），2007 年；涉及人的生物医学研究伦理审查办法，2016.

［9］国家卫生健康委员会. 医学技术临床应用管理办法，2008.

［10］国家卫生健康委员会. 生物医学新技术临床应用管理条例（征求意见稿），2019.

［11］McLennan A. Regulation of Synthetic Biology：BioBricks, Biopunks and Bioentrepreneurs, Edward Edgar, Cheltenham UK，2018：129-171.

［12］雷瑞鹏，邱仁宗. 新兴技术的伦理和治理问题. 山东大学学报，21（4）：1-11.

生殖系基因组编辑的治理问题①

张　迪

在本章，我们将首先梳理英美两国在生殖系基因组编辑中的治理现状，审视其对于我国治理相关技术应用的借鉴作用，随后剖析我国当前对生殖系基因组编辑治理中存在的问题，并在下一章节针对这些问题提出相应建议。

概　　要

技术相关的安全风险和伦理学问题并不是一夜之间冒出来的，而是一个缓慢、渐进的过程之结果。② 虽然基因编辑婴儿事件可能被一部分人认为是单纯的突发事件，亦或是"流氓科学家"的疯狂行动，但冰冻三尺非一日之寒。该事件暴露出我国在新兴技术（emerging technologies）治理方面的诸多问题，包括法律、监管、政策、机构、专业和全球治理等六方面。

在法律层面，我们认为目前存在立法层级低、惩戒力度低、立法空白、滞后性和立法"失败"五个问题；监管层面主要包括监管真空和监管链断裂两大问题；政策层面的主要包括，过度强调"应用、转化和市场"、知识产权政策、技术评估缺乏多元性和动态性、"放管服政策"的认识误区以及缺乏公众参与等问题；机构层面的问题主要包括，伦理审查委员会制度和能力欠缺，及缺乏独立性两大问题；专业共同体层面的问题主要涉及，缺乏内部包容性和"前瞻性责任"缺乏；在全球治理方面，主要的问题包括缺乏包容性，并对共识意义和作用提出挑战。

在对这六方面问题的梳理中，还应分为禁止/暂停生殖系基因编辑临床试验/应用阶段，和开放试验/应用后两个层面，判断该问题是当下急需解决的问题，还是在试验/应用开放前需要解决的。

---

① 编者按：本文由张迪撰写。张迪在北京协和医学院人文和社会科学系和基础医学系先后获得科技哲学/生命伦理学硕士和遗传伦理学博士，现任该院讲师，中国自然辩证法研究会生命伦理专业委员会理事兼青年工作委员会委员。

② Swierstra T, Jelsma J. Responsibility without Moralism in Technoscientific Design Practice [J]. Science, Technology& Human Values, 2006, 31 (3): 309-332.

未来具有高度不确定性，可遗传基因编辑的治理受个体、公众、技术、经济、政治和环境等多种因素的影响，对于这些现有问题的讨论，是随后提出治理建议的基础，只有妥善解决这些问题才能够实现中国和全球层面对生殖系基因编辑技术的善治，引导技术的使用在造福人类的同时避免/减少风险和伤害的发生。

美国治理现状

体细胞编辑

美国基因组编辑的监管是全过程的，包括实验室研究，临床前实验，临床试验，获批在临床上应用及上市后监控（表1）。

表 1　涉及基因组编辑活动的监管

涉及基因组编辑的活动	监管主体	主要监管内容
实验室细胞和组织研究（非胚胎），包括诱导多能干细胞 iPSCs	机构生物安全委员会，机构审查委员会（人体组织），NIH 资助的研究必须符合 NIH Guidelines for Human Stem Cell Research（某些 iPSC 研究被禁止）	实验室人员安全，组织捐献者安全、隐私和权利（人体细胞和组织）。恰当的同意过程
人类胚胎干细胞或胚胎实验室研究	机构胚胎干细胞研究监管或胚胎研究委员会（自愿而非强制）	特别的伦理关注和规定（联邦或州）与使用人类胚胎和胚胎干细胞系，如禁止使用联邦资金用于研究目的创造的胚胎，摧毁或导致某种程度的伤害风险
临床前动物研究	美国农业部，机构动物照护与使用委员会	人类照护，研究设计，及疼痛最小化
临床试验（新药申请 IND）	IRB，IBC，RAC（NIH，建议），FDA 组织和先进疗法办公室、生物评估和研究中心（CBER）	权衡受试者的潜在风险与受益（都是受试者的）合理的实验设计和知情同意
新医药产品应用（biologic licensing application）	FDA CBER	安全性和有效性数据评估
上市医药产品（上市后评估）	FDA CBER	患者长期安全

通常，实验室的监督工作由机构生物安全委员会（institutional biosafety committees，IBCs）负责，其主要关注实验室安全问题，如实验对实验人员、实验室环境和外界环境的影响。在很多情况下联邦政府会根据临床实验室提升修正案（clinical laboratory improvement amendments）对实验室的质量进行监测。有时，当实验室的工作涉及使用可被识别的（活着的）人类捐献者时，还会受到 IRB 的监管，后者的任务之一是保护受试者，确保研究获得受试者有效的知情同意。通常实验室使用人类胚胎并不在 IRB 的管辖范围，除非最初的

捐献者（progenitor-donors）可被识别。机构还可选择其他自愿监管方式进行监管，如胚胎干细胞研究监管委员会（embryonic stem cell research oversight committees，ESCROs），该委员会也是国际干细胞研究协会（International Society for Stem Cell Research，ISSCR）提出的监管建议方案之一①。

临床前动物实验通常由机构动物照护与使用委员会负责监管，并要求所有动物实验遵守动物福利法案（animal welfare act）。

对于临床试验（仅限联邦政府资助的项目）而言，其研究计划和目标会受到 NIH 重组 DNA 顾问委员会（Recombinant DNA Advisory Committee，RAC）的审查（自愿审查，并非开展试验的必要条件），并且需要 IRB 和 FDA 的批准。

在美国，基因组编辑如果上市必须通过临床试验并经受 FDA 的监管。除了 FDA 的监管外，IRBs，IBCs 和 RAC 对基因编辑临床试验也有监管责任。

任何受到美国健康与人类服务部（U. S. Department of Health and Human Services，HHS）资助、FDA 监管或普通法（Common Rule）规定的联邦机构，如果其研究涉及人类受试者，都必须受到 IRB 的审查。普通法仅关注活着的受试者（或者说已经出生的人），胚胎和胎儿的研究则通过资助机构的规定约束，此外对涉及孕妇的研究也有额外要求，但仍旧与资助相关。② 胚胎研究受到州政府立法和联邦资助限制。

RAC 在 1974 年成立时是为了应对重组 DNA 的使用和滥用问题，确保广泛的公众参与，包括但不限于科学家、医务人员、伦理学家、生物安全专家、公众代表及其他利益攸关方。RAC 的任务随着时间的推移而发生改变，目前主要负责应对科技进步所带来的负面效应和公众对技术使用的担忧。RAC 早期要求所有开展重组 DNA 的机构建立生物危害审查委员会后更名为生物安全委员会（institutional biosafety committees，IBC）。RAC 的主要任务之一是制定专业指南，指导重组 DNA 研究。虽然这些指南并没有法律强制力，但对于科研实践仍有重要的指导作用，例如 NIH 要求所有受其资助的相关研究遵守该指南。起初 RAC 对所有受到资助的研究进行审查和建议，但随后因其与 FDA 职能重叠，便较少关注科学技术本身的问题，而更多关注社会伦理问题的讨论。20 世纪 90 年代中期，FDA 成为唯一审批基因转移申请的审查方，一些研究方案自愿接收 RAC 审查，但已经不是强制审查。目前 RAC 的功能主要是深度审查和加强公众参与。

FDA 将基因组编辑技术归为基因治疗进行监管。FDA 在已有对生物制品的管理框架下对人类基因组编辑进行监管。FDA 对该技术的监管评估依据对生物制剂的治理，在很多情况下还依据对药品的监管条例。一旦基因治疗进入临床医疗（clinical care）阶段，不仅 FDA 会持续监测其安全性，还会对说明书中所标记的用法进行正式研究，以评估治疗的安全性和有效性。某个已被批准的生物制剂的正式研究，如果用于说明书之外的情况，通常

---

① ISSCR. 2016. Guidelines for stem cell research and clinical translation. http://www.isscr.org/docs/default-source/guidelines/isscr-guidelines-for-stem-cellresearch-and-clinical-translation.pdf?sfvrsn = 2（accessed July 26,2019）.

② Subpart B 45 CFR 46.

不会被认为是超说明书用药，但是要受到 FDA 的监督。但是在研究之外，临床医疗中的超说明书用药是完全合法的，对于很多医生而言此种用法已经成为常规。在我国超说明书用药尽管在临床中普遍存在，但是并没有良好的立法和规制规范其使用，即保护患者也维护医生的执业权利。

在体细胞基因组编辑方面的治理上，美国的治理体系十分完善，覆盖从基础研究、临床前研究、临床试验、临床应用以及上市后的监测的整个过程，对于我国的体细胞基因组编辑而言值得借鉴。

生殖系编辑

美国对于生殖系基因编辑的法规比较复杂，涉及州政府的法律、联邦法律和规范。

美国联邦政府并没有制定法规明确禁止生殖系基因组编辑的基础研究、临床试验和应用。而是通过禁止使用联邦政府资金资助相关研究和应用来实现间接禁止的目的，这被一些人称为在美国立法中拦截基因工程后代的唯一措施。[①] 1995 年美国通过了迪吉-维克修正案（Dickey-Wicker Amendment）禁止美国健康和人类服务部资助涉及改变胚胎和世代遗传物质的研究，包括基础研究和临床试验。2015 年国会再次通过搭车法案禁止 FDA 使用联邦政府经费审阅以生殖为目的的改变胚胎 DNA 的研究。[②③] 这些举措虽然得到了一些宗教人士的欢迎，但却受到不少科学家的指责，因为后者所获得的科研经费大多来自于联邦政府的资金，而禁止资助基础研究意味着这些研究者在实验室也无法使用人类胚胎开展相关研究。随着 2018 年基因编辑婴儿事件爆发，一些学者和政客对于是否应当允许使用联邦政府资金资助以上研究和应用存在较大争议，[④] 尽管如此，2019 年美国国会在预算法案的投票中仍旧维持了之前的立场，明确禁止 FDA 使用联邦政府资金审查有关生殖系基因组编辑的研究和新药申请（Innovative new drug，IND）。[⑤]

2015 年 4 月底，NIH 的院长 Francis Collins 发表了一项声明，确定 NIH 不会资助任何使

① Sharon Begley, Andrew Joseph. Congress weighs dropping ban on altering the DNA of human embryos used for pregnancies. June 4, 2019. STAT. Access at July 26, 2019. https://www.statnews.com/2019/06/04/congress-weighs-dropping-ban-on-altering-human-embryos-for-pregnancies/.

② "The Science and Ethics of Engineered Human DNA." Hearing before the Subcommittee on Research and Technology, of the House Committee on Science, Space and Technology, June 16, 2015. https://science.house.gov/legislation/hearings/subcommittee-research-and-technology-hearing-science-and-ethicsgenetically (accessed January 30,2017).

③ Consolidated Appropriations Act of 2016, HR 2029, 114 Cong., 1st sess. (January 6, 2015) (https://www.congress.gov/114/bills/hr2029/BILLS-114hr2029enr.pdf[accessed January 4,2017]).

④ Andrew Joseph. Congress revives ban on altering the DNA of human embryos used for pregnancies. June 4, 2019. STAT. Access at July 26, 2019. https://www.statnews.com/2019/06/04/congress-revives-ban-on-altering-the-dna-of-human-embryos-used-for-pregnancies/.

⑤ Rob Stein. House Committee Votes To Continue Ban On Genetically Modified Babies. June 4, 2019. NPR. Access at July 26, 2019. https://www.npr.org/sections/health-shots/2019/06/04/729606539/house-committee-votes-to-continue-research-ban-on-genetically-modified-babies.

用人类胚胎的基因编辑技术研究。他在声明中指出生殖系编辑的临床应用是一条不应被逾越的界限 "the concept of altering the human germline in embryos for clinical purposes has been debated over many years from many different perspectives，and has been viewed almost universally as a line that 'should not be crossed'."①此外，Broad 研究所的 Eric Lander（张峰和 George Church 也在此研究所工作），在新英格兰杂志上重复了同样的观点，认为人类生殖系编辑不应当被逾越。②

英国治理现状

体细胞编辑

UK 临床试验规范要求基因治疗临床试验之前，必须获得医学和健康照护产品管理部的批准，并要求获得基因治疗咨询委员会的批准，并且其他法律和规范用于管理制造细胞治疗产品的质量控制。公众参与在这些管理部门和专业协会中有明确机制，例如英国基因和细胞治疗协会每年会有公众参与日，邀请各年级学生、患者、医务人员和科学家讨论和辩论相关委托。

生殖系编辑　英国的管理较为严格，对胚胎研究采取单独管理和审批。其他欧洲国家也对涉及生殖目的的生殖系基因组改变持禁止态度，如德国、意大利和斯洛伐克③等国法律中明确禁止临床试验，甚至禁止基础研究。

对于生殖系基因编辑，英国的管理更加集中并偏向垂直管理，包括对某种干预是否以及何时可以开展，以及由谁和哪家机构开展。美国在药品上市前由明确的研究阶段，上市后允许医学专业人员由广泛的自由裁量权去使用，但英国没有这样的分类，并且限制医生在使用胚胎或配子上的自由裁量权（其他药品还是可以超说明书用药的，但是生殖相关的则有额外保护）。相较于美国，英国在生殖系基因组编辑（也包括其他可改变后代遗传物质的技术）采取的是一个更为严格的监管体系，可以追踪任何一个研究或治疗用途的配子和胚胎的命运。

1990 年的《人类受精和胚胎学法》，以及依据该法建立的人类受精与胚胎管理局（Human fertilization & embryology authority，HFEA）使英国政府对生殖系基因组编辑的善治成为可能。《人类受精与胚胎学法》以及 HFEA 的建立与人类第一例试管婴儿的诞生和辅助生殖技术的兴趣密切相关。HFEA 是一个独立管理机构，用于管理涉及人类配子、受精卵和胚胎的治疗和研究。HFEA 制定规范，并为开展辅助生殖治疗的医疗机构或研究机构发布许

---

① Collins FS. National Institutes of Health. Statement on NIH funding of research using gene-editing technologies in human embryos. www.nih.gov/about-nih/who-we-are/nih-director.

② Lander ES. Brave new genome. N. Engl. J. Med. 373（1），5–8（2015）.

③ Slovakia, Health Care Act No. 277/1994, art. 42, 3（c），as quoted in UNESCO（2004b）；Slovakia, Slovak Penal Code, art. 246a added in 2003, as quoted in UNESCO（2004b，p. 14）.

可。为了获得许可，医疗机构必须符合相关安全性和治疗保障标准，为患者提供咨询，监测出生结局以及通过新技术孕育出来的孩子的健康（不仅包括躯体，也包括心理和精神），并提供个人和系统的持续依从性监测。此外对于众多的研究机构（包括个人），HFEA 发布特殊项目或治疗许可。后一种许可可以是对一般的有良好基础的操作的许可，或对于个体案例的许可。例如，对于 PGD，批准通常仅针对具体疾病，如允许开展某一或某些遗传疾病的胚胎移植前基因检测，而其他遗传疾病的检测则不被允许。根据经验的积累，这一批准可以逐渐向中心开放以获得某一范围的遗传疾病检测的许可，但这些必须在 HFEA 的批准名单中，并且超说明书使用不允许套用在配子和胚胎的使用中。

HFEA 对使用配子和胚胎的研究的审批，是根据每个案例的具体情况而做出的，即 Case-by-Case 的方式。HFEA 对英国境内的所有经 ART 技术生育的后代，以及所有开展研究的胚胎进行监测。因此，HFEA 也构建了全球最大的 ART 数据库之一，包括每一项 ART 治疗的结局，配子捐献者的身份；所有涉及人类配子、合子的研究和相关治疗。此外，HFEA 还向患者、捐献者和政府提供建议；对新的治疗和研究进行审批。HFEA 指定的规范和标准适用于英国境内的所有涉及人类配子和胚胎的辅助生殖治疗和研究活动，无论其资金来源如何。

基础研究——人胚

部分源于宗教，欧洲国家对于人类胚胎体外研究的政策存在较大差异。在英国，对于此类研究的规制主要依据的是 1990 年人类胚胎和受精法[1]，该法允许人们对体外培养时间不超过 14 天或在此之前形成原始胚条的胚胎进行研究。而将改变了遗传物质的胚胎移植到子宫中，即其医学应用是被法律明确禁止的。[2] HFEA 对英国境内的所有辅助生殖技术的临床应用（包括体外受精 IVF，移植前基因诊断 PGD 等进行监管），所有开展辅助生殖临床工作的机构都需要首先获得 HFEA 的批准。此外，HFEA 还对人类胚胎研究进行监管。[3] 对于任何使用人类胚胎的研究，研究者必须向 HFEA 提交研究计划及相关细节，在获得 HFEA 批准后方对人类胚胎实施操作。[4] 因此，在符合 1990 年胚胎法案的前提下，使用人胚开展 CRISPR 基因编辑研究是被法律允许的。

2015 年 9 月，英国佛朗西斯克里克研究所的凯西尼娅坎（Kathy Niakan）博士向 HFEA 提交人胚基因编辑研究申请，该申请也是英国首次受理的人胚基因编辑研究。[5] 2016 年 2 月，HFEA 批准了凯西尼娅坎博士的申请，允许其开展人胚 CRISPR 研究。[6] 这意味着该

---

① 1990 Human Embryology & Fertility Act.

② HFEA, Human Fertilisation and Embryology Act. Her Majesty's Stationary Office, London, UK (1990).

③ HFEA, Human Fertilisation and Embryology Act. Her Majesty's Stationary Office, London, UK (1990).

④ HFEA, Human Fertilisation and Embryology Act. Her Majesty's Stationary Office, London, UK (1990).

⑤ Cressey D, Abbott A, Ledford H. UK scientists apply for license to edit genes in human embryos. Nature Publishing Group. (2015). www.nature.com/news/uk-scientists-apply-for-licence.

⑥ Callaway E. UK scientists gain license to edit genes in human embryos. Nature News. www.nature.com/news/uk-scientists-gain-licence.

研究方案中并不包含将人类基因编辑的胚胎或基因编辑衍生出的胚胎干细胞的临床应用，也不会将胚胎的体外培养时间超过 14 天或原始胚条形成的时间，并符合英国现有法律。该注册批准是机构伦理审查委员会批准该项目的先决条件。①

英国针对人胚研究的管理框架之所以呈现出对此类研究的支持，有其背后的社会和政治环境因素。众所周知，人胚体外研究的 14 天界限最早在英国出现并被写入法律，之所以会出现这一界限，一个决定性因素是 1982 年的 IVF 调查，以及在此之前 1978 年人类首例试管婴儿 Louise Brown 的出生。无论在当时还是现在，创造试管婴儿必定会产生剩余胚胎，这些胚胎不会被植入子宫中，而这些剩余胚胎未来如何处理必须得到妥善解决，毕竟这些胚胎具有发育成为人类个体的潜能，并且在一些宗教信仰中这些胚胎已经被当作"人"（person）。

1982 年哲学家玛丽沃诺克（Mary Warnock）带领的委员会成立，其目标就是划出一条人胚研究的时间界限。② 在玛丽沃诺克看来，她作为委员会主席的作用就在于促成不同观点达成一个大家都能接受的结论。在人类胚胎研究的问题上，存在两个相互冲突的道德观点，即一些人认为生命具有神圣性（sanctity of life）并反对人胚研究，另一些人则持效用论的观点支持此类研究。发育生物学家 Anne McLaren 被委员会邀请发表专业意见，以在两种观点之间寻求妥协（平衡）。③ Anne McLaren 建议将人类胚胎研究的时间限定在胚胎发育的 14 天，该时间节点标志着人类胚胎形成原始胚条，并标志着原肠胚开始分化，即人类胚胎的内细胞团首次分化为三个胚层——内胚层、中胚层和外胚层，其中三分之一将会随后发育成为神经系统。原肠胚同时也被视为胚胎发育中胚胎可以发育成为双胞胎的最后节点。因此，原始胚条的出现被视为个体发育的起点，胚胎前（pre-embryo）一词被用来形容 14 天以前的胚胎。④ Warnock 报告的建议被整合到 1990 年的法律中，即《1990 人类受精和胚胎法案》，并促成 HFEA 的建立。

因此，CRISPR 技术在人胚上的基础研究对于英国现有的法律而言并未造成太大挑战。并且在英国学者和政府中并未听到明显的反对 CRISPR 技术实验室基础研究的声音。⑤（临床试验和应用完全是另外一个问题）

一些学者都认为英国常常在生命伦理学争议话题中采取中间路线，而美国人采取的立场较为极端。Isasi 和 Knopper 对于全球 50 个国家的胚胎干细胞研究政策调查中认为，英国在所有政策中处于最为自由的一端。⑥ 然而，我们或许只看到了表面，其实英国在这些问题

---

① Human Fertilisation & Embryology Authority. Licence Committee-minutes from meeting：HFEA London, UK，1 February 2016. http://guide.hfea.gov.uk/guide.

② Wilson D. The Making of British Bioethics. Manchester University Press, Manchester, UK（2014）.

③ Wilson D. The Making of British Bioethics. Manchester University Press, Manchester, UK（2014）.

④ Wilson D. The Making of British Bioethics. Manchester University Press, Manchester, UK（2014）.

⑤ MacKellar C. Gene editing of human embryos-more ethical questions to answer. BioNews. www.bionews. org.uk/page_ 523365.asp.

⑥ Isasi RM，Knoppers BM. Mind the gap：policy approaches to embryonic stem cell and cloning research in 50 countries. Eur. J. Health Law 13（1），9-25（2006）.

上的态度没有看起来那么宽松，或者可以称为"严谨下的宽松"。HFEA 并非会批准所有人胚体外培养 14 天的所有研究，而是要求研究者必须提交研究方案，符合英国法律和伦理原则，包括但不限于 1961 年《人体组织法》（*Human Tissue Act* 1961）、1990 年《人工授精和胚胎学法》（*Human Fertilization and Embryology Act* 1990）、1998 年《数据保护法》（*The Data Protection Act* 1998）、2001 年《人类生殖克隆法》（*Human Reproductive Cloning Act* 2001）、2004 年《人体组织法》（*Human Tissue Act* 2004），并在 HFEA 批准后还需要经过伦理审查委员会的批准方可开展研究。

14 天原则是否需要修改

对于 14 天原则的最新思考，起源于英国国王学院的 Silvia Camporesi 和 Giulia Cavaliere，美国洛克菲勒大学和英国 Wellcome Trust 干细胞研究所及剑桥 Gurdon 研究所同期研究。他们于 2016 年 5 月分别在 Nature 和 Nature Cell Biology 发表了自己的研究，首次将人类胚胎的体外培养时间延长到 12～14 天。[1][2] 在此之前，科学家至多将此时间维持到 9 天。英美两国的科学家和生命伦理学家对该研究的早期反应是兴奋和热情，当然还有一些学者仍然坚持抵制人类胚胎研究。[3][4] 英国生命伦理学家 John Harris[5] 明确表示支持从新划定 14 天规则。在他看来，此前技术无法实现超过 14 天界线，但现在技术的突破可能使相关研究给人类带来受益。[6] 剑桥 Gurdon 研究所的 Azim Surani 也认为技术上的突破以及其伴随的可能给人类带来的受益，如对于人类早期胚胎发育的知识探索，是一个考虑延长 14 天原则的极佳时机。[7]

14 天界限是基于生物学和哲学的考量，其目的在面对人类胚胎地位（moral status）问题上存在道德不同观点时寻求某种切实可行的解决方案，而不仅仅是因为当时的技术局限性，即当时几乎不可能将人类胚胎体外培养时间超过这一界限。如果现在科学家在技术上可能将体外培养时间超出 14 天，这并不意味着我们应当这样做。这一界限背后的逻辑正如哲学家休谟（David Hume）提出的"错误演绎"，即从个体能够做什么推导出一个人应当做什么。换言之，休谟认为不应出现这样的伦理学结论，如仅仅依靠事实判断"科学家能够在体外将人胚培养超过 14 天"推出"我们应当将人胚研究界限扩展到 14 天之后"。（这

---

① Deglincerti A，Croft GF，Pietila LN et al. Self-organization of the in vitroattached human embryo. Nature 533（7602），251-254（2016）.

② Shahbazi MN，Jedrusik A，Vuoristo S et al. Self-organization of the human embryo in the absence of maternal tissues. Nat. Cell Biol. 18（6），700-708（2016）.

③ MacKellar C. The 14-day rule for human embryonic research in the UK. www. bionews. org. uk/page_651184.asp.

④ Lunshof J. Human germ line editing-roles and responsibilities. Protein Cell 7（1），7（2016）.

⑤ John Harris 是英国生命伦理学家，其观点符合效用论。

⑥ Harris J. It's time to extend the 14-day limit for embryo research. The Guardian. www. theguardian. com/commentisfree/2016.

⑦ Suffield W. The ethics of changing the 14-day rule. Bionews. www.bionews.org.uk/page_ 599015.asp.

类似于说人类发明了某种毒药可以使人致死，因此我们应当该物质杀人，或套用到安乐死的问题上）。法律的修改不应当仅仅依据技术的可行性，也应当考虑其他伦理学原则、价值和利益攸关方的利益。此外，仅基于科学家的假设将界限扩展超出14天存在某些受益，这一论断也应当经受批判性的思考，而不是不假思索地接受。①

中国治理现状

技术相关的安全风险和伦理学问题并不是一夜之间冒出来的，而是一个缓慢、渐进的过程之结果。② 虽然基因编辑婴儿事件可能被一部分人认为是单纯的突发事件，亦或是"流氓科学家"的疯狂行动，但冰冻三尺非一日之寒。该事件暴露出我国在新兴技术治理方面的诸多问题，包括法律、监管、政策、机构、专业以及全球治理六方面。

在法律层面，我们认为目前存在立法层级低、惩戒力度低、立法空白、滞后性和立法"失败"五个问题；监管层面主要包括监管真空和监管链断裂两大问题；政策层面的问题主要包括，过度强调"应用、转化和市场"、知识产权政策、技术评估缺乏多元性和动态性、"放管服政策"的认识误区以及缺乏公众参与等问题；机构层面的问题主要包括伦理审查委员会制度和能力欠缺，及缺乏独立性两大问题；专业共同体层面的问题主要涉及，缺乏内部包容性和"前瞻性责任"缺乏；在全球治理方面，主要的问题包括缺乏包容性，并对共识意义和作用提出挑战。

在对这六方面问题的梳理中，还应分为禁止/暂停生殖系基因编辑临床试验/应用阶段，和开放试验/应用后两个层面，判断该问题是当下急需解决的问题，还是在试验/应用开放前需要解决的。

未来具有高度不确定性，可遗传基因编辑的治理受个体、公众、技术、经济、政治和文化等多种因素的影响，对于这些现有问题的讨论，是随后提出治理建议的基础，只有妥善解决这些问题才能够实现中国和全球层面对生殖系基因编辑技术的善治，引导技术在造福人类的同时避免风险和伤害的发生。

法律

法律虽然与道德有密切相关性，但又不同于道德，法律所具有的强制性使其在技术治理中占有十分重要的地位。翻看我国现有法律条文，不难看出其对基因编辑技术或其他新兴技术的规制作用十分有限，存在立法层级低、惩戒力度低、立法空白、滞后性和立法"失败"五个问题。这些问题是导致近些年我国频现技术应用负面事件的重要诱因之一，基因编辑婴儿事件更是这些问题集中爆发的突出体现。下面，我们将详尽分析这五个问题，

---

① Jasanoff S, Hurlbut JB, Saha K. CRISPR democracy: gene editing and the need for inclusive deliberation. Issues Sci. Technol. 32（1），37（2015）.

② Swierstra T, Jelsma J. Responsibility without Moralism in Technoscientific Design Practice. Science, Technology & Human Values，2006，31（3）：309-332.

为随后章节提出法律相关的政策建议提供支撑。

层级低/缺少上位法

我们之所以认为立法层级低成为一个问题，这与随后提及的其他治理问题有着密切的相关性。第一，立法层级限制了现有法律法规（含规范）的惩戒作用；第二，对于当下生物医学研究和应用中存在的监管空白和碎片化管理问题难以得到有效解决，如国务院部门规章不适用于军队武警系统的医疗机构和科研机构，卫健委出台的部门规章和规范并不适用于医疗机构之外的机构，如高校、企业、科研院所、非政府组织甚至是个人。在我国对新兴技术的治理上，这些并不是新问题，基因编辑婴儿事件只是这些问题一次集中爆发的体现。

包括基因编辑技术在内的新兴技术，全球各国的立法规制存在较大差异。这些差异受到多种因素的影响，包括但不限于技术发展阶段、经济、文化和政治等因素。针对人类生殖系基因组编辑，各国的规制大致可分为两个层级，即法律（law）和指南/规范（guideline）。德国学者 König 梳理了世界主要经济体对生殖系基因组编辑的规制情况（见表 4-1），① 在基础研究方面（即实验室研究，胚胎的编辑发生在体外，且编辑后的胚胎不会被移植回人体生殖系统，并且胚胎体外培养时间严格控制在 14 天之内或在此之前原始胚条形成），一些国家允许开展，包括中国、英国、美国（联邦层面不禁止，某些州允许开展），另一些国家则明确禁止，如巴西、意大利、印度；而另一些国家的政策介于两者之间，国家是否允许不十分明确，如日本、墨西哥、南非。对于临床应用（这里的应用包含临床试验，以及其他只要涉及将编辑过的胚胎或生殖细胞移植回人体，并将这种改变遗传给后代的情况），绝大多数有立法的国家，都明确禁止开展，包括英国、德国、法国、日本、巴西、印度等国。②③ 除宗教因素以外，这种禁止的理由还包括生殖系基因编辑涉及重大伦理学问题，以及技术的不确定性和较大的风险，④ 包括但不限于本文前述章节所提及的问题。

当然，我们并不能仅仅从一些国家通过立法禁止此类研究，直接推出我国也应当立法的结论，我们必须分析立法背后的原因、意义和必要性。

首先，我们梳理一下我国对包括生殖系基因编辑在内的新兴技术的立法情况（表 3）。在对于新兴生物技术临床应用的法律规制中，我国目前最高级别的规范性法律文件，只是一部行政法规——2007 年颁布实施的《人体器官移植条例》（国务院条例）。该法规并不适用于对基因编辑在人类生殖系中的应用。

---

① König H. The illusion of control in germline-engineering policy. Nature Biotechnology，2017，35：502.

② 德国对胚胎和胚胎干细胞的研究十分严格，违法可以受到刑事处罚。胚胎干细胞研究仅限 2007 年 5 月 1 日之前从国外进口的干细胞系，并且其用途仅限用于开发极为重要的科学知识。所有干细胞系研究必须经过干细胞研究中心伦理委员会审批后方可开展。

③ 法国在 2013 年起才开始允许人类胚胎和胚胎干细胞研究，所有研究开展前必须获得 The French Biomedicine Agency（"Agence de la Biomédicine"）的授权。

④ 这里的风险不仅包括对未来可能出生的后代，也包括对脆弱人群和社会的风险。

表 2　不同国家与地区关于克隆和基因改造的政策

		Cloning		Germline modification		Type of policy
		Therapeutic	Reproductive	Research	Clinical	
Global, supranational	United Nations Declaration on Human Cloning	Ambiguous（calls for ban if incompatible with human dignity and the protection of human life）		Ambiguous（calls for ban on the application of genetic engineering techniques that may be contrary to human dignity）		Non-binding declaration
	European Convention on Human Rights & Biomedicine	Ambiguous[a]	Banned	Ambiguous[a]	Banned	Legally binding convention
National	Brazil	Banned	Banned	Banned	Banned	Law
	China	Permitted	Banned	Permitted	Banned	Guideline
	Germany	Banned	Banned	Banned	Banned	Law
	India	Permitted	Banned	Banned	Banned	Guideline
	Japan	Permitted	Banned	Ambiguous	Banned	Guideline
	Mexico	Permitted	Banned	Ambiguous	Ambiguous	Law
	Russia	Banned	Banned	No policy	No policy	Law
	South Africa	Permitted	Banned	Ambiguous	Ambiguous	Law
	South Korea	Permitted	Banned	Ambiguous	Banned	Guideline and law
	Ukraine	No Policy	Banned	?	?	Law
	UK	Permitted	Banned	Permitted	Banned（but MGR permitted）	Law
	USA	No specific federal legistation（but individual states prohibit or permit different forms of cloning）		No outright ban by federal law[b] Permitted[c] in some states	No outright ban by federal law[b] Precluded[d]	State laws; federal laws/regulations that address funding and FDA approval

　　直接涉及生殖系基因组编辑的（或修饰，modification），仅仅是一些部委发布的规范，包括 2001 年原国家卫生部发布的《人类辅助生殖技术管理办法》（以下简称《管理办法》）和《人类辅助生殖技术规范》①、2003 年国家科技部和原卫生部联合发布的《人胚胎干细胞研究伦理指导原则》②、2009 年原卫生部发布的《医疗技术临床应用管理办法》，以及 2016 年原国家卫计委《涉及人的生物医学研究伦理审查办》（简称《审查办法》）。

---

　　①　该文件中"三、实施技术人员的行为准则"中规定"（七）禁止实施以治疗不育为目的的人卵胞浆移植及核移植技术""禁止以生殖为目的的对人类配子、合子和胚胎进行基因操作"。
　　②　其中"第六条　进行人胚胎干细胞研究，必须遵守以下行为规范"中规定"（二）不得将前款中获得的已用于研究的人囊胚植入人或任何其他动物的生殖系统"。

其中，仅《审查办法》是具有法律效力的部门规章，其余则是规范性文件，严格来说不属于法律。不难看出，无论是对基因编辑技术的立法上，还是在其他新兴技术的立法上，现有法规的法律层级普遍较低。此外，这些法规对于基础研究、临床前研究、临床试验和临床应用并没有做出清晰的区分。

表 3　中国对新兴技术管理的法律文件

制定部门	法规名称	发布时间
原卫生部	《人类辅助生殖技术管理办法》	2001
科技部和原卫生部	《人胚胎干细胞研究伦理指导原则》	2003
国务院	《人体器官移植条例》	2007
原卫生部	《医疗技术临床应用管理办法》	2009
原卫计委	《涉及人的生物医学研究伦理审查办法》	2016
待定（国务院）	《生物医学新技术临床应用管理条例（征求意见稿）》	2019

其次，是否需要高位立法，我们还需审视《立法法》有关规定。《立法法》第八条对应由法律规定的事项作出了规定，① 基因编辑婴儿不在明确列举的范围内。但是，如果允许基因组编辑在人类生殖系的应用，必定会对后代造成深远影响，这不仅包括健康方面（如去除单基因遗传疾病的致病基因，或降低后代患病的风险，如癌症、心血管疾病），还包括其他非健康相关性状（如身高、肤色、甚至包括智力和运动能力）。这种对人民健康和未来世代有着重大影响的问题显然应属于由全国人大及其常委会制定法律的其他事项，应当通过法律进行规定。根本上来讲，至少需要考虑生殖系基因组编辑的做法是否对人的基本权利产生实质性影响、是否影响到人的主体地位。

当然，是否属于"其他事项"的范畴，还需科学家、伦理学家、法学家、医学家、政策制定者等进行广泛讨论，并以开放的态度主动听取公众对此类问题的看法。就目前公开可及的消息来看，《民法典》草案中已经加入了有关人类基因改变相关的法律内容，不出意外的话在终稿中应有体现。我们也听到一些参与《民法典》编写工作的学者指出，他们倾向于在《民法典》中加入更多对新兴技术（包括但不限于遗传技术、人工智能如自动驾驶）的规制。②

无论对于当前禁止生殖系基因组编辑的情况，还是未来可能在一定范围内开放生殖系基因组编辑的临床试验、临床/商业应用，对于可能对未来后代的基本权利产生实质影、影

---

① 《立法法》（2000 年 3 月 15 日通过，2015 年 3 月 15 日修正）第八条　下列事项只能制定法律：（一）国家主权的事项；（二）各级人民代表大会、人民政府、人民法院和人民检察院的产生、组织和职权；（三）民族区域自治制度、特别行政区制度、基层群众自治制度；（四）犯罪和刑罚；（五）对公民政治权利的剥夺、限制人身自由的强制措施和处罚；（六）税种的设立、税率的确定和税收征收管理等税收基本制度；（七）对非国有财产的征收、征用；（八）民事基本制度；（九）基本经济制度以及财政、海关、金融和外贸的基本制度；（十）诉讼和仲裁制度；（十一）必须由全国人民代表大会及其常务委员会制定法律的其他事项。

② 中宣部主办的人权培训班上某法学家所言。2019 年 7 月，中国政法大学，北京。

响人的主体地位的情况，在较高层级的立法中进行规制是必要的。

惩戒力度低

正如上文所述，我国当前可适用于生殖系基因组编辑的法律层级普遍较低，其中直接明确禁止生殖系基因修饰临床应用的规定仅出现在最低层级，甚至不能被称之为法律的规范性文件中，即《人类辅助生殖技术规范》（以下简称《技术规范》）、《人胚胎干细胞研究伦理指导原则》（以下简称《指导原则》）。当然，我们不能否认这些规范性文件在治理生殖系基因组编辑的重要作用，尤其是这些规定在科研人员和机构层面发挥了一定的规范作用。在基因编辑婴儿事件中，这仅有的对生殖系基因组编辑临床试验和应用的禁止几乎成为了相应主管部门和学界唯一的"遮羞布"。

这些规范性文件由于层级低，与之对应的罚则难言发挥违法阻却作用。如果我们仔细翻看这些规范，不难发现，于医疗机构动辄上亿的年收入而言，这些处罚不值一提。因此，仅依靠现有的惩罚力度似乎难以对违法违规行为起到阻却的作用。

首先，在《技术规范》和《指导原则》中并无罚则，它们至多可以作为司法过程中的参考文件。其次，在《审查办法》《管理办法》《医疗技术临床应用管理办法》等文件的罚则中，明确的行政处罚主要包括罚款、通报批评和警告。对于罚款而言，受《行政处罚法》所限这些部门规章最高处罚不超过3万元，后两类则是《行政处罚法》规定的最轻的行政处罚种类。①

相对资本和巨额利润的吸引，这些惩罚措施的力度难以起到阻却违法行为的作用。近些年较为典型的案例便是干细胞治疗乱象，一些机构为了赚取高额利润，通过欺骗、隐瞒等手段提供未经科学验证的"干细胞疗法"，接受"治疗"的患者中轻者散尽家财，重者人财两空，而这些机构却未见有被严惩的痕迹，也罕见相关责任人被处罚的信息。2012年前，我国"干细胞治疗"领域出现了大面积乱象，卫生主管部门也因此叫停了医疗机构的干细胞治疗，②并于2015年出台了《干细胞临床研究管理办法（试行）》，限定三甲医院在完成相关备案成为"干细胞临床研究备案机构"后，才能以"临床研究"的名义从事干细胞临床科研，同时"不得收费"。这被认为是能够有效遏制干细胞临床乱象最严厉的手段。然而，在网络上搜索"干细胞治疗"或者与一些干细胞公司询问，一些机构仍旧在明知新规的前提下，仍旧无视规定，宣传干细胞治疗疾病的"神奇疗效"，吸引患者支付高额费用进行"治疗"。③这背后的动机显而易见，是对资本和利润的追逐，同时将法规和道德抛掷脑后（我们不否认一些机构和个人可能存在对患者健康福祉的考量，但从整体来看这

① 赛先生. 基因编辑婴儿涉及的法律问题及尴尬现实. 2018-11-28. https://mp.weixin.qq.com/s/ClfbDl1IBDWmqcxgNSuJUQ.

② 中国叫停未获批干细胞治疗将对该领域进行整顿. 2012-01-11. 搜狐. Access at July 26. http://health.sohu.com/20120111/n331837700.shtml.

③ 岳琦. 扎堆存储、乱象滋生，国内干细胞行业为何跑不快？2018-11-26. 每日经济新闻. https://www.iyiou.com/p/86244.html Access July 26, 2019.

种考量被机构和个人利益所压倒），因为在这些人看来，将高额利润于违法成本、被处罚的概率进行权衡，结果是前者压倒后者。

对于基因编辑婴儿事件，一些法学家认为贺建奎的行为或许可以适用《执业医师法》，[①] 以非法行医罪对其进行刑事处罚。但是，如果对胚胎的操作是有医师资格的医生实施的，就不构成"非法行医罪"[②]；无论是否有医师资格，如果没有达到情节严重，比如修改基因后没有造成胎儿缺陷，也无法用"非法行医罪"论处；而且如果没有造成后果，也不能用过失伤害致重伤、过失伤害导致死亡等追究其刑事责任。由此可见，依据现有法律法规对贺建奎及相关责任人进行与其行为相称的惩罚几乎是不可能的。

毫无疑问，这也是当前立法层级过低的副作用之一。在缺乏对涉及违法有效惩戒的前提之下，难以对个个体行动者进行约束，难以避免/减少违反义务道德行为的出现。在法律中，无论处以高额罚金，还是将某些行为界定为刑事犯罪，之所有能够发挥惩戒作用，我们可以从社会认知理论进行解释，并将其作为增加违法成本的理论依据之一。

社会认知理论最早由美国心理学家班杜拉提出，其主要内容包括三元交互决定论、观察学习和自我效能三部分。[③] 我们可以从三元交互决定论和观察学习这两部分进行简要分析，以说明惩戒如何发挥作用。人的行为是由外部力量决定还是由个人内部力量决定，长期存在两种观点，即个人决定论和环境决定论。班杜拉认为行为、环境和人三者之间互为因果，每两者之间都存在双向互动和决定关系，而不是简单的单向流动和决定。

那么，仅从法律层面来看，如果我国当前关于禁止生殖系基因编辑临床应用（含临床试验）的立场不变，且法律层级不变、不提升惩戒力度，则类似基因编辑婴儿的事件很可能的再次出现。但是此后的事件显然不会像2018年底的事件一样，采用公开的方式对外宣布，而是通过隐蔽的方式开展，行为的目的可能还是以资本积累为主。之所以不会公开，因为此前事件从公众到政府再到世界各国，都对事件相关责任人进行了不同程度道德谴责和相关调查，这对于事件相关人员而言，无疑是一种负面影响。但存在负面影响并不意味着一定能够阻止个体的行动。

我们可以将贺建奎的行为看作对环境的巨大影响。因此如果此后还会有人进行违法的生殖系基因编辑，恐怕不会轻易对外公布，至少不会在有法律法规明确禁止的国家或地区。但是，之所以还有人还会做，因为从目前基因编辑婴儿事件的调查结果来看，贺建奎本人以及相关责任人并未受到多么严重的处罚，这相比他们可能从中获得的利益，无论是金钱上的，还是贺建奎本人可能认为的"青史留名"，可能被认为都是值得的。而这无疑会对后人产生影响，这是环境对人的内心和行为的影响。从有关该事件最新的消息来看，当基因

---

① 刘晔. 刘晔律师就基因编辑胎儿事件答 *Nature* 杂志问. 2019-01-30. 搜狐健康. http://www.sohu.com/a/292730223_ 426568 Access at July 26 2019.

② 据我们在某次专家咨询会了解到的消息，植入胚胎的人并非贺本人，而是该医院医生。

③ Bandura, A., & National Inst of Mental Health. (1986). Prentice-Hall series in social learning theory. Social foundations of thought and action: A social cognitive theory. Englewood Cliffs, NJ, US: Prentice-Hall, Inc.

编辑婴儿消息在全球范围内公布后，已经有一些国家的生殖机构尝试与贺建奎取得联系，① 并希望了解相关操作流程和关键信息，其目的不难预测，即这些生殖中心希望将生殖系基因组编辑作为服务项目之一向本国或全球客户提供。而在那些国家可能并不存在立法禁止这样做，或者即使禁止也没有严苛的法律或有效的监管。

在观察学习方面，一个人通过观察他人的行为/思想来学习新内容。学习并不等于重复，是否重复他人行为，则取决于他人行为是否受到奖励或惩罚，即他人行动的后果可能对自身造成正面或负面的影响。而奖惩的大小影响着后人是否重复前人行为的可能性，通常奖励越大越可能重复，惩罚越重重复概率越小。如果以此次基因编辑事件为例，目前还没有针对贺建奎本人及相关责任人的明确惩罚，这里面涉及两个问题会影响后人是否会重复贺的举动，包括不公开自己成果的行动。首先，参照现有法律的罚则来看，惩罚力度相比其所获得的关注和从基因编辑婴儿中获得信息而言，可能对他本人而言利大于弊；其次，截止到 2019 年 6 月，距离事件爆发已经超过半年时间，最终的调查结果仍旧没有公布，这可能会向社会传递一种讯号，即对于贺建奎及相关人员作出的严重违背伦理学和法律的行为（如果我们认为规范/指南也能过被视作法律的话），当前没有哪条法律可以很好的适用于对其进行快速有效的处罚。结合这两点，对于公众获得的信息可能是，这种事情即使再次发生可能也不足为奇，相应人员也不会得到多大处罚。而未来一些夫妇为了生育健康后代，甚至希望增强自己的后代获得身高、智力上的优势，必定会有人敢于冒着并不太大的违法成本来满足这些夫妇的愿望来赚取高额的报酬。

现有法规和即将颁布的《条例》对于禁止生殖系基因编辑的规定上没有实质性改变，且在一定程度上增加了处罚力度，对于大多数守法和懂得自我约束的科学家、医生和投资者而言，这些足以约束他们的行为，因为他们不愿此风险或打破约束自己的道德准则，来换取在潜在丰厚的回报。

但是，对于仍处于研发阶段的个人和机构而言，他们下注的是未来成熟的研究成果、巨额利润和潜在的市场需求。就目前的惩罚力度而言，对于敢于冒违法风险的个人和机构，当前并没有与其违法行为本身以及其对个人和社会造成的负面影响相称的惩罚，没有起到对当下和未来个体的有效惩戒作用。此外，如果放眼全球，在一些"规则洼地"的国家或地区，没有立法甚至道德规范约束或禁止生殖系基因组编辑，势必会吸引一些机构、组织或个人在该地区开展研究和应用。

因此，至少在中国境内，对于这些个人和机构而言，有效的遏制应集中在那些对他们而言重要的利益之上，即通过剥夺人身自由和巨额的惩罚性罚款来阻却违法行为。无论是类似贺建奎这样的"流氓"科学家，还是其背后的资本，当面对刑罚和巨额罚单时，几乎不会有人再冒着人身自由的被限制或倾家荡产的风险去追求"名"与"利"，因为违法成本的增加使得他们不敢冒违法之风险来追求自身利益。

---

① Sharon Begley. Fertility ertility-clinics-asked-crispr-babies-scientist-for-how-to-help. https://www.statnews.com/2019/05/28/fertility-clinics-asked-crispr-babies-scientist-for-how-to-help/?from=singlemessage&isappinstalled=0.

滞后性

　　人类社会进入 21 世纪后，数字技术和生物技术推动着第四次工业革命的发展。伴随技术的快速发展，技术本身以及在技术使用过程中引发了一些新的或凸显另一些本就存在的伦理和法律问题，而与此相关的规制存在不同程度的滞后性。基因编辑以及其他可将遗传改变传递给后代的技术的规制也存在滞后性，而这种滞后性可能会产生两类我们不希望看到的后果，一是阻碍符合伦理的科学研究的开展，二是没有对违反伦理（不合法）的行为进行有效规制。下面我们将从基础研究、禁止临床试验和 HIV 感染者使用辅助生殖技术等三方面对滞后性问题进行分析。

基础研究

　　首先，对于基础研究（也称实验室研究、体外研究，有时也包括临床前研究）规范的滞后性，主要涉及诱导多能干细胞带来的挑战（induced Pluripotent Stem cells，iPS 细胞）[1]。iPS 细胞是通过对体细胞诱导逆分化形成的干细胞，具备多能性干细胞的分化能力。

　　在我国开展涉及人类胚胎的基因编辑研究，胚胎来源受到严格限制（不同的是，英国通过立法进行限制，而我国则通过规范/指南进行限制）。《指导原则》第五条将胚胎干细胞研究可以使用的细胞来源限定在四种方式："（一）体外受精时多余的配子或囊胚；（二）自然或自愿选择流产的胎儿细胞；（三）体细胞核移植技术所获得的囊胚和单性分裂囊胚；（四）自愿捐献的生殖细胞。"这意味着只有通过以上四种途径获得的胚胎干细胞，才被允许用于基础研究，超出这一范围则被视为违规。目前通过这些途径获取胚胎干细胞从实践层面存在一定局限性，其中重要原因之一是夫妇在进行辅助生殖干预时多余胚胎通常会选择冻存以备不时之需，将其捐献用于科研并非他们的首选，因此真正可用于科研的胚胎干细胞数量可能并不多；另外，一些人担忧，医疗机构可能为了开展科研而在夫妇进行辅助生殖干预时有意多制造一些胚胎，以便"诱使"夫妇捐献部分胚胎用于科研，而这不仅违反自愿原则，更会增加夫妇的健康负担，尤其对于女性而言，将增加卵巢过度刺激征的风险。因此，如果有可替代方案，无需直接从人体内获得配子（尤其是女性卵子）、胚胎或胎儿组织，将减少对夫妇的健康风险，同时减少伦理争议。

　　随着技术的发展，符合伦理原则的胚胎干细胞获取途径已经不再局限于此，其中最为典型的便是 iPS 细胞。随着 iPS 细胞在 2006 年被人类发现，人类能够通过对体细胞进行分子水平的操控使其逆向分化为胚胎干细胞，或将其逆分化为精原细胞或卵母细胞。这里有两点使得科学家和公众可能更愿意接受通过 iPS 细胞获取胚胎干细胞。第一，降低捐献者的健康风险。iPS 细胞的获取来自于成体细胞，因此相比传统途径通过 iPS 细胞获得胚胎干细胞，无需增加夫妇的健康负担，尤其对于女性而言，因为胚胎干细胞的获取不再需要女性服用促排卵药物，也无需通过侵入性（手术）的方式获取卵子，消除卵巢过度刺激征的

　　[1]　Takahashi K, Yamanaka S. Induction of Pluripotent Stem Cells from Mouse Embryonic and Adult Fibroblast Cultures by Defined Factors. Cell, 2006, 126 (4): 663-676.

风险。第二，可以减少/消除研究者在获取辅助生殖干预剩余胚胎时的沟通压力。第三，由于 iPS 细胞从体细胞获取，相对于传统胚胎捐赠和配子捐赠而言，通过体细胞诱导分化获得的胚胎干细胞数量显然要多于后者，即如果使用 iPS 细胞创造胚胎干细胞，可供科学家进行基础医学研究的胚胎干细胞数量要远远大于传统途径获取的数量。

如果说 iPS 细胞获取的过程符合现有的伦理学原则，如尊重自主性，获取过程尽量减少伤害（相比为了研究目的而获取卵子其风险要小很多），则该方式可能是一种被大多数人接受的获取胚胎干细胞的途径。从伦理视角分析，唯一可能的反对理由是"扮演上帝"（Playing God）。有些人可能认为通过 iPS 获取胚胎干细胞是在制造人类，是在"扮演上帝"，但是这种论证力度十分薄弱。首先，目前已经允许种方式中，"扮演上帝"的论证同样可以用于反对通过自愿捐献配子获得胚胎干细胞的方式，如果接受这一论证，我们应当将这一获取途径从现行规范中删除。其次，如何界定"扮演上帝"存在巨大争议，如果我们将所有对人类自然生育的控制都标记为"扮演上帝"，则所有产前检查和辅助生殖技术都会遭到这一论证的反对。而关于为何自然生育过程并应当被干预，宗教和世俗给出的答案也存在分歧，使用宗教的论证来约束所有世俗社会显然是不恰当的。最后，一些人将"扮演上帝"解释为一切"非自然"的行为，反对辅助生殖技术，同样也可能反对通过 iPS 细胞获取胚胎干细胞。但我们随处都可以找到反例，无论是医学科学还是当今日常生活中使用的各种技术，都难言是"自然"行为，① 但是这些科学、技术和知识给人类带来的福祉，人们从直觉上也不认为这样做有什么不妥。

在这个例子中，我们不难看出如果科学家通过 iPS 细胞获得胚胎干细胞，从伦理学上来看并没有什么比其他四种途径更强的理由拒绝这样去做。然而，现有规定则禁止这样做，是一种明显的因技术发展导致的立法（规制）滞后。而该问题难免不会让科学共同体和公众对现有法规产生质疑，对修订法律和规范施加压力，甚至忽视法律的存在，因规制落后于技术的进步且没有做出相应解释或调整。因此，在增加人类福祉的基础之上，为了促进科学研究开展，我们应当考虑对《指导原则》进行适当修改，并在第五条中加入 iPS 细胞来源的胚胎干细胞，以实现在符合伦理学要求的前提下推动科学研究的目的。

禁止临床试验

中国现有法规中并没有明确禁止生殖系基因编辑，仅有的提及相关禁止内容的是在两个规范文件中，《辅助生殖技术规范》（原卫生部）和《人胚胎干细胞研究伦理指导原则》（科技部和原卫生部）。如前所述，按照《立法法》的条文来看这两个文件并不是法律，这直接影响到其在实践层面上所发挥的作用。此外，如果我们分析这两个文件中有关禁止生殖系基因修饰的内容，不难发现其中存在相对于技术发展的滞后性，以及定义不清的问题。此处我们主要讨论前者，关于后者的问题我们将在随后"立法失败中"进行分析。

首先，我们回顾一下两个文件的原文。

1. 《人胚胎干细胞研究伦理指导原则》第六条"进行人胚胎干细胞研究，必须遵守以

---

① 当然，这里的论证还需要关注何为"自然"。

下行为规范"中规定"（二）不得将前款中获得的已用于研究的人囊胚植入人或任何其他动物的生殖系统"。

2.《辅助生殖技术规范》"三、实施技术人员的行为准则"中规定"（九）禁止以生殖为目的的对人类配子、合子和胚胎进行基因操作"。

对于《指导原则》来说，其中涉及的人囊胚是在该文件"第五条"规定范围内获得的胚胎干细胞。这意味着夫妇双方将他们的胚胎用于科研目的，研究人员对这些胚胎进行编辑，按照该条规定研究人员或医务人员不得将这些用于研究的胚胎植入人体或哺乳类动物的生殖系统，无论后续是以终止妊娠为结局还是以胎儿活着降生为结局。

但是，《指导原则》的核心规范对象是胚胎干细胞，但对于可以形成胚胎干细胞（包括胚胎）的前体细胞并未进行有效规范。这里有两种情况可能不在禁止范围，并且可以实现可遗传的基因编辑。第一，研究人员可以将精原细胞或卵母细胞①从人体内分离出，在体外对其进行基因组编辑，随后将编辑过的细胞移植回人体内，后续通过自然生育过程获得后代②,③。在这一过程中，研究人员并未从事胚胎干细胞研究，而是进行了精原细胞或卵母细胞的研究，并且也没有在体外获得胚胎干细胞，或从《指导原则》第五条规定的四种方式中获取胚胎干细胞。第二，使用前文所述的 iPS 细胞技术，在体细胞阶段对细胞进行基因编辑，随后将该体细胞诱导分化为精原细胞或卵母细胞，并移植回人体，再通过自然生育的方式生下基因组被改变的后代，并且这些改变可以遗传给孩子的后代。

对于《技术规范》而言，面临同样的技术挑战。该文件规范的对象是人类配子、合子和胚胎，禁止生殖目的进行基因操作。如果研究人员操作的对象不包括这些内容，如上面提到的 iPS 细胞，精原细胞或卵圆细胞，并对这些细胞进行基因编辑，则同样可以实现这些基因改变的可遗传性，同时并未对配子、合子或胚胎进行直接的基因操作。研究人员可以对精原细胞或卵母细胞进行体外编辑，随后将编辑后的精原细胞或卵母细胞移植回人体并通过自然生育；或在体外将编辑后的精原细胞或卵母细胞分化成精子、卵子，在体外结合形成受精卵，并移植回女性子宫的方式获得基因组被编辑的后代。这些过程虽然是以生殖为目的，但是并未对人类配子、合子或胚胎进行（直接）基因操作。

有关 iPS 细胞和精原细胞、卵母细胞移植的技术在近些年被提出并在动物身上开展实验，目前仍处于临床前研究阶段。④⑤ 尽管距离安全有效的应用在人体身上可能还需要很长

---

① 精原细胞和卵母细胞属于人类的生殖系细胞，它们是精子和卵子这两种人类配子的前体细胞。精原细胞和卵母细胞并不属于配子、合子或胚胎。

② Fanslow D A, Wirt S E, Barker J C, et al. Genome Editing in Mouse Spermatogonial Stem/Progenitor Cells Using Engineered Nucleases. PLOS ONE, 2014, 9 (11).

③ Targeted Germline Modifications in Rats Using CRISPR/Cas9 and Spermatogonial Stem Cells.

④ Mulder CL, Zheng Y, Jan SZ, et al. Spermatogonial stem cell autotransplantation and germline genomic editing: a future cure for spermatogenic failure and prevention of transmission of genomic diseases. Hum Reprod Update, 2016, 22 (5): 561-573. doi: 10.1093/humupd/dmw017.

⑤ Wu Y, Zhou H, Fan X, et al. Correction of a genetic disease by CRISPR-Cas9-mediated gene editing in mouse spermatogonial stem cells. Cell Res. 2014; 25 (1): 67-79. doi: 10.1038/cr. 2014.160.

时间，但如果依照我国法无禁止便可实施的原则，结合所谓的公序良俗①，通过这些新技术实现生殖系基因编辑同时不被禁止是可以做到的。这意味着我国目前仅有的这两个规范性文件并不禁止上述生殖系基因组不编辑的临床试验和应用。因此，应当及时对现有技术现状及对技术发展进行预测，对《指导原则》和《技术规范》进行适当修订，或通过出台解释性文件进行说明，将 iPS 细胞和配子的前体细胞，如精原细胞和卵母细胞等纳入管理范围之内。

通过辅助生殖技术避免 HIV 传播

在基因编辑婴儿事件中，有一点容易被忽略的问题是：为什么这些 HIV 感染者家庭（均为单阳家庭，男方为 HIV 感染者，女方为非 HIV 感染者）会选择生殖系基因组编辑这一十分不成熟且违规的干预，而不通过现有被证明有效的 HIV 阻断技术来确保生育健康后代？人们更多质疑的是知情同意的过程，如是否充分告知了基因编辑的风险、可供选择的其他干预方案、夫妇是否了解基因编辑干预、是否存在不当引诱等，但是从 HIV 感染者家庭的视角而言，他们并非不知道除生殖系基因组编辑之外的其他方案。如果我们仅看这些可选干预的话，至少存在三种方案可以阻止 HIV 传播给配偶和后代。

第一，男方接受高效联合抗反转录病毒治疗（Highly Active Antiviral Therapy，HAARTs）来降低病毒载量，同时女方服用抗逆转录病毒药物进行暴露前预防（preexposure prophylaxis，PrEP），以此降低自然生育过程中将 HIV 传染给女方和后代的风险②。这里需要注意的是，该方法虽然可以显著降低 HIV 传染风险，但并不能做到100%避免传播，这可能也是部分单阳家庭生育时所担忧的。在男方接受 HAART 治疗且在血浆和精液中检测不到病毒载量时，在无保护性行为中女方感染上 HIV 的概率很低，大致为 0.16/10000（95% confidence intervals［CI］=0.02~1.3），即每一万次性行为感染上 HIV 的次数为 0.16 次。③ 如果男方未接受治疗，无保护性行为男方将 HIV 传染给女方的概率是每1000次接触发生1~2次感染事件。④ 此外 HIV 感染者血浆内 HIV 病毒载量可能并没有关联性，男方接受 HAART 治疗后且检测不到血浆内病毒载量时仍有可能通过无保护性行为将 HIV-1 传染给女

---

① 这里如果被理解为使用该技术生育健康后代，很难说是不符合公序良俗的。

② Brooks JT, Kawwass JF, Smith DK, et al. Effects of Antiretroviral Therapy to Prevent HIV Transmission to Women in Couples Attempting Conception When the Man Has HIV Infection — United States，2017. MMWR Morb Mortal Wkly Rep，2017，66：859–860. DOI：http://dx.doi.org/10.15585/mmwr.mm6632e1External.

③ Patel P，Borkowf C B，Brooks J T，et al. Estimating per-act HIV transmission risk：a systematic review. AIDS，2014，28（10）：1509–1519.

④ Patel P，Borkowf C B，Brooks J T，et al. Estimating per-act HIV transmission risk：a systematic review. AIDS，2014，28（10）：1509–1519.

方，尽管概率非常低（1.2 per 100 person-years，CI＝0.9～1.7）[1],[2]。第二，通过第三方供精和辅助生殖技术在体外使女方卵子授精，并将其移植到女方体内。由于是第三方供精，不会使用夫妇中携带有 HIV 病毒的男方的精液，因此后代出生时不会感染上 HIV，并且由于通过辅助生殖手段生育，而非自然受孕过程，女方也不会因此感染上 HIV[3]。但是，通过这种方法生育的后代并不携带有夫妇中男方的遗传物质，而这对于一些家庭而言可能无法接受，正如前文我们论述的有关通过第三方供精或供卵的方式避免后代携带某些治病基因类似。第三，在方案二的基础上，通过技术手段对男方的精液进行清洗以去除被 HIV 感染的细胞，并在进行宫腔内人工授精（intrauterine insemination，IUI）或体外受精（in vitro fertilization，IVF）之前通过检测来确认精液中不存在 HIV。[4] 当前证据显示该方法可以显著降低 HIV-1 的传播。[5][6] 在 11500 个辅助生殖周期中（包括 IUI 和 IVF）女性使用男性配偶（HIV 感染者）的精子受孕生育后代，没有一例报道显示该女性或他们的后代感染上 HIV。[7][8][9][10] 如果男方通过 HAART 治疗且女方使用 PrEP 预防的话，HIV 传染给女方和后

① Liuzzi G, Chirianni A, Clementi M, et al. Analysis of HIV-1 load in blood, semen and saliva：evidence for different viral compartments in a cross-sectional and longitudinal study. AIDS, 1996, 10 (14).

② Cohen M S, Chen Y Q, Mccauley M, et al. Prevention of HIV-1 Infection with Early Antiretroviral Therapy. The New England Journal of Medicine, 2011, 365 (6)：493-505.

③ Brooks J T, Kawwass J F, Smith D K, et al. Effects of Antiretroviral Therapy to Prevent HIV Transmission to Women in Couples Attempting Conception When the Man Has HIV Infection — United States, 2017. MMWR Morb Mortal Wkly Rep 2017；66：859-860. DOI：http://dx.doi.org/10.15585/mmwr.mm6632e1External.

④ Zafer M, Horvath H, Mmeje O, et al. Effectiveness of semen washing to prevent human immunodeficiency virus (HIV) transmission and assist pregnancy in HIV-discordant couples：a systematic review and meta-analysis. Fertility and Sterility, 2016, 105 (3)：645-655.

⑤ Kim L U, Johnson M R, Barton S E, et al. Evaluation of sperm washing as a potential method of reducing HIV transmission in HIV-discordant couples wishing to have children. [J]. AIDS, 1999, 13 (6)：645-651.

⑥ Matthews L T, Smit J A, Cuuvin S, et al. Antiretrovirals and safer conception for HIV-serodiscordant couples. Current Opinion in HIV and AIDS, 2012, 7 (6)：569-578.

⑦ Zafer M, Horvath H, Mmeje O, et al. Effectiveness of semen washing to prevent human immunodeficiency virus (HIV) transmission and assist pregnancy in HIV-discordant couples：a systematic review and meta-analysis. Fertility and Sterility, 2016, 105 (3)：645-655.

⑧ Vitorino R L, Grinsztejn B, De Andrade C A, et al. Systematic review of the effectiveness and safety of assisted reproduction techniques in couples serodiscordant for human immunodeficiency virus where the man is positive. Fertility and Sterility, 2011, 95 (5)：1684-1690.

⑨ Bujan L, Hollander L, Coudert M, et al. Safety and efficacy of sperm washing in HIV-1-serodiscordant couples where the male is infected：results from the European CREAThE network. AIDS, 2007, 21 (14)：1909-1914.

⑩ Semprini A E, Macaluso M, Hollander L, et al. Safe conception for HIV-discordant couples：insemination with processed semen from the HIV-infected partner. American Journal of Obstetrics and Gynecology, 2013, 208 (5).

代的风险将会更低。①

对于以上三种方案，第二种方案是目前对于男方感染者家庭最安全的生育方式，但是其缺点在于后代与男方并不遗传关系。第三种方案是仅次于第二种方案的安全生育方式，在确保安全性的前提下生育的后代拥有夫妇双方的遗传物质。第一种方案是相对风险最高的，尽管如此，从目前的证据来看此种方式生育感染的概率仍旧是极低的。

然而，根据我国当前辅助生殖规范规定，HIV 感染者不能使用辅助生殖技术生育后代。《辅助生殖技术规范》对"体外受精-胚胎移植及其衍生技术"和"人工授精技术"的禁忌证有明确规定，即"男女任何一方患有……性传播疾病"。这意味着 HIV 感染者家庭在国内禁止使用上面提及的方案二或方案三生育后代。

该规范于 2003 年发布，彼时第三方供精 IVF 技术已经成熟，禁止感染者使用似乎缺乏充分的合理性论证。对于方案三，精子清洗技术早在 2008 年就被英国 HIV 协会写入指南，作为单阳家庭生育的选择之一；2017 年美国疾病于预防控制中心（Center for Disease Control and Prevention，CDC）也将精子清洗联合 HAART 和 PrEP 作为有效阻断 HIV 在生育过程中传播的选择之一。那为何我国没有开展此项技术？为何没有向 HIV 感染者提供这一干预？中国疾控中心相关人员的回复说，医疗机构担心 HIV 感染者的精液会污染到其他需要辅助生殖治疗的非 HIV 感染者患者的精液。需要进行辅助生殖治疗时，男方取出的精液会被冻存在医疗机构的液氮罐中，当时的液氮罐体积相对较大，一个液氮罐会贮存多份样本，技术人员在操作时担心会出现污染，造成其他样本感染 HIV。但是，疾控中心的人员也指出，随着技术的进步，液氮储存罐的体积已经可以做到一人一罐以避免混合存放可能发生的精液污染。② 尽管成本会随之上升，但是在技术上是可以实现的。

当然，在 2003 年精子清洗技术显然不像现在这样成熟，也没有积累如此多的科学证据以支撑其作为 HIV（以及其他传染性疾病，如乙肝、丙肝）感染者安全有效的生育手段，因此我们并不认为当初制定的《技术规范》存在问题。但是随着技术的进步和新证据的出现，对现有规范进行动态调整显然是有必要的，毕竟技术本身是在不断变化的，而这些规范制定的目的是为了患者健康和后代健康。

但是，仍有人可能反对在中国向 HIV 感染者提供辅助生殖干预，原因包括但不限于：个体感染 HIV 是其自身的道德出了问题，他们没有权利使用这些技术生育后代，他们不应当生育；辅助生殖技术仍属于稀缺医疗资源，在分配资源时应当先考虑符合现有规范的不孕不育症夫妇，并且现有资源还不足以分配给该群体中的所有成员，当然现在也就不用考虑让 HIV 感染者使用辅助生殖技术。尽管没有充分的实证研究证据，但是我们相信以上观

---

① US Department of Health and Human Services. Panel on treatment of HIV-infected pregnant women and prevention of perinatal transmission. Recommendations for use of antiretroviral drugs in pregnant HIV-1-infected women for maternal health and interventions to reduce perinatal HIV transmission in the United States. Washington, DC：US Department of Health and Human Services，2016.

② 辅助生殖技术应用医学、伦理和法律问题研讨会暨 UN-CGF 项目启动会。南京，2018 年 12 月 7 日。

点代表了国内部分公众的想法。以上两种观点存在着明显的漏洞。对于第一种观点，首先并非所有 HIV 感染者都是通过吸毒、性交易或其他被当今社会认为不齿的行为感染上 HIV，反例至少包括无过错输血、职业暴露、母婴垂直传播，以及婚内不知情的前提下被对方传染等方式，我们相信几乎没有人（从道德直觉出发）会认为这些感染者因道德问题感染 HIV；其次，即使对于那些通过被社会认为不齿行为感染上 HIV 的个体，我们也不足以用"剥夺"他们的生育权来对其进行惩罚，且由于这种"剥夺"通过间接的形式损害未来后代的最佳利益。对于第二种观点，分配公众涉及多种理论和原则。首先，如果我们从罗尔斯的差等公正理论出发，相比仅仅患有不孕不育症的夫妇，那些感染 HIV 且患有不孕不育症的夫妇在社会上处于更不利的地位，我们理应首先将资源分配给后者，以满足他们的生育需求；其次，如果夫妇一方仅为 HIV 感染者且双方都不是不孕不育症患者，从后代的最佳利益出发，相比自然生育而言，向 HIV 感染者开放该技术可能会增加夫妇生育健康后代的概率，更符合后代的最佳利益。

总之，在国内现有规范没有修改的前提下，对于希望生育有至少一方遗传物质的后代且希望避免配偶和后代感染 HIV 的方案仅剩下第一种方案。但是，正如前文所述，该方案是所有方案中相对风险最高的（尽管概率极低），对于一些夫妇而言，尤其是 HIV 感染者本人，他们希望将风险降到最低，担心在自然生育过程中会使配偶感染上 HIV，所以尽管第一种方案是一种合理的生育方案，但对于这些个体而言仍旧难以接受。这也是一些夫妇选择前往泰国或美国进行精液清洗，并通过 IVF 生育后代的原因之一。但是，整个过程的花费较高①，并非所有感染者家庭都能承受，因此当有人提出可以通过基因编辑胚胎和辅助生殖技术让妻子和孩子避免感染 HIV，并且这些过程不但不花费夫妇一分钱，还会给他们高额"补偿"时，一些感染者夫妇被"吸引"并希望参与其中便是一件容易被理解的事。当然，我们并不认为法规相对于技术进步的滞后性对于这些夫妇选择参加基因编辑研究以及基因编辑婴儿事件存在必然联系，但是，不可否认的是这两者之间可能存在关联性，给感染者家庭造成了某种选择压力，而这种压力可能破坏了他们的自主性，也使得他们选择参加研究的意愿并非出于自愿。

结合当下辅助生殖技术的发展现状和科学证据，消除选择压力，公平对待 HIV 感染者，我们建议国家卫健委和疾控中心妇幼司对我国辅助生殖技术的现状，对 HIV（以及其他性传播疾病）感染者使用 IVF 技术以及精液清洗技术的可行性进行评估。在技术可行的前提下，建议尽快制定相关技术标准，即时修订现有《辅助生殖技术规范》，允许符合条件的 HIV 感染者使用辅助生殖技术生育后代。

从以上三点可以看出我国现有法规相对于技术发展的滞后性，当然由于技术发展速度和方向的预测极为困难，在立法或制定规范时不可能预见所有未来发生的事情，而这也是大陆法系常见的问题之一。正如我们前面所提及的例子，这一问题可能至少会导致两类不良后果：一是限制了符合伦理的科学研究活动，如通过 iPS 细胞产生胚胎干细胞并用于研究；二是对当下或不远将来的违反伦理行为的默许，如当前通过对人类 iPS、精原细胞或卵

---

① 到泰国洗精的费用包括治疗费、生活费、旅行费等大致在 20 万元。

母细胞实现生殖目的的基因编辑。面对滞后性问题，我们至少可以通过两条途径来解决，判例法和审批制。判例法作为相对灵活的处理新兴技术引发的伦理法律问题的路径之一，欧洲的司法实践中对成文法和判例法的融合值得我们借鉴。审批制作为我国在新兴技术治理上的重要手段之一，已经在干细胞临床试验上得到应用，无论是否开放生殖系基因编辑，审批制都可以作为一种弥补成文法滞后性的重要手段。

立法空白

立法空白问题主要涉及民事诉讼主体问题。《民法总则》第二章第十三条规定"自然人从出生时起到死亡时止，具有民事权利能力，依法享有民事权利，承担民事义务"。根据民法总则的规定，除涉及遗产继承、接受赠予等胎儿利益保护的情形外，自然人的权利"始于出生，终于死亡"，未出生的胚胎、胎儿不是民法中的权利主体。

有律师认为，对于已经出生的这对双胞胎姐妹（以及在 2019 年出生的另一位基因编辑婴儿），如果今后她们的健康出现任何相关问题，在当前的法律框架之下，孩子都不是适格的民事起诉主体，只能由其父母基于当时的合同或者医疗损害责任（如，侵害父母的知情同意权）而起诉医疗机构，可获得赔偿的范围也将十分有限。[①] 在接受基因编辑以及形成胚胎的过程中，即便医疗机构或其工作人员对"尚未形成胎儿"的基因组进行了编辑，造成了婴儿出生后的损害，最终也会因为侵害行为（基因组编辑）发生时婴儿还未出生不是民法中的权利主体，而自始不构成对婴儿权利的侵犯。

有人可能将其与错误出生（wrongful birth）[②] 的情况进行对比，但是诉讼主体仍旧为父母，目前并未出现过出生后孩子诉讼医疗机构的情况。无论在禁止人类生殖系基因组编辑临床应用的当下，还是在可能开放此类编辑的未来，我们都需要反思究竟何为人（human being 和 person）的问题，以及我们应当如何对待那些具有成为"自然人"的物，对这些物的器官、组织、细胞、亚细胞、分子或遗传物质的是否应当受到法律的约束，其改变可能是直接的也可能是间接的，是否都应当进行约束？这些在目前的法律中都没有被提及，我们建议应当在《民法典》中进行规制。

当然，随着基因编辑婴儿的诞生，国内法律界也积极参与到有关基因组编辑的伦理、法律问题的讨论之中，立法机构对新兴技术研究和应用中出现和可能出现的问题也给予了关注。2019 年 4 月 20 日，十三届全国人大常委会第十次会议审议的民法典人格权编草案二审稿，第二章"生命权、身体权和健康权"中增加了有关规定："从事与人体基因、人体胚胎等有关的医学和科研活动的，应当遵守法律、行政法规和国家有关规定，不得危害人体健康、不得违背伦理道德。"

---

① 刘立杰. 基因编辑婴儿的三大法律问题. 正义网. 2019-01-14. http://www.jcrb.com/FYFZ/zxbd/201901/t20190114_ 1952628.html 2019-05-17.

② 还可以将其与错误生命（wrongful life）进行比较，孩子起诉父母把自己生了下来。但截至本文撰写的 2019 年 4 月，中国境内并未受理过此类案件。此类案件在美国出现过，其判例可以作为今后我国司法实践的参考。

首先，在民法典人格权中加入有关人体胚胎和基因的内容值得称道，至少说明立法部门对基因编辑事件的反思以及对新兴技术所引发的伦理、法律和社会问题的关注。然而，如果说这一表述将是民法典人格权的终稿内容，是否能够对于未来生殖系改造产生的后代在民事上给予足够的权利和保护是值得商榷的。这一表述显然不够严谨，也缺乏对当前科学技术的充分认知，主要包含以下几个问题。①

第一，对"人的基因"界定不清。人们对于基因的理解似乎很清楚，对于大部分多少了解一些遗传学的人而言，基因等于 DNA。但是，在遗传学上，基因的定义并非如此。基因是产生一条多肽链或功能 RNA 所需的全部核苷酸序列。带有遗传信息的 DNA 片段称为基因，其他的 DNA 序列，有些直接以自身构造发挥作用，有些则参与调控遗传信息的表现。此外，DNA 还包括脱氧核糖及磷酸，这两者构成了 DNA 的骨架（图1）②。这意味着基因是 DNA 的组成部分，但不是 DNA 的全部。因此，人类不仅可以通过改变基因获得不同的形状（特征），还可以通过改变 DNA 上除基因之外的序列（这些改变可能会影响 DNA 分子的空间结构，而不同的空间结构会影响 DNA 的功能，其中也包括基因的表达），或者通过 DNA 的甲基化等表观遗传学的方式，改变人类的性状，且这些改变均可以遗传给后代。③

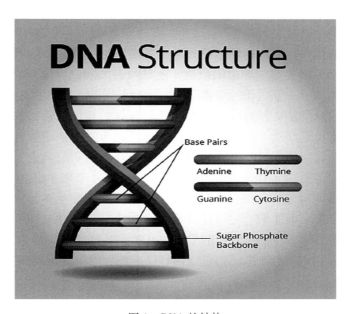

图 1　DNA 的结构

---

① 相关问题我们已通过某些渠道传递给相关法律的起草者。

② http://www.terravivos.com/secure/cryovaultjoinus.htm.

③ 表观遗传学改变传递给后代的方式和传代数量与基因组改变的传递不同，后者可以是永久传递，但前者通常传递数代后便会消失。

该草案之所以会提到人类基因，其诱因还是基因编辑婴儿事件，认为对基因的干预将对人类健康产生巨大影响，因此必须小心谨慎，需要受到伦理和法律的约束。然而，正如我们分析的那样，人类的基因虽然在人类遗传和人类健康上至关重要，但是基因并不是唯一在遗传上影响人类的因素。这是否意味着草案起草时不认为基因之外的因素重要？还是由于对基因概念的认知不清导致的用词不恰当？如果是前者，似乎难以成立，因为基因之外的改变对人类的遗传也十分重要，如我们在前文提及的表观遗传学，这不但会影响到个体健康并且这种表观遗传学的改变同样可以遗传给后代。如果是后者，显然按照严格的遗传学界定的话，草案中的"基因"不包括我们提及的非编码 DNA 序列，也不包括甲基化等表观遗传学内容。但是，如果我们认为这些改变的重要性不亚于基因的改变，相关研究和应用应当符合伦理和法律的规定，则我们可以在表述上进行修正，将我们认为重要的遗传学改变纳入条文中。①

第二，仅对涉及"人体胚胎"的医学和科研活动进行规范。我们本章有关现有法律规范的"滞后性"部分已有讨论，对于涉及精原细胞、卵母细胞或 iPS 细胞的基因组编辑，随后再移植回人体，期间并不涉及直接对人类胚胎的干预，对于是否属于"人体胚胎"的医学和科研活动是存在争议的。如果草案加入该条文的目的是为了保护潜在的"自然人"及其未来所拥有的权利，则仅使用"人体胚胎"难以覆盖所有人类生殖系的医学、科研和其他活动，出现立法真空和滞后，难以符合立法初衷。

第三，如何界定"违反伦理道德"。法律存在道德基础，但这里的道德通常指的是义务的道德，而非理想的道德，且两者的边界并非是绝对清晰的实线。草案中提及的"伦理道德"属于哪一类？义务的道德？理想的道德？还是两者之间难以划分的部分？如果说基因编辑婴儿事件中相关人员"违背伦理道德"，因为当前该技术尚不成熟，安全性、有效性未达到科学共同体和公众的认可，可能因为没有获取有效的知情同意，或认为生殖系基因组的修饰是不能逾越的伦理红线。但是，正如我们已经在前文论证的那样，生殖系基因组编辑在实质伦理学上并非应当被绝对禁止，而在符合伦理学原则的前提下应当允许开展。因此，当前生殖系基因组编辑"违背伦理道德"并不意味着未来也会违背，那么"伦理道德"的标准应当由谁来确定？如果仅凭该草案中这一条文，显然不足以回答这些问题。这不仅会对科学研发产生负面影响，还可能降低公众对政府部门和法律的信任。因此，若使该法条更有效的发挥维护公民生命健康的立法初衷，则必须明确界定何为"违反伦理道德"，根据何种标准/原则进行判断，通过何种程序判断，以及有谁判断等。

立法"失败"

法哲学家富勒在其《法律的道德性》中指出了立法失败的八种可能，我国现有生物技术、医药卫生类相关法律规范（包括涉及生殖系基因编辑的文件）包含其中两点：①不能用便于理解的方式表述规则（缺乏解释）；②频繁修改规则。法律的有效性应当建立在让当事人知道他们应当遵守的规则，然而现有法规中存在的问题，使得人们难以遵守执行这些

---

① 如涉及对胎儿出生前影响人类遗传物质（影响胎儿健康？）的研究和应用。

规则，并进一步导致"立法失败"。下面我们将就这两点对现有法规中的问题进行分析。

问题一，不能用便于理解的方式表述规则。主要问题集中在现有法规中的概念界定不清或缺乏对法律条文的解释说明。首先，我们从"医疗行为"来讨论概念界定不清的问题。在基因编辑婴儿事件中，其中一个争论的焦点是贺建奎的行为是否构成了非法行医罪，换句话而言，他是否参与了医疗行为。如果答案为肯定，则可以考虑以非法行医罪进行惩罚。因此，这里的关键在于哪些行为属于医疗行为？贺建奎的行为是否在此范围之内。然而，我国当前没有任何一部法律对"医疗行为"进行准确界定。这导致在实践中医疗行为与非医疗行为边界判断不清（例如美容行业中各种不同干预的区分），尤其是在遗传技术、细胞治疗、脑机接口、人工智能、纳米技术等新兴技术中，科研与医疗常常混同，如果我们翻看涉及这些技术甚至是现有成熟医疗技术的研究知情同意书便可发现，很多表述根本看不出研究的影子，科研人员/医务人员和受试者可能都将其视为治疗而非研究。而如果在研究中出现不良事件，是否可以适用《执业医师法》，是否属于医疗侵权行为？基于法无名为规定即自由的基本原则，在医疗行为与非医疗行为之间（如可能在医疗与研究之间，尽管有时两者是重叠的）模糊不清的地带，极易产生法律真空或滞后问题。即使《办法》中对于研究有所规定，但一些干预介于研究和医疗两者之间很难区分，如果我们将其当作医疗，则需要制定新的规定。①

其次，我们以《人类胚胎干细胞研究伦理指导原则》为例讨论缺乏法律条文解释的问题。第一，《指导原则》第六条第二款规定"（二）不得将前款中获得的已用于研究的人囊胚植入人或任何其他动物的生殖系统"。其是否包含以治疗为目的的胚胎干细胞研究？如果答案为是，则除了已经达成普遍共识的生殖性克隆被禁止外，还包括对治疗性克隆，以及除克隆之外的其他带有研究性质的胚胎干细胞研究。这里存在两点问题。第二，我国是支持治疗性克隆的，那么处于治疗目的而将克隆人生下来是否仍旧属于治疗性克隆？第三，这意味着如果夫妇自愿将他们的胚胎捐献用于研究，并希望通过研究增加受孕率，如在胚胎中加入某些生物/化学物质（该物质并不改变人类基因组），则根据这一指南不得将经过此种方式处理的胚胎植入女方体内。我们在参加 UN-cgf 南京辅助生殖技术研讨会时，一位辅助生殖医生提及过此类操作并称该干预正处于临床试验阶段，这意味着他们已经将某些物质注入胚胎或卵子，并将其移植回女性体内并生育后代。而如果按照我们对该条文的理解，这显然应被视为违规行为。但是，为什么医生仍会这样做？可能的解释至少有两个，其一是该医生并不知道《指导原则》的相关规定，如果知道规定则不会开展此类研究；其二是医生了解了《指导原则》的规定，但并不认为他所开展的研究在禁止范围之内。如果是前者，涉及法律颁布后的传播有效性的问题，即如果法律已经颁布，但由于其可及性差而导致人们在从事相关活动前参照法律来评估活动，但却不知道法律名称或不知道法律的存在因此没有获得相关法律信息。此时，可以将其视为富勒所称的造法失败的八种情况之一，

---

① "实验性医疗行为"又细分为"治疗性实验医疗行为"与"研究性实验医疗行为"两种，前者是以对病人的临床治疗为主要目的的实验性行为，后者则是对接受试验者（多为健康的自愿者）所为的基于纯科学研究目的的试验。

其"合法性"将受到质疑。对于后一种情况，法律中的规定并为在社会上达成一致共识（或在科学共同体内达成共识），加之法律原文表述中可能出现的歧义以及缺乏相应解释性文件，即使法律文本公开可及，由于存在较大分歧或缺乏对相关问题的公开讨论，人们的行动可能违法了法律但却不自知，故该法律的效力同样存疑。

我们通过《指导原则》中"遗传修饰"这一术语对缺乏法条解释的问题做进一步讨论。我们认为至少有三种对"遗传修饰"的解释：一是仅涉及对细胞核基因中 DNA 分子碱基的改变，包括但不限于碱基的插入、删除、替换等；二是包括对细胞核基因和线粒体基因中 DNA 的改变，包括但不限于碱基的插入、删除、替换等；三是在二的基础之上包括对表观遗传学的改变，如甲基化、遗传印记等。其中在涉及线粒体基因的改变时，使用捐献者的线粒体直接替换原有受精卵或卵子的线粒体是否属于"遗传修饰"同样没有得到解释。一些人可能认为科学共同体内部对这一术语界定肯定有一致性的解释，但事实可能并非如此，此前便有学者认为线粒体移植不属于生殖系遗传物质的改变。当然，这一问题不仅在中国出现。如果说当初中国制定辅助生殖相关法规时大量参考了同一时期英国的法规和技术文件的话（如 1990 年 HFEA 法案），中国法规中提及的"遗传修饰"对应的英文为"genetic modification"。为了讨论是否应允许线粒体转移技术的临床试验/应用时，英国议会在 HFEA 法案 2015 年的辩论中便对词语的使用进行了讨论。最终，议会通过辩论认为"germ line modification"在法律上被允许，同时否定其等同于"genetic modification"。得出这一结论的基础是，在线粒体捐献转移中，这种修饰是在亚细胞水平（细胞器水平）上进行的，而非直接对任何 DNA 分子结构上的碱基序列进行改变。如果我们对法规中有关"遗传修饰"的界定不清，至少会引发两类负面效果，一是科学家因担心研究内容违反规定而放弃此类研究，从而阻碍科研（符合伦理地）进展；二是由于界定不清导致一些研究者认为此处为法律漏洞或认为并不禁止开展，根据法无禁止即自由的原则开展可能属于违反伦理的研究。

问题二，频繁修改规则。这里涉及三个文件，即《关于取消非行政许可审批事项的决定》（国发〔2015〕27 号）①（以下简称《决定》）《国家卫生计生委关于取消第三类医疗技术临床应用准入审批有关工作的通知》（国卫医发〔2015〕71 号）（以下简称《通知》）②，以及 2019 年卫健委制定的《生物医学新技术临床应用管理条例（征求意见稿）》（以下简称《条例（征求意见稿）》）。③

《决定》是国务院于 2015 年 5 月 10 日发布的文件，取消了 49 项非行政许可审批事项，

---

① http://www.gov.cn/zhengce/content/2015-05/14/content_ 9749.htm.

② 原国家卫健委.《国家卫生计生委关于取消第三类医疗技术临床应用准入审批有关工作的通知》. 2015. http://www.sohu.com/a/230098737_ 100116818.

③ 它们之间的冲突在于，前两者将原有的第三类医疗技术审批制取消，且要求不得以任何形式变相批，然而后者则再次使用审批制对某些医疗技术进行管理。这种改变的主要诱因是基因编辑婴儿事件，这一规则改变对于直接维护患者生命健康显然有积极的一面，但与此同时对医疗技术的研究者而言可能存在负面影响，如延缓研发进度，并间接对患者生命健康造成一定负面影响。下面我们具体分析一下规则的变动以及其中的矛盾。

明确今后不再保留"非行政许可审批"这一审批类别，同时要求各部门"加强事中事后监管，防止出现管理真空，且不得以任何形式变相审批"。在取消的 49 项非行政许可审批事项汇总，其中一项为"第三类医疗技术临床应用准入审批"。该审批制度的依据是《医疗技术临床应用管理办法》（卫医政发〔2009〕18 号），该规定根据风险将医疗技术分为三类，其中第三类医疗技术是风险（生命健康）最高或存在重大伦理学风险的技术。原卫生部于 2009 年《首批允许临床应用的第三类医疗技术目录》中进行了规定，其中包括脐带血造血干细胞治疗技术、细胞移植治疗技术、自体免疫细胞（T 细胞、NK 细胞）治疗技术等19 项技术。① 这意味着在 2015 年《决定》之前，这些技术在临床上的使用都应当首先经由卫生主管部门审批，通过后方可开展临床应用。原卫健委在《通知》中将原有的第三类技术划分为禁止应用②和限制应用③两大类，并于同年发布了《限制临床应用的医疗技术（2015 版）》，随后在 2017 年发布了相关规范文件④，将原有的审批制改为备案制，强调医疗机构主体责任。

经历了从 2009 年至 2019 年多个文件对生物医学技术的规制，在缺乏官方明确解释的前提下，暴露出以下几点问题：

1. 临床应用概念不清/矛盾。在以上文件中均未对临床应用进行明确界定。除《条例（征求意见稿）》外，临床应用似乎仅指以诊治个体患者为目的的生物医学技术的使用，且这些技术应当安全、有效，而研究不包括在临床应用范围之内。如《首批允许临床应用的第三类医疗技术目录》中提到，"未在上述名单内的《首批允许临床应用的第三类医疗技术目录》其他在列技术，按照临床研究的相关规定执行"。然而，在《生物医学新技术临床应用管理条例（征求意见稿）》的标题中仅出现了"临床应用"，从第一章总则来看，该文件所指"临床应用"包含"临床研究"和"转化应用"两部分。

2. 备案与审批制的频繁改动。对于高风险和存在重大伦理风险的技术，其临床应用（这里的临床应用不包括"临床研究"），在 2015 年 5 月之前是审批制，2015 年 5 月至2019 年《条例（征求意见稿）》发布前为备案制，《条例（征求意见稿）》正式发布后则

---

① 原卫生部.《首批允许临床应用的第三类医疗技术目录》2009 年. 源地址链接已失效 http://www.nhfpc.gov.cn/yzygj/s3589/201308/19a61b03ddcc40309a66f630c775c892.shtml 百度文库. https://wenku.baidu.com/view/6bfa0b4748d7c1c708a145ba.html.

② 医疗机构禁止临床应用安全性、有效性存在重大问题的医疗技术（如脑下垂体酒精毁损术治疗顽固性疼痛），或者存在重大伦理问题（如克隆治疗技术、代孕技术），或者卫生计生行政部门明令禁止临床应用的医疗技术（如除医疗目的以外的肢体延长术），以及临床淘汰的医疗技术（如角膜放射状切开术）。涉及使用药品、医疗器械或具有相似属性的相关产品、制剂等的医疗技术，在药品、医疗器械或具有相似属性的相关产品、制剂等未经食品药品监督管理部门批准上市前，医疗机构不得开展临床应用。

③ 对安全性、有效性确切，但是技术难度大、风险高，对医疗机构的服务能力、人员水平有较高要求，需要限定条件；或者存在重大伦理风险，需要严格管理的医疗技术，医疗机构应当限制临床应用。

④ 《造血干细胞移植技术管理规范（2017 年版）等 15 个"限制临床应用"医疗技术管理规范和质量控制指标》http://www.nhfpc.gov.cn/yzygj/s3585/201702/e1b8e0c9b7c841d49c1895ecd475d957.shtml 源地址已失效。2019.5.18.

又再次回归审批制。对于临床研究（不包括应用，也不包括转化应用）情况略有不同，在《条例（征求意见稿）》生效前，除干细胞临床技术外，其余医疗技术的临床研究均只需经过机构审查即可，无需经过卫生主管部门的审批，而在《条例（征求意见稿）》生效后，涉及高风险和重大伦理风险技术①的临床研究，都必须通过卫生主管部门审批后方可实施，即从备案/无备案制到审批制。这种改动也使得一些医疗机构和企业希望赶在《条例（征求意见稿）》正式发布前启动临床试验/应用，以降低研究/应用成本，或规避伦理学问题。

无论是"临床应用"还是"临床研究"，《决定》《通知》与《条例（征求意见稿）》中的概念不清/矛盾和规则变动将对科学研究、商业投资和患者健康产生负面影响。首先，这种规则的不稳定性会影响研究者的科研行为。科研人员可能会担心，从备案到审批，一是增加科研的时间成本，二是由于概念不清或理解偏差导致自己的研究被视为违规行为。则会其中包括但不限于对高风险研究、重大伦理学问题的理解，临床应用和临床研究的区分等。当科研人员对于自己的科研活动不确定是否合规时，他们可能会选择放弃该研究方向，转而开展那些明确不会违规的研究，但科研人员前期积累的优势可能就此丧失，从某种程度上讲也是国有财产流失或浪费。此外，由于政策的不确定性可能潜移默化的影响到科研人员在本国从事科研活动的信心，进而选择到境外从事科研工作，而这对于我国而言可能是严重的"人才流失"。

其次，规则的变动对资本的影响是不言而喻的。例如对 CAR-T 细胞的研究，《条例（征求意见稿）》出台后一些临床研究需要经过更高级别的审批，企业可能会担心在该技术竞争日益激烈的当下，审批制会延长研发周期，进而延缓技术专利的申请日期，并可能因此失去商业契机。

最后，规则对患者健康存在双重影响。不可否认的是，加强对临床应用和临床研究的管理，如分级审批制，可以增加受试者或患者参与临床研究或接受临床应用的安全性，降低受试者或患者的风险。这种规则对于高风险研究而言有其合理性，毕竟在机构层面的专业资源有限可能内部并没有能够胜任审查和监督研究的人员，并且机构内的这些审查和监督框架存在利益冲突，可能会将受试者或患者置于不合理的风险之中。然而，由于临床研究或临床应用中审批制的加入，延缓了患者/受试者获得干预的时间，而这段时间可能会对患者/受试者的健康造成负面影响，如病情恶化、忍受更长时间的痛苦甚至在此之前死亡。此外，前面提及的规则变动对科研人员和资本的影响，可能通过改变研究或投资方向会对特定患者群体造成间接的负面影响，如科研人员和资本不再关注此类研究，不会有更有效、安全甚至价格可接受的新型干预的出现，从而使相应患者群体得不到有效救治。

---

① 《条例（征求意见稿）》第三条：本条例所称生物医学新技术是指完成临床前研究的，拟作用于细胞、分子水平的，以对疾病作出判断或预防疾病、消除疾病、缓解病情、减轻痛苦、改善功能、延长生命、帮助恢复健康等为目的的医学专业手段和措施。

我国现有的生物医学技术研究和应用监管中的问题

概要

在基因编辑婴儿事件之后，政府有关部门确实在法规上面做出了一定的完善，例如已公开征求意见的《生物医学新技术临床应用管理条例（征求意见稿）》，以及在民法典中加入对有关涉及基因和人类胚胎的医学活动的规范，以及 2019 年 7 月 24 日中央深化改革委员会审议通过的《国家科技伦理委员会组建方案》。不可否认的是，这些改变确实弥补了我国在生物医学研究和应用中现存的问题，并试图通过分级管理、明确主体责任和加大处罚力度等方式解决这些问题。但是，一些根本性的法律问题没有得到妥善解决，包括立法层级低、惩戒力度低、滞后性、立法空白等。

人们可能认为这些并非是紧要问题，并且基因编辑婴儿或严重违背伦理的事件极为罕见，立即对法律进行调整以应对这些问题似乎没有必要性。但是，如果没有有效的监管，则难以发现违规违法行为，即使像当前一样有规范禁止生殖系基因编辑临床应用（包括临床研究），也难以阻却违法违规行为的发生。进一步而言，即使监管相对完善，如果国务院各职能部门之间没有通力合作的机制，涉事机构难以受到与其行为相应的惩罚。

其次，尽管《条例（征求意见稿）》已经加大了惩罚力度，但根据《行政处罚法》的规定，当前对违法违规行为的处罚力度仍十分有限，在资本和其他巨大利益的驱动下，一些个人和机构可能认为这些处罚与违法行为的获益相比可以承受，无论是干细胞治疗①、免疫治疗丑闻②还是基因编辑胎儿事件，都在一定程度上说明当前的违法成本低，不足以遏制违法行为。当然，法律并不是阻却违法行为的唯一方式，但是，如果加强惩戒力度，在现有基础上增加违法成本，如增加罚金额度、入刑等，可以进一步减少违法（违反伦理）情况的出现。在加强惩戒力度时，还应当考虑其可能对科研活动造成的负面影响，如不在从事相关领域的科研活动。因此，在立法过程中有必要主动听取科研人员、伦理学家、患者以及其他利益攸关者的观点，避免在法律实施后可能出现"立法失败"的情况。

当然，世上并不存在完美的立法，即使我们解决了以上的所有法律问题，实践中能否减少违法（及严重违反伦理）行为的出现，还必须依赖有效的监管体系。下面，我们将对进行详尽分析。

监管

对生物医学技术的应用（包括研究）进行监管，目的是在实现科学技术发展、经济增

---

① 新华社新媒体. 2018. 11. 27https：//baijiahao. baidu. com/s？id＝1618272007164839165&wfr＝spider&for＝pc；券商中国. 2018-12-02. 6 年，中国的干细胞药物乱象为什么仍然存在. https：//baijiahao. baidu. com/s？id＝1618737996109128231&wfr＝spider&for＝pc.

② http：//news. sohu. com/s2016/dianji-1868/魏则西事件. 2017-06. 1http：//wemedia. ifeng. com/40288098/wemedia. shtml.

长和增进公民健康的同时，有效控制技术对个体、社会带来的风险，尽力避免伤害的发生。换句话而言，监管是用来权衡技术的受益和风险，同时审视技术的应用是否符合相应的伦理学原则。

近些年我国在生物医学技术应用中出现了诸多负面事件，如干细胞乱象、魏则西事件和基因编辑婴儿事件等。[1][2] 这些事件的背后，暴露出目前我国监管中存在的两个突出问题，监管碎片化和监管能力薄弱。此外，由于基因编辑技术随着 CRISPR 的出现才渐渐走入人们的视野，加之从科技发展战略和当前国家间竞争的视野下审视，监管悖论一直存在。一些人认为监管会阻碍科学技术的发展，削弱国家竞争力，故提倡少监管甚至不监管；另一些人则认为基因组编辑技术可能对人类和社会带来深远的不利影响，必须在研发初期便对其进行严密监管。对这些问题进行审慎的分析，对于完善人类生殖系基因组编辑的监管，引导技术的合理使用，以及提出针对该技术的治理建议至关重要。下面，我们将对我国监管中存在的问题进行逐一分析。

监管碎片化

我国政府部门强调以专业化程度划分各部门职责范畴。由此衍生的组织边界隔阂、职权交叉、部门保护主义等现象，使我国政府治理中的地方保护主义、分割管理、服务链裂解化等问题日趋严重。[3]

对于强调按专业化程度划分职责范围，其好处在于由熟悉相关专业和行业的人员对相关机构进行监管，能够更好地把握行业发展脉络，包括其历史、现状和未来的发展方向，并基于对行业较为深入的了解对其进行监管。这类似于学科专业划分，一个人/部门从事一个专业领域的学习、工作时间久了，对于专业的理解会不断加深，具备专业敏感性，可能会发现专业外的人难以发现的问题或提出建设性的意见。

但是，正如我们所知道的，专业之间存在交叉，对于同一个问题不同专业的视角对于解决该问题都具有一定价值。例如人类的健康，这不仅涉及人们所处社会的医疗水平，还取决于他们所生活的地区是否能够提供清洁的水源、充足的营养（食品）、干净的食物、污水处理系统、良好的住房、好的空气质量[4]，并且还受到交通安全、歧视、社会压力、经济收入、教育程度等因素的影响。因此，如果我们希望维护或提升人类的健康，就不能仅仅将注意力放在如何提升医疗水平上，还需要关注以上提到的诸多方面，例如食品安全和教育问题。解决人类健康的相关问题，不仅仅需要医疗卫生部门，还需要食品安全、教育、交通、环保等部门的共同努力。

---

① Cheng L, Qiu R-Z, Deng H, et al. Ethics：China already has clear stem-cell guidelines. Nature, 2006, 440（7087）：992-992.

② Stem-cell laws in China fall short. Nature, 2010, 467：633.

③ 段阿玉. 食品安全监管的碎片化困境及其整体性治理路径研究. 郑州大学硕士论文, 2018.

④ Newbury J B, Arseneault L, Beevers S, et al. Association of Air Pollution Exposure With Psychotic Experiences During Adolescence. JAMA Psychiatry, 2019.

对于人类生殖系基因组编辑的监管也是一样的。对于目前处于基础研究阶段的技术而言，其主要研发经费来源于科技部和国家自然科学基金委员会，其通过控制科研经费的方式对申请方或已获得资助的机构进行监管。但是，依据我国现有法律规定，科技部仅对其下属的科研院所负有监管责任，如果获得资助的机构为高校或医疗卫生机构，当他们在开展生殖系基因编辑研究时违反卫健委制定的伦理规范，科技部和基金委也仅有对科研资助方面的控制权，此外无法对这些机构进行其他形式的监管或处罚。军队系统的科研和医疗卫生机构的管理不在国务院，这使得即使科技部和卫健委对人类生殖系基因编辑的研究和应用有规可循，但对于一些机构而言，他们完全可以不在这些法规的管辖范围之内，因而极易出现监管真空。①

依据《立法法》规定，国务院各部门只能在本部门权限范围内，而我国现有的涉及人的生物医学研究仅有卫健委对其所管理结构进行了明确规范，而对于其他科研机构和高校而言，其上级主管部门科技部及教育部均无明确规定对上述机构进行有效规制。

正如基因编辑婴儿事件中暴露出的问题，如果说贺建奎作为事件的主要负责人，他即在高校任职、又是公司的管理者，依照我国现有的监管职责划分，教育部、工商行政管理局，甚至还包括银监会②（涉及风险投资）理应对高校和公司进行监管负有责任。然而这些部门也仅仅是了解自己经常管理的业务，包括教育系统、工商系统和银行保险业等，对于涉及高新生物医学技术和医疗的内容知之甚少，毕竟这些部门的内部几乎不会有人了解更不用说深入了解（包括科学、技术和伦理）这些内容，更难提及对其的监管。人们肯定认为医疗卫生主管部门以及科技部显然是最了解高新技术的，然而，贺所在的机构的上级主管部门或者说监管部门并不包括这两者。加之这两个部门，以及教育、工商、银监等部门并没有有效的部门间沟通联动机制，这便形成了一种"外行管内行，内行被排外"的情况。这也是为什么我们会在随后章节提出建立国务院层级多部门针对于高新技术（或生物医学技术）的联席会议制度，以促进多部门、跨部门的协作，协同做好技术监管工作。

监管能力薄弱

对于人类生殖系基因编辑而言，监管能力薄弱主要体现在人员数量和人员能力两部分。

首先是监督人员数量相对较少。截至 2016 年底，我国辅助生殖中心数量为 451 家，如果结合国家卫健委每 300 万人设置 1 个机构的标准估算，③ 预计 2020 年辅助生殖中心数量可达到 550 家。④ 这意味着，从样本来源来看，按照现有法律和规范有 500 家左右的机构可

---

① 军队系统也可能以国家安全为由有意不执行这些法规。

② 中国银行业监督管理委员会（简称：中国银监会或银监会；英文：China Banking Regulatory Commission，英文缩写：CBRC）成立于 2003 年 4 月 25 日，是国务院直属正部级事业单位。根据国务院授权，统一监督管理银行、金融资产管理公司、信托投资公司及其他存款类金融机构，维护银行业的合法、稳健运行。

③ 国家卫健委.《人类辅助生殖技术规划指导原则》（2015 版）. 2015.

④ 朱茜. 辅助生殖政策放宽辅助生殖中心成投资风口. 前瞻产业研究院，2018. https://www.qianzhan.com/analyst/detail/220/180129-1ea68ca0.html available at 29 May 2019.

以通过合法途径提供人类配子、合子或胚胎，以用于人类生殖系基因组编辑的研究。截至2017年底，全国设有生物学专业的高校为298所，[①] 全国三级医院共计1151家，[②] 如果再加上其他科研院所和开展研发活动的企业，能够开展人类生殖系基因编辑研究的机构应不低于1500家。

虽然我们目前没有收集到卫健委、科技部、教育部及其他机构国务院主管部门中担负监督责任的具体工作人员数量，但是不难想象，面对550家合法样本提供机构，以及至少1500家研发机构，现有监督人员的数量可能难以完成对上千家机构的监管。

其次是监督人员的能力问题。卫健委内部的工作人员中具有生物医药卫生专业背景者可能不在少数，但是科技部、教育部、工商行政管理局、银监会的工作人员中肯定鲜有这些专业背景。因此，在不聘请专家顾问或进行跨部门合作监督的前提下，即使后面这些部门对其负责管理的机构进行监督，恐怕也很难发现其中的专业问题。此外，截止到基因编辑事件之前国务院层级和全国人大层面都未曾将生物医学研究及涉及生殖系遗传/基因改变的内容列入立法名单中，这些部门也没有相关的部门规章对这一领域进行约束，在没有法规的前提下这些部门也难以开展相应的监督工作。

当然，人们可能会认为对所有机构进行细致而又全面的监督是不切实际的，认为可以通过抽查的形式对机构进行监管，并间接对机构的自律施压。但是，就我们现在了解的情况来看，在基因编辑婴儿事件之前，上述部门从未对生殖系基因编辑技术的研究或其他生殖系遗传/基因修饰的研究进行过抽查监督。而在事件爆发之后，国务院各主管部门要求各自所管辖机构进行自查，从而通过间接的方式掌握当前人类生殖系基因组编辑的研究、临床试验和应用的现状[③]，并排除是否存在以生殖为目的的违规的人类生殖系基因编辑。这种典型的"运动式"治理有其合理性，但在面对越来越多的复杂技术及其对人类和社会的影响时，过度依赖此种治理模式的弊端显露无遗，毕竟当风险爆发、危害产生后，对个体（如基因编辑婴儿事件中的双胞胎婴儿露露和娜娜，及其父母）、群体、国家（如国外机构、公众对中国、中国科学家产生的负面印象）和人类社会的负面影响难以被消除。

监管困境

在对包括基因编辑技术在内的新技术进行监管时，通常存在两个困境。

第一个困境是个人自由与不伤害之间的冲突。一些人认为过于严格的监管是一种政府"家长主义"。为了避免公民在技术使用时受到伤害，从而限制机构和个人对技术的使用，他们认为这是对自由的不合理限制和破坏，并且还会限制科学技术的发展，进而减少（或

---

① 李天扬. 爱扬教育网. 2018-12-15. 全国生物科学专业大学排名及录取分数线排名. https://www.aiyangedu.com/GaoKaoZYPM/678329-5.html.

② 三甲医院网. 国家卫健委发布2018年医疗大数据！涉及全国所有医疗卫生机构. 2018.11.23. http://wemedia.ifeng.com/89442574/wemedia.shtml.

③ 据我们了解的情况，目前生殖系基因组编辑仅有基础研究在研，没有临床试验和应用（除贺建奎制造的基因编辑婴儿外）。

延缓）人类获得的福祉。他们认为一个理性的人有自由去做他/她想做的任何事情，仅当这些行为会伤害到他人时才具有限制其自由的合理性。但是，从现有对新技术实行严格监管的国家实例来看，这一悖论并不一定成立。生殖系基因组编辑作为辅助生殖技术的一种，英国在此方面的实践可被用于反驳这一悖论。

正如前文所述，英国在辅助生殖技术的立法、监督有半个多世纪的历史，形成了一套较为完善的监管体系，但是这一严格的监管体系没有让他们在人类胚胎研究以及辅助生殖技术研究和临床应用方面落后于其他国家。① 英国自 1961 年以来颁发了多项关于生物技术的立法。1961 年《人体组织法》（*Human Tissue Act* 1961）、1985 年《代孕协议法》（*Surrogacy Arrangements Act* 1985）、1989 年《人体器官移植法》（*Organs Transplant Act* 1989）、1990 年《人工授精和胚胎学法》（*Human Fertilization and Embryology Act* 1990）、1998 年《数据保护法》（*The Data Protection Act* 1998）、2001 年《人类生殖克隆法》（*Human Reproductive Cloning Act* 2001）、2003 年《人工授精和胚胎学（已故父亲）法》［*Human Fertilization and Embryology（Deceased Fathers）Act* 2003］、2003 年《妇女生殖阻断（毁损）法》（*Female Genital Mutilation Act* 2003）、2004 年《人体组织法》（*Human Tissue Act* 2004）、2008 年《人工授精和胚胎学法》，这些法规规范着生命科学研究和生物技术应用活动。

在辅助生殖技术的使用中，人们或许认为如此多的法规是对涉及潜在父母的自主性和生殖自由的破坏。然而，这种说法是片面的，在生育问题上绝对的尊重自主性或生殖自由是不存在的和不应当存在的，因为辅助生殖技术的成功实施（婴儿的降生）不仅仅涉及一个已经存在的人（如单身）或一对夫妇②，还涉及未来的后代。

至少有两点论证为监管提供支撑。第一，在缺乏良好监管的前提下，包括基因编辑在内的辅助生殖技术其安全性和有效性难以保证。这里并不是否定所有 ART 技术的提供者，而是说至少存在两种可能，一是一些机构和个人会为了获取高额利润，利用潜在夫妇生育后代的愿望忽略或不顾技术的安全性和有效性；二是在缺乏专业共同体内部的共识和自律前提之下，那些并不以营利为目的的机构和个人难以确保其所提供的 ART 技术具有良好的有效性和安全性。前者在器官移植领域和干细胞治疗乱象中都有体现，而后者在当前细胞治疗（如细胞免疫治疗、干细胞治疗）中较为突出。不难想象，在技术缺乏有效性和安全性的前提下，夫妇本希望生育健康后代，但解决可能是脱靶或编辑错误，不仅未能预防亲代的遗传疾病，反而有增添了新的疾病和风险。因此，夫妇或个人生育后代的愿望难以在缺乏有效监管的前提下实现，后代的福祉更是难以得到有效保障。对于后者，我国目前并未建立一套 ART 信息收集系统，用以全面有效的收集和评估 ART 技术对后代健康的影响，国内对于 ART 技术对于夫妇及其后代的心理、精神和社会的影响也缺乏高质量的实证研究，这都不利于对后代福祉的保护。

第二，当缺乏有效监管时，一些机构在提供 ART 技术时，为了尽可能多地获得利润，

① Genome editing and human reproduction：social and ethical issues. London：Nuffield Council，2018.

② Deech R. Reproductive Autonomy and Regulation-Coexistence in Action. Hastings Cent Rep，2017，47 Suppl 3：S57-S63.

在知情同意过程中可能有意（或无意）隐瞒技术风险和局限性，如促排卵风险、生育成功率（包括技术在国内和机构层面的成功率），并夸大技术优势。在基因编辑婴儿实践中，从目前已公开的信息来看，贺建奎团队在招募患者，以及知情同意过程中，并未做到有效的知情同意。例如，他们最初以"HIV 疫苗"研究为由通过 HIV 感染者组织招募受试者，知情同意中也未提及可能对后代产生怎样的心理影响、该技术是否符合国内法律法规、如果编辑出现错误有哪些合理的补救措施，以及是否存在其他有效的阻断 HIV 传播并生育后代的方式。如果说技术提供方没有将充分的信息以个体可以理解的方式提供给个体，即使个体在知情同意书上签字也不代表这是一个有效的知情同意，更不能说这是对个体自主性的尊重。

因此，无论人类生殖系基因组编辑在当下仅能应用于基础研究，还是对于未来可能会开放的临床试验和应用，有效的监管对于确保技术的安全性和有效性，尊重个体自主性以及保护未来后代的福祉而言都是必要的。这些伦理学要求不应只停留在理论论证之上，更应当将其融入国家和全球对该技术的治理之中。此外，从英国的例子来看，对包括基因组编辑技术在内的辅助生殖技术的监管，并不一定会阻碍的科学进步。科学进步和技术创新所依赖的是高水平人才，良好的科技创新环境，充分的学术交流，对科研工作尽严苛的批判和反思，以及公众的信任。如果这些环节出现问题，即使对技术实行"0"监管，也难言科学进步和技术创新，甚至最终将人类社会推向灾难。

第二个困境为控制的困境，又称科林格里奇困境（Collingridge's Dilemma）。它是指在创新的早期过程，当对技术的干预和修正可能相对容易和低成本时，技术的全部结果及技术改变的需求可能难以被充分地认识到，即控制技术的必要性似乎不大；然而，当对技术的干预变得十分必要时，改变的过程可能不但十分困难、耗时，且成本巨大。① 换句话而言，一项技术的社会后果不能在技术生命的早期被预料到，如果过早过多的控制可能会限制技术的全面发展，② 然而当不希望的后果出现时，技术却往往已经成为整个经济和社会结构的一部分，以至于对它的控制十分困难。

在近些年生物医学新技术的应用中，比较典型的例证是基因检测技术。随着二代测序的日趋成熟，全基因组测序的价格由最早的上亿元降至不到 1 万元。基因检测的成本不断降低，推动了遗传学相关的研究，也加速了基因检测的商业化和市场化，其中发展最为快速的是直接面向消费者的基因检测（direct-to-consumer genetic testing，DTC GT）。DTC 基因检测涉及基因检测公司通过电视、纸媒广告，或网络直接向消费者提供，而无需独立的医疗卫生提供者参与。③ 越来越多的个体消费者开始购买 DTC 基因检测产品，或处于娱乐或处于健康甚至是医疗目的（如靶向药物基因检测）。医疗机构也逐渐开始和企业合作为患者的疾病诊断和治疗提供支持。

---

① Collingridge, D. (1980), The social control of technology, Frances Pinter, London.

② 这里的全面发展指技术可能为人类带来最大福祉。

③ Hudson K, Javitt G, Burke W, et al. ASHG Statement on direct-to-consumer genetic testing in the United States [J]. Obstet Gynecol, 2007, 110 (6)：1392–1395.

但是，正当基因检测在中国迅猛发展时（这种发展仅仅体现在产业的下游，上游核心技术如测序仪的专利仍旧掌握在其他国家的企业手中），检测行业中的一系列乱象不断爆发，如检测信息难以解读、缺少对应的遗传咨询、隐私泄露风险、缺乏有效的知情同意，甚至存在欺骗和虚假宣传等问题。这直接导致了食药监总局和原卫计委于 2014 年 2 月联合发布了《关于加强临床使用基因测序相关产品和技术管理的通知》（简称《通知》），叫停医疗健康类基因检测①。同样的问题在美国也存在，FDA 曾致信美国知名基因检测公司 23&Me 停止直接向消费者提供疾病和健康相关的基因检测。②

这些举措的正面效应看似是保护了消费者、患者的经济利益和健康，但实际上，但这只是保护了部分消费者和患者的利益。对于那些因疾病诊断、治疗（如需要通过基因检测来判断是否需要尝试服用靶向药物）而急需进行基因检测的患者而言，突然叫停可能是一场灾难，即使在数月后有关部门（在各方压力之下）公布了第一批基因测序的试点单位，但这看似短暂的叫停时间，对于这些患者而言，可能已经错过了最佳的治疗时机。即从效用论来看，叫停检测有利于大多数人的利益，避免大多数人遭受伤害，但与此同时却损害了个人的自由选择和获取医疗干预的权利。

对于人类生殖系基因组编辑的监管同样存在这一问题。尽管我国目前有规范（非法律）禁止③生殖系基因编辑，但在监管上相关部门并未倾注足够精力，似乎也没有预见到一旦出现违规行为可能会对个体、社会、国家和人类带来怎样的影响。当基因编辑婴儿事件爆发后，监管部门才意识到后果的严重性，全球范围内也深刻的意识到对生殖系基因组编辑善治的重要性。值得庆幸的是，该事件的出现激起了人们对于技术的关注，并增加了对相关社会、伦理和法律问题的讨论和研究，政府部门加紧出台有关科研伦理的法律法规，并确定建立国家科技伦理委员会，推动构建覆盖全面、导向明确、规范有序、协调一致的科技伦理治理体系。④ 值得庆幸的是，该技术的应用仍未达到科林格里奇困境中提到的对社会和经济的高度整合，故在目前来看，对基因编辑在人类生殖系中应用的控制仍旧是相对容易的。

尽管在全球范围内、地区间和国内对生殖系基因组编辑的讨论激增，但正如我们在前文所论述的那样，我们显然不可能精确预测该技术在未来应用过程中对个体、社会和人类产生的所有后果，即我们仍可能因无法在当下预测到风险在未来的出现，而放松警惕，没

---

① 《通知》规定："自本通知发布之日起，包括产前基因检测在内的所有医疗技术需要应用的检测仪器、诊断试剂和相关医用软件等产品，如用于疾病的预防、诊断、监护、治疗监测、健康状态评价和遗传性疾病的预测，需经食品药品监管部门审批注册，并经卫生计生行政部门批准技术准入方可应用。已经应用的，必须立即停止。"

② FDA. WARNING LETTER 23andMe, Inc. 22/11/2013. Document Number：GEN1300666. https://www.fda.gov/inspections-compliance-enforcement-and-criminal-investigations/warning-letters/23andme-inc-11222013 access at 2019-5-31.

③ 正如前文所言，现在的规范仅是部分禁止生殖系基因编辑。

④ 宋笛. 中国补全科研伦理重要一环：国家科技伦理委员会将组建. 2019-07-25. J 经济观察网. http://www.eeo.com.cn/2019/0725/362108.shtml Access at July 30 2019.

有对技术进行恰当的控制，没能对机构或个人的行为进行有效的监管，并最终产生难以挽回的结果。然而，这并不意味着我们无法跳出科林格里奇困境，我们可以通过完善现有的对生殖系基因组编辑的治理，破解这一困境，实现对技术的善治。我们将在下一章展开说明并提出具体解决方案。

政策

有关生物医学技术方面的多项政策对生殖系基因组编辑的善治构成了挑战。首先，鼓励科研人员创业和转化，并将研发经费向应用重度倾斜，都将对生殖系基因组编辑的善治构成挑战。这些政策的初衷无疑是好的，但在实施过程中出现的负面效应应当引起我们的重视，并通过政策的调节和有效的治理尽可能减少这种负面效应。其次，在立法、监管和机构自我管理能力上存在重大问题时，有关部门对国务院有放管服政策的解读存在偏差，是导致干细胞乱象、细胞免疫治疗、基因编辑婴儿等事件出现的可能的原因之一。最后，在舆情控制中缺乏对公众参与的价值的权衡，可能会阻碍未来基因组编辑技术在人类生殖系中的研究和应用。

鼓励创业

为推动科研成果转化，从领导到学校、从中央到地方都在鼓励科技人员创办企业。早在 2015 年 5 月，国务院就印发《关于进一步做好新形势下就业创业工作的意见》，鼓励高校、科研院所等事业单位专业技术人员在职创业、离岗创业，在三年内，可以保留人事关系。这里并不反对科研人员创业，而是说政府是否应通过政策引导、鼓励甚至进行激励。人们可能认为，答案显然是肯定的。我国科研成果与实际应用之间依然存在巨大鸿沟，科研成果转化并不理想，这也导致社会上对科研工作的诟病之声不绝于耳。[1],[2] 然而，这只是政策的积极一面。这样做可能的不良后果至少有两方面。第一，产生利益冲突并对社会产生不利影响。科研机构和人员以经济利益为首要目的[3]，科研质量和受试者保护被置于次要位置。他们可能在没有可靠临床前研究、临床试验数据的前提下开展应用获得利润，或

① 李志民. 以科研成果转化增强"第一动力". 2016-08-29. 人民网. http://theory.people.com.cn/n1/2016/0829/c49154-28672449.html Access at 2019-5-31.
② 邸利会. 科技成果转化，说好的阳关大道却戴着脚镣？2019-03-13. 知识分子. https://mp.weixin.qq.com/s?__biz=MzIyNDA2NTI4Mg==&mid=2655431790&idx=1&sn=664cdead9c5e1d8b27ece1cf43312b4-9&chksm=f3a6ae03c4d12715886306dcdc9efc582fa3d32acac6ad13d0f09d4054d825ef92e8b6e10b42&mpshare=1&scene=1&srcid=0723qVNOy4zZgqErz5Upksin&sharer_sharetime=1564474841769&sharer_shareid=8399260b4c1e5fccf049ae57b3f56f55&key=76592d25334d685aa8102f0d3635c3872bb0eb34a345914672358b8f010-a85eb751e60a0bcdafde74f4fc6b23f2d033dcad7c2f45d7c409e385fdaf265b2c4f41fb2fa38f8b787197271742ed1332d5-b&ascene=1&uin=MjY4MzgxNjM1&devicetype=Windows+10&version=62060833&lang=zh_CN&pass_ticket=tAA7B%2F3exw3Z7J53P%2FE%2FdGm1imgn7oKfj3EmyRrKZXs%3D Access at July 30 2019.
③ 施一公. 压死骆驼的最后一根稻草，是鼓励科学家创业！2019-01-02. 生活时尚周刊头条号. https://mp.weixin.qq.com/s/EWC473Sks5DyaygczHa5Iw.

在缺乏严格的科研设计或伦理学规范之下开展临床试验以获得研究者希望获得的研究结果，并在当下或未来获得资本的增长。这里的间接例证并不少，20 世纪末美国的 Jesse Gelsinger 案①，我国在 2010 年以来出现的干细胞乱象、魏则西（细胞免疫治疗）事件、体细胞基因编辑事件，以及 2018 年的基因编辑婴儿事件等②。

第二，由利益冲突导致的担忧和信任缺失。起初我们认为大部分科学家都是受到好奇心和问题的驱使去探索科学，但现在越来越多的科学家有商业利益，这将引发内部和公众对科学共同体和科研活动的担忧。③ 2017 年 5 月 Nature Method 上发表的一篇研究论文指出 CRISPR 技术可能存在的严重缺陷，④ 随后美国三家 CRISPR 相关企业的股票暴跌。随后隶属于（或有经济关系的）这些公司的科学家进行了反击，质疑该研究的方法学存在问题，三家公司的股票再次上扬，并最终导致 Nature Method 在 2018 年 3 月将该文章撤稿。⑤ 随后在科学界掀起了对该研究以及随后这些存在利益冲突的科学家的回应的讨论和质疑。⑥

毫无疑问，金钱对科学和技术有着深远的影响。从政策上如何引导十分重要，赚钱固然重要，但是要符合道德，要符合社会福祉。中国科学院院士施一公认为"励科技人员把成果和专利转让给企业，他们可以以咨询的方式、科学顾问的方式参与，但让他们自己出来做企业就本末倒置了"。此外，转化时涉及的伦理学问题同样需要注意伦理问题，其中涉及可及性问题必须谨慎对待，如专利转化的形式、专利权的归属和适用等。

科研经费向应用倾斜

在国家科研经费的分配上，也受到强调转化/应用政策的影响。不可否认的是，基础研究成果的转化本身十分重要，药物和生物技术领域的转化在过去近一百年间拯救了无数人的生命。对于一些成果的转化而言，如医学领域的转化，其成本巨大，且机构需要承受巨大的研发失败风险，此外由于近些年美国加紧了对中国技术创新的钳制，未来经费的使用分配可能会更多的向转化应用倾斜。将基础研究的成果转化为可应用的产品本身没有任何错误可言，但此种经费分配政策中存在的问题必须引起我们的重视，并尽力克服其可能带

① 王承志. 基因治疗时代真的要来临了吗? 知识分子. 2018-5-22. https://mp.weixin.qq.com/s?src=11&timestamp=1559530081&ver=1645&signature=EIPNYY0doTt45XPap9tgdVOwmcAvp*YLLdgrDXf0qGd1WXyV-WichLdHNaRjBzAAbtnirkXbHc6mVB8bqrlo8342AHdr-srBFSuHHHIwjeTCGhB68sUg-xZbOyJmnBT6W&new=1.

② 南科大回应 HIV 免疫婴儿：深感震惊，违背学术伦理. 观察者网. 2018-11-6. https://www.guancha.cn/industry-science/2018_11_26_481121.shtml Access at 2019-6-3.

③ Kristen V Brown. Gene Editing Controversy Reminds Us Just How Much Money Influences Science. GIZMODO. 10 Jul 2017. https://gizmodo.com/gene-editing-controversy-reminds-us-just-how-much-money-1796493630.

④ Schaefer K A, Wu W-H, Colgan D F, et al. Unexpected mutations after CRISPR-Cas9 editing in vivo. Nature Methods, 2017, 14：547.

⑤ Change history. Nature Methods. https://www.nature.com/articles/nmeth.4293 Access at 2019-6-3.

⑥ Kristen V. Brown. Gene Editing Controversy Reminds Us Just How Much Money Influences Science. GIZMODO. 2017-6-7. https://gizmodo.com/gene-editing-controversy-reminds-us-just-how-much-money-1796493630 Access at 2019-6-3.

来的副作用，以通过推动科学进步和技术创新来提升人类福祉。

我们可能将转化研究当作某种提升生物医学进步的灵丹妙药，即如果我们将更多的人力、物力和财力投入应用研发中，我们便可以迅速获得大量对抗疾病的新干预。然而，这种观点面临两大挑战。[①]

第一，历史并不站在转化一方。许多现在习以为常的技术在当时是由好奇激发的研究所产生的偶然结果。青霉素的发现具有极强的偶然性，当时的弗莱明正在制作葡萄球菌培养基，而不是试图真正发现某种突破性抗生素。他当时未将培养基按预先设计放入 37 摄氏度的恒温箱中，而是将其置于实验室环境中暴露，随后他便去度假，让培养基经历了漫长的 7 月和 8 月（当时的气候分别适合青霉素的产生和葡萄球菌的生长），后才发现了青霉素的存在。磁共振（MRI）是由使用磁场研究原子性质的物理学家发现的，而不是那些试图找到确定有机和生物分子结构的方法的人发现。历史上大部分药物的发明是基于科学家对人体结构的研究，而不是对化学结构的凭空想象。电荷耦合器件（CCD）、激光器、微波炉，计算机和互联网起初都是基础研究的成果而不是转化或应用研究。

最初 CRISPR-Cas9 的发现也是来源于基础研究，即使现在有不少基于该技术的转化研究，但这些转化应用也是基于基础研究开展的，并且在转化过程中也要不断克服基础科学难题。对转化的大肆宣传会将减少国家、资助方、机构和科学家对好奇心驱使的研究的关注，并创造出某种幻觉，这对于年轻科学家十分致命——发现新事物是产生新想法的最佳方案。试图采用这一路径来制定国家/机构政策，有能力发现新事物的人可能很难获得资助，对于在越来越紧张的科研环境中生存的年轻人而言，这尤其令人担忧。

第二，基础研究是转化的根基。如果我们在基础研究上没有积累的话，如何开展转化研究？我们并不是否认转化本身的重要作用，但是转化应遵循客观规律，转化需要基础而不是凭空想象，这些基础很大程度上源于基础研究。例如研究精神分裂症药物，如果在精神分裂症的生化、生理、病理和遗传学方面没有基础研究积累的话，我们如何生产药物？在没有前期基础积累的前提下开展转化研究，是对人力资源、财力和智力的浪费。美国的个体化医疗便是很好的例子，NIH 还为此建立了新的大楼，希望将遗传学知识快速的转化为治病救人的方法，但是从现在的情况来看，我们对于遗传学的了解还远远不够，我们才刚刚打开表观遗传学和信号转导这些新领域。

放管服政策的认识误区

非行政许可审批是指由行政机关及具有行政执法权的事业单位或其他组织实施的，除依据法律法规和国务院决定等确定的行政许可事项外的审批事项。在法律规定中，它被列为"不适用于《行政许可法》的其他审批"，一度被代指为"制度后门"和"灰色地带"。[②] 自 2013 年起，国务院开始推进行政审批制度改革，加大简政放权力度，加强对行政

① Ashutosh Jogalekar. The perils of translational research. Scientific American. November 26, 2012. https://blogs.scientificamerican.com/the-curious-wavefunction/the-perils-of-translational-research/.

② 张磊. 国务院取消第三类技术准入审批. 健康报. 2015-05-16. http://yyh.dxy.cn/article/108418.

审批权运行的监督。① 2015 年 5 月 14 日国务院发布了《国务院关于取消非行政许可审批事项的决定》（国发〔2015〕27 号），其中取消了"第三类医疗技术临床应用准入审批"。在国务院行政审批制度改革要求下，第三类医疗技术的临床应用将不再需要审批，强化事中事后监管。各地将建立医疗技术临床应用质量控制和评估制度以及重点医疗技术临床应用规范化培训制度，并对医疗机构医疗技术临床应用情况进行信誉评分。②

放管服政策的初衷毋庸置疑，对于健全监督制约机制，不断提高政府管理科学化规范化水平有着重要推动作用。但医疗领域有其特殊性，因为其直接与人的生命息息相关，一项安全性和有效性尚无保障的医疗技术应用在人体之上，对患者而言其所造成的伤害极可能要大于其受益。审批制的目的在于确保医疗技术在应用于人体之前具备一定的有效性和安全性，保障技术干预具有较好的风险受益比，例如我国已经相对成熟的药物审批制度。但是，与药物不同的是，医疗机构具有个体化的属性，如器官移植、骨髓造血干细胞移植等，因此审批制虽然可以较好的保障技术的安全性和有效性，如通过严格的临床前（动物实验）研究作为其基础，但是由于个体性的存在，也可通过取消审批制，加强对医疗机构的监管、明确主体责任和增加违法违规成本来达到确保技术具备较好安全性和有效性的目的。

从以上的分析来看，对于高风险的医疗技术，《医疗技术临床应用管理办法》取消审批制应当以健全的立法、监管的政府监管机制和良好的机构自我管理能力为基础。然而，至少在 2015 年取消三类技术审批这一节点上来看，我们还不具备这些基础。这意味着在取消审批制到立法、监管和机构能力提升之间的这段时期，将会出现监管真空（事中和事后）、违法违规行为的增加以及公众对医疗机构及其监管部门的信任缺失。也许在其他行业中这种或长或短的监管真空或违法违规行为不会造成多么严重的损失，甚至可能因为行政成本的降低，在不违法的前提下激发机构的创新能力并刺激经济的增长。但是，我们必须强调的是医疗领域不同于其他行业，医疗技术尤其是高风险技术在缺乏监管、违法违规成本较低和机构管理能力较差的前提下，加之我国目前医疗的过度商业化和医疗体制问题，一些机构或个人可能将患者利益置于机构或个人利益之后，弱化对医疗技术的安全性和有效性的关注，并导致患者的利益受到损害。此前提及的魏则西事件和基因检测叫停都可以间接说明这一问题。因此，在没有建立起有效的监督制约机制和立法的前提下，单单强化机构主体责任是无法有效保护患者安全的，更不用说促进患者健康。

包括基因组编辑在内的辅助生殖技术也面临同样的问题。虽然在临床应用方面，开展辅助生殖技术临床应用的机构必须通过医疗卫生主管部门的审批，但是在研究层面仍采取备案制进行管理，在缺乏监督的情况下一些机构甚至在未经药监局注册的前提下使用未上市的化学药品或生物技术开展临床研究。对于备案而言，无论是被批准开展辅助生殖技术

---

① 陆茜. 国务院印发《关于取消和调整一批行政审批项目等事项的决定》. 新华社. 2015-03-13. http://www.gov.cn/xinwen/2015/03/13/content_ 2833381.htm Access at 2019-6-3.

② 陈海波. 国家卫计委：第三类医疗技术临床应用取消审批. 光明日报. 2015-07-03. https://www.cn-healthcare.com/article/20150703/content-475739.html Access at 2019-6-3.

临床应用的机构，还是其他医疗机构，在基因编辑婴儿事件之前，机构伦理审查委员会的备案数目在 100 个左右，研究的备案更是少得可怜，医疗卫生主管部门似乎也没有人力去对这些研究开展线上和线下的事中和事后监管。此外，如前文所述，高校、科研院所或企业的生物医学研究更是监管空白，主要依靠与之合作的医疗机构进行间接管理，加之我国现有法律法规缺乏对"研究/试验"和临床应用/治疗的明确界定，对于包括生殖系基因编辑在内的辅助生殖技术研究之监管存在较大问题。这也提示我们对于生殖系基因组编辑的治理必须是全方位的，仅仅依靠监管无法达到有效治理。

一些人可能会认为，对于基础研究而言，不涉及将编辑过的胚胎或经过其他方式改变的胚胎（或生殖细胞）移植回人类体内（主要是指生殖系统），仅在细胞或组织层面进行研究，风险极低，无需像英国那样通过审批制进行监管。这一论证有一定道理，对于基础研究而言不直接涉及人类（不包括胚胎），审批制不但增加行政成本，也会延缓科研进度。但是这并不意味着对研究的"完全放开"。无论从国务院政策的初衷，还是从伦理学视角出发去讨论对研究的规制，由于胚胎（和受精卵）具有发育成为人的潜能，[①] 涉及人类生殖系的基因组编辑研究必须进行全流程的监督，如包括胚胎的来源、用途、贮存和后续处理都应当进行及时备案，并随时接受上级主管部门（联合其他部门）的监督。此外，通过立法和增加违法违规成本的方式，强化机构和个人遵守生殖系基因组编辑的研究/应用规范。有关监督方面的问题，我们将在下一章提出相应建议。

舆情控制

有效的舆情控制对于维持社会稳定具有重要作用。另外，舆情本身对于公众参与也有着一定的积极作用。如在生殖系基因组编辑的问题上，公众对这一话题的讨论将有助于公众对基因组编辑技术科学、应用范围和场景，以及相关法律法规的了解，并促进公众对该技术引发的社会、伦理和法律问题的思考和对话。公众围绕某一热点话题的讨论已经不局限于传统的纸媒或线下场景，越来越多的讨论聚焦在微信、微博这样的社交媒体上，以及一些具有社交性质的网络平台上，如今日头条、知乎、得道等。从这些社交媒体和平台上获得的舆情信息，可以一定程度上弥补传统社会学问卷、访谈的局限性以及可能存在的偏倚，有助于研究者和政府更加全面的了解公众对于某一话题的看法。网络空间因其具有相对于线下空间更多的个人信息隐蔽属性，相较于线下观点的表达具有更大的自由度，但必须注意的是，这种隐蔽性可能会放大个人欲望和观点。

全球首例基因编辑婴儿的诞生促进了公众对基因编辑技术的认识。2018 年 11 月 26 日，贺建奎对外宣布一对名为露露和娜娜的基因编辑婴儿于 11 月在中国健康诞生，随后国内网络上出现了大量有关此事件及相关技术的文章和评论。在这些网络内容中，有些文章起初

---

① 仅仅是配子研究还不涉及人的问题，但只要研究中及研究后可能会导致受精卵或胚胎的形成，无论在体外或体内，都应当进行监管。

持支持态度，认为这是中国科学家在技术上的重大突破。① 随后一些媒体通过采访专家，通过对我国现有法规的检索分析，迅速对此事件进行了评论，并认为其是违规和违法伦理的。当日，国家卫健委、科技部和中国科协在第一时间对该事件进行了初步回应，并将其明确定性为违反科学精神和违反伦理道德的行为，在引导舆情方面起到了重要作用。自 11 月 26 日公布基因编辑婴儿诞生后的一周时间，公众对于生殖系基因组编辑的讨论成为了在网络平台的热点话题。

在事件爆发的一周时间内，似乎没有明显的舆情控制，但在此之后控制明显加剧。从 WeChapSCOPE② 获得的信息来看，"世界首例基因编辑婴儿"成为 2018 年微信的 10 大敏感话题之一，③ 这意味着在该事件爆发以来至 2018 年末，在微信被删除的相关文章数量应当排名在前十位。④ 尽管我们手上没有第一手资料，但从这一间接资料和个人在浏览相关主题文章时的经历来看，此段时间的舆情控制确实相比事件刚刚出现时要严许多。

舆情控制的重要性这里就不再赘述了，我们更多关注的是网络舆情对于公众参与的重要作用，政府在舆情控制时应当充分考虑舆情的利弊。我们认为解决问题或避免不良事件出现的方法不是将公众和利益攸关方排除在外，而应当将其纳入对话题、政策和法规等讨论之中，在恰当的引导之下⑤，让各方充分表达意见，促进分歧的化解并协助达成一致性观点。

机构

伦理审查委员会在发展之初是研究机构内部审查的自律机制，但随着医疗技术的发展和社会观念的演变，人体试验牵涉的问题日益复杂，机构层面的伦理审查委员会面临着诸多挑战。自律性质的委员会在独立性、多元性、强制力等方面都有所不足，无法充分保障受试者的权利，而人体试验牵涉到国家保护公民生命权和健康权这两大基本权利的职责，因此政府必须适度地介入。

世界各国各地区之所以对伦理审查委员会的相关制度设计如此重视，是因为伦理审查委员会是人体试验申请审查重要执行者，是受试者权益保护的重要防线。伦理学的价值判断必须基于事实判断，因此包括中国在内的一些国家，研究项目在获批前还必须经过学术委员会在科学层面的审查，以确保研究的科学性。这一观点在 2019 年 2 月发布的《关于生

---

① 如最初《人民日报》网络版以正面报道的方式公布了全球首例基因编辑婴儿的诞生，但随着该事件违规违背伦理的明显性质，该文被迅速撤稿。

② WeChatSCOPE 是香港大学几位研究者发起的研究项目。

③ Marcus Wang, Stella Fan. Censored on WeChat：A year of content removals on China's most powerful social media platform. Global Voices. 2019-2-11. https://globalvoices. org/2019/02/11/censored-on-wechat-a-year-of-content-removals-on-chinas-most-powerful-social-media-platform/Access at 2019-5-10.

④ 此外还包括"中美贸易战""长生疫苗事件""鸿毛药酒事件"等。

⑤ 如尽可能的公开事件的真实信息，将讨论建立在事实基础之上。

物医学新技术临床应用管理条例（征求意见稿）》中也有明确规定。[①] 伦理审查委员会制度的设计完善与否直接关系着受试者权益保护的有效性。完善伦理审查委员会的相关规定是必要和重要的。但对于一个具有自律性质，而又肩负如此重任的伦理审查委员会还必须通过他律的方式，即通过立法、并对其进行监督来保证其切实履行了其职责。

我们已经在本章开始时分析了我国现有的立法问题，除此之外，在机构层面我国的伦理审查委员会在制度建设和能力建设仍旧存在不少问题，而这些问题是导致包括生殖系基因编辑、肝细胞治疗、细胞免疫疗法等各种生物医学研究/应用乱象的原因之一，也是阻碍伦理审查委员会发挥其受试者保护职能的原因。

制度建设

首先，一些开展生物医学研究的机构并没有建立起自己的伦理审查委员会，即使建立了，也很少通过会议审查研究项目，甚至仅仅是在项目申报前或发表论文需要伦理批件时，通过形式上的伦理审查委员会签字盖章并发放批件。中国科协 2019 年发布的一份调查结果显示，87.5%的医疗卫生机构建有伦理委员会或伦理审查机构，而高校、科研院所、企业中这一比例很低，分别只有 17.6%、5.4%和 1.0%。[②] 这背后的原因，除了一些机构不开展生物医学研究之外，还包括现有法律法规并不要求除医疗机构以外的机构设置伦理审查委员会，并且不少开展研究的机构依靠与医疗机构的合作并通过后者的伦理审查委员会进行审查。但是，正如卫健委 2016 年发布的《审查办法》中明确的，医疗机构应当对在其内部开展的研究起到监管的责任，那么对于这种合作研究，或者受其他机构委托进行审查的研究项目，如何做好自我监督或机构间的监督仍旧是目前的一大问题。

其次，机构伦理审查的一大特点是（几乎）只审查在本机构内开展的研究项目，因此利益冲突较为常见。这也导致了一些机构在制度上没有良好的设置，没能妥善解决利益冲突，并最终导致受试者受到本可避免的伤害。有关利益冲突的管理，除机构层面自身的问题外，也受到政策导向的影响，如医疗机构、高校和科研院所对与科研成果的追求多少受到现有对机构和个人评价体系的影响，从而加强对机构和个人利益的追逐，而将受试者利益置于其后。对于利益冲突而言，最好的解决途径有二：一是将利益冲突公开，对伦理审

---

① 国家卫健委. 关于生物医学新技术临床应用管理条例（征求意见稿）公开征求意见的公告. 2019-02-26. http://www.nhc.gov.cn/yzygj/s7659/201902/0f24ddc242c24212abc42aa8b539584d.shtml Access at 2019-6-3.

② 操秀英. 我国科研伦理现状调查之二：提升科研伦理水平要补齐制度短板. 科技日报. 2018-1-22. https://mp.weixin.qq.com/s?_＿biz＝MzI3NDI5MjI4OQ＝＝&mid＝2247495564&idx＝2&sn＝9bb01af40c5ea4d4-21a03a0d28e8c81c&chksm＝eb14e4a2dc636db4f0267fce1ec68b465c985a0f10a87c610262119343ea535e4c0a78907-1a9&mpshare＝1&scene＝1&srcid＝0604BPxHSMU4kl9TljYeWpLo&key＝33837171693fcfd635475560938d6a6837-174813db6452a03680751610ba43940c1a24dce1cd0ae123321fbc07277b95260f88f0e51917f8cfc6572cd2d86e73892-e2f2285607cdccabde60cc0c9eab2&ascene＝1&uin＝MjY4MzgxNjM1&devicetype＝Windows＋7&version＝62060833&lang＝zh＿CN&pass＿ticket＝5Dizvs5fkeqbnox1CzatCaeAw3rQn9LhRt3BiGm4vM8％3D Access at 2019-6-4.

查委员会公开也应对公众公开，通过透明增强自律和他律；二是消除利益冲突，即通过制度和政策来调整机构和个体利益，如对现有薪酬制度、职称晋升方案、机构考核指标进行改革，从而达到减少或消除利益冲突的目的。

能力建设

在能力建设方面，主要问题涉及伦理审查委员会的审查质量，即该委员会是否具备了有效审查生物医学研究的能力。

第一，在委员会整体层面，他们能否遵循现有国内外伦理学原则、国内法规，并参照机构自行制定的标准操作指南对生物医学研究进行审查，并确保审查标准的一致性。在国内缺乏这方面的实证研究，但是通过我们参与的伦理审查委员会工作，以及对国内一些省份医院的走访来看，罕有伦理审查委员会在审查项目时严格按照既定审查指南进行审查。

第二，机构层面科技工作者对科研伦理的理解比较模糊和宽泛。在中国科协的调查中显示，有 61.6% 和 54.4% 的人分别认为"加强实验室安全管理"和"提高创新能力"属于科研伦理道德规范范畴，然而对于熟悉科研伦理的人而言，这些内容显然不包括在科研伦理之中。[①] 此外，近九成科技工作者认为违反科研伦理道德的行为具有很大危害性，但完全践行科研伦理道德的人较少。只有不到 1/4 的科技工作者表示总是会"在项目方案设计和研发过程中，考虑研究所涉及的科研伦理问题"，1/4 到 1/2 的人会不考虑潜在风险而继续推进科研活动。[②] 这意味着，科研人员的伦理意识和相关知识十分欠缺，除因利益冲突导致的不良影响外，可能的原因包括但不限于我们在高等教育（尤其是生物技术类专业）科学和人文教育的比例失衡，伦理学教育缺失，以及机构层面缺乏对内部科研人员的伦理学培训。

第三，对于一些新技术的临床研究，机构内伦理审查委员会可能并没有相关领域的专家，或无法胜任审查高风险研究的工作。在缺乏专家建议及审查能力的前提下，伦理审查委员会在基于不完善的事实信息之上很难做出合理的价值判断，难以发挥保护受试者权益的作用避免将其置于过大的风险之中。此外，这种胜任力的缺乏还可能阻碍在科学和伦理上符合标准的研究开展，对科研造成不当影响。

相较于制度建设，能力建设的提升可能需要花费更多的时间和精力，包括对伦理审查委员会委员进行高质量的培训，培养高质量的生命伦理学专业人员并参与到伦理审查工作中，以及通过丰富的审查经验和反思来确保伦理审查的质量等。

专业共同体　对于专业共同体内部的治理，可以从基因编辑婴儿事件前后进行分析。在此之前，学术共同体内部鲜有对相关伦理问题的讨论，在基因编辑领域也是如此，很难称得上存在专业共同体内部的伦理治理。如果我们翻看近些年国内大大小小的基因编辑学

---

① 操秀英. 我国科研伦理现状调查之一：尊崇科研伦理不能只是"嘴上说说". 科技日报. 2018-1-19. https://mp.weixin.qq.com/s?_ _ biz＝MzI3NDI5MjI4OQ＝＝&mid＝2247495380&idx＝2&sn＝a3ac8e8be563-b15d41724fdbc0d71404&chksm＝eb14e5fadc636cec4d697dd6ce4f373da2ca9185125d681864811d803216486523bd-933db611&scene＝21#wechat_ redirect Access at 2019-6-4.

② Ibid.

术会议、培训班，或是遗传学会的年会，几乎没有针对生殖系基因编辑或者说基因编辑的讨论。这与"二战"结束后美国的情况类似，科研人员认为依靠自律即可做好科学研究，无论在科学上还是伦理上认为自己都是胜任的，甚至一些人认为自己是科学家不是伦理学家，无需关注伦理学问题。① 直到一些科研"丑闻"被爆出后，这种情况才有所改观，专业共同体内部和外部开始意识到自我监督的不足，或者说认识到外部监督的必要性。

基因编辑事件之前，科学共同体内部缺少对生殖系基因编辑的伦理思考，以及与此相对应的软治理，可能的原因有二：科学共同体内部的个体本身伦理意识缺乏，以及科技政策的负效应。

首先是伦理意识缺乏。伦理意识的缺乏在一定程度上是人文教育缺失导致的，尤其是生命伦理学教育的缺失。这种教育的缺失，在科学主义的催化之下，使得一些从事科学研究的个体甚至人群，将科学知识的增长（或个人利益）视为唯一行动目标，较少或甚至忽略技术对个体和社会带来的负面效应，并认为伦理是阻碍科学发现和技术创新的绊脚石。② 中国科协对全国进行的抽样调查结果显示（n = 12332），近九成科技工作者认为违反科研伦理道德的行为具有很大危害性，但完全践行科研伦理道德的人较少。只有不到1/4的科技工作者表示总是会"在项目方案设计和研发过程中，考虑研究所涉及的科研伦理问题"，1/4到1/2的人会不考虑潜在风险而继续推进科研活动。③ 当然，这些数据背后的原因不仅仅是专业共同体内部缺乏治理的间接证据，也是机构治理不够完善的间接证据之一。

其次是政策的负效应。如前文所述，我国的科技政策对转化研究十分重视，并通过国家、机构层面的激励政策鼓励科研人员进行转化和创业。这无形中加重了利益冲突的产生，驱动科研人员以论文、专利、金钱为导向行动，淡化科研人员的伦理意识，降低科学共同体内部进行自我伦理治理的可能性，并最终侵犯受试者、患者、公众的利益。

基因编辑事件后，学术共同体内部对伦理学的关注骤然上升。在贺建奎对外宣称基因编辑婴儿诞生后不久，11月26日122名中国科学家发表联合声明，谴责贺建奎及其团队的行为；④ 11月27日140名中国和海外华裔从事艾滋病研究和防治的专家联名发表公开信，

---

① 忻勤. 哈医大任晓平回应头移植：我是医生不是伦理学家. 2017-11-21. 澎湃新闻. https://www.thepaper.cn/newsDetail_ forward_ 1872283 Access at July 30 2019.

② 黄清华. "基因编辑婴儿"事件：高新生物技术滥用缺法律约束. 财新健康 2018-12-05. https://mp.weixin.qq.com/s/rxxSSaarbbdgeztz1OrA7w.

③ 操秀英. 我国科研伦理现状调查之一：尊崇科研伦理不能只是"嘴上说说". 科技日报. 2018-1-19. https://mp.weixin.qq.com/s?_ _ biz = MzI3NDI5MjI4OQ = = &mid = 2247495380&idx = 2&sn = a3ac8e8be563-b15d41724fdbc0d71404&chksm = eb14e5fadc636cec4d697dd6ce4f373da2ca9185125d681864811d803216486523bd-933db611&scene = 21#wechat_ redirect Access at 2019-6-4.

④ 122位科学家发联合声明：强烈谴责首例免疫艾滋病基因编辑. 知识分子. 2018-11-2 6https://mp.weixin.qq.com/s?src = 11&timestamp = 1559629830&ver = 1647&signature = fCnDm0IJDZwYecDB1IK *SP6d2xg9W-zMHgZQ47jh8snV6jCNmJMzNjuzq0EWoH5lv1TOXQwwO0lgst5hpUvNGxKQl58tv90shUBOCR9wAEvRujT5H8Uz1Y-yp3cprm3wCb&new = 1.

谴责贺建奎不负责任的行为;[①] 11 月 30 日中国医学科学院在柳叶刀杂志上发表了关于此事件的声明，呼吁各机构加强伦理委员会建设和科研监管，加强科研人员的伦理意识。[②] 从专业组织的构成来看，也能感觉出专业共同体对伦理学的重视不断加深，如一些专业协会开始设立伦理、法律和社会分会。

这种对伦理学的关注和重视的增加，有助于专业共同体内部的伦理治理，但是其作用有多大？效果如何？这里还很难评说，需要时间和实证研究的考验，毕竟国内的专业学会与欧美国家自治性较强的学会相比仍有一定差距，无论在共同体内部的权利上还是在技术治理方面。这些共识通常不具有强制性和匹配相应的奖惩机制，规范研究活动的作用有限。需要明确的是，这并不意味着声明、共识没有意义，它可以让外部看到内部的立场，并对内施加某种压力，驱使专业内部人员依照伦理规范行动并加强他们的伦理意识。

目前专业治理的另一个问题是包容性。由于 CRISPR 技术本身具有操作简便和低成本的特性，与以往的基因编辑技术不同的是，现在使用 CRISPR 技术的个人已经不局限于生物学领域的顶尖科学家，生物学教师，甚至是中学生都可以在教师的指导下或参照说明的情况下使用 CRISPR 技术对生物的遗传物质进行编辑。而这些教师、学生几乎不可能成为这些专业学会的一员，与以往相比学会能够发挥的作用可能更加有限。[③] 此外，一些科学家可能因为自己与学会（或主流科学家）所持的价值观不同，选择不加入专业学会、不参与学术共同体的活动，这使得现有的软治理难以对这些科学家或从事科研活动的个体起到约束作用。

结　论

本文提及的治理问题不仅可以用于解释为何全球首个基因编辑婴儿诞生在我国，也是未来我国在生殖系基因编辑治理上必须妥善解决的，包括基础研究、临床试验、临床应用和非临床（商业化）应用。这些问题的出现不仅会导致无序技术发展和应用活动的出现，更会对个体、群体和社会造成伤害，将他们置于巨大的风险和不确定性之中，还会弱化全球对中国科研工作的信心，增加在争议领域与中国科学家合作的担忧。[④] 下面我们将针对以上问题，结合前文的伦理学问题和原则，对政府、机构和个人提出建议。（见本书建议篇。——编者注）

---

① 无法完全阻断艾滋病毒感染！国内专家集体谴责"基因编辑婴儿". 医学界. 2018-11-27. https://mp.weixin.qq.com/s/woY5np1OWv8gcrzrrPcjfA.

② Wang C, Zhai X, Zhang X, et al. Gene-edited babies: Chinese Academy of Medical Sciences' response and action. The Lancet, 2019, 393 (10166): 25-26.

③ 当然，在模式上创新或加强社会科普和伦理学教育可以实现专业学会对这些个体或机构的软治理延伸。

④ David Cyranoski. China to tighten rules on gene editing in humans. 06 March 2019. https://www.nature.com/articles/d41586-019-00773-y.

可遗传基因组编辑转化到临床试验的条件①

王赵琛

可遗传基因组编辑转化到临床试验的条件，是基因编辑技术科研及应用治理的关键环节。本文分析了目前可遗传基因组编辑转化临床试验涉及的伦理原则、问题、一些论证与反论证，发现一是各国对临床前研究的限制使得目前临床试验风险受益分析信息不够充分；二是现有临床试验规范条件中"合理备选方案"与"严重疾病或症状"这一条件仍有待明确，由此引发了对临床应用合理性及临床试验受试者风险受益与自主性问题的讨论；三是现有各国政策未明确细分基因组编辑研究及临床试验的各种潜在类型。上述问题直接关系到保障科研进步与保护受试者权益之间的平衡，明晰这些问题对合理地开展科研活动及技术的应用与治理将有助益与启示。

背　　景

2018 年 11 月，第二届人类基因组编辑国际峰会前夕，中国科研人员贺建奎利用 CRISPR-Case9 技术编辑了若干人类胚胎，据称至少两名经基因编辑的女婴降生。据现今公开报道，该事件是人类历史上首次对人类胚胎进行基因编辑并致使被编辑胚胎发育为新生儿的尝试（该事件下文简称"基因编辑婴儿"事件）。事件引起全球各界的高度关注，尤其引发了人们对基因编辑技术应用相关伦理问题的广泛讨论。

基因编辑婴儿属可遗传基因组基因组编辑的讨论范畴。基因编辑技术从应用对象上可分为生殖系基因编辑与体细胞基因编辑，其中前者编辑对象为人类生殖细胞或胚胎，对其的编辑可伴随个体生育将被改变遗传物质传递给后续世代，因此也常与可遗传基因组编辑联用。

基因编辑在实践与理论层面涉及规范性之争。基因编辑技术改变人类遗传物质，可用于修正人类遗传异常突变或增强某些性状，对遗传疾病防治及健康促进具有重大潜在价值。然而，现阶段该技术对人类遗传物质的改变涉及诸多操作风险，并伴随着各界对是否可允

---

① 编者按：王赵琛先后于北京协和医学院人文和社会科学系和基础医学院遗传学研究生先后获得科技哲学/生命伦理学硕士学位和遗传伦理学博士学位，并在国家科技部所属研究机构从事博士后研究工作。现任浙江大学医学院公共卫生学院医学伦理与卫生法学讲师。

许改变人类自身生物学基本属性这一重大问题的不同意见。

基因编辑临床试验旨在回答这一新技术临床应用的安全性、有效性与稳定性等问题，临床试验的条件还与一项新技术临床应用作为一项新社会建制的规范性与治理密切相关。目的实质正当性是手段作为程序合理与否的道德前提，即临床试验作为验证基因编辑技术的关键研发手段，其程序合理的前提取决于今后通过验证的基因编辑能否正当地为社会所利用。临床试验的条件关系到何种基因编辑技术将被转化为临床应用，关系到今后基因编辑技术适用情景的规范性，因此对临床试验条件的限定，成为确保基因编辑日后能够正当地为社会所利用的预见性治理手段之一。

本文从可遗传基因组编辑转化到临床试验的条件入手，对临床试验本身及可遗传基因编辑临床应用的相关伦理问题进行分析，旨在澄清可遗传基因组编辑临床试验相关科研设计及其伦理争议，促进基因编辑技术更好地服务于人类健康。

题　　解

本文拟从相关概念解构入手，明确讨论情境——明确在什么背景、概念及议题关系之下进行讨论。此举有助于使针对本文的评论建议被分成如下几类：①对背景的理解存在偏差，讨论了不相关的议题或未被涉及本应被讨论的议题；②对概念及议题间的逻辑关系理解有误；③在排除上述两类错误的情况下，所进行的分析有误或不完善；④基于分析所得出的政策意见建议欠妥、不完备或不可行；⑤其他意见建议。笔者尽力避免前两类错误并避免第三类讨论中的分析错误，后两类有待更多持续深入的研讨。

可遗传基因组编辑

明确研究对象的内涵与外延能够划清讨论的边界，便于围绕主题展开切题的分析，因此有必要在开篇明确相关术语。20 世纪中期开始至今生物学快速发展的数十年，曾出现不同但类似的术语表达改变生物遗传物质的技术操作，如遗传工程（genetic engineering）、基因敲除（blocking）、基因修饰（gene modification）、基因编辑（genetic editing）、基因组编辑（genome editing）等。这些术语涉及操作途径、对象、目标、最终生物学功能的实现及伴随风险等一系列差别，在此不一一论述。

目前基因编辑的代表性技术有 ZFNs、TALENs 和 CRISPR-Cas9 系统，在此对强调基因组（genome）而非基因（gene）试做分析。强调对基因组，即染色体组的编辑突出了编辑手段将对整套染色体发挥作用，虽然可识别序列针对地是特定的目标序列——即科研人员所欲求的基因，但目前各类基因编辑技术均可能存在"脱靶"效应，即错误地识别并改变了非目标序列。诸多因素会影响"脱靶"与否，值得强调三点，一是目标序列在整个基因组中的特异性，二是识别序列的识别精度，三是识别序列与目标序列结合修复的成功率，至少上述方面在理论上直接关系基因编辑的安全性、有效性与可重复性。正因如此，虽然科研人员主管意图旨在对特定基因进行编辑，但客观上的操作是对基因组施加影响，技术研发成熟的过程正是不可避免地从基因组编辑走向基因编辑的过程，从这个意义上用基因组编辑或更为准确。

按照编辑是否涉及对生殖细胞或胚胎遗传物质的改变——这一改变可能由被改变个体的生育行为将这一改变传递给人类未来世代——基因编辑可被分为可遗传（heritable）或称生殖系（germ line）基因编辑与体细胞（somatic）基因编辑。可遗传基因编辑与生殖系基因编辑在强调重点上各有侧重，由此延伸出不同的内涵，这一点似乎现有文献关注不多，即生殖系基因编辑强调的是编辑对象——生殖细胞，如原始生殖细胞（primordial germ cells，PGCs）、配子祖细胞（gamete progenitors）、配子、合子或胚胎[1]，而可遗传基因编辑强调编辑的成效或效果——实现被改变基因传递的可能。在现今生物医学研究试验设计的情境下，能较为明显地看出两个概念相应侧重所产生的差别，并非所有对生殖细胞的编辑都会改变人类未来世代性状，如果研究不将被改变的细胞植入生殖道，即至少仅在体外开展的对生殖细胞的编辑并不意味着所编辑的基因实际上将被传递下去——生殖系基因编辑似乎仅是可遗传基因编辑的必要非充分条件。可遗传基因编辑被认为强调编辑的实际效果，这或者是目前更多文献在谈论非体细胞基因编辑、谈论对未来世代影响这一问题时更多选用可遗传基因编辑而非生殖系基因编辑的原因之一。然而，可遗传基因编辑这一概念仍存在很多可讨论的空间——如何理解或界定可遗传编辑概念中"可"的内涵？如何在试验设计中判定不同类型的"可"遗传的基因编辑？"可"往往意味着实际成效尚未显现但可能终将显现，即被改变的基因尚未被传递给未来人群，但在一些条件下今后有可能（may be）注定被传递。若进一步追问在什么条件下将最终实现这一可能性，未实现传递的原因并非仅指时间上未发生，也涉及影响这一传递过程的所有因素——自然生育过程的发生发展，对自然生育过程的人工干预及相关社会规范对人工干预的约束。从这一意义上，对"可"遗传的强调既是对必要因素的强调，也是对充分因素的关注。随之而来的问题是如何对科研设计中可遗传基因编辑行为进行判定——仅对生殖细胞基因编辑而未植入生殖道的研究算不算可遗传基因编辑研究？三倍体受精卵基因编辑的研究算不算可遗传基因编辑研究？考虑到上述研究成果对实现日后将被编辑基因传递下去至关重要。如何确定何种研究属于可遗传基因编辑？植入生殖道或出生于是否能成为确定的标准？概念界定关系到管理规范的施用对象，上述问题将在下文结合具体试验设计予以尝试分析。

临床试验（clinical trial）

传统上认为临床试验目的旨在确定药物、器械等干预措施是否有助于治疗疾病，获取确定性知识以服务于未来患者，其核心在于验证干预措施的安全性、有效性与可重复性，并非旨在强调揭示或发现机制或在这一阶段解决患者的健康需求。从这一点而言，临床试验属于特定目的的科学研究，属于技术开发。科研伦理理论上而言，当且仅当前期积累了足够多的试验数据，如动物实验，仅有通过人体试验才能揭示干预措施安全性、有效性和可重复性时，才能允许开展临床试验。

临床试验从规范性上而言，必须要在保护当下受试者与获得未来有益于社会的健康知识之间相权衡，历史的教训告诉我们，不能将后者凌驾于前者之上。因此，临床试验规范要求科研人员保护受试者，干预措施对受试者的风险受益应予以评估。然而，不同于传统临床试验，可遗传基因编辑由于其可能将被改变的基因传递给未来后代，且直接被改变的子一代尚未出生、参与可遗传基因编辑临床试验的决定往往由家庭即潜在子一代的父母决定，科研人员究竟应该将何者视为肩负其责任的对象——有生育诉求的家庭？可能即将出生的被改变的子一代？还是子一代及后续未来世代？考虑到未来世代并非传统意义上的未来患者，这一问题值得下文进一步讨论。

有必要将临床试验放在科技活动的完整链条中予以分析，在对不同侧重的各阶段分析的背景下，能对生殖系基因编辑某阶段研究或应用的正当性作出更好的判别，有助于进一步明确什么是开展可遗传基因编辑临床试验真正合理的原因。例如在"基因编辑婴儿"事件中，科研人员贺建奎提出基因编辑是为了解决家庭的生育要求，而从新技术临床转化的全链条（图1）看，对于高风险、尚未成熟的技术，家庭的生育需求不足以构成对编辑行为合理性的充分论证。一般情况下，对于通过临床试验的成熟技术，符合适应症标准的患者的健康需求才构成给予临床诊疗的合理性。上例不难看出，某项科研开发活动的规范性取决于是否符合在相应阶段研发应用活动的目的，即在合适的阶段做合适的事情。

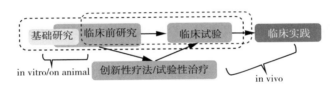

图 1　新技术研究与临床应用链条

上溯至关于新兴技术确定性知识获取的源头，关于安全性、有效性和稳定性的证据基础依赖于基础研究所发现和揭示的机制，依赖于临床前研究对所发现的机制在复杂多变量的生理环境下对变量控制性的验证。更好地开展临床试验，必须在前期基础研究和临床前研究阶段获得关于安全性、有效性和稳定性尽可能充分的临床研究证据基础，出于保护受试者的合理的伦理考量，在人体的临床试验是验证安全、有效与稳定性最后一步且不得已而为之的关键措施。因此，明确相关技术试验前期研究基础是否充分，是评价并确保临床试验合理性必须予以考虑的事实基础。这一思路要求，为获得基因编辑更充分的基础数据、降低临床试验风险并保护受试者权益，需尽可能在基础研究与临床前研究阶段探明诸如"脱靶"效应等关键议题。基于新兴技术研发应用的完整链条，科研伦理在促进获取有益于未来社会知识与保护当下受试者之间的权衡直接体现为对基因编辑临床前研究证据基础的评价与追问——为回答基因编辑安全性、有效性这一问题，能否通过尽可能多的低伤害的体外研究、尽可能少的高风险的在体研究予以回答？这一问题不仅牵涉此类技术开展临床试验的合理性，也关乎能否在现有管理体制下合规地开展科研这一关键问题，如在遵守14 天规则的情况下能够获取多少关于可遗传基因编辑安全性、有效性的基础证据，证据效力如何等？下文将在此思路之下分析各类试验设计的目的、潜在价值与伦理可辩护性。

转化

转化医学旨在建立生物医学基础研究与医学临床之间更为密切紧密的联系，鼓励研究人员与医生跨机构合作，建立临床与科研的双向反馈与转化的通道：对临床中的疾病展开深入的基础研究、将基础研究中发现的新兴诊疗策略应用于临床。

有学者从宏观上将遗传学与基因组学转化分为四个步骤[2]，一阶段依据基因组学基础研究结果，寻找临床中合适的潜在应用领域；二阶段评价基因组学临床应用的价值，制定循证的指导方针；三阶段将循证的指导方针推广应用于医疗实践；四阶段评估基因组学在临床实践中对疾病健康的影响收效。基因编辑临床试验合理性的前提依赖于第二阶段对临床应用价值的评估。应该注意到，此处临床应用的价值不仅是对适应证改善本身疾病社会经济负担的直接测算，在理论上也应包括对干预技术研发过程的直接风险与成本、选择该干预技术的机会成本——通过与潜在可供选择的备选干预技术的风险与成本相比较来测算，以及相伴随的社会建制调整的治理成本及对未来世代长期潜在的影响。

此外，有必要明确转化本身及围绕转化所进行的活动的性质。向临床方向的转化旨在服务于临床需求，其本质是特定实用导向的技术开发，其中不可避免伴随着科学研究知识产出的过程，这种知识是特定用途的知识，以此区别于纯粹追求知识而不考虑应用的基础研究。前种科研活动是有关于应用场景的价值预设的，即基因检测技术开发是为了开展临床应用所做的必要的、充分的准备活动；后者基础研究开展时并无关于应用的价值预设，其结果被用作技术开发的基础理论，也被用于控制研发活动的风险。明确这一问题有助于明晰基因编辑临床试验的合理性——一些不规范的研究正是以高举追求知识的名义，置受试者利益于不顾，不考虑研究知识获取过程的规范性与科研目的与手段在伦理上的一贯性——既然以研究的最终目标是造福于人，不论基础研究还是临床转化，强调有益于未来人们无法成为忽略当下受试者合理权益的充分理由。

条件

临床试验的条件可被视为开展临床试验的规范，即讨论何种情况下开展什么样的研究应被允许，临床试验的条件要求直接体现为对被提交开展临床试验的干预技术在进入临床之前的系统性评价。从科研管理的角度看，临床试验条件的设定，同样体现了对科技研发各阶段活动分类、分级的管理思路，其背后不仅是对新兴技术研发科学性的考虑，也直接体现了对潜在应用合理场景与风险控制的考量。

临床试验规范性来源至少可从科技、伦理与法律三个视角予以探究。

科技规范重点关注研发活动及今后潜在应用的安全、有效、稳定、高效与经济与否。其中有效侧重强调临床试验的方案能否实现既定目标，高效侧重强调试验方案在诸多能够实现既定目标的方案中技术上是否最为直接，经济侧重于评价试验方案实现的投入成本是否最低。

伦理规范重点关注研发活动及今后潜在应用的道德合理性，可在三个层次予以考虑，即原则之上、原则层面及准则层面。原则之上对伦理规范的关注体现为对新兴科技应用实质性伦理问题的理论追问——抛开科技研发及应用之中的程序或管理问题，这一科技本身否应被当下社会所欲求？原则层面关注研发及应用中的尊重、不伤害/有利、公正等伦理原则——旨在在承认某一技术可被欲求的前提下分析新兴技术所触发的伦理原则考量。准则层面关注涉及具体利益相关人群的风险受益/收益——例如生殖系基因编辑对于试验直接后代、代际之间的家庭与社会的效用。这三个层面间通过照罗尔斯式的反思平衡予以通贯修改，最终趋于一致，其核心在于在各利益相关方权衡之中评判临床试验的必要性，形成对某一新兴科技临床试验道德合理性的评价框架与规范。2016年德国国家生命伦理委员会第11次全球峰会上所提出，当下反对可遗传基因组编辑却注定某时将分道扬镳的两种思路，第一种思路关注原则之上，禁止与否的讨论关注技术本身是否应被欲求（desirability），人们或可将可遗传基因组编辑视为人类改造自身诸多技术的一个特例，围绕是否有违人类尊严，关乎未来世代选择的自由之类主体展开争论；第二种思路在原则及准则层面，禁止与否的讨论目前主要关注技术的安全性（safety）：承认临床潜在的适用性，希望明确适应证条件，当下禁止是因为技术尚不安全，支持谨慎地开展前期研究以评估技术风险，通过透明化的研究、自律与监管，反对技术滥用，警惕滑坡。这两个层面的争论需要在公众讨论的认识层面予以厘清[3]。

法律规范侧重关注研发活动及今后潜在应用具体最低的行动规范，旨在利用法律的强制力建立最低的道德标准，对违规者施以惩戒。法律规范程序是否合规、争议与纠纷发生时各方的责任认定、惩戒手段与力度是否到位、促进研发活动顺利进行的必要举措等方面，如上报备案公开及避免利益冲突等。

基因编辑治理政策与指南

国内法律法规

国内尚无专门确针对基因编辑临床试验的法律法规，但其他新兴技术临床研究管理规范所体现的基本伦理考量值得基因编辑参考借鉴。

我国2015年颁布的《干细胞临床研究管理办法（试行）》第十六条规定，干细胞临床研究必须具备充分的科学依据，且预防或治疗疾病的效果优于现有的手段；或用于尚无有效干预措施的疾病，用于威胁生命和严重影响生存质量的疾病，以及重大医疗卫生需求。

2017年颁布的《细胞治疗产品研究与评价技术指导原则（试行）》规定，在早期临床试验阶段，所预期的获益或风险存在很大的不确定性。对于预期作用持久或永久以及侵入性给药等高风险特点的细胞治疗产品，在试验中应选择预期治疗可能获益的患者。患者作为受试者时，应充分考虑患者疾病的严重程度和疾病的不同阶段以及现有治疗手段，如果不能获得有效的治疗，特别是不可治愈性疾病中毒致残和危及生命时，患者接受细胞治疗临床研究是合理的。

2019年《体细胞治疗临床研究和转化应用管理办法（试行）（征求意见稿）》第九条规定，临床研究应（一）具备充分的科学依据，用于尚无有效措施的疾病，或用于严重威胁生命和影响生存质量的疾病，旨在提高现有治疗方法的疗效。（二）适应证明确、临床研究设计合理、且有前期研究基础。

以上述新兴技术临床研究管理规范为例不难看出，前期充分的科学依据，临床试验恰当的风险受益比，特别是受试者试验纳入标准及恰当的适应证选择，是确保临床试验伦理可接受性。

国外规范性指南

美国国家科学、工程与医学院（The National Academies of Sciences Engineering Medicine）2017 年发布报告 Human Genome Editing：Science ethics and governance，报告对人类基因组编辑按基础研究、体细胞、可遗传基因组编辑（heritable genome editing）、基因增强等类别予以分类讨论，并对公众参与、技术监管与治理提出了意见建议。[1] 在可遗传基因组编辑章节，报告指出了该技术在避免遗传疾病传递及治疗影响多组织疾病方面的潜在用途。在遗传疾病阻断这一领域，体外受精（in vitro fertilization，IVF）与植入前产前诊断（preimplantation genetic diagnosis，PGD）在很多情况下可避免基因组编辑，实现避免后代遗传疾病的目的，常被视为可遗传基因组编辑的平行备选方案，但难以解决遗传疾病纯合子夫妇期望生育健康子女的少数极端情况，且随着基因编辑技术的成熟，可遗传基因组编辑将逐渐为其他遗传疾病育龄夫妇所考虑。报告指出了目前技术面临的技术问题、潜在应用中的伦理与管理问题，提出可遗传基因组编辑临床试验必须审慎考虑上述问题，但这并非意味着临床试验应被绝对禁止，若技术挑战逐渐为研究进展所克服、潜在风险受益比趋于被视为合理，在那些最为紧迫的情境并在保护受试者及其后代的严格监管之下，临床试验应该被允许，报告最后对可遗传基因组编辑临床试验提出了 10 条建议。可遗传基因组编辑临床试验仅应在包含如下条件的健全且有效的监管之下进行，即：①缺乏合理的备选方案；②限于为避免严重疾病或症状；③限于编辑如下基因，这类基因已被确信将造成（cause）或极倾向于导致（strongly predispose to）某种疾病或症状；④限于将基因编辑为人群中已有的类型，且这些类型应被确认为符合一般意义上健康的标准（ordinary health），很少或没有不利影响的证据；⑤关于操作风险及潜在健康受益，已有可信的临床前及/或临床数据；⑥持续、严格地监控临床试验操作对研究受试者健康的影响；⑦制定长期、代际的全面随访方案，并尊重个人自主性；⑧符合患者隐私的同时，尽能可能的透明；⑨对健康及社会的受益风险持续的再评估，公众广泛持续的参与并提出意见；⑩建立可靠监督机制，以防止预防严重疾病或症状之外使用的情况。

英国纳菲尔德生命伦理委员会（Nuffield Council on Bioethics）2018 年发布报告 Genome editing and human reproduction：social and ethical issues[4]，报告介绍了可遗传基因组编辑问题缘起的技术及社会背景，分析了当前可遗传基因编辑的潜在用途，对上述可能情景从个体、社会及人类整体三个维度予以伦理学分析，并结合当下各国治理政策提出系列政策建议。报告强调生殖系基因编辑临床试验的特殊性在于不仅涉及受试夫妻，也将不可避免的涉及潜在子女及未来后代；生殖系编辑技术上可适用于少数遗传疾病夫妇希望生育与他们有遗传关系且无遗传疾病的子女的情况，而传统产前诊断等技术难以满足这一需求；由于目前可遗传基因组编辑必要的临床前及临床研究及对胚胎发育的研究尚不充分，使得生殖系基因编辑尚不成熟，难以直接开展生殖道内临床试验；现有各国制度不一致，欧美大部分法规对胚胎基因编辑试验持限制态度，很多规定出于保护子一代身体健全的权利反对生殖系基因编辑；而基因编辑技术的进展依赖必要的临床试验，依赖在确保科研进展与保护受试者之间予以权衡。报告最终对研究机构、英国及其他政策制定者 15 条建议，其中涉及临床试验的建议认为，为了公众利益应支持开展关于基因组编辑临床安全性、可行性的前期研究以制定临床使用的循证标准；修改现有限制性法律前应有广泛深入的公众参与；对可遗传基因组编辑的相关干预应进行注册管理等。

现有临床试验条件的问题及初步分析

现有文件对临床试验条件的要求及已被关注的问题

梳理美国科学院在上述报告中所列出的关于生殖系基因编辑临床试验的 10 个条件，可以看出其中第 1~6 点都关注事先的风险受益比与令人信服的理由，第 7、9 点强调事后的风险受益评估，第 7、8 点强调患者的自主性与代际问题，第 8~10 点强调应在严格监管之下与公众参与。

目前这一条件至少有四个问题已引起了人们的关注。一是以美国为代表的国家的相关法律禁止国家官方资金资助可遗传基因编辑研究，法律禁止 FDA 使用联邦资金资助涉及可遗传基因修饰而有意创造或修饰人胚的研究，这将难以获取科学进步所必需的临床前研究数据。二是有人担心上述标准过于严苛，若执行上述标准，所有可遗传基因组编辑都将被禁止，并无技术研发的更多可能性。三是先有临床试验条件中，关于没有合理的备选方案（no reasonable alternatives）与严重疾病或症状（serious disease or condition）的标注仍过于含糊，人们可能因情境而产生不同的判断而难以取得共识。四是现有临床试验管理思路并不完全适用于可遗传基因组编辑研究的特殊性，如编辑仅作为生殖诊疗的一个环节，对体外基因编辑研究是否属于临床研究界定有待进一步明确，难以设置可控的对照组，编辑难以因不良反应而撤除，涉及代理未来世代而非传统的知情同意等。

适应证条件有待明确仍面临的争论

支持可遗传基因组编辑临床试验潜在重要理由之一认为，在安全有效地前提下，若为避免如囊性纤维化、亨廷顿舞蹈症等遗传基因值得试用基因编辑。为实现这一合理目标，应允许并支持相关基础研究及临床试验。但上述情形在何种意义上没有合理的备选方案、多大程度上构成严重疾病或症状却缺乏客观标准。

从评判的话语权上看，这些疾病具体对谁而言构成严重，何者认定其严重与否，并非仅体现为个体层面健康与疾病的差别，即涉及对直接受益个体疾病负担的评估；同时也涉及疾病的社会建构、经济负担、人群主观偏好与自由的讨论。是否因病患整体的社会代价较大，就可将某种疾病视为严重，甚至将针对此疾病可遗传基因组编辑上升为道德义务？

从临床试验受试主体上看，受试者风险受益与自主性是临床试验的重要考量，参加理想中合理的生殖系基因编辑的临床试验，受试者的受益应大于风险、应尊重受试者自主性，否则临床研究将被视为社会不正当地剥削受试者。研究受益旨在促进受试者的健康，并非指代临床试验所带来的潜在的社会收益。可遗传基因编辑临床试验中，改变的是潜在的后代，而非父母，父母并未直接受益，父母获得地间接收益建立在潜在后代的健康受益基础之上。潜在后代尚不存在，父母代理其利益作决定，并非传统临床受试者自主性讨论。主体尚不存在，能否代理？可能回答是可以代理，因为有可能创造受益的后代。但这种回答存在非同一性问题，更佳（better off）是自身对照概念，没有自身存在前提，受益恐怕难以立论。另外一种可能回答是或不能代理，因为临床试验有风险，并不能确保受益主体是否存在的情况下，以增加其受益为理由代理其作出决定是无效的。

从风险受益评估操作层面而言，不同于传统生物医学研究基于此时此刻、此情此景的客观风险受益测算及主体在客观测算基础之上的主观偏好，可遗传基因组编辑临床试验受试者的风险受益评估是可见的下一代与不可见未来世代的风险受益评估。按照传统生物医学研究风险受益评估的逻辑，比较的是当前时间点下现有受试者可供选择的干预、机会成本与随之的风险；而包括下一代在内的可遗传基因组编辑临床试验的受试者，对其的风险受益评估并无法选择其所存在而与之对应的风险受益评估的时间点，即不论对其疾病严重程度与否的评估还是对其有无合理备选的比较，都不可避免地受限于当下成本收益计算的局限，受限于对当下科技进展、社会关系的认识。潜在夫妻即便能够在当下评估子一代的风险受益，但难以评估后续世代的风险受益，基于现有时间点对未来患者进行风险受益评估或产生较大合理性偏差。

与新技术滥用的滑坡论证相对，反对生殖系基因编辑的观点或从临床试验条件有待明确的模糊地带提出"可替代性"的主张，即遗传疾病严重程度不一而足，有高有低，对于症状较轻的疾病，如血友病，可以通过改变社会关系，如医保政策，促进其他备选技术进步，如降低八因子生产制造成本等诸多方式使得患有这些疾病、携带这些基因的个体过上体面的生活。若对于症状较轻的血友病如此，对其他更严重的遗传病可能同样适用。人们能否保留找到其他方式而避免改变人类基因组的机会，如促进科技进步以寻找替代性解决方案？因为在保留避免改变人类基因组机会的同时，能够保留了诸如尊重人类尊严、维护着后代选择自由等的可能性。这一观点或可上溯至对技术价值判断这一重大命题——是技术驾驭人、改变人、排除某种人，还是人驾驭技术。反而言之，若我们因为现有的社会经济代价而放弃坚持寻找，转向于接受生殖系基因编辑，可能意味着一种价值观念的转变——永远不再去考虑改变社会关系和探索其他备选方案，而甘愿坐享其成地接受现有可及的技术——仅因为这样做更容易。

有人可能会在上述基础上加上其他论证视角，比如优生优育、母婴保健的观点，即指出一些遗传病家庭当下所遭受的不幸，通过采取包括生殖系基因编辑在内的各种手段关乎父母合理的生育意愿——生出一个健康的孩子，创造一系列健康的后代。在社会关系和备选技术尚不可及的紧迫当下，尤其考虑我国目前计划生育政策的背景下，希望第二个孩子不要再像第一个孩子那样有遗传异常，安全有效的生殖系基因编辑可能一劳永逸地解决家族未来世代的健康问题。对于上述分析，父母生出一个健康孩子的意愿，同样可以通过其他备选方式实现——鼓励甚至强制婚检、产检、领养都可以避免致病后代的出生，在公开的讨论中都可被视为与可遗传基因组编辑一样值得考虑的备选方案。

可能试验设计的伦理辩护

可遗传基因组编辑临床试验及临床前研究旨在回答可遗传基因编辑科技上的安全性、有效性这一问题，临床试验首先并非旨在解决患者需求。由此而来的疑问是能否在尽可能多的体外阶段、尽可能少的体内阶段完成试验并取得确定性的知识？这一点成为试验设计中尽可能降低潜在受试者伤害的关键考量。出于这样的考量，可遗传基因组编辑研究至少可以分以下三种类型，分别属于规范、不规范或亟待讨论的情况。

一是在体外进行的"可遗传"非临床研究，如以我国科学家之前开展的三原核基因编辑试验——旨在研究编辑技术适用于生殖细胞的编辑效果，并将服务于后续可遗传基因组编辑临床试验，从直接编辑对象与研究目的上可被视为"可遗传"的范畴[5]。这类研究仅涉及胚胎道德地位的伦理议题，并不直接涉及受试者，因为并未植入生殖道，对于回答可遗传基因组编辑具有较大科学价值。

二是以"基因编辑婴儿"为代表的临床试验，在尚未积累足够技术风险信息的情况下试图回答安全性、有效性的问题并同时希望解决患者健康问题。这一做法存在对临床试验与临床诊疗概念的严重混淆，在尚未能回答安全有效性的情况下试图解决健康问题，此举不仅难以促进受试者受益，对被编辑后代造成终生健康影响，草率的科研设计所产生的科研价值低，不仅未能成功证实基因编辑的安全性与有效性，反而"证实"了现阶段贸然开展临床试验可能遇到的重大风险。

三是目前尚未见报道，但在今后将必然会被研究者所考虑的一种试验设计，即在可遗传基因组编辑技术积累到一定程度，在能够植入生殖道开展人体试验时，会考虑通过产前诊断监测被编辑胚胎或胎儿的健康情况，若产前诊断发现异常，通过分娩前人工流产避免编辑失败胎儿的出生必定会被研究者所考虑。在这种伴随流产的临床试验设计中，包括产前诊断甚至对流产胎儿解剖等在内的操作对于评估基因编辑的安全性和有效性至关重要，流产的试验设计或成为避免未来世代伤害的最后一道举措。

对前两类试验设计的争议在目前的讨论中逐渐明确，而对于第三类试验设计目前讨论尚不充分。欧美等国对涉及胚胎的研究与临床人工流产的讨论分别在科研伦理与临床伦理的两种径路下分别进行，对涉及胚胎的研究更多的在"14天规则"的约束之下，对人工流产的争议更多地聚焦在宗教文化观念下胚胎的道德地位与育龄妇女自主性冲突的关注之下，跨越两种视角分析伴随人工流产的临床试验设计已被可遗传基因组基因编辑提上讨论日程。

如何看待伴随人工流产的可遗传基因组编辑临床试验，参照现有临床试验的条件，这一问题至少涉及研究目的、风险受益评估与适应证选择三方面的考量。从研究目的来看，在伴随人工流产的编辑临床试验中，流产可被视为编辑失败的一个试验终点，即通过孕期产前检测发现胚胎或胎儿异常而结束妊娠是试图但未能满足受试夫妇生育需求不得已而为之的举措，即便编辑试验失败，也能更多地获得科学知识且未造成缺陷后代的出生；若产前检测结果显示编辑成功，一方面可满足受试夫妇的生育需求，仍需长期评估胎儿出生后的健康情况，另一方面也有助于积累可遗传基因组编辑临床应用安全性、有效性与稳定性的数据。但从研究目的来看，流产也可被视为唯一的试验终点，即研究人员可能并不考虑受试夫妇的生育需求，所有被植入经编辑胚胎的受试者在一定期限内均被流产，即便在获得知情同意的情况下，受试者的参与仅用于探究可遗传基因组编辑的安全性、有效性与稳定性。上述两类试验设计在未持有如同西方胚胎宗教理念并允许出于人口控制及出生缺陷防控的原因而人工流产的我国更容易被提出，两类试验设计均引起研究对于胚胎、胎儿的责任问题，尤其是后一种试验设计将不可避免地引发受试者保护的争议，参照现有受试者保护的伦理理念，后一种试验设计将被视为不符合伦理。由此引发了临床试验管理上如何区分上述两类试验设计的议题——这两类伴随人工流产的编辑试验可能仅体现为研究者动机层面的差异，而无法诉诸于从试验结果予以评判——特别考虑到第二种试验设计完全不必在研究方案中强调会将流产作为唯一的试验终点，而将排除受试夫妇生育诉求隐藏于试验可能成功的期许之下。

此外，从风险受益评估与适应证选择来看，伴随人工流产的编辑临床试验同样存在如何挑选受试者的问题——哪些遗传疾病夫妇能被视为最可能从中受益——若临床试验不仅旨在获得对未来社会有用的知识，同样也将受试夫妇生出有遗传关联且无遗传疾病的后代视作应纳入临床试验的考量的话。必须承认，即便植入生殖道扩大了研究可遗传基因组编辑及被编辑胚胎或胎儿发育的时间窗，有助于进一步回答编辑技术临床应用安全性、有效性与稳定性的问题，但依然依赖并受限于植入前及产前检测技术，这些技术对与全面评估可遗传基因组编辑是欠充分的，并无法替代对被编辑后代及未来世代出生后健康状况的长期随访研究。从临床试验风险受益的角度而言，任何临床试验无法确保受试者受益的确定性，但当可遗传基因组编辑临床试验以修改"缺乏合理备选方案的严重疾病"这一条件向潜在遗传疾病夫妇抛出期许时，试验成功的可能性与相伴随的家庭生育机会成本并不足以促使政策制定者一概允许那些即便抱有强烈主观意愿的潜在受试者参与试验，相关更为具体的风险受益有赖于进一步的循证评估。

初步结论与意见建议

综上所述，在涉及讨论可遗传基因组编辑临床试验的条件时，至少有以下三点值得当下关注。

一是应加强对可遗传基因编辑相关问题的分类讨论。政策及公众教育中，需明确可遗传基因组编辑不同原因的反对理由，究竟因为不应被欲求（undesirability）？还是因为不安全性？两者的区别与联系需要通过宣教与公众对话予以澄清，并尽可能取得社会共识。

二是应加强对严重疾病/无合理解决方案的医学及社会学研讨。目前这两条关于可遗传基因组编辑临床试验的条件表述几乎等于没有界定，更重要的是在讨论我们是否应该选取可遗传基因组编辑之前，需让人们充分意识到这一选择背后的特定的社会建构，充分考虑遗传疾病的社会支持措施或选择其他备选方案的可能性，基于此背景下的讨论是审慎开展可遗传基因组编辑的政策基础。

　　三是应加强对相关研究试验设计管理的分类治理。亟须在现有涉及人的生物医学研究伦理管理框架下对体外研究、伴随流产的临床试验及在体临床试验予以分类管理，鼓励体外非临床基础研究及临床前研究积累更多安全性有效性数据。

参 考 文 献

［1］ National Academies of Sciences，Engineering and Medicine. Human Genome Editing：Science，Ethics，and Governance. Washington，DC：The National Academies Press，2017. doi：10. 17226/24623.

［2］ Khoury M J，Gwinn M，Yoon P W，et al. The continuum of translation research in genomic medicine：how can we accelerate the appropriate integration of human genome discoveries into health care and disease prevention? Genetics in Medicine，2007，9（10）：665-674.

［3］ Rinie E，Jelte T，Linda K，et al，Rules for the digital human park. Two paradigmatic cases of breeding and taming human beings：Human germline editing and persuasive technology. Background paper for the 11th Golobal Summit of National Ethics/Bioethics Committee，2016.

［4］ Nuffield Council on Bioethics，Genome Editing and Human Reproduction：social and ethical issues. London：Nuffield Council on Bioethics，2018.

［5］ Liang P，Xu Y，Zhang X，et al. CRISPR/Cas9-mediated gene editing in human tripronuclear zygotes. Protein Cell. 2015 May；6（5）：363-372. Kang X，He W，Huang Y，et al. Introducing precise genetic modifications into human 3PN embryos by CRISPR/Cas-mediated genome editing. J Assist Reprod Genet. 2016 May；33（5）：581-588. doi：10. 1007/s10815-016-0710-8.

涉及人类生殖系细胞基因编辑的立法及监管制度化研究①

贾　平

2018 年 12 月，个别科研人员严重违反科研伦理，挑战法律和相关规定，擅自实施涉及人类生殖系基因编辑的违规"闯关"行为，给我国科学界声誉造成重大损失。亡羊补牢，未为迟也。随着全球第四次产业革命的不断发展，新的业态层出不穷，人类社会已经进入将物理学、计算机互联网技术和生命科学高度结合、三位一体的发展阶段。脑科学、神经生物学（脑机接口）、纳米技术、自动驾驶、穿戴设备、4D 打印技术，以及基因技术的快速发展，和大数据技术及新材料（如石墨烯）相结合，使得人类和自然界进入了"物我一体"的进程，新问题、新挑战不断出现。其中，基因（组）编辑技术对人类的繁衍、有性生殖乃至传统家庭模式造成了巨大冲击。基因（组）编辑技术向专利的转化、军民两用、人类基因池污染以及随之可能引发的歧视和社会不公，对人类社会影响巨大，不可忽视。因此，相应的伦理、法律、政策的制定和发展，也就成为题中之意，这需要我们以前瞻的姿态，去应对不确定的风险和挑战。

对人类生殖系细胞进行基因编辑的相关立法，各国立法例各有不同，总体趋向于从紧，但也很多国家对此则还没有法律规定。2014 年日本北海道大学的一份研究报告显示，在受调查的 39 个国家中，有 29 个国家禁止人类生殖系细胞胚胎基因编辑。其中，比利时、加拿大、保加利亚、丹麦、瑞典和捷克以被修饰基因将被后代遗传或伤害人类胚胎为由，禁止了生殖系基因（组）编辑[1]。各国的立法与监管体制，又因为不同的法律文化、宗教、政治和哲学传统、贫富差异、基础设施和社会自由度的不同而有差异，其中美国由于其文化多样性，以及自由派和基督教原教旨主义的深刻道德分野，又涉及堕胎等敏感问题（涉及最高法院判例）[2]，由此就这一与生命相关的议题，很难存在"中间地带"以达成妥协和社会共识，其相关法律规定存在空白，原因也是在于难以达成立法共识。另外，美国却有着最多的生殖系细胞编辑基础研究案例，也拥有全球最大联邦资助额，其私人资金则可以在较少的规制环境下对相关研究提供资助。在法律和监管的空白地带，不具有法律约束力的"软法"，诸如国际伦理规范、宣言、声明等，则起到更为突出的作用。

---

① 编者按：我国最为关注生命伦理学的法学家贾平，为公共卫生治理中心执行主任，华中科技大学生命伦理学研究中心特聘研究员，美国得克萨斯州 St. Mary 大学法学院兼任教授，我国中国自然辩证法研究会生命伦理学专业委员会副理事长。

我国的相关立法，除了在部委层面规章有所体现外，总体立法层级比较低，立法空白较多，立法速度相对于社会问题的变化，容易显得比较滞后（这也是所有大陆法系国家共同面临的问题）。我国应该兼收并蓄，博采众长，结合自身实际，探索出具备新时期、新阶段符合我国自身发展特色的，具有可操作性和一定灵活度的法律体系和规制模型。

基因（组）编辑及其正当性辩论

在生物学意义上，基因（gene）是指 DNA 或 RNA 中的一个核苷酸序列，为具有某种功能的分子进行编码；而基因组（genome）则是指一个有机体当中的基因物质（genetic material）的总和，包括了基因和非编码序列（non-coding sequences），它可以被认为是控制每个生命体生物功能的一组指令。所谓基因编辑，是指通过插入、敲除、修饰基因或基因序列来改变存活的有机体中 DNA（序列）的技术[3]。

关于导致有机体的基因组可被遗传给后代所的生殖系基因（组）编辑是否应当被允许，国际间存在很多辩论。认为不应当被允许的立论主要有三种：一是认为生殖系基因（组）编辑侵犯了未来世代形成他/她们自身身份的权利，因此类似于奴役（因为这会导致对其自由的剥夺，这种奴役采取控制/影响其生物特征的方式，而不是采取身体上的限制或精神上的压制方式）；二是以宗教或自然的理由反对；三是从关注自我身份（self-identity）的经验出发，认为是当一个人知道自己的特征在产前就被他人所决定时，可能产生的对自身平等和自治能力的理解上的冲击，持这一观点的学者包括著名哲学家哈贝马斯。

然而随着时间的推移和技术的发展，一些学者认为，生殖系基因（组）编辑至少某些情况下可以被允许。政治哲学家桑德尔认为，对于意图去除遗传性疾病的基因干预，不予以批评。而法学家芬伯格认为，可免于批评的缘由，在于其可以促进人类之繁衍，由此孩子们拥有"预期自治权"或者"信托之权利"，以要求最大化其自我完善（self-fulfillment）。

然而这种支持行的观点，在操作时面临三个理论上的难题：第一个难题在于如何理解开放、繁衍这些词的正面意义，从而使得基因干预本身具备正当性？比如，治病是否可以被理解为有利于繁衍（更长的寿命往往意味着更多的人口，也意味着代际间资源的分配问题）？这个设计基因编辑是否是必要的问题；第二个难题在于如何去区分道德上允许或不允许的界限，也就是如何确定什么样的基因编辑行为可以被允许、而另一些不可以被允许的道德边界，其理由何在？第三个难点在于如何论证基因例外主义。如果那些可以被允许的基因编辑所要达到的目的，可以通过诸如环境改变、治疗、后天的教育和训练治疗等达到同样的效果，那么这些被允许的基因（组）编辑行为，是否能够再得到辩护[4]？可以说，基因组编辑的立法，尤其是设计生殖系基因组编辑立法和监管，需要建立在对上述问题严肃的辩论和清晰的回答基础之上，虽然我们也许很难在短期内，出于现有技术发展的限制和社会制度的多样性等原因，很难得出一致性的结论。

生殖系细胞基因（组）编辑的全球立法例

美国的立法例

在美国，人类生殖系细胞修饰（Human Germ-line modification，HGM）问题，由美国FDA（食品药品监督管理局）以监管药品、医疗器械和生物制品之名优先实施管辖[5]。依照 2016 年《整合拨款法案》中的一个"搭车提案"（rider）之规定，HGM 目前在美国是被禁止的，这也是美国关于 HGM 最为基本的规定。该法案规定"本法案下提供的资助不可被用于⋯⋯刻意创造人类胚胎或修改以加入一个可以遗传的基因修改的研究"。法案指出，任何相关的豁免调查申请依照本法都不被承认。该规定在 2017 年拨款法案中继续生效，参议院还将该搭车提案加入了《2018 年农业、乡村发展，FDA 和相关机构拨款法案》，从而将其效力延续到 2018 年全年[6]。对任何需要对人类胚胎进行可遗传基因修饰的临床治疗而言，这一法案有效地将美国 FDA 排除在对类似临床治疗的安全和有效性评估之外，也就是说，任何使用 HGM 进行的治疗，如果可以引发可遗传基因变化，那这样的治疗就将被该法案禁止，该法案同样排除了线粒体治疗的可能性（MRT），因为 FDA 被完全阻止去启动和进入相关的研究性新药申请程序（IND Application），这些潜在的"药"或"疗法"根本就无法被审批下来。因此虽然从技术上来说，法案并没有禁止 HGM 本身，但由于其阻止了任何新药/生物药获得进入临床研究的审批或授权，否则将处以严厉的民事惩罚性赔偿，或勉励刑法制裁，因此，该法案的阻却威力是巨大的。几经反复，这一法案在 2019 年得以保留，6 月 4 日美国众议院拨款委员会在 2020 年预算法案中，继续禁止 FDA 要求批准任何"故意制造或修饰人类胚胎以使其具备可遗传基因变化"的临床试验的企图[7]。

此外，美国还存在其他几个层次的规制规定：

1. NIH（美国国立卫生署）可以通过拨款权力，对于 HGM 技术发展施加一些影响；与 FDA 相对，NIH 做拨款决定时更为注重伦理的约束。目前，联邦资助不可以被用于HGM。NIH 的指南称"目前对于生殖系改变的项目书不感兴趣"。

2. 迪克维克修正案（Dickey-Wicker Amendment，DWA）禁止大多数关于胚胎研究的联邦资助。尤其禁止：①以研究为目的制造人类胚胎；②有损毁、抛弃或明知而将其置于受伤害或死亡风险下的研究。由于研究被禁止，该项技术自然也就无法得以发展。但本政策不适用于私人资助研究的法律效力[8]。这实际上构成了一个制度性的漏洞，使得可遗传基因（组）修饰活动可以通过私人资本（甚至州层面）资金的支持而展开。

英国的立法例

英国立法与大多数发达国家有所不同。其他国家倾向于通过规制更为严格的法律，而英国往往站在科技发展和国际伦理反应的前沿。英国的相关立法有：

1. 1990 年《人类受精与胚胎法案》，建立了一个"许可"制度，由人类受精和胚胎管理局（HFEA）监管；法案禁止对 14 天以上（从胚胎形成日起算）的胚胎进行研究；

HFEA 也对所有临床受精治疗（包括配子和胚胎）进行授权管理，但有些行为不能许可，并为法律严禁，这些行为包括：使用不符合法案所定义的配子或胚胎进行法案所允许的配子或胚胎治疗（treatment），而生殖系（细胞）编辑就属于不符合法案允许的配子或胚胎定义范围之内[9]。

2. 当然，可以通过改变允许的配子和胚胎范围，从而解除立法的规制。2008 年 HFEA 法案修订时，加入了类似条款，以便为通过细胞再造技术避免线粒体疾病的技术发展开绿灯。这样，对于为了避免严重的线粒体疾病传播而进行的对于捐赠的线粒体进行的治疗性应用，就可以使得一个卵子或胚胎在既定程序既定环境下，成为"被本法允许的"卵子或胚胎。但本法案适用范围很窄，根据 2015 年的一个规定，可以被有争议地允许胚胎的基因编辑。

3. 2015 年的规定，回应了关于人类生殖系细胞编辑问题。议会通过的 2015 年法案批准了"进行刻意的生物学改变"，而这一改变将遗传给未来世代的实践行为。然而生殖系细胞改造虽然被法律允许，但议会同时否认这一程序等同于"基因修饰"（genetic modification）。由此，对生殖系细胞的改造的允许被分为两个层次，一是在细胞层面，二是在分子层面。英国这种单挑出线粒体疾病允许进行生殖系细胞改造的做法，引发了争议。

4. 英国 1990 年 HREA 法案对于二倍体精子前体细胞相关的一个案例没有规制，这是因为法案规定出现了一些空白[9]。

其他国家和地区立法例

欧盟的立法各有不同，有些倾向于建立独立监管机制，比如英国；另一些则试图通过专业组织和专业伦理机构来解决问题。有些国家如意大利规定，除非有利于胚胎，否则所有的人类胚胎研究都被禁止；瑞典则规定允许胚胎研究，但禁止对人类胚胎进行可以遗传的基因改变，但没有明确改变胚胎是不是违法；大多数欧洲国家仅仅允许额外（supernumerary）的辅助生殖（IVF）胚胎研究，并禁止制造胚胎的研究活动（与英国立法例不同）。虽然大多数欧盟国家允许挑选胚胎以避开某种遗传疾病或残疾，但多数国家的法律和指南对此都设置了严格的限制条款。此外，欧盟国家多把人的尊严作为伦理规范的根本性原则，如德国《基本法》第一条。德国 1990 年的《胚胎保护法》规定辅助生殖是为了怀孕，因此前期试验是受到严格限制和控制的[10]，德国法还对任何除了出于研究目的而进行的人为改变人类生殖系细胞基因信息的尝试，或者改变基因信息而使用人类配子的行为，规定了严厉的刑事处罚条款[11]。

其他民法法系国家中，日本的 2002 年《基因治疗临床研究指南》（无法律约束力）禁止可能引发或以改变人类生殖系细胞或胚胎基因信息为目的的任何基因治疗临床试验"。而首相办公室的"科技创新委员会"则考虑修订政策，将通过生殖系细胞编辑来改变人类胚胎限制到基础研究，而禁止转移编辑过的胚胎。

以色列《禁止基因干预法》禁止对生殖细胞进行永久性故意基因改造（包括生殖系基因治疗），以制造人类。印度没有明确禁止生殖系细胞编辑，但实践中有限制。印度医疗研究委员会的生物医学伦理指南则禁止了"挑选逆人性、反智、不利于身体、精神和感情特质"的生殖系细胞治疗。对超过十四天的胚胎进行基因改变也不被允许，这些规定也适用于干细胞治疗[8]。

由上可知，全球生殖系细胞编辑立法例中，以英美法系较为宽松，而大陆法国家（欧盟中的德国、法国、意大利、奥地利及其他多数有着制定《民法典》传统的国家）则较为严厉。英美法系中，又以美国最为宽松，除了少数几个州有禁止性规定外，联邦层面并没有明令禁止生殖系基因（组）编辑，仅仅以禁止 FDA 审核新药或疗法的方式，事实上堵住了任何联邦资助用于生殖系基因（组）编辑的可能，但对私人资本资助生殖系基因（组）编辑却几乎无限制。英国法受到欧盟和欧洲理事会相关立法和判例的掣肘，稍显严厉，但又是欧洲法中的"异类"，如在线粒体疾病传播和治疗性应用方面开了绿灯。而大陆法系的日本，则有由大陆法传统趋向美国模式的迹象（这和安倍政权较为亲美可能不无干系），而英美法系的印度，则出于自身的宗教和文化及人口控制的传统，对生殖系基因编辑限制显得更为严厉[9]。

由于立法有一定程度的滞后性，很难完全规范基因组编辑的实践。在现实生活中，针对基因组编辑的许多规定，往往以不具有法律约束力的"软法"形势存在。例如，目前尚未有关于基因（组）编辑的具备国际约束力的法律规定（如相关国际公约等），已经存在的一些文件，如《世界医学协会赫尔辛基宣言》《世界生命伦理与人权宣言》《联合国教科文组织世界人类基因组宣言》以及《第二届人类基因组编辑国际峰会组委会声明》等，都不具有法律约束力。在全球性的相关伦理文件、宣言中，由于英美国力昌盛，科技领先，又引领全球生命伦理理论，故这些国际伦理规范性文件中措辞风格，更为英美化，或者说，来自英美的科学家和学者们的观点，有着更强的影响力。

对基因（组）编辑监管模式和软法性规定

就基因编辑的监管模式而言，英国人类受精和胚胎管理局（HFEA）监管的模式，趋向于独立监管部门的统一监管模式，而美国除了 FDA 以监管药品、医疗器械和生物制品之名对基因（组）编辑优先实施管辖以外（但却通过搭车法案排除了生殖系基因编辑临床试验的可能），并没有建立起统一的独立（行政）监管模式，而是采取了以自愿的、以职业指南为基础的自我规范模式，将基因（组）编辑的监管职能，分解"外包"给了各个机构的伦理委员会，通过伦理审查程序"代行"监管，其更多采取"功利主义"之路径，在治理和审查中注重风险与可期待利益之平衡。一般来说，实验室工作往往由在地方性的生物安全委员会（IBCs）审查，有些情况下由伦理委员会负责[12]。

目前全球并没有就是否应当建立独立的统一监管模式达成共识，在实践中也是操作各异，漏洞甚多，但依然存在一些对生殖系基因（组）编辑的监管边界和限度的"软法"性指南。根据美国科学院（National Academy of Science）和医学科学院（National Academy of Medicine）2018 年出版的名为《人类基因组编辑——科学，伦理和治理》报告，基因（组）编辑可以被应用于三种不同目的：第一种是基础研究；第二种是体细胞干预；第三种是生殖系（细胞）干预。

1. 基础研究。涉及对人类细胞或组织进行基因编辑的基础研究对于促进生物医学是十分重要的，最基础的研究一般涉及体细胞（理解控制疾病发展的分子进程），当然也有一些研究涉及生殖系细胞（帮助理解人的发展和生育）。总体而言，基础研究中进行基因编辑是可以的（目前在各基础科学研究实验室已得到广泛使用），但涉及生殖系细胞的基础研究中，细胞的收集及其使用的目的，依然涉及伦理和法律规制问题，即便该研究不涉及怀孕，也不涉及将变化传递到未来世代。

2. 体细胞干预，即以防治疾病和残疾为目的的体细胞编辑临床试验和临床应用（治疗）。体细胞指的是人体组织中非生殖性的细胞，比如皮肤、肝脏、肺和心脏中的细胞等。体细胞的基因编辑包括从人体中移除某些细胞，做某些基因改变后再回输或移植到同一个人中去（体外编辑，ex vivo），也可以通过将基因编辑工具注射入血液、组织或器官而完成（体内编辑，in vivo），如针对乙肝和黏多糖病的体内基因编辑临床试验已经在进行中。体细胞的体外基因编辑是可以控制的，而体内基因编辑则可能有找不到目标基因（脱靶）的问题，从而对患者产生额外的健康影响，因此移植后需要进行长期严格的健康监测。总体而言，体细胞基因编辑在既定伦理和规制框架内，是被允许的。

3. 生殖系（细胞）的基因编辑（治疗）。生殖系细胞包括早期阶段的胚胎、受精卵、卵子、精子以及能够产生精子或卵子的细胞，及可以发育成为胚胎的细胞。理论上讲，这一技术有可能通过对生殖系细胞的编辑，去除个体的突变基因，不让其传给后代，这对于应对数千种因单基因突变引起的遗传性疾病而言，无疑有着很大的意义。但科学界同时也认为，在可预见的未来，这一技术不大可能被广泛应用。这是因为基因改变后会传给后代，这导致对该技术产生了很大的争议，这一争议超越了个人，上升到了更为复杂的技术、社会和宗教层面，人们担忧，这一技术将对"自然"产生干预，从而对人类社会共同体的观念，造成巨大的冲击。美国国家科学院的报告为此提出了可遗传生殖系细胞基因编辑（基因治疗）临床试验的标准和治理框架[12]，包括仅限于预防严重疾病且不存在其他合理的治疗方法、仅限于编辑被充分证明引发疾病或对疾病有强烈易感性的基因、临床试验期间严格不间断监管对受试者健康安全的有效性、编辑程序的风险和潜在健康受益的前临床或临床数据具有可获得性、长期全面随访、透明与隐私保护、公共参与、防止扩展到疾病预防之外的使用等。这些建议得到了广泛的认可[13]。

但即便是支持上述治理框架的学者中，也有提出应暂停生殖系基因编辑行为的；也有人批评 2018 香港大会组织者的最后声明，认为其对暂停基因编辑的要求关注不足。事实上，在 2015 年基因大会后，禁止生殖系基因编辑地呼声一直都很高。由于这一问题牵涉更为复杂的哲学、医学、伦理和法律的辩论，且学界正处于研究、讨论这一新现象新问题的初级阶段，尚未达成一致意见。

在基础研究和基因治疗之外，还存在着基因增强（gene enhancement）。理论上，增强也分为体细胞增强和生殖细胞增强。对于遗传疾病进行矫正而生出一个健康的孩子，是（生殖系）基因治疗；而通过技术手段，让本来可以健康出生的孩子拥有所欲的某些特质（比如夜视），则属于（生殖系基因）增强[5]。基因增强目前在国际上还没有一个统一的定义，但如果将其界定为使个体获得超越人类物种所具有的形状和能力，则一般认为很难得到伦理辩护，美国科学院的报告也认为，目前除了疾病和残疾防治目的之外的基因编辑都不应当进行[12]。由此，基因（组）编辑边界与限度可总结如下：

基础研究	在各大实验室展开，已得到允许，但在生殖系细胞挑选及使用目的等问题上，需要考虑伦理法律的规制
体细胞基因治疗	在既定伦理法律框架内可以允许
生殖系细胞基因治疗	严格附条件操作
体细胞增强	目前不应当进行
生殖系细胞增强	目前不允许，难以得到伦理辩护（也有人为之辩护，如 John Harris 以及牛津的 Savalascu 等）

我国生殖系细胞相关立法建议

我国的立法现状

我国现有对人体胚胎基因编辑等行为的现有法律规范效力层级低，法律制裁刚性力度弱。2003 年的部委规范性文件《人胚胎干细胞研究伦理指导原则》并无罚则，对编辑基因（组）的行为无法律约束力。2016 年的部委规章《涉及人的生物医学研究伦理审查办法》则仅规定了行政责任，缺乏民事责任和刑事责任的制约（本文认为需要进一步调整、修订的相关法律、规章等见附录）。

相关的立法规划

完善我国生命伦理相关的制度设计　我国应在完善立法和塑造具有本土特色的规制体系以强化监管和法律执行两个方面，及时应对当下出现的一些挑战：

首先，需要完善顶层的制度设计，在国家层面（全国人大/国务院）完善相关立法；

其次，需要在顶层设计的基础上，构建和形成部委层面的联合规制-监管机制。

最后，要完善、整合中观层面国内伦理审查、培训、指南等具体操作机制；建立起全国性的伦理审查认证机制，各机制间责权明确，既分工合作保证效率效果，又相互制衡以杜绝寻租及违法行为。

制度设计产生的立法需求　党的第十八届四中全会《中共中央关于全面推进依法治国的若干重大问题的决定》指出，全面推进依法治国，重大事项做到于法有据。2019 年 1 月 21 日，习近平总书记在省部级主要领导干部专题研讨班开班式发表重要讲话时指出，要"加快科技安全预警监测体系建设，围绕……基因编辑……等领域，加快推进相关立法工作。而本文前述的一系列制度设计，需要相关的法律、法规和规章的配套。国家层面生命伦理委员会需要程序性法律授权；部委监管权限则要在制定修改一系列规章的同时，在国务院层面以行政法规的形式，对这一监管模型予以固化和赋权；对于并对基因安全、基因编辑、基因资源、基因实验的伦理审查等一系列问题，需要在全国人大立法层面，增加列入立法规划，进行整合性的立法。立法要规范商业行为，使其可追踪、可清查，避免生物恐怖主义和个别危险犯罪行为。立法要严格规范基因编辑的原则、限制事项、伦理审查、批准审批及监管处罚等，将科学伦理规范转化为法律规范，增设禁止开展以生殖为目的的人体生殖细胞基因编辑临床操作及资本介入，违者依法追究刑事责任。

立法的分类 1. 从立法涉及的部门法角度而言，上述立法涵盖了：①刑事立法（主要是全国人大层面的《刑法》修正案、最高人民法院的司法解释和最高人民检察院的相关规定等）；②民事立法对接（主要涉及《民法通则》《民法总则》尤其是正在制定中的《民法典》人格权编相关规定的问题，如自然人的概念、胚胎的民事法律地位、亲属的监管权限、死亡的定义、继承权、婚姻家庭、医疗纠纷、民事赔偿责任、保险等）；③行政立法（主要涉及制定国务院相关法规、部委的规章、地方法规等）。

2. 从立法层级角度而言，上述一系列立法包括：①全国人民代表大会及其常务委员会制定的法律；②国务院制定的行政法规；③部委制定的规章；④地方制定的法规（与部委规章效力平行）等几个层面。

3. 从内容角度而言，上述一系列立法的具体内容，应包括但不限于：①基因编辑实验室研究的具体操作规范；②技术应用的对象区分；③基因（组）编辑操作者的注意义务；④基因（组）编辑伦理审查的统一管理与审批；⑤基因编辑实验与研究流程的透明度要求；⑥医疗行为与科研行为在基因编辑领域的界定等。

上述立法需要统一生命伦理相关的诸概念，澄清医学、生物学相关的行为在法律上的实益及其后果，并在各部法律法规和规章间完善其规范性的衔接。

具体的立法框架图

	刑事立法	民事立法	行政（性）立法及其授权以及其他规范性文件	软法性规定
全国人大法律层面	《中华人民共和国刑法》第十一修正案。涉及内容：未经允许（违规）的生殖系细胞基因编辑入刑问题；生化及恐怖主义犯罪；危害公共安全行为的规制；故意伤害罪和非法行医罪的外延（司法解释）等	涉及《民法通则》《民法通则解释200条》《民法总则》《中华人民共和国婚姻法》《中华人民共和国继承法》《专利法》以及正在进行中的民法典编纂，具体涉及胚胎的民事法律地位、脑死亡、辅助生殖的范围、继承权、监管和代理的规定适用、伦理审查委员会及成员的民事责任、医疗事故及其保险、基因治疗和基因专利等。对于《民法典》中相关条款的意见征询和改进	1. 可以针对"国家生命伦理委员会"的设立，在条件成熟时，在全国人大层面制定相关法律 2. 其他具体需要制定的法律包括不限于：《人类基因编辑与胚胎法》等	

续　表

	刑事立法	民事立法	行政（性）立法及其授权以及其他规范性文件	软法性规定
国务院行政法规层面			《国家生命伦理委员会暂行条例》（授权立法）、《涉及人的生物学与医学研究条例》等	
最高人民法院/最高人民检察院	相关司法解释	相关司法解释		
部委规章和地方法规层面			卫健委、科技部、市场管理总局（包括药监局和知识产权局）、农业部制定修改相应规章等	
伦理审查制度建设				制定各种相关指南、研究报告和伦理准则（不具有法律拘束力）等规范性文件、向决策和执行部门提供政策建议，协助起草法律、规章草案等

对《中华人民共和国民法典》人格权编草案中相关规定的建议　2019 年 4 月 20 日，十三届全国人大常委会第十次会议审议的民法典人格权编规定"从事与人类基因、人体胚胎等有关医学和科研活动的，应当遵守法律、行政法规和国家有关规定，不得危害人体健康，不得违背伦理道德"[14]。这一规定是历史性的，但也有一些瑕疵。草案中"基因"（gene）一词，定义中不能涵盖线粒体及其他可以遗传的 DNA 周边物质，因此使用"基因组"（genome）更为恰当；草案中"人体胚胎"一词，应该使用"人类胚胎"（human embryo）更合适；草案中还使用了"从事……科研活动"的用语，这很难涵盖异种移植和基因驱动问题，以及秘密的非科研活动，比如将猪的基因移植到人体，或者虽然是在动物或植物间做基因突变、基因修饰活动，但会影响环境和健康，如产生新病毒变种，这也会影响人类；基因组和胚胎的改变；同时，基因组编辑应该以治病救人为目的（涵盖实验室研发行为），这意味着，生殖系基因组编辑将受到自动限制（必须是在没有别的方法可选时，才可以使用生殖系基因组编辑技术，将其应用于疾病救助）；在从事基因组编辑时，要考虑未来世代的（健康）利益以及人的安全问题。

因此，我们建议将本条修改为："涉及或影响人类基因组、人类胚胎改变的行为，应当以治疗疾病和提升人类福祉为目的，不得危害人类健康、未来世代的健康利益和人的安全。

应当依照相关法律、行政法规、规章的规定，通过独立伦理审查。"

附录：其他相关需要研究修订、完善的法律、法规和规章

药物临床试验

1. 卫生部《医疗技术临床应用管理办法》
2. 卫计委《首批允许临床应用的第三类医疗技术目录》

产前诊断

中华人民共和国母婴保健法（2017 修正）

《残疾预防和残疾人康复条例》（2018 修正）

《中华人民共和国母婴保健法实施办法》（2017 修正）

《国务院关于印发"十三五"卫生与健康规划的通知》

《国务院办公厅关于印发国家残疾预防行动计划（2016—2020 年）的通知》

《国务院关于印发卫生事业发展"十二五"规划的通知》

《国务院关于印发国家人口发展"十二五"规划的通知》

《计划生育技术服务管理条例》（2004 修订）

《产前诊断技术管理办法》

《病残儿医学鉴定管理办法》

《计划生育技术服务管理条例实施细则》

《中华人民共和国母婴保健法实施办法》（失效）

《母婴保健医学技术鉴定管理办法》（失效）

《母婴保健专项技术服务许可及人员资格管理办法》

辅助生殖

《国务院对确需保留的行政审批项目设定行政许可的决定》（2016 修正）

《国务院关于印发〈国家中长期科学和技术发展规划纲要（2006—2020 年）〉的通知》

《人类辅助生殖技术管理办法》

《医疗技术临床应用管理办法》（2018）

《人类精子库管理办法》

国家中医药管理局办公室、国家卫生计生委办公厅、中央军委后勤保障部卫生局《关于开展重大疑难疾病中西医临床协作试点工作的通知》，2018.02.28

国家卫生计生委办公厅《关于印发孕产妇妊娠风险评估与管理工作规范的通知》2017.09.22

精子库

《人类辅助生殖技术管理办法》2001.02.20

《人类精子库管理办法》2001.02.20

疫苗临床实验

《国务院关于药品管理工作情况的报告》2017.06.22

《国家食品药品监督管理总局关于印发疫苗临床试验严重不良事件报告管理规定（试行）的通知》2014.01.17

《国家食品药品监督管理总局关于印发一次性疫苗临床试验机构资格认定管理规定的通知》2013.12.10

胚胎干细胞

《专利审查指南》（2017 修正）

国家卫生计生委办公厅、国家食品药品监管总局办公厅《关于印发干细胞制剂质量控制及临床前研究指导原则（试行）的通知》2015.07.31

国家卫生计生委、国家食品药品监管总局《关于印发干细胞临床研究管理办法（试行）的通知》2015.07.20

《人胚胎干细胞研究伦理指导原则》2003.12.24

人体器官

《中华人民共和国刑法》（2017 修正）2017.11.04（组织出卖人体器官罪）

《中华人民共和国红十字会法》（2017 修订）2017.02.24

《医疗技术临床应用管理办法》（2018）2018.08.13

《人体器官移植条例》2007.05.01

涉及人的生物医学研究

《中华人民共和国国民经济和社会发展第十二个五年规划纲要》2011.03.14

国务院《关于印发"十三五"国家战略性新兴产业发展规划的通知》2016.11.29

国务院《关于印发"十三五"国家科技创新规划的通知》2016.07.28

《外商投资产业指导目录》（2017 年修订）2017.06.28

《涉及人的生物医学研究伦理审查办法》2016.10.12

《医学成人高等学历教育暂行规定》1994.07.30

《科学技术成果登记管理办法（试行）》1989.07.11

《科学技术进步奖励办法（试行）》1989.07.11

参 考 文 献

［1］ Motoko Araki，Tetsuya Ishii. International regulatory landscape and integration of corrective genome editing into in vitro fertilization. Reproductive Biology and Endocrinology，2014，12：108. http：//www. rbej. com/content/12/1/108.

［2］ Roe v. Wade，1973.

［3］ Boglioli E，Magali R. Rewriting the Book of Life：A New Ear in Precision Gene Editing. The Boston Consulting Group，2015.

［4］ Nuffield Council on Bioethics. Genome editing and human reproduction：social and ethical issues. London，2018：67-74.

［5］ 见美国联邦法规 58 Fed. Regulation 53. 248.

［6］ Joshua D. Seitz，Striking a Balance：Policy Considerations for Human Germ-line Modification. Santa Clara Journal of International Law，2018，16：74.

［7］ Science. Update：House spending panel restores U. S. ban on gene-edited babies（2019-06-07）. https：//www. sciencemag. org/news/2019/06/update-house-spending-panel-restores-us-ban-gene-edited-babies.

［8］ National Academies of Science-Engineering-Medicine. Human Genome Editing：Science，Ethics and Governance，Washington，2018：39-44.

［9］ Nuffield Council on Bioethics. Genome editing and human reproduction：social and ethical issues. London，2018：102.

［10］ 同上注，第 107 页。德国《胚胎保护法》对于以辅助生殖为目的使用的胚胎，以（受精后）三个月以内为限。此后的《胚胎干细胞法》《基因诊断法》等对相关技术作出了具体细化规定，并对限制性规定做出了一定的突破。2011 年的《胚胎植入前诊断法》则是德国有关基因编辑技术立法史上的划时代作品，该法明确允许可以利用特定的基因编辑技术对患者进行医学上的治疗，但依然禁止生殖系基因编辑。

［11］ 谭波，赵智等. 对基因编辑婴儿行为的责任定性及其相关制度完善. 山东科技大学学报（社会科学版），2019：3.

［12］ National Academies of Science · Engineering · Medicine. Human Genome Editing：Science，Ethics and Governance. Washington，2018：39-44.

［13］ 邱仁宗、翟晓梅、雷瑞鹏. 可遗传基因组编辑引起的伦理和治理挑战. 医学与哲学，2019，40（2A）：1-6.

［14］ 王姝.“人体基因、胚胎”法律规范写入民法典人格权编草案. 新京报网，2019-04-19［2019-06-10］. http：//www. bjnews. com. cn/news/2019/04/20/570133. html.

关于基因编辑技术领域发明专利保护的思考①

伍春艳　　林瑞珠

本文首先梳理了我国基于 CRISPR 系统的基因编辑技术领域发明专利申请和授权现状，分析基因编辑技术相关发明在申请专利时可能面临的专利适格性等问题，并思考在基因编辑技术领域发明专利审查中如何判断专利申请是否违反社会公德或者妨害公共利益。同时指出，要建立起"伦理治理-法律规范-政策指引-社会参与"的多维框架，确保科学研究活动遵守相关法律规定，以符合伦理规范的方式进行，让社会能够享受到基因编辑技术带来的最大利益。

引　言

近十年来，利用基因工程改造的人工核酸酶，可以实现对特定 DNA 的定点敲除、敲入以及突变等，达到更高效和较精确的基因编辑，大幅提高了非同源末端修复和同源重组的效率[1,2]。基因编辑技术的突飞猛进，将在植物、动物及微生物基因组功能研究和遗传改良应用、人类疾病的预防和治疗等方面带来深刻的变化。

然而，备受世界瞩目的"基因编辑婴儿"事件，让科学界和社会公众更加关注基因编辑技术对生命的重新设计可能带来的风险，并从 ELSI（Ethical，Legal，Social Implications，伦理、法律和社会意涵/影响）视角深刻审视基因编辑技术及其发展。人们开始担心基因编辑技术的快速发展可能带来的不可控风险，包括技术、伦理、法律和社会层面的风险，例如基因编辑的脱靶问题，在定向编辑某个基因的同时，可能会在基因组其他无关位点引入非特异性遗传修饰；可能无法检测出基因变异是源自基因编辑还是天然突变；也可能模糊治疗与强化之间的界限[3~5]。在此情境下，学者们纷纷呼吁加强对基因编辑技术研究开发活动的伦理治理、法律规制，强化公众参与机制，以更好地迎接基因科技新时代。

面对生物技术的发展，我国从立法层面积极因应。为了防范基因编辑技术尤其是人类基因编辑的多维风险，形成对"基因编辑"在内的生命科学研究、医疗活动的全过程监管

---

① 编者按：本文专门讨论基于 CRISPR 系统的基因编辑技术领域发明专利保护问题，由华中科技大学法学院副教授伍春艳和台湾科技大学人文社会学院教授林瑞珠合作撰写，林瑞珠为中国自然辩证法研究会生命伦理学专业委员会副理事长。

链条，国务院于 2019 年 6 月 10 日发布《人类遗传资源管理条例》，同时，还将加快生物技术研究开发安全管理和生物医学新技术临床应用管理方面的立法工作[6~9]。

在基因编辑技术发展过程中，专利制度发挥着重要的推动作用。在我国，对于基因编辑技术领域的发明，包括 CRISPR/Cas9 系统相关发明，一方面，需要从客体维度进行判断，即基因编辑技术相关发明属于专利法第二条规定的"对产品、方法或其改进所提出的新的技术方案"，且未落入专利法第二十五条所规定不授予专利权的情形；另一方面，需要从社会公德或公共利益等维度，判断基因编辑技术领域申请专利的发明是否落入专利法第五条规定的不授予专利权的情形。因此，本文尝试梳理我国基于 CRISPR 系统的基因编辑技术领域发明专利申请和授权现状，从客体维度和社会公德或公共利益等维度分析基因编辑技术在寻求专利保护时可能面临的问题。

基因编辑技术领域专利申请和授权现状：
以基于 CRISPR 系统的基因编辑技术为例

在基因编辑技术的发展过程中，随着该技术的产业应用潜力日益显现，研究者寻求专利保护的积极性不断增强。尤其是自 2012 年以来，各个国家或地区基因编辑技术相关发明的专利申请量和授权量呈总体增长态势[10~11]。基因编辑技术领域的专利竞争日渐激烈。美国 Regents of University of CA v. Broad Institute 案关于 CRISPR/Cas9 相关发明专利的纠纷正是专利争夺战的典型例证。[12]

总体申请趋势

本文在国家知识产权局专利检索分析系统、中国专利数据库和 incopat 专利数据库中，以关键词与 IPC 分类号共同检索，以 CRISPR 基因编辑为技术主题，或者提及可采用 CRISPR 系统进行基因修饰的专利申请文件为目标文献，对 2019 年 5 月 31 日前向我国知识产权局专利局提出专利申请并已公开的专利申请文件进行检索。① 检索数据显示，自 2007 年向我国知识产权局专利局提出的第一件涉及 CRISPR 系统的专利申请以来，向我国知识产权局专利局提出的 CRISPR 相关专利申请总量已达 1584 件，且申请量一直呈持续增长态势，从 2013 年开始专利申请量开始快速增长，至 2016 起进入喷发式增长期

---

① 本文中图表中数据时间范围为 2019 年 5 月 31 日之前向我国知识产权局专利局提出专利申请并已公开的专利申请文件。（由于我国发明专利申请自申请起 18 个月内公开，因此 2018 年和 2019 年提出申请但尚未公开的专利申请不在本文图表数据统计范围内。）图表中，专利数量以"件"计；分案申请或享有本国优先权且在先申请和在后申请均公开的，分别计数，不记为同族专利项。图表中，授权专利是指曾经获得专利授权，包括获得授权维持有效，或者获得授权后主动放弃、未缴年费失效的专利。不特指专利的法律状态持续保持有效。本文所有图表依据的相关数据是以专利法第二十八条规定的申请日进行统计，未统计优先权日是在 2019 年 5 月 31 日之前的情形。

（图 1、图 2）。① 外国申请人向我国知识产权局专利局提起的 CRISPR 系统相关发明专利申请数量不断增多（图 3）。

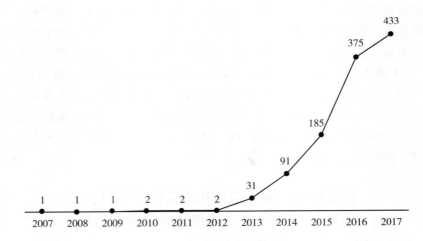

图 1　CRISPR 相关发明专利申请量趋势图（2007～2017 年）

图表基础数据：截至 2017 年 12 月 31 日向我国专利局提出专利申请，且申请文件已公开的专利申请数量

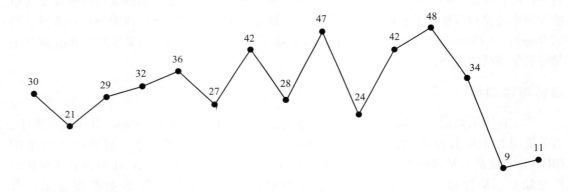

图 2　CRISPR 相关发明专利申请量时间分布图（2018 年 1 月～2019 年 5 月）

图表基础数据：2018 年 1 月 1 日至 2019 年 5 月 31 日向我国专利局提出专利申请，且申请文件已公开的专利申请数量

① 　向我国专利局提出的第一件有关 CRISPR 系统的专利申请由杜邦营养生物科学有限公司提出（授权公告号为 CN101505607B），记载了用 CRISPR 基因座来分类和/或筛选细菌，但其没有用于基因编辑技术。2008 年杜邦营养生物有限公司向我国知识产权局专利局提出的专利申请（公开号为 CN104531672A），提及"使用 CRISPR-Cas 调整噬菌体的遗传序列"，但该专利申请仍未公开如何用 CRISPR-Cas 系统修剪其他基因序列。2012 年，加州大学伯克利分校的 Jennifer Doudna 和德国亥姆霍兹传染研究中心的 Emmanuelle Charpentier 在《科学》上发表关于 CRISPR-Cas9 系统的论文。2013 年，麻省理工学院博德研究所华裔科学家张锋的研究团队在《科学》上发表关于在哺乳动物内应用 CRISPR-Cas9 系统的研究成果。从 2013 年开始，向我国专利局提出的关于 CRISPR-Cas9 系统基因编辑的专利申请开始增多，基于 CRISPR 系统的基因编辑技术开始进入快速发展期。

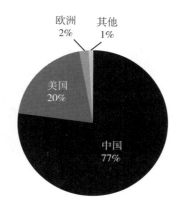

图 3　CRISPR 相关发明专利申请的技术来源国分布

图表基础数据：截至 2019 年 5 月 31 日向我国专利局提出专利申请，且申请文件已公开的专利申请文件

法律状态统计

对前述所有 CRISPR 系统相关发明专利申请的法律状态进行统计，统计结果显示该领域授权率 9% 左右，驳回率仅 1%，87% 左右尚处在等待审查或正在审查阶段（图 4、图 5）。对于被驳回的专利申请而言，主要是因为不满足创造性要求而未通过实质性审查。

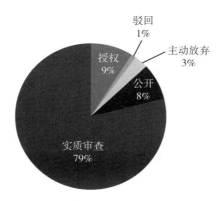

图 4　CRISPR 相关发明专利申请的法律状态

图表基础数据：截至 2019 年 5 月 31 日向我国专利局提出专利申请，且申请文件已公开的专利申请文件

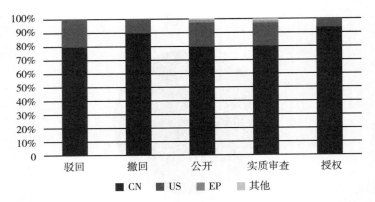

图 5　各法律状态下 CRISPR 相关发明专利申请的技术来源国分布情况

图表基础数据：截至 2019 年 5 月 31 日向我国专利局提出专利申请，且申请文件已公开的专利申请文件

技术主题分布

技术主题分布总体态势　对前述已向我国知识产权局专利局提出专利申请并已公开的专利申请文件，根据应用对象和主题内容分为基础技术、植物、微生物、人类医用和其他动物五个技术主题进行统计分析（关于技术主题的分类，基础技术是指未限定物种或具体应用方向的有关 CRISPR 基因编辑技术，例如 CRISPR 酶、递送系统等；植物包括以改造和修饰植物细胞的基因为目的，将植物作为基因编辑技术应用对象的专利申请；微生物包括以改造和修饰微生物细胞的基因为目的，将微生物作为基因编辑技术应用对象的专利申请；人类医用包括以研究或治疗人类疾病为目的，作用于人类细胞或以动物作为基础医学研究建模的基因编辑技术；其他动物是指不以疾病治疗为研究目的，而是以改变动物肉质、生长状况或其他性状为目的的基因编辑技术，例如基因养殖业、农业用动物等）。统计结果显示，用于人类医用的专利申请量最多，总共达 590 件，占总申请量的 37.2%（图 6）。

人类基因编辑相关专利概况　由前文图 6 可以看出，随着 CRISPR/Cas9 基因编辑技术相关研究成果的公开，明确用于人类医用的相关专利申请量快速增长，2016～2018 年每年申请量均在 100 件以上。就涉及人类医用的基因编辑技术领域发明专利申请而言，统计显示，590 件专利中，53 件已经获得授权，授权率约 8.9%，与基因编辑技术领域发明专利申请的总授权率 9% 基本一致。在前述 53 件获得授权的专利文件中，20 件均涉及人类基因编辑的方法，例如利用 CRISPR-Cas9① 特异性敲除人 CTLA4 基因的方法、敲除人 PD1 基因的

---

①　文中关于 CRISPR/Cas9 的表述包括 CRISPR/Cas9；CRISPR-Cas9、CRISPR/CAS 等不同形式，这是因为在专利申请人在权利要求书和说明书中的表述有所不同，在引用某一权利要求书或说明书内容时，依原文中的表述方式予以引用，特此说明。

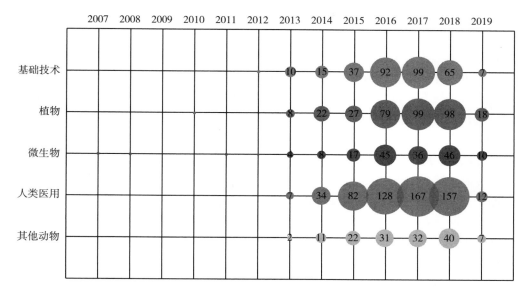

图 6　CRISPR 相关发明专利申请技术主题分析

图表基础数据：截至 2019 年 5 月 31 日向我国专利局提出专利申请，且申请文件已经公开的专利申请文件进行统计，制作而成的 CRISPR 相关专利申请的技术主题分析图。由于统计时间处于 2019 年年中，因此，本图中 2018 年的数据仅仅代表截至 2019 年 5 月 31 日，2018 年提出申请且已经公开的专利申请在各技术主题的数量分布，随着专利申请的陆续公布，该年度提出的专利申请在各技术主题的数量分布将随之发生变化。本图中 2019 年的数据仅仅代表截至 2019 年 5 月 31 日，2019 年提出申请且已经公开的专利申请在各技术主题的数量分布，并不代表该年度申请量减少

方法，敲除人 BTF 基因的方法。[13,14,15] 从这些发明专利的授权文本来看，其实施例部分均仅记载了对细胞层面的实验操作，或者在大鼠、小鼠等动物模型中进行相关基因敲除的动物实验，并未记载直接以人类为样本的实验或者临床实验数据，因此也未涉及实验阶段的伦理审查过程。但是，部分专利说明书中记载了发明的方法可以用于改造胚胎干细胞或者个体。例如发明专利"用于艾滋病基因治疗的 CRISPR/Cas9 重组慢病毒载体及其慢病毒"的说明书记载"以上实施例证实该发明方法能够成功地改造细胞，阻止 HIV 感染。今后可用于改造胚胎干细胞、造血干细胞等进行艾滋病的临床基因治疗。"[16]

在向我国知识产权局专利局提起申请并已公开的发明专利申请中，23 件关于 CRISPR/Cas9 基因编辑技术用于治疗 HIV 感染的专利申请文件揭示该技术可用于 HIV 的基因治疗。这些专利申请文件中，实施例及实验数据均仅涉及细胞实验或者动物实验，不涉及应用于人类的实验数据或者具体的应用方法。

从前述图表和数据来看，我国基因编辑技术领域发明专利申请量逐年增加，呈现出很高的研究热度。随着技术研究的不断深入，应用领域的不断拓展，基因编辑技术将会对农业、林业、食品、健康医疗等领域带来广泛且深刻的影响。

基因编辑技术领域的专利申请：基于专利法第二十五条的判断

尽管基因编辑技术领域 CRISPR 相关发明专利的授权量逐渐增多，学界和实务界关于此类专利的争议并未停止。目前的关注焦点或争议点主要集中在以下几个方面：①CRISPR 等技术是否将挑战专利制度的基础，为 CRISPR 相关发明提供专利保护是否真的合适？[17] ②基因编辑技术领域的发明，尤其是 CRISPR/Cas9 系统相关发明是否属于科学发现？③当 CRISPR/Cas9 系统相关发明用于医疗领域时，基于 CRISPR/Cas9 的疗法是否属于疾病的诊断和治疗方法？[18]可见，前述争议大多涉及基因编辑技术领域发明的专利适格性问题。

对于专利适格性，大多数国家专利法依"专利法意义上的发明+不视为发明的情形"进行判断。当然，各国专利法对发明的排除情形规定不尽相同。根据《欧洲专利公约》（European Patent Convention，2016），对发明进行专利适格性判断时，要求该发明必须是该公约意义上的发明，且不属于该公约第 52 条第（2）项规定的排除情形，包括发现、科学理论与数学方法；美学创作；进行智力活动、游戏或经营活动的方案、规则和方法以及计算机程序；信息的展示等情形。[19]美国关于专利适格性的判断规则和步骤不断发生变化，目前主要依"发明的法定类别（the statutory categories）+司法例外（the judicial exceptions）和发明概念（the inventive concept）的判断"进行专利适格性判断，具体体现为在 Alice/Mayo 案中确立和发展出的两步测试法（Alice/Mayo test）。两步测试法尽管备受争议，但在 2019 年 1 月美国专利暨商标局（USPTO）发布的《专利主题适格性指南修订版》（2019 Revised Patent Subject Matter Eligibility Guidance）中得以重申[20]。根据两步测试法：①第 1 步判断权利要求是否属于发明的四个法定类别：如果不属于四个法定类别，则不具备专利适格性；如果属于四个法定类别，则进入第 2A 步。②第 2A 步判断权利要是否指向自然法则、自然现象或抽象概念这些司法例外：如果不指向这些司法例外，则具备专利适格性；如果指向这些司法例外，则进入第 2B 步。③第 2B 步是关于"发明概念"的判断，即判断权利要求是否列举了明显不再属于司法例外的补充要素：如果通过第 2B 步，则具备专利适格性；如果未通过第 2B 步，则不具备专利适格性[21]。前述 2019 年《专利主题适格性指南修订版》对于根据指南中步骤第 2A 步确定一项专利的权利要求或专利申请的权利要求是否属于司法例外的程序进行修订，将抽象概念分为数学概念（mathematical concepts）等群组，一项权利要即使引述了自然法则、自然现象或抽象概念，但是如果这些司法例外情形被整合入实际应用，则不属于指向前述司法例外[20]。

我国关于专利适格性的要求主要体现在专利法第二条和第二十五条。由于基因编辑技术领域发明的专利适格性主要涉及是否属于我国专利法第二十五条规定的科学发现、疾病的诊断和治疗方法、动植物品种，因此，本文将主要围绕这三个方面展开论述。

将科学发现作为可授权专利主题的例外，是各国专利法或审查实践中比较通行的做法（表 1）。因为科学发现并没有提出关于技术问题的方案，而专利法意义上的发明，必须提出技术性质的解决方案，解决特定的技术问题。

美国 Regents of University of CA v. Broad Institute 案引起了关于 CRISPR/Cas9 相关发明

是否能获得专利保护的争议。部分学者赞成 CRISPR/Cas9 系统能够获得专利保护，不属于科学发现。Deborah Ku 等学者认为 Regents of University of CA v. Broad Institute 案争议中的 CRISPR 系统与在特定细菌中发现的自然产生的对应系统相比具有显著不同的特征，因此属于可授权专利主题。[22]而且，尽管 CRISPR 系统中的某些单个成分可能可以在自然界中被发现，但是诉争中的 CRISPR 系统作为一个整体却并不可能存在。[22]Kristin Beale 亦认为 CRISPR 是可以申请专利的，因为科学家能够改变、控制和修改 CRISPR，使其在动物和人类细胞中发挥作用，在这些细胞系统中，CRISPR 并不自然发挥作用[23]。

CRISPR 是细菌与古细菌抵御噬菌体的一种适应性免疫[5]。作为一种天然免疫系统，其功能已为科学界所知。在此背景下，Benjamin C. Tuttle 等学者主张 CRISPR/Cas9 系统不能获得专利保护，原因在于其与自然产生的对应分子相较，具有相同的分子和遗传结构以及功能。[18,24]换言之，CRISPR 基因编辑系统中运用的 Cas9 核酸酶、crRNA、tracrRNA 都能在自然界发现，CRISPR 系统与其自然产生的对应系统相比并没有显著不同的特征。[21]根据美国司法实践中所确立的关于可专利主题的司法例外，即将自然规律、自然现象和抽象思想作为可授权专利主题的例外，将影响 CRISPR/Cas9 系统能否获得专利保护。然而，关于这些司法例外情形的适用，目前正面临诸多争议。2019 年 5 月，北卡罗来纳州共和党参议员 Thom Tillis 和特拉华州民主党参议员 Chris Coons 公布的一份两党法案草案，建议对专利法的部分法规进行修改，并增加了一项条款[25~26]。根据该草案中增加的条款，"根据第 101 节的规定确定专利主题资格，不得使用任何隐含的或其他司法审判中创设的有关主题资格的例外，包括'抽象概念''自然规律'或'自然现象'，并且所有案件中确立或解释的这些除外情形均在此被废除""根据第 101 条判断一项提起专利申请的发明的适格性时，不应考虑以下因素：提起专利申请的发明的制造方式；权利要求的个别限制是众所周知的、常见的还是常规的；发明时的技术状况；或与本标题之下第 102、103 或 112 条有关的任何其他考虑因素。"[25,26]如果美国司法实践中确立的关于专利主题资格的前述除外情形受到冲击，那么前文述及的关于 CRISPR/Cas9 系统相关发明的专利适格性问题在美国可能将不再面临争议。

表 1　外国专利法律中关于科学发现的条款[27~28]

埃及知识产权法 第一部分 第一章 第 2 条	芬兰专利法 第 1 条	法国知识产权法 第 L611~10 条	德国专利法 第 1 条
墨西哥工业产权法 第 19 条	俄罗斯联邦民法典 第 1350 条	英国专利法 第 1 条	瑞典专利法 第 1 条

关于科学发现，我国《专利审查指南》对其进行了进一步的阐释："对自然界中客观存在的物质、现象、变化过程及其特性和规律的揭示。科学理论是对自然界认识的总结，是更为广义的发现。""这些被认识的物质、现象、过程、特性和规律不同于改造客观世界的技术方案，不是专利法意义上的发明创造，因此不能被授予专利权。"那么，如何判断

CRISPR/Cas9 系统相关发明是否属于科学发现？

以发明专利"一种特异靶向人 ABCB1 基因的 sgRNA 导向序列及应用"为例，其权利要求为："①一种特异靶向人 ABCB1 基因的 sgRNA 导向序列，其特征在于：……。②一种利用 CRISPR-Cas9 系统敲除人 ABCB1 基因的方法，所述的方法用于非疾病治疗目的，其特征在于包含如下步骤：（1）在权利要求①中所述 sgRNA 导向序列的 5′端加上 CACCG 得到正向寡核苷酸；同时根据导向序列获得其对应的 DNA 互补链，并且其在 5′端加上 AAAC 得到反向寡核苷酸；分别合成上述正向寡核苷酸和反向寡核苷酸，将合成的正向寡核苷酸和反向寡核苷酸变性，退火，形成双链；（2）将步骤（1）制得的双链与 Cas9 载体连接，得到重组敲除表达载体……"[29]。从前述权利要求可以看出，该技术方案是属于人进行技术介入之后所获得，而非自然界早已存在，因而属于专利法意义上的发明，而非科学发现。

关于疾病的诊断和治疗方法，各国专利法或审查实践中通常亦将其排除出可授权专利主题范围（表2）。我国《专利审查指南》将疾病的诊断和治疗方法界定为"以有生命的人体或者动物体为直接实施对象，进行识别、确定或消除病因或病灶的过程"。

对于 CRISPR/Cas9 系统相关发明而言，在发明专利申请实践中，申请人则会采取诸如"根据权利要求 1 所述的 sgRNA 在制备用于治疗过敏性疾病的药物中的用途"，或"miR-3187-3p 的敲除试剂在制备用于治疗冠状动脉粥样硬化性心脏病的药物的用途，其特征在于：其中敲除采用 CRISPR/CAS 技术，所述敲除试剂为 sgRNA，所述的 sgRNA 如 SEQ ID NO：1 所示"等方式，以制药方法类型的用途权利要求进行撰写。[30~31] 如果权利要求表述为"一种治疗冠状动脉粥样硬化性心脏病的方法，其特征在于……"，则属于疾病的治疗方法。前述发明专利"一种特异靶向人 ABCB1 基因的 sgRNA 导向序列及应用"在其权利要求 2 中亦特别指出"……所述的方法用于非疾病治疗目的"，以避免落入专利法第二十五条规定的疾病的诊断和治疗方法这一情形之中。[29]

表2 外国专利法律中疾病诊断和治疗方法相关条款[27、28]

德国专利法 第 2a 条	芬兰专利法 第 1 条	法国知识产权法 第 L611~16 条	埃及知识产权法 第一部分 第一章 第 2 条
以色列专利法 第 7 条	墨西哥工业产权法 第 19 条	瑞典专利法 第 1d 条	

关于动物和植物品种，根据《专利审查指南》，"专利法所称的动物不包括人，所述动物是指不能自己合成，而只能靠摄取自然的碳水化合物及蛋白质来维系其生命的生物""专利法所称的植物，是指可以借助光合作用，以水、二氧化碳和无机盐等无机物合成碳水化合物、蛋白质来维系生存，并通常不发生移动的生物"。尽管在我国动物和植物品种属于不授予专利权的客体，但是对动物和植物品种的非生物学的生产方法，可以授予专利权。以发明专利"利用 CRISPR-Cas9 系统敲除动物 FGF5 基因的方法"为例，根据该发明专利的权利要求书，"1. 利用权利要求 4~6 任一所述的利用 CRISPR-Cas9 表达系统敲除动物

FGF5 基因的方法，其特征在于，包括以下步骤：①构建特异性靶向 FGF5 基因第二外显子的 sgRNA 的表达载体，通过体外转录表达得到 FGF5 基因第二外显子的 sgRNA；②构建 Cas9 蛋白的体外转录载体，得到 Cas9 mRNA；③将步骤①的 sgRNA 和步骤②的 Cas9 mRNA 纯化后，混合，注射入动物受精卵细胞质或细胞核中，然后经体外短时培养后植入同种雌性动物输卵管中，或体外培养至囊胚期移植到同种雌性动物子宫中，以生产敲除 FGF5 基因的动物。所述动物为小鼠，猪，牛，绵羊，山羊。2. ……"[32]。根据前述步骤中人的技术介入程度，就可以判断其属于非生物学的生产方法。

基因编辑技术领域的专利申请：基于社会公德或公共利益维度的判断

国际公约和外国专利法中关于违反公共秩序或社会公德的发明不授予专利权的规定

《欧洲专利公约》（*European Patent Convention*，2016）在第 53 条将其商业利用将违反公共秩序或道德的发明；动物或植物品种，或者生产动物或植物品种的主要是生物学的方法；人体或动物的外科手术或治疗方法以及以人体或动物为实施对象的疾病诊断和治疗方法列举为可专利性的例外情形[19]。这些内容在欧洲专利局 2018 发布的修订版审查指南（Guidelines for Examination in the European Patent Office，2018）Part G Chapter Ⅱ 中得到进一步阐释[33]。

1998 年欧洲议会和欧盟理事会通过的《关于生物技术发明的法律保护指令》明确规定当发明的商业性利用违反了公共秩序或公共道德时必须排除其专利性，并在第 6 条将克隆人类的方法、改变人类生殖系统基因特征的方法等四种情形列为因违背公共秩序和公共道德而不具有可专利性的具体情形[34]。

根据《与贸易有关的知识产权协议》（Trips 协议），为了保护公共秩序或公共道德，包括保护人类、动物或植物的生命或健康，或为避免对环境的严重破坏所必需，各成员均可以排除某些发明于可获专利之外，可制止在该成员地域内就这类发明进行商业性使用，只要这种排除并非仅由于该成员的域内法律禁止该发明的使用[35]。德国、英国等也在其专利法中明确规定关于违反公共秩序或社会公德的发明不得被授予专利（表3）。

表 3　外国专利法律中关于违反公共秩序或社会公德的发明不得被授予专利的条款[27~28]

埃及知识产权法 第一部分 第一章 第 2 条	芬兰专利法 第 1b 条	德国专利法 第 2 条	日本专利法 第 32 条
俄罗斯联邦民法典 第 1349 条	韩国专利法 第 32 条	瑞典专利法 第 1C 条	英国专利法 第 1 条

专利审查实践中关于申请专利的发明是否违反社会公德或者妨害公共利益的判断

根据《专利审查指南》，社会公德，是指公众普遍认为是正当的、并被接受的伦理道德观念和行为准则。妨害公共利益，是指发明创造的实施或使用会给公众或社会造成危害，或者会使国家和社会的正常秩序受到影响。初步审查中，审查员应当参照指南第二部分第一章第3节的规定，对申请专利的发明是否明显违反法律、是否明显违反社会公德、是否明显妨害公共利益三个方面进行审查。对于诸如改变人生殖系遗传同一性的方法或改变了生殖系遗传同一性的人等发明创造，将被判断为违反社会公德。在实质审查中，审查员亦需要判断提起专利申请的发明创造是否属于违反或部分违反专利法第五条第一款的规定，并做出审查决定。

在专利复审实践中，专利局复审和无效审理部同样需要判断发明创造是否属于违反社会公德或妨害公共利益。本文于2019年5月31日对国家知识产权局专利局复审和无效审理部网站上公布的审查决定，在"法律依据"检索项下以"专利法第5条""专利法第五条"进行检索，共检索到162件发明专利案件（包括专利申请）依据专利法第5条规定的"对违反法律、社会公德或者妨害公共利益的发明创造，不授予专利权"做出复审决定。在这些专利复审案件中，涉及违反法律规定或公共利益的发明共100件，占62%；涉及违反社会公德的发明共62件，其中48件均是涉及人胚胎或胚胎干细胞的发明，暂未发现有关基因编辑技术领域的发明涉及专利法第5条的复审无效案例（图7）。

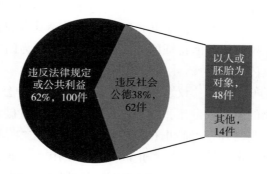

图7 涉及专利法第5条的复审无效案件统计图

承前所述，从我国专利审查实践而言，在发明专利申请的初步审查、实质审查以及复审阶段均可能涉及判断申请专利的发明是否违反社会公德或者妨害公共利益。例如，针对关于发明专利申请"人胎儿膀胱来源的上皮细胞"的复审请求，专利复审委员会认为"人胎儿膀胱来源的上皮细胞的获得必须使用人胚胎进行分离，无论是否对胚胎造成破坏，都涉及人胚胎的工业或商业目的的应用，违反了社会公德，不能被授予专利权"[36]。

当然，社会公德和公共利益的内涵会随着社会的发展发生相应的变化。例如，关于

"人胚胎的工业或商业目的的应用"，现行《专利审查指南》将其规定为属于违反社会公德的情形。而在 2019 年 4 月 4 日国家知识产权局公布并征求社会各界意见的《专利审查指南修改草案（征求意见稿）》中，针对"人胚胎的工业或商业目的的应用"增加了排除性规定，即"如果发明创造是利用未经过体内发育的受精 14 天以内的人胚胎分离或者获取干细胞的，则不能以'违反社会公德'为理由拒绝授予专利权"。同时对应删除现行《专利审查指南》"人类胚胎干细胞及其制备方法，均属于专利法第五条第一款规定的不能被授予专利权的发明"的规定，且在第 9.1.1.2 节中明确"人类胚胎干细胞不属于处于各个形成和发育阶段的人体"。[37] 前述征求意见稿中增加或删除的内容，实际上体现的是人类胚胎干细胞研究方面的 14 天规则。[38] 随着合成生物学的发展，14 天规则也可能面临伦理道德方面的挑战。因此，对于提起专利申请的发明是否违反社会公德或妨害公共利益，需要在特定情境下进行判断。

对于申请专利的发明，审查其是否违反社会公德或妨害公共利益，是为了更好地实现专利制度的宗旨，因此应充分重视对申请专利的发明从社会公德或公共利益维度进行审查。目前，关于审查主体以及实现路径存在不同的构想，主要包括：①对专利实质审查中的"实用性"标准进行扩大解释，运用"社会积极效果"原则，以全球性的视野面向未来的技术发展，以消减专利法第五条在伦理调控方面的缺陷[39]。②通过建立有效衔接机制等措施，提升审查人员的"伦理审查"能力[40]。③由伦理委员会根据专利法第五条进行伦理审查。或者在专利行政机关之外设立一个伦理委员会，对特定的专利申请进行伦理审查；或者引入伦理委员会，辅助审查人员、专利复审和无效部根据专利法第五条进行伦理审查[41~42]。这些构想在一定程度上体现了学者们对于专利法第五条功能的期望。因此，审查实践中，对于基因编辑技术领域的专利申请，审查员应特别关注是否存在伦理争议，根据专利法第五条审慎考量。

"科学技术的进步及其过程不是自动的，不可抗拒的"[43]。对于科学技术的发展，需要从 ELSI 视阈进行多维度的思考。以 ELSI 视阈审视基因编辑技术的发展，对于推动该技术的健康发展无疑具有重要意义。在专利审查的过程中，对申请专利的发明创造是否违反社会公德或妨害公共利益进行判断或审查，亦可视为 ELSI 价值与观念的一种体现。但是，我们也应深刻地认识到，对于基因编辑技术领域的发明，除了关注对其是否提供专利保护、是否具备专利适格性之外，还要着眼于前期的基因编辑技术研究活动、后续的临床应用和产业化开发，加强基因编辑技术的研究开发安全管理和临床应用管理。① 由于基因编辑技术尤其是 CRISPR/Cas9 系统技术应用之结果产生的不确定性，因此要建立起"伦理治理-法律规范-政策指引-社会参与"的多维框架，确保科学研究活动遵守相关法律规定，以符合

① 根据 2017 年科技部发布的《生物技术研究开发安全管理办法》，我国对生物技术研究开发安全管理实行分级管理，按照生物技术研究开发活动潜在风险程度，分为高风险等级、较高风险等级和一般风险等级。前述三个风险等级中均将"人类基因编辑等基因工程的研究开发活动"列入，分别表述为"涉及存在重大风险的人类基因编辑等基因工程的研究开发活动""涉及存在较大风险的人类基因编辑等基因工程的研究开发活动""涉及存在一般风险的人类基因编辑等基因工程的研究开发活动"。

伦理规范的方式进行，才能维护技术理性，让社会能够享受到基因编辑技术带来的最大利益。

参 考 文 献

［1］胡小丹，游敏，罗文新. 基因编辑技术. 中国生物化学与分子生物学报，2018，34（3）：267-277.

［2］李凯，沈钧康，卢光明主编. 基因编辑. 北京：人民卫生出版社，2016：5.

［3］王立铭. 上帝的手术刀—基因编辑简史. 杭州：浙江人民出版社，2017：221.

［4］日本 NHK "基因组编辑" 采访组著，谢严莉译. 基因魔剪——改造生命的新技术. 杭州：浙江大学出版股份有限公司，2017，136-137，171.

［5］Jennifer A. Doudna，Samuel H. Sternberg，王惟芬译. 基因编辑大革命：CRISPR 如何改写基因密码、影响生命的未来. 台北：远见天下文化出版股份有限公司，2018：281.

［6］王康. 类基因编辑多维风险的法律规制. 求索，2017（11）：98-107.

［7］科技部. 关于《生物技术研究开发安全管理条例（征求意见稿）》公开征求意见的公告. https://www.most.gov.cn/tztg/201903/t20190311_ 145548.htm.

［8］国家卫生健康委员会. 关于《生物医学新技术临床应用管理条例（征求意见稿）》公开征求意见的公告. http://www.nhc.gov.cn/yzygj/s7659/201902/0f24ddc242c24212abc42aa8b539584d.shtml.

［9］王茜、胡喆. 为我国人类遗传资源护航—司法部、科技部有关负责人详解人类遗传资源管理条例. http://www.gov.cn/xinwen/2019-06/11/content_ 5399006.htm

［10］王友华，邹婉侬，张熠，等. 基于专利文献的全球 CRISPR 技术研发进展分析与展望. 生物技术通报，2018，34（12）：186-194.

［11］王慧媛，袁天蔚，王超男，等. 以 CRISPR 技术为代表的基因组编辑技术发展态势分析. 竞争情报，2017，13（3）：33-42.

［12］REGENTS OF UNIVERSITY OF CA V. BROAD INSTITUTE 903 F. 3d 1286（Fed. Cir. 2018）.

［13］奥妙生物技术（广州）有限公司发明专利 "CRISPR-Cas9 特异性敲除人 CTLA4 基因的方法以及用于特异性靶向 CTLA4 基因的 sgRNA" 的权利要求书和说明书（申请号/专利号：201410077815X）.

［14］奥妙生物技术（广州）有限公司发明专利 "CRISPR-Cas9 特异性敲除人 PD1 基因的方法以及用于特异性靶向 PD1 基因的 sgRNA" 的权利要求书和说明书（申请号/专利号：2014100774746）.

［15］中国科学院北京基因组研究所发明专利 "用于敲除人 BTF 基因的 gRNA 序列及其敲除方法" 的权利要求书和说明书（申请号/专利号：2015105866626）.

［16］武汉大学发明专利 "用于艾滋病基因治疗的 CRISPR/Cas9 重组慢病毒载体及其慢病毒" 的权利要求书和说明书（申请号/专利号：201410770508X）.

［17］彭耀进：CRISPR 相关发明应该享受专利保护吗？ http://china.caixin.com/2016-07-12/100965560.html，2019年6月5日.

［18］Noah C. Chauvin. Custom-Edited DNA：Legal Limits on the Patentability of CRISPR-CAS9 'S Therapeutic Applications，60 Wm. & Mary L. Rev. 297，2018.

［19］European Patent Convention,，2016. https://www.epo.org/law-practice/legal-texts/epc.html.

［20］USPTO. 2019 Revised Patent Subject Matter Eligibility Guidance. https://www.govinfo.gov/content/pkg/FR-2019-01-07/pdf/2018-28282.pdf.

［21］USPTO. Manual of Patent Examining Procedure（MPEP，Ninth Edition）. https://www.uspto.gov/web/offices/pac/mpep/mpep-2100.html

［22］ Deborah Ku. The Patentability of the Crispr-Cas9 Genome Editing Tool, 16 Chi. -Kent J. Intell. Prop. 408 2017, https://scholarship.kentlaw.iit.edu/ckjip/vol16/iss2/8.

［23］ Kristin Beale. The CRISPR Patent Battle：Who will be "Cut" Out of Patent Rights to One of the Greatest Scientific Discoveries of Our Generation? Boston College Intellectual Property & Technology Forum （2015）, http://bciptf.org/wp-content/uploads/2016/02/KBeale-CRISPR.pdf.

［24］ Benjamin C. Tuttle. The Failure to Preserve CRISPR-Cas9's Patentability post Myriad and Alice, 98 J. PAT. & TRADEMARK OFF. SOC'Y 391, 392, 404-405, 2016.

［25］ 两党法案草案. https://www.tillis.senate.gov/services/files/E8ED2188-DC15-4876-8F51-A03CF4A63E26.

［26］ Megan Molteni：Congress Is Debating—Again—Whether Genes Can Be Patented. https://www.wired.com/story/congress-is-debating-again-wether-genes-can-be-patented/.

［27］ 十二国专利法翻译组译. 十二国专利法. 北京：清华大学出版社，2013.8、27、80、237-238、314、362、405、486、527.

［28］ 范长军. 德国专利法研究. 北京：科学出版社，2010：180.

［29］ 暨南大学发明专利 "一种特异靶向人 ABCB1 基因的 sgRNA 导向序列及应用" 的权利要求书（申请号/专利号：201511033609X）.

［30］ 江苏集萃药康生物科技有限公司发明专利 "一种靶向人 STAT6 的 CRISPR-Cas9 系统及其用于治疗过敏性疾病的应用" 的权利要求书（申请号/专利号：2016106680169）.

［31］ 嘉兴迈维代谢生物科技有限公司发明专利 "使用 CRISPR 技术敲除 miR-3187-3p 在冠状动脉粥样硬化性心脏病中的应用" 的权利要求书（申请号/专利号：2017107968055）.

［32］ 中国农业大学发明专利 "利用 CRISPR-Cas9 系统敲除动物 FGF5 基因的方法" 的权利要求书（申请号/专利号 2014107510791）.

［33］ European Patent Office. Guidelines for Examination in the European Patent Office. November 2018 edition. https://www.epo.org/law-practice/legal-texts/guidelines.html.

［34］ 姜丹明译，文希凯校. 欧洲理事会 1998 年 2 月 26 日通过的批准欧洲议会和理事会关于生物技术发明的法律保护 98/…/EC 号指令的第 19/98 号〈共同立场（EC）〉（98/110/02）. 国家知识产权局专利法研究所. 专利法研究（1998）. 北京：专利文献出版社，1998，336-348.

［35］ 与贸易（包括假冒商品贸易）有关的知识产权协议（乌拉圭回合最后文件），《外国法译评》1994（3）.

［36］ 国家知识产权局专利局复审和无效部审查决定［决定号：FS16697，发明创造名称《人胎儿膀胱来源的上皮细胞》，申请（专利）号：03805524.4］. http://reexam-app.cnipa.gov.cn/reexam_out1110/searchdoc/searchfs.jsp.

［37］ 专利审查指南修改草案（征求意见稿）修改对照表、关于《专利审查指南修改草案（征求意见稿）的说明》，国家知识产权局《关于就〈专利审查指南修改草案（征求意见稿）〉公开征求意见的通知》. http://www.sipo.gov.cn/gztz/1137035.htm.

［38］ 房琳琳. 哈佛大学科学家：胚胎伦理 "14 天规则" 该更新了. 科技日报，2017 年 3 月 23 日.

［39］ 陈熊. 基因技术专利保护的伦理调控之新标准——以 "实用性" 的扩大解释代替公序良俗原则. 律师世界，2003（5）：14-16.

［40］ 赵晶. 专利审查过程中 "伦理审查" 之初探——由两件明胶专利引发的思考. 中国发明与专利，2013（3）：92-95.

[41] E Richard Gold，Timothy A Caulfield. The moral tollbooth：a method that makes use of the patent system to address ethical concerns in biotechnology ［J］，*Lancet*，359：2268-2270，2002.

[42] 陈桂荣. 公共健康视域下专利伦理审查机制的问题与对策. 昆明理工大学学报（社会科学版），2014，14（5）：1-8.

[43] C. G. 威拉曼特里. 人权与科学技术发展. 北京：知识出版社，1997：18.

伦理先行：对人类基因组编辑技术的监督①

雷瑞鹏　　邱仁宗

DeepTech 深科技编者按：

"中国正处于一个十字路口。" 5 月 8 日，中国学者雷瑞鹏、翟晓梅、朱伟、邱仁宗四人在 *Nature* 上发表评论文章，做出预警，政府必须做出重大改变，以保护他人免受鲁莽的人类实验的潜在影响。

自去年 11 月，南方科技大学副教授贺建奎宣布其创造了经基因组编辑的一对双胞胎后，中国的科学家和监管者在不断进行反省。前述文章即是最新一例。

事实上，随着新兴技术的快速发展，确实带来一些不符合伦理或非法使用的可能性。例如人工智能领域出现的算法歧视，合成生物学可能被滥用于制造生物武器等。

新兴技术的这些特点，决定了"技术先行"或"干了再说"的办法，可能不再适用。而且，在市场压力下潜在的利益冲突，科学家的自我约束也容易失灵。为此，DeepTech 邀请雷瑞鹏、邱仁宗撰文，探讨如何解决中国在新兴技术领域的伦理治理难题。

自从贺建奎在去年 11 月 26 日宣布，被他做了胚胎基因组编辑的双胞胎女孩已经出生，令全世界震惊之后，中国的科学界、生命伦理学和科学技术伦理学界以及监管机构一直处于反思之中。

现在大家正在"痛定思痛"，思考这个"痛"怎么来的，怎么才可以避免再发生这种令人"痛"的事件。我们认为，从根本上说，我们还没有在国家层面建立保护人类受试者的伦理基础设施或伦理治理体系，这包括制订有法律效力的有关保护人类受试者的

---

① 编者按：2019 年 1 月底在华大基因组研究中心/国家基因库组织的一次有关基因组编辑和伦理学会议上我们首先提出了"伦理先行"的想法，后来在中国科学院组织的一次应对 21 世纪科技发展提出的伦理挑战的座谈会上我们发表了对"伦理先行"的意见。本文是第一次扼要论述这一想法的文章，发表于 2019 年 5 月 11 日 DeepTech 深科技 https://www.toutiao.com/i6689682363405828612/）。原文中我们发现有一些文字上的不适之处，这里作了改正。

法规或条例系统，建立有效优质的机构伦理审查制度，建立有效优质的能力建设制度，以及有效的质量控制制度，包括对机构伦理审查委员会和省市伦理委员会的检查、考查和评估制度。

我们的国家卫生健康委员会和食品药品监督管理总局已经制订了我们认为比较好的规范和管理办法，但对它们实施的监督较差；机构伦理审查委员会质量参差不齐；能力建设薄弱；以及缺乏检查、考查和评估。即使有了改善，它们实际上仅在这两个政府部门管辖范围之内，在这两个管辖部门之外的研究机构以及和越来越多的私立研究机构也许对这些部门规章，就置若罔闻了。将这些部门的规章成为国务院（中央政府）的条例，在国务院下建立保护人类受试者的权威机构也许是我们应该做的事情之一。

从贺建奎事件我们考虑到的一个问题是，对于像基因编辑那样的新兴技术，没有注意其伦理问题的特殊性，因而也没有建立专门针对它们的监管机制。新兴技术（emerging technologies）是指基因技术（如基因编辑）、人工智能技术、机器人技术、大数据技术、干细胞和再生医学、合成生物学、神经科技、微电机系统、异种移植技术、纳米技术、增强现实技术、3D 打印刷等。

这些新兴技术的主要特点之一是，它们有可能对人和社会带来巨大受益，同时又有可能带来巨大风险，威胁到人类未来世代的健康以及人类的生存。例如人工智能可使人类从一般的智能活动摆脱出来，集中精力于创新发现发明，然而同人类一样聪明甚至超越人类的人工智能系统，一旦失去控制，可能对人类在地球的存在带来威胁。合成生物学的研究和广泛应用可帮助人类用多快好省的方法解决困扰人们已久的粮食、营养、燃料、药物和疫苗的生产问题，然而如果合成出传染力强、引起的疾病严重、传播迅速，且对疫苗有免疫力的病毒，则可能使数千万人丧失生命。

这些新兴技术特点之二是它们的不确定性。不确定性使我们对所采取的干预措施可能引起的后果难以预测，影响后果的因素可能太多，太复杂，相互依赖性太强而不能把握。例如用于管理电网、核电站等重要设施的人工智能软件可能发生难以预测的差错。贺建奎所做的生殖系基因组编辑是典型的不确定性例子。我们将卵、精子、受精卵或胚胎中的基因组进行编辑后，我们难以精确发现基因组编辑是否损害了正常基因，更不能把握基因组经过修饰的胚胎发育成人后是否能预防艾滋病病毒感染。即使她们终身没有感染艾滋病病毒，那么能否确认就是基因组编辑的后果，她们对其他疾病尤其是传染病是否有易感性，她们整体的身体状况比没有经过编辑的孩子是好还是糟，她们未来的孩子的身体状况以及未来的孩子的后代的身体状况怎样？对这些问题我们都无法回答，因为缺乏必要的信息。在这种情况下我们无法对生殖系基因组编辑进行必要的风险-受益比评估，也不能对提供胚胎的遗传病患者（即未来孩子的父母）提供必要和充分的信息，使他们能够做出有效的知情同意。新兴技术往往具有双重用途的特性，即一方面可被善意使用，为人类造福；另一方面也可被恶意使用，给人类带来祸害。例如合成流感病毒可用来研制疫苗，也可用来制造生物武器。

新兴技术主要特点之三是，会提出一些我们从来没有遇见过的新的伦理问题。例如人工智能软件对于我们人类做出涉及未来的决策能够起很大的积极作用，可是人工智能的决策是根据大数据利用算法做出的，算法能在大数据中找出人们行为的模式，然后根据这种模式预测某一群人未来会采取何种行动，包括消费者会购买何种商品，搜索何种人可担任企业的高级执行官，某种疾病在某一地区或全国发生的概率，或在某一地区犯过罪的人有没有可能再犯等，然后根据这种预测制订相应的干预策略。然而，模式是根据数据识别出来的，而数据是人们过去的行为留下的信息，根据从过去行为的数据识别出的行为模式来预测人们未来的行为，就有可能发生偏差或偏见。例如在美国多次发现算法中的偏差，结果显示种族主义和性别歧视偏见。安保机构往往根据算法来确定黑人容易重新犯罪，尽管实际上白人罪犯更容易重新犯罪。由于在大数据中往往将"编程""技术"等词与男性联在一起，"管家"等词则与女性联在一起，因此人工智能的搜索软件往往推荐男性做企业高级执行官等。再则，人有自由意志，一个人过去犯过罪，他可以选择今后不再犯罪。

新兴技术的这些特点，决定了我们发展它们的政策和战略不能采取"技术先行"或"干了再说"的办法。反之，我们应该"伦理先行"。这要求我们在启动研发之前先要在对其伦理问题探讨的基础上，制订一套初步的、暂行的伦理规范和管理办法。

最近国家卫生健康委员会发布的《生物医学新技术临床应用管理条例（征求意见稿）》是很好的，但对每一项新兴技术都制订一个伦理指南或伦理准则可能更好。这种规范是暂时性的，因为制订这些规范时我们缺乏充分的信息，而且新兴技术具有不确定性，我们可以随着科研的发展，及时进行评估，修订我们的规范。因此，在这个阶段规范不宜采取立法的形式，而以部门规章为宜，因为需要与时俱进，及时修改，以便不脱离科技发展的实际。随着我们积累的知识和数据增多而随时加以修改、完善（类似"摸石头过河"）。

不少科学家和科学共同体愿意进行自我监管，这是非常积极的现象。但科学家和科学共同体必须理解，自我监管是不够的。因为：其一，科学家往往需要集中精力和时间解决创新、研发和应用中的科学技术问题，这是很自然的和可以理解的，可是这样他们就没有充分的精力和时间来关注伦理、法律和社会问题；其二，现今科学技术的伦理问题要比例如哥白尼、伽利略甚至牛顿时十分复杂得更多，而伦理学，尤其是科学技术伦理学或生命伦理学也已经发展为一门理性学科，它们有专门的概念、理论、原则和方法，不经过系统的训练是难以把握的；其三，现今的科技创新、研发和应用都是在市场情境下进行，这样科学家就会产生利益冲突，没有外部监管，只有自我监管，就会出现"既当运动员，又当裁判员"的情况。外部监督有两类：政府对新兴科技自上而下的监管，这是最为重要的，这就要建立一套监管的制度，自上而下的监督也包括人民代表机构和政治协商机构的监督，这是我们缺少的；自上而下的监督就要对违规者问责、追责、惩罚，再也不能让违规者不必付出违规成本。另一类监督是利益攸关方的自下而上的监管，利益攸关方包括人文社科诸学科相关研究人员、有关的民间组织和公众代表。

坚持透明性原则，建议建立开放的公众可及的中央信息平台，凡从事基因编辑研究和应用的任何单位，都必须将下列情况向中央信息平台提供：从事基因编辑研究和应用的机构情况（人员、设备）；基础研究使用人胚胎的情况（胚胎情况、数量、结局）；动物研究情况（什么动物、多少、所获数据）；临床试验情况；临床应用情况（包括创新疗法）；与基因编辑研究和应用合作的 IVF 机构情况；对非人动植物基因编辑情况。贺建奎曾声称做过无数次的动物实验，但一次实验也没有公开报告过。对违规者的调查处理结果也应发表在这中央信息平台上，仅仅通过新华社报告一下初步调查结果，既无细节，又无相关单位和人员的姓名，初步调查结果之后再也没有听说进一步的结果，这种做法不符合透明性原则，必须加以改正。

人类基因组编辑：我们的未来属于我们大家

Françoise Baylis

原文标题：Human genome editing：Our future belongs to all of us

作者：Françoise. Baylis，University of Dalhousie，Canada

发表刊物：Issue in Science and Technology，35（3）：42-44

发表时间：2019 年春

链接地址：https://issues.org/our-future-belongs-to-all-of-us

译者：雷瑞鹏

2018 年 11 月下旬，中国科学家何建奎宣布"健康的"双胞胎女孩露露（化名）和娜娜（化名）出生，这一消息在媒体上引发了轩然大波。这一宣布立即遭到几乎一致的谴责。批评人士的一个共同主题是，他未能尊重国际共识。

作为一个"广泛的社会共识"的坚定倡导者，这种共识是伦理上可接受的可遗传人类基因组编辑的门槛，我对这种反应很感兴趣。他们所说的"共识"是什么？

对谴责他违反国际共识的媒体报道和各种评论作一迅速审查，可以看出对共识的范围和意义相当模糊。一些评论人士是指已经感知到的政治共识，另一些人则直觉地感觉到一种有点模糊的科学共识，还有一些人抱怨未能尊重 2015 年 12 月人类基因编辑国际峰会上发出的广泛社会共识呼吁。

政 治 共 识

在全球范围内，关于可遗传人类基因组编辑的政治共识——尽管不怎么好——倾向于完全禁止，即使不是禁止，至少也是暂停。欧洲理事会委员会欧洲人权和生物医学公约（《奥维耶多公约》）第 13 条是第一个具有法律约束力的旨在禁止滥用生物和医学成就的国际文本规定："谋求修饰人类基因组的干预仅当为了预防、诊断或治疗的目的，以及仅当其目的不是修饰任何后代的基因组时才可采取。"

1997 年公开签署的《奥维耶多公约》对 29 个签署和批准该公约的国家具有法律约束力。2015 年 12 月，在国际基因编辑峰会上，欧洲理事会发表新闻稿，提醒世界注意第 13 条的范围和重要性。

2015 年 10 月，联合国教科文组织国际生命伦理委员会（IBC）在筹备本次峰会的会前会议上发布了关于更新其对人类基因组和人权反思的报告。这份最新报告呼吁各国和政府"同意暂停人类生殖系的基因组工程，至少在这些程序作为治疗的安全性和有效性没有得到充分证明的情况下"。

如果我们把目光从国际声明转向国家间的监管格局，就会发现，在那些拥有相关法规的国家，可遗传的人类基因组编辑在很大程度上是被法律或研究准则所禁止的。根据2014 年对 39 个国家的一项调查显示，25 个国家已经实施了法律禁令，另有 4 个国家在准则中明确规定了禁令。反之，有一个国家即美国，由于《综合拨款法》的规定，不可能从事以生殖为目的的生殖系基因组编辑，因此事实上实施了禁令。该法明确禁止美国当局审查建议的可遗传基因组编辑的临床试验计划。在接受调查的 39 个国家中，其他 9 个国家只有模糊的信息。

因此，如果有任何种类的政治共识的话，那就是应该禁止可遗传的人类基因组编辑。因此毫无疑问贺建奎违反了共识。

科 学 共 识

科学家们对人类生殖系编辑的伦理学和治理意见不一。一些科学家赞成暂停；其他人则希望有一条前进的道路。这种观点上的差异不仅限于基因组编辑，还适用于旨在改变线粒体 DNA 组成的技术。

直到最近，国际科学共同体的成员才一致认为，在体外经过基因修饰的人类胚胎不应该用来怀孕。但随后，英国科学共同体出现了分裂，促使他们的政府进行立法改革，明确允许某些类型的基因经过操作的胚胎的转移。2015 年，英国议会通过了《人类受精与胚胎学（线粒体捐赠）条例》。2016 年 12 月，英国人类受精与胚胎管理局批准了利用线粒体捐赠来消除通过线粒体 DNA 传播的线粒体疾病。

在此之前，2016 年 9 月有消息称，2016 年 4 月，墨西哥出生了一名在核基因组转移（也称为线粒体置换和"三人体外受精"）后受孕的婴儿。该胚胎在美国纽约的新希望生育中心进行了基因修饰。胚胎移植和分娩发生在墨西哥，以避免违反美国联邦法律。与此同时，据说在中国有一个孩子就是用这种技术诞生的。

2017 年，乌克兰基辅纳迪亚诊所（Nadia Clinic）又发生了一起类似的分娩。这次临床研究人员使用原核移植代替母体纺锤体移植，目的是治疗不孕不育，而不是避免线粒体疾病。自那以后，乌克兰又有了新生儿，并于 2019 年 1 月宣布了西班牙和希腊合作的第一次利用核基因组转移导致的妊娠。到目前为止，英国还没有核基因组转移后出生的婴儿。今天，关于遗传修饰的国际科学共识是什么（或者可能是什么）还不清楚。在英国，进行核基因组转移（并进行可遗传的修饰）来治疗线粒体疾病是合法的。在一些司法管辖区，这是治疗不孕症的商机。

关于生殖系基因组编辑，最著名的科学政策文件是 2017 年美国国家科学院和国家医学科学院（NASEM）的报告《人类基因组编辑：科学、伦理学和治理》以及 2018 年纳菲尔德生命伦理委员会报告《基因组编辑和人类生殖：社会和伦理问题》。这两份报告都有效地得出结论，在某些情况下，"应该允许"可遗传的人类基因组编辑。但是，这些报告所列举的指导原则和规定条件差别很大。

NASEM 报告以各种方式肯定，在"严格监督下的认真条件"下进行生殖系基因组编辑，"在严格监督下出于令人信服的理由"，以及"对于接受全面监督的令人信服的情况下"，这在伦理学上是合适的。该报告包括 7 项总体原则："促进福祉，透明性，应有的关怀，负责任的科学，尊重人，公平和跨国合作"，这些原则后来形成 10 点"健全而有效的监管框架"。

纳菲尔德理事会的报告为可允许的可遗传基因组编辑提出两个基本原则：未来人的福利，以及社会公正和共济。它的结论是，如果技术的使用"旨在确保并且与可能由此产生的人的福利相一致"，并且如果它们"不产生或加剧社会分裂，使社会中弱势群体边缘化"，那么该技术的使用在伦理学上是可以接受的。该报告呼吁"正当而有效的监管程序"，接受"广泛和包容性的社会辩论"。

虽然这两份报告之间存在重要差异，但显然贺建奎并不满足其中任何一项所提出的条件。没有证据表明促进人的福祉或福利。显然缺乏透明性和跨国合作。出现了有关应有的关怀和负责任的科学的严肃问题。同样，对于贺建奎之尊重人，公平和社会公正存在严重的怀疑。对于那些达成暂停共识的科学家来说，他的行动肯定违反这一点。

社 会 共 识

在 2015 年人类基因编辑国际峰会结束时，组织委员会发表了一份结论性声明，其中包括一个不错的伦理框架。该委员会肯定："除非并且直到：(i) 基于对风险、潜在受益和以及可供选择的方案的适宜理解和平衡，相关的安全性和有效性问题已经得到解决，以及 (ii) 对拟申请的方案的适宜性存在广泛的社会共识，否则进行生殖系编辑的临床使用是不负责任的。

在得知贺建奎的实验和世界上第一对经过基因编辑的人诞生时，曾帮助研发贺建奎使用的基因编辑 CRISPR 技术的研究员张锋写道："2015 年国际研究共同体表示，如果没有'关于拟申请方案的适宜性广泛的社会共识'，进行任何生殖系编辑是不负责任的'"。同样，国际峰会主席 David Baltimore，肯定地说："从事任何生殖系编辑的临床使用是不负责任的，除非和直到安全问题得到解决并且存在广泛的社会共识"。

尽管支持"广泛的社会共识"的这些明确的强烈声明，2018 年 11 月举行的第 2 届人类基因组编辑国际峰会组委会发表的结论声明没有提到这一点，而是要求"严谨负责的转化途径"。这一呼吁与 2017 年 NASEM 报告一致，也可能与 2018 年纳菲尔德理事会报告一致，但大多数肯定与 2015 年峰会声明不一致。然而，即使在 2018 年峰会声明公布之后，杰出的学者也仍将 2015 年的声明称为国际共识。例如，在《自然生物技术》的一篇文章中列举了贺建奎在 19 个方面违反了伦理学，研究公共政策与技术之间联系的 Sheldon Krimsky 在引用 2015 年峰会声明时断言："第一个问题是贺建奎的工作违反了关于是否或何时应该允许编辑人类胚胎的国际共识。"这篇文章提示，在广泛社会共识的重要性方面存在着共识。

其他人则不同意。例如发表 2017 年人类基因组编辑报告的 NASEM 委员会联合主席和 2018 年国际峰会的组织委员会成员 Alta Charo 写道："（2018 年关于人类基因组编辑的峰会声明的一些批评者）将第一次峰会组织者使用的"广泛的社会共识"的语言用作武器，要求无限期的暂停，直到达成这种共识，而没有描述这种共识可能是什么样子。当然，全球共识（大多数？通过民意调查计算？通过投票计算？）是根本不可能的。"

这提示，广泛社会共识是一个无法实现的理想。然而，许多提及贺建奎违反国际共识的人都掩饰了这种主张。此外，这种观点忽视了最近为解决广泛社会共识的意义和范围所做的努力。从另一个视角来看，貌似有理的是，真正反对广泛社会共识是，它威胁到科学共同体的自治，因为它要求与公民社会分享决策权威。

过程最重要

在 2018 年峰会后几周，组织峰会的两个美国国家科学院和中国科学院院长在《科学》（Science）杂志发表了一篇科学社论，避开了广泛社会共识。相反，他们呼吁广泛的科学共识。他们承认制定一项广泛协定的重要性，该协定"不仅包括科学和临床共同体，还包括整个社会。但他们所提到的协定并不是关于是否从事可遗传修饰的协定，而是关于如何最好地做到这一点的协定，也就是说，从事人类生殖系基因组编辑的标准是什么。

教育和让公众参与讨论可遗传人类基因组编辑的伦理学和治理非常重要。然而，超越教育和参与赋权也很重要。这首先要把《自然》（Nature）编辑所谓的"未来生殖系编辑已成定局的假定"撇在一边。我们要做的不是试图平息公众，保证可遗传的生殖系基因组编辑仅在接受"严格的独立监督，令人信服的医疗需要，缺乏合理的替代方案，长期随访计划以及注意社会影响"时才进行，我们应该要求世界的公民们鉴定他们有关可遗传的人类基因组编辑技术如何会使他们的生活的变好或没有变好的利益和想法。

作为广泛社会共识的坚定支持者，我已经试图说明这不是全体一致的问题，而且它也不会成为多数人的统治。我指出，对于广泛社会共识重要的（也许最重要的）事情是旅程或过程。当人们争取达成共识时，他们以不同的工作方式（有些人会说更富有成效）一起工作，而不是这样的情况：当圈内某些人明显掌握权力而听到的是在外部的其他人在喧嚣。

我的底线是，隐喻地说，人类基因组属于我们所有人。我们都应该对是否进行可遗传的基因组编辑发表意见。

美国科学家才是"CRISPR 婴儿"事件中的"狼"角色？①

Jane Qiu

原文标题：American scientist played more active role in 'CRISPR babies' project than previously known

作者：Jane Qiu

译者：罗彬月

校者：计永胜

译文发表处：《知识分子》

链接地址：http://www.zhishifenzi.com/innovation/depthview/5273?category=depth

近来，中国科学家 He Jiankui（贺建奎）的"CRISPR 婴儿试验"受到广泛谴责，而此前的报道未披露的是，一位就职于莱斯大学（Rice University）的美国教授与该试验有着千丝万缕的联系。值得注意的是，STAT 新闻网发现，在去年 11 月底提交到《自然》杂志的一篇涉及该研究的论文中，莱斯大学的生物物理学家迈克尔·蒂姆（Michael Deem）是主要作者。

蒂姆重要的作者身份表明，这位知名的美国科研人员，曾在这项广受争议的项目中起到重要作用。该试验简直点燃了全世界人民的怒火。他的参与可能会鼓励志愿者参加试验，还为领导这项工作的中国科学家贺"背书"。

STAT 新闻网获得的邮件显示，蒂姆的名字排在作者栏最末。在生命科学领域中，这一位置是给监督论文研究的资深科学家的。这篇论文题目为"抗艾滋基因编辑后的双胞胎的诞生"。论文还有其他九位贡献者，其中表明承担了研究中的大部分实际操作的第一作者就是贺。

这位中国科学家现在已经臭名昭著。去年 11 月，他在香港一个国际会议开幕前宣布了一对经过 CRISPR 技术基因编辑的双胞胎女孩的诞生，引起了巨大的轰动。科学和伦理规

---

① 本文 2019 年 1 月 31 日在《环球波士顿时报》所属科技网站 STAT（专门关注健康和医学前沿的网站，利用了意为重要和紧迫的 stat 这个词）发表的"American scientist played more active role in 'CRISPR babies' project than previously known（美国科学家在 'CRISPR 婴儿研究计划'中起了以前不知道的更为积极的作用"）。

范不允许经过基因编辑的人类胚胎进入妊娠程序，贺因此受到了强烈谴责。《自然》杂志也迅速决定停止对贺的论文进行同行评审。

据新华社报道，官方调查后发现，贺的工作严重违反了中国政府的规定，位于深圳的南方科技大学随后将他解雇。调查还发现，贺的项目团队涉及"海外人员"。调查并没有对蒂姆进行点名，也没详细说明他的贡献，但他是唯一参与了贺的基因组编辑研究的外国科学家。

一位参与该项目的中国科学家表示，蒂姆不仅仅是一名旁观者：蒂姆和贺合作进行试验，并作为研究团队一员参与了2017年与多名志愿者的会面，包括志愿者招募和知情同意过程，这些均是临床试验的关键组成部分。蒂姆帮忙征得志愿者的同意，并通过翻译与他们交谈。这位团队的中国成员要求不要透露其姓名，因为他没有与媒体交谈的权限。

"作为美国一所精英大学的杰出科学家，蒂姆的参与很可能在说服志愿者同意参加试验中发挥重要作用，"总部位于北京的非政府组织 Health Governance Initiative 的创始人兼首席执行官、人权律师贾平表示。那些人或许都不知道蒂姆与贺都没有临床试验的经验。

STAT 联系的研究人员表示，深入了解蒂姆的角色非常重要。"他到底参与与否，对事件的性质影响非常巨大。"加州大学伯克利分校的基因组编辑先驱詹妮弗·杜德娜（Jennifer Doudna）说。

蒂姆是一位生物工程和物理学教授，是贺2007年到2010年在莱斯大学读博时的导师。蒂姆在去年11月关于该项目的初步报道中告诉美联社："我见到了那些家长。我在那里是为了他们的知情同意。""家长"指的是双胞胎们的父母，可为什么他在那里还是很不清楚。他的言论促使莱斯对蒂姆的参与进行调查。

直到上个月，蒂姆的律师发表声明称，"迈克尔不进行人体研究，他也不曾在这个项目中进行人体研究。"

虽然蒂姆可能没有从事任何实验室工作，例如处理胚胎，可是被列为"CRISPR 婴儿"的论文作者，特别是最后一位作者，是蒂姆参与了研究的强有力的证据，斯坦福大学的律师和生物伦理学家汉克·格里历如是说。

根据 STAT 得到的记录，该论文的早期草稿将贺列为最后一位作者，而蒂姆是倒数第二的作者。但不知因何种原因，作者的顺序在11月下旬提交给《自然》杂志的版本中有所改变：贺被列为第一作者，而蒂姆被列为最后一位作者。

蒂姆拒绝发表评论。但他的律师本周（1月底）发表声明否认蒂姆是提交给《自然》的论文中的"第一作者、最后或通讯作者"："迈克尔·蒂姆过去曾对细菌的 CRISPR 进行过理论研究，并撰写了一篇关于'CRISPR-Cas'的物理学评论文章。但蒂姆博士没有设计、实施或执行与 CRISPR-Cas9 基因编辑相关的研究或试验，这两者区别很大。"

蒂姆的律师大卫·吉尔格（David Gerger）和休斯敦的马特·轩尼诗（Matt Hennessy）对于基因编辑双胞胎的父母签署知情同意时蒂姆在场的说法提出异议。"博士蒂姆那时并不在中国，报道中被编辑 CCR5 基因的孩子的父母提供知情同意时，他也并没有参与。"他们在一份声明中说道。但这与美联社报道的内容似乎相矛盾。美联社告诉 STAT，报道准确地引用了蒂姆原话，并且它"力挺自己的报道"。

两位律师没有回答关于他们是否否认蒂姆以任何形式参与 CRISPR 婴儿项目的后续问题。

加州大学戴维斯分校的干细胞生物学家保罗·克努普夫勒（Paul Knoepfler）表示，蒂姆的参与可能使贺对试验的推进更有信心。"如果蒂姆一直强烈反对，我不认为贺会做这个项目，"这位加州大学的生物学家说。而蒂姆的律师并没有断然否认蒂姆参与该项目，这一事实说明了他确实扮演了某种角色，克努普夫勒补充道："我猜测他通过某些重要手段对这个项目提供智力支持。"

STAT 还发现，蒂姆和贺共同撰写了两篇关于临床前研究的论文，检测了 CRISPR 基因编辑技术在小鼠、猴子和人类胚胎中的应用——并没有人因此而怀孕。两篇论文的"作者贡献"声明都说是蒂姆设计了这个项目，并书写和修订论文。STAT 得到了其中一份论文，另外一份，一位科学家则通过电话大声朗读了论文手稿的作者贡献声明。

其中一篇论文，去年 11 月下旬与"CRISPR 婴儿"论文一同提交给《自然》杂志，作者修改了 CCR5 基因，该基因编码一种帮助 HIV 进入和感染细胞的蛋白质，也就是贺声称他已经在双胞胎中进行改变以保护他们免受感染与艾滋病病毒的基因。而另一篇论文报道了对 PCSK9 基因的编辑，该基因编码一种有助于调节血液中胆固醇水平的蛋白质，这篇论文提交给了《科学·转化医学》杂志。两篇都被拒稿。

两家期刊都表示他们对任何可能提交的论文内容无法置评，因为它们是保密的。但两家期刊的编辑都表示他们有自动向所提交论文的所有作者发送电子邮件的政策。电子邮件会通知他们被列为作者，也会给出论文的标题。如果研究人员不知道论文的存在，对论文内容、提交有异议，或不符合作者资格时，可以通知期刊。这可以成为（期刊）拒稿的理由，在这种情况下，期刊不会将其发送给同行评审。

蒂姆的律师说"他没有授权提交与 CCR5 或 PCSK9 相关的稿件给任何期刊，并且他不是任何此类稿件的第一、最后或通讯作者。"但是为了回应 STAT 的后续问题，他们随后承认蒂姆被列为所有三篇基因编辑论文的作者，并说蒂姆曾要求期刊从所有稿件中删除他的名字。

除了向《自然》杂志和《科学·转化医学》杂志提交的文章之外，蒂姆和贺共同发表过八篇论文，最新的一篇是在 2017 年。虽然没有一篇与基因编辑相关，但这表明了，贺从莱斯大学毕业至今，两人一直保持着密切合作。

对于大多数研究人员来说，问题的关键是蒂姆参与 CRISPR 婴儿试验是否违反了美国关于人体研究的规则，因为他未获得莱斯大学的批准。即使他没有使用联邦资金进行这项工作，政府法规也对研究人员有要求：他们拟在国外进行临床试验时，须得到其所在机构的伦理委员会批准。

至少有两项在研的联邦基金，支持了蒂姆近期在自己实验室开展的工作，一个来自美国国家科学基金会，另一个来自能源部。美国国家科学基金会提供了一项今年 8 月截止的为期五年，1200 万美元的经费给支持蒂姆研究的莱斯大学的理论生物物理中心。

蒂姆和他的律师都不愿评论他是否已经违反了关于人体研究的联邦法规，以及他是否在"CRISPR 婴儿"项目中使用了任何联邦拨款。

美国国家科学基金会监察长办公室表示对是否开始进行调查无可奉告，而截至发稿美国能源部没有做出回应。

莱斯大学在一份声明中表示，它此前并不知道"CRISPR 婴儿"的研究，据其所知，没有任何一项临床工作是在美国进行的。莱斯大学于去年 11 月底展开全面调查，但不愿给出更多的评论。

如果蒂姆违反了人类受试者保护规定，宾夕法尼亚大学基因组编辑专家奇兰·木苏努如（Kiran Musunuru）博士说，"这就是一次职业生涯的自我终结"。

蒂姆所获得的所有联邦经费都岌岌可危。"这可能是一次非常强力的制裁，"格里利说，"可能会让他失业。"

无论莱斯大学的调查结果如何，蒂姆都可能无法在大学待更长时间了。去年 6 月，他在香港城市大学做了一个演讲，很显然这是应聘工程学院院长的面试的一部分。几个月后，他获得了这份工作，香港城市大学的一位教授告诉 STAT。教授补充说，蒂姆本该在今年 1 月初担任该职位，但大学已经任命了另一位代理院长。

香港城市大学新闻办公室表示，蒂姆可能参与了 CRISPR 婴儿试验，这让大学重新审查合同，该合同现在状态为"根据莱斯大学调查的结果待定"。香港城市大学不愿明确表示是否确认他的参与后会终止合同。他的律师也不愿就此事发表评论。

格里利说："如果蒂姆积极参与了这项研究，那么我认为他不适合担任大学院长。我不会想去雇用他，我也建议其他大学不要雇用他，因为他表现出了非常糟糕的判断力。"

❖❖

作者简介：

Jane Qiu，自由撰稿人，邮箱：jane@janeqiu.com，推特：@janeqiuchina。

原文标题"American scientist played more active role in 'CRISPR babies' project than previously known"，2019 年 1 月 31 日首发于 STAT。《知识分子》获授权翻译并刊发该文中文版。

https://www.statnews.com/2019/01/31/crispr-babies-michael-deem-rice-he-jiankui/.

请不要倾销①

最近的事件凸显一种令人不愉快的科学实践：伦理倾销
富裕国家科学家在贫穷国家进行有问题的实验

Jane Qiu

原文标题：No Dumping，Please. Recent events highlight an unpleasant scientific practice：ethics dumping. *Rich-world scientists conduct questionable experiments in poor countries*

作者：Jane Qiu

发表刊物：The Economist

发表日期：The 2ⁿᵈ February 2019

链接地址：https://www.economist.com/science-and-technology/2019/02/02/recent-events-highlight-an-unpleasant-scientific-practice-ethics-dumping

译者：雷瑞鹏

2018 年 11 月，中国 DNA 测序专家贺建奎宣布，编辑了两个现在是女婴的胚胎的基因组。这一消息招致了许多正直的和正当的谴责。但它也从外部世界引来了一片啧啧声，抱怨此类事情发生在中国这样的地方是意料之中的。在中国，不管法规在纸面上怎么说，执行起来都很松散。然而，如果再深入挖掘，所发生的事情就会变得更加引人注意，而不仅仅是一个特立独行的人在一个监管松懈的地方出轨的故事。相反，这可能是称之为伦理倾销现象的一个例子。伦理倾销是研究者从一个国家（通常是富裕国家，有严格规定）来到另一个国家（通常不那么富裕，法律宽松）进行本国不会允许的实验，或者也许允许但人们对它皱眉头。

最令人担忧的案例涉及医学研究，这关系到健康，甚至生命。但是其他的研究——例如人类学的研究——也可能在国外以一种更随意的方式进行。随着科学变得更加国际化，有意或无意的伦理倾销的风险也在上升。在这种情况下，人们提示，贺建奎博士在他的研

---

① 编者按：贺建奎事件有伦理倾销的要素，鉴于我国过去曾发生过黄金大米试验、头颅移植这些典型的伦理倾销丑闻，我们在有关人类基因组编辑的治理上，必须在有关法规、条例、规章中列有防止和处置伦理倾销的条款。

究计划中得到了美国一所大学研究人员的鼓励和协助。

所说的那个科学家是德克萨斯州休斯敦莱斯大学的 Michael Deem。他曾于 2007 年至 2010 年担任贺建奎博士的博士生导师，并一直与贺建奎博士合作。两人共同撰写了至少 8 篇已发表论文和几篇尚未发表的手稿。Michael Deem 博士（连同其他九名中国人，包括贺建奎博士）也出现在了一篇论文的作者名单上。这篇论文题为"抗 HIV 基因编辑后双胞胎诞生"（Birth of twins after genome editing for HIV resistance），贺建奎在香港的一次会议上宣布了他的研究成果之前，递交给了《自然》（Nature）杂志。《自然》杂志的编辑们拒绝了这篇论文（而且不会像正常的拒绝程序那样，确认他们确实收到了这篇论文）。

根据参与基因修饰胚胎研究计划的中国科学家的说法，他们利用了一种已知为 CRISPR-Cas9 的技术，关闭了产生 CCR5 的基因，CCR5 是一种 HIV 将自己附着于它进入细胞的蛋白质，Deem 博士认为作为该研究计划团队的一员参与了潜在的志愿者提供同意的程序。Deem 博士对此不予置评。但他的律师在一份声明中说，"Michael Deem 过去曾对细菌中的 CRISPR 做过理论研究，他还写过一篇关于 CRISPR-Cas 物理学的评论文章。但是，Deem 博士并没有设计、实施或执行与 CRISPR-Cas9 基因编辑相关的研究或实验——这是非常不同的。他没有授权给任何期刊递交与 CCR5 或 PCSK9（一种参与胆固醇转运的无关蛋白质）相关的稿件，他也不是任何此类稿件的主要作者、最后作者或通讯作者。当报道的编辑 CCR5 的儿童的父母提供知情同意时，Deem 博士不在中国，他也没有以其他方式参加"。

实际上，在美国，将基因修饰胚胎植入女性子宫是被禁止的。这种实验性的医疗程序要求获得美国食品和药物管理局的批准，但不会马上获得批准。按照斯坦福大学的律师兼生命伦理学家 Hank Greely 意见，不顾一切继续这样做，都将构成联邦犯罪，可能会面临高达 10 万美元的罚款和一年的监禁。

信任也要查实

在美国的大西洋彼岸，欧盟委员会发起了一项为期三年、耗资 270 万欧元的伦理倾销调查，该研究计划名为 TRUST。正如该研究计划的名称所示，这是一项来自欧洲、非洲和亚洲的研究人员之间的协作，于去年结束。它对过去的伦理倾销案例进行了仔细审查，并寻求阻止类似事件在未来发生的方法。正如领导 TRUST 研究计划的英格兰中央兰开夏大学（University of Central Lancashire）的 Doris Schroeder 所言，"有时是因为（对其他国家的法律）缺乏认识，有时是实行双重标准。我们肯定也看到一些欧洲国家确实试图避免立法的情况"。

中国医学科学院生命伦理研究中心执行主任、国家卫生健康委员会伦理委员会副主任翟晓梅，对 TRUST 所做的表示欢迎。她说："中国薄弱的伦理治理，使其成为发达国家出口不符合伦理的实践的一个有吸引力的目的地。"意大利神经外科医生 Sergio Canavero 是中国一个备受关注的案例。2015 年，他从都灵大学辞职，因为学术界强烈反对他在人体上进行头颅移植的计划。Canavero 博士知道欧洲和北美没有一个国家会批准这样的手术，所以他来到中国。他说：中国"与西方完全不同。中国有不同的伦理学。"

在那里，他与哈尔滨医科大学一名整形外科医生任晓平合作，用狗、猴和人类尸体做实验，并计划在去年（2018 年）将自颈部以下麻痹的一位病人的头部移植到一位死亡捐赠者的身体上——只是在最后时刻被国家卫生健康委员会所制止。翟博士说："这项拟议的手术依据的是极其薄弱的科学证据。""这不仅在伦理学上得不到辩护，而且违反了中国法律。"而在 Canavero 方面，他却说："在这两篇（关于狗和人类尸体的）的论文发表之前，我们本不应该宣布这个计划。"

亚洲和非洲的十几个类似案例充斥在《伦理倾销：来自南北研究合作的案例研究》（*Ethics Dumping：Case Studies from North-South Research Collaboration*）一书之中，该书由 TRUST 发表。有三个值得注意的例子是 1998 年至 2015 年在印度进行的由美国资助的临床试验。这些是测试廉价宫颈筛查方法的有效性。这样的试验要求对照组，在美国，对照组将由接受既定筛选程序的妇女组成。然而，在印度的试验中，对照组——总共有 14.1 万名女性——没有接受子宫颈抹片检查，而子宫颈抹片检查在当时的印度被认为是筛查的标准（尽管在实践中往往不可得）。

一名研究人员在国外的恶劣行为不一定坏到危及生命才是不可接受的。TRUST 凸显的另一个案例与 San（桑族）人有关。San 是一群生活在南部非洲的人，因其狩猎采集的生活方式、充满滴答声的语言和古老的岩石艺术而为外部世界所知（并得到了外部世界的广泛研究）。2010 年，《自然》杂志上发表了两篇关于首个 San 基因组测序的论文，引起了一些 San 人的强烈抗议。据南非 Stellenbosch 大学的人权律师 Roger Chennells 说，他们发现同意程序是不合适的，论文中使用的一些语言，如"布希曼人"，带有贬义。作为 TRUST 研究计划的一部分，Chennells 和他的同事帮助 San 的团体制订了非洲土著群体创制的第一个伦理准则。它要求希望研究 San 文化、基因或遗产的研究人员向 San 社区设立的审查小组递交研究建议书。它还要求研究人员尊重他人，并考虑他们的工作如何有益于当地的医疗、教育和就业。

对过去违法行为的分析，促使 TRUST 的研究人员提出了一套准则，名为《全球资源匮乏条件下研究行为准则》（*Global Code of Conduct for Research in Resource-Poor Settings*）。这旨在提高人们对不良行为的认识，并鉴定可能的违法行为。准则的一个基石是，伦理审查应在所有参与国家进行，包括那些将开展工作的国家和为其付费的国家。据 Schroeder 博士说，两家欧洲资助机构——欧盟委员会本身和欧洲与发展中国家临床试验伙伴关系（European & Developing Countries Clinical Trials Partnership，由欧盟、挪威、瑞士和一群制药公司历练和建立）——已经接受了该准则。与此同时，美国宾夕法尼亚大学基因编辑专家 Kiran Musunuru 是去年第一个注意贺建奎博士数据的人，他建议创立一个涉及人类胚胎的基因修饰的国际注册登记库，在那里登记注册是日后发表论文的一个条件。

CRISPR-婴儿冒险事件本身的最新转折是，Deem 博士本应在本月出任香港城市大学（City University of Hong Kong）工程学院院长。该聘请是在基因修饰婴儿出生的消息传出之前提出的。Deem 博士可能参与该事件使得城市大学暂时搁置了这份合同——至少在 Rice 大学的调查得出结论之前。城市大学新闻办公室没有透露，如果 Deem 博士被发现参与该研究计划，学校是否会终止合同，Deem 博士和他的律师都没有对此置评。但是，正如城市大学一名不愿透露姓名的高级教师所说，如果指控属实，那么"Deem 博士犯了一个严重的判断错误，违反了国际规范"。他显然不适合这样一个高级学术职位。在这里，我们不要"伦理倾销。"

建议篇

重建中国的伦理治理①

雷瑞鹏　翟晓梅　朱　伟　邱仁宗

原文标题：Reboot ethics governance in China

作者：Ruipeng Lei，Xiaomei Zhai，Wei Zhu，Renzong Qiu

发表刊物：Nature，569：184-186

发表时间：The 8ᵗʰ May 2019

链接地址：https://www.nature.com/articles/d41586-019-01408-y

译校者：冀朋译　雷瑞鹏校

雷瑞鹏及其同事认为，令人震惊的基因编辑婴儿事件的宣布为全面检查中国科学创造了机会。

去年11月，在香港举行的第2届人类基因组编辑国际峰会前夕，当我们走下飞机时，并不知道自己正步入恰在上演一场人间戏剧的中心。就在几个小时前，贺建奎在优酷视频网站上发表声明，声称他已经帮助一对夫妻制造了基因编辑婴儿。等我们一打开手机，手机就开始了剧烈振动。

我们中的两个人（邱仁宗和翟晓梅）一直工作到第二天凌晨4点，不停忙着接电话，帮助中国的学术机构和政府机构回应这一事件，同时还修改了当天晚些时候在峰会全体会议上的报告。

自那以后的几个月里，中国的科学家和监管机构经历了一段自我反省的时期。我们、我们的同事们以及我们的政府机构，如国家科技部和国家卫生健康委员会，都在反思这起事件对中国科研文化和监管产生的影响。我们还考虑了需要采取什么样的长期战略来加强国家对科学的治理和伦理学。

在我们看来，中国正处于十字路口。政府必须做出实质性的改变，以保护其他人免受不计后果的人体试验的潜在影响。这些措施包括对国内数百家提供体外受精的诊所进行更

---

① 编者按：在翟晓梅和邱仁宗参加了第2届国际基因组编辑高峰会议后，担任峰会组织委员会委员、大会发言人的翟晓梅和在大会发言的邱仁宗联系雷瑞鹏和朱伟，计划在国际权威性科学期刊上发出我们中国生命伦理学家的声音。按照 Nature 杂志的程序，我们的文章经历了三位编辑，向我们提出了数十个与文章有关的问题，在编辑过程中我们这篇评论就被认为是一篇 strong piece（很棒的文章）。2019年5月8~9日我们的文章终于先后在网上和纸质版的《自然》杂志发表。这是我国在 Nature 第一次发表由人文和社科学者撰写的文章。本文由华中科技大学哲学系博士研究生冀朋翻译，他的导师雷瑞鹏校对。

密切的监控，以及将生命伦理学纳入各级教育之中。

震惊和困惑

11 月 27 日至 28 日，当峰会的与会者们聚集在香港大学礼堂时，他们感到十分困惑。几乎没有人听说过当时还是深圳南方科技大学生物物理学家的贺建奎。从中国记者们向我们提出的问题来判断，他们也措手不及，且很难理解到底发生了什么，或有什么利害关系。

与美国和欧洲不同，中国很少有关于基因编辑的公开辩论。大多数人不知道这意味着什么，也不知道修饰生殖细胞（精子或卵子）与其他（体细胞）细胞之间的区别，更不必说由改变未来世代基因所引起的更深层次的问题——伦理、法律和社会问题。

贺建奎的工作违反了国际规范。而且违反了中国 2003 年颁布的人类辅助生殖条例，该条例禁止将经过基因修饰的人类胚胎移植入人的子宫[1]。此外，由于基因编辑可能出错，贺建奎的行动可能会危及婴儿的健康——以及由于基因编辑可能出错，贺建奎的行动可能会危及婴儿的健康——以及他们潜在后代的健康。这与早在公元前 600 年就确立的中国传统医学观背道而驰。当中国哲学家孔子提出以"仁"为核心的儒家学说时，许多医生遵循了他的学说，认为医学是"仁"的艺术（医本仁术）。

那么为何会发生这种事？

峰会前两周，贺建奎参加了在上海举行的中国生命伦理学双年度年会，他参加了我们其中一位（雷瑞鹏）主持的一场关于如何避免正在作临床试验的基因编辑过早应用的专题会议。在那次会议上，他对自己的研究只字未提，而是等到香港峰会前夕才宣布基因组经过编辑的双胞胎女孩诞生，说到了问题的核心（见"在调查中"）。

在调查中

贺建奎的工作还有很多问题

生物物理学家贺建奎声称，他使用 CRISPR-Cas9 基因编辑工具，使人类胚胎中的 CCR5 基因失效，并帮助感染艾滋病病毒的父亲生下健康的孩子。（CCR5 编码一种允许艾滋病病毒进入并感染细胞的蛋白质。）

据中国最大的媒体机构新华社报道，研究中使用的知情同意书是伪造的。根据广东省卫生健康委员会 1 月份完成的一项调查的初步结果，包括一名未透露姓名的体外受精从业者、海外人员和贺建奎在内的许多人被认为要对用于生殖目的的基因组编辑操作负责。我们建议，需要进行进一步、更广泛的查究，查究必须尽可能透明，应该确定哪些机构参与了对胚胎进行基因组编辑，是谁负责批准贺建奎所使用的其他操作以及这些操作是否适宜。

作为查究的一部分，我们建议由国际知名的基因编辑专家组成的委员会对贺建奎的研究得出的数据进行评估。他们还应该为这对双胞胎露露和娜娜的一生提供一个监测和照护的计划。

过去十年中，中国政府在学术界和工业界越来越多地投资于转化医学。这种对可销售产品的推动，营造了一种深受"急功近利"（渴望快速成功和短期获利）困扰的科学文化氛围。然而，将设备或方法应用于临床并非总是有坚实的基础研究作为支撑[2]。

此外，无论是在亚洲还是在世界，那些能够宣称自己是第一个发现什么的研究人员，在同行评审、聘用决策和资助方面，都会收获比例不相称的奖励。以在石家庄的河北科技大学分子生物学家韩春雨为例，他在 2016 年与人合作在《自然生物技术》（*Nature Biotechnology*）上发表了一篇论文，描述了一种名为 NgAgo 的酶如何能够像广泛使用的 CRISPR-Cas9 基因编辑工具一样编辑基因组[3~4]。这篇论文在 2017 年被撤回，但在首次发表后不久，韩即被任命为河北省科学技术协会副会长，他所在的大学也计划投资 2.24 亿元人民币（3300 万美元）于一个基因编辑研究中心，韩的团队是该中心的核心[5]。

在我们看来，中国的研究人员越来越多地受到名利驱使，而不是出于对科学发现的真正渴望或是为了帮助人民和社会的愿望。

在说明贺建奎为何能够成功推进他的研究时同样重要的是研究伦理治理方面的薄弱——中国长期以来努力发展科学和技术的阿喀琉斯之踵（意为致命弱点。——译者注）。

在过去十年里，贺建奎并不是第一个从事不符合伦理研究的人。例如，在 2012 年政府禁止干细胞疗法应用于临床实践之前，数百家中国医院向中外患者提供未经证实的干细胞疗法[6~7]。在 2012 年的另一项研究中，研究人员研究了 6~8 岁的儿童是否可以从转基因"黄金大米"中获得与从菠菜或胡萝卜素胶囊中同样多的胡萝卜素（维生素 A 的前体）。尽管研究人员告知孩子们的父母，他们正在测试孩子们对一种营养物质的摄取，但是没有提到转基因稻米[8]。去年，一项计划在中国进行的试验是打算将一个从颈部以下瘫痪的病人的头颅移植到一个不久前去世的捐赠者的身体上，这项试验几乎要进行，后被国家卫生健康委员会取消[9]。

在干细胞疗法方面，直到 2015 年 7 月中国国家卫生健康委员会和食品药品监督管理局发布了他们的联合指南之前，中国一直缺乏相关规定[10]。在此之前，那些急于利用这种疗法赚钱的人很快就尝到了便宜。在贺建奎的案例中，对全面监管的投资不足可能更应该受到谴责。在一个幅员辽阔、发展迅速的国家，用于监管的资源仍然是个问题。我们认为，这种投资之有限，也因为人们根深蒂固地认为科学永远是正确的，或者科学知识应该优先于所有一切。

在中国，对包括例如体外受精诊所在内的医疗卫生专业人员伦理培训的重要性，缺乏认识。许多伦理委员会的一些成员，尤其是那些与杭州、广州和深圳等城市的医院有关的伦理委员会一些成员——更不用说那些规模较小的城市了——可能无法严格评估新兴技术，因为他们既缺乏伦理培训，也缺乏科学知识。此外，包括医学伦理学在内的人文学科教育，对于本科生、硕士生和博士生以及科研人员来说都是不够的。

现在怎么办？

我们认为，以下六个步骤可能有助于降低在中国发生进一步不符合伦理或非法使用新兴技术的可能性。

监管 政府应与科学共同体和生命伦理学家合作，制定更明确的规则和条例，以管理可能容易被滥用的有前景的技术的使用。这些技术包括基因编辑、干细胞、线粒体移植、神经技术、合成生物学、纳米技术和异种移植（在不同物种成员之间移植器官或组织）。相应的行为规范应该由专业协会制定和实施，如中国医学会及其附属的医学遗传学学会和中国遗传学学会。

考虑到科学家在市场压力下潜在的利益冲突，他们的自我监管可能是不够的。因此，自上而下的监管至关重要。在我们看来，对违规者的惩罚应该是严厉的——比如失去资助、彻销许可证或被解雇。此外，为了对研究进行有效治理，应该由国务院（中国的中央政府）负责。目前的做法（由多个政府部门负责监督）是碎片化的，且因工作人员缺乏能力或遇到阻力而受到阻碍。2019 年 2 月，国家卫生健康委员会发布了生物医学新技术临床应用管理条例（征求意见稿），朝着正确的方向迈出了一步[11]。

注册 建立专门用于涉及此类技术临床试验的国家登记注册机构，这将促进更大的透明度。在试验开始之前，科学家可在那里登记伦理审查和批准的记录，并列出所有参与试验的科学家和机构的名称。同样，政府可建立准入制度，只有经过合适培训的人才有资格担任伦理审查委员会委员。

监测 例如国家卫生健康委员会这样的机构必须对中国所有基因编辑中心和体外受精诊所进行监测，以确定临床试验的进行情况。它们应当评估伦理批准和其他程序（特别是与知情同意有关的程序）是否充分；卵子、胚胎的使用是否符合人类辅助生殖的规定；以及是否有其他经过 CRISPR 编辑的胚胎被移植入人的子宫。生命伦理学（研究伦理学和临床伦理学）的培训也应该成为基因编辑中心和体外受精诊所所有医疗卫生专业人员的必修课程，不管这些人目前是否正在进行临床试验。原则上，由政府或非营利基金会支持的研讨会和课程，可以向医生和研究人员收取一定的费用。

提供信息 中国科学院或中国医学科学院等机构可以发布每一种新兴技术的相关规则和规定。它还可以就合适的知情同意程序和该领域的最新科学发展提供咨询意见。这将为有兴趣参与试验的人们提供资源，并为研究人员在如果察觉到可能违反伦理指南的情况时提供一个联络点。

教育 在政府支持下，大学和研究机构应加强生命伦理学（包括临床伦理学、研究伦理学和公共卫生伦理学）以及科学/医学专业精神的教育和培训。各级科学、医学和人文学科的学生，以及从技术人员到教授等科研人员，都应该成为这种教育和培训的目标。

相关的部级机构（特别是国家卫生健康委员会、科技部和中国科学院）也应该提高公众对与新兴技术相关的科学和伦理含义的认识，并促进针对每一种技术的公开对话。

为帮助记者掌握此类技术的细微差别和复杂性而进行的媒体培训也应该是这一努力的一部分。

消除歧视 最后，中国应该加大力度，消除对残疾人的偏见和少数中国学者坚持的优生学思想。2010 年至 2015 年，在由主流出版社出版的至少九本医学伦理教科书中，作者们声称，残疾人是"劣生"（意思是低人一等或社会的负担）。他们认为，残疾人不应该被允许有孩子，甚至在必要时应该强制绝育[13,14]。1990 年颁布的《中华人民共和国残疾人保障法》禁止在就业以及其他方面歧视残疾人。显然，我们必须做得更多。

生命伦理学在中国建立仅 30 年左右。值得记住的是，不符合伦理的研究实践在西方伦理治理的早期很普遍。以臭名昭著的塔斯吉基研究为例，在该项研究中，美国公共卫生服务署追踪了 1932～1972 年间 399 名患有梅毒的黑人男子，但没有对他们进行治疗。正如这项研究的披露促成了 1978 年的贝尔蒙报告（该报告保护参与研究或临床试验的人类受试者）一样，"基因编辑婴儿"丑闻也必然会促成中国对科学和伦理治理进行全面检查。

雷瑞鹏，中国武汉华中科技大学人文学院和生命伦理学研究中心教授，中国自然辩证法研究会生命伦理学专业委员会副理事长兼秘书长

翟晓梅，中国北京中国医学科学院/北京协和医学院生命伦理学中心生命伦理学和卫生政策教授，中国自然辩证法研究会生命伦理学专业委员会理事长

朱伟，中国上海复旦大学应用伦理学中心副教授，中国自然辩证法研究会生命伦理学专业委员会常务理事。

邱仁宗，中国北京中国社会科学院哲学研究所科学哲学和生命伦理学研究员。

电子邮件：qiurenzong@hotmail.com

参 考 文 献

［1］国家卫生健康委员会. 生物医学新技术临床应用的管理条例（征求意见稿），2003. https://go.nature.com/2jeevdj.

［2］Yan, A. Has China found a cure for cancer in malaria？' South China Morning Post, 2019-02-14.

［3］Gao, F., Shen, X. Z., Jiang, F., Wu, Y. & Han, C. DNA-guided genome editing using the Natronobacterium gregoryi Argonaute. Nature Biotechnology. 2016, 34：768-773.

［4］Cyranoski, D. Genome-edited baby claim provokes international outcry Nature 2018. https://doi.org/10.1038/d41586-018-06163-0.

［5］甘晓，程唯珈. 韩春雨事件调查结果难服众. 中国科学报，2018-09-03.

［6］邱仁宗. 从中国"干细胞治疗"热论干细胞临床转化中的伦理和管理问题.《科学与社会》，2013，（11）：8-26.

［7］Cyranoski, D. China announces stem-cell rules. Nature 2015. https://doi.org/10.1038/nature.2015.18252.

［8］Qiu, J. China sacks officials over Golden Rice controversy. Nature 2012. https://doi.org/10.1038/nature.2012.11998.

［9］雷瑞鹏，邱仁宗. 人类头颅移植不可克服障碍：科学的、伦理学的和法律的层面. 中国医学伦理学，

2018，31：545-552

[10] 国家卫生计生委与食品药品监管总局. 干细胞临床研究管理办法（试行），2015.

[11] 国家卫生健康委员会. 生物医学新技术临床应用的管理条例（征求意见稿），2019.

[12] 雷瑞鹏，冯君妍，邱仁宗. 对优生学和优生实践的批判性分析. 医学与哲学，2019，40（1）：5-10.

[13] 王彩霞，张金凤. 医学伦理学. 北京：人民卫生出版社，2015.

[14] 吴素香. 医学伦理学. 广州：广东高等教育出版社，2013.

[15] Zhai，X.，Lei. R.，Zhu，W. & Qiu，R. Chinese bioethicists respond to the case of He Jiankui，Bioethics Forum，The Hastings Center，2019.

在基因编辑婴儿丑闻后，中国生命伦理学家
呼吁"重建"生物医学监管①

Jon Cohen

原文标题：Chinese bioethicists call for 'reboot' of biomedical regulation after country's gene-edited baby scandal

作者：Jon Cohen

发表刊物：Science

发表日期：May 8, 2019

链接地址：https://www. sciencemag. org/news/2019/05/chinese-bioethicists-call-reboot-biomedical-regulation-after-country-s-gene-edited-baby

Science 主办单位 AAAS（American Association of the Advancement of Science）

声明：本译文不是由 AAAS 单位人员翻译的正式译文，也不是 AAAS 认可为精确的译文。

译校者：冀朋译　雷瑞鹏校

2018 年，贺建奎在中国香港的一个会议上发言，公开宣布创造了第一个人类基因编辑婴儿。

四位杰出的中国生命伦理学家在他们所称的"基因编辑婴儿"丑闻发生后，就他们国家在对待生物医学研究方面，发表了异常坦率和批评性的评估（不是一般性的看法）。

他们今天在《自然》（*Nature*）杂志在线发表的评论，呼吁对中国生物医学实验的监管、监测和注册进行"全面重建"，并对违反法规的研究人员进行"严厉"处罚。武汉华中科技大学的雷瑞鹏、北京协和医学院的翟晓梅、上海复旦大学的朱伟和中国社会科学院的邱仁宗写道："中国正处于十字路口，政府必须做出重大改变，以保护其他人免受不计后果的人体实验的潜在影响。"

作者们表示，由于 2018 年 11 月消息披露了中国深圳南方科技大学的生物物理学家贺建奎创造了世界上第一对尚在胚胎时期就经过基因编辑的婴儿（双胞胎女孩），因而现在他

---

① 编者按：本文是美国 Science《科学》杂志 Science 特约撰稿人 Jon Cohen 在与上文四位作者之一邱仁宗进行专访后写的一篇"的评论，发表在 2019 年 5 月 8 日一期的 Science 上。

们的国家正在进行"自我反省"。自从贺建奎在中国香港的一次会议上描述了生殖细胞系编辑实验，即使用剪开 DNA 的 CRISPR 工具——来削弱艾滋病病毒用来感染细胞的一种表面蛋白质后，就被解雇了，并再也没有公开发表过言论。贺建奎说，他这样做的目的是通过为两个女孩的"基因接种疫苗"，使她们不会感染艾滋病病毒。

在这篇《自然》杂志的评论中，作者们批评了贺建奎秘密地进行实验以及他们的国家创造了一个鼓励他这么做的环境。他们写道："在我们看来，中国的研究人员越来越多地受到名利驱使，而不是出于对科学发现的真正渴望或是为了帮助人民和社会的愿望"。"将设备或方法应用于临床并非总是有坚实的基础研究作为支撑。此外，无论是在亚洲还是在世界，那些能够宣称自己是第一个发现什么的研究人员，在同行评审、聘用决策和资助方面，都会收获比例不相称的奖励。"

这篇评论给中国以外的生命伦理学家留下了深刻印象。威斯康星大学麦迪逊分校的生命伦理学家 Alta Charo（美国威斯康星大学麦迪逊分校生命伦理学教授、美国国家科学院人类基因组编辑：科学、医学和伦理学考虑委员会共同主席之一。编者注）说："我认为，他们在显著地位发表这篇文章，是相当卓越非凡的。"Charo 是世界卫生组织召集的一个专家委员会的成员，该委员会的目的是对更好地监管生殖系基因编辑进行评估。纽约大学朗格尼医学中心的生命伦理学家 Arthur Caplan（美国纽约大学。——编者注）表示，他"欣赏"这篇文章，并认为他的中国同事如此直言不讳是"勇气可嘉的"。"他们正在涉足一些在中国还没有其他人说过的事情，所以这是非常好的。"

这四位作者主张，科学研究应该由国务院（中国中央政府）负责治理，而不是现在由几个政府部委来监督。他们说，这个监管体系"支离破碎，受到缺乏能力的工作人员或有人抵制的阻碍。"他们还敦促自己的国家正视"一小部分中国学者坚持的优生学思想"。

今年 1 月，中国政府管理的一家新闻媒体公布了他们的初步调查结果，对贺建奎提出了强烈批评。该调查是广东省卫生健康委员会进行的，广东是贺建奎在那里工作的身份。生命伦理学家建议政府进行更广泛的查究。他们建议"由国际知名的基因编辑专家组成的委员会对贺建奎的研究得出的数据进行评估"，并为这对双胞胎女孩一生的健康提供一个监测和照护的蓝图。

《科学》期刊通过电子邮件与作者邱仁宗围绕贺有争议的实验展开的调查进行了通信。这是那次交流的编辑版本。

问：中国官方媒体新华社将对贺建奎事件最初的调查描述为"初步调查"，这意味着调查尚未完成或者至少正在进行另一项调查。您知道吗？

答：没有任何迹象表明另一项调查正在进行中。因此，我们建议，进行一项更深入、更广泛的查究是需要的。

问：在美国、西欧国家、澳大利亚和日本，对科学家的不端行为进行调查往往会形成一份全面的报道，公之于众。目前，广东省卫生健康委员会还没有发布任何相关信息，只是给新华社发了一份新闻稿，而你们的评论也没有要求将未来的报告公之于众。您认为这些报告应该公开吗？

答：当然，我认为这样的报告应该公之于众。对于是否和如何报道违规案件的调查结果似乎没有制订规则。我和我的同事们建议建立一个对公众开放的基因组编辑国家注册中心。注册中心也可以作为公布违规案件调查结果的平台。

问：你们当中有人被要求协助调查贺建奎吗？

答：消息一经传出，国家卫生健康委员会立即要求翟晓梅和一些委员会官员前往深圳调查此事。翟晓梅去不了，因为她要参加香港峰会。我有两次接受政府智库的邀请，为贺建奎事件提供建议。我建议政府应该进行彻底的调查——尤其是政府官员、贺建奎的同事及合作方（包括中国和美国的）在内的一切参与者，包括体外受精诊所的工作人员——因为贺建奎不可能是唯一一个需要对此事件负责的人。目前还不清楚是否有政府官员以任何方式卷入了这起事件。但贺确实与一些政府官员有联系，因为他在第三代基因组测序仪曾获得过国家电视台的突出报道。

问：你们的评论呼吁"重建"伦理治理。如果有任何政府官员或政府资助的机构以任何方式支持或表示批准贺建奎的生殖系基因编辑工作，您是否相信广东省卫生健康委员会的调查或任何其他由政府机构领导的调查会做到透明地报道这一事件？

答：对不起，恐怕我不能回答这个问题。关于调查组成员是谁，他们遵循了哪些程序，或者他们发现了什么，一直不透明。总的来说，我赞成政府组建由独立专家组成的调查小组。我不知道是否会公布更多的调查结果，但我认为全世界都应该知道真相。我认为，除非我们确切地知道发生了什么，否则我们无法正确地继续前进或防止类似事件再次发生。我不相信我们政府本身参与其中。我与国家卫生健康委员会副主任以及科教司一些官员有过几次接触，我认为他们不仅是诚实的人，而且跟我国生命伦理学家在遵守国际准则上保持一致。在诸多情况下，他们接受了我们起草或修改相关法规的建议。但是，我不能排除一些不同级别部门的政府官员参与其中。

问：您认为调查小组的独立性是否重要？在中国是否可能？

答：对于像我这样的生命伦理学家和中国其他许多学者来说，答案是必然的。调查当然应该兼具独立性和透明度。我认为，如果中国意识到问题的严重性，调查的独立性和透明性是有可能做到的。中国如何处理这一事件将决定我们国家及其科学界和生命伦理学界的声誉与未来。

暂停可遗传的基因组编辑

Eric Lander，Feng Zhang，
Emmanuelle Charpentier，Renzong Qiu et al.

原文标题：Adopt a Moratorium on Heritable Genome Editing. Eric Lander, Françoise Baylis, Feng Zhang, Emmanuelle Charpentier, Paul Berg and specialists from seven countries call for an international governance framework.

作者：

Eric S. Lander，麻省理工学院和哈佛大学布罗德研究所主席和创所主任

Françoise Baylis，加拿大达鲁思大学教授

Feng Zhang，麻省理工学院和哈佛大学布罗德研究所核心成员

Emmanuelle Charpentier，德国柏林马克斯·普朗克病原科学研究室创始和执行主任

Paul Berg，美国史斯坦福大学生物化学系教授

Catherine Bourgain，法国巴黎大学医学、科学、健康、精神卫生和社会中心主任

Bärbel Friedrich，德国巴黎洪堡大学生物学系教授

J. Keith Joung，美国麻省波士顿哈佛医学院病理学教授

李劲松，中国上海生物化学和细胞生物学研究所研究员

David Liu，麻省理工学院和哈佛大学 Broad 研究所医疗卫生变革技术研究所教授和所长

Luigi Naldini，意大利圣拉斐尔生命健康大学基因治疗研究所所长

聂精保，新西兰奥塔戈大学生命伦理学研究中心教授

邱仁宗，中国社会科学院哲学研究所研究员

Bettina Schoene-Seifert，德国明斯特大学医学伦理学教授

邵峰，北京生命科学研究所研究员兼副所长

Sharon Terry，美国华盛顿特区基因联盟总裁兼首席执行官

魏文胜，中国北京大学生命科学学院研究员

Ernst-Ludwig Winnacker，德国慕尼黑大学生物化学系慕尼黑基因研究中心教授

发表刊物：Nature 2019，567：165-168
发表时间：13 March 2019
链接地址：https://www.nature.com/articles/d41586-019-00726-5
译者：雷瑞鹏

我们呼吁全球暂停人类生殖系编辑的所有临床使用-即改变可遗传的 DNA（精子，卵子或胚胎）以制造基因经过修饰的儿童。

我们说的"全球暂停"，并不是永久禁止。宁可说，我们呼吁建立一个国际框架，在这个框架中，各国在保留自己做出决定的权利的同时，自愿承诺不批准生殖系编辑的任何临床使用，除非满足某些条件。

首先，应该有一个固定的时期，在此期间不允许生殖系编辑的任何临床使用。在允许生殖系编辑之前必须考虑对技术、科学、医学、社会、伦理和道德问题进行讨论，这一时期将为建立国际框架提供时间。

此后，各国可以选择遵循不同的道路。目前约有 30 个国家的立法直接或间接禁止生殖系编辑的所有临床使用[1]，他们可能选择无限期地继续暂停或实施永久性禁令。但是，任何国家也可以选择允许生殖系编辑的特定应用，条件是它首先：公开通知它有意考虑申请并在国际咨询中确定一定时期内这样做的智慧；通过透明的评估确定申请是合理的；并确定该国在申请的适当性方面存在广泛的社会共识。各国可能会选择不同的路径，但他们会同意公开进行并适当尊重人类对最终将影响整个物种的问题的意见。

首先要公开告知这种应用，并在规定时期内参与有关这样做是否明智的国际协商；通过透明判定这种应用得到辩护；确定在全国范围内对这种应用的适宜性有广泛的社会共识。各国很可能选择不同的道路，但它们将同意公开进行，并给予人类在一个最终将影响整个物种的问题上的意见应有的尊重。

需要明确的是，我们提议的暂停不适用于研究的生殖系编辑，因为这些研究不涉及将胚胎转移到人的子宫。它也不适用于用来治疗疾病的人类体（非生殖）细胞中的基因组编辑，对此病人可提供知情同意，并且 DNA 修饰不可遗传。

这次呼吁的 18 位签署者包括 7 个国家公民的科学家和伦理学家。我们中的许多人一直在研发和应用该技术，参与基因编辑领域，在国际峰会上从事组织工作和发言，在国家顾问委员会任职以及研究所提出的伦理问题。

在这里，我们列出了为什么我们认为这样的暂停现在是有正当理由的，并说明国际框架如何运作。

需　　要

在 2015 年 12 月举行的第一届人类基因编辑国际峰会上，组委会发表了关于该技术合适使用的声明（见 go. nature. com/2erqwpc）。关于制造基因修饰儿童的问题，它的结论是"任何临床使用都是不负责任的……除非且直到①相关的安全性和有效性问题已经得到解决……并且②对这种应用的合适性有广泛的社会共识"。

这应该被理解为意味着，生殖系编辑的临床使用不应该在世界任何地方进行。然而，后来的事件提示，这个声明是不充分的。

第一，据报道，在中国生物物理学家贺建奎编辑胚胎至少制造了两个婴儿。第二，显然意识到这项工作的科学家没有采取足够的措施阻止它。第三，人们对基因增强的建议越来越感兴趣[2~3]。第四，一些评论员将随后的声明诠释为削弱了对广泛的社会共识的要求[4]；此类声明包括美国国家科学院、工程学院和医学科学院 2017 年报告[5]以及第二届人类基因组编辑国际峰会后组委会的 2018 年声明（go. nature. com/2rowv3g）。第五，在随后的几年中没有建立任何机制来确保临床生殖系编辑是否以及何时可能适合的国际对话。

因此，有必要制定全球暂停和框架，以确保适当考虑围绕生殖系编辑临床使用的相关问题。

技术考虑。对于甚至考虑用于临床的生殖系编辑，其安全性和有效性必须是充分的——考虑到未满足的医疗需要，风险和潜在益处以及是否存在替代方法。

尽管在过去几年中技术有所改进，但生殖系编辑还不够安全或有效，尚不足以为在临床任何使用辩护。正如第 2 届峰会所显示的那样，科学共同体普遍认为，对于临床生殖系编辑，未能做出所需变化或引入意外突变（脱靶效应）的风险仍然高得令人无法接受。正在针对这个问题进行大量研究。

科学考虑。除非对个体和人类物种的长期生物学后果有充分的了解，否则不应考虑生殖系编辑的临床应用。

在大量可能的遗传修饰中，区分"基因校正"与"基因增强"是有用的。

基因校正的意思是将一种罕见的突变进行编辑，这种突变具有引起严重单基因疾病的高概率（外显率），目的是将突变转化为大多数人携带的 DNA 序列。假定编辑可以在没有差错或脱靶效应的情况下完成，基因校正可以具有可预测和有益的效果。

与之相对照，基因增强包括更广泛的"改善"个体和物种的努力。可能性包括尝试用人群中发生的替代性基因变异代替特定的基因变异以修改常见病的风险，将新指令结合到一个人的基因组中以增强（比方说）他们的记忆或肌肉，甚至完全赋予新的生物学功能，如能够看到红外线或分解某些毒素。

要理解任何建议的基因增强的效应需要进行广泛的研究，包括人类群体遗传学和分子生理学。即便如此，仍可能存在很大的不确定性。

通过用替代性基因变异代替基因变异来改变疾病风险充满了挑战，因为降低某些疾病风险的变异通常会增加其他疾病的风险。例如，基因 SLC39A8 中的常见变异会降低人患高血压和帕金森病的风险，但会增加患精神分裂症、克罗恩病和肥胖症的风险[6]。它对许多其他疾病的影响——以及它与其他基因和环境的相互作用——仍然未知。

预测全新基因指令的效应将更加困难——更不用说多种修饰在未来世代共同发生时会如何相互作用。试图根据我们目前的知识状况重塑物种将是狂妄自大。

贺的工作说明了这一点。为了降低儿童在生命的后来接触艾滋病病毒（HIV）而患上艾滋病的风险，他试图使 CCR5 基因失活，该基因编码一种 HIV 用以进入细胞的受体。然而，这种变化并不是良性的：据报道，它会大大增加因某些其他病毒感染（包括西尼罗河病毒和流感）而发生并发症和死亡的风险。它也可能产生其他后果——既有积极后果又有消极后果［参见 *Nature* http://doi.org/gfphqv（2018）和参考文献[7]]。作为艾滋病的社会解决办法，用临床生殖系编辑来破坏 CCR5 是不明智的。生殖系编辑不会对今天感染的个体有所帮助，并且需要数十年的广泛使用才能使这种流行病稍有减少。而且，如果开发出有效的 HIV 疫苗，基因增强不会在艾滋病方面给人带来任何好处，但仍会增加来自其他感染的并发症的风险。

医学考虑。仅当有足够令人信服的理由时才应考虑临床应用。在新技术的早期阶段，应该设置高标准。

鉴于已经提到的科学考虑，目前任何形式的基因增强都是得不到辩护的。基因校正问题也很复杂。

一些人认为，特别是在大众媒体中，迫切需要进行生殖系编辑，以防止儿童出生时患严重的遗传性疾病。但是那些知道自己有引起严重疾病突变风险的夫妇已经有了安全的方法来避免这样做。他们可以将体外受精（IVF）与胚胎植入前基因检测（PGT）、产前检测、精子捐赠、卵子捐赠、胚胎捐赠或接受一起使用。特别是，使用 IVF，然后对胚胎进行基因筛查，以确保将只有未受影响的胚胎转移到人的子宫，保证一对夫妇不会有患遗传病的孩子。

真正的问题是，大多数患有严重遗传病的儿童是由不知道自己处于风险中的夫妇所生。如果他们希望这样做，用常规方法进行孕前遗传筛查可以让大多数有风险的夫妇利用现有的种种选项。也需要更好地进行新生儿筛查，以确保患有遗传病的婴儿能够立即接受任何可得的治疗。

那么，基因校正的作用是什么？虽然 IVF 与 PGT 结合起来可以确保携带引起严重疾病的突变的夫妇不会有受影响的孩子，但它并不总能产生一个婴儿。

在大多数情况下，问题源于该过程的局限性，与收集的卵的数量和质量以及所产生的胚胎的生长和植入有关。IVF 本身并不总是成功；胚胎转移导致 35 岁以下女性大约 30% 的病例成功怀孕，而 40 岁以上女性的病例不到 10%。PGT 减少了可转移的胚胎数量，因为一些胚胎因基因检测结果而被放弃，以及其他胚胎未能在体外发展到适合检测的阶段和质量。

在大多数情况下，合适的胚胎可在 PGT 后转移。然而，当一开始只有少数可得时，检测后可能没有合适的。夫妻们可以重复这个过程，他们可能会在随后的尝试中取得成功，但有些人可能永远不会获得未受影响的胚胎。

有人建议，如果生殖系编辑是高效和安全的，它可能会增加实现怀孕的夫妇的比例。然而，继续提高 IVF 和 PGT 过程的效率可能是更好、更安全、更便宜和可更广泛应用的解决办法。

目前，很难评价使用生殖系编辑来提高与 PGT 结合的 IVF 效率的情况。PGT 在多大程度上降低 IVF 效率尚未得到广泛研究，这取决于 IVF 的方案、母亲的年龄、收集的卵的数量以及受影响的胚胎的比例。（我们知道只有一项研究在探讨其中的一些问题，也只有一次[8]。）生殖系编辑的效率也不清楚，特别是考虑到需要评估胚胎的编辑准确性。一旦澄清了这些问题，就可以对此案例进行权衡。

对于一小部分夫妇来说，情况有所不同。这些夫妇永远无法单单依靠与 PGT 结合的 IVF 来获得帮助，因为他们 100% 的胚胎都会受到影响。在这些案例下，对于显性疾病来说父母一方是纯合子，或对于隐性疾病来说父母双方都是纯合子。这种情况非常罕见，仅发生在少数遗传病中，并且主要发生在一个疾病等位基因高频繁存在于某一人群的情况中。

这些罕见的夫妇可能代表可考虑进行临床生殖系编辑的最强理由，因为该技术是他们怀有与父母双方有生物学联系而未受影响的儿童的唯一方法。社会需要权衡这些夫妻的正当利益与其他攸关的利害。

社会、伦理和道德方面的考虑。无论上述情况如何，如果对为了某一特定目的的改变人类某一基本方面是否合适没有达成广泛的社会共识，不应该将临床生殖系编辑用于任何应用。除非从一开始就公平地听到各种各样的声音，否则生殖系编辑的努力将缺乏正当性，可能会适得其反。

临床生殖系编辑的社会影响可能相当大。有遗传差异或残疾的个人可能会遭受侮辱和歧视。父母可能会受到强大的同伴和营销压力，以增强他们的孩子。DNA 经过编辑的儿童可能会在心理上受到有害影响。许多宗教团体和其他人可能会发现重新设计人类基本生物学的想法在道德上令人不安。对技术的不平等可及可能增加不平等。基因增强甚至可以将人类划分为亚种。

此外，将遗传修饰引入未来世代可能对物种产生永久性和可能有害的影响。除非所有携带者同意放弃生育孩子，或使用基因操作确保他们不会将突变传递给他们的孩子，否则不能从基因池中移除这些突变。

框　　架

关于临床生殖系编辑的决定——是否允许它以及对特定应用的判断——将在几十年内展开。因为它对整个物种有影响，所以决策必须以各种多样的利益和观点为依据。

在这个阶段，不应排除任何结局。世人可能会得出结论说，生殖系编辑的临床使用是一条不应为任何目的而跨越的界线。或者一些社会可能支持对没有其他办法生育生物学相关儿童的夫妇进行遗传校正，但对所有形式的基因增强划下一条红线。或者社会有朝一日可能会认可有限或广泛使用增强。

这些决定决不能由个体行动者——不是科学家、医生、医院或公司，也不是作为一个整体的科学或医学共同体做出。实际上，一些评论家对科学家和医生过于强烈地控制评价过程表示了担忧[9]。

国际框架可能是什么样的？

我们不认为纯粹的监管方法就足够了，因为它不能解决许多基本问题。监管机构的任务范围很窄：他们通常负责权衡新治疗的安全性和有效性，而不是使用它是否明智。

我们也不支持禁止生殖系编辑的所有临床使用，接受为特定应用解除禁令的某种机制的国际条约。国际禁令对某些技术很有用，包括核武器、化学武器和生物武器。但这种方法对于临床生殖系编辑而言过于僵化。实际上，联合国教育，科学及文化组织（UNESCO 教科文组织）曾努力制订一项禁止人类克隆的具有法律约束力的公约。这部分是因为难以就制造儿童的生殖性克隆的规则达成一致，而不是通过治疗性克隆制造生物学相容的组织来治疗现有的人[10]。

反之，我们认为每个国家都应自愿承诺不允许生殖系编辑的任何应用，除非满足某些要求。我们概述一种可能的径路作为说明。

承　　诺

政府将公开声明他们不允许在固定期限的初始阶段人类生殖系编辑的任何临床使用。五年可能是合适的。

此后，一个国家可以选择允许特定的应用，但只有在它执行以下操作之后。首先，提供一段时间的、有关其意图考虑允许应用的公告（可能是两年），并就这样做的利弊进行充分的国际讨论。其次，通过对技术、科学和医学考虑以及社会、伦理和道德问题的仔细和透明的评价来判定，在其做出的判断中，应用是得到辩护的。最后，判定全国对是否进行人类生殖系编辑以及拟建议的合适性有广泛社会共识。

我们特别注意评估广泛的社会共识的挑战[11]。需要明确的是，这个概念并不意味着一致或简单多数[12]。关于生殖系编辑的社会共识必须由国家当局来判断，就像政府对其公民对其他复杂社会问题的看法做出政治判断一样。一个有用的考虑方法是建议建立全球基因组编辑观察站[9,13,14]，这是一个组织和个人的网络，用于跟踪国家内部和不同文化之间的发展和促进公众对话。

应该建立一个协调机构来支持该框架。一旦一个国家公开宣布它正在考虑允许某一特定的应用，该机构可以召集正在进行的讨论和具体的协商。该协调机构可以由世界卫生组织（WHO）组织，也可以通过一组多样性国家协作努力建立新的实体。

协调机构应设立一个国际专家小组，通过定期（可能每两年）发布一次报告，向各国提供有关问题的明确、全面和客观的信息。国际公约经常使用这种专家小组来评估复杂的科学和社会问题，例如与核燃料、森林、自然灾害、生物多样性和气候变化有关的问题。我们赞成有两个不同的子专家小组——一个主要由生物医学专家组成，考虑技术、科学和医学方面，另一个主要包括那些侧重于社会、伦理和道德问题的专家。

该框架的各个方面需要具有合适国际地位的团体来充实。世界卫生组织和若干国家科学院都宣布了召集临床生殖系编辑国际委员会的计划；这些团体可选择承担这项任务。但必须包括那些代表科学和医学之外的观点的人——包括残障人、病人及其家庭、经济上处于不利地位的社群、历史上被边缘化的群体、宗教团体以及和整个民间社会。

理　　由

有些人可能批评我们在此概述的框架，因为承诺是自愿的，而不是正式的条约。但是，我们认为这种径路是有效的，因为它会鼓励各国承诺透明性、公众参与、国际协商以及在其境内的警务行为。它还将为其他国家提供机会，阻止一个国家进行计划不周的使用。而且它将提供一种机制，用于标记那些拒绝承诺或辜负这些自我承担的义务的国家。

我们提出的治理模型将有意为各国采取不同的径路留下空间，并根据其历史、文化、价值观和政治制度得出不同的结论。但是，共同的原则是所有国家都同意的，要深思熟虑地进行，并给予人类的各种意见以应有的尊重。

除了要求各国采取这些行动之外，我们还要求相关行动者——包括生育诊所、医院、医学院、生物医学研究机构和专业协会，以及在该领域工作的各个研究人员和医生——公开承诺不会未经事先通知启动临床生殖系编辑，完全透明，以及国家按照所有相关法律和法规批准，并且他们将报告他们开始意识到的任何未经批准的努力。

我们认识到暂停并非没有代价。虽然每个国家可决定进行任何特定的应用，但有义务向世界说明为什么它认为其决定是合适的，这将需要时间和精力。

当然，我们呼吁建立的框架将在重新设计人种的最具冒险计划面前设置重大的速度障碍。否则，风险——包括伤害患者和侵蚀公众信任——要糟糕得多。

参 考 文 献

[1] Araki, M. & Ishii, T. Reprod. Biol. Endocrinol, 2014, 12：108.

[2] Pontin, J. The Genetics (and Ethics) of Making Humans Fit for Mars. Wired (8 July 2018).

[3] Regalado, A. The DIY designer baby project funded with Bitcoin. MIT Technol. Rev. (1 February 2019).

[4] Hurlbut, J. B. Nature, 2019, 565：135.

[5] National Academies of Sciences, Engineering, and Medicine. Human Genome Editing：Science, Ethics, and Governance (National Academies Press, 2017).

[6] Costas, J. Am. J. Med. Genet. B Neuropsychiatr. Genet, 2018, 177：274-283.

[7] Joy, M. T. et al. Cell 176, 2019, 1143-1157.

[8] Steffann, J., Jouannet, P., Bonnefont, J. P., Chneiweiss, H. & Frydman, N. Cell Stem Cell 22, 2018, 481-482.

[9] Jasanoff, S. & Hurlbut, J. B. Nature, 2018, 555：435-437.

[10] Langlois, A. Palgrave Commun, 2017, 3：17019.

[11] Burall, S. Nature, 2018, 555：438-439.

[12] Baylis, F. Nature Hum. Behav, 2017, 1：0103.

[13] Hurlbut, J. B. et al. Trends Biotechnol, 2018, 36：639-641.

[14] Saha, K. et al. Trends Biotechnol, 2018, 36：741-743.

对禁止基因编辑婴儿的新呼吁分裂了生物学家

Jon Cohen

原文标题：New call to ban gene-edited babies divided biologists

作者：Jon Cohen

发表刊物：Science

发表日期：May 13, 2019

链 接 地 址：https://www. sciencemag. org/news/2019/03/new-call-ban-gene-edited-babies-divides-biologists

主办单位 AAAS（American Association of the Advancement of Science） 声明：本译文不是由 AAAS 单位人员翻译的正式译文，也不是 AAAS 认可为精确的译文。

译者：雷瑞鹏

来自 7 个国家的 18 位杰出科学家和生命伦理学家呼吁全球"暂停"将可遗传的变化引入人类精子，卵子或胚胎——生殖系编辑——以制造改变基因的儿童。这一科学家和生命伦理学家群体今天在《自然》杂志上发表评论，希望能够影响在中国的何建奎于 2018 年 11 月宣布他使用基因组编辑器 CRISPR 试图改变婴儿的基因以抵御艾滋病病毒后显著增强的辩论。

美国国立卫生研究院院长 Francis Collins 同一期"自然"杂志上表示赞同这一呼吁，然而这一呼吁与 2015 年和 2018 年两次全球基因组编辑峰会发表的声明，以及来自美国国家科学、医学和工程院（NASEM）和英国纳菲尔德生物伦理委员会的 2018 年报告背道而驰。在这些声明和报告中没有人禁止人类生殖系编辑，大多数人都强调它有望帮助纠正一些可遗传疾病。所有人都警告不要使用生殖系编辑在认知或身体上"增强"人。包括帕萨迪纳加州理工学院诺贝尔奖获得者 David Baltimore 在内的科学家们仍然反对暂停。即使在贺事件发生后，帮助组织峰会的 Baltimore 仍然谴责这样的禁令，谴责禁令"严厉"和"与科学目标相对立"。

18 位作者宣称，任何要对其科学家进行人类生殖系编辑开绿灯的国家都应该发布公告，对干预是否得到辩护进行国际和透明的评估，并确保这项工作在自己的国家内得到广泛支持。他们写道："各国可能会选择不同的路径，但他们会同意公开进行，并充分尊重人类对最终影响整个物种的问题的意见。"他们强烈鼓励将非科学的视角，包括残疾人和宗教团体的视角纳入讨论。并且他们强调，他们并没有要求暂停对体细胞的基因组编辑，这不会影响未来世代。

他们也没有建议永久性禁止人类生殖系改变的禁令，而是在一个固定的时期内——"五年也许是适宜的"，该群体写道：政府将承诺不允许进行生殖系基因组编辑。他们论证说，这一暂停措施将"为建立国际框架"提供时间，其中可能包括一个"协调机构"，也许是在世界卫生组织（WHO）的支持下，以便讨论正在考虑允许特定的生殖系编辑的国家提出的建议。

与评论一起发表的《自然》杂志社论并没有明确支持暂停的呼吁，但支持建立一个经过伦理审查和批准的设计基因编辑胚胎、精子或卵的基础研究的"开放注册机构"。它还建议建立一种机制，允许科学家"警告具有潜在危险的研究。"至少有 6 位科学家知道贺建奎计划编辑和植入人类胚胎，或者他们确实已经知道，但是，"应他的要求，他们为他的信息保密"。

若干主要国家的科学院已经承诺在明年分析这个问题。位于华盛顿特区的美国国家医学科学院院长 Victor Dzau 说："我们迫切需要这个框架"。在本周出版的《自然》杂志上，他与人合写了另一封信，详细介绍了美国国家科学–工程–医学科学院（NASEM）解决生殖系编辑问题的计划。（值得注意的是，该信没有提及暂停问题。）而 WHO 将于 3 月 18 日至 19 日召集其新成立的制订人类基因组编辑治理和监督全球标准专家咨询委员会开会。

呼吁暂停的《自然》杂志评论的共同签署者包括 CRISPR 先驱：马萨诸塞州剑桥的 Broad 研究所的张锋，柏林马克斯·普朗克科学病原体研究单位的 Emmanuelle Charpentier，以及在加利福尼亚州帕洛阿尔托的斯坦福大学诺贝尔奖得主 Paul Berg。Berg 和 Baltimore 都在 1975 年帮助组织了著名的阿斯洛玛（Asilomar）会议，该会议通常被视为处理新的和有潜在风险的生物技术的典范。会议对当时备受争议的重组 DNA 实验提出了监管条例，包括禁止使用危险病原体。

Baltimore 同意，现在的生殖系编辑既不安全，也没有医学上的正当理由，但他希望有一天它能让人类免于疾病。Baltimore 说："我不认为有需要或理由暂停。遗憾的是，那些在《自然》杂志上发表文章的人正迫使这个问题变成一个语义问题。"

伦敦大学学院（University College London）的分子遗传学家 Helen O'Neill 在 2018 年 11 月的中国香港峰会上发了言。在会上贺建奎详细介绍了他的实验。O'Neill 指出，实际上全球禁令已经存在，因为许多国家都有法律和法规禁止人类生殖系编辑。"我很难理解为什么他们觉得有必要发表这样的声明。"她担心正式的暂停可能会削减重要的研究经费。O'Neill 还说，鉴于早先的声明和报告所阐明的警告，使用"像'暂停'这样的强硬词汇……并没有澄清或警告，而是重申了困惑和担忧。"

首尔国立大学的 Kim Jin-Soo 是香港峰会组委会的另一名成员，他也对暂停的必要性提出了类似的质疑。Kim 说："我认为，对贺建奎一案进行彻底和透明的调查，并采取适当的惩罚措施，将更有效地防止不负责任地使用基因编辑。"

在北京的北京大学魏文胜从事 CRISPR 研究，并是暂停呼吁的共同签署者，他说特别关注不要让"问题和争论"使得用 CRISPR 针对体细胞进行基因治疗的"正当使用"黯然失色。

　　Broad 研究所主席、另一位共同签署人 Eric Lander 同意 O'Neill 的观点，即类似暂停的措施已经到位，但他表示这不是他们这篇社论的中心要点。他说，他和他的共同签署人最终将努力推动各国就是否以及何时往前走达成一致，并理解这是一项自愿的承诺。Lander 说：“我们不可能把一个违反暂停的国家合法地拖进监狱，但你可以通过国际谴责来强制执行。”

　　对于 Lander 来说，关于“暂停”一词的争论是一个令人分心和“无聊”的问题。他说：“承认我们有一个暂停，并接受 M 这个字。”　“我们试图让人们关注接下来会发生什么。”

贺建奎事件的教训

翟晓梅　　雷瑞鹏　　邱仁宗

原文标题：Lessons from the He Jiankui Incident

作者：Xiaomei Zhai，Ruipeng Lei，Renzong Qiu

发表刊物：Issues in Science and Technology 35（4）：20-22

发表时间：2019 年夏

链接地址：https://issues.org/lessons-from-the-he-jiankui-incident/

译者：雷瑞鹏

　　贺建奎于 2018 年 11 月 26 日宣布，他利用 CRISPR 技术改变了导致婴儿出生的两个胚胎的基因，这一消息震惊了中国所有人，尤其是科学家和监管机构。当天晚些时候，122 名中国科学家发表了一份声明，谴责他违反了科学、伦理和法律规范，在接下来的几天里，又有数百名科学家签署了这份声明。政府研究监管机构同样感到震惊，并已展开调查，以确定他究竟做了什么，并就需要采取什么措施防止其他科学家从事类似的恶劣做法收集意见。

　　众所周知的中国谚语"痛定思痛"（当痛苦停止时，我们必须对痛苦进行思考）可能意味着从苦涩的经历中汲取教训，回想过去的痛苦是对未来的警示，或者记住痛苦地学到的教训。许多中国科学家、医生、监管者和伦理学家进入了一个反省的时期，试图从事件中汲取教训，实现将坏事转化为好事。中国医生和科学家非常清楚，他们有义务尊重和保护他们的病人和受试者，必须克制他们对名誉和财富的追求。但是，国家需要确定将这些价值观反映在监管体系中，以防止像他这样的自外于我们的人发生行为不端。

　　应该对种种新兴生物技术进行仔细审查，如基因编辑、干细胞的使用、线粒体转移、异种移植、合成生物学、纳米医学以及人工智能（AI）在医学中的应用。贺建奎事件的一个教训是，尽管我们对基因编辑的许多可能的间接影响一无所知，但我们将其视为一种易于理解的常规技术加以监管。采取超人学（transhumanist）哲学家 Max Moore 所说的"技术先行原则"（proactionary principle），对新技术的实验采取非常宽容的方法则是错误的。对于我们有相当丰富经验的某些技术而言，这可能是可以接受的，但对于这一代新技术却不是。相反，我们需要制定一种更谨慎的径路，在科学家采取行动之前就要采取广泛的伦理和安全的探查。

新兴生物技术的一个显著特征是，它们会带来可能影响后代的特殊风险以及给人类和社会带来巨大潜在受益。基因组编辑可以有效地治疗和治愈难治的遗传疾病，并保护后代免于继承这些疾病。然而，它也可能引入会损害我们后代的基因改变。合成生物学可以促进有助于满足营养，燃料和医疗需求的产品的开发，但它也可以产生抗疫苗病毒，这可能导致 1918 年西班牙流感的严重全球大流行。

第二个标志是不确定性。人类的生殖和发育如此复杂，影响它的因素如此相互依赖，以至于难以预测人类基因组中任何干预的所有后果。在我们编辑卵子、精子、受精卵或胚胎的基因组后，我们很难确定编辑是否影响任何非靶向基因，并且几乎不可能知道基因编辑对发育过程的影响。即使我们对人进行实验，评估结局将是一个挑战。考虑一下贺建奎的实验所产生的孩子，该实验旨在使双胞胎婴儿免疫 HIV 感染。如果她们永远不会被感染 HIV，我们仍然不能确定是否是基因编辑保护了她们，我们也不会知道基因干预是否使她们更容易受到其他感染或以其他方式影响其健康，或将对他们的孩子和孩子的孩子的健康产生什么影响。因此，我们不可能进行可靠的风险—受益评估，我们也不可能向正在考虑对胚胎进行基因干预的父母提供必要和充分的信息，以便他们能够提供有效的知情同意。这也就说明了为什么他的行为是如此不负责任。

新兴技术的第三个关键特征是它可能提出前所未有的伦理挑战。新的人工智能系统使用算法分析大量医疗数据，以鉴定可以帮助我们做出早期和更准确的诊断，支持预防医学和指导治疗决策的模式。利用人工智能分析公共卫生数据可以帮助我们发现和跟踪传染病的爆发，加强医疗监测，并优化需求管理和资源分配。但人工智能挖掘的一些数据包括人类行为，这种行为通常归因于种族，性别，收入和其他群体。然后，这些数据用于预测其他行为的方式有时会产生种族主义或性别歧视假定，从而扭曲了分析。此外，过去人类行为的模式可能不是人们未来在前所未有的事件中做什么的良好预测，例如生物恐怖袭击或病毒传播。

新兴生物技术的这些特征说明了为什么"技术先行"的径路是不合适的。相反，我们必须采取一种名为"伦理先行"（ethically thinking ahead of action 在行动之前进行伦理思考）的径路。在我们启动使用这些新兴生物技术的任何项目之前，我们必须根据全面的探究和严格的伦理讨论制定暂行规定。由于我们目前的不确定程度，这些规定必定是暂定的；随着我们的知识和经验的扩展，它们将进行修订。我们可以确定的监管的一个方面是，在科学家启动任何项目之前，他们不仅应向机构伦理审查委员会提交申请，还应向省/市和国家伦理委员会提交审查和批准申请。

由于每种新兴生物技术都具备独有的特征，这些特征会带来特定的法律，道德和安全挑战，因此不可能制定适用于所有新兴技术的通用法规。在贺建奎事件发生后，中国国家卫生委员会颁布了关于生物医学新技术临床应用的法规草案。这是朝着正确方向迈出的令人鼓舞的一步，但这还不够。我们的中国生命伦理学家计划在对伦理，政策和治理问题进行全面探究和辩论的基础上，为这些新兴技术——包括基因组编辑、干细胞和再生医学、异种移植、合成生物学和纳米医学起草推荐的法规建议。

我们必须向科学和医学的共同体明确指出，自我监管是必要的，但不是充分的。研究专业人员始终关注科学和技术创新的重要性，较少注意社会、政治和伦理的含义。我们不能指望这些研究人员具备这些人文社会学科的专业知识，因此我们需要有相关知识的人参与。此外，我们必须警惕直接参与研究和实验的人员的潜在利益冲突。个人名望和财富受到威胁时，科学家们就像任何人一样容易自欺欺人。有效的监管体系需要政府实体的自上而下的权威以及相关共同体的自下而上的监督，并且必须要求政治领导人、研究人员、人文科学和社会科学学者以及公共利益攸关者参与。

以前的中国研究法规没有规定违反规则的法律责任或处罚。因此，对于可能愿意违反规范的科学家来说，这些法规是一个非常弱的抑制因素。我们很高兴看到国家卫生健康委员会最近颁布的法规草案明确规定了违反规则的处罚。在条例草案中，违法者可以通过通报批评、警告、罚款、在一段时间内禁止临床研究和/或临床实践，或暂停执照来受到惩罚。如果案件构成犯罪，应依法追究其刑事责任。

在贺建奎的案例中，关于初步调查结果的报告只提到他将根据现行法律法规受到认真处理，如果他涉嫌犯罪，他将被移交给公安机关处理。例如，如果他为了躲开法律而贿赂官员或专业人员伪造文件，他将面临刑事指控。然而，调查报告并未具体说明贺建奎可能犯有哪类刑事罪行，因此我们必须等待调查的最终结果。

以前的规则未能认识到要求研究人员做到透明的重要性。贺建奎声称他曾对动物进行了无数次实验，但他从未公布过这些实验结果。如果他公布了，我们就会知道他的研究在做什么。许多中国科学家在工作的早期阶段都不公布研究结果。他们似乎更愿意让最终结果使全世界惊喜。但是，为了使其保持可靠的路径，必须在每个阶段发表研究结果和接受审查。现在许多科学家发表的最终结果无法为其他科学家重复；不发表早期结果，很难发现研究什么地方出了错。我们建议科学家在其早期研究阶段发布报告，并且阳性和阴性的结果都要发表。这种透明性不仅可以为研究提供有用的反馈机会，而且还有助于在该领域工作的其他研究人员。

最后，中国科学家和生命伦理学家应积极参与使各国法规标准化的国际努力。现在情况并非如此。有些人不积极参与的一个理由是，国际伦理准则与中国传统文化之间存在着不可弥合和不相容的鸿沟。事实并非如此。中国处理不同国家和文化之间关系的国家政策是"求共存异。"文化差异并不是一个拒绝参与制订生物技术创新、研发和应用共同规则的可辩护的理由。事实上，中国学者参与起草了联合国的"世界人权宣言"；教科文组织的"世界人类基因组与人权宣言"；国际医学科学组织理事会（由世界卫生组织和教科文组织联合成立的非政府、非营利团体）的"涉及人类受试者的生物医学研究国际伦理准则"。此外，我们其中一人（翟晓梅）是当前世界卫生组织制订人类基因组编辑治理和监督全球标准专家咨询委员会的成员。

贺建奎不幸的实验应该永远不再会发生。他的不端行为唯一的好处是，它可能为中国提供了催化剂，以更新其法规，以保持科学研究的诚信，防止未来出现类似的不端行为。

　　翟晓梅，中国医学科学院/北京协和医学院生命伦理学研究中心生命伦理与卫生政策教授，中国自然辩证法研究会生命伦理学专业委员会理事长。

　　雷瑞鹏，华中科技大学人文学院和生命伦理研究中心生命伦理学教授，中国自然辩证法研究会生命伦理学专业委员会副理事长兼秘书长。

　　邱仁宗，中国社会科学院哲学研究所科学哲学和生命伦理学研究员。

关于生殖系基因组编辑在医学和科学领域应用
治理的政策建议

张　迪

对于生殖系基因组编辑在医学和科学领域应用的良好治理，能够化解各种不同利益间的矛盾，为生殖领域的创新成功开展提供支撑。良好的治理和实践，不但不会阻碍科学的发展和公众对该技术的获得，更不会阻碍患者获得安全有效的治疗，反而会为科研、医疗和个人的生育决策提供良好的支撑环境，尊重个体自主性并维护后代的最佳利益，促进科学的进步和公众健康，增加公众对政府和专业共同体的信任，使科学和技术的进步真正为人类和人道（humanity）服务。

基于前文我们对生殖系基因组编辑的伦理学问题的分析，结合对我国当前治理问题的剖析，参考他国治理经验，我们对政府、机构和个人提出如下建议。

政府—法律

建议1　我们建议政府部门维持禁止生殖系基因组编辑的立场，在法律法规中保持一致，任何临床试验和应用在能够满足本报告提出的伦理学原则之前都不应开展。

当前基因组编辑技术尚未成熟，当下不应开展生殖系基因组编辑的临床试验和应用是国际共识。因此我国政府应维持现有禁止生殖系基因组编辑临床试验和应用的立场不变，完善相关法律法规，保护后代福祉。但是，当基因组编辑技术不断成熟具备一定的有效性和安全性后，在符合本报告提出的伦理学原则的前提之下，对人类进行生殖系基因组编辑可以得到伦理学辩护。这要求政府和学者应结合技术的发展，定期对现有法律法规和政策文件进行动态评估，判断生殖系基因组编辑能否得到伦理学辩护，政府是否应当开放临床试验或应用。

建议2　我们建议政府部门尽快对现行法规进行回顾分析，确定其是否已经涵盖了所有目前已知的人类生殖系基因组编辑改变的方法，并评估其是否得到妥善规制。

前文我们已经讨论了法规的滞后性问题，即人们可以通过基因组编辑技术改变未来世代的基因组，但并不违反现有规范[1]；或一些可以得到伦理学辩护的研究被法规被禁止。（这主要受制定法规时科学和技术的发展所限）这些情况包括但不限于对人类iPS细胞进行基因组编辑，并将其诱导分化为人类精子或卵子并形成胚胎，或将其诱导为这些配子的前体细胞后注射进人体内并随后通过自然生育产生后代。这意味着在不考虑违法阻却问题的前提下，仅仅依靠现有规范也无法覆盖所有生殖系基因组编辑的研究或应用。政府应广泛征求各领域专家对现有法规的滞后性问题进行分析，对现有《胚胎干细胞研究伦理指导原则》《辅助生殖技术规范》等规定进行修订。此外，在制定新法规时应避免针对某一具体技术进行规制，而通过使用其目的和过程进行规制，以免因科学技术的进步使法律法规丧失对新技术的规制作用。

建议 3 我们建议政府制定更高层级的生物医学立法，不仅覆盖生殖系基因编辑一种技术，也应当包括其他可以将基因组改变遗传给后代的操作，以及其他风险巨大和具有重大伦理学争论的生物医学干预；在《民法典》和《侵权责任法》中增加对未来世代个体的适当保护，尤其是对胚胎及其他具有发育成为人类潜能的物给予恰当保护。

生殖系基因组编辑毫无疑问将对后代造成深远影响，不仅包含生物学上改变，还会影响后代的同一性、亲子关系、经过基因组编辑和未经编辑者之间的关系等。并且，生殖系基因组编辑不仅仅涉及风险与受益的权衡，还会对人类的尊严和人的基本权利产生实质影响。当技术更加安全有效时，这些问题将更加突出，科学家、医生、患者以及其他希望改变后代遗传物质的个体会对使用该技术抱有更大的希望，推动法律和政策的变动。

截至 2019 年 6 月，我们回顾了国内与人类生殖系基因组编辑有关的法律法规和规范性文件，禁止生殖系基因组编辑是中国政府的立场，但是对于禁止的条款仅存在于规范性文件中，法律中并无体现。这意味着，我国还没有真正意义上的有关生殖系基因组编辑的法律，并且与之相关的辅助生殖技术也未有立法，现有立法中也没有对潜在出生后代给予足够保护。当前不应开展生殖系基因组编辑临床试验和应用，但由于立法空白导致如果有人严重违反伦理进行此类编辑，从法律上难以给予相应的惩戒。此外，当前有关生殖系基因组编辑的法律法规仅限于卫健委的部门规章，且受卫健委行政权力行使范围的限制，对于非医疗机构的科研机构、高校、企业等的规制缺失。

随着技术的进步，未来能够造成人类世代遗传改变的技术将不仅仅包括基因组编辑，必将产生新的技术。法律作为强制性工具，理应在保护人类生命健康中发挥重要作用，故我们建议政府加紧对此类技术的立法。

在《民法典》中加入有关改变未来世代基因组的内容，要求相关研究和应用必须符合伦理。但我们并不建议在此处直接禁止可遗传的基因组编辑。首先，因为在未来的某个时间节点上①我们很可能认为应当批准相应的临床试验和应用；其次，明确禁止可能向正在从事或未来希望从事此类基础研究的科学家传递某种负面信号，不利于基础研究的开展；最后，此处不禁止不意味着当下可以做，而可以通过包括刑法、国务院条例和部门规章等法律法规对研究和应用进行规制。

在《侵权责任法》中加入对未来世代个体的适当保护，尤其是对胚胎及其他具有发育成为人类潜能的物给予恰当保护。在我国，无论从伦理和法律上来看，普遍接受出生后为人的观点，对于权利主体的起始很大程度上是基于医学上关于出生的判断，即胎儿在体外能否存活。然而，生殖系基因组编辑，以及其他可将基因组的改变遗传给后代的技术的出

---

① 至少包括足够的技术安全性和有效性，且限于预防严重遗传疾病。

现对现有对权利主体的保护构成了冲击。（当然这种冲击还包括环境和夫妇生活习惯对后代遗传物质的影响）

建议4 我们建议政府从刑法、民法和行政法规三方面完善对生殖系基因组编辑中违法违规活动的惩戒，应当考虑将严重违法违反伦理的行为纳入刑法处罚范围，加大对违规机构和人员的处罚力度。

法律层级较低在一定程度上限制了对违法行为的阻却作用。从基因编辑婴儿事件中不难看出这一问题。迟迟未能详细公布调查结果和对相关责任人的处理，以及社会各界对我国现有法规中针对此类行为处罚较轻的认识，可能进一步削弱现有法规的规制作用，更难言对违法行为的阻却（阻却更多来自社会压力、停止科研资助和科研岗位的丧失）。

当然，我们并不能从英国、澳大利亚等国的法律规定某些违法行为触犯刑法，就直接推导出中国也应当采取同样的措施，而是要对行为本身进行分析，并判断入刑的必要性。可以确定的是，当前基因组编辑技术尚未成熟，科学界普遍认为当前不应开展临床试验和应用，如果开展可能给未来世代带来巨大的风险和不确定性，并加剧基因歧视和社会不公正。尽管这种风险未必会出现，不确定性也未必一定会产生伤害，但是从避免严重伤害和未来后代的最佳利益出发，通过刑法来规制生殖系基因组编辑有其合理性。为了阻却严重违反伦理行为的发生，以及对避免对后代造成巨大负面影响的事件再次发生，另外给予违法者相对应的处罚，我们认为政府考虑在《刑法》修正案中加入对有关严重违法伦理，违规改变人类后代基因组的行为的处罚。我们并不建议在刑法中直接表明禁止人类生殖系基因组编辑的临床试验和应用，而是对那些没有经过国家有关部门批准便开展试验和应用的个人进行处罚。具体如何规制，我们建议法学家、伦理学家和社会学家关注此类研究，并关注利益攸关方对该问题的观点和讨论，在此基础之上提出立法建议。

建议5 我们建议政府部门尽快对现行法规进行回顾分析，规范定义并制定和公布相应法规的解释性文件，明确哪些生殖系基因组编辑允许做、如何做、哪些被禁止开展，及其背后的理由，包括对于当前禁止临床试验和应用的理由，未来开放的前提条件，未来再次暂停和开放的条件等，以利益攸关方能够理解和可及的方式公开信息。

从我们对现有生殖系基因组编辑相关法规的分析可以看出，现行法规存在表述不清和缺乏配套解释性文件的问题，这对于研究者、医务人员、医疗机构和企业存在诸多不利影响。如研究、试验和临床医疗（实践），以及医学应用与非医学应用之间缺乏明确界定和区分，可能导致研究者和医务人员混淆研究与临床医疗，对活动具体适用于哪些法规存在疑问，并可能因此对某些研究和应用的抵触以尽可能地规避风险，从而不利于科学技术的发展，也不利于未来患者的福祉。

因此，无论从一部有效的法律法规应当具备的特征而言，还是从法律法规制定后对相关主体的影响（如行为的引导）来看，政府都应规范现有法规中的词语使用，并发布或修改与法规相配套的解释性文件，增加法律法规和政策的透明性。这要求政府对现有政策法规制定的初衷和过程进行公开，以利益攸关方能够理解和可及方式公开信息，以使受其影响的个体和机构更好地理解国家对生殖系基因组编辑的规定，明确科研和应用的界线。

建议6 我们建议政府部门尽快对辅助生殖技术相关管理规定进行回顾分析，评估是否应当向此前被规定禁止使用此技术的个体（包括但不限于 HIV 感染者）开放使用辅助生殖技术。

基因编辑胎儿实践中涉及的 HIV 感染者能否使用辅助生殖技术的问题，其中包含法规对技术进步缺乏及时响应。可能原因包括技术的快速进步、ART 资源的稀缺性，以及政策评估时缺乏多视角尤其是利益攸关者的广泛和包容性参与。该问题的出现一方面阻碍了一些夫妇生育权的实现，另一方面迫使一些夫妇通过国内非法途径或生殖旅游的方式实现生育权，而这可能不符合后代的最佳利益。由于当前缺乏合法有效的舒解渠道，可能是一些夫妇铤而走险选择生殖系基因编辑的原因之一。基于现有证据和他国经验来看，可考虑对 HIV 感染者（至少同时是不孕不育者）提供 ART 治疗，首要目的是帮助这些夫妇实现生育权和维护后代的最佳利益。我们建议政府相关部门应当尽快回顾现有政策和法规，征求专家和公众意见，必要时开展相关领域研究，对现有辅助生殖技术法规中对 HIV 感染者（及其他目前禁止使用该技术的个体）限制的合理性进行评估。同时，我们建议这些部门制定规则，定期对相关政策和法规进行回顾分析，听取利益攸关方的担忧和意见，评估其是否发挥了应有作用，并根据实际情况对政策和法规进行动态调整。

建议 7 我们建议政府制定以尊重人权（人类福祉）为基础、以促进公共利益为目的的知识产权政策和法规，促进在符合伦理的前提之下进行人类生殖系基因组编辑；同时，积极参与国际知识产权规则的制定。

知识产权使技术的创造者获得经济利益，被普遍认为是一种有效的激励创新的手段。医药领域的知识产权主要涉及可及性问题。尽管知识产权并非是引发医疗可及性的唯一因素，但毫无疑问政府在知识产权方面的政策和法规会影响医疗对公众的可及性。在生殖系基因组编辑方面也不例外，从 CRISPR 专利的争夺便可窥见。[2;3]当基因组编辑技术日趋成熟，有效性和安全性逐渐增加，其应用范围更加广泛时，专利所有者可能会向产业链上的各个机构或个人收取专利授权费，从中获得经济利益，而这无疑将增加最终产品的价格。正如前文我们论述的那样，使用生殖系基因组编辑获得健康后代在伦理上可以得到辩护，是人类的合理愿望，对于一些夫妇而言该技术可能是唯一的希望，而因专利（部分）导致的高昂售价可能使希望化为泡影。政府应当审视现有的知识产权政策和法规，在尊重人权的基础之上，明确政策和法规的目的和原则，摆脱过于依靠现有专利规则的现状，探索各种研发激励政策，寻求社会福祉与商业利益之间的平衡。同时，在全球化的背景之下，政府应积极参与到国际知识产权规则的制定中，坚守伦理学原则，推动以促进人类福祉为目的的知识产权规则。

政府—监管

建议 8 我们建议政府明确各部门在生殖系基因组编辑中的监管责任、监管范围，建议政府针对于高新技术建立包括国务院各部门和军队系统的联席会议制度，促进多部门、跨部门的协作，协同做好生殖系基因组编辑技术监管工作和政策制定工作。

对于生殖系基因组编辑研究的监管而言，存在着碎片化监管问题，包括组织边界隔阂、职权交叉、部门保护主义等，而这是导致监管空白和监管缺失的重要原因。为做好对生殖系基因组编辑的有效监管，我们必须妥善的解决这些问题。通过政府各部门明确自身监管责任化解职权交叉问题，通过建立跨部门的联席会议制度打破组织边界隔阂和部门保护主义，促进部门之间的协作，尽力做到对生殖系基因组编辑研究（包括未来的临床试验和应用）的全范围监管。（这里的监管客体包括医疗机构、科研机构、高校、企业、非政府组织等）多部门的协作可以促进多部门、多专业的合作，有利于发现技术发展和使用过程中可能出现的各类问题。

建议 9 我们建议政府建立公开可及的人类生殖系干预的网络备案系统，要求所有开展涉及人类生殖系基因组编辑（基础）研究（未来开放临床试验和应用后，也应包括在其中）、线粒体移植研究、生殖系表观遗传学研究等的机构都应当在该系统进行备案；定期更新研究所用精子、卵子及配子前体细胞，胚胎以及其他生殖系细胞的使用情况，政府部门对这些研究进行监督。

信息不透明是阻碍有效监管的一大问题，虽然卫健委已经建立了涉及人的生物医学研究注册平台，但由于缺乏有效的法律惩戒和监管手段，在基因编辑婴儿事件之前注册数量寥寥无几。随着事件的爆发和未来法律法规的完善，情况可能有所好转，但是由于生殖系细胞/组织具有发育成为人的潜能，不同于其他生物医学研究，在保护隐私的前提下，要求此类研究进行全流程的信息透明是促进有效监管的重要手段。

在基因编辑婴儿事件后，信息公开的建议已经被不少国内外学者和专业组织所提出。[4~6]①信息的共享与公开可以推动科学和技术的进步，同时有助于研究者的自律和外部监督。生殖系基因组编辑的研究（以及未来临床试验和应用）显然不存在例外。并且，由于研究中涉及直接对具有发育成为人潜能的细胞或组织的操作，这些活动的信息公开相比其他基础研究而言更为重要，包括研究的目的，相关细胞、组织的来源、处理和最终去向等等。为了有效监督这些研究，政府可借鉴在生物医学研究、干细胞研究方面的经验，建立公开可及的备案系统，促进信息的公开（尤其是生殖系细胞/组织的全流程信息透明）和研究者的自律。

政府—政策

建议 10 我们建议政府在修改现行和制定新的有关生殖系基因组编辑的政策法规前，应当进行广泛和包容性的意见征询，促进公众对相关问题的讨论；政府部门应当建立某种渠道，定期获取利益攸关方对生殖系基因组编辑的看法，监测这些技术对特殊人群和社会规范的影响。

长久以来公众参与都是规范和监管新技术的重要组成部分[4,7]。我国在现有的政策法规

---

① Nuffield/美国科学院/WHO National Academies of Sciences, Engineering, and Medicine; National Academy of Medicine; National Academy of Sciences. Human Genome Editing: Science, Ethics, and Governance. Washington, DC: The National Academies Press, 2017: 328.

制定中，已经形成一套较为成熟的公众参与模式，如专家咨询、机构咨询和网络公开征求意见等，在推动政策法规的完善和包容性中发挥了重要作用。但我们通过前文对现有政策法规的分析来看，我们还应注意性别视角以及特殊群体视角，并通过研究、实地调查、网络平台等多种手段，主动或被动地获得利益攸关方对生殖系基因组编辑技术研究和应用的看法（这一模式还可用于了解公众对其他新兴技术的看法，如人工智能、脑机接口、人与非人动物混合有机体等），尤其是由技术使用而产生或增加的脆弱人群，以及他们的担忧和可能受到的影响。

公众讨论的目的不仅在于期望达成某种一致性的结论或共识，还在于在讨论过程中的相互了解，以及在此过程影响每一个参与者的思想或价值。政府应当在此时发挥重要的引导作用，作为了解社会中不同观点的重要契机，而非像基因编辑婴儿事件出现后那样对相关讨论进行封禁。通过增加公众参与，监测生殖系基因组编辑（也包括其他技术）对特殊人群和社会规范的影响，及时评估政策法规的规制作用，并在必要时结合伦理学原则对其进行调整。

建议 11 我们建议政府应当充分评估生殖系基因组编辑技术在当下和未来可能的负面效应，考量如何制定政策和法规，以应对当下及未来可能会出现的基因歧视问题。

基因歧视在中国已经出现[8]，随着包括生殖系基因组编辑在内的辅助生殖技术的出现和可及性增加，可能会加剧基因歧视。未来使用该技术的人可能会不断增多，患有某些遗传疾病的个体，甚至携带有某些非致病突变的个体，可能会受到不公正的对待，包括由于该人群总数的减少导致的社会和政府对该人群福祉关注的下降。与此同时，我国目前并没有与之相对应的反歧视立法，尽管可以通过《侵权责任法》能够将个体遭受基因歧视侵权损害纳入救济范围，但这种对于预防基因歧视是远远不够的。

当政府决定是否开放人类生殖系基因组编辑时，除需评估该技术的安全性和有效性外，还应评估技术应用后可能给社会带来的负面效应。除通过现有的征询专家意见的方法外，还可通过跨部门合作的方式了解利益攸关方，尤其是弱势群体和潜在弱势群体的担忧。在社会负面效应中，政府应特别关注基于个体间基因不同而导致的污名化和歧视问题，在预判未来问题的严重性基础之上，政府应预先制定政策和法规降低风险，尽力避免污名化和歧视。

建议 12 我们建议政府应确保那些通过生殖系基因组编辑出生的后代的人权，并推动补偿政策的制定（包括如何对已经出生的露露、娜娜和另一位孩子进行补偿）；政府应当积极参与到国际社会对生殖系基因组编辑后代的人权保护中。

现有和未来的基因歧视，以及基因编辑婴儿事件发生后一些公众对露露娜娜的看法①，无不让人担忧通过该技术降生的后代的人权能否得到尊重。事件发生至今，在保护已经出生的孩子及其父母方面，政府已经做了很好的工作，在保护孩子的健康方面，贺建奎及相

---

① 这些言论包括但不限于，禁止生育、绝育、可识别出被编辑者的身份证号码等。

关人员显然没有能力承担对孩子的责任[1]，更多的重担落在了政府肩上。政府作为保护人权的主体，不仅要确保已经出生的三位孩子的人权[2]，更要审视我们的法律法规和政策，能否保护未来技术开放后出生的后代的人权。政府应当广泛征求专家和利益攸关方的意见，审视我国现有法律法规和政策中"人"的概念，生殖系基因组编辑是否会使后代跨越物种界限，从而对现有法律法规及人权的概念构成挑战。同时，政府应当积极参与到国际社会有关生殖系基因组编辑后代的人权讨论，共同推动全球对基因编辑后代的人权保护。[3]

建议 13 我们建议仅在获得具有胜任力的政府部门批准后，生殖系基因组编辑的临床试验和应用方可开展，并且在最初开放该技术时，应当采取个案项目审批制；政府（或委派能够胜任的机构）应定期对积累的科学证据和经验进行回顾分析，制定技术对个体和后代健康长期影响的监测制度，同时注意对个人隐私的保护，并制定相应的暂停条款和补救方案。

生殖系基因组编辑目前仍不成熟，具有高度不确定性和风险，有效性、安全性仍未达到开展临床试验和应用的水平。但随着技术的发展，这些问题会逐渐被解决，加之公众对该技术应用的讨论，政府可能会允许生殖系基因组编辑的临床试验和应用。彼时，需要具有胜任力的政府部门对该技术的使用进行审批，对临床试验和应用进行全面审查，判断其有效性、安全性和相关伦理和法律问题，以保护未来后代的福祉。

由于生殖系基因组编辑涉及重要的伦理学问题，技术使用中的高度不确定性，以及该技术最初应用时受众群体的局限性，政府部门应当采取个案项目审批制，基于开展临床试验的前提条件，结合每一个项目的特点进行审批，使技术使用的最初阶段对风险有更好的管控。政府部门应建立生殖系基因组编辑数据库，收集、贮存临床试验和应用数据，并定期进行回顾分析和研究，动态评估生殖系基因组编辑的风险与受益。应注重对被编辑者及其后代健康的长期监测，尽力将风险最小化，同时注意个人隐私和信息的保密。政府应制定明确的规则，用于当技术产生严重不良影响时（如严重不良事件）暂停生殖系基因组编辑的临床试验和应用，同时明确恢复临床试验和应用的前提条件，遵循透明原则及时公开相关信息。

---

[1]　这并不意味贺建奎及相关人员没有责任，他们理应为孩子的出生，以及孩子可能在躯体、心理和精神健康方面的问题负有不可推卸的责任，并因此应当承担相应的损害赔偿责任。

[2]　这里的人权至少包括《世界人权宣言》《儿童权利公约》中列出的权利，也包括我国政府提出的生存权和发展权等人权。

[3]　可能有人认为如果不单独谈论某一人群（如通过基因组编辑生育的后代），则不会引起社会对该人群的特别关注，也就不会产生或加深对他们的歧视。这种说法有一定道理，可能在一定程度上反映了现有政策或行动中存在的问题，其初衷是保护特殊人群福祉，最终却事与愿违。但是，这并不意味着我们不应当关注该人群，而是应当反思如何恰当地关注和帮助这些人，保护他们的福祉和人权，避免主动干预中的负面效应，而不是将所有问题抛给社会和运气。

机构组织和个人

建议 14　我们建议研究主体（包括机构和个人）继续开展可能会促进人类福祉的生殖系基因组编辑基础研究，提升该技术的安全性和有效性，为未来该技术可能的临床试验和应用提供可靠的科学证据。

当前生殖系基因组编辑技术仍不成熟，其有效性和安全性仍未达到临床试验和应用的水平。良好的基础研究有助于促进生殖系基因组编辑技术的成熟，提升有效性和安全性，使未来的临床试验和应用成为可能。此外，基础研究有助于促进我们了解人类自身的生长、发育，获取有关疾病发生、发展方面的知识。因此，在仅考虑生殖系基因组编辑的前提下，我们建议机构和个人继续开展高质量的基础研究，促进科学知识的增长。但如果将生殖系基因组编辑与其他技术相比，前者应当获得多少公共资金的支持仍需要政府和相关专业人员进一步评估。对于使用公共资金的基础研究，政府应当切实关注并制定以提升人类福祉和促进可及性为原则的成果转化和知识产权的资助规则或条件。

建议 15　我们建议研究主体（机构和个人）开展涉及生殖系基因组编辑的人文和社会科学研究，推动社会对包括该技术潜在使用者、由此出生的后代以及受该技术影响的其他个体了解，包括他们对于福祉和人的概念的理解，以及风险、歧视和公正问题的看法等。

生殖系基因组编辑如果被允许使用，无论其在中国被允许，还是在其他国家被允许，在全球化的背景之下，都将对人类社会产生深远影响。这些影响包括但不限于父母与子女关系的改变，亲代责任的增加、基因歧视的加深，以及新物种出现产生的一系列问题。对于这些问题的认识和应对，离不开与人类生殖系基因组编辑相关的人文和社会科学研究，包括但不限于伦理、法律和社会学研究。这些研究的目的应是为了保护或促进人类的福祉，引导对技术的善治。相较于科学和技术研究，我国在人文和社会科学方面的研究数量和资金投入更少，后者跟不上前者的研究步伐。这除了国家或私人机构的整体投入不足外，还包括我国在人文社会科学方面的优质人才短缺问题，以及其背后的经济和政策导向问题。我们建议机构和个体研究者开展相关人文和社会科学研究，建议公共和私人科研经费加大对此类研究的资助，尤其应注意在批准资助生物医学类研究时分配配套资金用于响应伦理、法律和社会问题的研究。

建议 16　我们建议从事生物医学研究的科研机构完善自身伦理审查机制建设，提升自身审查能力。

无论从基因编辑婴儿事件还是从我们的伦理审查经验来看，国内机构伦理审查委员会的能力普遍较低是基本共识。伦理审查委员会作为保护受试者权益的重要机制，应当在法律、伦理层面引起重视。除提升立法层级外，机构伦理审查委员会不仅要关注自身的制度建设，更要关注能力建设，只有两者并进伦理审查委员会才能更好地保护受试者的福祉。如果未来通过立法使伦理审查委员会具备法人资格，这要求其成员必须具备相应能力并履行审查职责保护受试者权益，这不仅是伦理义务，更是法律责任。因此，对于当下的机构伦理审查委员会，应通过培训、交流、人才引进等方式提升自身的审查能力，发挥其在保护受试者中应有的作用。

建议 17 我们建议国内的专业学术团体和个人积极参与生殖系基因组编辑的国际讨论和规则制定中，完善全球基因组编辑的全球治理。

"规则洼地"的存在使得一些在科学和伦理上存在重大问题的研究和应用得以在某些地区开展，从而损害个体福祉，侵犯个体人权。这些地区通过"宽松"的政策和法规吸引技术提供者，开展临床试验和应用；吸引消费者/患者到这些地区接受其所在国未经批准或禁止的干预。[9] 对于一些政府而言，"宽松"的政策有利于经济和技术的发展，而这种"竞次"① 行为可能会鼓励一些地区制定更"宽松"的政策，或者由于政府自身的规制能力问题导致对生殖系基因组编辑的缺位，这已经在干细胞疗法、线粒体置换[10]、商业性代孕中出现[9,11]，一些国家专家甚至政策制定者在生殖系基因组编辑的问题上已经产生了类似想法。

我国在国际学术界尤其是涉及人文和社会科学领域的话语权一直偏弱，加之一些国外学者和媒体对中国持有的偏见，使得中国学者在参与国际治理上的机会相对欧美国家少很多。中国作为正在崛起的大国，以及在全球化中占有的独特地位，中国学者无论代表国家还是个人都应当积极参与到国际治理当中，承当相应责任。除完善本国的治理外，我们建议国内专家积极开展有关生殖系基因组编辑国际治理方面的研究，从伦理、法律和社会学视角探寻解决"规则洼地"问题和"医疗旅游"中的负面效应，为维护人类福祉和保护人权付出努力。

建议 18 我们建议科学家、医生和其他了解生殖系基因组编辑的专业人员提供基于可靠科学证据的科普知识和信息，帮助公众和特殊群体理性看待生殖系基因组编辑。

在医疗领域，医学专业人员与患者之间的信息不对称是医学专业的特征之一。这种信息不对称可能促进后者对前者的信任，也可能使前者利用这一不对称性和后者希望得到救治的急切希望为自身谋利。无论是干细胞，细胞免疫疗法还是生殖系基因组编辑，无不存在不对称性问题，以及与此伴随的欺骗和逐利行为。为了避免这些有违伦理和法律的事件出现，除了通过立法和加强监管外对干预提供方进行约束外，还可以通过增加后者的辨识能力（赋能）来实现。提升公众的辨识能力，重要的是存在公开可及且可靠的信息，而离不开科学家、医生和其他了解生殖系基因组编辑的专业人员的付出。我们建议他们通过公众易于理解的方式和公开可及的途径开展科普工作，通过传统媒体、新媒体、患者组织等多种方式传播相关科学知识，增加公众对生殖系基因组编辑信息的辨识能力，避免因自身急迫需求而进行非理性选择并导致自身和未来后代受到伤害。值得庆幸的是，我国政府现在已经重视到科普对于国民科学素养的重要性，先后出台政策鼓励专业人员开展科普工作。

---

① National Academies of Sciences, Engineering, and Medicine; National Academy of Medicine; National Academy of Sciences. Human Genome Editing: Science, Ethics, and Governance. Washington, DC: The National Academies Press, 2017: 328.

参 考 文 献

［1］科技部和卫生部. 人胚胎干细胞研究伦理指导原则，2003.

［2］Cohen J. CRISPR patent fight revived. Science，2019，365（6448）：15-16.

［3］Martin-Laffon J，Kuntz M，Ricroch A E. Worldwide CRISPR patent landscape shows strong geographical biases. Nature Biotechnology，2019，37（6）：613-620.

［4］National Academies of Science-Engineering-Medicine，Human Genome Editing：Science，Ethics，and Governance，Washington，DC：The National Academies Press，2017：328.

［5］First report of the Advisory Committee on Developing Global Standards for Governance and Oversight of Human Genome Editing. Geneva：WHO，2019.

［6］Genome editing and human reproduction：social and ethical issues. London：Nuffield Council，2018.

［7］Genome editing：science，ethics，and public engagement. The Lancet，2017，390（10095）：625.

［8］百度百科. 中国基因歧视第一案. https://baike.baidu.com/item/%E4%B8%AD%E5%9B%BD%E5%9F%BA%E5%9B%A0%E6%AD%A7%E8%A7%86%E7%AC%AC%E4%B8%80%E6%A1%88/9685485.

［9］Charo R A. On the road（to a cure?）— Stem-cell tourism and lessons for gene editing. New England Journal of Medicine，2016，374（10）：901-903.

［10］Zhang J，Liu H，Luo S，et al. Live birth derived from oocyte spindle transfer to prevent mitochondrial disease. Reproductive BioMedicine Online，2017，34（4）：361-368.

［11］Turner L，Knoepfler P. Selling stem cells in the USA：Assessing the direct-to-consumer industry. Cell Stem Cell，2016，19（2）：154-157.

人类基因组编辑：科学、伦理学与治理①

美国科学院和医学科学院

人类基因组编辑：科学、医学和伦理学考虑委员会

原文标题：Human Genome Editing：Science，Ethics and Governance

作者：Committee on Human Gene Editing：Scientific，Medical，and Ethical Consideration

发表单位：National Acadxedmy of Science，National Academy of Medicine

发表时间：2017

链接地址：https://www. nap. edu/catalog/24623/human-genome-editing-science-ethics-and-governancehttps://nam.edu〉human-genome-editing-science-ethics-and-governance

译者：雷瑞鹏

原则和建议

基因组编辑为基础科学和治疗应用提供了巨大的潜力。将基因组编辑方法应用于人类细胞、组织、生殖系细胞和胚胎的基础实验室研究，对于改善我们对正常人类生物学的了解，包括增进我们对人类生育、生殖和发育的知识，以及对疾病的更深入了解和建立新的治疗方法，具有很大的希望。这种研究在现有的监督系统内正在迅速进行。基因组编辑已经进入针对某些遗传病的体细胞治疗的临床测试，接受旨在监督人类体细胞基因治疗研究的监督系统。此外，最近发展的方法为在国内和跨国法律的范围内编辑生殖系细胞以防止遗传病的可遗传传播提供了未来的可能性。与此同时，基因组编辑技术向监管机构和公众提出了挑战，要求他们评价现有的治理体系，以判定现在追求的基因改变是否尚未得到充分辩护、风险太大或对社会造成太大破坏。本章总结了委员会的结论，

---

① 编者按：2015 年第 1 届人类基因组编辑国际高峰会议之后美国国家科学院和医学科学院成立了人类基因编辑：科学、医学和伦理学考虑委员会，委员会根据第 1 届人类基因组编辑国际高峰会议的成果起草并于 2017 年发表了《人类基因组编辑：科学、伦理学与治理》（*Human Genome Editing：Science，Ethics and Governance*）的报告。本文是该报告的"原则和建议"部分。

这些结论与委员会有关开展和监督这一新兴研究和应用领域的建议的总体原则和具体结论有关。

人类基因组编辑治理的总体原则

基因组编辑在预防、改善或消除许多人类疾病和条件方面前程远大。伴随这一前程而来的是需要研究和临床应用负起对伦理学上的责任。

建议 2-1 以下原则应加强对人类基因组编辑的监督制度、研究和临床应用：①

- 促进福祉；
- 透明；
- 尽职照护；
- 负责科学；
- 尊重人；
- 公平；
- 跨国合作。

反过来，在设计基因组编辑的治理系统时，这些原则导致许多责任：

促进福祉（promoting well-being）：促进福祉的原则支持为受影响的人提供受益和防止伤害，在生命伦理学文献中经常被称为有益和不伤害原则。

坚持这一原则所带来的责任包括：①寻求人类基因组编辑的应用，以促进个人的健康和福祉，例如治疗或预防疾病，同时在高度不确定的情况下将早期应用对个人的风险最小化；②确保人类基因组编辑任何应用的风险和受益的合理平衡。

透明（transparency）：透明性原则要求以使利益攸关方可及和可理解的方式公开和共享信息。

坚持这一原则所带来的责任包括：①承诺尽可能充分和及时地揭示信息；以及②公众真正参加与人类基因组编辑以及其他新颖和颠覆性技术有关的决策过程。

尽职照护：（due care）对参与研究或接受临床治疗的病人给予尽职照护的原则要求仔细和深思熟虑地进行，而且唯有在有充分和有力的证据支持的情况下。

负责任的科学（responsible science）：负责任的科学原则支撑根据国际和专业规范坚持从实验室到临床的最高研究标准。

遵守这一原则所带来的责任包括：①高质量的实验设计和分析；②对研究计划和产生的数据进行合适的审查和评价；③透明度性；以及④纠正错误或误导的数据或分析。

尊重人（respect for persons）：尊重人的原则要求承认所有个人的人格尊严，承认个人选择的中心地位，以及尊重个人的决定。所有人的道德价值都是平等的，不管他们的遗传素质如何。

遵守这一原则所产生的责任包括：①对所有个人价值平等的承诺；②尊重和促进个人

---

① 建议的编号是按章排列的。例如建议 2-1，指的是本书第 2 章的第一条建议。

决策；③防止过去滥用优生学再次发生的承诺；以及④致力于消除残疾的污名化。

公平（fairness）：The 公平原则要求对类似的情况一视同仁，风险和受益得到公平分配（分配公正）。

遵守这一原则所带来的责任包括：①公平分配研究的负担和受益；以及②广泛而公平的可及人类基因组编辑导致的临床应用受益。

跨国合作（transnational cooperation）：跨国合作原则支持在尊重不同文化情境的同时，致力于以合作方式进行研究和治理。

遵守这一原则所产生的责任包括：①尊重不同的国家政策；②尽可能协调监管标准和程序；以及③在不同的科学共同体和负责的监管当局之间进行跨国的协作和数据共享。

这些原则和责任可以如下所示通过监管基因组编辑的具体建议来履行。

美国对人类基因组编辑的现行监督机制

在美国，各州和联邦现有的法律和资助政策，都将对从实验室研究通过临床前测试和临床试验再到临床应用所有阶段的人类基因组编辑进行管理。现有的系统虽然总是有改进的余地，但可以用来管理目前预期的人类基因组编辑的使用，但未来的一些用途将要求严格的标准和进一步的公开辩论。

使用基因组编辑方法的实验室研究

利用基因组编辑作为人体体细胞和组织的实验室研究工具，将在很大程度上与其他类型的实验室研究以同样的方式进行管理，这些研究受制于机构生物安全性的审查和实验室实践的一般标准。也有额外的政策来管理捐赠和使用人的细胞、组织或胚胎进行研究。这些考虑到了这样一些因素，例如组织是在临床手术中遗留下来的，还是通过专门用于研究的干预获得的。如果组织含有在其内部或与之相关的信息使捐赠者的身份易于确定，那么附加的人体受试者保护措施，如需要某种形式的同意和机构审查委员会（IRB）的审查通常也将适用。

使用人类胚胎进行基因组编辑的实验室研究（没有妊娠的目的）还有一些额外的考虑。在美国，Dickey-Wicker 修正案（Dickey-Wicker amendment）一般禁止联邦政府为使用胚胎的研究提供资金，但也有一些州和私人机构可以提供这类研究的资金。这种使用受制于管理人类生殖和受孕产物的一些法律制度。1994 年美国国立卫生研究院（NIH）人类胚胎研究专家组、美国国家科学-工程学-医学科学院的人类胚胎干细胞研究指南以及国际干细胞研究准则的建议继续塑造这一领域的研究实践。

利用人类胚胎在实验室进行基因组编辑研究所带来的伦理和监管方面的考虑在过去已经得到了探索：胚胎的道德地位；为研究而制造胚胎的可接受性，或使用本来会被丢弃的胚胎，以及适用于研究中使用胚胎的法律或自愿限制。其他国家也提出了同样的伦理考虑。尽管人们认识到在研究中使用人类胚胎的科学价值，但在许多司法管辖区，这种做法受到限制、不鼓励甚至禁止。纯粹为非生殖研究目的而编辑人类胚胎的基因组将接受同样的道德准则伦理规范和政策的约束。但是，在允许的情况下，已经对其他形式的胚胎研究制定的监督程序应该确保保证研究的必要性和质量。

监督使用人体细胞和组织的实验室研究是负责任科学原则的体现，包括高质量的实验设计和研究方案的审查。科学研究的进行要根据严格的同行评审和结果的发表，同时也得益于共享和可及能够支持该领域持续发展的数据。透明性原则支持在符合适用法律的情况下尽可能充分地分享信息。尊重各国在利用人类胚胎进行研究的国内政策上的多样性不应成为跨国合作的障碍，包括数据共享、监管当局的合作以及在可能的情况下标准的统一。

结论和建议：基本实验室研究

涉及人类基因组编辑的实验室研究——即不涉及与病人接触的研究——遵循与其他体外人体组织基础实验室研究相同的监管路径，并提出了已经在现有伦理规范和监管体制下管理的问题。

这不仅包括对体细胞的研究，而且还包括为研究目的的捐赠和使用人类配子和胚胎，只要这项研究是得到允许的。虽然有些人不同意其中一些规则所体现的政策，但这些规则仍然有效。与人类生育和生殖有关的重要科学和临床问题要求继续对人类配子及其祖细胞、人类胚胎和多潜能干细胞进行实验室研究。这项研究对于目的不是针对可遗传的基因组编辑的医学和科学研究是必要的，虽然它也将提供可应用的有价值的信息和技术,，如果可遗传的基因组编辑在未来要尝试的话。

建议 3-1 应该利用现有的审查和评价利用人类细胞和组织进行基础实验室基因组编辑研究的监管基础设施和程序，来评价未来的人类基因组编辑的基础实验室研究。

用于治疗或预防疾病和残疾的体细胞基因组编辑

基因组编辑最直接的临床应用将是在人的体细胞中用于治疗或预防疾病和残疾。事实上，这样的研究已经进入临床试验。在美国，使用体细胞基因组编辑技术的临床应用属于监管基于人的组织和细胞的治疗的美国食品和药物管理局（FDA）的管辖范围。任何基因编辑临床试验的启动都要求事先获得 FDA 的批准，IRB 也监督试验参与者的招募、咨询和不良事件监测。与体细胞基因组编辑临床试验相关联的监管评估将类似于与其他医学治疗相关联的监管评估，包括风险最小化、分析受试者面临的风险与潜在的受益相比是否合理，以及受试者是否在合适的自愿和知情同意下招募和录取。美国的额外监督包括由机构生物安全委员会进行的地方安全性审查，以及在国立卫生研究院重组 DNA 咨询委员会（Recombinant DNA Advisory Committee，RAC）主持下对具体、新颖的研究方案和一般方法进行国家级的审查。

已经为其他形式的基因治疗制订的伦理规范和管理制度足以管理涉及以治疗或预防疾

病和残疾为目的的体细胞基因组编辑的新应用。但监管性监督也应强调防止未经授权或过早地应用基因组编辑。

在某些情况下，考虑对子宫内胎儿的体细胞进行基因组编辑也是可取的，例如，对发育早期具有破坏性作用的遗传病，胎儿编辑可能比产后干预有效得多。使生出的孩子获得潜在受益将是关键。但在子宫内进行基因组编辑还需要特别注意与同意有关的问题，以及注意对胎儿生殖细胞或生殖细胞祖细胞的中靶或脱靶修饰引起的风险的增加。

监管体细胞基因组编辑的建议基于若干最重要的原则。体细胞基因组编辑的研究和临床应用的一个重要目标是促进福祉。透明性和负责任的科学对推进研究是必要的，使人们对工作的质量有信心，同时尽职照护确保应用程序的进行，越来越仔细注意风险和受益，以及重新评估，以便及时对不断变化的科学和临床信息做出反应。随着治疗和预防医学技术的发展，公平和尊重人要求注意对这些进展的受益的公平可及，保护个人选择使用或不使用这些疗法，并尊重所有人的尊严，不论他们的选择如何。

结论和建议：体细胞治疗

一般来说，有大量的公众支持使用基因治疗（以及通过引申也指出使用基因组编辑的基因治疗）来治疗和预防疾病和残疾。体细胞内的人类基因组编辑在治疗或预防许多疾病以及提高目前正在使用或临床试验的现有基因治疗技术的安全性、有效性和效率方面具有巨大的前景。然而，尽管基因组编辑技术继续要优化，但它们仅仅最适合于治疗或预防疾病和残疾，而不是用于其他不那么紧迫的目的。

已经为基因治疗制订的伦理规范和监管制度可以应用于这些应用。与体细胞基因组编辑临床试验相关联的监管评估将类似于其他医学疗法，包括风险最小化，分析对受试者的风险与潜在受益相比是否合理，判定受试者招募和录取是否合适的自愿和知情同意。监管监督还将需要包括法律权威和执行能力，以防止未经授权或过早地应用基因组编辑，监管当局将需要不断更新他们对正在应用的技术的具体技术方面的知识。至少，他们的评估不仅需要考虑基因组编辑系统的技术情境，还需要考虑拟议的临床应用，以便能够权衡预期的风险和受益。由于脱靶事件会随着平台技术、细胞类型、目标基因组序列以及其他因素而变化，此时无法为体细胞基因组编辑的特异性（如可接受的脱靶事件率）设定单一的标准。

建议 4-1　应该将现有的审查和评价用于治疗或预防疾病和残疾的体细胞基因治疗的监管基础设施和程序，应用于评价使用基因组编辑的体细胞基因治疗。

建议 4-2　此时，监管机构应仅批准与疾病或残疾的治疗或预防有关的适应证的临床试验或细胞疗法。

建议 4-3　监管机构应该根据预期使用的风险和受益评价拟议的人类体细胞基因组编辑应用的安全性和有效性，认识到脱靶事件可能因平台技术、细胞类型、目标基因组位置以及其他因素而异。

建议 4-4　考虑是否批准体细胞基因组编辑用于超出治疗或预防疾病或残疾的适应证的

临床试验以前应该先进行透明和包容的公共政策辩论。

可遗传的基因组编辑

产生后代可遗传的基因变化的基因组编辑（可遗传的种系编辑），有可能减轻由遗传病引起的痛苦。然而，它也引发了超出个体风险和受益考虑的担忧。考虑到安全性和有效性的不确定性，人类生殖系基因组编辑目前还不可能获得批准，但该技术正在迅速发展，在不远的将来，可遗传的生殖系编辑可能成为一种现实的可能性，对此需要认真加以考虑。在某些情况下，生殖系细胞或胚胎的基因组编辑可能是未来的父母唯一或最可接受的选项，他们希望有一个有遗传关系的孩子，同时将传播严重疾病或残疾的风险最小化。

对人类基因组进行可遗传改变的可能性一直存在争议。由于这种变化的效应可能是多世代的，因此潜在的受益和潜在的伤害都可能成倍增加。这种基因编辑的受益将惠及未来出生的任何孩子，减轻他们的遗传病负担，也将惠及那些希望有一个有遗传关系的孩子而不用担心疾病遗传的未来的父母。另外，有人对这种人类干预是否明智和合适表示关切。意想的基因组编辑本身可能会产生意想不到的后果，如果遗传也会影响后代。同其他形式的先进医疗技术一样，也出现可及均等的问题。可遗传的生殖系编辑的前景也引发了与早些时候植入前和产前基因筛查引发的类似的担忧，即纯粹自愿的、个人的决定可能会集体地改变关于接受残疾的社会规范。

结论和建议：可遗传的生殖系编辑

在某些情况下，可遗传的生殖系编辑将为那些希望有与遗传有关的孩子的父母提供唯一或最可接受的选项，同时尽量减少未来孩子罹患严重疾病或残疾的风险。然而，尽管使用它可以减轻遗传病带来的痛苦，但公众对生殖系基因组编辑仍有很大的安满，尤其是在不太严重的情况下和存在可供选择的方法的情况下。这些担忧来自这样一些观点：认为人类干预自身进化是不合适的，到担心对受影响的个人和整个社会造成意想不到的后果。

在任何生殖系干预达到批准临床试验的风险/受益标准之前，需要进行更多的研究。但是，随着卵子和精子祖细胞的基因组编辑所面临的技术障碍得到克服，通过编辑来预防遗传病的传播可能可成为一种现实的可能性。

FDA 是美国监管生殖系基因组编辑的主要机构，它确实将风险和受益的价值判断纳入决策过程中。现在需要对可遗传生殖系编辑的受益和风险进行健全的公开讨论，以便将这些价值合适地纳入风险/受益的评估中，以便在决定是否批准临床试验之前进行风险/受益评估。但 FDA 在决定是否批准临床试验时，并没有法定授权考虑公众对一项技术内在道德的观点。这种级别的讨论在 RAC、立法机构和其他公共参与场所进行，见第 7 章。

可遗传的生殖系基因组编辑试验必须谨慎进行，但谨慎并不意味着必须禁止。

如果技术上的挑战得到克服，并且鉴于潜在的受益考虑是合理的，那么就可以开始临床试验，但仅限于最为令人信服的情况，接受保护受试者及其后代的全面监督框架；并有充分的防范措施，防止不适当地扩大到不那么令人信服不太为人所理解的用途。

建议 5-1　使用可遗传的生殖系基因组编辑的临床试验应该被允许唯有在一个健全和有效的监管框架内，包括

- 缺乏合理的可供选择的疗法；
- 限于预防严重的疾病或病情；
- 限于编辑已经令人信服地证明引起疾病或病情或对之严重易感的基因；
- 限于将这些基因改变为在人群中普遍存在和已知与通常的健康相关联的基因而很少或根本没有不良反应的证据；
- 关于程序的风险和潜在受益的可信的临床前和/或临床数据的可得性；
- 在试验期间，程序对受试者的健康和安全性的作用进行持续的严格的监管，有长期、多世代随访的全面计划，但仍然要尊重个人自主性；
- 最大程度的透明性与病人的隐私保护相一致；
- 对健康和受益以及风险的不断再评估，以及公众持续的参与和投入；以及
- 可靠的监督机制以防止将其使用扩展到并非为了预防严重疾病或病情。

考虑到修饰生殖系已经成为有关道德边界以及社会价值多元化辩论的焦点有很长时间了，如果所有人都同意这一建议，那将是令人惊讶的。即使对那些同意的人来说，如果他们对这一做都有相同的推理，也会令人惊讶。还有一些人认为，建议 5-1 的最后标准是无法满足的，而且一旦开始修饰生殖系，所建立的监管机制就不能把这项技术限制在建议中所鉴定的用途。如果确实无法满足建议中的标准，则委员会的观点是，将不允许进行生殖系基因组编辑。委员会呼吁公众继续参与和投入，同时发展基础科学和制订监管防范措施，以满足这里提出的标准。

可遗传的生殖系基因组编辑也引起了对该技术未成熟或未经证明的使用的担忧，这里概述的负责任的监督标准有可能在某些（但不是所有）司法管辖区实施。这种可能性令人担心，可能会出现"监管天堂"，诱使供应商或消费者前往监管更为宽松或不存在监管的司法管辖区，接受受到限制的程序。医疗旅游的现象包括寻求更快和更便宜的治疗选项，以及更新或较少管制的干预措施，如果技术能力存在于更为宽容的管辖范围内，就不可能完全加以控制。因此，突出需要全面监管十分重要。

截至 2015 年底，无论上述标准能否得到满足，美国都无法考虑是否开始生殖系基因组编辑试验。一项条款（至少在 2017 年 4 月之前有效）已在一项预算法中获得通过，其中国会将以下文字包括在内：

该法律规定可得的任何资金都不可用于有意创造或修饰人类胚胎的研究以包括可遗传的基因改变修饰。任何此类申请的提交均应被视为未被健康和人类服务部收到，而豁免不得生效。

这项规定目前的效果是，美国当局不可能审查有关生殖系基因组编辑临床试验的建议

书，因此无法将这项技术的发展推向其他司法管辖区，其中一些对此技术有监管机制，另一些则没有。

目的不是治疗或预防疾病或残疾的基因组编辑

体细胞基因组编辑治疗用途的不断发展，以及生殖系基因组编辑治疗用途未来可能的发展，都提出了定义疾病和残疾的问题，以及如何以及在何处为这些疾病的治疗和预防设置合适的边界问题。与其他技术一样，人类基因组编辑方法可应用于更广泛的目的，包括增强人类超出正常范围的能力。很难定义增强的概念。所谓的治疗、预防和增强之间的界线并不是一成不变的，也不是在所有情况下都能轻易分辨出来，甚至所谓的"疾病"的定义也可能是有争议的。由于这个理由。一方面要区分治疗或预防疾病和残疾，另一方面要区分增强的概念，这是具有挑战性的。因此，基因组编辑的可能用途是落在一个连续序列的可接受性范围内。通过将致病基因变异转化为非有害基因变异来对付严重的遗传病，通常属于这一范围的最可接受的那一端，而编辑产生与疾病无关的增强通常属于最不可接受的那一端。本报告区分了目的是治疗或预防疾病或残疾的基因组编辑与目的不是治疗或预防疾病或残疾的基因组编辑，而没有做出结论说，对如何更清楚地定义增强的模糊边界，迄今还没有任何共识。

原则上，在体细胞基因组编辑或可遗传的生殖系编辑的请见之下，能够通过编辑以促进基因增强。与基因组编辑的其他潜在应用一样，对此类编辑的评估关联到个体风险和受益。但是，基因增强的可能性引发了一些额外的伦理和社会问题，对此还没有简单的答案，很可能存在意见分歧。

结论和建议：目的并非疾病治疗和预防的基因组编辑

在对疾病或残疾的治疗或预防以外的适应证进行任何基因组编辑干预满足开展临床试验的风险/受益标准之前，必须取得重大的科学进展。这一结论适用于体细胞和可遗传的生殖系干预。公众对使用基因组编辑来使人类的性状和能超出典型的充分健康之外的所谓的"增强"，感到明显不安。因此，需要就目的不是治疗或预防疾病或残疾得基因组编辑的个人和社会受益和风险的价值进行健全的公众讨论。这些讨论将包括考虑引起或加剧社会不平等的可能性，以便在作出是否批准临床试验的任何决定之前，将这些价值合适地纳入风险/受益的评估之中。

建议 6-1　监管机构此时不应该授权用于治疗或预防疾病或残疾以外目的的体细胞或生殖系基因组编辑的临床试验。

建议 6-2　政府机构应该鼓励公众就治理目的不是治疗或预防疾病或残疾的人类基因组编辑进行讨论和政策辩论。

公众参与在人类基因组治理中的作用

公众参与将加强通过基因组编辑推进人类医学的努力，而这种参与对当前监管框架未能有效利用的潜在用途尤其关键。尤其是在美国，监管当局往往主要关注个人和公众的健康和安全，而不是围绕对社会习俗和文化产生的可能作用问题。后一类关切经常在咨询委员会等其他论坛得到解决，但缺乏法律效力，除非反映在以授予政府有限权力为基础的立法中。其他国家的制度更明确地考虑到公众在决定是否和如何允许开发新技术时的态度，对政府当局的法律约束程度也大不相同。

结论和建议：公众参与

通过基因组编辑推进人类医学的努力将通过由技术专家和社会科学家提供信息的公众参与而得到加强，社会科学家从事系统的公众意见研究，开发合适的传播材料，并将阻碍讨论和辩论的人为偏见或限制最小化。

美国现有的公众沟通和参与的基础设施足以应付对人类基因组编辑的基础科学和实验室研究的监督。同样，作为美国现行监管基础设施一部分的公众沟通和咨询机制也可用来应付围绕人类体细胞基因组编辑发展的公众沟通问题。

权衡生殖系编辑未来应用的技术和社会受益与风险，将要求比目前更正规的努力来征求广泛的公众意见和鼓励公众辩论。此外，围绕增强的复杂问题将要求进行一场持续的公开辩论，以便在批准这些增强干预的临床试验之前，向监管机构和政策制定者通报有关置于这些干预的受益与风险的个人和社会的价值取向。

为在其他新兴科学和技术领域开展有效和包容的公众参与而制订的实践和原则为基因组编辑方面的公众参与提供了宝贵的基础。

建议 7-1 广泛和包容的公众参与应先于将人类基因组编辑扩展到疾病或残疾的治疗或预防之外临床试验。

RECOMMENDATION 7-2. Ongoing reassessment of both health and societal benefits and

建议 7-2 在公众的广泛参与和投入下，对健康和社会受益与风险进行不断地重新评估，应先于考虑任何可遗传生殖系基因组编辑的临床试验。

建议 7-3 公众参与应纳入人类基因组编辑的决策过程，并应该包括不断监测公众态度、信息不足以及对"增强"相关问题的新兴的关注。

建议 7-4 当资助人类基因组编辑研究时，联邦机构应该考虑包括资助下列近期的研究和策略：

- 鉴定要求做出系统和早期的努力鼓励公众参与；
- 有效地制订公众参与的必要内容以及有效地与公众沟通；以及
- 在现有基础设施的情境之内改善公众参与。

建议 7-5 在资助人类基因组编辑研究时，联邦机构应考虑包括资助针对下列方面的研究：

• 理解编辑人类生殖系的社会政治的、伦理学的和法律的方面；

• 理解超越治疗或预防疾病和残疾的基因组编辑使用的社会政治的、伦理学的和法律的方面；以及

• 评价将公众在这些问题上的交流和参与纳入监管或决策基础设施的努力的效验。

基因组编辑与人类生殖：社会和伦理问题①

纳菲尔德生命伦理学理事会

原文标题：Heritable Genome Editing and Human Reproduction：Social and Ethical Issues

作者：Nuffield Council on Bioethics

出版时间：2918

链接地址：http://nuffieldbioethics.org/project/genome-editing-human-reproduction

译者：冯君妍　冀　朋　王继超

校对者：翟晓梅　雷瑞鹏　邱仁宗

结论和建议

这个项目的职权范围是邀请工作组考查伦理问题并审查现有规定，"就这些问题提出报告，并就政策和做法提出建议"。可以预期，该报告的读者感兴趣的主要问题也许是——我们是否得出结论认为，在某些情况下，应当允许对人进行影响遗传特征的基因组干预。事实上，我们可以设想应该允许可遗传的基因组编辑干预的情况。

这些情况目前还没有出现。然而，我们相信，这些情况在未来出现具有实际的可能性。我们认为，目前的发展轨迹——其动力既有技术方面，也有社会方面——使得这种可能性越来越大，尽管这一点并不确定。虽然我们的报告鉴定了不应该允许这种基因干预的情况，但我们不认为有绝对的伦理反对意见会在任何情况下永远排除它们。如果情况如此，就有道德理由继续目前的研究路线，并确保可遗传的基因组编辑干预可允许的条件。

鉴于干预的性质，这些条件应该是严格的，这是不可避免的。它们将取决于科学知识、临床技术、道德规范与组织实践的发展、社会进程的展开以及监管措施的制定等。本报告的总体目的是鉴定其中最重要的条件，并建议如何保障这些条件。

我们认识到，在思考我们工作更广泛的影响时，我们既应该考虑本报告可能产生的"概念性"影响，也要考虑它可能产生的"工具性"影响。我们的报告包含许多结论，我

① 编者按：本文是其报告的第 5 章结论和建议部分。

们希望这些结论将对我们应该如何思考可遗传基因组编辑干预的前景、它们对人类和社会意味着什么以及在什么情境下应该提出有关它们的问题等具有概念性意义。它还包含一些关于不同机构可采取的措施的实践性建议，以确保对任何拟议的遗传基因组编辑干预措施进行合适的道德评价和控制。

虽然我们的报告不涉及任何特定的基因组技术，并且主要不涉及任何狭义的技术，但毫无疑问，激发我们进行探究的发展是 CRISPR-Cas9 基因组编辑系统的发明。2013 年首次报道了 CRISPR-Cas9 在哺乳动物中的应用。从那时起，该系统被改进和使之用于不同目的，允许更高保真度的基因组编辑，包括碱基编辑以及表观基因组编辑。用 CRISPR-Cas9 编辑基因组原则上可能引起范围广泛的基因组改变。然而，目前还不知道如何利用细胞机制修复 CRISPR-Cas9 造成的基因组断裂，使其临床应用有足够的效验。并不切割基因组的表观基因组编辑还处于早期阶段，其临床潜力仍在探索之中。也不产生基因组断裂、引起的改变是有限的但基本是精确的碱基编辑，用于临床评价已经足够安全。我们的结论是，如果该领域继续以目前的速度快速发展，在可预见的未来，不同的 CRISPR-Cas9 技术很可能在临床上是安全的。

我们努力将这些发展置于更广泛的动态情境之中，以阐明社会、政治和经济驱动因素之间的相互作用以及影响它们的制约因素。特别是，我们业已试图阐明基因组学和生殖技术的进展如何能够将个人和社会的利益与责任集中在以新颖方式形成的特定"问题"以及可能解决这些问题的特定干预措施上。在第 1 章中，我们承认基因组知识不断增长的背景的重要意义，包括一般基因组变异的后果以及人们对自己的基因组禀赋拥有的知识。这给人们如何理解与遗传特征，特别是那些与健康和疾病状态相关联的遗传特征有关的他们自身的赋体带来了一个新的复杂的层面。有鉴于此，我们支持卫生政策研究机构有必要采取举措，探索增加遗传咨询能力、公共教育和向公众提供有关遗传病可靠信息的途径。

我们考查了可遗传基因编辑干预的可能目的，注意到它们可能如何帮助人们实现他们的目标，即生一个与他们有遗传关系的孩子，以及这些孩子具有或没有与他们可能传递下去的某种基因变异相关联的特征。我们认为最明显的案例是那些与遗传性基因障碍相关联的案例，在这些案例中，遗传模式和对后代的结局得到了很好的描述。我们将这些目标设定在处于这种位置的人为了成为父母可能采取的其他行动方针的情境下（包括那些允许他们成为父母但与他们的孩子只有部分或没有直接遗传联系的行动）。虽然我们认识到，要孩子的愿望本身是意义深远和个人的，但由先前的基因组知识和可得的生殖技术所创造的情境可能导致更为深思熟虑地选择实现这一愿望的手段。我们的问题可概括为：在什么情况下，以什么方式和在什么程度上应该允许、使他们能够以及和协助人们追求他们的目标？

从人们面临可能的生育决策的情况来看，我们在第 2 章转向更密切地关注他们可得的新的基因组干预。特别是，我们认为基因组编辑的新兴技术以及赋能的知识和技术成就，将要求基因组编辑成为临床可行的选项。我们还强调推动这些技术发展的因素的重要性，包括科学、技术和社会因素，以及可能阻碍或促进这些发展的道德、政治、法律、监管和经济条件。我们预测，随着这些条件的发展，基因组编辑可能进入临床应用的方式表现为最初应用于罕见和迄今为止难以治疗的遗传性基因疾病或对严重疾病易患的病例，但此后可能在更广泛的种种情况下应用。我们考虑最可能限制、限制或转移这一技术传播的因素，包括可供选择方针的可得性、国家的法律以及其他监管约束，这些都植根于流行的道德价值。展望未来，如果基因组编辑的安全性和可靠性得到证明，我们的结论是，基因组编辑有可能在人类生殖领域产生变革性技术（transformative technologies，改变我们自身和生活、社会和世界的技术。——编者注）。

在第 3 章中，我们提出了一种方法来评估投资于可遗传基因组编辑干预的各种利益的道德意义，并鉴定追求这些利益所必须承担的责任的性质。我们提出的径路利用的是可得的和国际公认的人权语言（考虑到技术的国际视野，这很重要），这比较容易转化为法律和监管措施。这种径路可使我们在评估中考虑一些很少被考查的东西：即将道德权重隐含地赋予未来的父母在拥有具备特定特征的孩子的利益。（这些特征可包括与父母有直接的遗传关系，以及没有——或有——某一特定的遗传性疾病。）虽然我们找不到一个伦理学的理由认为这些利益本身是好的，但我们注意到，它们通常具有重要的道德权重。然而，我们的径路让我们认识到，未来父母的利益并不是唯一相干的利益，因为他们的行动不可避免地影响到其他人的生活条件。这种径路允许我们考虑其他相干利益如何使父母的道德权利有资格接受可能对他们可得的各种选项：他们的权利不受他人阻碍，并可能在实现其目标时得到他人的协助。

我们首先考虑那些直接参与的人（未来的父母和他们未来的后代）的利益。由于这些利益是相互依存的，并在特定的社会技术情境下形成，因此我们的结论是，对一个行动方针的可接受性的判断不能仅仅基于对不同结局的概率的估计以及对需要避免（或确保）的条件或特征的描述上。另外，我们得出的结论是，未来的父母的目的与他们想要怀孕的那个未来的人的福利之间的关系必须是一个恒久的和最重要的考虑。因此，我们提出了一项原则，即在有关文献中已经争辩过的两种立场之间协商出一条途径。第一种立场认为，未来的人的福利根本不重要（只要未来的人有一个值得过的生活）；第二种立场认为，未来的人的福利很重要，因为这对未来的父母来说太过苛刻或太受约束（要求他们做出推测性努力确保他们的孩子有可能过上最好的生活，或强制实施优生学干预）。

原则 1 未来的人的福利

经过基因组编辑程序的配子或胚胎（或源自经过这种程序的细胞的胚胎）仅当在以下情况下才应该使用：程序实施的方式和目的意在确保作为使用这些细胞进行治疗的后果可能出生的人的福利，并且与这些人的福利相一致。

要评估可遗传的基因组编辑干预是否符合这一福利原则，至少要求进行进一步的生物医学研究，尽可能评估安全风险的性质和可能性，并改善该技术的有效性和特异性。尽管这只能在一定程度上提供保证，但重要的是，所有能够阐明这些问题的研究必须在授权特定的临床应用之前完成。因此，我们的结论是，开展和支持基因组编辑技术的安全性和有效性的研究必须符合公共利益，以便为临床应用制订循证标准提供信息。

虽然这是必要的，但生物医学研究本身并不足以评估基因组干预对未来的人的福利可能产生的影响。在我们看来，福利的概念超越了纯粹的医学描述（因此医学/非医学的区分不能令人满意地描述基因组编辑的可接受使用）。此外，这个概念高度依赖于未来的人将要生活的环境。因此，我们的结论是，有助于我们理解可遗传基因组编辑干预后出生的人的福利影响的社会研究（例如，涉及植入前遗传检查后出生的人）也应该得到支持，以符合公共利益。

然而，未来的父母及其后代的利益并不是唯一与道德相干的考虑。其他人也可能受到间接的影响，但由于对他们的影响不那么直接，而且比较分散，它们往往被忽视，即使它们也许长期的更大的影响。个人行动发生在社会和道德共同体的情境内，这些社会和道德共同体由相互关联的规范体系管理。这些规范可以采取多种形式，例如，像法律那样正式编成法典的、体现在习惯做法中的，或被理解为隐含的道德规则的。它们支配着如何对待道德共同体中的所有人，但当共同体中的某些成员由于某一特定发展的附带或意外影响而发现自己处于脆弱地位时，它们就变得特别重要。除了第一个有关"未来的人的福利"的原则外，我们还提出了第二个原则来解释这一点。

原则 2 社会公正和共济

唯有在不能合理地预期会造成或加剧社会分裂或使社会某些群体彻底边缘化或处于不利地位的情况下，才允许使用曾接受过基因组编辑程序的配子或胚胎（或源自接受过此类程序的细胞的胚胎）。

然而，规范并非一成不变，而是可以通过集体道德反思的过程，根据发展（包括科学和技术方面的发展）做出反应和调整。事实上，社会的道德和社会关切，以及其科学和工业的目标，都可以被看作是共同决定的。正如"未来的人的福利"原则那样，"社会公正和共济"原则也要求进一步阐述，以表明如何在实践中发挥作用。这一点通过研究也可以加以阐明，但要明确阐明这一点要求事先进行反思和审议，因为规范不仅与各门独立的生物技术有关，而且植根于共享的价值观，并形成一个相互关联的系统。因此，我们的结论是，唯有在有充分的机会进行广泛的社会辩论之后，才应该采用可遗传的基因组编辑干预。

可遗传基因组编辑干预的潜在副作用是，那些患有或没有避免某些可遗传疾病的人越来越被边缘化或受到歧视。因此，特别重要的是，要关注可能受到间接影响的人的声音，而不要因以下情况而掩盖他们的声音：聚焦于未来的父母的目标，或者与其谋求不同观点之间的建设性参与，不如将围绕决策要点提出的种种意见集合以区分多数派和少数派意见。所以，我们的结论是，需要努力与那些因采用或扩展可遗传的基因组编辑干预而其容易受到不良影响的脆弱性可能增加的人进行公开的和具有包容性的协商。

我们不仅考虑可遗传的基因组编辑干预对人们利益的影响以及它们是否符合共同的道德规范，我们也从抽象的观点考虑了可遗传的基因组编辑干预。我们考虑了一些人提出的论断，即编辑一个人后代的基因组可能构成对人的尊严的侵犯。我们发现，在这种情境之下，人的尊严的概念没有什么帮助。在我们看来，有关人的在道德上重要的东西并不依赖于拥有一组特定的基因组变体：我们发现"人类基因组"的概念在任何情况下都缺乏连贯性。我们的结论是，只要可遗传的基因组编辑干预符合未来的人的福利以及社会公正和共济，它们就不违反任何明确的道德禁令。

考虑到我们的结论，即可遗传的基因组编辑干预在某些情况下可能是在道德上可允许的，在第 4 章中，我们转而讨论它们的治理问题。我们提出了四组更具体的建议：针对研究机构的、英国政府的、一般政府（英国和其他地方）的以及许可和监管机构的。总的来说，这些都是为了帮助实现我们在第3章中鉴定的两项原则（"未来的人的福利"原则和"社会公正和共济"原则）。

在鼓励公众辩论的同时，有必要继续支持对安全性的科学研究和对可遗传基因组编辑的潜在更广泛影响的社会研究。由于这项研究符合公共利益，因此有理由用公共资金资助它，尽管这取决于对更广泛的资助优先事项的判定。在理想情况下，这项研究应该得到很好的协调，研究结果应该公之于众。公共和慈善资助机构（例如，UK Research and Innovation，英国研究和创新基金会以及Wellcome惠康基金会）有机会在这方面发挥国际主导作用。

对研究机构的建议

建议1 我们建议，为了公公利益，应该支持确定基因组编辑临床安全性和可行性的研究，以便为临床应用的循证标准的制订提供信息。

建议2 我们建议，为了公众的利益，也应支持有助于了解在可遗传基因组编辑干预后出生的人（例如包括植入前基因测试后出生的人）的福利影响的社会研究。

我们调查了不同司法管辖区的现况，以及国际法的相关规定和措施。我们讨论过的基因组干预在英国法律中有规定，目前是被禁止的，尽管没有明确规定。我们已经鉴定出一个理由，尽管有些模糊，但可处于目前人类受精和胚胎管理局许可制度的范围之外，因此可能如我们所愿纳入该制度。这个理由是，将基因组干预看作是来自干细胞或配子前体细胞经过修饰的配子自体移植，或是产生配子的组织或类器官（organoids）的自体植入。如有必要，可以通过根据《法案》第1（6）条的条例扩大立法规定的范围来补救。在英国以外的国家，我们发现有种种的径路，它们植根于不同的历史和文化，其中一些径路可能比其他径路更容易接受可遗传的基因组编辑。然而，我们发现，国际法没有任何条款能够阻止英国或其他国家以我们设想有可能发生的方式批准可遗传的基因组编辑干预。

我们的结论是，对国内立法的任何修正都应当在彻底审查目前的管理办法是否合适的情境之下进行，包括审查人类受精和胚胎管理局的作用。在提出对法律作出任何修改之前，我们认为，既需要事先进行影响评估，也需要作出继续监测的安排，还需要建立机制，确保如果给予许可，在情况发生变化时可以撤销许可。在任何情况下，如果不考虑是否能够确保任何拟议的使用符合我们在本报告中陈述的原则（"未来的人的福利原则"以及"社会公正和共济原则"），不应该提出允许可遗传基因组编辑干预的法律变更。

考虑到基础研究的发展速度，我们认为需要开始让公众参与到这些问题中来，而且应该毫不拖延地做到这一点。我们得出的结论是，英国需要一个独立的、资源充足的、不受时间限制的机构，以促进关于这些及相关问题的社会辩论。我们的结论是，与政府或人类受精和胚胎管理局履行这些职能相比，设立一个独立机构更为可取，因为政府不太可能长期维持这些职能，而由人类受精和胚胎管理局履行这些职能的话，考虑到该机构的许可和监管职能、与临床和研究部门的关系的重要性及其有限的资源，也不合适。一个独立的机构，也许可以仿效人类遗传学委员会或皇家环境污染委员会的模型，将有助于给予公众信心，并为发展公众利益提供重点和场所。它将架起公民社会与临床和研究部门之间的桥梁，并与政府建立联系，以便能够为公共政策的制订提供信息，以及与人类受精和胚胎管理局建立联系，以便为新的基因组技术的监管政策提供信息。重要的是，与现有的国家机构不同，它的目标应该是致力于与其他国家和国际机构一起制订国际规范。

对英国政府的建议

建议 3　我们建议，在采取任何行动修改英国立法以允许可遗传的基因组编辑干预之前，应该有充分的机会进行广泛和包容的社会辩论。

建议 4　我们建议，在不等待有机会对框架立法进行彻底审查的情况下，卫生和社会照护国务部长应该考虑将目前属于该范围之外的任何可遗传的基因组编辑干预纳入许可范围。

建议 5　我们建议，应当允许可遗传的基因组编辑干预，但条件是必须评估和减轻有可能因而增加对那些容易受不良效应（包括污名化和歧视）的人的影响（以及无论如何必须与这些处于这类地位的人进行公开和包容性的协商）。

建议 6　我们建议，唯有在安排好监测对利益可能受到间接影响的人以及更广泛地对社会产生的效应，并且建立正当而有效的机制来纠正这些效应和修订相关政策的情况下，才应该允许可遗传的基因组编辑干预；这应该包括一项清晰的监管措施，以触发暂停和日落条款，要求审查并通过一项肯定性决议，以允许这种做法继续下去。

建议 7　我们建议应该考虑在英国设立一个单独的机构或委员会，独立于政府和现有的管理机构，其职能是通过促进公众辩论、使公众参与和监测有关技术开发对可能被边缘化的人的利益和对社会规范的影响，以帮助鉴定和理解公共利益。

尽管我们在本报告中谈到可遗传基因组编辑潜在的道德可接受性，但英国宜于通过在国际层面的行动和参与来参加制订其管理规范。我们赞同监测和各国之间进行对话的可取性，这种监测和对话承认并关注每个国家内部声音的多样性，并通过持和参与专用的全球观察站或国际协会以及通过国际机构的工作来推动这种监测和对话。我们发现，在技术和知识转让以及人员流动的情境下，通过跨国和国际法以及对话，国际机构在国际社会、文化、道德和政治差异的谈判和管理中发挥着重要作用。

尤其要求开展国际对话的一个问题是，确保在可遗传的基因组编辑干预后出生的任何人的人权。我们注意到，这是将享有人权与拥有未经编辑的人类基因组联系起来的论证的一个可能的必然结果，我们得出结论说，谨慎的做法是在最高水平上确认拥有经过编辑的人类基因组的人有权充分享有人权。追求这一点的一种方式也许是提出一份国际宣言，例如一份联合国教科文组织宣言那样。我们认为，基因组技术通过其独特的方式表达人类新形态的同一和差异，携带着特别的歧视风险。在英国，针对基因歧视的保护在零零碎碎的不同部门之中，而且通常缺乏法律支撑。可遗传的基因组编辑干预的前景提供了一个特别的理由来重新考虑需要采取一种在法律上可强制执行的、稳健的和统一的径路。

我们既承认公共资助有可能促进所需研究以支持安全、有效和道德上可接受的基因组编辑干预，我们也认识到，许多技术开发和转化为实践都是利用受专利保护的发明进行的。我们得出的结论是，应该行使基础发明的知识产权，以确保基因组编辑技术带来最大公共利益。实现这一点的一个方法也许是，英国和其他地方的政府、公共研究和医疗机构要求在资助国境内的人类基因组编辑领域不执行有关的专利（以及在有关软件和数据库中的权利）。为了了解行使知识产权的效应，英国和其他国家的政府最好作出安排，独立监测任何有关行使知识产权对研究和公共受益的影响。（这可以由我们在上文建议的独立委员会在英国进行。）此外，我们认为，应该考虑是否有必要确保协调一致的团体许可安排，以促进研究和创新（例如由英国研究与创新部和英国卫生和社会照护部进行安排）。

给英国和其他国家政府的建议

建议 8　我们建议毫不拖延地鼓励和支持关于可遗传基因组编辑干预的广泛而包容的社会辩论。

建议 9　我们建议，鉴于有可能产生根据基因变异的新歧视形式，英国和其他地方的政府重新考虑如何最好地处理这些风险。

建议 10　我们建议英国和其他国家的政府应该监测和考虑使用知识产权以促进在用于安全、有效和合乎伦理的可遗传基因组编辑干预方面的公共利益。

建议 11　我们建议英国和其他国家政府与欧洲理事会以及教科文组织等国际人权机构合作，促进可遗传基因组编辑研究和创新方面的国际对话和治理。

建议 12　我们建议英国和其他国家的政府考虑提出一项国际宣言，肯定基因组已被编辑的人应该有权充分享有人权。

作为对立法审查的一个结果，我们建议应允许可遗传的基因组编辑干预，我们的结论是，这些干预应该受到国家主管当局的严格管制和监督。我们就主管当局对可遗传基因组编辑干预的许可和管理提出了若干进一步的建议。

关于许可和监管的建议

建议 13　我们建议，唯有在国家主管当局（在英国，即人类受精和胚胎管理局）一旦评估了不良结局的风险之后，基因组编辑才应该获得临床使用许可。

建议 14　我们建议，可遗传的基因组编辑干预最初应该在逐一具体分析案例的基础上获得许可。

建议 15　我们建议，唯有在精心设计和监督研究、定期向国家协调机构报告的情境之下才应该采用可遗传的基因组编辑干预，并应该尽可能密切监测对个人和社会，包括对若干世代的效应，监测要兼顾有关个人的隐私。

澄清对贺建奎案例评论中的若干观念

翟晓梅　雷瑞鹏　朱　伟　邱仁宗

原文标题：Chinese bioethicists respond to the case of He Jiankui

作者：Xiaomei Zhai，Ruipeng Lei，Wei Zhu，Renzong Qiu

发表刊物：Bioethics Forum，The Hastings Center

发表时间：2019 年 2 月 7 日

链 接 地 址：https://www. thehastingscenter. org/chinese-bioethicists-respond-case-jiankui/

译者：雷瑞鹏

中国广东省对制造第一个基因编辑婴儿的科学家贺建奎进行的初步调查发现，他"私自组织包括境外人员参加的项目团队，蓄意逃避监管，……实施国家明令禁止的以生殖为目的的人类胚胎基因编辑活动。"作为中国的生命伦理学学者，我们想评论一下，聂精保及共同作者在《生命伦理学论坛》上的三篇评论，"贺建奎的遗传学不幸遭遇。"（第 1 部分，第 2 部分和第 3 部分）。

我们认为，初步调查是不够的。首先，调查结果的公告没有提到贺博士获得的知情同意是无效的。他没有向人类受试者告知完整的信息。他要求他们签署保密协议，并承诺向每对夫妇支付 280 000 元人民币（约合 40 000 美元），这构成了不当引诱。（参见摘自贺博士网站的文件。）这三点使贺博士获得的任何同意归于无效。

其次，在 2018 年，他有机会出现在中央电视台的节目中，推广他所谓的第三代 DNA 测序装置。谁给了他这么难得的机会？他是否得到了地方或中央政府部门有权力的利益集团的支持？如果是这样，该集团应该对其参与促进他的非法研究负责。

最后，在中国贿赂和收受贿赂被归类为刑事犯罪。假设贺博士贿赂一些官员或某些专业人士为躲避法律伪造文件。如果是这样，他将面临刑事指控。初步调查没有说明贺博士可能犯下何种罪行。我们必须等待最后的调查结果。

我们同意"贺建奎的遗传学不幸遭遇"中的批评，即贺博士在不考虑国际伦理规范和国家规定的情况下犯下了严重的不法行为。我们也同意在第 2 部分中拒斥中国与西方之间存在科学和伦理鸿沟的假定。我们想就此案例及其提出的问题提出四点意见。

不要将婴儿从洗澡水中扔出去　中国几家机构所发的声明明确或含蓄地认为，生殖系基因组编辑在伦理学上是不可接受的。我们认为这会把婴儿连同洗澡水一起扔出。贺博士的错误不应该导致不应该追求用于疾病预防的生殖系基因组编辑的结论；这是香港人体基因组编辑第 2 届国际高峰会议组委会声明中提出的目标。用于预防遗传性疾病的生殖系基因组编辑应该是在伦理学上允许的，因为它可以防止许多人患严重的遗传疾病。然而，鉴于贺博士的行动以及可能出现将基因编辑立即用于人类生殖，应该暂停在中国和其他国家将生殖系基因组编辑用于人类生殖。

将生殖系基因组编辑用于疾病预防与用于增强之间的区别具有重要的道德意义　我们认为，将生殖系基因组编辑用于疾病预防与用于增强之间的区别具有重要的道德意义，并且需要设定不同的规范。即使贺博士说，他进行生殖系基因组编辑的目的是为了防止艾滋病病毒的传播，但所做的是增强。将生殖系基因组编辑用于疾病预防，胚胎具有缺陷基因。反之，用生殖系基因组编辑进行增强，胚胎是正常的；贺博士编辑的胚胎就是这种情况：这是一个正常的胚胎。

如果有医学上的理由，我们不能绝对拒斥目的为了增强的生殖系基因组编辑，但在这种情况下我们应该比用于预防疾病的生殖系基因组编辑更为谨慎得多。更重要的是，通过生殖系编辑进行增强，有许多更复杂、不确定甚至未知的因素可能会影响胚胎的遗传结构和发育，这些因素会使评估风险-受益比更加困难（如果不是不可能）。如果不能评估基因组编辑的风险和受益，那么保护研究志愿者的利益即使不是不可能也是困难的。他们无法获得风险-受益信息，他们就不能就是否同意做出知情的决定。

狂野的东部与狂野的西部　一些评论家认为贺博士的不法行为是科学伦理或生命伦理学中"狂野的东方"的证据。这个结论不是基于事实，而是基于刻板印象，也不是故事的全部。在全球化时代，违反规则不仅限于东方。研究中有若干违规的案例既涉及东方，也涉及西方。在臭名昭著的黄金大米试验中，儿童被用来测试未经父母同意的转基因大米的营养效果，公然违反中国规则，罪魁祸首是美国大学的研究人员。最近，在一个计划实施头颅移植案例中，倡议者是一位西方科学家。贺博士在美国的精英大学学习和工作。一些美国科学家和学者知道他计划创造基因编辑的婴儿，包括一位美国诺贝尔奖获得者，他反对这项实验，但仍然是贺博士生物技术公司的顾问。我们还应该记住，贺博士的导师，莱斯大学的生物物理学家，似乎参与了这项工作，因为他被列为关于转基因双胞胎诞生论文的共同作者。

将贺博士的不法行为归罪于威权主义政权　我们无意在此为威权主义辩护。然而，在中国现政权与贺博士的不法行为之间建立因果关系并不是那么轻而易举的。我们想提一下，在贺博士犯下他的不法行为的同时，其他中国科学家发射了一艘太空船，并将装置送到了月球黑暗的一侧。这些科学家取得了巨大成就，并没有违反任何法律或政策。与此同时，在韩国，一个民主社会，国立首尔大学前干细胞科学家黄禹锡参与了当代最大的科学丑闻之一。黄禹锡通过使用他的研究生和来自黑市的卵，并在影响力很大的学术期刊上发表的论文中伪造数据违反了伦理规范。

在我们看来，我们应该针对当前普遍存在的国际科学文化，这种文化将重点放在轰动性研究上并且是第一位的。同样也应该受到谴责的是中国的这样一项政策，鼓励大学的科学家经营企业，并与大学分享部分利润而没有充分的监督。该政策怂恿科学家快速赚钱而不考虑国际和国家伦理规范。贺博士经营着 8 家生物技术公司，已经收集了数亿人民币。他怎么能有足够的精力和时间来认真进行他的科学研究呢？

还应该归咎于医院的政策，这种政策要求医生晋升为主任医师（相当于教授）或副主任医师（相当于副教授），必须在英语科学期刊上发表多篇英文论文。许多中国医生不能用英语写作，于是找人代笔，甚至找代笔公司伪造数据以至于伪造整个实验。这不是他们弄虚作假的借口，但应该指责和纠正这一政策。例如，医生的晋升不应取决于科学论文的出版，而应取决于其医学实践和专业精神的质量。

翟晓梅，博士，中国医学科学院/北京协和医学院生命伦理学研究中心教授，海斯汀思研究中心 Fellow

雷瑞鹏，博士，华中科技大学人文学院和生命伦理学研究中心教授

朱伟，博士，复旦大学副教授，海斯汀思研究中心 Fellow

邱仁宗，中国社会科学院哲学研究所研究员，海斯汀思研究中心 Fellow

走向基因组工程与生殖系基因修饰的审慎径路

David Baltimore et al.

原文标题：Prudent Path Forward for Genomic Engineering and Germline Gene Modification

原文作者：

David Baltimore 加州理工学院

Paul Berg 斯丹福大学医学院

Michael Botchan 加州大学伯克莱分校 Innovative Genomics Initiative

Dana Carroll 犹他大学医学院生化系

Alta Charo 威斯康星大学医学和公共卫生学院医学史和生命伦理学系

George Church 哈佛医学院遗传学系

Jacob Corn 加州大学伯克莱分校 Innovative Genomics Initiative

George Daley 波士顿儿科医院、Howard Hughes 医学研究院

Jennifer Doudna 加州大学伯克莱分校 Innovative Genomics Initiative、Howard Hughes 医学研究院分子和细胞生物学与化学系

Marsha Fenner 加州大学伯克莱分校 Innovative Genomics Initiative

Henry Greely 斯丹福大学法律与生命科学研究中心

Martin Jinek 苏黎世大学生化系

Steven Martin 加州大学伯克莱分校文理学院分子和细胞生物学系

Edward Penhoet All Partners 生命科学风险投资公司

Jennifer Puck 加州大学旧金山分校医学院儿科系

Samuel Sternberg 加州大学伯克莱分校化学系

Jonathan Weissman 加州大学伯克莱分校 Innovative Genomics Initiative、旧金山分校 Howard Hughes 医学研究院细胞和分子药理系

Keith Yamamoto 加州大学伯克莱分校 Innovative Genomics Initiative、旧金山分校医学院

发表刊物：Science 348（6230）：36-38.

发表时间：2015 年 4 月 3 日

链接地址：https://science.sciencemag.org/content/348/6230/36.summary

Science 主办单位 AAAS（American Association of the Advancement of Science）声明：本译文不是由 AAAS 单位人员翻译的正式译文，也不是 AAAS 认可为精确的译文。

译校者：周思成①译　邱仁宗校

基因组工程技术为修饰人类和非人类基因组带来了前所未有的潜力。对于人类，该技术有希望治愈遗传性疾病，而对于其他有机体，它提供了改造生物圈的方法以造福环境和人类社会。然而，它在带来巨大机遇的同时也给人类健康和福祉带来了未知的风险。一群利益攸关者于 1 月份在加州纳帕（Napa）会面，讨论这些新的前景对基因组生物学的科学、医学、法律和伦理学含义。目标是就基因组工程技术启动明智的讨论，以及鉴定哪些领域需要为未来发展的准备采取必要的行动。此次会议鉴定了一些需要立即采取的措施，以确保基因组工程技术的应用是安全且符合伦理的。

DNA 测序和基因组工程这两大强有力的技术协同推进了所谓"精准医学"的前景。DNA 测序能力和全基因组关联性研究的进展提供了影响疾病发展的基因改变的关键信息。在过去，没有对基因进行精确和有效修饰的手段，作用于这种信息的能力也有限。然而，当 CRISPR-Cas9 这种简单、廉价且非常高效的基因组工程方法的迅速发展并广泛应用，打破了这种局限。当研究人员通过引入或校正基因突变采用这些方法改变多种细胞或有机体的 DNA 序列时，在先驱者建立的平台基础上迅速扩展的源自 CRISPR-Cas9 的一族技术使遗传学和分子生物学领域革命化。

当 前 应 用

CRISPS-Cas9 系统的简单性使得任何具备分子生物学知识的研究者都能够修饰基因组，使以前难以或不可能进行的实验变得可行。例如，CRISPS-Cas9 系统能够引入 DNA 序列改变以校正所有动物遗传缺陷，如替换小鼠模型中引起肝脏代谢性疾病的突变基因。这一技术也可以用来改变多能胚胎干细胞的 DNA 序列，这些多能胚胎干细胞可以培养以产生特定组织，如心肌细胞或神经细胞。这些研究为最终治疗人类疾病的精密方法奠定了基础。CRISPS-Cas9 技术也能够用来精准复制模式生物（model organism）中人类疾病的遗传基础，使我们能够前所未有地洞悉先前未解的疾病。

除了促进动植物已分化的体细胞的改变，CRISPS-Cas9 技术和其他基因组工程方法还可用于改变生殖细胞核中的 DNA，生殖细胞核使信息代代相传（一个有机体的生殖系）。因此，现在已有可能对动物受精卵和胚胎进行基因组修饰，从而改变一个有机体中所有已分化细胞的基因组成，因而确保这些改变将被传递给这个有机体的后代。人类也不例外——利用这项简单而又广泛可得的技术可以改变人类生殖系。

----

① 原北京协和医学院人文和社会科学系硕士研究生，现任南京大学行政秘书。

迈步向前

鉴于这些迅速的发展，让我们开始进行讨论，将研究共同体、相关产业、医学中心、监管机构和普通大众联合起来，以探索如何负责任地使用这项技术，这是很明智的。为倡议这一对话，CRISPS-Cas9 技术的开发者和使用者，以及遗传学、法学和生命伦理学专家们，讨论了基因组工程领域的含义和迅速发展。这个组的成员均来自美国，其中包括 20 世纪 70 年代在阿斯洛莫和其他地方最初参与重组 DNA 研究讨论中领军人物，焦点集中在人类生殖系工程问题，因为这些方法已经在小鼠和猴身上得到证明。在纳帕的讨论并未涉及线粒体移植，这一技术并未使用 CRISPR-Cas9。尽管有些人将其表征为另一种形式的"生殖系"工程，但是线粒体移植提出的是不同的问题，而且已经被英国人类受精和胚胎管理局及国会批准，美国的医学研究院（Institute of Medicine）和 FDA 也正在考虑中。在纳帕会议上，"基因组修饰"和"生殖系工程"指的是改变生殖细胞中细胞的核内的 DNA。

人类生殖系工程的可能性长久以来一直是让普通大众兴奋和忧虑的来源，尤其是对引起"滑坡"的关切，即从治愈疾病的应用进而到其使用不那么令人信服，甚至引起麻烦。假定这项技术的安全性和有效性能够得到保证，讨论的关键要点在于，治疗或治愈人类严重疾病是否是对基因组工程负责任的使用，如果是，那在什么样的条件下。例如，将改变引起疾病的基因突变的这项技术用于改变健康人中更为典型的序列是否合适？即使这种看似一目了然的情景也引起严重的关切，包括可遗传的生殖系修饰带来意外后果的潜能，因为我们对人类遗传学、基因与环境之间的相互作用，以及疾病通路（包括同一患者所患疾病与其他疾病的相互作用）的知识有限。在美国，这类人体研究目前要求申请为"研究中新药"（Investigational Drug，IND）以求①豁免 FDA 的审批，但是对当前行动和未来后果之间权衡的价值判断需要对人类生殖系基因组编辑的伦理意义进行比 IND 的程序所提供的更为深入的思考。

建　议

纳帕会议建议，为了更好地告知未来的公众，需要进行研究以理解和应对使用 CRISPR-Cas9 技术引起的风险。考虑包括有可能出现脱靶效应，以及具有意外后果的上靶事件。实行合理且标准化的基准管理法是至关重要的，以判定脱靶效应频率，以及评估经过基因编辑后的细胞和组织的生理机能。目前，在用于临床试验的任何人类工程尝试得到批准之前，必须彻底地研究和理解使用这种技术引起的安全和有效性问题。与任何治疗措施一样，当成功的回报很高时，人们会容忍更高的风险，但是这种风险也要求对该技术可能的有效性有更高信任。对于其管理机构注重安全和有效性而不是更加广泛的社会和伦理

---

① 可在美国 FDA 网上查找：http://www.fda.gov/Drugs/DevelopmentApprovalProcess/HowDrugsareDeveI-opedandApproved/ApprovalApplications/InvestigationalNewDrugINDApplication/default.htm.

关切的国家，需要开拓另一个促进公众对话的途径。

考虑到基因组工程领域的发展日新月异，纳帕会议作出结论说，现在迫切需要广大科学家、临床医生、社会科学家、普通大众，以及相关社会团体和利益集团对人类基因组修饰的优点和风险进行公开讨论。

在近期，我们建议采取的措施：

1. 强烈劝阻将生殖系基因组修饰用于人的临床应用的任何尝试，即使在那些法律管理不严、该技术可能得到批准的国家，而要在科学和政府组织中对这种活动的社会、环境和伦理学含义进行讨论。（在生命科学高度发达的国家，人类生殖系基因组修饰目前是违法的，或被严格管控的。）这将使我们能够鉴定如何负责任地使用这项技术，如果要使用的话。

2. 建立论坛，其中来自科学和生命伦理学共同体的专家能够提供有关新时代的人类生物学、这种强有力技术的广泛应用，包括有可能治疗或治愈人类遗传性疾病的风险和回报相随的问题，以及随之而产生的基因组修饰的伦理、社会和法律含义的信息和教育。

3. 鼓励并支持透明的研究，用以评价 CRISPR-Cas9 基因组工程技术在与生殖系基因治疗潜在应用相关的人和非人模型系统的有效性和特异性。这种研究对于审议什么临床应用在未来可以得到许可是至关重要的。

4. 建立一个具有全球代表性的组，其中有基因组工程技术的研发者和使用者，遗传学、法学和生命伦理学的专家，以及科学共同体、公众、相关政府机构和利益集团的成员——以进一步考虑这些重要问题，并在合适的时候提出政策建议。

结　　论

在重组 DNA 时代的开端，我们获得的最重要的教训是，公众对科学的信任归根结蒂始于并要求持续的透明和开放的讨论。今天，CRISPR-Cas9 技术的出现，以及基因组工程即将来临的前景使得这一教训得到发扬光大。现在倡议这些引人入胜而又富有挑战的讨论，将会使社会在这生物学和遗传学新时代到来之际作出的决策最优化。

关于科学、CRISPR-Cas9 和阿斯洛莫

Hank Greely

原文标题：Of Science，CRISPR-Cas9，and Asilomar

作者：Hank Greely，Director，Center for Law and Life Sciences，Stanford University

发表时间：2015 年 4 月 4 日

链接地址：https://law.stanford.edu/2015/04/04/of-science-crispr-casg-and-asilomar/

译校者：周思成译　邱仁宗校

2015 年 3 月 19 日，周四，《科学》杂志发表了一篇题为"走向基因组工程与生殖系基因组修饰的审慎径路"的（在线）政策论坛。政策论坛建议采取措施以"强烈劝阻将生殖系基因组修饰用于人的临床应用的任何尝试，而要在科学和政府机构中对这种活动的社会、环境和伦理学含义进行讨论。"

40 多年前，也就是 1975 年 2 月 27 日，周一上午，David Baltimore 召开了著名的关于重组 DNA 的阿斯洛莫会议。该领域的领导者在《科学》杂志发表了一封信，呼吁暂停重组 DNA 研究，直到解决了重要的安全问题，在这之后便召开了那次会议。时长三天半的阿斯洛莫会议制订了安全准则，这使得他们解除了（完全非正式且不具约束力的）暂定的禁令，而且最终导致建立 NIH 重组活动委员会；制订联邦（和国外）生物安全条例；重组 DNA 技术在研究和医疗中非常成功的应用；无疑这是现代科学自我管制最著名的故事。

最近《科学》杂志电子版政策论坛大约 1400 字中包含"阿斯洛莫"这个名字只有一次，即使该论坛签署人（及倡导者）中的 David Baltimore 和 Paul Berg 是阿斯洛莫会议的 5 位组织者中的 2 位。这些文字中也包括该对声明的起源以及更重要的对该声明的意义的有限讨论。虽然我确实参加了会议，但我并不是导致政策论坛的该会议的组织者。虽然我有机会发表评论，而且我确实做了，但我并没有起草或决定如何编写该文件。我无法了解其他作者的想法，其中有些没有参加会议，但是我可以告诉你们我的想法，包括关于该文件以及关于基因编辑技术进展提出的根本问题。

该文件的一些背景

2014 年 10 月 2 日，我收到了一封名为"邀请函：生命伦理学研讨会"的邮件。这封邮件来自 Jennifer Doudna 的邮箱，但署名的是 Doudna，Mike Botchan，Jacob Corn，Ed Penhoet 和 Jonathan Weissman（所有这些人都参加了会议而且签署了文件）。该邮件还有 13 位被邀请者，他们中有 8 位最终参加了会议并签署了文件。这封邮件邀请我于 1 月 24 日星期六参加在纳帕谷召开的全天的研讨会，"以讨论基因编辑新技术突破所引发的生命伦理学问题"。虽然日程还不确定，但我说"好的"。

无独有偶，我于 10 月下旬从华盛顿特区杜勒斯机场飞往家中，正坐在 Mike Botchan 旁边。我们彼此不相识，但一些交谈过后了解到他是一位分子生物学家（他随身携带着一本新的分子生物学教科书），而我是一名致力于生命科学问题的法学教授（我认出那是一本分子生物学教科书，而且认识其中一些作者），他问道"你的名字是 Henry Greely 么？"，这让我很是惊讶。接下来几个小时我们很愉快地谈论生命科学的众多问题，包括但不限于基因组编辑。在某个时刻有人决定 Alta Charo 和我应该对法律和管理框架做一综述，所以我们两个就时常通信并讨论分配范围；否则我在参加会议时就不会了解更多的信息。

我们同意会上的讨论是保密的，所以我不会详述。如果我透露出 1 月 24 日的讨论很热烈，我不认为这会太惹恼我的同事，而且至少对我来说是非常开心的。那天结束前，似乎要达成一个共识，其中一部分要从"心中浮现"到"写下来"。我于 2 月 6 日从 Jennifer Doudna 处拿到这一文件的初稿，在多次修订后（每人都有机会评论）最终版本于 3 月 19 日发表。这些改动通常没有经过集体讨论，但大多数情况是可以理解且不会招致反对的，这些改动包括添加一些同意该文件但没有参加 1 月份会议的作者。

顺便提一下，多亏加利福尼亚着实令人印象深刻的干旱，1 月 24 日纳帕的天气温暖、空气清新、阳光灿烂，25 日也是如此。卡内罗斯地区虽然没有阿斯洛莫惊人的自然美景，但天气是无与伦比的。

我如何诠释这一文件

整个文件是引起歧义的（至少在律师看来）。由不同地区的作者集体写作尤会如此。我认为在该文件中有三处较大的歧义。我将给出我对这些歧义的看法，虽然不能保证我的所有共同作者会同意这些看法。

第一，该文件设法"强烈劝阻"什么？

将生殖系基因组修饰用于人的临床应用的任何尝试，而要在科学和政府机构中对这种活动的社会、环境和伦理学含义进行讨论。

我将此解读为清楚地包括"制造婴儿"，包括以增强为目的以及以预防疾病为目的的"制造婴儿"。我确信这里的"临床应用"是与"研究使用"相对而言的，而不是与"非临床制造婴儿应用"相对而言。我认为该文件显然不禁止对细胞、细胞系和组织的研究，甚至对那些可以成为生殖系一部分的细胞、细胞系和组织的研究，例如人类胚胎细胞系（hESCs）、人类诱导多能细胞系（hiPSCs）、种种更为直接的卵子和精子前体细胞，甚至人类卵子和精子。对我来说，我们关注的焦点是修饰成为活生生的人的生殖系。（这也是被广泛禁止的事情，这群作者中的律师们主张这一点应该在建议中写明，也写明了。）

这仍然留下了关于离体人类胚胎的问题。一些人，包括一些通达情理的人，认为这些胚胎是人。其他人，同样也包括一些通达情理的人，不这样认为，不管是植入前，还是在植入与刚分娩之间的任何时刻。我个人的观点是，离体胚胎不是人，所以建议不适用于它们，虽然我个人仍然主张在这个时刻劝阻研究人员在未经实质性社会讨论时拿它们做实验。

第二，这仅仅是关于人类生殖系基因组修饰吗？那篇反映许多作者想法的文件几乎只集中于这些问题，但仅仅是几乎。人们起初赞成，"对于其他有机体，它提供了改造生物圈的方法以造福环境和人类社会"。如下文所指出的，我认为非人类应用的含义比人类应用更紧迫，但公平地说，我并没有赢得这场争论，至少在那篇文件中（但我很固执）。围绕体细胞基因组工程的问题被更直接地提出来了，但对我来说在那篇文件中这些问题并没有得到重视。那些应用，尤其当它们从治疗走向增强时，将会引起人们的关切。

第三，这仅仅是关于 CRISPR-Cas9 吗？这是最容易回答的，答案是不。它是有关基因组工程最近和未来可能的进展。CRISPR-Cas9 是当前革新这一领域的领军技术，使得基因编辑更加便宜、快速和准确。它是一项惊人的且非常重要的成就。可以理解，它成为那篇文件的重点。但是如果一些其他基因组工程技术最终替代（或补充）CRISPR-Cas9 技术，这篇文件讨论的问题也适用，至少是先验地，具有同等的力度地适用。

我（目前）如何看这个问题

所以在这部分我不受到保密协议或对其他人想法缺乏了解的约束。由于我仅因审慎而受到些许约束，我将对于更为有效得多的基因组工程所提出的问题给出我的目前的想法，包括三个部分：人类生殖系基因组修饰、人类非生殖系基因组修饰和非人类基因组修饰。我把它们按照其重要性越来越大的次序来列出，你们也许会觉得惊讶。

人类生殖系基因修饰

坦率地说，尽管对人类生殖系基因组修饰一直大惊小怪，但我认为注意点放错了地方。我并不期望人类生殖系修饰工程在长时间内该是个大问题，有若干理由。

第一，安全问题是巨大的。这并不是说 CRISPR-Cas9 或其他基因组编辑技术不好，但其风险是巨大的，这事关人类婴儿。对于大多数用途来说完全精准和安全的编辑技术在这种情境下需要数十年。这不仅仅是一个完善 CRISPR-Cas9 的靶向能力或其他特定参数的问题；我们要提前知道有关这一程序先前无法预料的其他事情是否有可能在制造婴儿中产生问题。除非并直到我们已经有 10 年或更多的时间用人体组织和非人动物（包括灵长类，甚至也许一些非人猿类）进行初步研究，并显示它是安全的，否则用这样的方式制造婴儿是犯罪或疯狂的。如果道德风险没有足够的威慑力，那么潜在法律责任应该起足够的威慑作用。

第二，医疗需求应该是很少的。在何种情况下一对夫妻需要生殖系基因组修饰以生一个健康的（更准确地说，"未知在特定方面不健康的"）孩子？我只想到三种情况：

☆ 准父母一方是患有显性疾病（比方说 2 个拷贝的亨廷顿等位基因）纯合子，

☆ 准父母双方都患有同样的常染色体隐性疾病（比方说囊性纤维症），

☆ 女方患有线粒体 DNA 序列引发的疾病。

《科学》杂志发表的文件明显排除第三个例子。这是其他讨论的主题，而且更重要的是，通过线粒体移植进行干预是不同的、更简单的，并且很可能是安全的。处于第一和第二种情况的准父母有多少呢？他们中又有多少能够存活足够长且足够健康以想要孩子呢？我们不知道，但答案必定是"很少"。

还可能有另一类情况——有些人有生出患某种众所周知的遗传病孩子的风险（事实上差不多所有人生孩子都有风险），而他们对此十分担忧以至于想做些（除有效避孕以外）事情预先防止这种风险，但是他们因为某种原因不使用植入前遗传诊断（PGD）加上胚胎选择或胚胎基因检测加上人工流产。到底有多少人会愿意做生殖系基因组修饰，而不做已得到更好确定得多的且经过良好检验的 PGD？在梵蒂冈没有这种人；"非自然"生殖是错误的，不管胚胎或胎儿是否遭到破毁。在这个世界上也许很少有人将这些立场结合起来，但我猜想仅仅有一些。如果正如我猜想的，这些人的数量应该会缩小更多，如果生殖系基因修饰要求检测修饰后的胚胎，并且可能要丢弃那些由于某种理由（修饰脱靶？）没有成功的胚胎。

第三，非医学要求也很小，至少在合理时间内。我认为基因工程制造超人是大多数人的真正恐惧所在。但结果是，在花费数千亿美元后，我们很惊讶地发现对疾病遗传学了解得甚少。我们几乎对"增强"的遗传学一无所知。我不认为当我们可以自信地说一对非病理性等位基因非常可能会比另一对等位基因赋予实质上的优势时，我们不可能想到的是一种单一的非疾病性状。这种情况当然会改变，但改变多少，改变有多快？我猜改变不会很多也不会很快。

第四，人类生殖系基因组修饰在长期内都会饱受争议。有多少准父母，多少公司，多少医院愿意为这小小的回报而承担这种争议？

那为什么人类生殖系基因组修饰成为《科学》杂志这篇文件的焦点，而且《科学》杂志这么愿意那么快发表它这一争端？这是极富争议的。一些机构激起了公众对通过"重塑人类"而"扮演上帝"的担忧，这种担忧不是，或至少似乎不是小问题。在这一时刻，确保我们集中关注生殖系修饰的关注本来就足够了。

但我认为至少答案部分更为深刻。一些人觉得"科学"（是领域，而不是杂志）许诺我们不会尝试人类生殖系修饰。在这种技术无法实现的时候做出这种承诺当然是容易的，就像承诺不尝试人类生殖性克隆当其无法实现时。这与克隆的许诺类似，2000 年左右那时似乎有助于铺平人类非生殖克隆/体细胞和移植的道路，誓不进行生殖系修饰，使非生殖系修饰更可接受。（具有嘲讽意义的是，即使结果表明非生殖性克隆比预料困难得多，直到2013 年才得以实现）。加上这一"科学内部"的担忧，我猜想，这使得这一话题不可抗拒。

人类非生殖系基因组修饰

人类非生殖系（体细胞）基因组修饰——基本的基因治疗——实际上是对基因编辑技术可能是大规模的使用。在 Martin Cline 第一次基因治疗试验后 35 年左右，它最终进入临床应用。实际上，一项名为 Glybera 的基因治疗已经在欧洲获得批准。其他的正处于 II 和 III 期试验。如果美国 FDA 在今后一两年后不批准一些基因治疗，那我是会觉得很惊讶的。

CRISPR-Cas9 及其类似的技术可以使基因修饰更快速、更便宜也更准确。这虽然不是基因治疗的唯一问题，但这一革命应该会加速已经来临的基因治疗浪潮。

为什么这个问题在《科学》上只是顺便讨论了一下呢？我认为这是因为它不是一个十分有争议的问题。体细胞基因治疗，亦即人类非生殖系基因组修饰的问题，已经讨论了许多年，而除了安全、有效性、大肆宣传及研究伦理问题以外，似乎没有什么很重要的问题。改变一个人的基因，他将死亡但这些基因没有遗传给任何人，这并没有提出深刻的问题。

我认为这是合适的，尽管我指出那些安全、有效性、大肆宣传及研究伦理的问题仍然是重要的。但这又是具有嘲讽意义的，因为体细胞基因治疗的基因组编辑应该取得显而易见和可能规模很大，而且比生殖系修饰要更快的成功。

非人类基因组修饰

在我看来，CRISPER-Cas9 及其他基因编辑方法给世界带来的可能最大的改变不是在于利用这些技术去修饰人类，而是修饰非人类。由于修饰基因组变得更便宜更容易，非人基因组不受许多管制、法律责任和政治争议的限制，从而提供了改善这个世界，闻名天下或赚钱，上述三者全有的众多机会。

想要消灭疟疾吗？将伊蚊修饰一下，它们不能向人类传播黄热病、登革热、基孔肯雅病毒，如此将战胜并最终消灭这些野生类型疾病。想要制造真正经济的生物燃料吗？可以用数千种方法修饰海藻的基因组来优化它们，是指产生碳氢燃料。想要复活候鸽么？可以利用 CRISPR-Cas9 修饰现存带尾鸽的基因组，使其或多或少与已灭绝的候鸽已经测序的基因相配对。如何制造垄断高端礼品市场？可以在马的基因组中添加其他物种的基因片段，以创作出真实的独角兽。如何像艺术家一样引起轰动？可以利用 CRISPR-Cas9 制造一窝在黑暗中闪闪发光的兔子。

正是这种使用基因组能够重塑生物圈。随着由于基因组改造工程能力变得更加广泛可及，缺乏管控或考虑不周的实验就有可能急剧增多。当然，受到控制的干预也会增多。我希望看到人们更多地集中于这个具有重大实际意义的问题，而不是那么注意人类生殖系基因修饰使得人们更性感的问题。

（如目前建议）我会做什么？

也许不出人意料，我将按照《科学》上那篇文件所要求的去做。在提醒人们用这种方式制造婴儿在世界大多数地方是非法的，受到严格管制的时候，我会要求暂停即使只是试验，直到已经获得进一步科学研究（主要关于其安全性）以及公众讨论和研究（主要关于伦理学）的结果为止。我会希望美国国家科学院或类似权威机构能够深入研究这些问题，并与其他国家或其他机构所做的类似研究在一起。而且我会要求举行一个会议，另一个阿斯洛莫会议，对我来说，在阿斯洛莫的罗曼蒂克的和加利福尼亚式的会议更合适，在会上可制订暂停的细节。我会希望该会议更加注意（在实验室、在农场，以及在野外）我们修饰非人基因组提速能力引起的问题，以及一些人类非生殖系基因组修饰问题。

从长远来看，我认为允许使用生殖系基因组修饰来制造婴儿将是，也应该是一个政治问题。此时，我猜想我会根据安全/受益选择对它进行管制，只有当潜在受益大于风险时才可以允许它。但我会改变我的想法，或者因为有新发现的事实，或者因为有人提出精良的论证。重要的是，我不认为我的观点应该占支配地位。应该是人民通过他们的政府来支配。如果南达科他或德国想禁止它，而加利福尼亚或新加坡想鼓励它，那就由它去，但最好在所有情况下都是在自由、公开且积极的争论之后。

但是要做出这些决定，我们需要用科学研究、伦理论证以及公开讨论来基奠定础。尽管所有的政治都是定域的，但我很赞赏英国处理线粒体移植问题的方式。首先，他们进行了许多伦理学和科学讨论，包括纳菲尔德生命伦理学理事会精彩的报告。接着他们进行了实际的议会辩论和投票（自由的投票，不受党鞭束缚）。当议会批准了它，但它并没有成为"被批准的"和免费可得的，而是回到人类受精与胚胎管理局，它许可特定的诊所在特定条件下实施操作。现在，像这类程序在美国是否可行尚存疑问，但将专家和公众参与和辩论、政治开放和正当的决策，以及有控制的实施结合起来，不失是一个好的主意。

我希望且相信《科学》杂志这篇文件有合理的机会为这个目的做出微小但有用的贡献。而我很高兴成为其一部分，并且感谢且祝贺一月纳帕会议的组织者，尤其是 Jennifer Doudna 他们的工作！

关于基因组编辑技术和人类生殖系基因修饰的声明①

The Hinxton Group

原文标题：Statement on Genome Editing Technologies and Human Germline Genetic Modification

作者：The Hinxton Group

发表时间：2015 年

链接地址：http://www.hinxtongroup.org/hinxton2015_ statement.pdf

译校者：罗会宇译，邱仁宗校

序　言

虽然在过去的 30 年里，基因修饰方法已经被成功地用来改变实验动物和农业生产中重要动物的基因，然而这些方法效率低下，往往缺乏特异性或依赖于一系列用于人既不合适又不安全的步骤。但是，基因组编辑技术的最近进展，② 使得插入、删除或者修饰 DNA 的特异性和效率大幅度增加成为可能。这些技术已经开始用于人类体细胞基因转移试验之中。将这些技术用于多能干细胞和其他干细胞以及人类发育的早期阶段，以纠正基因缺陷或者导入其他潜在地治疗性改变，如今为应用于人类疾病和健康提供了广阔的空间。这包括修饰人类生殖系的潜在应用。正是因为这一步，其意义涉及多代人，已经引起广泛的深切关

---

① 编者按：2004 年初干细胞政策和伦理学项目（Stem Cell Policy and Ethics Program，SCOPE）成员在 The Johns Hopkins Berman Institute of Bioethics（约翰斯·霍普金斯大学伯曼生命伦理学研究所）开始策划一个新的研究计划，组织一个跨国家和跨学科的组织探讨跨国科学协作中的伦理学和政策挑战。该研究计划的第一次会议在英国 Hinxton 举行，后就被称为"The Hinxton Group"），正式名称为 International Consortium on Stem Cell，Ethics and Law（国际干细胞、伦理学和法律协会）。本声明原文基于 2015 年 9 月 3~4 日的会议起草。译者罗会宇是新乡医学院医学伦理学讲师。

② Zinc Finger Nucleases（ZFNs，锌指核酸酶）、TALE Nucleases（TALENs，转录激活因子样效应物核酸酶）以及 Clustered Regularly Interspaced Short Palindromic Repeats（CRISPRs，规律间隔的短回文重复序列）都是通过将切割 DNA 的酶引导到特异的 DNA 序列。ZFNs and TALEs 是结合 DNA 的蛋白质，而 CRISPR 方法则利用 RNA 引导。

注，并且要求广泛而公开的辩论。

重要的是要注意到，这个争论曾经发生过。事实上，朝向引起可遗传给后代的人类基因组改变的能力方面每进一步，就会有所反应，因此这种辩论已多次发生。由于这种前景所引发的伦理问题虽未改变，但提出它们的情境现在已截然不同。科学在其规模和地理多样性上发展得如此庞大，以致现在将来自不同文化和监管环境的更多的人囊括进来。与早期的技术相比，现代基因组编辑技术，特别是 CRISPR／Cas9 不仅是非常精确，而且也容易、便宜，并且至关重要的是还非常有效。另外，从上一轮辩论之后，科学和医学其他领域也取得了同样的进展，例如，我们现在可以快速地和低廉地对整个基因组进行排序。而且，人们越来越接受和使用辅助妊娠技术，将基因组编辑技术应用于人类胚胎时可能需要辅助妊娠技术。体外受精和相关技术在一些国家已经得到了良好的管理，但是在另外一些国家则尚未得到良好管理。结果是，尤其是考虑到在一些不受监管的诊疗机构中进行的干细胞治疗的新近经验教训，人们严重关切，在没有足够的数据来支持基因组编辑技术用于生殖之前，以及在国际共同体已经有机会权衡向前进的风险和受益之前，基因组编辑技术也许就早被用于生殖。

由于上述的和其他的理由，许多争论正在进行并且在计划之中，以便把握由该技术的研究和临床生殖应用所引发的科学的、伦理学的和监管的问题。这门科学将继续快速发展，出于资助、出版和治理的目的，现在面临或将面临做出科学决策的压力。压力也来自那些意欲将该技术用于他们的医疗、生殖和其他需要的人。

的目标是提供有关这些持续进行的辩论的信息，并为这些技术应用于人类尤其是用于干预人类生殖系的决策者提供有用的指导。① 我们讨论的焦点是在人类发育早期阶段的基因组编辑，那时任何此类干预可能被合理地认为整合进生殖系，因此有机会被传递给后代。②

在起草这篇声明的过程中，我们提出和讨论了许多科学的、伦理学的和管里的问题，并予以分类和排列优先次序。我们最终将我们注意力集中在我们认为更加紧迫和比较能处理的问题上。例如，尽管我们讨论了许多关键性的伦理问题，如胚胎的道德地位，但我们并未试图在我们认为在特定文化情境外不可解决的那些问题上达成共识。但我们能够在有关基础研究、临床应用、公众参与以及治理方面的问题达成共识。重要的是，就像我们在要详细叙述的那样，我们一致同意，虽然该项技术对于基础研究有着巨大价值以及对于体细胞临床应用有着极大的潜力，然而在此刻考虑人类基因组编辑技术应用于临床生殖目的依然是不成熟的。③

---

① 我们的工作不仅包括制订这一声明，而且广泛收集背景材料，可查阅：www.hinxtongroup.org.

② 这里包括能够产生配子的干细胞，尤其是在睾丸中的产生精子的干细胞或源自体外多能干细胞的生殖细胞。

③ "用于临床生殖目的的人类基因组编辑"是在受精后的任何发育阶段编辑生殖系细胞以及在受精时编辑早期胚胎，其目的是实现妊娠。

基础科学研究的价值

尽管人类基因组编辑的公众讨论一直聚焦于潜在的临床应用，但是这项技术直接的和也许最激动人心的使用却是在基础科学研究领域。但是，重要的是我们要记住，这种技术，尤其是 CRISPR/Cas 系统，还非常新，还有很多东西需要学习。就此，我们一致认为：

1. 基因组编辑作为一种工具来探讨人类和非人类动物生物学的基本问题及其异同，具有巨大价值。基因组编辑技术的基础研究至少可以区分为以下四个类别：①理解和改善基因组编辑技术本身的研究；②将基因组编辑用作工具来探讨人类和非人类动物生物学的基本问题；③用来生成有关开发人类体细胞应用初始数据的研究；以及④积累有关开发安全的人类生殖应用的合理性事实的研究。上述区分的重要性在于澄清：即使人们反对人类基因组编辑用于临床生殖目的，为非生殖目的服务的研究依然是重要的。也就是说，我们理解即使是基础研究，有些涉及基因编辑技术的基础研究也会遭遇道德困扰。虽然如此，我们们坚信，对用于临床生殖目的的人类基因组编辑的种种担忧，不应该阻止或妨碍用于科学上可辩护的基础研究。

2. 在迈向人类生殖应用任何一步以前，必须应对若干至关紧要的科学挑战和问题，包括脱靶事件的程度和影响（非计划中的基因改变，计划中改变后的继发基因改变）以及镶嵌体（计划中基因改变发生跨细胞变异）。我们建议，制订详细但灵活的路线图，以指导制订安全性和有效性标准。这样的路线图应该至少包括以下考虑：

- 使用适当的模型，以反映人类生物学和遗传学的关键方面（如异构性），包括：动物模型、人类体细胞、人类多能干细胞及其分化衍生物，精原干细胞、配子、在体外培养的人类胚胎且遵守 14 天规则，① 以测试其有效性和安全性。这些努力是可以平行进行的。

- 优化基因组编辑工具及其传递能力，使其效率和特异性最大化，从而使镶嵌体和脱靶事件最小化。

- 评估镶嵌体及其对发育中胚胎以及个人及其后代健康的影响。

- 对已编辑的基因组与相关对照基因组（如父母的基因组和未编辑的兄弟姐妹胚胎或与其分离的卵裂球基因组）进行测序（达到足够的覆盖范围），以及分子和功能的特性鉴定（如转录分析）。

- 比较已编辑和未编辑的基因组突变数（记住自然背景变异率可基于年龄、性别和遗传背景而有不同），来评估在多大程度上突变是基因组编辑的结果。这可用电脑模拟方法之助来分析基因组，设计引导 RNAs，ZFNs 或 TALENs，以及预测可能脱靶的位点。需要努力改进计算工具以预测任何诱变是否可能都是有害的。

- 使用恰当的动物模型，使之有可能分析那些非预期的代际影响。

---

① 这 14 天已得到广泛的同意，这是限制整体人类胚胎可在体外培养的时间长度。

3. 在基因组编辑研究中，已经使用或考虑使用以下三种人类胚胎：在体外受精中剩余的、不可存活的胚胎；体外受精中剩余的、可存活的胚胎；为研究专门生产出的胚胎。虽然，使用不可存活的胚胎在一定程度上的确考虑到许多人对人类胚胎基因修饰的深切关注，但任何实验都必须首先满足科学有效性的标准，值得注意的是，大多数用于研究的体外受精剩余胚胎，其发育将超出原核细胞阶段，由此基因组编辑技术将可能导致镶嵌体。在所有细胞均需要被改造的实验，很可能会要求专门制造用于研究的胚胎。我们建议那些意愿在人类胚胎中使用基因组编辑技术进行研究的科学家们，仔细斟酌需采用何种类别的人类胚胎。

而且考虑到可用于研究的胚胎数量少、组织弥足珍贵，因此所采用的方法和所获得的任何数据均应该公开可得，将源于这些人类细胞科学价值最大化。另外，准许人类胚胎研究的管理机构可能需要审查他们的政策，以评估这些政策是否与基因组编辑研究的特定类别相符。

人类基因组编辑技术用于临床生殖目的的前景

如同上文所提到的，我们并不认为此刻已经具备足够的知识来考虑将基因组编辑技术应用于临床生殖目的。然而，我们承认，当所有的安全性、有效性和治理的要求均得到满足时，将这种技术用于人类生殖也许是在道德上可接受的，虽然还要求进一步作实质性的讨论和辩论，详述如下：

4. 这种技术的所有临床使用（体细胞的和生殖系细胞的）均要求对细胞的操作置于已建立的医疗许可批准当局的管辖和其他政府部门监管之下。在完成必要的基础和临床研究以及从安全性和有效性观点而言可得数据充分证明该技术可用于人类生殖情境之前，在该领域的任何试验性治疗都是为时过早。这种标准同样适用于体细胞干预措施的试验性治疗。

5. 即使一旦安全性、有效性和健全的治理得到满足，也要求进行国际的和地区的辩论，来评估人类基因组编辑技术以可能不同的方式用于临床生殖目的在伦理学上的可接受性或可允许性，并做出决策。

6. 与大多数新兴生物医学技术一样，人类基因组编辑技术提出了关于公正和公平的实质性担忧，例如为谁开发治疗和谁将可得这些治疗等问题。在迈向临床应用之前，应该注意如何将种种应用排列优先次序以及基于何种标准，例如需要的强度和频率、已作出的基因改变的性质、预期的可行性以及是否存在可接受的替代方案——所有这些直接影响对任何给定用途的风险/受益分析和辩护。

7. 现在有或将会有一系列建议和请求的干预措施——从纠正严重的致病突变，通过引入疾病预防的改变，到增强——它们中的一些会比其他的更具争议性的。各个社会将需要决定，在管理良好的临床研究的情境下在这个系列中哪些（如果有的话）应该得到允许。

8. 必须做许多重要的伦理学的、科学的和监管的工作，来鉴定和探讨体外和体内配子基因改变、体外和体内胚胎基因改变以及体内胎儿基因改变之间的共同的和相异的问题。

9. 在将基因组编辑技术用于人类生殖的任何尝试之前监管结构必须到位。有效的监管要求制订临床前研究的恰当标准（例如脱靶事件和镶嵌体可以接受的阈值是什么？判定脱靶事件影响的恰当方法是什么？）。最初的尝试只能在正式的临床研究或试验的情境中进行。另外，应该严密监测受试者的健康和福祉、发育中的胎儿以及妊娠结果。对那些如此出生的人健康和福祉也应该在长期随访和研究中进行监测，当然也要注意这样做带来的负担。**

治理和有意义参与的重要性

对基因组编辑技术用于基础研究和临床生殖目的的科学和社会决策至关重要的是，恰当的治理和监管以及有意义的和实质的公众参与。就此而言，我们提出以下建议：

10. 关于基因组编辑技术的研究和临床应用的决策，应该通过包容性的、深思熟虑的程序，这些程序使得公众与决策者有实质性的交流，应该旨在寻求科学研究自由与社会价值之间可能的最佳平衡。而且，应该确定和运用最佳方法将公众参与的意见整合进决策过程之中。

11. 在考虑管理临床应用的政策时，我们应该区分基于技术或安全考虑的反对意见与反映附加的道德考量的反对意见。随着时间的推移，进一步的科学研究和进展，技术和安全的担忧有可能得到解决，然而，附加的道德考量可能继续成为公开辩论的焦点。

12. 科学杂志的编辑们对于发表报告涉及人类组织基因组编辑的论文应该维持和促进高标准。编辑们应该要求科学家们提供一份声明，表明它们的研究遵循了当地的法律和政策，并且（在适用的情况下）经由相应监管委员会的批准。作者们应该提供关于影响他们研究的所有利益冲突的声明。应编辑们的请求，作者应该提供由相关监管委员会批准的研究方案、同意书、提供给潜在人类受试者和组织捐赠者的信息，以及可能与研究伦理研究有关的其他相关文件或信息。（原注：共识的这一要点全部或部分基于 2006 年欣克斯顿小组关于干细胞研究国际合作的声明中提出的相同要点。）

13. 公共政策应该发挥巨大的作用以促进或限制人类基因组编辑领域的科学研究。政策制定者在管控科学时应持审慎态度。在政策颁布后，在国内和国际上治理科学的政策应该保持弹性，以使适应科学进展的速度以及社会价值的变化。

14. 社会有管控科学的权威，而科学家有遵守法律的责任。然而：

（1）对于科学研究的任何限制，应该源自于对人、社会机构和整个社会的伤害有显而易见的风险的合理关切。政策制定者应该避免去限制科学研究，除非对这样做已有实质性的辩护，这种辩护已经超出仅仅地基于不同道德信念所产生的分歧。

（2）与所有的科学一样，在人类基因组编辑的情况中，重要的是，将限制性政策专门针对那些已被证明是不可接受的研究或其应用，以及使这些限制性政策与道德上利害攸关的程度是相称的。（原注：共识的这一要点全部或部分基于 2008 年 The Hinxton Group 关于源自多能干细胞的配子的声明中提出的相同要点。）

虽然在上述声明达成共识，但还有一些问题非常重要需要研究，但我们对此未能取得一致意见。这些问题包括使用小量人的胚胎进行研究，虽然所有参会者愿意考虑为临床生殖目的使用此方法的前景，我们未能在可接受的具体问题达成共识，因为我们未能就在缺乏细节的情况下对任何这些具体案例使用这些技术是否有令人说服的理由达成一致意见。

新兴的配子工程和人类基因组编辑技术：
伦理挑战和实践建议①

联合国教科文组织国际生命伦理学委员会

原文标题：Emerging techniques for engineering gametes and editing the human genome：Ethical challenges and practical recommendations

作者：Internatinal Bioethics Committee，UNESCO

发表所在：作为 Report of the IBC on Updating its Reflection on the Human Genome and Human rights 的Ⅲ.5

发表时间：2015 年 11 月 2 日

链接地址：https://unesdoc.unesco.org/ark：/48223/pf0000233258

译者：雷瑞鹏

最近，科学家采用一种新的基因组编辑的技术，利用被称为 CRISPR-Cas9 的细菌系统，以提供插入、消除和纠正 DNA 的可能性，迄今为止该技术无比的简单和高效。这一技术自从被发现以来，应用于生殖系引起了科学共同体内严重的关注。2015 年 4 月，一组中国科学家发表了这项技术应用于人类胚胎的结果，这些胚胎从体外受精获得，由于它们异常而不能进一步发育展的结果。该技术被证明是不是非常有效的，并引起大量的插入错误。

伦 理 挑 战

基因治疗可能是在医学史上的一个分水岭，而基因组编辑毫无疑问是一个为全人类服务的最有前途的科学事业，即使人们也必须注意到，只有很少的疾病，单基因异常是一个必要且充分的条件。基因治疗不能为绝大多数的疾病提供快速修复，这些疾病取决于许多基因以及环境因素和生活方式。

---

① 编者按：联合国教科文组织国际生命伦理学委员会于 2015 年 11 月 2 日更新了该委员会对人类基因组和人权的考虑，这些新考虑写入 Report of the IBC on Updating its Reflection on the Human Genome and Human rights 的Ⅲ.5 中，题为"Emerging techniques for engineering gametes and editing the human genome：Ethical challenges and practical recommendations"。

　　同时，这种发展似乎需要特别的防范措施，并引起严重关切，尤其是人类基因组的编辑应用于生殖系，从而引入可遗传的修饰，这些修饰会遗传给后代。由于体外受精技术的出现而引致利用和操纵人体外的配子，对此的争论也已完全更新，并且在实施第一人类配套"克隆"后，在纺锤体和原核移植预防线粒体疾病实验后，以及从诱导多能干细胞产生"人工配子"实验后更具挑战性。

　　正如发生在不同种类的药物或治疗的情况下，安全是应用于人的无可争议的条件。当调查对象是一种干预，这种干预对个人生活可能有显著影响，而这个人可能是被别人"应需求而设计"未经他们同意，并且将他们的基因组修饰传递给未来世代时，那就更是如此了。许多科学家声称，鲜为人知的是，基因的相互作用和修改人类基因组可能产生的意想不到的后果。通过消除一些有害的素质，其他问题可能产生，并将可能与我们要消除的一样严重的风险强加于这些个体和人类本身。

　　在这些技术中隐含的破坏胚胎使一些众所周知的争论死灰复燃了，这些争论有关尊重人类生命的原则，以及合子、胚胎和胎儿地位的相关问题。在这里，不可能达成共识。一方面，有些人支持这样一个论证，认为"生的权利"阈仅在人类生命发育到某个时刻才能达到，这取决于对渐进地获得基本特征、性状和能力的考虑，以及对必须将这一原则与保护母亲自我决定的原则加以权衡的考虑。另一方面，有些人则争论说，从一开始就应无条件的尊重，他们立足于对胚胎发育是一个持续过程的观察结果，以及强烈的生命神圣性观念概念。即使是传播最广的宗教也不持这种立场。

　　尊严是另一个伦理关切的问题。联合国教科文组织的《人类基因组和人权普遍宣言》第1条说"人类基因组是人类大家庭所有成员根本性团结以及承认其固有的尊严和多样性的基础"。人类基因组众所周知的定义在象征意义上是"人类的遗产"。根据联合国教科文组织对世界遗产的定义（该定义一般适用于古迹和自然遗址），这是为了强调应保护和传递给未来世代的杰出价值。自然往往被理解为对人的自由的一种限制。至少在这种情况下，正是立足于《人类基因组和人权普遍宣言》第1条，所作的论证是，它应该被视为其前提，使得对人类基因组的干预应该唯有为了预防、诊断或治疗的理由，并且对后代不发生改变时才应该得到承认，正如《奥维耶多公约》第13条所断言的那样。其他的选择将危及所有人类固有的，因而平等的尊严，并且使优生学死灰复燃，优生学伪装为实现一个更好的、改善的生活的愿望。

　　尊严问题与公正问题密切相关。《人类基因组和人权普遍宣言》第4条禁止从其自然状态的人类基因组的攫取经济收益，已经引发了非常复杂的法律纠纷。一旦我们认识到人类的基因组是人类的遗产，不可避免的推断是共享科学研究可能产生的好处，而不考虑法律制度和经济条件的差异。前者的差异强调在不同的社区和国家所流行的伦理评价和传统的差异，包括那些与为人父母和家庭的概念相关的差异，这些差异说明对操纵配子和使配子相结合的若干种技术的不同考虑方式。后者的差异还提醒我们对于新技术，有必要填补最先进医疗机会可及不平等的鸿沟。迫在眉睫的风险是使这些鸿沟更加深刻。

实 践 建 议

医学理由应该永远是一条不可逾越的红线。消除可怕的疾病的目标只能是一个共同的目标，基因治疗也可能帮助减少有关尊重生命原则的诸多争论，因为它可能是一个对付疾病原因而不引起判定拥有生命的胎儿或胚胎本身是什么的争端。反之，没有任何可靠的医学理由，尤其是当它提出有关安全问题以及严重的伦理关切时，要通过例如不提供公共资源来劝阻去表现那些壮观的成就，在某些情况下甚至要加以禁止。有关为生殖目的克隆人的可能性研究仍然是世界上应该禁止的最具代表性的例子。

科学研究人员的国际共同体应该委以评估和确保修改人类基因组程序安全性的责任。要求对这些技术的所有后果进行彻底的和不断更新的调查研究。

不要将通过设计与某些特征和性状相关的基因来增强个人和人类物种的目标与基于意识形态基础计划将被认为"不完善的"人类加以简单消灭的野蛮优生学计划混为一谈。然而，这种增强的目标在若干方面影响到尊重人的尊严的原则。它削弱了这样的理念，即人与人之间的差异，不管他们天赋的高低如何，恰恰是承认他们平等因而保护他们的前提。对于那些买不起这样的增强或根本不想增强的人，它引入了新型歧视和侮辱的风险。为了支持所谓自由主义优生学而提出的论证并没有压倒这种情况也适用医学理由这条红线。

正如科研应用的市场一样，科学研究是一项全球性的努力。因此，在一个国家中成为合法的东西就成了被允许的。社会业已被用于与辅助生殖技术和代理母亲相关的多种类型的"医疗旅游"，这里仅仅提及最有争议的几个例子。重要的是，当涉及人类基因组工程时，国家和政府要接受共担全球责任的原则。应该避免谁获第一的比赛，特别是当建议进行生殖系修饰时。

为一些相关的人类利益而产生和销毁人类胚胎的伦理争论仍在继续。在这一时刻，应该始终鼓励那些尽可能"无争议"的程序；避孕而不是人工流产；利用所谓的成人干细胞或诱导多能干细胞（iPSCs）而不是胚胎干细胞。应该根据同样的优先考虑，来研究和开发预防和治疗疾病的新技术。应该在国家立法以及国际法规和准则中对这种进展尽可能加以考虑，同时要尊重自由和安全的人权。

声　明　篇

关于人类基因编辑：国际高峰会议声明①

美国国家科学院

原文标题：On Human Gene Editing：International Summit Statement

作者：National Academy of Science

发表时间：2015 年 12 月 3 日

链接地址：http：//www8.nationalacademies.org

译校者：周思成译，邱仁宗校

过去 50 年来分子生物学的科学进展为医学带来了显著进步。这些进展中有些也提出了重要的伦理和社会问题——例如，对于重组 DNA 技术或胚胎干细胞的使用。科学共同体已经一致认识到他们对于鉴定和应对这些问题的责任。在这些情况下，众多利益攸关者的努力已经促成了一些解决办法，使之在人类健康获得重大受益的同时合适地解决社会问题。

对细菌如何抵御病毒的基础研究最近已经导致强有力的新技术的开发，该技术使实现活细胞，包括人类活细胞的基因编辑——也就是说，精确地改变基因序列——成为可能，而且比以往任何技术都可能更为准确和有效。这些技术已经广泛用于生物医学研究。它们或许也能够使得广泛的医学临床应用成为可能。同时，人类基因组编辑的前景提出了许多重要的科学、伦理和社会问题。

在对这些问题进行了三天②的深思熟虑讨论后，人类基因编辑国际峰会组委会成员们得出了如下结论：

1. **基础和临床前研究**　显然需要和应该进行在①编辑人类细胞基因序列的技术；②建议临床使用的潜在受益和风险；以及③理解人类胚胎和生殖系细胞的生物学方面强化的基础和临床前研究，遵守恰当的法律和伦理规则和监管。如果在研究过程中对早期人类胚胎或生殖系细胞进行基因编辑，修饰后的细胞不应该被用于受孕。

2. **临床应用**　体细胞。许多发展潜力大且有价值的基因编辑临床应用都是针对只改变体细胞的基因序列——也就是说，这些细胞的基因组不会遗传给后代。已经有人建议的实

---

① 编者按：这是在第 1 届国际人类基因编辑高峰会议之后发表的声明。

② 2015 年 12 月 1～3 日在美国首都华盛顿美国国家科学院大楼召开了由中国科学院、英国皇家协会和美国国家科学院联合主办的基因编辑高峰会议。

例包括：编辑血细胞中的镰状细胞贫血症基因或改善免疫细胞抗癌的能力。有必要理解其风险（例如不准确的编辑）和每项基因修饰的潜在受益。由于所建议的体细胞临床应用意在影响接受基因修饰的个体，所以可以在现存和逐步演进的基因治疗规管架构中对它们进行适当而严格的评价，监管机构可以在批准临床试验和治疗时权衡风险和潜在受益。

3. **临床应用**　生殖系。原则上也可将基因编辑用于使配子或胚胎进行遗传改变，其所生孩子的所有细胞都将携带这种遗传改变，而且将遗传给后续的世代，成为人类基因库的一部分。人们已经建议的例子涵盖了从避免严重遗传疾病到"增强"人类能力。这类人类基因组修饰可包括引入自然发生的变异体或被认为是有益的全新基因改变。生殖系基因编辑提出了许多重要问题，包括：①不准确基因编辑的风险（如脱靶突变）及对早期胚胎细胞的不完全基因编辑（镶嵌体）；②在人类群体所遇境况千差万别的情况下，难以预测遗传改变的不良影响，包括与其他基因变异体及环境之间的相互作用；③有义务考虑对将要携带该遗传改变的个体及未来后代的含义；④事实是，遗传改变一旦被引入人群就很难去除，而且不会仅留存于单个社群或国家之内；⑤对人群中某一集合进行永久性基因"增强"可能加剧社会不平等或被强制使用；⑥对利用这一技术蓄意改变人类进化的道德和伦理学考量。

生殖系基因编辑的临床应用将是不负责任的，除非且直到：①基于对风险、潜在受益和替代选择的理解和权衡，相关的安全性和有效性问题已经得到解决；且②对于所建议的应用的适宜性有了广泛的社会共识。而且，任何临床应用应当唯有在得到合理监管的情况下进行。目前，任何所建议的临床使用都没有达到这些标准：安全问题尚未被充分探讨；最有说服力的有益案例尚有限；而且许多国家有立法或法规禁止生殖系基因修饰。然而，随着科学知识的进展及社会观点的演变，应当定期重新讨论生殖系编辑的临床使用。

4. **持续性论坛的需要**　虽然每个国家最终拥有管控其辖区内活动的权威，但所有国家都共享人类基因组。国际社会应当努力建立关于人类生殖系编辑可接受使用的规范，并且将其法规加以协调，以便在推进人类健康和福祉的同时，劝阻不可接受的活动。

因此我们呼吁联合主办峰会的国家科学院，包括美国国家科学院、美国国家医学院、英国皇家学会、中国科学院，带头创办一个持续性的国际论坛来讨论基因编辑的潜在临床应用；将有关信息告知国家决策者和其他机构，帮助他们做出决策；制订建议和准则；以及推进国家之间的协调。

这一论坛应该在国家之间具有包容性，吸引拥有范围广泛的视角和专业知识的人参加，包括生物医学科学家、社会科学家、伦理学家、医生、患者及其家属、残障人、决策者、监管机构、研究资助者、宗教领袖、公众利益倡导者、企业代表以及公众成员。

人类基因编辑国际峰会组织委员会

David Baltimore（主席）
名誉主席和生物学教授
加州理工学院
帕萨迪纳

Françoise Baylis
教授、加拿大生命伦理学和哲学研究主席
达尔豪斯大学
新斯科舍

Paul Berg
名誉教授
贝克曼分子和遗传医学中心名誉主任
斯坦福大学医学院
加利福尼亚州斯坦福

George Q. Daley
血液学/肿瘤学主席
干细胞移植项目主任
波士顿儿童医院和丹娜法伯癌症研究所
波士顿

Jennifer A. Doudna
霍华德·休斯医学研究所研究员
生物医学和健康科学主席
分子和细胞生物学教授、化学教授
加利福尼亚大学
伯克利

Eric S. Lander
创所理事
哈佛和麻省理工 Broad 研究所
马萨诸塞州坎布里奇

Robin Lovell-Badge
集团领导人和负责人
干细胞生物学和发育遗传学部
弗朗西斯·克里克研究所
伦敦

Pilar Ossorio
法学和生命伦理学教授
威斯康星大学；
交换伦理学学者
莫格里奇研究所
麦迪逊

裴端卿
干细胞生物学教授
广州生物医药与健康研究院院长
中国科学院
广州

Adrian Thrasher
儿科免疫学教授、威康信托基金首席研究员
伦敦大学学院儿童健康研究所
伦敦

Ernst-Ludwig Winnacker
基因中心分子生物学实验室名誉主任
德国慕尼黑大学名誉教授
慕尼黑

周琪
动物研究所副所长
中国科学院
北京

第二届人类基因组编辑国际峰会
组织委员会声明

组织委员会

原文标题：Statement by the Organizing Committee of the Second International Summit on Human Genome Editing

作者：Organizing Committee，The 2nd International Summit Meeting on Human Genome Editing

发表时间：2018 年 11 月 28 日

链接地址：http://www.nationalacademies.org/gene-editing/2nd_ summit/

译者：雷瑞鹏

2015 年 12 月，美国国家科学院、美国国家医学科学院、英国皇家学会和中国科学院在华盛顿举行了国际峰会，讨论与人类基因组编辑相关的科学、伦理和治理问题。在会议结束时，峰会组织委员会发表了一份声明，确定了可以在当前监管和治理范围内进行的研究和临床应用领域。委员会还指出，在当时进行"生殖系"编辑的任何临床使用都是不负责任的。此外，它还呼吁对这种迅速发展的技术的潜在受益、风险和监督继续进行国际讨论。

作为推进对人类基因组编辑深入的国际讨论的承诺的一部分，香港科学院、英国皇家学会和美国国家科学院和美国国家医学科学院在香港组织第二届国际人类基因组编辑峰会，评估正在发展中的科学前景，可能的临床应用，以及随之而来的社会对人类基因组编辑的反应。虽然我们，第二届峰会的组委会，对体细胞基因编辑进入临床试验的快速进展表示赞赏，但我们仍然认为，在这个时候进行生殖系编辑的任何临床使用仍然是不负责任的。

人类基因组编辑研究

基础和临床前研究正在迅速推进体细胞和生殖系基因组编辑的科学。更好地理解和设计基因组编辑技术，包括碱基编辑，在大大减少脱靶事件的同时，显著提高了效率和精度。正如预期的那样，体细胞基因组编辑现在正在病人身上进行检验。

改变胚胎或配子的 DNA 可以让携带致病基因突变的父母生出健康的、与之有遗传联系的孩子。然而，胚胎或配子的可遗传基因组编辑带来的风险仍然难以评价。人们仍然担心，只有早期胚胎的一些细胞可能会发生改变，而留下未经编辑的细胞使疾病继续存在。生殖系编辑不仅会对个体产生意想不到的有害影响，还会对个体的后代产生有害影响。对某一特定性状的改变可能会对其他性状产生意想不到的影响，这些性状可能因人而异，并受环境影响。

由于基因改变所产生影响的可变性，使人们难以对受益和风险进行全面彻底的评价。然而，如果这些风险得到解决，并且满足一些额外的标准，生殖系基因组编辑在未来可能成为可接受的。这些标准包括严格的独立监督、有令人信服的医疗需要、缺乏其他合理的治疗办法、长期随访计划以及对社会影响的关注。即便如此，不同国家和地区公众的接受程度可能会有所不同，从而导致不同的政策回应。

组委会的结论是，目前对临床实践的科学理解和技术要求还太不确定，风险太大，不允许进行生殖系编辑的临床试验。然而，过去三年的进展和本届峰会的讨论提示，现在是为此类试验确定一条严格、负责任的转化途径的时候了。编辑的临床试验。然而，过去三年的进展和本届峰会的讨论表明，现在是时候为此类试验确定一条严格、负责任的转译途径了。

建议的转化途径

转化到生殖系编辑的途径将要求坚持广泛接受的临床研究标准，包括过去三年发表的基因组编辑指南文件中阐明的标准。这一途径将要求建立临床前证据和基因修饰准确性的标准，评估临床试验从业人员的能力，强制执行专业行为标准，以及与患者和患者维权团体建立牢固的伙伴关系。

生殖系编辑临床应用有关报道

在这次峰会上，我们听到了一个意想不到和令人深感不安的说法，说人类胚胎已被编辑和植入，导致怀孕和双胞胎的出生。我们建议进行独立评估，以核实该说法，并确定所说的 DNA 修饰是否已经发生。即使这些修饰得到核实，这一编辑程序也是不负责任的，不符合国际规范。其缺陷包括医学适应证不足、研究方案设计不佳、未能满足保护受试者福利的伦理标准、临床程序的制订、审查和实施缺乏透明度。

持续进行的国际论坛

组委会呼吁建立一个储蓄进行的国际论坛，以促进广泛的公众对话，制订战略以增加公平可及，满足未能享有服务人群的需要，加快监管科学的发展，为有关治理选项的信息提供交流中心，促进制订共同的监管标准，通过有计划的和持续进行的实验的国际注册，加强研究和临床应用的协调。

除了建立一个国际论坛以外，组委会呼吁全世界各国的国家科学院以及科学和医学的学会继续举行国际峰会，以审查基因组编辑的临床使用，收集不同的观点，告知决策者的决定，提出建议和准则，以及国家和地区之间的协调。

组织委员会：

David Baltimore[1,2]（委员会主席）
美国加州理工学院荣誉院长和生物学教授

Alta Charo[2]
美国威斯康星大学法律和生命伦理学教授

George Q. Daley[2]
美国哈佛医学院院长和医学教授

Jennifer A. Doudna[1,2]
美国哈华德·休斯医学研究院研究员，加州大学柏克莱分校分子和细胞学系和化学系教授

Kazuto Kato
日本大阪大学医学研究生院生物医学伦理学和公共政策教授

Jin-Soo Kim
韩国国立首尔大学基础科学研究所基因组工程研究中心主任

Robin Lovell-Badge[3]
英国弗朗西斯·克里克研究所高级组领导人

Jennifer Merchant
法国巴黎第二大学（Panthéon-Assas）法律和政治研究所教授

Indira Nath
印度全印度医学科学研究所生物技术系访问教授，国立病理学研究所荣誉教授

裴端卿
中国科学院广州生物医学和卫生研究所教授和总主任

Matthew Porteus
美国斯坦福大学干细胞移植和再生医学部儿科副教授

John Skehel[3]

英国弗朗西斯·克里克研究所荣誉科学家

Patrick Tam[3]

澳大利亚儿科医学研究所胚胎学研究单位副主任，澳大利亚国立卫生和医学研究理事会高级主要研究员，悉尼大学医学和卫生系，医学研究学院教授

翟晓梅

中国中国医学科学院和北京协和医学院生命伦理学研究中心教授和执行主任

---

[1] 美国国家科学院院士

[2] 美国国家医学科学院院士

[3] 英国皇家学会院士

中国科学院发布关于"基因编辑婴儿"声明：坚决反对

中国科学院学部科学道德建设委员会

2018 年 11 月 27 日

近日，国内外媒体爆出免疫艾滋病基因编辑婴儿诞生的消息，对此中国科学院学部高度重视。作为负责组织和领导学部科学道德和学风建设工作的专门委员会，中国科学院学部科学道德建设委员会发表如下声明：我们高度关注此事，坚决反对任何个人、任何单位在理论不确定、技术不完善、风险不可控、伦理法规明确禁止的情况下开展人类胚胎基因编辑的临床应用。我们愿意积极配合国家及有关部门和地区开展联合调查，核实有关情况，并呼吁相关调查机构及时向社会公布调查进展和结果。

122 位科学家联署声明

中国科技大学华国强等

2018 年 11 月 26 日

鉴于近日国内外媒体报道中国"科学家"从事人胚胎基因编辑并已有两名婴儿出生的新闻。作为中国普通学者，出于对人类的基本理性和科学原理的尊重，以及对此事件影响中国科学发展的忧虑，我们声明如下：

这项所谓研究的生物医学伦理审查形同虚设。直接进行人体实验，只能用"疯狂"来形容。CRISPR 基因编辑技术准确性及其带来的脱靶效应科学界内部争议很大，在得到大家严格进一步检验之前直接进行人胚胎改造并试图产生婴儿的任何尝试都存在巨大风险。而科学上此项技术早就可以做，没有任何创新及科学价值，但是全球的生物医学科学家们不去做、不敢做，就是因为脱靶的不确定性、其他巨大风险以及更重要的伦理及其长远而深刻的社会影响。这些在科学上存在高度不确定性的对人类遗传物质不可逆转的改造，就不可避免地会混入人类的基因池，将会带来什么样的影响，在实施之前要经过科学界和社会各界大众从各个相关角度进行全面而深刻的讨论。确实不排除可能性此次生出来的孩子一段时间内基本健康，但是程序不正义和将来继续执行带来的对人类群体的潜在风险和危害是不可估量的。

与此同时这对于中国科学，尤其是生物医学研究领域在全球的声誉和发展都是巨大的打击，对中国绝大多数勤勤恳恳科研创新又坚守科学家道德底线的学者们是极为不公平的。

我们呼吁相关监管部门及研究相关单位一定要迅速立法严格监管，并对此事件做出全面调查及处理，并及时对公众公布后续信息。潘多拉魔盒已经打开，我们可能还有一线机会在不可挽回前，关上它。

对于在现阶段不经严格伦理和安全性审查，贸然尝试做可遗传的人体胚胎基因编辑的任何尝试，我们作为生物医学科研工作者，坚决反对！！！强烈谴责！！！

140 名艾滋病领域专家署联名信：
坚决反对基因编辑婴儿

针对"免疫艾滋病基因编辑婴儿"艾滋病研究专业人士的公开信

2018 年 11 月 27 日

昨天"首例免疫艾滋病基因编辑婴儿"诞生的消息引爆了国内外科学界和社会各界的广泛关注和讨论，其中科学伦理是最突出的担忧和热点。作为我国和海外华裔从事艾滋病研究和防治的专业人士，我们坚决反对这种无视科学和伦理道德底线的行为，反对在安全性和有效性未得到证实的基础上，开展针对人类健康受精卵和胚胎基因修饰和编辑研究，强烈呼吁相关政策和监管部门，严格禁止相关人体实验的进一步实施，充分保护受试婴儿和家庭的个人隐私和合法权益，尽快制订和优化针对基因编辑技术在人体和生物体内应用的准则和管理办法，以确保人类物种的完整性和安全性，确保人类与大自然的和谐共同进步，确保我国和世界科学理性长期稳定健康发展。我们特此声明如下：

1. 从科学伦理层面讲，我们坚决反对在安全性和有效性未得到证实的基础上，开展任何形式针对人类健康受精卵和胚胎的基因修饰和编辑研究。出于治疗目的生殖细胞的基因编辑，着眼于解决患者严重遗传疾病的创新性治疗时，应该进行严格的科学和伦理学评估，治疗方法要与疾病的严重程度加以权衡，确保受益风险比合理。我国和国际相关监管机构需要对基因编辑技术的人体使用，界定明确的内涵和外延，对违反准则和规定的个人和单位，进行处罚，并追究其法律责任。

2. 从法律层面上讲，针对人类受精卵和胚胎的基因修饰和编辑，在欧洲和美国有严格的监管条例和规范及严格的审查和评估程序，至今没有任何有关针对人类受精卵和胚胎基因编译研究的报道。我国相关机构在 2003 年出台过管理办法。随着生命科学技术的日新月异和实际操作便捷性的不断提升，政府政策和监管部门需要与时俱进，尽快出台有效的监管措施。研究者和所在单位，需要加强法律、科学和伦理意识，严格把握科学研究与伦理法规的基本底线，确保创新技术的安全性和有效性，为人类社会的健康发展做贡献。

3. 从技术层面讲，当今的基因编辑技术仍然在不断改进和完善过程中，在靶向性和特异性方面存在着诸多不确定因素和脱靶效应，不具备完全开展针对人类受精卵和胚胎的基因编辑研究的条件。

4. CCR5 在人体免疫细胞行使功能过程中起着关键作用。对人体健康胚胎实施 CCR5 基因编辑是不科学的和不理性的，会直接导致不可逆转的突变和后代遗传的严重后果，长期安全性和负面后果无法预测。至今为止，在我国人体内的 CCR5 基因是完整的，没有发现在欧洲人种中的天然缺失突变。

5. 艾滋病病毒高度变异，感染细胞所需要的辅助受体也存在多样性，CCR5 只是艾滋病毒感染细胞的辅助受体之一，还有其他的受体可以辅助感染。因此，CCR5 基因敲除，无法完全阻断艾滋病病毒感染。

6. 在防止新生儿被艾滋病毒感染方面，有多种有效的医学干预手段，其中高效抗病毒药物、安全助产和科学喂养等策略的综合实施，可以有效降低母婴传播概率到 1% 以下。此外，艾滋病病毒感染的父亲与怀孕期间健康的母亲可以完全做到生育健康下一代，根本无需进行 CCR5 基因编辑。

总之，中国科学家肩负着推动科技进步和社会发展的庄严使命。作为探索未知和创新进取的先锋，我们必须以科学的精神、科学的理念、科学的方法和科学的判断，与国外同行一起推动基因编辑技术的不断完善，为我国科技进步发展，为我国科学界的国际声誉和影响，为提高广大人民大众的生活水平和生活质量保驾护航。

联署者有包括张林琦，清华大学艾滋病综合研究中心主任，教授；钟平，上海市预防医学研究院研究员；翟晓梅，中国医学科学院生命伦理学研究中心执行主任、教授；邵一鸣，中国疾病预防控制中心研究员等 140 位从事艾滋病防治的专业人士。

中国工程院关于基因编辑婴儿出生事件的声明

中国工程院医药卫生学部
中国工程院科学道德建设委员会

2018 年 11 月 28 日

在今日于香港召开的第二届国际人类基因组编辑峰会上，此前媒体广泛报道的基因编辑婴儿出生一事的涉事研究者作了该项"研究"的技术报告。

如情况属实，中国工程院医药卫生学部和科学道德建设委员会发表如下声明：

在学术与技术上，该项"研究"没有先进性，并且对技术的应用严重失当。

在伦理与道德上，在严重缺乏科学评估验证，安全性存在不可预知风险的情况下，贸然开展以生殖为目的的人类生殖细胞基因编辑临床操作，严重违背了基本伦理规范和科学道德。

在法律与法规上，该项"研究"违反了国家相关部门出台的关于基因相关研究的系列政策、法规和管理办法，实施了明令禁止的技术操作。

我们深切关怀报告中所称已出生的两名婴儿。呼吁社会各界对她们的隐私给予最严格的保护，研究制订细致的医学与伦理照护方案，防范这种基因编辑可能产生的健康损害，以社会所能提供的最充分的关怀方式，使她们能够在心理上和生理上健康快乐成长。

我们呼吁，科技工作者必须加强科学道德自律，强化自我管束，在探索和创新活动中必须遵守相应的伦理道德准则和法律法规。针对科学技术发展中出现的新情况、新挑战，科技界要深入思考，认真研究，未雨绸缪，加强教育，完善相关行业规范和伦理指南，以保证科技界从事负责任的研究。有关部门要动态完善相关法规，严格审查监管程序，适时推进有关立法工作，严密防范科研伦理不端行为发生。

中国工程院将密切关注对这一事件的调查进展和结果，并愿意提供必要的学术与专业技术支持。

关于基因编辑婴儿出生事件的声明

中国医学科学院

2018 年 11 月 28 日

日前媒体广泛报道的由中国研究者完成的世界首例"免疫艾滋病"基因编辑双生婴儿出生事件，刚刚由研究者在第二届国际人类基因组编辑峰会上作了技术报告。如情况属实，中国医学科学院认为，有必要强调有关科学和伦理问题，端正立场。兹发表以下声明：

我们反对在缺乏科学评估的前提下，违反法律法规和伦理规范，开展以生殖为目的的人类胚胎基因编辑临床操作。在发展迅速的基因编辑技术研究和应用中，学术共同体更应强调遵循技术和伦理规范，开展负责任的医学研究与应用，维护国家科学形象，维护人类生命的基本尊严，维护学术共同体的集体荣誉。

当前，生殖细胞或早期胚胎基因编辑尚处于基础研究阶段，其安全性和有效性尚有待全面评估，因而科研机构和科研人员不应开展以生殖为目的的人体生殖细胞基因编辑的临床操作，也不应资助此类研究。

针对人体生殖细胞基因编辑的临床前研究，必须在严格遵循技术标准和伦理规范的前提下慎重开展，并应通过人组织的体外研究和包括灵长类在内的非人动物的胚胎基因编辑研究获得该技术安全有效的充分证据。

根据科技部和原卫生部 2003 年联合下发的《人胚干细胞研究伦理指导原则》、2003 年原卫生部颁布的《人类辅助生殖技术和人类精子库伦理原则》、2016 年原国家卫生计生委颁布的《涉及人的生物医学研究伦理审查办法》和 2017 年科技部颁布的《生物技术研究开发安全管理办法》，中国禁止以生殖为目的对人类配子、合子和胚胎进行基因操作。

中国医学科学院作为中国医学研究的国家机构，针对目前基因编辑的技术进展和医学伦理面临的新情况、新挑战，将抓紧研究制订可资指导有关研究和操作的技术规范与伦理指南，以期严密防范伦理不端行为发生，为该领域研究的健康发展提供专业指导意见。

我们呼吁，各研究和医疗机构应当加强伦理委员会的建设以及伦理审查和科学研究的过程监管；不断强化对科研和医务人员的科研伦理知识和伦理分析论证方面的教育培训，提高从业人员的伦理素养。通过以上综合措施，确保科研工作者开展负责任的研究。

医学工作者是人类健康的坚强守护者，必须奉守科学精神，恪守科学原则，遵守法律法规，严守学术道德，真切把握好科技创新与伦理规范之间的关系，保证医学科技能够真正地为人类健康谋取福祉。

关于可遗传基因组编辑的声明

中国科学技术协会中国自然辩证法研究会生命伦理学专业委员会

2019 年 4 月 14 日

近来，违反我国规定、违反国际共识的基因组编辑婴儿诞生这一事件，引起广泛的关注，受到国际和国内学术界和监管部门的谴责，相关的组织和机构也先后发表声明。中国自然辩证法研究会生命伦理学专业委员会（简称"本专委会"）秉持既要积极支持科学技术的发展又要保护个人和人类的基本价值，特发表如下声明：

一、根据基因组编辑技术的进展，以治疗为目的的体细胞基因组编辑实践日益证明其安全性和有效性，在以治疗为目的的体细胞基因组编辑临床实践中已积累一些经验，科学家共同体和公众对用胚胎基因组编辑研究已采取较为宽松的态度，本专委会同意第二届国际人类基因组编辑峰会组织委员会发表的最终声明"改变胚胎或配子的 DNA 可使带有引起疾病突变的父母拥有健康的孩子"，可遗传的基因组编辑将会使亿万遗传病病人受益，将有利于他们家庭以及社会，也有利于未来的人及其后代，包括尚未有身份标识的未来世代。因此，在一定条件下允许进行可遗传的基因组编辑在伦理学上是可以得到辩护的。

二、然而，目前尚不具备将可遗传基因组编辑或生殖系（包括卵、精子、受精卵和胚胎）基因组修饰应用于临床的条件。对配子或胚胎进行基因组编辑，存在着许多复杂的、不确定的和未知的风险因素，这将使未来的人、未来世代以及整个人类基因池遭受种种的风险，包括那些可能导致严重的、高概率的、不可逆的伤害的风险。在这种情况下，我们无法确保这种基因组编辑对未来个体和整个人类有利的风险-受益比。如果我们无法确保有利的风险-受益比，我们就无法维护未来的人及其后代的利益，包括良好的健康和较高的生命质量。对生殖系基因组进行编辑所造成的伤害不仅直接影响经过基因组编辑而出生的孩子，而且会影响他们的后代以及未来世代。因此，在目前技术条件下贸然将可遗传基因组编辑引入临床试验或临床应用在伦理学上是得不到辩护的，在法律上也应该是禁止的。

三、我们同意第二届国际人类基因组编辑高峰会议组织委员会在其最终声明中所表明的立场，在可遗传基因编辑的工作上，目前应该做的首先是加强生殖系基因组编辑的基础研究和临床前研究，增加基因组编辑技术的有效性和准确性，降低脱靶率及其对正常基因的可能干扰。我们认为，在临床前研究中动物研究十分重要，在动物研究阶段科学家应加强其透明性，及时发表动物研究结果，以便其他科学家和医生重复检验。动物研究要坚持3R 原则。在生殖系基因组编辑的基础研究和临床前研究阶段，科学家应与伦理学家、法律专家以及人文社科工作者和公众充分沟通，积极听取他们的意见。

四、我们赞同第一届国际人类基因组编辑高峰会议所形成的下列共识：可遗传的基因组编辑进入临床试验，必须确保已具备下列条件：

对健康和社会的受益和风险要连续不断地进行重新评估；

可遗传基因组编辑所要预防后代的疾病不存在其他合理的治疗办法；

仅限于预防严重的疾病；

仅限于编辑业已令人信服地证明引起疾病或对疾病有强烈易感性的基因；

仅限于将这些基因转变为在人群中正常存在的版本，且无证据表明存在不良反应；

在可遗传基因组编辑操作程序有关风险与潜在健康受益方面已获得可信赖的临床前和临床数据；

在临床试验期间要不断而严格地监管该程序对受试者的健康和安全的效行；

要有长期、多代的随访的全面计划，同时尊重个人自主性；

要保持最大程度的透明，同时要保护病人的隐私；

公众要广泛而连续不断地参与；以及

要有可靠的监管机制，以防止扩展到预防疾病以外的使用。

如果一个社会缺乏上述条件，他们的科学家和医生就没有资格从事可遗传的基因组编辑。

五、为开展可遗传基因组编辑的基础研究和临床前研究以及为未来可能的临床试验和应用做好先行准备，我们建议尽快研究制订可遗传基因组编辑的伦理框架。该伦理框架由以下部分组成：

基因组编辑用于人类生殖的前提。基因组编辑用于人类生殖必须先进行临床试验，临床试验方案在机构伦理审查委员会审查批准后，需经更高级别的伦理审查委员会审查批准，以确保临床试验在科学上和伦理学上的有效性和高标准。在临床试验证明安全和有效后，经过主管部门组织专家委员会鉴定批准后，方可正式用于临床应用。在临床试验前，必先进行临床前研究，尤其是动物研究，证明是安全而有效的；其数据必须公开发表，让其他科学家重复检验。必须进行基础研究，改进基因编辑技术，消除或减少其缺点（例如脱靶、引起突变、对其他基因的干扰等）。所有这些努力是为了确保在进行临床试验时风险-受益比对未来要出生的孩子及其后代是有利的。

维护未来父母的利益。用基因编辑修饰生殖系基因组的目的是，生出一个没有患其父母所患遗传病的孩子，我们要努力维护这对未来父母的利益，包括：在修饰前提供咨询，告知他们充分的、全面的、相关信息，尤其是风险-受益信息；帮助他们理解这些信息；给他们充分的时间考虑，在不受强制或不正当利诱条件下做出同意修饰其生殖系基因组的决定；知情同意书中任何预先约定的免责条款都是无效的；无论修饰后结果如何，也要对未来的父母提供咨询；将无行为能力者排除在受试者之外。

维护未来的人的利益。可遗传基因组编辑的目的是生出一个不患她/他父母患的遗传病的孩子。我们的医生/科学家应该将接受基因组编辑操作的配子或胚胎仅仅用于这样的目的：确保一个可能出生的人的利益，我们对未来父母的配子或胚胎进行基因编辑，其唯一的目的是生出一个没有遗传病的孩子，我们既不是为了获利也不是为了优生学（eugenics，即目的是让所谓"优生"的个人或种族得以繁衍，限制所谓"劣生"的个人或种族生殖）。为此，我们唯有已经获得充分的证据证明，基因组编辑的结果将有很大的概率是生出的孩子预防其亲代的遗传病，且不会有超过最低程度伤害时才可进行临床试验，防止出现像"干细胞乱象"那样的"基因编辑乱象"。

维护其他人和整个社会的利益。可遗传的基因组编辑干预可能同时影响到社会中的其他人。一旦基因组编辑技术推广应用，社会上可能会分成两部分人：一部分患有遗传病的人经过体细胞基因组编辑将疾病治愈，而且经过生殖系基因组编辑他们的孩子也预防患他们的遗传病；而另一部分患同样遗传病的人他们的基因组没有得到编辑，仍然受遗传病折磨，而他们的孩子也因其生殖系基因组未经编辑而仍然罹患他们的遗传病。我们必须努力确保未经编辑的遗传病患者及其子女不会受到歧视，不会因这种技术的使用而被边缘化或处于更为不利的地位，从而产生或加剧社会的分裂或鸿沟。近年来，国内出版的某些医学伦理学教材中将遗传病患者或残障人士称为"劣生""没有生育价值"、必须接受强制绝育等等错误论点必须加以严厉批判。

维护未来世代的利益。可遗传的基因组编辑干预引起的性状或对疾病易感性的改变，不仅影响接受基因组编辑出生的孩子，而且影响到他们的后代，甚至有可能一直遗传下去，影响到尚未有身份标识的未来世代，同时影响整个人类的基因池。这涉及我们对未来世代的义务的代际公正问题。我们作为现在世代的人通过可遗传基因组编辑干预措施，危害未来世代人的健康，我们就对由此产生的代际不公正负有不可推卸的责任。

六、我们在建立伦理框架的同时，还应为可遗传基因组编辑未来的临床试验做好治理安排，包括：专业方面的治理、机构方面的治理、监管方面的治理和法律方面的治理。我们建议相关的医学学术机构和医学专业团体（如中国医学科学院、中国医院协会、中华医学会、中华医师协会、中国遗传学会、中国医学遗传学会）携起手来，共同研究制订研究人员行动规范；加强机构伦理委员会对基因组编辑，尤其是要加强生殖系基因组修饰临床试验方案的审查能力；建议相关的行政部门（例如国家卫健委、科技部等部委）制订专门针对可遗传基因组编辑的伦理准则和管理办法，对开展生殖系基因组修饰的机构和人员设置资质要求，建立相应的准入制度，对可遗传基因组编辑临床试验方案建立两级审查制度，即机构伦理审查委员会审查后，由国家卫生健康委员会另外组织专家对实施可遗传基因编辑试验方案再进行伦理审查，加强对实施可遗传基因组编辑机构的伦理审查委员会的检查评估；建议我国立法机构尽快研究制订相关法律法规，让法律介入可遗传基因编辑技术的管理，设立专门委员会对我国现有的限制可遗传基因组编辑的法律法规进行审理，并就可遗传基因编辑技术对人类基因池的影响与他国进行沟通，支持联合国召开相关会议讨论人类共同面临的这类问题。

七、本专委会对广泛报道的有关基因组编辑婴儿事件的看法如下：

该事件中科研人员选择的这种干预是在伦理学上不能得到辩护和接受的。他从事的不是为了预防目的的生殖系基因组编辑，而且是目的为了增强的生殖系基因组编辑，二者的根本不同是，前者基因组带有致病基因，而后者是健康的基因组。目的为了增强的生殖系基因组编辑其引致风险的未知性、不确定性和复杂性更为严重，迄今我们无法确保干预的风险-受益比有利于未来的人，因此无法维护他们的而利益。

明显违反部门行政规范。2003年卫生部颁布的《人类辅助生殖技术规范》和2003年科技部和卫生部联合颁布的《人胚胎干细胞研究伦理指导原则》有明确规定例如"禁止对配子、合子、胚胎实施基因操作"；"利用体外受精、体细胞核移植技术、单性复制技术或遗传修饰获得的囊胚，其体外培养期限自受精或核移植开始不得超过14天"；"不得将前款中获得的已用于研究的人囊胚植入人或任何其他动物的生殖系统"等条款。

科学上不严谨。即使像他所说艾滋病病毒进入细胞靠的是CCR5基因，可是两个孩子中有一个CCR5并没有完全敲除，那么她仍有可能干扰艾滋病病毒；据称他取了孩子的脐带血检查编辑有没有引起其他基因异常，可以他只查看了基因组的80%，如果他没有检查的20%内基因有编辑引起的突变，那对孩子们的健康危害将是很大的。许多科学家指出，CCR5不仅可能在细胞表面产生蛋白引导艾滋病病毒进入细胞内感染DNA，它还有积极的免疫功能。将这两个孩子的这个基因被敲掉，就有可能使她们比其他孩子更容易感染其他传染病（例如流感）。科学上的疏漏说明他对孩子健康的不负责任。

没有医学适应证和科学上的无效性。预防艾滋病有许多简便、实用和有效办法，用基因组编辑不具医学适应证。有些艾滋病病毒毒株依赖CXCR4并不依赖CCR5产生的蛋白进入细胞内，有些天生缺乏CCR5的人一样感染艾滋病。这说明其工作是无效的。

知情同意是无效的。知情同意书提供的信息必须是全面的。他没有告知孩子的父母预防感染艾滋病病毒有许多简便而有效的方法，CCR5基因还有免疫功能，艾滋病病毒进入细胞核内也可以借助其他蛋白；知情同意书内含有若干免责条款，而任何预先约定的免责的条款都是无效的。给每对夫妇受试者28万元，这是"不正当引诱"。自由同意要求的同意是不受强迫和不正当引诱。没有提供全面信息的同意以及在不正当引诱下的同意是无效的。

伦理审查是无效的，还可能是伪造的。按照国家卫生健康委员会规定，研究方案必须由研究负责人所在单位的机构伦理委员会审查批准。他的研究方案必须有南方科技大学的机构伦理委员会批准，但该大学的机构伦理委员会并没有审查批准他的研究方案，却是与南方科技大学无关的深圳美和妇幼科医院的伦理委员会审查批准他的方案。因此，这种审查批准是无效的。现该院院长否认他们批准了他的方案，声称所有签字都是伪造的，如查实，那么他的那份审查批准书是伪造的。

八、本专委会建议我会理事积极投入对可遗传基因组编辑的伦理框架和治理安排的研究，向相关科研单位和科学家提供伦理咨询，参与可能的相关临床前研究，尤其是动物研究和未来可能的临床试验方案的伦理审查以及其他监管工作。

附　录　篇

全国首次生育限制和控制伦理及法律问题学术研讨会纪要①

一、全国首次生育限制和控制伦理及法律问题学术研讨会 1991 年 11 月 11～14 日在北京举行。来自 20 个省市的代表 60 人参加了会议，其中包括医学、遗传学、卫生管理、社会学、人口学、伦理学、法学等专家此次会议着重讨论有关智力严重低下者生育控制的问题。会议由卫生部科技司秦新华副司长致开幕词。代表们从医学、遗传学、社会学、伦理学、学等角度讨论了与对智力严重低下者绝育的有关问题。某些代表介绍他们在对智力严重低下者绝育的工作经验，会议还对某些案例进行了分析讨论。最后由卫生部科技司肖梓仁司长致闭幕词。会议学术气氛浓厚，讨论十分热烈，来自不同学科的代表互相学习，互相切磋，感到收获很大，对一些重要问题取得了共识。

二、根据全国协作组的调查，0～14 岁儿童智力低下总患病率为 1.2%，其中城市 0.7%，农村 1.41%，男性高于女性；患病率随年龄增长而增高。智力低下程度：轻度占 60.6%，中、重、极重度占 39.4%。1990 年估计全国 11 亿人口中智力低下者约为 1150 万。在一些边远山区或某些相对封闭的群体中，发病率高达 10% 以上。根据湖南代表调查，有些村子智力低下发病率达 27.04%。不少省、自治区都发现有"傻子村"，找不出智能水平可担任村干部和会计的人选，完全仰仗国家补助，对地区的发展和人民的生活带来极大的影响。

三、根据全国协作组的调查，在智力低下的病因中，生物学因素占 89.6%，社会心理文化因素占 10.4%。按病因作用时间分，出生前病因占 43.7%，产时病因占 14.1%，出生后病因（其中包括社会心理文化因素）占 42.2%。在出生前病因中遗传性疾病占 40.5%，其他依次为胎儿宫内发育迟缓、早产、多发畸形、宫内窒息、妊娠毒血症、各种中毒、宫内感染等。在产时各因素中窒息占 71.6%，依次为颅内出血、产伤等。在出生后备因素中惊厥后脑损伤占 20.1%，其他依次为脑病、脑膜炎、脑炎、颅脑外伤等；社会文化落后也占 21.6%。在遗传性疾病的病因中，染色体病占 37.0%，先天代谢病占 19.3%，遗传综合征占 6.7%，其他遗传病占 32.0%。甘肃、湖南等地智力低下与近亲婚配、克汀病流行有密切联系。在有些智力低下高发地区，近亲婚配率为 3.85%，克汀病又是环境因素和遗传基础共同作用的结果。根据以上原因的研究分析，减少和预防智力低下必须采取包括建立三

---

① 编者按：本文是在甘肃省人民代表大会常委会发布《禁止痴呆傻人生育的规定》后，邱仁宗和顾湲两人受卫生部科教司负责人委派去甘肃进行实地调查后举行的全国首次生育限制和控制伦理及法律问题学术研讨会》上与会者一致同意的意见。原文发表于《中国卫生法》杂志 1993（5）：44-46。

级预防系统以及社区改造发展规划在内的综合措施。在综合性防治措施中，加强婚前教育和婚前检查、加强围产期保健，防止脑损伤、缺氧、中枢神经系统感染和中毒，加强预防接种、妇幼营养以及加强婴幼儿教育，开发弱智儿潜在智能，都是十分重要的。通过产前诊断、遗传咨询或筛查，采用生育控制技术，防止体残或智残儿出生，也是重要的环节。在近亲婚配或克汀病流行地区，则应大力防止近亲婚配和预防克汀病（先天性缺碘，即孕妇摄入胎儿脑发育必须的碘不足引起的身体和智力的异常。——编者注）。在不少智力低下高发地区，通过这些综合措施，新生儿智力低下者现已较前大为减少。

四、会议着重讨论了在智力严重低下发病率比较高，智力严重低下人数比较多的地区，对那些具有生育能力的智力严重低下者实行生育控制的有关问题。会议分别从遗传学、伦理学和法学的角度进行了探讨。

五、会议首先从医学、遗传学角度对智力严重低下者的绝育问题进行了讨论。根据调查，导致智力低下的出生前因素占 43.7%，其中遗传因素占 40.5%。也就是说，遗传因素在总计中占 17.7%。这是一个医学遗传学的事实。这个事实说明了，占 82.3% 的病因是出生前、出生时、出生后的非遗传的先天因素和环境因素，其中包括生物医学环境和社会心理文化环境。如果估计全国智力低下人口以下 1150 万计，遗传因素致病的则为 200 万左右，具有生育能力的是其中的一部分。如果对他们都进行绝育，一代人中也许可减少数十万可能出生的智力低下人口（设每人生一胎）。所以，会议认为，根据上述估计，对遗传病所致智力绝育可以起到减少一小部分智力低下人口的作用，但要有效地减少智力低下的发生，更大的力量应放在加强孕前、围产期保健、妇幼保健以及社区发展规划上。如果某些地区智力低下发病率高、智力严重低下人数多，遗传因素致病的比例大，通过绝育来减少智力低下人数的作用也就会更明显。如果对某一地区智力低下的发病率、患病率及其原因构成不清楚，则实行绝育的效果也就不能确定。

六、会议指出，当智力严重低下者的绝育工作落实到地区时，存在着一个绝育对象的选择、鉴定和标准问题。如果目的是为了减少智力低下人口，就要选择遗传致病的智力低下者进行绝育。这就需要一定的医学遗传学力量来进行遗传学检查，对智力低下者的病因作出鉴定。有些地方采用 IQ 低于 49 作为选择绝育对象的标准。但 IQ 不能作为评价智力低下的唯一标准，也不能确定 IQ 低于 49 的智力低下是遗传因素致病。有些地方，根据"三代都是傻子"来确定绝育对象，但"三代都是傻子"并不一定都是遗传学病因所致。还有些地方没有把非遗传的先天因素和遗传因素区分开。会议认为，不管是确定遗传病因的比例，还是鉴定特定智力低下者的病因，都必须大力开展群体的遗传学调查和个体的遗传咨询工作，为此需要进一步发展医学遗传学。对遗传病因智力低下者的生育控制要根据医学遗传学原则进行。要建立权威性的鉴定机构和鉴定程序。严格控制第二胎遗传所致智力低下儿，可用领养或生殖技术解决后代问题；控制计划外生育，在群众中进行优生教育等也很重要。

七、会议接着讨论了对智力严重低下者进行绝育的伦理学问题。会议认为，对智力严重低下者的生育控制应符合有利、尊重、公正和互助团结的伦理学原则。对智力严重低下者绝育，可符合他们的最佳利益。例如有生育能力而不能照料自己和孩子的智力严重低下者可能会因被强奸或乱伦而生育，生育时可能死亡，生育后因不会照料而使孩子挨饿、受伤、患病、智力呆滞，甚至不正常死亡。有些智力低下者因有生育能力而被当做生育工具出卖或转卖。在这种情况下，生育对其本人及其后代造成很大的伤害，绝育就符合他们的最佳利益。当然，对他们实行绝育也可以减少或缓和他们家庭的精神和经济上的压力。同时，对他们生育的限制和控制也可有利于资源的公正分配和社会的互助团结。

八、会议也讨论了对智力严重低下者实行绝育是否尊重他们应享有的权利问题。首先关于生殖权利。会议认为对智力低下者必须实行人道主义原则，智力低下者应该享有与一般人同等的权利，家庭、社会不应歧视他们，要保护并不去侵犯他们应有的权益。会议呼吁全社会认同所有的有残疾或智力低下同胞，努力向他们提供社会支持保障他们的生活。然而，一般而言，权利的享有并不是绝对的、无限制的。生育与婚姻不同，因为生育生出孩子，会给他人带来为维持他们的生存和发展而承受的义务。因此，无限制的生殖会损害他人。另外，生殖权利的行使同时带来养育后代的义务。当社会由于经济和文化相对落后而不能为智力严重低下者及其可能生出的后代提供充分支持时，养育这些孩子的责任势必主要要落在智力严重低下者家庭的肩上。而智力严重低下者无行为能力，不能履行养育后代的义务，会造成对其子女的伤害。在这个意义上限制他们的生殖权利是正确的。由于智力严重低下者没有行为能力，他们本身对因此引起的种种不幸后果没有责任，所以限制他们的生殖权利不是对他们的惩罚，而是减少他们及其亲属不幸的避孕措施。

九、关于对智力严重低下者实行绝育中的自主权或自我决定权问题，会议认为智力严重低下者无行为能力，他或她不能对什么更符合于自己的最佳利益作出合乎理性的判断，因此只能诉诸他们的、且和他们没有利害或感情冲突的监护人或代理人（一般就是家属）作出决定。如果这样的监护人或代理人认为绝育符合他们的最佳利益，对他们进行绝育在伦理学上是可以接受的，应对他们进行绝育。有些家属反对绝育的理由是不能将其智力低下女儿出卖而减少家庭收入，这种理由是不道德的，也是非法的。但有些家属担心绝育后因不能结婚而使智力低下者今后生活不能保障，这种担心是合理的，但可以通过特定的社会保险计划来解决。即使是非遗传病引致的智力严重低下者，如果家属认为生育会给他们带来伤害和不幸，而要求对他们绝育，也是允许的。为了减少智力严重低下者及其家属的不幸而进行绝育，决不能成为歧视他们的理由，所有认为智残是"前世作孽"或"祖上缺德"的错误观念必须清除。

十、会议讨论了对智力严重低下者绝育的法律问题。会议认为，我国有必要就智力严重低下者生育的限制和控制制定法律，并且在我国宪法、婚姻法以及其他法规中有法律依据。关于制定何种法律，会议认为，如果制定强制性绝育法律，就会与我国宪法、法律规定的若干公民权利，如人身不受侵犯权和无行为能力者的监护权等不一致。而制定指导与自，愿（通过代理人）相结合的绝育法律，就不会发生这种不一致。

十一、会议认为，由于智力低下者有多种病因，必须采取综合性措施，单独制定限制和控制智力严重低下者生育的法律，会造成对这种措施的效果期望过高的后果。所以建议将它'列为反映综合性措施的法律（如"母婴保健法"）中的一项为宜。同样，会议认为，一般也以先由国家制定和颁布反映综合性措施的法律，然后各地再制定有关实施办法或地方性专门法规为宜。但如果有些地区感到工作紧迫，也可先行制定暂行法规。

十二、会议建议，对智力严重低下者实行生育限制和控制的立法，应当充分考虑到我国宪法和法律中规定的公民的权利，考虑到我国基本的法律制度；应当考虑立法的科学性和有效性，考虑到所制定的法律是否有科学依据，是否能够真正解决所要解决的问题；立法要符合医学伦理学原则，符合我国对国际人权宣言和公约所做的承诺；立法的出发点首先应当是为了保护智力严重低下者的利益，同时也为了他们家庭的利益和社会的利益；立法应当以倡导性为主，在涉及公民＿人身、自由等权利时不应作强制性规定，应取得监护人的知情同意；立法应当考虑到如何改善优生的自然环境条件、医疗保健条件、营养条件和其他生活条件、教育条件、社会文化环境以及社会保障等条件，而不仅仅是绝育；立法应当重点考虑如何为公民提供优生保健机构、设施和优生保健服务；立法应使用概念明确的规范性术语（如"智力低下"）可在其说明中使用俗称（如"痴呆傻人"）；立法应当规定严格的执行程序，防止执行中的权力滥用；立法应当具有可操作性，对有关技术性规范要做出明确规定；立法并不能解决一切问题，同时有些问题也并不都需要用法律手段解决；在立法前要进行可行性研究；在制定法律或法规的过程中要充分听取各有关专业、有关部门、方面人员的意见，通过对话、讨论，在基本问题上达到共识，并在群众中进行广泛的耐心的宣传教育。

十三、预防智力低下、减少智力低下人数是贯彻"控制人口数量，提高人口素质"这一基本国策的重要内容之一。同时这是一项十分长期而艰巨的任务，决不可期待用单一的措施在短时期内促成。会议建议各地选择一两个智力低下患病率或发病率高的地方进行社区综合防治干预的试点，然后取得经验，逐步推广。会议呼吁社会各界和有关部门，尤其是卫生部、计划生育委员会、民政部、教育部、残疾人联合会、妇女联合会、共青团以及新闻媒介都来进一步关心和重视智力低下者，预防和减少智力低下。由于医学模式正从生物医学模式转向生物心理社会医学模式，防止智力低下、减少智力低下人口不仅要面对和解决许多医学科学技术问题，而且要面对和解决有关的社会、伦理和法律问题。会议希望今后有更多的社会学、人口学、人类学、伦理学和法学工作者来关心和研究这些问题。

十四、会议认识到，随着我国改革开放政策的贯彻和深化，国际联系和交往也会日益加强。我们的工作一方面有可能得到国际组织或其他国家的支持，同时也必定会在全世界引起反响。在对智力严重低下者的生育限制和控制问题上，世界上的反映也是多种多样。有些外国朋友、学者，包括一些海外华人支持我们的工作，提出了一些善意的意见。有些人由于文化上的差异，也由于我们报道工作上存在一些问题，对我们的工作存在一定的误解。也有些人利用这项工作对我们进行攻击。对这些反响要具体分析，区别对待。例如由于社会历史经验的差异，一些西方人易把"优生"与希特勒的种族主义或美国二十年代的社会达尔文主义联系起来，而我们的"优生"概念则以保健为主要内容，在对外宣传中可将"优生"译为"生育保健"。我们反对有人利用人权问题干涉我国内政，同时我们也要坚定不移地保护人权和改善人权状况。如果我们确实由于缺乏经验，有些地方做得不大妥当；或者工作本身没有问题，但在阐明为什么这样做时，理由或论据摆得不大合适，我们就改正。如果我们认为论据充分、理由充足，我们就完全可以理直气壮地做，并且理直气壮地去说。

十五、会议认为这次学术研讨会是医学家、遗传学家、卫生管理学家、社会学家、伦理学家和法学家联合起来共同探讨生育限制和控制的社会、伦理和法律问题良好开端，希望今后进一步加强这种不同学科共同探讨有关问题的学术交流。

【附录】

甘肃省人大常委会关于禁止痴呆傻人生育的规定

甘肃省人大常委会

（1988 年 11 月 23 日甘肃省第七届人民代表大会常务委员会第五次会议通过）

第一条 为了提高人口素质，减轻社会及痴呆傻人家庭负担，根据国家人口政策的有关规定，结合本省实际，制定本规定。

第二条 本规定所称的痴呆傻人同时具有下列特征：

（一）由于家族遗传、近亲结婚或父母受外界因素影响等原因先天形成；

（二）智商在四十九以下的中度和重度智力低下；

（三）语言、记忆、定向、思维等存在行为障碍。

第三条 禁止痴呆傻人生育。

痴呆傻人必须施行绝育手术后方准结婚。结婚双方均为痴呆傻人的，可以只对一方施行绝育手术；一方为痴呆傻人的，只对痴呆傻人一方施行绝育手术。

第四条 对本规定公布前已结婚的有生育能力的痴呆傻人，依照第三条规定施行绝育手术。

第五条 对已经怀孕的痴呆傻妇女，必须施行中止妊娠和绝育手术。

第六条 对难以确认为本规定所称痴呆傻人的，由县级以上人民政府的卫生行政部门指定医院检查诊断。

第七条 按本规定对痴呆傻人进行的检查诊断和手术一律免费。

第八条 各级人民政府的计划生育、卫生行政和民政部门以及医疗保健单位要做好社会调查、婚前检查、遗传咨询和地方病防治等工作，预防痴呆傻人的出生。

第九条 对违反本规定造成痴呆傻人生育的单位和直接责任人，区别不同情况，给予行政处分、经济处罚；对负有直接责任的监护人进行批评教育并给予适当的经济处罚。

第十条 本规定执行中的问题由甘肃省计划生育委员会负责解释。

第十一条 本规定自 1989 年 1 月 1 日起施行。

基因治疗[①]

引　言

在与遗传病的千年的抗争史中，人类已经积累了相当丰富的经验。例如，对遗传性畸形进行外科手术矫正可改善症状；基因突变使得体内蛋白质、酶的代谢紊乱，补其缺乏常可收效。但传统医学也留有缺憾。例如，需要定期补充血友病患者所缺乏的凝血因子给以治疗，但这种补充一般是终生性的。有没有治"本"的方法呢？本章要探讨的就是一种标本兼治的疗法——基因治疗。显然，广大患者对此寄予了厚望。但从媒体中广告用语，如"基因美容"、"乙肝基因治疗可使乙肝病毒彻底消除"等，我们又可以看出，社会对基因治疗还存在曲解之处。那么，什么是"基因治疗"呢？它有什么特点？

我国是最早进行基因治疗临床试验的亚洲国家。腺相关病毒-IX因子、腺病毒白细胞介素-2等7个基因治疗药物相继进入临床试验。日本已后来居上，临床方案数超过了中国。此外，像新加坡、韩国和以色列也已开展了基因治疗临床试验。为什么会出现如此局面？面向21世纪，中国的发展战略是什么？2003年10月16日，深圳赛百诺公司（SiBiono GenTech）开发的针对头颈部肿瘤的基因治疗制品——重组Ad-p53腺病毒注射液获得了国家药品监督管理局（SFDA）颁发的新药许可证、生产批文和药品GMP证书。这也标志着我国在基因治疗药物研制和产业化方面已达世界领先水平。但为何首例商业性基因治疗产品诞生于中国，而不是开展基因治疗临床试验方案最多的美国和欧盟？因为我们的伦理审查较为宽松的缘故吗？中国的管理部门在审批程序和伦理审查的机制又是什么呢？

当国家药品监督管理局（SFDA）批准了对"今又生"的新药许可证后，国内的媒体也有广泛而积极的报道，网民的讨论也非常活跃。但一个总体的印象是，有关基因治疗的伦理问题讨论缺乏深度，对国际上的伦理辩论了解较少。故此，本章旨在结合国际范围内的分歧和共识，对体细胞基因治疗中的伦理问题加以阐述：如何选择受试者？针对严重的不良事件，国际上伦理讨论？中国如何预防和处理？中国伦理审查的程序和机制？此外，本文还讨论生殖细胞基因治疗和基因增强中的伦理问题。

---

① 编者按：在我国最早讨论基因治疗中的伦理问题的文献当属2005年由翟晓梅、邱仁宗主编《生命伦理学导论》第6章基因治疗（由北京协和医学院张新庆起草），此书由清华大学出版社出版197-224。我们在附录中收集这一章为的是让我们比较当时对基因治疗伦理和治理问题的认识与我们现在对这些问题的认识。

基因治疗的概念和特点

因治疗的临床试验进展

20 世纪 60 年代以来。重组 DNA 技术的诞生，使得"基因治疗"（gene therapy）概念处于孕育之中。文献中较早地使用"基因治疗"提法的是 H. Vasken Aposhian，他在 1970 年的《生物学和医学进展》（*Perspectives in Biology and Medicine*）发表了一篇题为"作为基因治疗的 DNA：需要、试验方法和应用"。1972 年，基因治疗的先驱之一 Friedmann 在 Nature 上以"用基因治疗来治疗人类遗传疾病？"为题对基因治疗进行了前瞻性地探讨。1980 年 7 月，美国加州大学洛杉矶分校的 Martin Cline 未经批准而在临床开展了一项不成熟的基因治疗方案。80 年代，有效的逆转录病毒载体和其他基因转移技术为"基因治疗"从理念到临床试验奠定了基石。美国的联邦食品与药品管理局（FDA）首次同意了将载体导入作为基因标志的人类基因治疗（gene therapy）临床试验。1990 年初，分子遗传学家 M. Blaese 和 W. F. Anderson 提出一个治疗严重联合免疫缺陷症的体细胞基因治疗方案。在随后的 4~ 月间，国立卫生研究院（NIH）的重组 DNA 咨询委员会（RAC）审查了该方案。最终，美国 NIH 和 FDA 于当年 9 月份正式批准该方案进入临床试验。这也是人类首例以干预人体体细胞的遗传物质而达到治疗目的临床治疗方案。正因为这一历史事件，1990 年也被赋予了又有特殊的含义——"基因治疗"时代的开端。

从总体上讲，10 多年来的基因治疗临床试验进展较快。1991 年，血友病 B 成为第二个进入临床试验的病种。第一个囊性纤维变（一种常见的儿童单基因遗传病）基因治疗方案于 1993 年 4 月进入临床，一名 23 岁的男性晚期患者成为接受临床试验的第一人。但癌症基因治疗仍高居首位。在 1999 年统计的数据表明：在所有方案中癌症位居榜首，方案数为 252 个，病例数为 2269 个。几乎覆盖了大多数恶性肿瘤。基因治疗的领域被大大地拓宽，治疗对象也从罕见的单基因遗传病扩大到常见的多基因遗传病和传染病。

尽管如此，基因治疗的复杂性也大大超过了人们的最初设想，人类对转基因的机制、病毒载体的表达、毒性和免疫性不太了解。基因治疗面临的技术难关有 4 类：①目前的基因导入系统尚不成熟，存在着例如结构不稳定影响基因组的功能以及治疗基因难以到达靶细胞等隐患，需要构建更有效的病毒载体。②临床有用的治疗基因只有 10 多种。对大部分的多基因遗传病（如恶性肿瘤）的致病基因的互作机制还有待阐明，即使找到相关的基因，如果对整个基因网络进行干预，未知的因素还是太多。③治疗基因达到靶细胞的盲目性大，表达的可控性差，有激活致癌基因产生野生型病毒的潜在危害。④无法保障干预生殖细胞基因不对后代产生医源性伤害。在此背景下，1995 年美国国立卫生研究院（NIH）开始对处已有的临床试验进行了评估，其结果令人震惊，在所有经审批的方案中确证有疗效的仅有几例。NIH 院长 Harold Varmus 在 1995 年在国会上愤慨地说，NIH 每年用于基因治疗项目的经费高达 2 亿美元，对数百患者进行了基因治疗，但没有几例有效，甚至连动物模型研究也不尽如人意。基因治疗要有突破，基因导入系统，基因表达的可控性及发现和筛选更多更好的治疗基因等技术瓶颈必须逐步突破。

"基因治疗" 的概念辨析

20 世纪 80 年代，更为精致的 "基因治疗" 的概念框架就处于酝酿之中了。Walters 根据干预对象的不同将人类基因干预而分为：体细胞基因干预和生殖细胞基因干预；根据目的的不同，它又可为：起治疗或预防疾病目的的基因治疗和以增强人的性状和能力为目的的基因增强（gene enhancement）。由此可见，人类基因干预有 4 种方式：体细胞基因治疗、生殖细胞基因治疗、体细胞基因增强和生殖细胞基因增强。

1993 年美国的 FDA 把 "基因治疗" 界定为："基于修饰活细胞遗传物质而进行的医学干预。细胞可以体外修饰，随后再注入患者体内；或将基因治疗产品直接注入患者体内，是细胞内发生遗传学改变。这种遗传学操纵的目的可能会预防、治疗、治愈、诊断或缓解人类疾病"。（Federal Register，1993）体细胞基因治疗（somatic gene therapy）是一种将治疗基因转移到体细胞内使之表达基因产物，以达到治疗目的的临床疗法。这种疗法只影响受试者本人，而与后代无关。生殖细胞基因治疗（germ-line gene therapy）是将治疗基因转移到患者的生殖细胞或早期胚胎内的一种基因疗法。这种方法将永久地改变后代的遗传组成，其目的是要预防后代患特定的遗传疾病。基因增强是指采用类似于基因治疗的方法，来改变非病理性的人类性状或能力的一种方法。它又可分为 "医学目的基因增强" 和 "非医学目的基因增强" 两种。

在 FDA 的定义中提到了基因治疗的两种基本策略：体外法和体内法。体外（ex vivo）法从受试者的病变部位取出细胞，在体外接受导入的外源基因，经体外细胞扩增，再输回人体内的病变器官或组织，使之表达需要的蛋白质的一种疗法。此法难度小，易于操作，目前针对恶性肿瘤的免疫基因治疗多数是按 ex vivo 法操作。体内（in vivo）法将所需治疗基因靠载体直接导入到受试者的体内，在原位用正常基因来纠正突变基因，以修复缺陷基因的一种直接疗法。这种方法是理想的基因治疗策略，又有利于大规模的工业化生产，但前提是外源基因能在体内准确发现需治疗的靶细胞，并安全有效地表达。这在技术上要比 ex vivo 要求的高，目前尚未实现。以上两种技术途径各有优缺点，一切要以疾病和外源基因的特点而定

成长期的技术特点

技术的生命周期依次可以分为导入期、成长期、成熟期和停滞期等 4 个阶段。就基因治疗而言，导入期是指基因治疗方案被引入临床后在小范围内进行试验的时期。成长期是指当基因治疗得到受试者和社会各界的普遍认同，并有更多具备条件的临床机构大规模开展临床试验的时期。那么，如何对当下的技术发展状况较准确定位呢？到 2004 年 1 月已有 918 个基因治疗或标记方案在 24 个国家进入临床试验。（www，wiley. co. uk）但目前基因治疗仍处于由导入期向成长期转化的关节点。以下 3 个事实可以佐证。

其一，1995 年美国 NIH 对基因治疗的调查报告指出体细胞基因治疗的临床疗效还没有在任何方案中得到真正的确认，医学界和公众对体细胞基因治疗尚为真正认可，大规模的

临床实践还有待时日；其二，1999 年的 Gelsinger 事件和 2002 年 9 月法国一名接受基因治疗的幼儿患了白血病的消息揭示了不良反应和不良事件的屡屡发生。鉴于此，还不能自信地说，基因治疗已进入快速成长时期。但也不能借此就得出基因治疗仍徘徊在导入期的武断。第三，基因治疗研究的体制化。它具体表现在：涉及的疾病种类逐渐扩大，不仅适用于单基因缺陷的遗传性疾病，同样适用于恶性肿瘤、心血管疾病、自身免疫疾病、神经内分泌系统疾病等多基因疾病以及艾滋病等；国际合作、地区合作、部门合作、学科合作增多，商业性投资大幅度增长；一个专门致力于基因治疗研究的科学家群体日益壮大；《人类基因治疗》（1990 年）、《基因治疗》（1994 年）和《癌症基因治疗》（1994 年）等学术刊物的创刊；美国、欧盟和日本基因治疗学会的成立；美国 NIH 的重组 DNA 咨询委员会等伦理审查机构的设置；一系列全球性的专题讨论会的定期召开。

那么，在导入期和成长期，基因治疗又有何特点呢？

（1）高度的靶向性：无论体内法，还是体外法，目的基因都要借助载体系统定向地导入到靶细胞（如骨髓细胞、血细胞、中枢神经细胞等），而不必矫正所有的体细胞，因此，治疗只需集中到这类细胞上，而不需全部有关体细胞都充分表达。

（2）技术路线的多样性：基因治疗可以是体内法也可以是体外法；载体系统可以是病毒性的，也可以是非病毒性的；治疗基因的选择更是随着人类功能基因组研究的进展而日趋多元化；靶细胞的类型可以是体细胞或生殖细胞，也可以是早期人类胚胎。

（3）学科的交叉性：基因治疗要以分子遗传学、病毒学、免疫学、细胞形态学、临床医学和胚胎干细胞研究为理论基础；同时，它又离不开无菌实验、过敏实验、基因活性实验、致瘤性实验和细胞种类均一性实验所提供的科学事实。

（4）高风险性：基因治疗是一项复杂的系统工程。目的基因的选择和分离，克隆和表达的效率和稳定性，毒性反应和免疫排斥的强弱，致瘤性的概率大小等等一系列不确定因子都是导致受试者严重不良反应甚至死亡的诱因。

（5）伦理探讨的前瞻性：伴随着 DNA 重组技术和转基因技术的应用，20 世纪 70 年代以来，各界就开始对该不该操纵人的基因进行伦理反思。医学史上还没有任何一项其他疗法遭受如此苛刻的控制。尽管伦理辩论的结果是多数专业人士和公众都接受了体细胞基因治疗，但前瞻性的伦理思考还是功不可没。

基因治疗是生物医学历史性积累到一定阶段的产物，但它自身的突破和创新又对生物医学的发展产生巨大的连带效应当然，一系列的新旧问题等待着令人满意的解答。例如：体细胞基因治疗中的知情同意、受试者的选择、基因治疗专利、商业化带来的利益冲突等问题；该不该进行生殖细胞基因治疗和非医学目的的基因增强；是否会因基因干预的泛滥而导致新的优生学和优生政策等等。

体细胞基因治疗的伦理问题

一个历史性的结论：伦理问题的终结？

基因治疗的技术特点在一定程度上决定了它的伦理探讨的前瞻性。伴随着 DNA 重组技术和转基因技术的应用，20 世纪 70 年代以来，正是由于这项干预人类基因技术与传统的症状疗法的本质不同，各界就开始对该不该操纵人的基因进行了医学的、伦理的和宗教的反思。医学史上还没有任何一项其他疗法遭受如此苛刻的控制。

1962 年 11 月，一次在伦敦以"人类和它的未来"为基调的人类遗传干预的学术会议上，Joshua 预测到，"分子生物学的最终的应用性目的恐怕就是直接对位于人类染色体上的 DNA 序列进行控制，并能识别，选择和整合所需的基因。"最后，与会者归纳出了有关改变人类遗传物质的 4 点战略考虑：①自愿的接受供体精子来进行人工授精，以提高遗传质量；②直接干预人类生殖细胞以产生可遗传的变化；③对体细胞的基因修饰以便在个体层次上产生所预期的效果；④生殖性克隆。与会的学者们认为在分子水平上②要比③困难，同样，对人类能力的增强要比治疗疾病难以操作。

而有关体细胞基因治疗的伦理讨论由零散走向国际化的标志是在 70 年代末。1979 年世界教会理事会（World Council of Churches）发起了一次更大规模的跨国学术交流。其中一个分议题就是有关用基因技术操纵生命的伦理问题。参与此议题讨论的小组成员对有关基因治疗的伦理讨论归纳为以下 2 个结论：①出于治疗疾病目的的体细胞基因治疗在伦理上可以接受；②出于预防或治疗疾病或增强人类能力的生殖细胞基因干预在伦理上难以成立。1983 年，罗马教皇保罗二世承认用于治病的体细胞基因治疗在伦理上是可接受的。但 Friedman 等人认为基因治疗不同寻常，任何新的尝试都要有必要的动物实验，充分考虑到人体的安全性，不可滥用而使道德沦丧。

到 20 世纪 90 年代，尽管有争论，但体细胞基因治疗还是进入了临床，多数国家的政府资助和审批了有关项目。历史回顾很容易得出一个有趣的结论：有关体细胞基因治疗的伦理问题探讨已经被充分讨论和解决了，可以告一段落了。也一些人认为，既然体细胞基因治疗在伦理上是可接受性，它就不存在什么伦理问题了，但刘德培和梁植权两位院士认为，"即便体细胞基因治疗从伦理学争论进入到常规的医学伦理问题。但这并不意味着问题的结束。常规问题不一定不重要或易于解决"。然而，Gelsinger 事件使得人们对"伦理争论的终结"这一提法更加怀疑。

1999 年 9 月，美国 18 岁少年 Gelsinger 不幸成为第一例直接因基因治疗而死亡的临床受试者。2000 年，由 French Anderson 领导的一个 FDA 调查小组认为，发生超常的免疫排斥反应是 Gelsinger 之死的直接诱因。也就是说，严重不良事件的发生是由于基因导入系统尚不成熟、治疗基因表达的可控性差等技术因素导致的。尽管高风险的基因治疗并不一定导致严重不良事件的必然发生，但对美国 NIH 的报告（1995 年）和 Gelsinger 事件（1999 年）的反思，使人们认识到不良事件的频频发生背后还有其他非技术的诱因。我们不可排除部分科学家急功近利的心态、公司对利润的追求、公众过高的企盼以及媒体炒作之嫌。下面以 Gelsinger 事件为例，进一步剖析不良事件引发的伦理问题：违背知情同意原则、利益的冲突、和管理机构的伦理审查乏效等。

伦理问题

知情同意问题 知情同意是研究伦理的基本要求之一。在基因治疗中的知情同意有4 个要素：信息的告知、信息的理解、同意的能力和自由表示的同意。对于基因治疗这样前瞻性、试探性和高风险的高技术，告知并使受试者理解"基因转移""腺病毒"和"靶细胞"这样晦涩的专业术语，以及各种备选方案的利弊是不容易的。这样，自愿的和自主的选择参与与否也就并非易事。

那么，对 Gelsinger 做到了知情同意了吗？作为一名有充分同意能力的 18 岁青年，他事先并没有被告知动物实验有过严重风险（包括实验用的猴子的死亡）。他受一个网站不正当的影响而错误地相信这次人体试验是有利于自己的。他并不知道研究者已经给自己加大了试剂的剂量。研究者部分地剥夺了他被告知的权利和自主选择的权利。研究者根据自己的判断来决定 Gelsinger 是否应该加大剂量参加试验。表面看来，研究者承担那些 Gelsinger 在重大选择时的恐惧、焦虑、和犹豫不决，但实际的后果却是害了他。

选择受试者的伦理要求 适当选择受试者可降低对病人的伤害和增进受益。Gelsinger 的死因之一在于他的血氨偏高，不宜选为受试对象。那么，符合什么条件的受试者才是"适当"的呢？1988 年，欧洲医学研究委员会（European Medical Research Councils）的"人类基因治疗"报告指出：最适合的候选对象应该是那些治病基因已被识别和克隆的单基因遗传性疾病患者；不可逆转的危及生命的病人，或者没有替代疗法的病人。我们认为，在选择受试者时要做到：①知情同意；②对受试者的选择标准有严格的界定，程序公平，并接受审查和监督；③要预先进行风险-受益分析，若危害过大、风险太高或风险完全不知，则有理由怀疑方案的目的和动机；④坚持"慎重"原则，当无任何其他替代的常规疗法，或常规疗法无效或低效时，才可考虑基因治疗方案。

那么，是不是说绝症患者是最理想的、甚至是理所当然的受试者呢？以癌症晚期患者为例，传统疗法的治愈率极低，复发率和死亡率高，治疗预后差，这就使得这些人容易成为基因治疗的"试验品"。这里或许还有一个公开的秘密：即使病人死亡，也可堂而皇之地说，这是疾病导致的自然死亡，而非基因治疗之过。例如，在针对癌症的基因治疗中，死亡事件时有发生，但声称是基因治疗之过的还没有公开报道。因此，尽管我们不反对以癌症晚期患者为受试对象，但严格的伦理审查仍是保护病人利益所必须的。

同样，那些无同意能力的严重的濒危病人、婴儿甚至胎儿是否可作为受试者呢？许多研究者出于操作上的考虑而无一例外地排除了这一部分弱势人群。但事实上，这些人并不应必然被排除在基因治疗的大门之外。如，第一位接受基因治疗的就是一个仅仅 4 岁的女婴。英国的基因治疗咨询委员会（GTAC）1995 年指出在选择受试者时要公平合理；对儿童和孕妇进行治疗时要格外谨慎，在基因治疗前最好向独立的儿科医生进行咨询，但它没有绝对将之排除在外。

利益冲突的伦理反思

庞大的病人队伍和昂贵的治疗费用使得大医药公司开始密切关注着基因治疗的临床应用。基因治疗被重重地烙上了商业的印记。Gelsinger 事件首次将商业化带来的利益冲突公开化了。Gelsinger 事件中的首席科学家 Wilson 不仅拥有一项与腺病毒载体转移基因有关的专利，还持有资助该研究的 Genovo 公司的股份。不难猜测，临床试验一旦成功，Wilson 和 Genovo 公司将获可观的经济回报。当一流的分子遗传学家或自己拥有公司，或与之合作，基因治疗就有可能不再公正无私，而是失去了自我审视的能力，不少欠火候的方案可能被轻率地推到临床，而那些无利可图但理论价值极大的方案却被束之高阁。利益的冲突使得不良事件也就难以避免了。

如何应对基因治疗中的利益冲突呢？1999 年 Gelsinger 事件后，NIH 制定的管理准则规定：允许个人拥有公司不得高于 5% 的股份，但作为技术顾问可获得适当的报酬。从 2000 年 5 月起，美国卫生和人类服务部明文规定：凡明目张胆地冒犯基因治疗管理规则的研究者将被处以 25 万美元以下的罚金，有连带责任的研究机构将被处以 100 万美元以下的罚款。2000 年 6 月，美国基因治疗协会（ASGT）表决通过一项决议：涉及基因治疗的试验者应客观、无偏见，摆脱由于商业资助而引发的利益冲突。正如 ASGT 的主席 Savio Woo 所说，这为保护志愿受试者迈出了关键的一步。但由于 ASGT 是一个非营利性的组织，其伦理准则只是建立在自愿之上的。

基因治疗临床试验若干伦理要求

体细胞基因治疗中的不良事件揭示了诸多的伦理问题。从表面看，这些是常规医疗实践中普遍存在的伦理问题。但它所带来的伦理问题显然又与医院里的拿红包现象不同。

既不可因噎废食，又要慎重试验　试验记录中的数据显示：Gelsinger 和另外一人接受的病毒颗粒（virus particles）剂量为 3.8×10^{13}，如此高的剂量水平在以腺病毒载体基因治疗方案中十分罕见。用于 Gelsinger 的腺病毒载体颗粒剂量水平高于 FDA 所允许的标准 30%~60%，但未按规定及时间向 FDA 和 NIH 汇报。但宾州大学基因治疗研究所的执行主任 Nelson Wivel 说："到目前，我们还没有找到问题的症结所在。我们犯了一些错误，但这些差错不至于导致 Gelsinger 的死亡。"Sally Lehrman Virus treatment questioned after gene therapy death *Nature* 401，October 1999。为安全起见，FDA 一度曾暂停了对腺病毒载体基因治疗临床试验方案的审批。相应地，肌肉营养障碍联合会（Muscular Dystrophy Association）也停止了对该研究所 100 万美元资助。

到目前为止，SCID 是基因治疗取得成功的唯一疾病。2002 年，法国的 Fischer 共招募了 10 名 SCID 儿童进行基因治疗临床试验，但两名儿童得了类似白血病的疾病。［Erika Check Cancer risk prompts US to curb gene therapy. Nature. 2003 Mar 6；422（6927）：7.］此后，美国 FDA 暂停了所有的 SCID 试验和其他 24 项类似的方案。只有当这 24 项通过 FDA Biological Response Modifiers Advisory Committee（BRMAC）的安全审查后方可恢复研究。该委员会的一项基本准则是："基因治疗不得应用于临床，除非没有任何其他的可预计的选择"。

但我们认为，对于刚刚起步的基因治疗来说，不应一出现严重不良事件就终止研究。因此，在管理中，既要慎重试验，又不可因噎废食。关键是要在"不伤害"和"有利"之间找到平衡点。Hippocratic 誓言中强调的"不伤害"原则在任何人体试验中都应考虑。无论设计的方案如何地精致，也不论试验者的名气有多大，不给受试者带来可以避免的痛苦、疼痛、损害或死亡是首要原则。例如试验者必须考虑导入的基因是否稳定、可否高效表达，载体是否会产生新的有害变异或毒性等。但仅仅做到"不伤害"是并非基因治疗的本意。它必须对病人应有预防、治愈、缓解，减轻疾病之功效，对整个人类的健康和福利有积极作用。受试者承担的风险一定要远远低于受试者预期得到的收益和社会预期收益之和时，试验方案才能够得到伦理辩护。

公开不良事件信息　基因治疗中的不良事件信息是科学决策的基础，是公众理解和评价风险性的前提，是维系社会各界对基因治疗信任度的关键，也是研究者从错误中学习的好机会。尽管没有多少人反对及时严肃处理不良事件，但却有不少人反对不良信息向公众公开。因为，不良信息中可能包含了商业机密，从而为竞争对手所用。但这并不是封锁不良信息的理由。2001 年，美国 NIH 的《研究指南》区分了商业机密和一般信息；严重的不良事件不得视为商业机密；不鼓励以商业机密的名义掩盖真实信息。另外，把临床试验的结果输入到公开的数据库时就敏感地触及到病人的保密权问题。在 NIH 的《研究指南》的附录中，研究者被要求简要地说明保护受试者及其家人隐私权的措施，不得公开可识别的个人信息。

资助者和研究者必须定期向基因治疗临床方案数据库提供真实的相关数据、资料。有关信息以适当的方式向公众公开。公开何种不良信息？NIH 规定了公开严重不良事件信息的内容：①事件的日期、临床地点、主要的研究者、方案号码、申请号码；②载体的类型、每次治疗的日期、基因导入方法、管理程序、剂量进度表；③有关的临床观察和临床史，设计的相关实验中的剂量反应、控制试验和生物药效率方面的信息。另一个问题是，何时公开呢？美国 FDA 和 NIH 的做法，如果发生了死亡事件，要在接到信息后的 7 天内，及时向上级主管部门汇报死亡的人数和原因，那些严重的但非致死的不良事件要在接到信息的 15 天内尽快地报告。主管部门可以定期或不定期地向公众有选择地公开不良事件的相关信息。英国基因治疗咨询委员会（GTAC）要求所有的不良疗效都必须立即向 GTAC、地方伦理审查委员会和医学管理机构（MCA）汇报。研究者每半年向GTAC 提交一份进度报告。

生殖细胞基因治疗中的伦理问题

当体细胞基因治疗步入成长期时，人们对生殖细胞基因治疗又有了新的理解，有关的伦理争论也进入了崭新的阶段。不过，对生殖细胞基因治疗的伦理探讨仍然是前瞻性的，因为这项颇受争议的高技术尚未进入临床。

受益与代价分析

反对生殖细胞基因治疗的声音从体细胞基因治疗进入临床以前就开始了。1992 年，美国一个以反对基因歧视为宗旨的科学家团体——负责任的遗传学理事会（Council for Responsible Genetics 表示无条件地反对。20 世纪 90 年代末，Billings 等提出，干预生殖细胞的基因至少在目前不适合（Billings，1999）。反对者认为：至今还没有病人通过体细胞基因治疗而治愈，而生殖细胞基因治疗在理论上则更有难于估计的高风险。一旦干预失败，将对受试者和后代造成医源性疾病。我们无论如何不能伤害后代。但在 1998 年的一次参加的研讨会上，DNA 双螺旋的发现者之一，James Watson 声称：任何阻止生殖细胞系工程（germline engineering）的企图将是"一个十足的灾难"。科学家应该不受任何干扰地开展研究。""只有当出现了可怕的滥用或死亡事件时，才需要出台法规。"其他 10 位顶尖分子遗传学家一致认为，当技术难题被克服后，潜在的治疗人类疾病所带来的巨大利益足以使得它在临床的奥开展，而不必拘泥于它可能的道德困境和或许有的滥用（如纳粹优生）。其他赞同者还列举了诸多具体的理由。归结起来，生殖细胞基因治疗有如下优点：第一，它可能真正治愈遗传病，人们不用担心自己的子女再受某种遗传病的困扰。例如，一对夫妇在产前诊断时发现二人都患镰状细胞贫血症。他们面临着痛苦的选择。若选择性流产难以忍受。若让一方进行体细胞基因治疗，可下一代还是携带者。如果这对夫妇又不愿领养孩子或使用供给者的配子时，也许生殖细胞基因治疗是最佳的方式。第二，在技术风险性和操作有效性上，操纵生殖细胞或早期胚胎细胞可能要比操纵体细胞简单容易些。第三，在未来的世代中，尽管自然突变仍会发生，子孙患这种遗传病的概率将大大地减少。第四，研究人员和医生有义务去探索最佳的方法来预防和治疗疾病。

纵观争论双方的论据，似乎很难得出定论，主要原因就在于双方涉及的是一项新技术的前瞻性研究。但有一点是肯定的，争锋的焦点在于生殖细胞基因治疗的安全有效性上。我们有充分的理由理解反对者的担忧，外源 DNA 片段导入生殖细胞后，或许还参与其他代谢反应。不过，插入或修饰一大段 DNA 涉及的范围和种类，是不是如反对者想象的那么严重呢？这有待于体细胞基因治疗试验和有关生殖细胞基因治疗的动物实验数据的积累。

实质伦理问题

有关生殖细胞基因治疗的伦理问题首先是一个实质伦理问题，即该不该干预人类生殖细胞基因。反对者的论证主要体现在以下 3 个方面：①干预人类生殖细胞基因反映了人类的傲慢和狂妄，并破坏了生命的神圣性；②有意修饰未来世代的基因，又不可能得到当事人的知情同意，当代人的做法无疑是一种家长主义；③这无疑会打开潘多拉魔盒，出现滑向优生学的道德斜坡。若上述论点均成立，那么，无论生殖细胞基因治疗对人类有多大的益处，人类社会都应下达禁止令。事实上，许多国际组织和政府也是这样做的，例如，1993 年，中国卫生部公布的《人的体细胞治疗及基因治疗临床研究质控要点》规定："基因治疗目前不用于生殖细胞"；德国的胚胎保护法（1994）和欧洲理事会生命伦理学指导委员会（CDBI）的建议（1994 年）均声明要禁止生殖细胞基因干预，但未陈述理由。而从其他文献中可看出，支持这些法规的根据是：生殖细胞基因治疗在医学上是有害的，其危险会大于它带来的好处；在道德上也是危险的，它会导致进一步的不平等和基因歧视。虽然没有多少人反对当下不应开展生殖细胞基因治疗人体试验，但这些论证却很难令人信服。

反论证 1："扮演上帝"的提法不确切　从 1978 年第一例"试管婴儿"诞生到 Gelsinger 事件，"人类该不该扮演上帝"（Playing God）的争论就此起彼伏。在犹太-基督教传统中，上帝根据自己的意志创造了整个世界。一些反对生殖细胞基因干预的人士由此引申出这样的结论：基因的自然构成是由上帝设计的，它的智慧是唯一可以信赖的；未经上帝的同意，人类不可以窜改、增添、修饰神圣的基因。如何看待"扮演上帝"这一命题呢？通过对"扮演上帝"一词运用"与境"的考察，Verhey 发现与其说它是一个原则，不如说它激发了一个评价科学发现和技术革新的独特视角。"扮演"是必要的和可行的，但扮演者，即所谓的"上帝"，要慎重地担负起责任。

我们认为"扮演上帝"的提法不确切。首先，"扮演上帝"这一提法本身是歧义丛生。自从 1953 年 DNA 双螺旋结构被发现以来，人类每天都在分子水平上研究、干预和创造着生物有机体，这能算是扮演上帝吗？其次，假若生殖细胞基因治疗能解除世代的遗传疾病，这就弥补了大自然的不足，而不是在有意冒犯神圣的大自然，它体现了人与自然在更高层次上的和谐统一，也体现了"医乃仁术"。个人的信仰或偏好不能成为禁止生殖细胞基因治疗的道德阻碍。医学有义务遵循治疗上的至上命令（therapeutic imperative）去寻找改善人类健康状况的有效方法，理性地干预生殖细胞不意味着人类的傲慢和狂妄，也没有破坏人类的尊严。

反论证 2：当代人要对后代人的健康负责任　1982 年，欧洲议会在有关文件中指出："当代人对未来人类所要求的权利是未知的，其价值观念和信念体系可能不同于现代"，由此"要确保后代遗传物质不被人工干预的权利"。生殖细胞基因治疗是否冒犯了未来世代拥有未改变的遗传构成的权利呢？反对者担心：即使它仅仅是出于治病救人的目的，然而随着"致病基因"的消除，人类基因多样性也必然锐减。如此世代的累积，会使后代人的许多好的性状也丧失。例如，如果对镰状细胞贫血患者进行生殖细胞基因修饰，其子女对疟疾的免疫力就可能会下降。由于在基因水平，疾病与人体的机能和性状关系密切，改变后代的基因组是危险的。按此，当代人不应该承担改造后代基因组的义务。或许后代人从我们这里继承一套未经修改的基因组更是明智之举。

对卵子、精子或早期胚胎进行基因操作势必要改变后代的遗传构成。这种改造，无论好坏，将是不可逆的和永久性的，科学家的责任重大。因此，一个核心问题是，它对未来世代的长期影响是什么？这一问题难以回答。我们目前还难判断个体水平上的生殖细胞基因干预是否会在群体水平上使基因多样性减少。我们可以作一个简单的类比。1978 年就诞生的体外受精技术对未来世代有何长远影响，至今尚无权威的调查报告，或许评价的时机还早。体细胞基因治疗试验进入临床也只不过 10 年光景，而生殖细胞基因治疗何时进行人体试验仍是一个未知数。因此，虽说当下的讨论主要是建立在猜想和推理之上的，但可以肯定地说，为防止后代对疟疾的抵抗力降低而不去杜绝镰状细胞贫血的发生是不恰当的，因为镰状细胞贫血可使人痛苦和死亡，而控制疟疾的侵袭可有多种方法。因此，假若为了后代不再遭受严重遗传病的疾苦而改变其基因构成在伦理上是可以辩护的。当代人有义务为后代人的健康地出生（healthy birth）承担无法推卸的历史责任。无论后代拥有什么样的权利，一项可以消除严重遗传病的新技术尝试总是正当的。

反论证3：生殖细胞基因干预不必然导致"纳粹优生"　根据采取的策略不同，优生学可分为积极优生学（positive eugenics）和消极优生学（negative eugenics）。前者是研究维持和促进人群中有利（优良）基因频率的增长，后者是研究如何减少群体中有害的基因频率，减少遗传病的发生，这就涉及遗传病的防治问题。由于遗传病的基因相关性，人们最容易想到的就是，通过剔除自身或后代的致病基因，来达到预防子女患病的目的。长此以往，不断消除与家族、民族，甚至人类有关的致病基因，使得特定的遗传构成持续改变，最终达到在人类基因库（gene pool）中不再有那些令人厌恶的基因。若此理论成立的话，国家就可能进行大规模强制性的生殖细胞基因干预。这不是新的纳粹优生学吗？为了预防道德滑坡，以防不测，还是防患于未然的好。这代表了相当一部分反对者的忧虑心理。

这里有两个问题需要明确：其一，生殖细胞基因治疗是不是会导致一种纳粹式的优生学呢？只要坚持知情选择原则，对生殖细胞的基因干预活动是未来的父母个人的自愿的、独立的和知情的选择，它就并不一定必然导致那种国家操纵的优生。其二，它能不能达到净化人类基因库的目的？在可预见的将来，即使这项新技术在临床上大规模地实施了，它也是一项局限于个体层次的疗法。即使所有婚前被诊断很有可能出生一个有严重遗传病子女的夫妇都去改变一方或双方的生殖细胞内的所谓"致病基因"，经过上百年的持续努力，这种"致病基因"并不会在人类基因库中消逝得无影无踪，因为存在着隐性基因和基因的自然突变（3%～5%）。更何况这些夫妇还有其他多种可供选择的生育方式。而且，目前由于人类基因转移技术的不完善、受试者人数较少，对于基因多样性的丧失的担心多少显得有些杞人忧天。

程序伦理问题

实质伦理讨论的是该不该的问题，而程序伦理研究的是该如何做的问题。无论赞同还是反对生殖细胞基因治疗，都涉及另一个相关的问题：该如何做？假若反对者的实质论证成立，在程序上，我们的任务就是如何制定严厉的措施来达到目的。当科学家在技术层面上争执何时生殖细胞基因治疗该进入临床时已经不自觉地涉足到了程序伦理问题——在技术层面和管理层面上"应该如何做"的问题。

通过对反对者提供的3个论据的反论证，结论是：有节制的生殖细胞基因治疗试验研究不是在扮演上帝，并不构成对生命神圣性的冒犯；当代人有义务为后代人健康地出生承担责任；理性社会并不一定打开一个新的潘多拉魔盒。但生殖细胞基因治疗的开展一定要等到时机成熟，那么何时可以呢？基因治疗的先驱 Friedman 和 Anderson 开出了3个条件：①当体细胞基因治疗的安全有效性得到了临床的验证；②建立了安全可靠的动物模型；③公众广泛认可。

基因增强的伦理问题

"基因增强"的含义

"基因增强"是用类似基因治疗的技术方法来达到增强人的性状或能力的目的。一般认为，区别在于基因治疗是用于医学目的，而基因增强是用于非医学目的。所谓的"医学目的"是指以预防和治疗疾病为目的，而"非医学目的"是以增强人类的"性状"或"能力"为追求目标。这种划分符合人们的直觉经验。但目前的区分有两个问题。

其一，是否基因增强一定就是非医学目的人类基因干预？事实上，基因增强可能是医学目的，也可能是非医学目的。因此要区分两种不同含义的基因增强概念，即"医学目的的基因增强"和"非医学目的的基因增强"。试图通过基因治疗来增强人体的非病理性的免疫功能以抵御艾滋病病毒的侵袭，是出于医学上的考虑。因此这种增强是达到医学目的。但通过改变基因来增强智力、身高或寿命的做法就是非医学目的。我们的观点是，在原则上不应拒斥前者，不可把一切基因增强排除在临床治疗的大门之外。不过，增强一个正常人的免疫能力，要比纠正缺陷的免疫能力更为慎重些。而非医学目的基因增强存在着严重的伦理问题。

其二，对"基因增强"概念的剖析又引发出一个更深层的问题：什么是"医学目的"和"非医学目的"？二者的区分标准又是什么？按通常的理解，医学的目的是治愈、减轻或预防疾病。那么，什么是"疾病"呢？"疾病"是对人体正常生理功能和状态的偏差。但实际上，人们对这个高频词是存在认识上的分歧的。分歧就在于人们在界定它时是添加了非技术因素。不同的文化会按照各自的标准来提出自己的疾病观念，使得对"疾病"划分标准渗透了价值判断。例如在美国的南北战争之前的一份"关于黑人种族的疾病和生理特异性的报告"中指出，黑人患有特殊的疾病——"逃亡病"和"偷懒病"。

对"疾病"的定义和分类标准的价值渗透使得人们对"健康""性状和能力"的认识也有重大分歧。如：同性恋、异性癖、性攻击、自恋狂等是不是疾病呢？正是由于在界定基本概念上的不确定性，所谓的"医学目的基因增强"和"非医学目的基因增强"的划分也就有待于进一步明确。

质疑基因增强的科学依据

人的性状和能力的形成是遗传基因起主导作用，还是后天造就的呢？这在生物学、医学和教育学史上有着持久的争论。20世纪从孟德尔和摩尔根的遗传定律到中心法则的提出和完善，"基因决定性状表达"的科学信条广为传播。作为人体精髓的基因是一个人遗传疾病、性格和行为特征，甚至人种和文化的特质的分子基础。人类基因组计划（1990年）实施以来，基因组学和蛋白组学又积累了一批有利于遗传基因决定人的性格和行为成因的科学证据。在 Science 和 Nature 上有大量的与躁狂抑郁、精神分裂、酗酒、抽烟、身高等性状和行为相关的基因研究成果，例如，性格基因的差异分别影响了外向型和内向型性格，焦虑情绪与大脑中指令调节血清素的基因相关，假若控制 CYP2A6 酶表达的基因缺失了，尼古丁代谢就会缓慢，烟瘾就小等。（Allen and Fost，1990）这向人们传递着一种观念：人的性格和行为特征很可能不是后天的环境而是先天的基因在起决定作用，人类的命运存在于自己的基因中。但也有不少生物学家认为，基因编码是生命发育的重要信息，但不能单独决定和控制发育，因为基因组的"环境"不仅包括外部因素（如温度和营养），还包括受精时卵细胞内母体所提供的各种蛋白质。这些蛋白质可以导致胚胎甚至孪生子有不同的发育方式。

这些有关人的基因和性状和能力之间的猜测性结论，无一例外地是通过对动物模型或少数人类受试者的研究得出的。但不幸的是，每一项在动物模型水平上的"科学发现"总会伴随着大肆地宣传。越来越多的科学家和医生习惯于用"遗传倾向"或"易感性"来描述那些复杂性状和能力了。当然，把性状和能力有关的社会的、伦理的因素统统归为生理因素有其思想根源，即在这一判断的背后存在一个理论预设——"基因决定论"或"基因本质主义"。而"基因决定论"从根本上说是错误的。人类只有一个基因组，基因是没有好坏之分的。人类的所有基因都是有用的，这是由基因多样性所决定的。

反对"非医学目的基因增强"的理由

反对者认为非医学目的基因增强有 3 类问题：①医学问题：如人类可否违反自然规律去对人自身进行超常改造？如何确定增强的内容和标准？②社会问题：如医疗卫生资源是否该用于基因增强？社会歧视是否会因此而加大？③伦理问题：如每一个生命都有其内在的价值和尊严，人的性状和能力可以随便改变吗？在此，我们仅仅对以下两个有代表性的论点加以批判性论证。

不必苛求基因完美　当谈到基因增强时，人们不禁会问：难道追求美没有什么不对吗？靠改变基因来设计理想的身高、改变眼睛、头发、皮肤颜色、增强奔跑能力有何不妥？基因增强不也可以成为人类自身进化的"助推器"吗？这反映了大众的一种很正常的心态。的确，在基因增强远未走进大众的今天，人们对"基因美容""强化记忆力基因""寻找长寿基因"已经持有一种浓厚的兴趣。高涨的人气使得一旦所谓的"长寿基因"或"智力基因"被找到，巨大的社会需求和巨额资本的卷入会使得基因增强技术迅猛地在全球扩散，成为一种时尚。但当代对完美主义（perfectionism）的批评也从未中断。一个充分的德性理论（virtue theory）并不要求我们崇尚尽善尽美，完美主义在现实生活中仅仅可以被视为一种理想而不得苛求。

正如 Kant 所说，人是具有内在价值的理性个体。人不是动植物，人的性状不能随便增强。因为，人的许多性状都是多基因和环境和相互作用的结果，单单改变基因并不一定使性状能向预想的方向改变。如尽管骨骼细胞有旺盛的分裂能力，当骨龄已不在生长的最佳时期时，改变基因也无法让成人长高。即使一个身材高大的人也会因内分泌疾病、长期缺钙、营养不良而腰弯背驼。正如在食物链上有一个环节出错会产生一系列破坏人与自然和谐的消极后果，人类的遗传性状是几千年来适应和进化的结果，增加某一性状的同时，也可能强化或削弱其他性状。如人为地增加身高会引发人体生理功能的不协调，增强记忆力也会有过目不忘的烦恼。唯一的例外是，如果基因增强对个人带来的益处远远大于它带来的伤害。况且，基因增强本身存在着更多的变数，如果治疗效果很差就会影响到人们对基因干预的可信程度，从而败坏基因治疗的名声。更何况有条件的人可以进行基因增强，而不具备条件的人的则心理负担加大，遭受更大的歧视。

后代应该拥有一个开放性的未来　一个人的遗传构成是传承于父母，不论是"好基因"还是"坏基因"，在现有的技术条件下任何人都无法事先选择（即使是植入前诊断或选择性堕胎也仅仅是父母的决定）。这一情形就类似于"抽奖"，幸运者会有较高的智商、健壮的体魄和美丽的外表；而不幸者则体弱多病，少年夭折或丑陋无比。在体细胞基因治疗大规模开展以及基因决定论事实存在的今天，不少人很自然地联想到通过基因增强来后天改变遗传基因分配的不公平现象，按此，非医学目的基因增强可以消除基因带来的不平等、例如，Cooke 认为 Amartya Sen 的"能力理论"（capability theory）可提供一个分析框架，来确保在应用基因增强技术时的自由和公正。

"能力理论"关注如何使人人具备基本的人类能力来平等地实现自由的目标。诚然，基因治疗具有帮助那些缺乏基本人类能力者获得新的自由（如健康状况的改善），而有助于消除不同阶层在自主性方面的不平等。通过增强个体的某种基因也可以消除某些与生俱来的在性状或能力方面的不平等。然而，问题是，该让父母代替未来的子女做此决定，还是应顾及一下后代的选择空间呢？让父母做出非医学目的基因增强决定存在诸多问题：①对"人"（person）的理解涉及什么是生命的价值，而生命的价值可以从多个向度来理解。当代人和后代人理解不同，父母认为好的，子女未必认同；②即使是同一性状（如智力水平），是否存在最低基因增强的标准？又该由谁来决定，政府，市场，还是社会？③对后代的风险和潜在的受益尚且不明确。因此，当代人或父母不应该也没有必要过多地干预后代人的非医学选择。

基于上述论据，非医学目的的基因增强得不到伦理上的辩护。

全面禁止 vs. 市场调节

尽管在学术界反对非医学目的的基因增强的声音占了上风，但估计为数可观的社会需求和诱人的产业回报却使得对基因增强的管理存在诸多棘手的难题。不少人认为，任何医学问题都将在前进中克服，基因增强也不例外，谨慎的态度并不等于裹足不前，贻误战机，不去满足人民群众日益增长的需求。Garden 认为，一旦基因增强技术成熟，巨大的社会需求是无法阻挡的，最终只能由市场机制来自发调节。但让政府决定基因干预的合法与否有很大的风险性，一旦决策失误，它所造成的损害和伤害有时比市场调节还大。而且在经济全球化的时代，即使一国诉诸严厉的法律也难以有效地禁止基因增强产业化。因为并非所有的国家都会立法禁止。例如，一些技术发达的国家鼓励代理母亲，这会使许多外国人蜂拥而至，从而使本国的法律形同虚设。但 Mehlman 等人认为，用市场机制引导基因增强后患无穷，例如，那样会加大社会阶层间业已存在的鸿沟，基因增强成为富人优先享用的奢侈品，削弱了机会平等的观念等。显然，不少人把基因增强等同于一般的技术形态。对它的安全有效性，对人类种族繁衍的持久影响作了简化的理解。首先我们承认，人类多元化的追求本来无可厚非，政府也没有强行禁止。但与寻常的生物美容不同，基因增强可能对人体产生无法预测的危害。我们可以预测美容术的风险，但不能预测基因美容的风险。我们的社会显然还没有对非医学目的基因增强做好医学的和伦理的准备。任何一个理性的社会都不会把诸如基因增强这样的高风险的技术在市场上大规模拓展。此外，现实生活中的"禁不住"现象能否成为放任自流的依据呢？许多不道德的行为都禁不住（如人体器官的非法买卖），但不能因此而断言那些行为应该做。不可打着"禁不住""公众需求"或"增加国民收入"的幌子来支持基因增强，使之合法化。这些说法都得不到伦理上的辩护。基因增强该不该做，需要伦理学本身的论证和反论证。假若它违背了最起码的伦理准则，那么就应该从法理角度加以规范。

立法管理和伦理审查

历史回顾与管理现状

1984 年夏天，美国 NIH 重组 DNA 顾问委员会（RAC）在对 Martin Cline 等人的基因治疗方案（1980 年）审查的基础上，于 1985 年颁布了针对体细胞基因治疗的指导准则——"考虑要点"（Points to Consider）。准则规定，任何待申请的体细胞基因治疗方案都要回答下列问题：为何某种遗传病适合基因治疗，有无知情同意，该方案的收益是否远大于伤害，有无替代的疗法，如何确保基因插入的位点适合又可稳定表达等等问题。1990 年出台了修订本。1990 年 9 月 Blaese 和 Anderson 的方案进入临床试验。1992 年在意大利米兰，出现了第一例欧洲大陆的基因治疗试验（同样是为治疗 ADA 缺陷）。在此后的几年内，有关的方案的审查和批准量急剧攀升，例如到 1994 年初，已有 49 个方案被美国 NIHRAC 批准进入临床，NIHRAC 似乎也成为一个专门审批人类基因治疗方案的机构。技术的快速发展必然要求管理规范的到位。1994 年以来，英国、法国、德国、加拿大和意大利等国也分别建立了审查体细胞基因治疗的程序。

英国把对基因治疗试验的管理与其他新药的审批一视同仁，唯一的区别在于，在英国，任何基因治疗方案都要得到地方伦理委员会（LREC）和基因治疗咨询委员会（GTAC）的审查和同意，最后由医学管理机构（MCA）颁发对该方案的产品的或临床试验准入证。GTAC 成立于 1993 年，这个非法定的机构代表 MCA 和其他政府机构对基因治疗临床方案的可接受性进行审查和管理并协调与其他相关机构的关系。1994 年，GTAC 又发布了一个类似于美国 NIHRAC 的"考虑要点"那样的指南。如同美国的 RAC，在任何方案进入临床前，GTAC 又必须对它们进行审查。在 GTAC 审查时，病人是匿名的，审查建议将尽快告知研究者、LREC 和 MCA。另一个显著的特点是，即使一个方案获得欧盟成员国或美国 FDA 等法定机构的许可，如果要在英国开展，它就必须再次接受 GTAC 的审查。尽管程序较为烦琐，但为的是确保病人和环境的安全。2001 年，GTAC 又要求对任何可能改变生殖细胞基因组的试验慎重评价，尤其是临床前的试验。此外，病人在试验中和结束后一段时间不得怀孕，以免危及后代。LREC 的审查和同意是进一步审查的必要条件。

法国国家伦理委员会（CCNE）成立于 1982 年。1990 年，在有关基因治疗的声明中它要求基因治疗必须满足下列条件：仅仅限于体细胞，绝对禁止任何对人类生殖细胞或胚胎基因的改变，仅仅针对由单基因引起的严重的疾病。1996 年，法国基因治疗的管理机构——医疗产品卫生安全机构（AFSSAPS）规定，一个方案在实施以前至少要接受地方伦理委员会的审查和许可，但最终的法定权在 AFSSAPS。为提高审查程序的效率，AFSSAPS 还负责相关机构的协调。

1985 年，联邦德国司法部长和研究与科学部长关于"体外受精、基因组分析和基因治疗"的联合声明。1990 年，德国制订了世界上第一部《基因技术法》，它分 7 部分 42 节。内容分一般规定、基因的技术操作、基因专利和临床前的试验研究等。后来，对临床上的基因治疗管理规定出现在《德国药品法》中，但德国没有一个类似于新药审批程序或一个对基因治疗所有方面都负责的管理机构。

在意大利，按照相关法律规定，对基因治疗产品被视为新药，对它的管理基于个案分析之上，内部的质量控制和外部的质量评价很重要。临床基因治疗的主要法律依据是《行政法》（1997 年）、"基因治疗临床试验指南"（1997 年）和"体细胞治疗临床 I／II 的指南"（1997 年）。

在奥地利，对基因治疗的管理要依照《基因技术法》的有关规定。体细胞基因治疗只能在被批准的医院里由一个特定的医疗小组进行，并得到相关政府机构和伦理委员会的同意。

从对英国、法国和德国等国的管理规定中可以看出，在欧共体内部，各国对基因治疗的审查没有统一的标准，所依据的法律和具体执行的机构也不尽相同。事实上，在从"临床前试验，临床试验，到基因治疗产品开发，再到常规的临床推广"的这一系列程序中，欧盟各国的管理是各有特色。欧盟没有一个类似美国 RAC 那样的权威审查机构。为了提高管理效率，加强国际交流与合作，以及共同对付基因治疗可能的各种负效应的需要，1992 年欧洲人类基因转移和治疗工作委员会（EWGT）成立，以求各国在临床前试验、临床试验方面的合作。在基因治疗产品市场化方面，欧盟的欧洲医学评价机构（EMEA）负责对此类产品的质量、安全有效性评价，各界都希望 EMEA 能起到协调各国研究和开发的作用。

美国的审查经验

在美国，对基因治疗临床试验的监督由健康和人类服务部（DHHS）的食品与药品管理局（FDA）和人体研究保护办公室（OHRP）这两个法定机构负责。所有从事人体研究的研究者，无论是来自学术机构还是工业界，都必须遵循上述机构的监督管理。

OHRP 要求受联邦基金资助的研究机构保护受试者。当研究机构违反联邦规则或没有为受试者提供应有的保护措施时，该机构将不可进行一切临床试验。所有人体实验研究都要接受地方性的伦理审查委员会（IRB）的审查和同意。研究者可以通过本研究机构的 IRB，也可以通过其他非营利的 IRB 来进行伦理审查。IRB 的审查职能是评价方案对受试者的风险和保证他（她）们的权利。在进行一项试验前必须有 IRB 的同意和受试者的知情同意书。OHRP 和 FDA 都有权管理、监督或关闭一个 IRB。

管理基因治疗的另一个 DHHS 机构是 NIH，NIH 通过制定一系列的指南（对 FDA 和 OHRP 有关法规的附加规定），来监督由 NIH 资助的基因治疗方案的执行情况。而违反 NIH 规定的机构和研究者将面临失去 NIH 资助的可能。在 NIH，具体由生物技术活动办公室（OBA）来执行。OBA 下设两个委员会：重组 DNA 咨询委员会（RAC）生物安全委员会（IBC）。1985 年初，NIHRAC 不断修订完善"设计和递交体细胞基因治疗方案的考虑要点"，对方案进行伦理审查。IBC 要对基因治疗方案的潜在风险评价，只有得到 IBC 的许可的方案才可实施，以有效地监控基因治疗研究。RAC 和 IBC 的区别在于，RAC 仅仅对方案提出科学的、伦理的和法律的修改建议，而不作肯定与否的表态。不过，只有当 RAC 审查了方案以后，IBC 才可以作同意与否的表决。最后还要需 NIH 院长的批准。

在美国，除了上述 DHHS 的相关机构外，还有另外若干其他机构与基因治疗的审查有关。而只有 FDA 和 IRB 有法定的权力停止一个临床方案。这种组织方式和职能分工也存在一些问题。当 FDA、IRB 和其他审查机构意见相左时，势必会带来管理上的冲突。例如，对严重不良事件（SAEs）的报告制度不一致而导致的管理混乱。因为，FDA、IBC 和 IRB 分别要求研究者尽快汇报与试验有关的未预料的 SAEs。FDA 对不良事件信息是采取保密态度，而 NIH 则希望公开，以便让公众监督。针对这一情况，OBA 和 FDA 都在作了一些调整，考虑公开 SAEs 的信息。

中国的基因治疗发展战略和临床审查状况

我国是最早进行基因治疗临床试验的亚洲国家。在国家"863"计划的资助下，我国在遗传病、肿瘤、神经系统疾病以及细胞因子基因治疗等方面取得了一定的成绩，基本上形成了京、沪两大基因治疗研究基地。但在临床方面研究进展较慢，到目前仅有少数方案通过审批进入到Ⅰ、Ⅱ期临床试验（如血友病 B 基因治疗）只有少数新型基因导入技术获国内外专利。而日本已后来居上，超过了中国。此外，像新加坡、韩国和以色列也已开展了基因治疗临床试验。在基础研究方面，我国则更是投入有限，大多只是重复国外的同类实验，缺乏自己的特色与创新性。

导致这种局面的原因在于：①在基因治疗狂热的 20 世纪 90 年代初，我国也一哄而上，面上项目对那些低水平重复的基因治疗研究项目的资助有增无减。②国家的投入不足，且投入分散、不集中，重大项目的资助不多优势力量得不到发挥。③商业投入是发达国家进行基因治疗研究经费的主要来源，而我国目前与商业行为有关的基因治疗几乎没有，使得市场潜力得不到充分的认识与发掘。④基因治疗是一个大的课题，涉及病毒学、遗传学、分子及细胞生物学和临床医学等多学科。国际上多数基因治疗试验（尤其是临床Ⅱ、Ⅲ期）大多是由多家单位合作，甚至国际性合作共同完成。我国目前基因治疗研究与国内外的交流合作不够。

1999 年第 149 次香山科学会议对 21 世纪中国基因治疗研究与开发的发展战略确立了如下基调：①"有所为，有所不为"，建立创新性的关键平台技术，不单纯重复他人技术或成功性小的临床试验；②加强基础研究，促进技术创新；③要求政府加大对基因治疗研究与开发的投资力度，并建立多种机制（包括风险基金）的参与机制，加快成果开发与产业化，共同推动我国基因治疗研究与应的发展；④加强与鼓励国内外协作与集成。但在基因治疗研究重点上，这次香山会议存在分歧。一种观点认为，应在中国有限的资金、人力和科研基础下应集中开展原始创新性的基础研究，为未来发展作好储备；另一种意见则认为，应在避免知识产权纠纷的前提下，移植和改良国外成熟的技术方法或临床方案，以造福我国患者。还有的学者建议应二者兼顾，适当安排，以利于调动多方面的积极性，取得更大的成就。

伦理审查和药审是确保我国基因治疗研究与开发健康快速发展的两个重要支柱。为此，卫生部于 1993 年公布了《人的体细胞治疗及基因治疗临床研究质控要点》（简称《质控要点》）（见卫生部卫药政发〔1993〕第 205 号）。《质控要点》是在 FDA 生物制品评估与研究中心（CBER）"人的体细胞治疗及基因治疗考虑要点"（1991 年）和 NIHRAC 关于"人的体细胞治疗及基因治疗考虑要点及管理条例"（1990 年修改件）的基础上，结合我国国情而制定的。《质控要点》包括对体细胞治疗和基因治疗的概念界定、治疗的类型、申请方案的目的和必要性、细胞群体的鉴定、临床前试验、关于重组病毒的操作及设施、临床研究的要点，等等。凡从事基因治疗的单位，首先需按此《质控要点》的要求向卫生部新药评审办公室申请，经专家委员会审查，卫生部批准后方可实施临床试验或临床验证。

为适应快速进展的基因治疗，在 1999 年 3 月 26 日国家药品监督管理局发布的《新生物制品审批办法》中，专门确立了"人基因治疗申报临床试验指导原则"。凡国内单位及在我国境内进行基因治疗制剂临床研究的外国单位或中外合资单位，均须按此指导原则申报和审批。目前的管理体制和运作机制也存在争论和不足之处。①关于审查松绑问题。有人坚持为了国家的声誉和受试者的安全和健康，应严格执行现行的审查规定并进一步完善和提高；也有学者认为，应对不同的基因治疗临床方案区别对待，特别是对于国外已初步证明安全的同类方案，应省略某些审批内容，借鉴国外已有的成果，缩短审查过程。②基因治疗临床试验研究还没有进入到产品开发阶段，也不是新药。国家药品监督管理局是一个对新药的评审机构需要得到卫生部的支持和合作。但目前的沟通不够。③无论科研单位，还是国家部委，伦理审查机构不健全，审查不规范。

基因治疗临床试验中的伦理原则和管理建议

必要性　基因治疗在治疗严重威胁人类健康和生命的疾病方面有传统疗法不具备的优势，政府应该支持并鼓励基因治疗的研究和临床试验。但基因治疗临床试验总体不令人满意，关键的技术难题有待克服，在严重不良事件背后有着复杂的非技术根源。为了避免这些潜在的伤害实际发生，对基因治疗的临床前研究和临床试验必须加以严格的伦理审查和监督。

伦理原则　1. 尊重（respect）　尊重人是对每个人及其生命内在价值的认同。在基因治疗中，它具体体现在：尊重病人或受试者和他人的知情权、自主选择权、保护隐私、保守保密，以及维护生命的尊严。

- 病人/受试者有知情权，受试者要被告知自己参与的是一项临床试验，而不是一种常规治疗，严重不良事件（SAEs）信息要向公众公开，公众可参与有关基因治疗的公开讨论。

- 病人/受试者在知情的前提下进行自主选择，自由表示同意，试验者不得进行不正当的引诱。对于无行为能力的晚期癌症患者、儿童或初生婴儿，可由监护人依法代理同意。没有特别的理由，不得对胎儿、生殖细胞或早期胚胎进行基因干预。
- 对病人/受试者的病情等个人信息要保密，而不得无意或因外部的压力而泄露秘密。研究者和资助单位不可假借"商业机密"的幌子隐瞒严重不良事件。
- 保护隐私，培养和建立研究者和病人/受试者间相互尊重、相互信任的关系。公开严重不良事件时，要保护病人/受试者可识别的个人信息。

2. 不伤害（nonmaleficence）

- 在体细胞基因治疗的临床试验中，技术操作疏忽会对病人/受试者造成伤害。因此，在临床试验前，研究者必须确保方案的科学性、安全性。不伤害是第一位的。而有意的伤害行为要追究其法律责任。
- 在目前的发展阶段体细胞基因治疗具有高风险性，客观的风险/受益评价或伤害/受益的分析评价是避免伤害的有效手段。确保风险的最小化。当风险或伤害大于受益时，该方案在伦理上得不到辩护。
- 生殖细胞基因治疗或基因增强涉及对后代的风险，一旦发生医源性差错，则可能对后代造成不可补救的不良后果，在安全性没有得到可靠保证的情况下，"不伤害"原则应处于优先考虑的地位。

3. 有益（beneficence）

- 预防或解除病人病痛是任一基因治疗方案的直接的目的和归宿。当受试者无法从中受益，或虽研究价值极高（如对社会、下一代）但风险极大时，病人/受试者没有义务继续参加试验研究。
- 只有当目前所有的常规疗法都无效或收效甚微时，病人/受试者得以才考虑基因治疗。除非基因疗法与常规疗法并用更有利于病人/受试者。
- 按照效用原则，在治疗前，试验者必须对方案做充分的估计，预期的可能疗效必须远远大于潜在的危险性。

4. 公正（justice）

"公正"包括"程序公正""回报公正"和"分配公正"。在基因治疗临床试验中，"公正"原则体现在：

- 各级伦理委员会在审查申请方案时要按照既定程序一视同仁，不得有例外。
- 受试者由于参加研究而受到伤害、丧失能力或身体残疾时，有权获得经济上或其他形式的相应补偿。赔偿权不得放弃。
- 在对生物医学资源进行宏观分配时，国家应该对基因治疗方面的 R&D 投入以公平地分配。如果不能资助所有的基因治疗研究和临床试验，要确定哪些疾病应该优先得到资源分配的原则。
- 在基因治疗中应区别基本的医疗保健需要和非基本的医疗需要。非基本的医疗需要可以根据个人的支付能力来分配。

管理建议

1. 允许的范围
- 人类基因干预有 4 种主要类型：体细胞基因治疗，生殖细胞基因治疗，医学目的基因增强和非医学目的基因增强。
- 体细胞基因治疗在伦理上是可以接受的。在目前体细胞基因治疗仍是试验性，不宜大规模进行。目前，不可进行任何形式的胎儿体细胞基因治疗临床试验。
- 对生殖细胞基因治疗的风险-受益分析存在较大的分歧。目前暂不资助和审批有关生殖细胞基因治疗的临床项目，除非将来满足下列条件：①只有当体细胞基因治疗安全有效性在临床上被大规模的验证后；②只有当建立了安全可靠的动物模型后；③公众意识到其对后代的风险并同意在人体上进行试验。
- 医学目的基因增强在伦理上可接受，目前可进行动物实验，人体试验不宜开展。非医学目的基因增强得不到伦理辩护应予禁止。

2. 体细胞基因治疗临床方案的准入制度
- 资助者和研究者必须保证符合普遍接受的科学原则，所有研究者必须致力于改进预防、诊断或治疗疾病的方法，提高人类健康水平。
- 制订严格的入选和排除标准，研究单位（包括国家事业单位、民营、个人、公司和国外研究机构）必须在人员、技术设备、管理和伦理审查方面具备一定的条件，以保护受试者和保证基因治疗顺利进行。
- 申请方案要提供必要的临床试验信息：①试验的名称和目的；②临床地点；③首席研究者；④临床方案编号；⑤受试者群体（如疾病类型、年龄分布：成人或儿童；⑥受试者的数量、受试日期；⑦试验的状况；等等。
- 研究的透明性，接受外部专家的现场监督，公开研究结果。研究机构的负责人应该监督研究者和方案的执行情况。对于违反管理办法的要追究责任和给予处款。设立伦理审查委员会对方案的申请和试验操作的合法性进行检查。
- 当商业行为大规模地介入基因治疗时（如临床试验所用的反应物、蛋白质或基因转移载体，由全部或部分拥有这种反应物专利权的公司提供），更应强调受试者的个人利益与人类的远期利益间的平衡，尽可能避免利益冲突。研究者必须能够客观和无偏见地设计和贯彻临床试验研究方案，而不受商业资助者的意图或自己在商业中的利益所干扰。凡明目张胆地违反基因治疗管理规则的研究者，及有连带责任的研究机构将给予处罚。

3. 不良事件的预防和处理
- 建立基因治疗临床方案数据库，任何资助者和研究者必须定期向伦理审查委员会提供真实的相关数据、资料。有关信息以适当的方式向公众公开。
- 建立一套分析和公开不良事件的机制。让公众获悉严重的不良事件是有利于长远发展的，它是科学决策的基础，公众理解和评价人类基因转移技术的前提。不鼓励以商业机密的名义掩盖真实信息，要及时报告严重的不良事件。

- 区分自然的结果（如不良反应）和严重的不良事件，及时严肃处理不良事件并向公众公开。那些严重的致死的不良事件要在 7 天内尽快地报告给相关管理部门，那些严重的但非致死的不良事件要在 15 天内尽快地报告。
- 在预防和处理不良事件方面，各有关管理机构应协调一致. 建立健全的制度。

4. 机构的设置和职能

- 成立各级基因治疗学会，建立和健全全国性伦理审查和监控机构。制订严格的入选和排除标准，以保护受试者和保证基因治疗顺利进行。
- 不良事件的鉴定应独立、客观、不应受行政干涉。鉴定专家由双方当事人从专家库中随机抽取，以确保透明和公正。
- 伦理审查委员会独立地对基因治疗方案进行科学和伦理的审查及监督。委员会的组织和工作程序要公正透明。
- 建立网站，正确传递有关基因治疗的信息，广泛征求各界的反馈信息。公开会议内容，鼓励公众参与评论。